Basiswissen Lineare Algebra

Burkhard Lenze

Basiswissen Lineare Algebra

Eine Einführung mit Aufgaben, Lösungen, Selbsttests und interaktivem Online-Tool

2., überarbeitete Auflage

Burkhard Lenze
FH Dortmund
Dortmund, Deutschland

ISBN 978-3-658-29968-2   ISBN 978-3-658-29969-9 (eBook)
https://doi.org/10.1007/978-3-658-29969-9

Die Deutsche Nationalbibliothek verzeichnet diese Publikation in der Deutschen Nationalbibliografie; detaillierte bibliografische Daten sind im Internet über http://dnb.d-nb.de abrufbar.

Springer Vieweg

Planung: Sybille Thelen

Springer Vieweg ist ein Imprint der eingetragenen Gesellschaft Springer Fachmedien Wiesbaden GmbH und ist ein Teil von Springer Nature.
Die Anschrift der Gesellschaft ist: Abraham-Lincoln-Str. 46, 65189 Wiesbaden, Germany

Vorwort

Das Buch versteht sich als Ergänzung des im selben Verlag vom selben Autor erschienenen Buchs „Basiswissen Analysis" und überträgt die bereits dort erfolgreich eingesetzten konzeptionellen Elemente auf das Gebiet der „**Linearen Algebra**". Insbesondere setzt das Buch wieder, neben der selbstverständlichen mathematischen Sorgfalt und Struktur (Definition, Satz, Beweis, Beispiel, Aufgabe), auf drei zentrale Aspekte, die bei vielen vergleichbaren Büchern zum Thema nicht unbedingt im Vordergrund stehen:

- Der schon durch das vorangestellte Substantiv „**Basiswissen**" angedeutete Grundlagencharakter des Buchs wird sehr ernst genommen: Es wird zielgerichtet der wesentliche Kern der Linearen Algebra erarbeitet und das so gewonnene Wissen dann durch zahlreiche Beispiele und Aufgaben mit Lösungen gefestigt. Es handelt sich also um eine schlanke Hinführung zur Linearen Algebra, die insbesondere für Studierende mit Nebenfach Mathematik und Fachhochschulstudierende besonders geeignet ist.
- Es werden kleine Selbsttests am Ende vieler Abschnitte angeboten, deren Fragen direkt durch ?+? (richtig) oder ?-? (falsch) beantwortet werden. Verdeckt man beim Lesen der Tests die angegebenen Antworten, hat man eine gute Möglichkeit der unmittelbaren Wissensüberprüfung.
- Online wird begleitend zum Buch ein interaktives PDF-Tool bereitgestellt, welches knapp 90 Aufgaben enthält, die zur Überprüfung des erlernten Wissens zufällige konkrete Aufgabenstellungen generieren können und auf Knopfdruck auch zur Kontrolle die jeweiligen Lösungen liefern. Der besondere Charme dieses Tools besteht darin, dass man lediglich über einen guten JavaScript-fähigen PDF-Viewer verfügen muss und keine aufwändige Installation von Zusatzsoftware erforderlich ist.

Im Folgenden noch in aller Kürze die wesentlichen Inhalte des Buchs, die allerdings, außer vielleicht den Kapiteln über (lineare) Transformationen und Anwendungen in (endlichen) Vektorräumen, keine Überraschungen bieten:

- Motivation und Einführung
- Vektoren und Vektorrechnung
- Matrizen und Determinanten

- Allgemeine lineare Gleichungssysteme
- Reguläre lineare Gleichungssysteme
- Geraden und Ebenen
- Komplexe Zahlen
- Eigenwerte und Eigenvektoren
- Singulärwertzerlegung und Pseudoinverse
- Geometrische Transformationen
- Daten-, Signal- und Bild-Transformationen
- Grundlagen der Algebra
- Vektorräume und lineare Abbildungen
- Vektorräume und Anwendungen

Abschließend möchte ich dem gesamten Springer-Team ganz herzlich für die angeneh-me und professionelle Zusammenarbeit danken und Ihnen nun viel Spaß mit dem Buch wünschen!

Dortmund   Burkhard Lenze
März 2020

Inhaltsverzeichnis

Abbildungsverzeichnis

Motivation und Einführung 1

In vielen praktischen Gebieten und Anwendungen kommt der **Mathematik** als Grundlagentechnik im weitesten Sinne eine tragende Rolle zu. Ob in der Physik, der Chemie, der Biologie, der Elektrotechnik, der Nachrichtentechnik, dem Maschinenbau, den Sozial- und Wirtschaftswissenschaften oder der Medizin: Mathematische Konzepte sind stets von fundamentaler Bedeutung, um Zusammenhänge kompakt und exakt darzustellen und Modelle angemessen zu beschreiben. Eine weitere Disziplin, die inzwischen in alle Bereiche des täglichen Lebens eingedrungen ist und natürlich auch im Rahmen der oben ohne Anspruch auf Vollständigkeit aufgezählten Wissenschaften eine immer dominantere Rolle spielt, ist die **Informatik**. Aus diesem Grunde ist es naheliegend, den Einsatz mathematischer Strategien im Bereich der Informatik als motivierende und fächerübergreifende Elemente bei der Erarbeitung mathematischen Grundlagenwissens heranzuziehen. Ob sichere Kommunikation über unsichere Kanäle, ob Visualisierung von statischen oder dynamischen Objekten, Messreihen, Erhebungen oder Simulationen, ob computerbasierte Berechnung von Längen, Flächen oder Volumina, stets handelt es sich dabei um Fragestellungen aus dem Umfeld der Informatik mit hoher Affinität zu den oben erwähnten wissenschaftlichen Disziplinen und natürlich zur Mathematik. Neben den tiefer liegenden mathematischen Verfahren, mit denen man es zum Beispiel in der Codierungs- und Verschlüsselungstechnik, der Kompressions- und Signalverarbeitungstechnik oder der Computer-Grafik zu tun hat, sind auch relativ elementare mathematische Konzepte von grundlegender Bedeutung. Im vorliegenden Buch werden die aus der **Linearen Algebra** kommenden Techniken dieses Typs vorgestellt. Damit man einen ersten Eindruck von den diskutierten Begriffen erhält und ihre Zusammenhänge mit der Informatik erkennt, sollen im Folgenden in aller Kürze einige Stichworte angerissen werden.

Elektronisches Zusatzmaterial Die elektronische Version dieses Kapitels enthält Zusatzmaterial, das berechtigten Benutzern zur Verfügung steht https://doi.org/10.1007/978-3-658-29969-9_1.

B. Lenze, *Basiswissen Lineare Algebra*, https://doi.org/10.1007/978-3-658-29969-9_1

Unter der **Linearen Algebra** kann man zum Einstieg zunächst einmal die Lehre von den Eigenschaften, den Verknüpfungen sowie den Anwendungen von Vektoren und Matrizen verstehen. Dieses sogenannte Vektor- und Matrix-Kalkül ist in der Informatik an vielen Stellen mehr oder weniger offensichtlich von Nutzen: Ein Byte (8-Bit-Speicherwort) ist interpretierbar als acht-dimensionaler Vektor mit zulässigen Komponenten 0 oder 1; ein (m, n)-Speicherbaustein mit m adressierbaren Speicherworten und n Bits je Speicherwort ist interpretierbar als (m, n)-Matrix mit zulässigen Elementen 0 oder 1; jede Operation mit einem Speicherinhalt bzw. jeder Zugriff auf die Adresse eines Speicherbausteins kann als Vektor- bzw. Matrix-Manipulation gedeutet werden; elementare Operationen in bildgebenden Systemen (Translation, Skalierung, Projektion, Rotation etc.) sind Matrix-Vektor-Manipulationen in der Ebene oder im Raum; die Reduktion großer Datensätze, z. B. bei der Verarbeitung, Analyse und Interpretation umfangreicher redundanter Mengen von Messdaten, lässt sich unter anderem mit Hilfe von Eigenwert-Eigenvektor-Techniken für spezielle Kovarianzmatrizen realisieren; die Analyse, Aufbereitung und Kompression von Audio- oder Video-Daten kann nach Diskretisierung als Vektor- oder Matrix-Manipulation gedeutet werden und führt zu den in den MPEG- und JPEG-Standards implementierten Routinen (Fourier- und Wavelet-Techniken).

Man könnte diese Liste an möglichen Anwendungen der Linearen Algebra im Bereich der Informatik noch beliebig fortsetzen; in jedem Fall sollte genügend Motivation vorhanden sein, sich vor dem Hintergrund der praktischen Relevanz der angerissenen Fragestellungen engagiert mit dieser auf den ersten Blick rein mathematischen Theorie auseinanderzusetzen und ihr enormes Potential zu erkennen.

Im Folgenden einige Bemerkungen zur generellen **Konzeption des Buchs**: Neben umfangreichen Sach-, Namen- und Mathe-Indizes ist die kleinste Einheit ein Abschnitt Y in einem Kapitel X, kurz X.Y. Es wurde versucht, die einzelnen Kapitel und auch die zugehörigen Abschnitte so autonom, einfach und unabhängig von anderen Kapiteln oder Abschnitten zu gestalten, wie eben möglich. Das hat den Vorteil, dass der Lesefluss nur in Ausnahmefällen von Verweisen auf andere Teile des Buchs unterbrochen wird und man das Buch bei entsprechenden Vorkenntnissen auch weitgehend nicht linear studieren kann, d. h. selektiv diejenigen Kapitel auswählen kann, die von eigenem Interesse sind. Diese übersichtliche und möglichst einfach gehaltene Konzeption der einzelnen Kapitel stellt im Vergleich zu den zahlreichen anderen guten Lehrbüchern zur Linearen Algebra das **Alleinstellungsmerkmal** dieses Buchs dar: Jedes Kapitel kommt so schnell wie möglich und mit möglichst wenig Referenzen auf bereits bearbeitete Abschnitte auf den Punkt, wobei neben den in der Mathematik unverzichtbaren Definitionen, Sätzen und Beweisen besonders viel Wert auf konkrete, jeweils bis zum Ende durchgerechnete Beispiele gelegt wird, sowie kleine Selbsttests zur Festigung des Gelernten integriert sind. Das Buch orientiert sich also an der Maxime, **in schlanker und transparenter Form Basiswissen in Linearer Algebra zu vermitteln** und nicht etwa am Anspruch, ein auf angehende Mathematikerinnen und Mathematiker zugeschnittenes Werk mit einem weitgehend vollständigen Kanon der Linearen Algebra zu präsentieren.

Im Detail ist dieses Buch wie folgt gegliedert:

- Motivation und Einführung
- Vektoren und Vektorrechnung
- Matrizen und Determinanten
- Allgemeine lineare Gleichungssysteme
- Reguläre lineare Gleichungssysteme
- Geraden und Ebenen
- Komplexe Zahlen
- Eigenwerte und Eigenvektoren
- Singulärwertzerlegung und Pseudoinverse
- Geometrische Transformationen
- Daten-, Signal- und Bild-Transformationen
- Grundlagen der Algebra
- Vektorräume und lineare Abbildungen
- Vektorräume und Anwendungen

Zu Beginn, also im vorliegenden Kapitel, geht es neben dem gerade skizzierten Aufbau und der groben Gliederung des Buchs um die benötigten mathematischen Voraussetzungen, die bekannt sein sollten, um das Buch erfolgreich zu bearbeiten. Die folgenden Kapitel bilden dann den eigentlichen Einstieg in die **Lineare Algebra,** konkret die Definition und Erarbeitung erster wesentlicher Eigenschaften von **Vektoren** und **Matrizen.** Beim Studium dieser ersten Kapitel des Buchs ist es sinnvoll, sequenziell vorzugehen, denn die Konzepte bauen Schritt für Schritt aufeinander auf. Für die Informatik, aber auch für alle anderen mathematiknahen Wissenschaften, sind die Eigenschaften und Zusammenhänge von Vektoren und Matrizen von fundamentaler Bedeutung und nahezu bei jeder Implementierung, bei der auch etwas berechnet wird, von Nutzen. Ohne Anspruch auf Vollständigkeit seien die Computer-Grafik, die Verschlüsselungs- und Codierungstechnik, die Datenanalyse, die Datenkompressions- und -verarbeitungstechnik sowie die diskrete Signalverarbeitung genannt. Auf einige ausgewählte Anwendungen des genannten Typs wird im Rahmen der weiterführenden Kapitel genauer eingegangen, wobei dabei z. B. die **Lösung linearer Gleichungssysteme,** die geschickte **Zerlegung von Matrizen,** die Berechnung und die Interpretation von **Eigenwerten- und Eigenvektoren** sowie die Betrachtung geeigneter **linearer Transformationen** zentrale Rollen spielen werden.

Generell gilt, dass das Buch **ohne Zusatzliteratur** studiert werden kann, wobei einige grundlegende Kenntnisse aus dem Bereich der Analysis nicht schaden können (als Einstieg dazu sei auf das Buch [1] desselben Autors verwiesen). Ergänzend sei darauf hingewiesen, dass eventuelle Lücken bei mathematischen Vorkenntnissen außer durch einen Blick in die alten Schulbücher durch die als **Basis- und Einstiegsliteratur** empfohlenen Bücher von Knorrenschild [2] oder von Walz, Zeilfelder und Rießinger [3] geschlossen werden sollten. Dort werden diejenigen Aspekte der Mathematik ausführlich behandelt, die im Folgenden auf jeden Fall als bekannt vorausgesetzt werden. Diese **Voraussetzungen** sind im Einzelnen:

- Elementare Operationen mit Mengen
- Umformen algebraischer Ausdrücke
- Auflösen quadratischer Gleichungen
- Bruch- und Potenzrechnung
- Umgehen mit und Kennen von elementaren Funktionen
- Trigonometrische Funktionen mit Umkehrfunktionen
- Dreieck, Rechteck und Kreis mit Eigenschaften
- Vollständige Induktion

Möchte man über das Buch hinausgehende weiterführende Literatur aus dem Bereich der Linearen Algebra, so seien beispielsweise die Bücher [4–8] empfohlen. Möchte man schließlich nur gezielt etwas nachschlagen, so bietet sich das mathematische Taschenbuch [9] an. Grundsätzlich bleibt es aber dabei: Mit soliden mathematischen Grundkenntnissen lässt sich das vorliegende Buch ohne weitere Zusatzliteratur bearbeiten!

Abschließend der obligatorische Hinweis, dass für möglicherweise noch vorhandene Fehler inhaltlicher oder schreibtechnischer Art, die trotz größter Sorgfalt bei der Erstellung des Buchs nie ganz auszuschließen sind, ausschließlich der Autor verantwortlich ist. In jedem Fall sind konstruktive Kritik und Verbesserungsvorschläge immer herzlich willkommen.

Und nun viel Spaß mit dem Buch!

Literatur

1. Lenze, B.: Basiswissen Analysis. Springer Vieweg, Wiesbaden (2020)
2. Knorrenschild, M.: Vorkurs Mathematik: Ein Übungsbuch für Fachhochschulen. Carl Hanser, München (2013)
3. Walz, G., Zeilfelder, F., Rießinger, T.: Brückenkurs Mathematik, 5. Aufl. Springer Spektrum, Berlin (2019)
4. Fischer, G.: Lineare Algebra, 18. Aufl. Springer Spektrum, Wiesbaden (2014)
5. Witt, K.-U.: Lineare Algebra für die Informatik. Springer Vieweg, Wiesbaden (2013)
6. Liesen, J., Mehrmann, V.: Lineare Algebra, 2. Aufl. Springer Spektrum, Wiesbaden (2015)
7. Knabner, P., Barth, W.: Lineare Algebra: Grundlagen und Anwendungen, 2. Aufl. Springer Spektrum, Berlin (2018)
8. Stoppel, H., Griese, B.: Übungsbuch zur Linearen Algebra, 9. Aufl. Springer Spektrum, Wiesbaden (2016)
9. Bronstein, I.N., Semendjajew, K.A., Musiol, G., Mühlig, H.: Taschenbuch der Mathematik, 10. Aufl. Verlag Europa-Lehrmittel, Haan-Gruiten (2016)

Vektoren

2

Während es in der **Analysis** primär um die Eigenschaften der reellen Zahlen und um Funktionen geht, die reelle Zahlen auf reelle Zahlen abbilden, geht es in der **Linearen Algebra** auf unterster Ebene um die Lehre vom Umgang mit und den Eigenschaften von sogenannten Vektoren und Matrizen. Dabei wird sich zeigen, dass man die Vektoren als die Verallgemeinerung der reellen Zahlen interpretieren kann, während mit Hilfe der Matrizen diejenigen Abbildungen realisiert werden, die der Disziplin ihren Namen gaben: die linearen Abbildungen. Die ganz grobe Analogie, die man also vor Augen haben sollte, ist die folgende:

$$\text{Analysis} \leftrightarrow \text{Lineare Algebra}$$
$$\text{Zahlen in } \mathbb{R} \leftrightarrow \text{Vektoren in } \mathbb{R}^n$$
$$\text{Funktionen von } \mathbb{R} \rightarrow \mathbb{R} \leftrightarrow \text{Matrizen von } \mathbb{R}^n \rightarrow \mathbb{R}^m$$

Zu Beginn geht es also erst mal lediglich darum, einen intuitiven Zugang zu den sogenannten **Vektoren** zu finden.

2.1 Grundlegendes zu Vektoren

Wir beginnen mit den einfachsten Objekten der Linearen Algebra, nämlich den sogenannten **Vektoren**. Am einfachsten ist es zunächst, sich über Vektoren in der Ebene an das neue Konzept heranzutasten. Salopp gesprochen nennt man dort einen **Pfeil** mit einer gewissen **Länge** (Betrag oder Norm oder Modul), **Richtung** (Lage in der Ebene) und **Orientierung** (abhängig von der Positionierung der Pfeilspitze) einen **Vektor**. Als ergänzende und weiterführende Literatur zu den in den folgenden Kapiteln abgehandelten Fragestellun-

Elektronisches Zusatzmaterial Die elektronische Version dieses Kapitels enthält Zusatzmaterial, das berechtigten Benutzern zur Verfügung steht https://doi.org/10.1007/978-3-658-29969-9_2.

Abb. 2.1 Vektoren und Repräsentanten

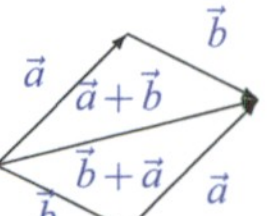

Abb. 2.2 Addition von Vektoren

Abb. 2.3 Kommutativgesetz für Vektoren

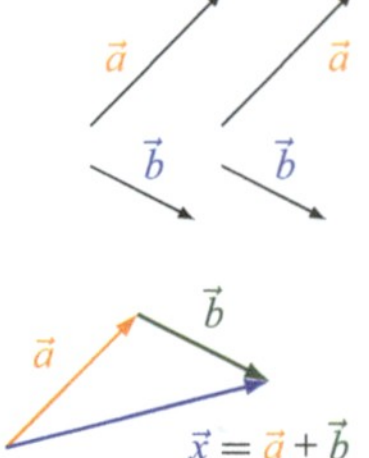

gen aus dem Bereich der Linearen Algebra sei das Standardwerk [1] oder aber auch die anwendungsorientierten Lehrbücher [2, 3] genannt.

Zwei Vektoren in der Ebene mit gleicher Länge, gleicher Richtung und gleicher Orientierung sind als identisch anzusehen (vgl. Abb. 2.1). Man spricht von sogenannten **Repräsentanten** ein und desselben Vektors und nennt diese Vektoren deshalb manchmal auch **freie Vektoren**. Eine gewisse Besonderheit ist die Hinzunahme des sogenannten **Nullvektors**. Dabei handelt es sich um einen Vektor der Länge Null, der also weder eine Orientierung noch eine Richtung hat und dementsprechend auch nicht zu zeichnen ist.

Mit diesen neuen Objekten kann man nun **geometrisch rechnen**, indem man z. B. zwei Vektoren, die mit $\vec{a}$ und $\vec{b}$ bezeichnet werden, **hintereinander legt** und so eine **Addition** definiert. Konkret fügt man zur Berechnung des Vektors $\vec{a} + \vec{b}$ den Anfangspunkt irgendeines Repräsentanten von $\vec{b}$ an die Spitze irgendeines Repräsentanten von $\vec{a}$ an und nennt den dann durch Verbindung des Anfangspunkts von $\vec{a}$ mit der Spitze von $\vec{b}$ entstehenden Vektor mit Spitze im gleichen Punkt wie die Spitze von $\vec{b}$ den Vektor $\vec{a} + \vec{b}$. Man spricht dann auch von der **Summe** der Vektoren (vgl. Abb. 2.2).

Wichtig ist, dass der erhaltene Summenvektor stets derselbe ist, egal mit welchen Repräsentanten von $\vec{a}$ und $\vec{b}$ man diese Addition durchführt: Folgt man der oben beschriebenen Additionsvorschrift, so erhält man immer einen Vektor $\vec{a} + \vec{b}$ identischer Länge, Richtung und Orientierung. Man bezeichnet dieses Verhalten, welches die Operation eigentlich erst sinnvoll macht, als **Unabhängigkeit von den Repräsentanten** oder auch als **Wohldefiniertheit der Operation**. Neben dieser wichtigen Wohldefiniertheit der Summation lassen sich für die Addition von zwei Vektoren geometrisch auch unmittelbar die folgenden **Additionsregeln** verifizieren, wobei $\vec{a}$, $\vec{b}$, $\vec{c}$ beliebige Vektoren seien:

(A1) Es gilt das in Abb. 2.3 veranschaulichte **Kommutativgesetz**

$$\vec{a} + \vec{b} = \vec{b} + \vec{a} \, .$$

(A2) Es gilt das in Abb. 2.4 veranschaulichte **Assoziativgesetz**

$$(\vec{a} + \vec{b}) + \vec{c} = \vec{a} + (\vec{b} + \vec{c}) \, .$$

Abb. 2.4 Assoziativgesetz für
Vektoren

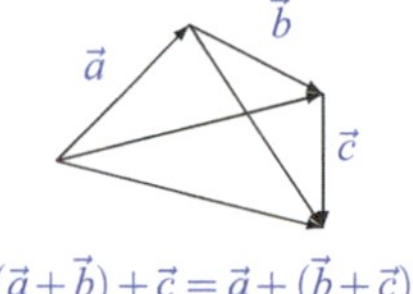

$$(\vec{a}+\vec{b})+\vec{c}=\vec{a}+(\vec{b}+\vec{c})$$

Abb. 2.5 Vektoren mit ihren
inversen Vektoren

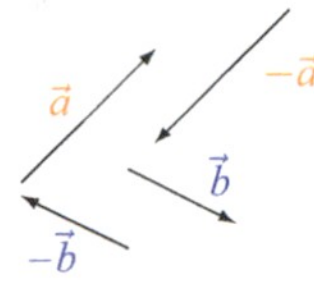

Abb. 2.6 Skalare Vielfache
eines Vektors

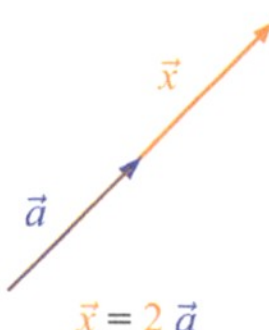

$$\vec{x}=2\,\vec{a}$$

(A3) Es gibt einen Vektor $\vec{0}$ (**Nullvektor, Nullelement, neutrales Element**), so dass für alle Vektoren $\vec{a}$ gilt:

$$\vec{a}+\vec{0}=\vec{a}\ .$$

(A4) Zu jedem Vektor $\vec{a}$ gibt es einen Vektor, den man i. Allg. mit $-\vec{a}$ bezeichnet (**inverser Vektor, inverses Element**), so dass gilt (vgl. auch Abb. 2.5):

$$\vec{a}+-\vec{a}=\vec{0}\ .$$

Neben der Addition gibt es als zweite wichtige Operation für ebene Vektoren die **skalare Multiplikation**. Ist $\vec{a}$ ein beliebiger Vektor und $\lambda \in \mathbb{R}$ ein sogenannter **Skalar**, dann soll die Länge des Vektors $\lambda \cdot \vec{a} =: \lambda\vec{a}$ im Fall $\lambda > 0$ genau das λ-fache der Länge von $\vec{a}$ sein (Richtung und Orientierung bleiben erhalten), im Fall $\lambda < 0$ genau das $(-\lambda)$-fache der Länge von $\vec{a}$ sein (Richtung bleibt erhalten und die Orientierung dreht sich um) und schließlich im Fall $\lambda = 0$ genau der Nullvektor sein (vgl. Abb. 2.6).

Auch für diese Operation gelten gewisse Rechenregeln, die sogenannten **skalaren Multiplikationsregeln**, wobei $\lambda, \mu \in \mathbb{R}$ beliebige Skalare und $\vec{a}, \vec{b}$ beliebige Vektoren seien:

$$
\begin{array}{lll}
\textbf{(SM1)} & 1\vec{a}=\vec{a} & \textbf{(Verträglichkeit)}\\[4pt]
\textbf{(SM2)} & \lambda(\mu\vec{a})=(\lambda\mu)\vec{a} & \textbf{(Assoziativität)}\\[4pt]
\textbf{(SM3)} & \lambda(\vec{a}+\vec{b})=(\lambda\vec{a})+(\lambda\vec{b}) & \textbf{(Distributivität)}\\[4pt]
\textbf{(SM4)} & (\lambda+\mu)\vec{a}=(\lambda\vec{a})+(\mu\vec{a}) & \textbf{(Distributivität)}
\end{array}
$$

Zur Illustration soll beispielhaft noch einmal die Gültigkeit des Gesetzes (SM3) anhand von Abb. 2.7 veranschaulicht werden ($\lambda = 2$).

Abb. 2.7 Distributivgesetz für Vektoren

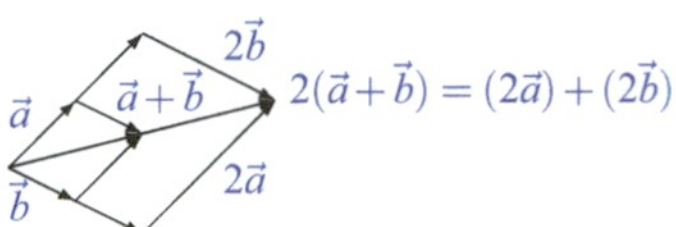

Man kann nun unter Ausnutzung aller bisherigen Gesetze (A1) bis (A4) und (SM1) bis (SM4) mit den Vektoren in der Ebene rechnen und sie zur Beschreibung technischer und physikalischer Prozesse heranziehen (z. B. in der Statik, Mechanik, Elektrotechnik etc.). Dabei kommt man sehr schnell zu mindestens zwei bedeutsamen Erkenntnissen: Erstens wäre es hilfreich, wenn man neben der geometrischen Sicht auf die Vektoren auch noch eine analytische Darstellung zur Verfügung hätte, um z. B. Rechnungen mit ihnen automatisieren und implementieren zu können; zweitens stellt man fest, dass eine Fülle von Strukturen existieren, in denen für zwei dort gegebene Verknüpfungen exakt dieselben Rechenregeln gelten wie für die ebenen Vektoren, so dass die berechtigte Hoffnung besteht, dass unter diesen Strukturen dann auch eine ist, die eine analytische Beschreibung ebener Vektoren ermöglicht. Aus diesen Gründen hat man zunächst **jeder** nicht leeren Menge mit einer sogenannten **inneren Verknüpfung** (d. h. die Verknüpfung zweier Elemente der Menge liefert stets wieder ein Element dieser Menge, z. B. die oben eingeführte Addition von Vektoren) und einer sogenannten **äußeren Verknüpfung** (d. h. die Verknüpfung eines Elements der Menge mit einem Element einer anderen Menge (häufig ein Körper) liefert stets wieder ein Element der Ausgangsmenge, wie z. B. die oben eingeführte skalare Multiplikation), die den bisher formulierten Gesetzmäßigkeiten genügt, einen speziellen Namen gegeben und zwar bezeichnet man sie als einen **Vektorraum**. Entsprechend werden alle Elemente einer solchen Struktur **Vektoren** genannt. Im Detail ergibt sich so die folgende allgemeine Definition.

Definition 2.1.1 Vektorräume über $\mathbb{R}$

Eine nicht leere Menge **V** mit einer inneren Verknüpfung **plus** (zu $\mathbf{a}, \mathbf{b} \in \mathbf{V}$ wird eindeutig $\mathbf{a} + \mathbf{b} \in \mathbf{V}$ erklärt) und einer äußeren Verknüpfung **mal** (zu $\mathbf{a} \in \mathbf{V}$ und $\lambda \in \mathbb{R}$ wird eindeutig $\lambda\mathbf{a}$ in **V** erklärt), so dass die Regeln (A1) bis (A4) und (SM1) bis (SM4) erfüllt sind, heißt $\mathbb{R}$-**Vektorraum** oder **Vektorraum über** $\mathbb{R}$. Ein Element aus **V** heißt dann **Vektor**. ◄

Im Folgenden werden uns die Vektorräume im Allgemeinen nicht weiter interessieren, denn ihre genaue Untersuchung werden wir an späterer Stelle in aller Ausführlichkeit nachholen. Uns wird es hier zunächst lediglich um die konkreten Vektorräume gehen, die in den folgenden Beispielen angegeben sind und die eng mit dem geometrischen Konzept von Vektoren verbunden sind.

Beispiel 2.1.2

Die Menge der geordneten Zahlenpaare und ihre Verknüpfungen gemäß

$$\mathbb{R}^2 := \mathbb{R} \times \mathbb{R} := \left\{ \begin{pmatrix} a_1 \\ a_2 \end{pmatrix} =: (a_1, a_2)^T \mid a_1, a_2 \in \mathbb{R} \right\},$$

$$(a_1, a_2)^T + (b_1, b_2)^T := (a_1 + b_1, a_2 + b_2)^T,$$

$$\lambda(a_1, a_2)^T := (\lambda a_1, \lambda a_2)^T,$$

bilden einen Vektorraum über $\mathbb{R}$ (**reelle Ebene**). Dabei ist in Hinblick auf die Notation mit dem hochgestellten T die folgende generelle Konvention zu beachten, die wir auch schon bei der Einführung des kartesischen Produkts erwähnt haben.

▷ **Bemerkung 2.1.3 Transponieren** Die Operation $(\ )^T$, die aus sogenannten **Spaltenvektoren** (besser: spaltenweise geschriebene Vektoren) sogenannte **Zeilenvektoren** (besser: zeilenweise geschriebene Vektoren) macht und umgekehrt, bezeichnet man als **transponieren**. Mit ihrer Hilfe ist es z. B. möglich, die Notation von Vektoren aus $\mathbb{R}^2$, die ja als Spaltenvektoren definiert sind, platzsparender zu gestalten, da man sie stets zeilenweise mit Transponierungszeichen notieren kann. Davon wird im Folgenden, auch für die entsprechend verallgemeinerten Vektorräume $\mathbb{R}^n$ (s.u.), intensiv Gebrauch gemacht.

Beispiel 2.1.4

Die Menge der geordneten Zahlentripel und ihre Verknüpfungen gemäß

$$\mathbb{R}^3 := \mathbb{R} \times \mathbb{R} \times \mathbb{R} := \left\{ \begin{pmatrix} a_1 \\ a_2 \\ a_3 \end{pmatrix} =: (a_1, a_2, a_3)^T \mid a_1, a_2, a_3 \in \mathbb{R} \right\},$$

$$(a_1, a_2, a_3)^T + (b_1, b_2, b_3)^T := (a_1 + b_1, a_2 + b_2, a_3 + b_3)^T,$$

$$\lambda(a_1, a_2, a_3)^T := (\lambda a_1, \lambda a_2, \lambda a_3)^T,$$

bilden einen Vektorraum über $\mathbb{R}$ (**reeller Raum**).

Abb. 2.8 Analytische Realisierung ebener Vektoren

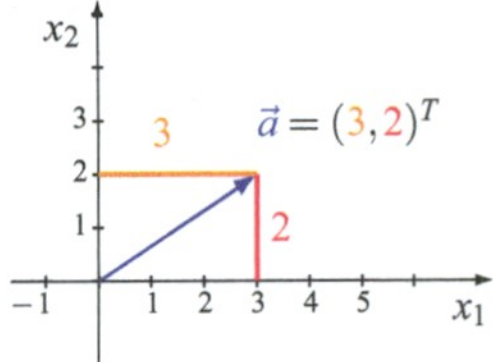

Beispiel 2.1.5

Die Menge der geordneten n-Tupel ($n \in \mathbb{N}^*$) und ihre Verknüpfungen gemäß

$$\mathbb{R}^n := \underbrace{\mathbb{R} \times \mathbb{R} \times \cdots \times \mathbb{R}}_{n \text{ mal}} := \{(a_1,\ldots,a_n)^T \mid a_1,\ldots,a_n \in \mathbb{R}\},$$

$$(a_1,\ldots,a_n)^T + (b_1,\ldots,b_n)^T := (a_1 + b_1,\ldots,a_n + b_n)^T,$$

$$\lambda(a_1,a_2,\ldots,a_n)^T := (\lambda a_1, \lambda a_2,\ldots,\lambda a_n)^T,$$

bilden einen Vektorraum über $\mathbb{R}$.

In Java nimmt man Vektoren aus dem $\mathbb{R}^n$ als Felder (engl. *arrays*) in Zugriff, also z. B. in der Form folgender Anweisung:

```
double[] a = new double[n];
```

Offenbar sind $\mathbb{R}^2$ und $\mathbb{R}^3$ Sonderfälle des $\mathbb{R}^n$ ($n = 2$ bzw. $n = 3$). Ferner ist der $\mathbb{R}^n$ als Menge natürlich nichts anderes als das n-fache **kartesische Produkt** der Menge $\mathbb{R}$ mit sich selbst. Seine spezielle Struktur als Vektorraum erhält er nämlich erst durch die Einführung der für ihn definierten inneren und äußeren Verknüpfungen.

▶ **Bemerkung 2.1.6 Gleichheit von Vektoren** Zwei beliebig gegebene Vektoren $\vec{a} = (a_1, a_2, \ldots, a_n)^T$ und $\vec{b} = (b_1, b_2, \ldots, b_m)^T$ sind dann und nur dann **gleich**, wenn $n = m$ gilt (man sagt: $\vec{a}$ und $\vec{b}$ das gleiche **Format** haben) und wenn $a_j = b_j$ für $1 \leq j \leq n$ gilt (man sagt: $\vec{a}$ und $\vec{b}$ dieselben **Komponenten** besitzen).

Identifiziert man nun in einem beliebig, aber fest vorgegebenen ebenen rechtwinkligen **Koordinatensystem** den Punkt $(a_1, a_2)^T$ mit dem sogenannten **Ortsvektor** $\vec{a}$, der geometrisch definiert ist als Vektor mit Anfangspunkt in $(0,0)^T$ und Spitze im Punkt $(a_1, a_2)^T$ und analytisch definiert ist als Vektor $\vec{a} := (a_1, a_2)^T \in \mathbb{R}^2$, dann entpuppt sich der Vektorraum $\mathbb{R}^2$ genau als die sogenannte **analytische Realisierung der Vektoren in der Ebene** (vgl. Abb. 2.8).

Man kann also nun nicht nur geometrisch, sondern auch analytisch mit ebenen Vektoren rechnen: Hat man die Vektoren als geometrische Objekte gegeben, dann definiert man ein festes Koordinatensystem, schiebt jeden Vektor mit seinem Anfangspunkt in den Ursprung des Koordinatensystems und identifiziert ihn analytisch mit den dann eindeutig definierten Koordinaten seiner Spitze (Ortsvektor). Dabei hängen die so erhaltenen Komponenten der Vektoren natürlich vom gewählten Koordinatensystem ab, d. h. wenn man das Koordinatensystem ändert, ändern sich auch die analytischen Beschreibungen der Vektoren. Ferner unterscheidet man häufig begrifflich nicht mehr zwischen **Punkt** und **Vektor**, sobald ein Koordinatensystem gegeben ist: Spricht man vom Punkt $(a_1, a_2)^T$, dann identifiziert man ihn implizit vielfach direkt mit seinem Ortsvektor bzw. kurz Vektor $\vec{a} = (a_1, a_2)^T$. Spricht man vom Ortsvektor bzw. schlicht vom Vektor $\vec{a} = (a_1, a_2)^T$, dann meint man bisweilen nur den Punkt $(a_1, a_2)^T$. Von dieser Konvention, die auch durch die **identische Notation von Punkten und Vektoren** gestützt wird und natürlich auch allgemein in jedem Vektorraum $\mathbb{R}^n$ gilt, wird im Folgenden vielfach Gebrauch gemacht.

2.2 Aufgaben mit Lösungen

Aufgabe 2.2.1 *Gegeben seien zwei (freie) Vektoren $\vec{a}$ (zwei Einheiten nach rechts; drei Einheiten nach oben; Spitze rechts oben) und $\vec{b}$ (vier Einheiten nach links; zwei Einheiten nach oben; Spitze oben links).*

(a) *Addieren Sie $\vec{a}$ und $\vec{b}$ mittels geometrischer Konstruktion.*

(b) *Führen Sie ein Koordinatensystem ein, und ordnen Sie den Vektoren $\vec{a}$ und $\vec{b}$ in eindeutiger Weise ihren jeweiligen Ortsvektor zu. Addieren Sie anschließend $\vec{a}$ und $\vec{b}$ mittels analytischer Rechnung.*

(c) *Machen Sie sich klar, dass der Ortsvektor des geometrisch konstruierten Summenvektors bezüglich des gegebenen Koordinatensystems genau mit dem analytisch berechneten Summenvektor übereinstimmt.*

Lösung der Aufgabe

(a) Addiert man die beiden Vektoren irgendwo in der Ebene, so erhält man als Summenvektor $\vec{a} + \vec{b}$ den (freien) Vektor mit folgenden Eigenschaften: 2 Einheiten nach links; 5 Einheiten nach oben; Spitze oben links.

(b) In einem Koordinatensystem, welches genau dieselben Längeneinheiten in x- und y-Richtung besitzen möge wie die definierten Vektoren, ergibt sich durch Übergang zu den Ortsvektoren die eindeutige analytische Darstellung $\vec{a} = (2, 3)^T$ und $\vec{b} = (-4, 2)^T$. Daraus berechnet man $\vec{a} + \vec{b} = (-2, 5)^T$.

(c) Verschiebt man den geometrisch konstruierten Summenvektor mit seinem Anfangspunkt in den Ursprung des Koordinatensystems, so kommt seine Spitze genau im Punkt $(-2, 5)^T$ zu liegen; sein eindeutig bestimmter Ortsvektor bezüglich des gegebenen Koordinatensystems stimmt also genau mit dem analytisch berechneten Summenvektor überein.

Aufgabe 2.2.2 *Gegeben sei ein beliebiger Vektor $\vec{a}$. Zeigen Sie nur unter Ausnutzung der Rechenregeln (A1) bis (A4) und (SM1) bis (SM4), dass $0\vec{a} = \vec{0}$ gilt.*

Lösung der Aufgabe   Nur unter Zugriff auf die angegebenen Regeln erhält man

$$0\vec{a} \stackrel{(A3)}{=} 0\vec{a} + \vec{0} \stackrel{(A4)}{=} 0\vec{a} + (\vec{a} + -\vec{a}) \stackrel{(A2,SM1)}{=} (0\vec{a} + 1\vec{a}) + -\vec{a}$$
$$\stackrel{(SM4)}{=} (0 + 1)\vec{a} + -\vec{a} \stackrel{\mathbb{R}}{=} 1\vec{a} + -\vec{a} \stackrel{(SM1)}{=} \vec{a} + -\vec{a} \stackrel{(A4)}{=} \vec{0} \, ,$$

wobei das $\mathbb{R}$ über dem Gleichheitszeichen auf das bekannte Rechnen mit reellen Zahlen hinweist.

Selbsttest 2.2.3   Welche der folgenden Aussagen sind wahr?

?+? Freie Vektoren sind unabhängig von einem Koordinatensystem.

?+? Jedem freien Vektor wird in einem Koordinatensystem genau ein Ortsvektor zugeordnet.

?+? Freie Vektoren haben in verschiedenen Koordinatensystemen verschiedene Komponenten.

?+? Sind zwei freie Vektoren gleich, dann besitzen sie auch stets denselben Ortsvektor.

?−? Die Summe zweier gleichlanger Vektoren ist doppelt so lang wie die beiden Vektoren.

2.3   Rechenregeln für Vektoren

Im Folgenden wird der betrachtete $\mathbb{R}$-Vektorraum stets der $\mathbb{R}^n$ sein, wobei $n \in \mathbb{N}^*$ fest gegeben sei. Man hat es in diesem Raum also mit der **Addition** im Sinne von

$$\vec{a}, \vec{b} \in \mathbb{R}^n : \quad \vec{a} + \vec{b} := \begin{pmatrix} a_1 + b_1 \\ a_2 + b_2 \\ \vdots \\ a_n + b_n \end{pmatrix}$$

sowie der **skalaren Multiplikation** gemäß

$$\lambda \in \mathbb{R}, \ \vec{a} \in \mathbb{R}^n : \quad \lambda\vec{a} := \begin{pmatrix} \lambda a_1 \\ \lambda a_2 \\ \vdots \\ \lambda a_n \end{pmatrix}$$

zu tun. Die für diese Operationen geltenden Rechenregeln, die den $\mathbb{R}^n$ gerade zum **Vektorraum über** $\mathbb{R}$ werden lassen und die sehr leicht mit Hilfe der entsprechenden Rechenregeln für die reellen Zahlen bewiesen werden können, sind die wichtigsten **Rechenregeln für Vektoren** und werden aufgrund ihrer Bedeutung nochmals zusammenfassend angegeben, wobei $\vec{a}, \vec{b}, \vec{c} \in \mathbb{R}^n$ und $\lambda, \mu \in \mathbb{R}$ beliebig gegeben seien:

$$
\begin{array}{lll}
\textbf{(A1)} & \vec{a} + \vec{b} = \vec{b} + \vec{a} & \textbf{(Kommutativität)} \\[4pt]
\textbf{(A2)} & (\vec{a} + \vec{b}) + \vec{c} = \vec{a} + (\vec{b} + \vec{c}) & \textbf{(Assoziativität)} \\[4pt]
\textbf{(A3)} & \exists \vec{0} \in \mathbb{R}^n : \vec{a} + \vec{0} = \vec{a} & \textbf{(neutrales Element)} \\[4pt]
\textbf{(A4)} & \exists -\vec{a} \in \mathbb{R}^n : \vec{a} + -\vec{a} = \vec{0} & \textbf{(inverse Elemente)} \\[8pt]
\textbf{(SM1)} & 1\vec{a} = \vec{a} & \textbf{(Verträglichkeit)} \\[4pt]
\textbf{(SM2)} & \lambda(\mu\vec{a}) = (\lambda\mu)\vec{a} & \textbf{(Assoziativität)} \\[4pt]
\textbf{(SM3)} & \lambda(\vec{a} + \vec{b}) = (\lambda\vec{a}) + (\lambda\vec{b}) & \textbf{(Distributivität)} \\[4pt]
\textbf{(SM4)} & (\lambda + \mu)\vec{a} = (\lambda\vec{a}) + (\mu\vec{a}) & \textbf{(Distributivität)}
\end{array}
$$

Man nennt jeden algebraischen Ausdruck, in dem Additionen und skalare Vielfache von Vektoren vorkommen, eine **Linearkombination** von Vektoren. Ferner werden zwei grundsätzliche Konventionen getroffen, die die Notation von Linearkombinationen vereinfachen.

▷ **Bemerkung 2.3.1 Punktrechnung vor Strichrechnung** Es wird vereinbart, dass skalare Multiplikationen vor Additionen auszuführen sind (Punktrechnung geht vor Strichrechnung), so dass z. B. bei der Formulierung der Distributivgesetze auf der rechten Seite die Klammern weggelassen werden können.

▷ **Bemerkung 2.3.2 Schlichtes Minus statt Plus-Minus** Es hat sich als Kurzschreibweise durchgesetzt, statt der Addition eines inversen Elements ein schlichtes Minuszeichen zu schreiben und statt von Addition eines inversen Elements von **Subtraktion** eines Elements zu sprechen, obwohl es streng genommen die Subtraktion als Operation gar nicht gibt.

Unter Anwendung dieser Konventionen werden in den folgenden Beispielen einige einfache Linearkombinationen von Vektoren berechnet.

Beispiel 2.3.3

Für eine Linearkombination von zwei Vektoren in $\mathbb{R}^3$ ergibt sich z. B.

$$
2\begin{pmatrix} 9 \\ 3 \\ 1 \end{pmatrix} + 4\begin{pmatrix} 7 \\ 9 \\ 1 \end{pmatrix} = \begin{pmatrix} 18 \\ 6 \\ 2 \end{pmatrix} + \begin{pmatrix} 28 \\ 36 \\ 4 \end{pmatrix} = \begin{pmatrix} 46 \\ 42 \\ 6 \end{pmatrix}
$$

und für eine einfache Summe z. B.

$$\begin{pmatrix} 19 \\ -23 \\ 11 \end{pmatrix} + \begin{pmatrix} 0 \\ 0 \\ 0 \end{pmatrix} = \begin{pmatrix} 19 \\ -23 \\ 11 \end{pmatrix}.$$

Erwartungsgemäß ist also der Vektor $\vec{0} := (0,0,0)^T$ das neutrale Element in $\mathbb{R}^3$, der auch wieder als Nullvektor bezeichnet wird.

Beispiel 2.3.4

Für eine Linearkombination von zwei Vektoren in $\mathbb{R}^2$ ergibt sich z. B.

$$2\begin{pmatrix} 3 \\ 7 \end{pmatrix} - 6\begin{pmatrix} 2 \\ 9 \end{pmatrix} = \begin{pmatrix} 6 \\ 14 \end{pmatrix} + \begin{pmatrix} -12 \\ -54 \end{pmatrix} = \begin{pmatrix} -6 \\ -40 \end{pmatrix}$$

und für eine einfache Summe z. B.

$$\begin{pmatrix} -13 \\ 11 \end{pmatrix} + \begin{pmatrix} 13 \\ -11 \end{pmatrix} = \begin{pmatrix} 0 \\ 0 \end{pmatrix}.$$

Erwartungsgemäß ist also z. B. für den Vektor $\vec{a} := (-13,11)^T$ der inverse Vektor gegeben durch $-\vec{a} = (13,-11)^T$.

Beispiel 2.3.5

Für eine Linearkombination von zwei Vektoren in $\mathbb{R}^4$ ergibt sich z. B.

$$-9\begin{pmatrix} 1 \\ 3 \\ 8 \\ 2 \end{pmatrix} + 4\begin{pmatrix} 3 \\ 8 \\ 4 \\ -2 \end{pmatrix} = \begin{pmatrix} -9 \\ -27 \\ -72 \\ -18 \end{pmatrix} + \begin{pmatrix} 12 \\ 32 \\ 16 \\ -8 \end{pmatrix} = \begin{pmatrix} 3 \\ 5 \\ -56 \\ -26 \end{pmatrix}.$$

In $\mathbb{R}^4$ ist der Vektor $\vec{0} := (0,0,0,0)^T$ das neutrale Element bzw. der Nullvektor, und die jeweils inversen Elemente bzw. Vektoren ergeben sich wieder durch Multiplikation aller gegebenen Komponenten des zu invertierenden Vektors mit dem Faktor -1.

2.4 Aufgaben mit Lösungen

Aufgabe 2.4.1 *Berechnen Sie:*

(a) $-3(7,3)^T + 4(2,9)^T - 8(1,-2)^T,$

(b) $-2(3,7,3,1,-2)^T - 6(2,9,0,2,3)^T - 2(3,2,-2,2,5)^T.$

Lösung der Aufgabe

(a)

$$-3\begin{pmatrix} 7 \\ 3 \end{pmatrix} + 4\begin{pmatrix} 2 \\ 9 \end{pmatrix} - 8\begin{pmatrix} 1 \\ -2 \end{pmatrix} = \begin{pmatrix} -21 \\ -9 \end{pmatrix} + \begin{pmatrix} 8 \\ 36 \end{pmatrix} - \begin{pmatrix} 8 \\ -16 \end{pmatrix} = \begin{pmatrix} -21 \\ 43 \end{pmatrix},$$

(b)

$$-2\begin{pmatrix} 3 \\ 7 \\ 3 \\ 1 \\ -2 \end{pmatrix} - 6\begin{pmatrix} 2 \\ 9 \\ 0 \\ 2 \\ 3 \end{pmatrix} - 2\begin{pmatrix} 3 \\ 2 \\ -2 \\ 2 \\ 5 \end{pmatrix} = \begin{pmatrix} -6 \\ -14 \\ -6 \\ -2 \\ 4 \end{pmatrix} - \begin{pmatrix} 12 \\ 54 \\ 0 \\ 12 \\ 18 \end{pmatrix} - \begin{pmatrix} 6 \\ 4 \\ -4 \\ 4 \\ 10 \end{pmatrix} = \begin{pmatrix} -24 \\ -72 \\ -2 \\ -18 \\ -24 \end{pmatrix}.$$

Selbsttest 2.4.2 Welche der folgenden Aussagen über das Rechnen mit Vektoren sind wahr?

?+? Für die Addition von Vektoren gilt das Kommutativgesetz.

?−? Das neutrale Element der Vektoraddition ist der Skalar 0.

?+? Für die skalare Multiplikation von Vektoren gelten zwei Distributivgesetze.

?+? Es gibt genau ein neutrales Element bezüglich der Vektoraddition.

?−? Es gibt zu jedem Vektor mindestens zwei inverse Elemente bezüglich der Vektoraddition.

2.5 Lineare (Un-)Abhängigkeit

In diesem Abschnitt wird das Konzept der **linearen Abhängigkeit und Unabhängigkeit** von Vektoren eingeführt, welches zu Beginn etwas ungewohnt erscheint. Sinn und Zweck dieser Begrifflichkeit ist es, für eine gegebene Menge von Vektoren zu entscheiden, ob diese alle höchst verschieden sind, also **linear unabhängig** sind, oder aber in gewissen Abhängigkeiten zueinander stehen, also **linear abhängig** sind. Der Test, um dieses festzustellen, ist ein wenig gewöhnungsbedürftig: Man fragt sich, auf welche verschiedenen Art und Weisen die Vektoren den Nullvektor linear kombinieren können. Geht das auf viele verschiedene Arten, dann gibt es Abhängigkeiten unter den Vektoren; schafft man es nur mittels skalarer Nullmultiplikation aller Vektoren, dann gibt es ein Höchstmaß an

Unabhängigkeit unter den Vektoren. Mathematisch präzise wird dies in der folgenden Definition festgehalten.

Definition 2.5.1 Lineare (Un-)Abhängigkeit

Es sei $\mathbb{R}^n$ mit $n \in \mathbb{N}^*$ gegeben. Man bezeichnet k Vektoren $\vec{a}^{(1)}, \vec{a}^{(2)}, \ldots, \vec{a}^{(k)} \in \mathbb{R}^n$ als **linear abhängig**, falls es Skalare $\lambda_1, \lambda_2, \ldots, \lambda_k \in \mathbb{R}$ gibt, so dass

$$\sum_{j=1}^{k} \lambda_j \vec{a}^{(j)} = \vec{0} \quad \text{und} \quad \lambda_j \neq 0 \quad \text{für mindestens ein } j \in \{1, 2, \ldots, k\} \qquad \textbf{l.a.}$$

gilt. Gibt es solche Skalare nicht, d. h. gilt die Implikation

$$\sum_{j=1}^{k} \lambda_j \vec{a}^{(j)} = \vec{0} \implies \lambda_j = 0 \quad \text{für alle } j \in \{1, 2, \ldots, k\} \qquad \textbf{l.u.}$$

dann nennt man $\vec{a}^{(1)}, \vec{a}^{(2)}, \ldots, \vec{a}^{(k)}$ **linear unabhängig.** ◄

Beispiel 2.5.2

Die Vektoren $\vec{a}^{(1)} := (1, 2, 3)^T$ und $\vec{a}^{(2)} := (-2, -4, -6)^T$ sind linear abhängig in $\mathbb{R}^3$, da z. B. mit $\lambda_1 = 2$ und $\lambda_2 = 1$ gilt

$$\lambda_1 \begin{pmatrix} 1 \\ 2 \\ 3 \end{pmatrix} + \lambda_2 \begin{pmatrix} -2 \\ -4 \\ -6 \end{pmatrix} = \begin{pmatrix} 0 \\ 0 \\ 0 \end{pmatrix}.$$

Beispiel 2.5.3

Die Vektoren $\vec{a}^{(1)} := (1, 0, 2)^T$ und $\vec{a}^{(2)} := (0, 1, 3)^T$ sind linear unabhängig in $\mathbb{R}^3$, da nur für $\lambda_1 = 0$ und $\lambda_2 = 0$ gilt

$$\lambda_1 \begin{pmatrix} 1 \\ 0 \\ 2 \end{pmatrix} + \lambda_2 \begin{pmatrix} 0 \\ 1 \\ 3 \end{pmatrix} = \begin{pmatrix} 0 \\ 0 \\ 0 \end{pmatrix}.$$

Die obigen beiden Beispiele sind so einfach gehalten, dass der Nachweis der linearen Abhängigkeit und Unabhängigkeit unmittelbar klar ist: Im ersten Fall rechnet man einfach nach, und im zweiten Fall liefert der Übergang zu den drei Komponentengleichungen unmittelbar das Ergebnis. Dabei muss man sich natürlich daran erinnern, wie man Vektoren skalar multipliziert und addiert und dass zwei Vektoren desselben Raums genau dann gleich sind, wenn sie komponentenweise gleich sind. Für eine größere Anzahl von Vektoren in einem Vektorraum $\mathbb{R}^n$ mit größerem $n \in \mathbb{N}^*$ wird diese Untersuchung natürlich wesentlich komplizierter. Im Moment soll diese Fragestellung nicht weiter vertieft werden, da die Techniken zu ihrer Lösung noch nicht bereitgestellt sind. An späterer Stelle wird dieses Problem jedoch erneut aufgegriffen und in vollkommener Allgemeinheit beantwortet.

Basierend auf dem Konzept der linearen Unabhängigkeit kann man nun in gewisser Weise die Größe von Vektorräumen bestimmen. Salopp gesprochen ist ein Vektorraum um so größer, je größere Mengen linear unabhängiger Vektoren man in ihm finden kann. Konkret lassen sich so die Begriffe der **Dimension** und der **Basis** eines Vektorraums einführen. Wir betrachten im Folgenden ausschließlich die uns inzwischen vertrauten Vektorräume $\mathbb{R}^n$ für ein beliebiges $n \in \mathbb{N}^*$.

▷ **Satz 2.5.4 Dimension und Basis der Vektorräume $\mathbb{R}^n$** Es sei $\mathbb{R}^n$ mit $n \in \mathbb{N}^*$ gegeben. $\mathbb{R}^n$ hat die **Dimension** n, kurz $\dim \mathbb{R}^n = n$, denn es gelten die folgenden definierenden Bedingungen:

- Es gibt n **linear unabhängige** Vektoren $\vec{a}^{(1)}, \vec{a}^{(2)}, \ldots, \vec{a}^{(n)} \in \mathbb{R}^n$.
- Jeder beliebige Vektor $\vec{b} \in \mathbb{R}^n$ kann als **Linearkombination** von $\vec{a}^{(1)}, \vec{a}^{(2)}, \ldots, \vec{a}^{(n)}$ dargestellt werden, d. h. es existieren Skalare $\lambda_1, \lambda_2, \ldots, \lambda_n \in \mathbb{R}$ mit

$$\vec{b} = \sum_{j=1}^{n} \lambda_j \vec{a}^{(j)}.$$

Die Vektoren $\vec{a}^{(1)}, \vec{a}^{(2)}, \ldots, \vec{a}^{(n)}$ heißen dann (eine) **Basis** von $\mathbb{R}^n$.

Beweis Es sei $\mathbb{R}^n$ mit $n \in \mathbb{N}^*$ gegeben. Eine Basis des $\mathbb{R}^n$ ist zum Beispiel die Basis der **kanonischen Einheitsvektoren:**

$$\vec{e}^{(1)} := (1, 0, 0, \ldots, 0, 0)^T,$$
$$\vec{e}^{(2)} := (0, 1, 0, \ldots, 0, 0)^T,$$
$$\vdots$$
$$\vec{e}^{(n)} := (0, 0, 0, \ldots, 0, 1)^T.$$

In einem **ersten Schritt** wird zunächst die lineare Unabhängigkeit von $\vec{e}^{(1)}, \ldots, \vec{e}^{(n)}$ gezeigt. Aus der Identität

$$\sum_{j=1}^{n} \lambda_j \vec{e}^{(j)} = \vec{0} \quad \Longleftrightarrow \quad \lambda_1 \begin{pmatrix} 1 \\ 0 \\ 0 \\ \vdots \\ 0 \end{pmatrix} + \lambda_2 \begin{pmatrix} 0 \\ 1 \\ 0 \\ \vdots \\ 0 \end{pmatrix} + \cdots + \lambda_n \begin{pmatrix} 0 \\ 0 \\ \vdots \\ 0 \\ 1 \end{pmatrix} = \begin{pmatrix} 0 \\ 0 \\ 0 \\ \vdots \\ 0 \end{pmatrix}$$

ergibt sich mit den Rechenregeln für Vektoren sofort $(\lambda_1, \ldots, \lambda_n)^T = (0, \ldots, 0)^T$ und daraus durch Übergang zu den Komponenten die Identitäten $\lambda_1 = 0, \ldots, \lambda_n = 0$. Also sind $\vec{e}^{(1)}, \ldots, \vec{e}^{(n)}$ linear unabhängig.

In einem **zweiten Schritt** ist nun die Darstellbarkeit jedes Vektors $\vec{b} \in \mathbb{R}^n$ als Linearkombination von $\vec{e}^{(1)}, \ldots, \vec{e}^{(n)}$ zu zeigen. Dazu sei $\vec{b} \in \mathbb{R}^n$ beliebig gegeben. Man setze einfach $\lambda_j := b_j$ für $1 \leq j \leq n$, denn dann gilt

$$\sum_{j=1}^{n} \lambda_j \vec{e}^{(j)} = \sum_{j=1}^{n} b_j \vec{e}^{(j)} = b_1 \begin{pmatrix} 1 \\ 0 \\ 0 \\ \vdots \\ 0 \end{pmatrix} + b_2 \begin{pmatrix} 0 \\ 1 \\ 0 \\ \vdots \\ 0 \end{pmatrix} + \cdots + b_n \begin{pmatrix} 0 \\ 0 \\ \vdots \\ 0 \\ 1 \end{pmatrix} = \begin{pmatrix} b_1 \\ b_2 \\ b_3 \\ \vdots \\ b_n \end{pmatrix} = \vec{b} \, . \qquad \Box$$

▷ **Bemerkung 2.5.5 Wohldefiniertheit des Dimensionsbegriffs** Formal müsste man zeigen, dass der Dimensionsbegriff **wohldefiniert** ist, d. h. zum Beispiel, dass in einem Vektorraum der Dimension n stets $(n + 1)$ oder mehr Vektoren linear abhängig sind und weniger als n Vektoren nicht jeden Vektor $\vec{b}$ linear kombinieren können. Auf diese Nachweise wird verzichtet. Ebenso wird im Folgenden ohne weiteren Beweis ausgenutzt, dass in einem Vektorraum der Dimension n **jede** Menge von n linear unabhängigen Vektoren eine Basis bildet! Beim formalen Nachweis dieser wichtigen Eigenschaften spielt der sogenannte **Austauschsatz von Steinitz** eine zentrale Rolle, der von Ernst Steinitz (1871–1928) um 1910 erstmals formuliert wurde. Eine vollständige Behandlung der Dimensionsbestimmung zusammen mit dem Austauschsatz kann man z. B. in [1] nachlesen.

Die Frage, die sich nun natürlich stellt, ist die, wie man für eine Menge von gegebenen Vektoren möglichst effizient feststellen kann, ob sie linear unabhängig sind und somit gegebenenfalls eine Basis des Raumes bilden, in dem sie liegen. In völliger Allgemeinheit bedarf es dazu der Lösung sogenannter homogener linearer Gleichungssysteme, auf die wir in Kürze im Detail eingehen werden. In bestimmten Fällen reicht aber auch ein reines Abzählargument, welches wir im Rahmen der folgenden Bemerkung kurz im Zusammenhang formulieren.

▷ **Bemerkung 2.5.6 Lineare (Un-)Abhängigkeit und Basiseigenschaft** Aufgrund des obigen Satzes kann man die Untersuchung, ob r Vektoren $\vec{a}^{(1)}, \vec{a}^{(2)},$ $\ldots, \vec{a}^{(r)} \in \mathbb{R}^n$ linear abhängig oder unabhängig sind und so gegebenenfalls eine Basis bilden oder eben nicht, stets wie folgt vereinfachen:

• Für $r > n$ können die Vektoren nur **linear abhängig** sein, denn die Dimension von $\mathbb{R}^n$ ist lediglich gleich n und in einem n-dimensionalen Vektorraum können maximal n Vektoren linear unabhängig sein. Insbesondere können die Vektoren **keine Basis** des $\mathbb{R}^n$ sein.

- Für $r = n$ können die Vektoren **linear abhängig oder linear unabhängig** sein. Sind sie **linear abhängig**, dann sind sie **keine Basis**. Sind sie **linear unabhängig**, dann bilden sie auch eine **Basis** des $\mathbb{R}^n$. Allgemein gilt, dass in einem Vektorraum der Dimension n jede Basis aus genau n linear unabhängigen Vektoren besteht und, umgekehrt, dass jede Menge von n linear unabhängigen Vektoren eine Basis bildet!

- Für $r < n$ können die Vektoren **linear abhängig oder linear unabhängig** sein. Sie bilden aber **niemals eine Basis** des $\mathbb{R}^n$, denn auch wenn sie linear unabhängig sind, lassen sich mit ihnen nicht alle Vektoren $\vec{b} \in \mathbb{R}^n$ als Linearkombination darstellen.

Eine wichtige Eigenschaft, die unmittelbar aus dem Konzept von Dimension und Basis folgt, ist die **eindeutige Darstellbarkeit von Vektoren bezüglich einer Basis** bzw. allgemeiner bezüglich linear unabhängiger Vektoren. Dieses Resultat wird im folgenden Satz festgehalten.

▷ **Satz 2.5.7 Eindeutigkeit der Basisdarstellung** Es sei $\mathbb{R}^n$ mit $n \in \mathbb{N}^*$ gegeben sowie $k \in \{1, 2, \ldots, n\}$ und $\vec{a}^{(1)}, \vec{a}^{(2)}, \ldots, \vec{a}^{(k)} \in \mathbb{R}^n$ linear unabhängig. Ferner sei $\vec{b} \in \mathbb{R}^n$ ein beliebiger Vektor. Wenn sich der Vektor $\vec{b}$ als Linearkombination der Vektoren $\vec{a}^{(1)}, \vec{a}^{(2)}, \ldots, \vec{a}^{(k)}$ darstellen lässt, dann ist diese Darstellung eindeutig, d. h. es gibt eindeutig bestimmte $\lambda_1, \ldots, \lambda_k \in \mathbb{R}$ mit

$$\vec{b} = \sum_{j=1}^{k} \lambda_j \vec{a}^{(j)} .$$

Gilt speziell $k = n$, d. h. handelt es sich bei den Vektoren $\vec{a}^{(1)}, \vec{a}^{(2)}, \ldots, \vec{a}^{(n)}$ um eine Basis von $\mathbb{R}^n$, dann gilt die obige Aussage für alle Vektoren $\vec{b} \in \mathbb{R}^n$.

Beweis Zunächst ist die Existenz der Skalare $\lambda_1, \ldots, \lambda_k \in \mathbb{R}$ mit der angegebenen Eigenschaft im Fall $k \in \{1, 2, \ldots, n - 1\}$ aufgrund der Darstellbarkeitsbedingung für $\vec{b}$ klar, und im Fall $k = n$ folgt die Darstellbarkeit aller Vektoren aus $\mathbb{R}^n$ unmittelbar aus der Definition einer Basis. Es ist also lediglich noch zu zeigen, dass die Skalare eindeutig bestimmt sind. Dazu seien mit $\gamma_1, \ldots, \gamma_k \in \mathbb{R}$ weitere Skalare gegeben mit

$$\vec{b} = \sum_{j=1}^{k} \gamma_j \vec{a}^{(j)} .$$

Mit den Rechenregeln für Vektoren folgt daraus sofort

$$\vec{0} = \vec{b} - \vec{b} = \sum_{j=1}^{k} \lambda_j \vec{a}^{(j)} - \sum_{j=1}^{k} \gamma_j \vec{a}^{(j)} = \sum_{j=1}^{k} (\lambda_j - \gamma_j) \vec{a}^{(j)} .$$

Da die Vektoren $\vec{a}^{(1)}, \vec{a}^{(2)}, \ldots, \vec{a}^{(k)}$ linear unabhängig sind, impliziert diese Identität sofort $\lambda_j - \gamma_j = 0$ für $1 \le j \le k$, also $\lambda_j = \gamma_j$ für $1 \le j \le k$. Somit sind die Koeffizienten zur Darstellung von $\vec{b}$ bezüglich $\vec{a}^{(1)}, \vec{a}^{(2)}, \ldots, \vec{a}^{(k)}$ eindeutig bestimmt. $\qquad\square$

2.6 Aufgaben mit Lösungen

Aufgabe 2.6.1 *Untersuchen Sie die folgenden Vektoren auf lineare Abhängigkeit, Unabhängigkeit und Basiseigenschaft in* $\mathbb{R}^2$:

(a) $\vec{a}^{(1)} := (1, -4)^T$ *und* $\vec{a}^{(2)} := (-1, 3)^T$,

(b) $\vec{a}^{(1)} := (3, -2)^T$, $\vec{a}^{(2)} := (-1, 3)^T$ *und* $\vec{a}^{(3)} := (2, 5)^T$,

(c) $\vec{a}^{(1)} := (1, -2)^T$.

Lösung der Aufgabe

(a) Die Vektorgleichung

$$\lambda_1 \begin{pmatrix} 1 \\ -4 \end{pmatrix} + \lambda_2 \begin{pmatrix} -1 \\ 3 \end{pmatrix} = \begin{pmatrix} 0 \\ 0 \end{pmatrix}$$

führt durch Übergang zu den Komponenten zu dem linearen Gleichungssystem

$$\lambda_1 - \lambda_2 = 0 \,,$$
$$-4\lambda_1 + 3\lambda_2 = 0 \,.$$

Multipliziert man die erste Gleichung mit 4 und addiert sie auf die zweite, so erhält man $\lambda_2 = 0$. Setzt man dies z. B. in die erste Gleichung ein, so folgt auch $\lambda_1 = 0$. Also sind die beiden Vektoren linear unabhängig. Da der Vektorraum $\mathbb{R}^2$ die Dimension 2 hat, bilden sie auch eine Basis von $\mathbb{R}^2$.

(b) In einem Vektorraum der Dimension 2, hier $\mathbb{R}^2$, können nie mehr als zwei Vektoren linear unabhängig sein. Also handelt es sich bei den vorliegenden drei Vektoren um linear abhängige Vektoren und insbesondere um keine Basis.

(c) Die Vektorgleichung

$$\lambda_1 \begin{pmatrix} 1 \\ -2 \end{pmatrix} = \begin{pmatrix} 0 \\ 0 \end{pmatrix}$$

impliziert sofort, dass $\lambda_1 = 0$ sein muss. Also ist der einzelne Vektor insbesondere linear unabhängig. Er bildet aber keine Basis von $\mathbb{R}^2$, denn in einem Vektorraum der Dimension 2 muss jede Basis aus genau 2 linear unabhängigen Vektoren bestehen.

Selbsttest 2.6.2   Welche der folgenden Aussagen sind wahr?

?+? Jeder vom Nullvektor verschiedene Vektor ist linear unabhängig.

?−? Vier Vektoren in $\mathbb{R}^5$ sind stets linear unabhängig.

?−? Vier Vektoren in $\mathbb{R}^5$ sind stets linear abhängig.

?+? Vier Vektoren in $\mathbb{R}^3$ sind stets linear abhängig.

?+? Zwei Vektoren sind linear abhängig, wenn der eine ein Vielfaches des anderen ist.

?+? Eine Menge von Vektoren ist linear abhängig, wenn einer der Vektoren der Nullvektor ist.

Literatur

1. Fischer, G.: Lineare Algebra, 18. Aufl. Springer Spektrum, Wiesbaden (2014)
2. Knabner, P., Barth, W.: Lineare Algebra: Grundlagen und Anwendungen, 2. Aufl. Springer Spektrum, Berlin (2018)
3. Liesen, J., Mehrmann, V.: Lineare Algebra, 2. Aufl. Springer Spektrum, Wiesbaden (2015)

Vektorrechnung

3

Neben den bereits betrachteten Operationen mit Vektoren, nämlich der Addition und der skalaren Multiplikation, gibt es weitere Verknüpfungen von Vektoren, die in den Anwendungen eine wichtige Rolle spielen. Diese im Folgenden einzuführenden Operationen sind insbesondere dann von Nutzen, wenn es darum geht, gewisse geometrische Eigenschaften und Größen zu bestimmen. Erwähnt sei dabei z. B. die Berechnung der Länge von Vektoren, des Winkels zwischen Vektoren oder aber der Fläche oder des Volumens von Objekten, die durch Vektoren begrenzt oder definierbar sind (hinsichtlich weiterführender Informationen siehe [1–3]).

3.1 Skalarprodukt

Die erste neue Operation mit Vektoren ist das sogenannte **Skalarprodukt**, dessen Definition wie folgt gegeben ist.

Definition 3.1.1 Skalarprodukt

Das **Skalarprodukt** zweier Vektoren $\vec{a}, \vec{b} \in \mathbb{R}^n$ ist definiert als

$$\langle \vec{a}, \vec{b} \rangle := \vec{a} \cdot \vec{b} := \sum_{k=1}^{n} a_k b_k \ .$$

Im Folgenden wird stets die Notation $\vec{a} \cdot \vec{b}$ für das Skalarprodukt zweier Vektoren $\vec{a}, \vec{b} \in \mathbb{R}^n$ benutzt und nicht die sonst auch übliche Bezeichnung $\langle \vec{a}, \vec{b} \rangle$. ◄

Elektronisches Zusatzmaterial Die elektronische Version dieses Kapitels enthält Zusatzmaterial, das berechtigten Benutzern zur Verfügung steht https://doi.org/10.1007/978-3-658-29969-9_3.

Beispiel 3.1.2

Gegeben seien die Vektoren $\vec{a} := (2, 0, 4)^T$ und $\vec{b} := (1, 2, 2)^T$. Dann gilt

$$\vec{a} \cdot \vec{b} = \begin{pmatrix} 2 \\ 0 \\ 4 \end{pmatrix} \cdot \begin{pmatrix} 1 \\ 2 \\ 2 \end{pmatrix} = 2 \cdot 1 + 0 \cdot 2 + 4 \cdot 2 = 10 \,.$$

Beispiel 3.1.3

Gegeben seien die Vektoren $\vec{a} := (15, 6)^T$ und $\vec{b} := (-2, 5)^T$. Dann gilt

$$\vec{a} \cdot \vec{b} = \begin{pmatrix} 15 \\ 6 \end{pmatrix} \cdot \begin{pmatrix} -2 \\ 5 \end{pmatrix} = 15 \cdot (-2) + 6 \cdot 5 = 0 \,.$$

Das letzte Beispiel wirft die Frage auf, ob das Verschwinden des Skalarprodukts mit einer gewissen geometrischen Lage der beiden beteiligten Vektoren in Verbindung gebracht werden kann. Um dieser Frage auf den Grund zu gehen, wird zunächst der spezielle Fall zweier beliebiger, **senkrechter** (man sagt auch: **orthogonaler**) Vektoren in $\mathbb{R}^2$ betrachtet.

Anhand von Abb. 3.1 und unter Ausnutzung der Additionstheoreme für die Sinus- und Cosinusfunktion ergibt sich für das Skalarprodukt unmittelbar

$$\begin{aligned}
\vec{a} \cdot \vec{b} &= a_1 b_1 + a_2 b_2 \\
&= |\vec{a}| \cos(\alpha) \, |\vec{b}| \cos\left(\alpha + \frac{\pi}{2}\right) + |\vec{a}| \sin(\alpha) \, |\vec{b}| \sin\left(\alpha + \frac{\pi}{2}\right) \\
&= |\vec{a}||\vec{b}|\left(\cos(\alpha) \cos\left(\alpha + \frac{\pi}{2}\right) + \sin(\alpha) \sin\left(\alpha + \frac{\pi}{2}\right) \right) \\
&= |\vec{a}||\vec{b}|\left(\cos(\alpha)(-\sin(\alpha)) + \sin(\alpha) \cos(\alpha) \right) = 0 \,.
\end{aligned}$$

Damit ist in $\mathbb{R}^2$ allgemein gezeigt, dass das Skalarprodukt verschwindet, wenn die beteiligten Vektoren senkrecht zueinander stehen. Da man in ähnlicher Weise auch für **senkrechte Vektoren** in $\mathbb{R}^3$ unter Ausnutzung elementargeometrischer Argumente nachweisen

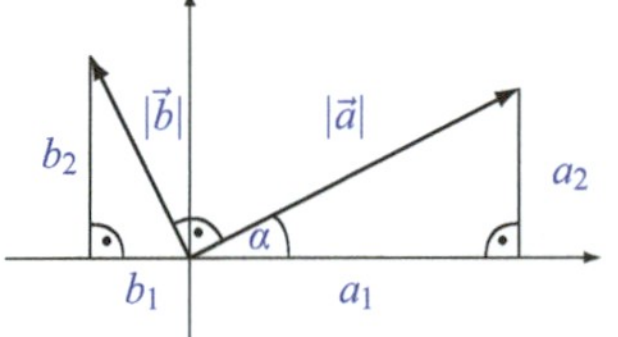

Abb. 3.1 Zwei orthogonale Vektoren in $\mathbb{R}^2$

kann, dass ihr Skalarprodukt verschwindet, ist die folgende allgemeine Definition für **orthogonale Vektoren** bzw. für **senkrechte Vektoren** naheliegend, auch wenn man sich für Räume der Dimension $n > 3$ dieses Senkrecht-Stehen nicht mehr geometrisch veranschaulichen kann.

Definition 3.1.4 Orthogonale Vektoren

Man bezeichnet **zwei Vektoren** $\vec{a}, \vec{b} \in \mathbb{R}^n$, deren Skalarprodukt verschwindet, die also $\vec{a} \cdot \vec{b} = 0$ erfüllen, als **orthogonale** oder auch als **senkrechte** Vektoren. Im Folgenden wird für zwei orthogonale Vektoren bisweilen auch die Notation $\vec{a} \perp \vec{b}$ benutzt. ◄

Beispiel 3.1.5

Die beiden Vektoren $\vec{a} := (2, -1, 4)^T$ und $\vec{b} := (3, 2, -1)^T$ sind orthogonal, denn es gilt

$$\vec{a} \cdot \vec{b} = \begin{pmatrix} 2 \\ -1 \\ 4 \end{pmatrix} \cdot \begin{pmatrix} 3 \\ 2 \\ -1 \end{pmatrix} = 2 \cdot 3 + (-1) \cdot 2 + 4 \cdot (-1) = 0 \,.$$

Das Konzept der Orthogonalität lässt sich dahingehend verallgemeinern, dass man auch beliebige **Winkel** zwischen zwei gegebenen Vektoren mit Hilfe des Skalarprodukts bestimmen kann. Darauf soll an späterer Stelle im Detail eingegangen werden. Im Folgenden soll es zunächst um eine weitere sehr einfache geometrische Größe gehen, die man ebenfalls mit Hilfe des Skalarprodukts bestimmen kann und die bereits von Euklid von Alexandria (um 300 v. Chr.) betrachtet wurde, nämlich die **Länge eines Vektors**.

Definition 3.1.6 Länge von Vektoren

Die **Länge** (oder der **Betrag** oder der **Modul** oder die sogenannte **(Euklidische) Norm**) eines **Vektors** $\vec{a} \in \mathbb{R}^n$ ist definiert als

$$\|\vec{a}\|_2 := |\vec{a}| := \sqrt{\vec{a} \cdot \vec{a}} = \sqrt{\sum_{k=1}^{n} (a_k)^2} \,.$$

Im Folgenden wird stets die Notation $|\vec{a}|$ für die Länge eines Vektors $\vec{a} \in \mathbb{R}^n$ benutzt und nicht die sonst auch übliche Bezeichnung $\|\vec{a}\|_2$. ◄

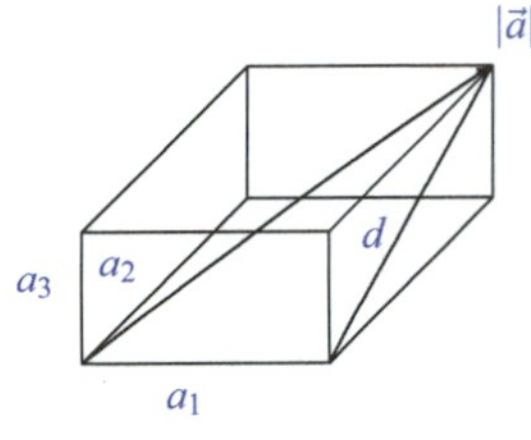

Abb. 3.2 Satz des Pythagoras in $\mathbb{R}^2$

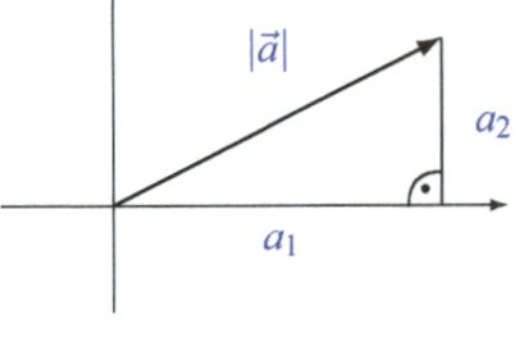

Abb. 3.3 Satz des Pythagoras in $\mathbb{R}^3$

Beispiel 3.1.7

Gegeben seien die Vektoren $\vec{a} := (2, 0, 4)^T$ und $\vec{b} := (1, 2, 2)^T$. Dann gilt

$$|\vec{a}| = \sqrt{2^2 + 0^2 + 4^2} = \sqrt{20} = 2\sqrt{5},$$
$$|\vec{b}| = \sqrt{1^2 + 2^2 + 2^2} = \sqrt{9} = 3.$$

Die Frage, die sich nun natürlich wieder stellt, ist die, wie man zu so einer Begriffsbildung wie der oben definierten Länge kommt. Die Antwort lautet, wie auch schon bei der Einführung der Orthogonalität, dass in den Fällen $n = 2$ und $n = 3$ die so eingeführte Länge genau der Länge entspricht, die auch elementar mit Hilfe des **Satzes des Pythagoras** (Pythagoras von Samos, ca. 580–500 v. Chr.) hätte bestimmt werden können. Im Fall $n = 1$ ist die Länge ebenfalls identisch mit dem altbekannten Betrag und in höheren Dimensionen $n > 3$ ist die Längendefinition damit zumindest plausibel, obwohl man sich dort die Vektoren und damit natürlich auch ihre Länge nicht mehr geometrisch veranschaulichen kann. Zur Erläuterung betrachte man die Abb. 3.2 und 3.3.

Während der Satz des Pythagoras in $\mathbb{R}^2$ klar ist,

$$|\vec{a}|^2 = (a_1)^2 + (a_2)^2,$$

muss man in $\mathbb{R}^3$ zunächst in einem ersten Schritt die Diagonale d einer Seitenfläche berechnen aus

$$d^2 = (a_2)^2 + (a_3)^2.$$

Anschließend erhält man für die Raum-Diagonale $\vec{a}$ durch abermalige Anwendung des Satzes von Pythagoras

$$|\vec{a}|^2 = (a_1)^2 + d^2 = (a_1)^2 + (a_2)^2 + (a_3)^2 \; .$$

Es werden nun einige wichtige **Rechenregeln für das Skalarprodukt** formuliert und bewiesen.

▷ **Satz 3.1.8 Rechenregeln für das Skalarprodukt** Es seien $\lambda \in \mathbb{R}$ und $\vec{a}, \vec{b}, \vec{c} \in \mathbb{R}^n$ beliebig gegeben. Dann gilt:

(SP1)	$\vec{a} \cdot \vec{b} = \vec{b} \cdot \vec{a}$	**(Kommutativität, Symmetrie)**
(SP2)	$\vec{a} \cdot (\vec{b} + \vec{c}) = (\vec{a} \cdot \vec{b}) + (\vec{a} \cdot \vec{c})$	**(Additivität)**
(SP3)	$\vec{a} \cdot (\lambda\vec{b}) = \lambda(\vec{a} \cdot \vec{b})$	**(Homogenität)**
(SP4)	$\vec{a} \neq \vec{0} \iff \vec{a} \cdot \vec{a} > 0$	**(positive Definitheit)**

Beweis Der Beweis ist einfach und ergibt sich direkt mit Hilfe der Rechenregeln für reelle Zahlen:

$$\text{(SP1):} \quad \vec{a} \cdot \vec{b} = \sum_{k=1}^{n} a_k b_k = \sum_{k=1}^{n} b_k a_k = \vec{b} \cdot \vec{a} \; ,$$

$$\text{(SP2):} \quad \vec{a} \cdot (\vec{b} + \vec{c}) = \sum_{k=1}^{n} a_k (b_k + c_k) = \sum_{k=1}^{n} a_k b_k + \sum_{k=1}^{n} a_k c_k = \vec{a} \cdot \vec{b} + \vec{a} \cdot \vec{c} \; ,$$

$$\text{(SP3):} \quad \vec{a} \cdot (\lambda\vec{b}) = \sum_{k=1}^{n} a_k (\lambda b_k) = \lambda \sum_{k=1}^{n} a_k b_k = \lambda(\vec{a} \cdot \vec{b}) \; ,$$

$$\text{(SP4):} \quad \vec{a} \neq \vec{0} \iff \exists k \in \{1, \dots, n\} : a_k \neq 0 \iff \vec{a} \cdot \vec{a} = \sum_{k=1}^{n} (a_k)^2 > 0 \; . \qquad \square$$

▷ **Bemerkung 3.1.9 Punktrechnung vor Strichrechnung** Es gilt wieder die Konvention, dass Skalarprodukte vor Additionen auszuführen sind (Punktrechnung geht vor Strichrechnung), so dass z. B. bei der Formulierung des Gesetzes über die Additivität auf der rechten Seite die Klammern weggelassen werden können. Dies wurde im Beweis bereits getan. Ferner lässt man bisweilen bei der Bildung des Skalarprodukts auch einfach den Multiplikationspunkt weg, so dass $\vec{a}\vec{b}$ als $\vec{a} \cdot \vec{b}$ zu interpretieren ist.

3.2 Aufgaben mit Lösungen

Aufgabe 3.2.1 *Berechnen Sie die Skalarprodukte von*

(a) $\vec{a} := (1, -2)^T$ *und* $\vec{b} := (-1, 3)^T$,
(b) $\vec{a} := (2, 1, -2)^T$ *und* $\vec{b} := (1, 6, 3)^T$,
(c) $\vec{a} := (-5, 1, 5, 2)^T$ *und* $\vec{b} := (1, 4, -1, 3)^T$,

und entscheiden Sie, ob die Vektoren orthogonal sind oder nicht.

Lösung der Aufgabe

(a) Wegen $\begin{pmatrix} 1 \\ -2 \end{pmatrix} \cdot \begin{pmatrix} -1 \\ 3 \end{pmatrix} = 1 \cdot (-1) + (-2) \cdot 3 = -7 \neq 0$ sind die Vektoren nicht orthogonal.

(b) Wegen $\begin{pmatrix} 2 \\ 1 \\ -2 \end{pmatrix} \cdot \begin{pmatrix} 1 \\ 6 \\ 3 \end{pmatrix} = 2 \cdot 1 + 1 \cdot 6 + (-2) \cdot 3 = 2 \neq 0$ sind die Vektoren nicht orthogonal.

(c) Wegen $\begin{pmatrix} -5 \\ 1 \\ 5 \\ 2 \end{pmatrix} \cdot \begin{pmatrix} 1 \\ 4 \\ -1 \\ 3 \end{pmatrix} = (-5) \cdot 1 + 1 \cdot 4 + 5 \cdot (-1) + 2 \cdot 3 = 0$ sind die Vektoren orthogonal.

Aufgabe 3.2.2 *Berechnen Sie die Längen folgender Vektoren:*

(a) $\vec{a} := (1, -2)^T$,
(b) $\vec{b} := (2, 1, -2)^T$,
(c) $\vec{c} := (0, 1, 5, 2)^T$.

Lösung der Aufgabe
(a) $|\vec{a}| = \sqrt{1^2 + (-2)^2} = \sqrt{5}$,
(b) $|\vec{b}| = \sqrt{2^2 + 1^2 + (-2)^2} = \sqrt{9} = 3$,
(c) $|\vec{c}| = \sqrt{0^2 + 1^2 + 5^2 + 2^2} = \sqrt{30}$.

Selbsttest 3.2.3 Welche der folgenden Aussagen für das Skalarprodukt sind wahr?

?–? Für alle $\vec{a} \in \mathbb{R}^n$ ist $\vec{a} \cdot \vec{a}$ stets größer als Null.
?+? Für alle $\vec{a} \in \mathbb{R}^n$ ist $(-\vec{a}) \cdot \vec{a}$ nie größer als Null.
?+? Für alle $\vec{a} \in \mathbb{R}^n$ ist $\vec{a} \cdot \vec{0}$ gleich Null.
?–? Für alle $\vec{a}, \vec{b} \in \mathbb{R}^n$ ist $\vec{a} \cdot \vec{b}$ nie negativ.

3.3 Vektorprodukt

Neben dem Skalarprodukt spielt das sogenannte Vektorprodukt eine wichtige Rolle in der Linearen Algebra. Dabei ist es sehr wichtig zu beachten, dass das Vektorprodukt im Gegensatz zum Skalarprodukt **nur im Vektorraum** $\mathbb{R}^3$ erklärt ist und natürlich – wie der Name schon sagt – **als Ergebnis keinen Skalar, sondern einen Vektor liefert!** Die Definition dieses neuen **Vektorprodukts,** das auch manchmal als **Kreuzprodukt** bezeichnet wird, ist wie folgt gegeben.

Definition 3.3.1 Vektorprodukt

Das **Vektorprodukt** zweier Vektoren $\vec{a}, \vec{b} \in \mathbb{R}^3$ ist definiert als

$$\vec{a} \times \vec{b} := (a_2 b_3 - a_3 b_2, a_3 b_1 - a_1 b_3, a_1 b_2 - a_2 b_1)^T. \quad \blacktriangleleft$$

$\triangleright$ **Bemerkung 3.3.2 Rechenschema** Als kleine Eselsbrücke zur Berechnung des Vektorprodukts $\vec{a} \times \vec{b}$, die auch die vielfach üblich Bezeichnung Kreuzprodukt motiviert, betrachte man die folgende Notation:

$$\begin{pmatrix} a_1 \\ a_2 \\ a_3 \end{pmatrix} \times \begin{pmatrix} b_1 \\ b_2 \\ b_3 \end{pmatrix} = \begin{pmatrix} a_1 & & b_1 \\ a_2 & \times & b_2 \\ a_3 & \times & b_3 \\ a_1 & \times & b_1 \\ a_2 & & b_2 \end{pmatrix} = \begin{pmatrix} a_2 b_3 - a_3 b_2 \\ a_3 b_1 - a_1 b_3 \\ a_1 b_2 - a_2 b_1 \end{pmatrix}.$$

Man denkt sich bei der Berechnung des Vektorprodukts die Vektoren $\vec{a}$ und $\vec{b}$ durch ihre ersten beiden Komponenten verlängert und hat dann ausgehend von der zweiten Komponente von $\vec{a}$ stets über Kreuz komponentenweise zu multiplizieren. Dabei werden Produkte von links oben nach rechts unten mit plus und Produkte von links unten nach rechts oben stets mit minus berücksichtigt und wie angegeben zur Berechnung der Komponenten des Produktvektors benutzt.

Beispiel 3.3.3

Gegeben seien die Vektoren $\vec{a} := (2, 0, 4)^T$ und $\vec{b} := (1, 2, 2)^T$. Dann gilt

$$\vec{a} \times \vec{b} = \begin{pmatrix} 2 \\ 0 \\ 4 \end{pmatrix} \times \begin{pmatrix} 1 \\ 2 \\ 2 \end{pmatrix} = \begin{pmatrix} 0 \cdot 2 - 4 \cdot 2 \\ 4 \cdot 1 - 2 \cdot 2 \\ 2 \cdot 2 - 0 \cdot 1 \end{pmatrix} = \begin{pmatrix} -8 \\ 0 \\ 4 \end{pmatrix}.$$

Abb. 3.4 Vektorprodukt und Parallelogrammfläche

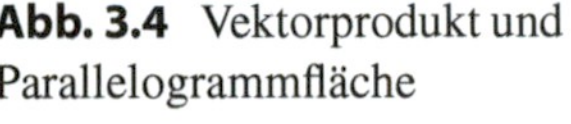

Mit Hilfe des Vektorprodukts lässt sich nun die **Fläche eines Parallelogramms** berechnen (vgl. Abb. 3.4).

▶ **Satz 3.3.4 Berechnung einer Parallelogrammfläche** Es seien $\vec{a}, \vec{b} \in \mathbb{R}^3$ beliebig gegeben. Dann lässt sich der **Flächeninhalt** des von $\vec{a}$ und $\vec{b}$ aufgespannten **Parallelogramms** berechnen als

$$|\vec{a} \times \vec{b}| = \sqrt{(a_2 b_3 - a_3 b_2)^2 + (a_3 b_1 - a_1 b_3)^2 + (a_1 b_2 - a_2 b_1)^2}\,.$$

Beispiel 3.3.5

Gegeben seien die Vektoren $\vec{a} := (2, 0, 4)^T$ und $\vec{b} := (1, 2, 2)^T$. Dann gilt für die Fläche des von $\vec{a}$ und $\vec{b}$ aufgespannten Parallelogramms

$$|\vec{a} \times \vec{b}| = \left| \begin{pmatrix} 0 - 8 \\ 4 - 4 \\ 4 - 0 \end{pmatrix} \right| = \left| \begin{pmatrix} -8 \\ 0 \\ 4 \end{pmatrix} \right| = \sqrt{64 + 0 + 16} = \sqrt{80}\,.$$

▶ **Satz 3.3.6 Rechenregeln für das Vektorprodukt** Es seien $\lambda \in \mathbb{R}$ und $\vec{a}, \vec{b}, \vec{c} \in \mathbb{R}^3$ beliebig gegeben. Dann gilt:

(VP1)	$\vec{a} \times \vec{b} = -(\vec{b} \times \vec{a})$	**(Alternativität, Anti-Symmetrie)**
(VP2)	$\vec{a} \times (\vec{b} + \vec{c}) = (\vec{a} \times \vec{b}) + (\vec{a} \times \vec{c})$	**(Additivität)**
(VP3)	$\vec{a} \times (\lambda \vec{b}) = \lambda(\vec{a} \times \vec{b})$	**(Homogenität)**
(VP4)	$(\vec{a} \times \vec{b}) \cdot \vec{a} = 0 = (\vec{a} \times \vec{b}) \cdot \vec{b}$	**(Orthogonalität)**

▶ **Bemerkung 3.3.7 3-Finger-Regel der rechten Hand** Zur qualitativen Veranschaulichung der Lage der beim Vektorprodukt beteiligten Vektoren kann man sich der sogenannten **3-Finger-Regel der rechten Hand** bedienen. Diese kleine Merkregel verdankt ihren Namen der folgenden einfachen Vorgehensweise (vgl. dazu auch Abb. 3.4): Wenn man den Daumen der rechten Hand in Richtung von $\vec{a}$ zeigen lässt und den Zeigefinger der rechten Hand in Richtung von $\vec{b}$, dann zeigt der senkrecht zu diesen beiden Fingern abgespreizte Mittelfinger der rechten Hand genau in Richtung von $\vec{a} \times \vec{b}$, sofern es sich bei dem zugrunde liegenden Koordinatensystem um ein **rechtsorientiertes Koordinatensystem** handelt. Darunter versteht man wiederum ein Koordinatensystem mit folgender Eigenschaft: Wenn man den Daumen der rechten Hand in Richtung der positiven x-Achse zeigen lässt und den Zeigefinger der rechten Hand in Richtung der positiven y-Achse, dann zeigt der senkrecht zu diesen beiden Fingern abgespreizte Mittelfinger der rechten Hand genau in Richtung der positiven z-Achse. Hier und im Folgenden werden ausschließlich rechtsorientierte Koordinatensysteme in $\mathbb{R}^3$ verwendet!

Allgemein und unabhängig von der Orientierung des Koordinatensystems steht $\vec{a} \times \vec{b}$ also senkrecht auf der von $\vec{a}$ und $\vec{b}$ aufgespannten Parallelogrammfläche. Ferner entspricht, wie im vorletzten Satz festgehalten, die Länge von $\vec{a} \times \vec{b}$ genau der Fläche des von $\vec{a}$ und $\vec{b}$ aufgespannten Parallelogramms. Im Rahmen der Computer-Grafik werden häufig Dreiecksflächen, also halbe Parallelogrammflächen, betrachtet und die auf ihnen senkrecht stehenden und mittels Vektorprodukt bestimmten Vektoren auf Länge 1 normiert. Man bezeichnet diese Vektoren dann auch als **Normalenvektoren** der jeweiligen Dreiecksfläche und kann mit ihrer Hilfe z. B. auf sehr einfache Weise Sichtbarkeits- und Helligkeitsfragen entscheiden, wobei dazu wiederum auf das Skalarprodukt zurückgegriffen wird. Um schließlich die Notation wieder etwas zu vereinfachen, gilt auch für das Vektorprodukt die folgende Konvention.

▷ **Bemerkung 3.3.8 Produktbildung vor Summenbildung** Es gilt wieder die Konvention, dass Vektorprodukte vor Additionen auszuführen sind (Produktbildung geht vor Summenbildung), so dass z. B. bei der Formulierung des Gesetzes über die Additivität auf der rechten Seite die Klammern weggelassen werden können.

Um den Umgang mit dem Vektorprodukt noch etwas zu vertiefen, werden nun einige ausführlichere Beispiele vorgestellt, die die Wechselwirkungen zwischen geometrischer Problemstellung und analytischer Lösung sehr anschaulich erkennen lassen.

Beispiel 3.3.9
Der Flächeninhalt des durch $\vec{a} := (4,0,0)^T$ und $\vec{b} := (2,2,0)^T$ aufgespannten Parallelogramms soll einmal über das Vektorprodukt und einmal, da in der (x_1, x_2)-Ebene liegend, elementar berechnet werden (vgl. Abb. 3.5).
Über das Vektorprodukt erhält man die Fläche einfach gemäß

$$\left| \begin{pmatrix} 4 \\ 0 \\ 0 \end{pmatrix} \times \begin{pmatrix} 2 \\ 2 \\ 0 \end{pmatrix} \right| = \left| \begin{pmatrix} 0 \\ 0 \\ 8 \end{pmatrix} \right| = 8 \, .$$

Abb. 3.5 Flächeninhalt eines Parallelogramms

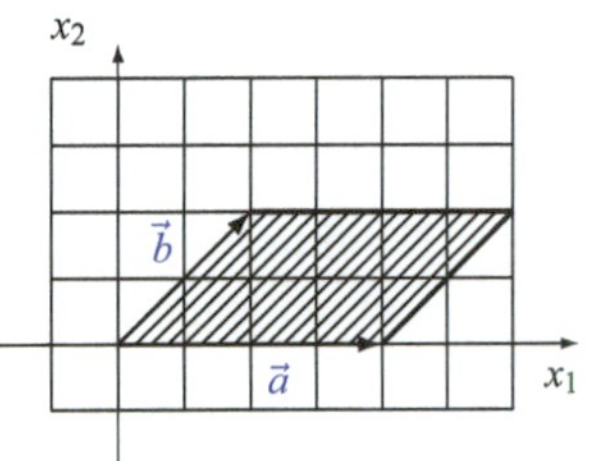

Elementar lässt sich die Fläche aus der Formel **Grundseite mal Höhe** berechnen als $4 \cdot 2 = 8$.

Beispiel 3.3.10
Der Flächeninhalt des durch die Punkte $(1,1)^T$, $(2,-1)^T$, $(3,0)^T$, $(2,3)^T$ und $(1,2)^T$ aufgespannten konvexen geschlossenen Polygons (vgl. Abb. 3.6) soll einmal über das Vektorprodukt und einmal elementar berechnet werden. Dabei bezeichnet man ein Polygon als konvex, wenn es, salopp gesprochen, keine nach innen weisenden Ecken besitzt oder, anders ausgedrückt, alle Innenwinkel kleiner oder höchstens gleich π sind.

Ausgehend vom Referenzpunkt $(1,1)^T$ zerlegt man die Polygonfläche in drei Dreiecke, wobei der Referenzpunkt natürlich beliebig als irgendein Eckpunkt des Polygons gewählt werden kann. Ferner bettet man die Vektoren künstlich in den $\mathbb{R}^3$ ein, indem man sie mit einer dritten Komponente versieht, die gleich Null gesetzt wird. Damit kann man das Vektorprodukt ins Spiel bringen. Da nämlich jede Dreiecksfläche genau die Hälfte der entsprechenden Parallelogrammfläche ist, erhält man für die Gesamtfläche des Polygons die Identität

$$\frac{1}{2}\left(\left\|\begin{pmatrix} 2-1 \\ -1-1 \\ 0 \end{pmatrix} \times \begin{pmatrix} 3-1 \\ 0-1 \\ 0 \end{pmatrix}\right\| + \left\|\begin{pmatrix} 3-1 \\ 0-1 \\ 0 \end{pmatrix} \times \begin{pmatrix} 2-1 \\ 3-1 \\ 0 \end{pmatrix}\right\| + \left\|\begin{pmatrix} 2-1 \\ 3-1 \\ 0 \end{pmatrix} \times \begin{pmatrix} 1-1 \\ 2-1 \\ 0 \end{pmatrix}\right\|\right)$$

$$= \frac{1}{2}\left(\left\|\begin{pmatrix} 1 \\ -2 \\ 0 \end{pmatrix} \times \begin{pmatrix} 2 \\ -1 \\ 0 \end{pmatrix}\right\| + \left\|\begin{pmatrix} 2 \\ -1 \\ 0 \end{pmatrix} \times \begin{pmatrix} 1 \\ 2 \\ 0 \end{pmatrix}\right\| + \left\|\begin{pmatrix} 1 \\ 2 \\ 0 \end{pmatrix} \times \begin{pmatrix} 0 \\ 1 \\ 0 \end{pmatrix}\right\|\right)$$

$$= \frac{1}{2}\left(\left\|\begin{pmatrix} 0 \\ 0 \\ 3 \end{pmatrix}\right\| + \left\|\begin{pmatrix} 0 \\ 0 \\ 5 \end{pmatrix}\right\| + \left\|\begin{pmatrix} 0 \\ 0 \\ 1 \end{pmatrix}\right\|\right) = \frac{9}{2}.$$

Abb. 3.6 Geschlossenes konvexes Polygon

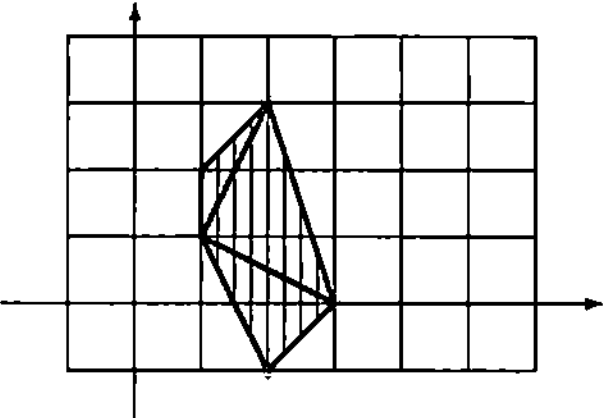

Abb. 3.7 Geschlossenes nicht konvexes Polygon

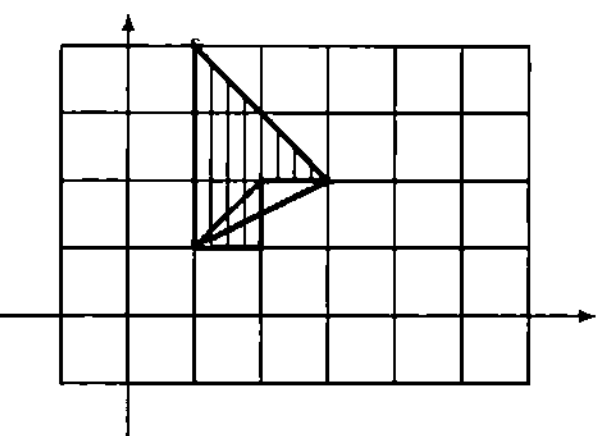

Elementar lässt sich die Polygonfläche am einfachsten berechnen, indem man sie sich durch Verbindung der Punkte $(2,3)^T$ und $(2,-1)^T$ in eine Dreiecks- und eine Trapezfläche zerlegt denkt. Es ergibt sich dann für die Fläche die elementare Berechnungsformel

$$\frac{1}{2}\cdot 4\cdot 1 + \frac{1}{2}(4+1)\cdot 1 = \frac{9}{2}\,.$$

Beispiel 3.3.11

Der Flächeninhalt des durch die Punkte $(1,1)^T$, $(2,1)^T$, $(2,2)^T$, $(3,2)^T$ und $(1,4)^T$ aufgespannten nicht konvexen geschlossenen Polygons (vgl. Abb. 3.7) soll einmal über das Vektorprodukt und einmal elementar berechnet werden. Dabei bezeichnet man ein Polygon als nicht konvex, wenn es, salopp gesprochen, mindestens eine nach innen weisende Ecke besitzt oder, anders ausgedrückt, mindestens ein Innenwinkel größer als π ist.

Den Referenzpunkt $(1,1)^T$ verbindet man erneut mit allen Polygonecken, wobei der Referenzpunkt natürlich wieder beliebig als irgendein Eckpunkt des Polygons gewählt werden kann. Der wesentliche Unterschied zum konvexen Polygon ist nun, dass man auch das Vorzeichen bei der Berechnung des Vektorprodukts der einzelnen Dreiecke berücksichtigen muss. So ist die Fläche des ersten entstehenden Dreiecks positiv zu berücksichtigen, die zweite negativ und die dritte wieder positiv, damit die Flächensumme korrekt ist. Das bedeutet, dass der nicht schraffierte Teil im zweiten Dreieck negativ und im dritten positiv gezählt wird, also insgesamt Null ergibt;

entsprechend wird der schraffierte Teil, der in allen drei Dreiecken liegt, erst positiv, dann negativ und schließlich nochmals positiv gezählt, also insgesamt korrekter Weise einmal positiv. Konkret ergibt also die das jeweilige Vorzeichen berücksichtigende Rechnung für die Flächenbestimmung des Polygons

$$\frac{1}{2}\left|\left(\begin{pmatrix}2-1\\1-1\\0\end{pmatrix}\times\begin{pmatrix}2-1\\2-1\\0\end{pmatrix}\right)+\left(\begin{pmatrix}2-1\\2-1\\0\end{pmatrix}\times\begin{pmatrix}3-1\\2-1\\0\end{pmatrix}\right)+\left(\begin{pmatrix}3-1\\2-1\\0\end{pmatrix}\times\begin{pmatrix}1-1\\4-1\\0\end{pmatrix}\right)\right|$$

$$=\frac{1}{2}\left|\left(\begin{pmatrix}1\\0\\0\end{pmatrix}\times\begin{pmatrix}1\\1\\0\end{pmatrix}\right)+\left(\begin{pmatrix}1\\1\\0\end{pmatrix}\times\begin{pmatrix}2\\1\\0\end{pmatrix}\right)+\left(\begin{pmatrix}2\\1\\0\end{pmatrix}\times\begin{pmatrix}0\\3\\0\end{pmatrix}\right)\right|$$

$$=\frac{1}{2}\left|\begin{pmatrix}0\\0\\1\end{pmatrix}+\begin{pmatrix}0\\0\\-1\end{pmatrix}+\begin{pmatrix}0\\0\\6\end{pmatrix}\right|=3\,.$$

Elementar lässt sich die Polygonfläche am einfachsten berechnen, indem man sie sich durch Verbindung der Punkte $(1,2)^T$ und $(3,2)^T$ in eine Dreiecks- und eine Quadratfläche zerlegt denkt. Es ergibt sich dann für die Fläche die elementare Berechnungsformel

$$\frac{1}{2}\cdot 2\cdot 2 + 1\cdot 1 = 3\,.$$

3.4 Aufgaben mit Lösungen

Aufgabe 3.4.1 *Berechnen Sie die Vektorprodukte von*

(a) $\vec{a} := (1,-2,3)^T$ *und* $\vec{b} := (-1,3,-3)^T$,
(b) $\vec{a} := (2,1,-2)^T$ *und* $\vec{b} := (1,6,3)^T$,

sowie die Fläche des jeweils von diesen Vektoren aufgespannten Parallelogramms.

Lösung der Aufgabe
(a) Es gilt

$$\begin{pmatrix}1\\-2\\3\end{pmatrix}\times\begin{pmatrix}-1\\3\\-3\end{pmatrix}=\begin{pmatrix}6-9\\-3+3\\3-2\end{pmatrix}=\begin{pmatrix}-3\\0\\1\end{pmatrix},$$

also ergibt sich die Fläche des Parallelogramms zu $|(-3,0,1)^T| = \sqrt{9+0+1} = \sqrt{10}$.

(b) Es gilt

$$\begin{pmatrix} 2 \\ 1 \\ -2 \end{pmatrix} \times \begin{pmatrix} 1 \\ 6 \\ 3 \end{pmatrix} = \begin{pmatrix} 3+12 \\ -2-6 \\ 12-1 \end{pmatrix} = \begin{pmatrix} 15 \\ -8 \\ 11 \end{pmatrix},$$

also ergibt sich die Fläche des Parallelogramms zu $|(15,-8,11)^T| = \sqrt{225+64+121} = \sqrt{410}$.

Aufgabe 3.4.2 *Entscheiden Sie unter Anwendung des Vektorprodukts, ob die beiden durch jeweils fünf Vektoren gegebenen Polygone konvex oder nicht konvex sind:*

(a) $\vec{a} := (5,5)^T$, $\vec{b} := (4,9)^T$, $\vec{c} := (-1,-1)^T$, $\vec{d} := (-5,-2)^T$ *und* $\vec{e} := (9,-7)^T$,
(b) $\vec{a} := (8,8)^T$, $\vec{b} := (3,7)^T$, $\vec{c} := (-3,1)^T$, $\vec{d} := (-5,-2)^T$ *und* $\vec{e} := (7,-5)^T$.

Betten Sie dazu die Vektoren wieder in den $\mathbb{R}^3$ ein, und überlegen Sie unter Ausnutzung der 3-Finger-Regel der rechten Hand, wie sich eine Verletzung der Konvexität beim Vektorprodukt benachbarter Kantenvektoren bemerkbar macht. Hilfreich kann hier auch immer eine Skizze sein!

Lösung der Aufgabe Man überlegt sich leicht, dass eine Konvexitätsverletzung genau mit einem Vorzeichenwechsel der dritten Komponente der Vektorprodukte benachbarter Kantenvektoren einhergeht, wenn man diese in einer festen Reihenfolge, z. B. im Uhrzeigersinn oder gegen den Uhrzeigersinn, durchläuft. Da man die Kantenvektoren einfach als Differenz der entsprechenden Eckvektoren erhält, ergeben sich die Lösungen wie folgt.

(a) Wegen

$$(\vec{b}-\vec{a}) \times (\vec{c}-\vec{b}) = \begin{pmatrix} 4-5 \\ 9-5 \\ 0 \end{pmatrix} \times \begin{pmatrix} -1-4 \\ -1-9 \\ 0 \end{pmatrix} = \begin{pmatrix} 0 \\ 0 \\ 30 \end{pmatrix},$$

$$(\vec{c}-\vec{b}) \times (\vec{d}-\vec{c}) = \begin{pmatrix} -1-4 \\ -1-9 \\ 0 \end{pmatrix} \times \begin{pmatrix} -5-(-1) \\ -2-(-1) \\ 0 \end{pmatrix} = \begin{pmatrix} 0 \\ 0 \\ -35 \end{pmatrix},$$

$$(\vec{d}-\vec{c}) \times (\vec{e}-\vec{d}) = \begin{pmatrix} -5-(-1) \\ -2-(-1) \\ 0 \end{pmatrix} \times \begin{pmatrix} 9-(-5) \\ -7-(-2) \\ 0 \end{pmatrix} = \begin{pmatrix} 0 \\ 0 \\ 34 \end{pmatrix},$$

$$(\vec{e} - \vec{d}) \times (\vec{a} - \vec{e}) = \begin{pmatrix} 9 - (-5) \\ -7 - (-2) \\ 0 \end{pmatrix} \times \begin{pmatrix} 5 - 9 \\ 5 - (-7) \\ 0 \end{pmatrix} = \begin{pmatrix} 0 \\ 0 \\ 148 \end{pmatrix},$$

$$(\vec{a} - \vec{e}) \times (\vec{b} - \vec{a}) = \begin{pmatrix} 5 - 9 \\ 5 - (-7) \\ 0 \end{pmatrix} \times \begin{pmatrix} 4 - 5 \\ 9 - 5 \\ 0 \end{pmatrix} = \begin{pmatrix} 0 \\ 0 \\ -4 \end{pmatrix},$$

besitzen die dritten Komponenten der Vektorprodukte kein einheitliches Vorzeichen. Also ist das Polygon nicht konvex.

(b) Wegen

$$(\vec{b} - \vec{a}) \times (\vec{c} - \vec{b}) = \begin{pmatrix} 3 - 8 \\ 7 - 8 \\ 0 \end{pmatrix} \times \begin{pmatrix} -3 - 3 \\ 1 - 7 \\ 0 \end{pmatrix} = \begin{pmatrix} 0 \\ 0 \\ 24 \end{pmatrix},$$

$$(\vec{c} - \vec{b}) \times (\vec{d} - \vec{c}) = \begin{pmatrix} -3 - 3 \\ 1 - 7 \\ 0 \end{pmatrix} \times \begin{pmatrix} -5 - (-3) \\ -2 - 1 \\ 0 \end{pmatrix} = \begin{pmatrix} 0 \\ 0 \\ 6 \end{pmatrix},$$

$$(\vec{d} - \vec{c}) \times (\vec{e} - \vec{d}) = \begin{pmatrix} -5 - (-3) \\ -2 - 1 \\ 0 \end{pmatrix} \times \begin{pmatrix} 7 - (-5) \\ -5 - (-2) \\ 0 \end{pmatrix} = \begin{pmatrix} 0 \\ 0 \\ 42 \end{pmatrix},$$

$$(\vec{e} - \vec{d}) \times (\vec{a} - \vec{e}) = \begin{pmatrix} 7 - (-5) \\ -5 - (-2) \\ 0 \end{pmatrix} \times \begin{pmatrix} 8 - 7 \\ 8 - (-5) \\ 0 \end{pmatrix} = \begin{pmatrix} 0 \\ 0 \\ 159 \end{pmatrix},$$

$$(\vec{a} - \vec{e}) \times (\vec{b} - \vec{a}) = \begin{pmatrix} 8 - 7 \\ 8 - (-5) \\ 0 \end{pmatrix} \times \begin{pmatrix} 3 - 8 \\ 7 - 8 \\ 0 \end{pmatrix} = \begin{pmatrix} 0 \\ 0 \\ 64 \end{pmatrix},$$

besitzen die dritten Komponenten der Vektorprodukte ein einheitliches Vorzeichen. Also ist das Polygon konvex.

Selbsttest 3.4.3   Welche der folgenden Aussagen sind wahr?

?+? Für alle $\vec{a} \in \mathbb{R}^3$ ist $\vec{a} \times \vec{a}$ stets gleich dem Nullvektor.

?−? Für alle $\vec{a} \in \mathbb{R}^3$ ist $(-\vec{a}) \times \vec{a}$ stets gleich $-|\vec{a}|$.

?+? Für alle $\vec{a} \in \mathbb{R}^3$ ist $\vec{a} \times \vec{0}$ stets gleich dem Nullvektor.

?−? Für alle $\vec{a}, \vec{b} \in \mathbb{R}^3$ ist $\vec{a} \times \vec{b}$ nie negativ.

?+? Für alle $\vec{a}, \vec{b} \in \mathbb{R}^3$ gilt $(\vec{a} \times \vec{b}) \cdot \vec{a} = 0$.

3.5 Spatprodukt

Zunächst wird die Definition des sogenannten **Spatprodukts** gegeben. Dabei ist es sehr wichtig zu beachten, dass das Spatprodukt wie das Vektorprodukt wieder **nur im Vektorraum** $\mathbb{R}^3$ erklärt ist! Allerdings liefert es **als Ergebnis einen Skalar** und verhält sich also diesbezüglich wie das Skalarprodukt.

Definition 3.5.1 Spatprodukt

Das **Spatprodukt** dreier Vektoren $\vec{a}, \vec{b}, \vec{c} \in \mathbb{R}^3$ ist definiert als

$$[\vec{a}\,\vec{b}\,\vec{c}] := a_1 b_2 c_3 + a_2 b_3 c_1 + a_3 b_1 c_2 - a_3 b_2 c_1 - a_1 b_3 c_2 - a_2 b_1 c_3 \ . \ \blacktriangleleft$$

$\triangleright$ **Bemerkung 3.5.2 Rechenschema** Als kleine Eselsbrücke zur Berechnung des Spatprodukts $[\vec{a}\,\vec{b}\,\vec{c}]$ betrachte man die folgende Notation:

$$
\begin{array}{ccccc}
a_1 & b_1 & c_1 & a_1 & b_1 \\
a_2 & b_2 & c_2 & a_2 & b_2 \\
a_3 & b_3 & c_3 & a_3 & b_3 \\
\swarrow & \swarrow & \swarrow & \searrow & \searrow & \searrow \\
- & - & - & & + & + & +
\end{array}
$$

$$-c_1 b_2 a_3 - a_1 c_2 b_3 - b_1 a_2 c_3 \quad + \quad a_1 b_2 c_3 + b_1 c_2 a_3 + c_1 a_2 b_3$$

Man ergänzt zur Berechnung des Spatprodukts die drei als Spaltenvektoren hintereinander geschriebenen Vektoren $\vec{a}$, $\vec{b}$ und $\vec{c}$ durch $\vec{a}$ und $\vec{b}$. Dann ergibt sich das Spatprodukt als Summe der Produkte der Links-Rechts-Diagonalen minus der Summe der Produkte der Rechts-Links-Diagonalen. Diese Formel wird bei der Berechnung von sogenannten (3,3)-Determinanten erneut auftauchen, und man bezeichnet sie in der Literatur als **Regel von Sarrus**, benannt nach dem französischen Mathematiker Pierre Frédéric Sarrus (1798–1861).

Beispiel 3.5.3

Gegeben seien die Vektoren $\vec{a} := (2, 0, 4)^T$, $\vec{b} := (1, 2, 2)^T$ und $\vec{c} := (1, 1, -1)^T$. Dann gilt

$$[\vec{a}\vec{b}\vec{c}] = 2 \cdot 2 \cdot (-1) + 0 \cdot 2 \cdot 1 + 4 \cdot 1 \cdot 1 - 4 \cdot 2 \cdot 1 - 2 \cdot 2 \cdot 1 - 0 \cdot 1 \cdot (-1) = -12 \ .$$

Mit Hilfe des Spatprodukts lässt sich nun das **Volumen des von drei Vektoren aufgespannten Spats** in $\mathbb{R}^3$ berechnen. Dabei versteht man unter einem **Spat** (oder auch

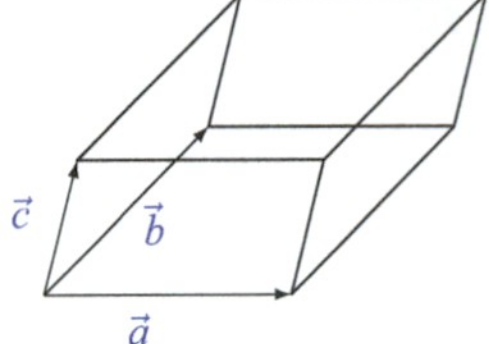

Abb. 3.8 Von $\vec{a}$, $\vec{b}$ und $\vec{c}$ aufgespanntes Spat

Parallelepiped) ein dreidimensionales Objekt, welches durch insgesamt sechs Parallelogramme begrenzt wird, wobei jeweils zwei gegenüberliegende Parallelogramme identisch sind (vgl. Abb. 3.8).

▶ **Satz 3.5.4 Eigenschaften des Spatprodukts** Es seien $\vec{a}, \vec{b}, \vec{c} \in \mathbb{R}^3$ beliebig gegeben. Dann lässt sich das **Volumen** des durch $\vec{a}, \vec{b}$ und $\vec{c}$ aufgespannten **Spats** bzw. **Parallelepipeds** berechnen als

$$\|[\vec{a}\,\vec{b}\,\vec{c}]\| = |a_1 b_2 c_3 + a_2 b_3 c_1 + a_3 b_1 c_2 - a_3 b_2 c_1 - a_1 b_3 c_2 - a_2 b_1 c_3| .$$

Beispiel 3.5.5

Gegeben seien die Vektoren $\vec{a} := (2, 0, 4)^T$, $\vec{b} := (1, 2, 2)^T$ und $\vec{c} := (1, 1, -1)^T$. Dann gilt für das Volumen des von $\vec{a}, \vec{b}$ und $\vec{c}$ aufgespannten Spats

$$\|[\vec{a}\vec{b}\vec{c}]\| = |2\cdot 2\cdot(-1) + 0\cdot 2\cdot 1 + 4\cdot 1\cdot 1 - 4\cdot 2\cdot 1 - 2\cdot 2\cdot 1 - 0\cdot 1\cdot(-1)| = 12 .$$

Da das Spatprodukt, wie bereits erwähnt, bei der Untersuchung von **Determinanten** als Spezialfall wieder auftauchen wird, wird im Folgenden auf die Formulierung expliziter Rechenregeln für dieses Produkt verzichtet. Statt dessen wird, um die Anwendung des Spatprodukts noch einmal zu demonstrieren, ein weiteres Beispiel zur Volumenberechnung vorgestellt.

Beispiel 3.5.6

Das Volumen des durch $\vec{a} := (4, 0, 0)^T$, $\vec{b} := (1, 2, 0)^T$ und $\vec{c} := (0, 0, 3)^T$ aufgespannten Spats (vgl. Abb. 3.9) soll einmal über das Spatprodukt und einmal elementar anhand einer Skizze bestimmt werden. Über das Spatprodukt erhält man das Volumen einfach gemäß

$$\left\| \left[\begin{pmatrix} 4 \\ 0 \\ 0 \end{pmatrix} \begin{pmatrix} 1 \\ 2 \\ 0 \end{pmatrix} \begin{pmatrix} 0 \\ 0 \\ 3 \end{pmatrix} \right] \right\| = |(24 + 0 + 0 - 0 - 0 - 0)| = 24 .$$

Abb. 3.9 Volumen eines Spats

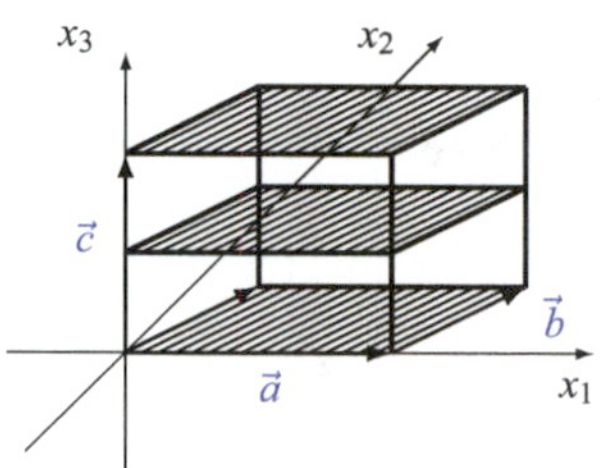

Elementar lässt sich das Spatvolumen aus der Formel **Grundfläche mal Höhe** berechnen als $8 \cdot 3 = 24$, wobei das Ergebnis für die Größe der Parallelogramm-Grundfläche leicht anhand von Abb. 3.9 nachvollzogen werden kann: $g \cdot h = 4 \cdot 2 = 8$.

Die nun insgesamt drei vorgestellten Produkte (Skalar-, Vektor- und Spatprodukt) spielen nicht nur bei der Programmierung grafischer bildgebender Systeme, sondern z. B. auch in der Elektrotechnik und Mechanik eine entscheidende Rolle (Maxwellsche Gleichungen, induzierte elektromagnetische Felder, Drehmomente etc.). Speziell das Skalarprodukt, das wohl das wichtigste Produkt dieses Typs ist und nicht auf den $\mathbb{R}^3$ beschränkt ist, wird im Folgenden noch ausführlicher analysiert werden.

3.6 Aufgaben mit Lösungen

Aufgabe 3.6.1 *Berechnen Sie die Spatprodukte von*

(a) $\vec{a} := (1, -2, 3)^T$, $\vec{b} := (2, 1, 4)^T$ *und* $\vec{c} := (-1, 3, -3)^T$,
(b) $\vec{a} := (2, 1, -2)^T$, $\vec{b} := (-1, 3, 2)^T$ *und* $\vec{c} := (1, 6, 3)^T$,

sowie das Volumen des jeweils von diesen Vektoren aufgespannten Spats.

Lösung der Aufgabe
(a) Es gilt

$$
\left[\begin{pmatrix} 1 \\ -2 \\ 3 \end{pmatrix} \begin{pmatrix} 2 \\ 1 \\ 4 \end{pmatrix} \begin{pmatrix} -1 \\ 3 \\ -3 \end{pmatrix} \right] = -3 + 18 + 8 - (-3) - 12 - 12 = 2 \, ,
$$

also ergibt sich das Volumen des Spats zu $|[\vec{a}\vec{b}\vec{c}]| = 2$.

(b) Es gilt

$$\left[\begin{pmatrix} 2 \\ 1 \\ -2 \end{pmatrix} \begin{pmatrix} -1 \\ 3 \\ 2 \end{pmatrix} \begin{pmatrix} 1 \\ 6 \\ 3 \end{pmatrix}\right] = 18 + 12 + 2 - (-6) - 24 - (-3) = 17\,,$$

also ergibt sich das Volumen des Spats zu $|[\vec{a}\vec{b}\vec{c}]| = 17$.

Selbsttest 3.6.2　Welche der folgenden Aussagen sind wahr?

?+? Für alle $\vec{a} \in \mathbb{R}^3$ ist $[\vec{a}\,\vec{a}\,\vec{a}]$ stets gleich Null.

?+? Für alle $\vec{a},\vec{b} \in \mathbb{R}^3$ ist $[\vec{a}\,\vec{a}\,\vec{b}]$ stets gleich Null.

?+? Für alle $\vec{a},\vec{b},\vec{c} \in \mathbb{R}^3$ ist $[\vec{a}\,\vec{b}\,\vec{c}]$ stets gleich $-[\vec{a}\,\vec{c}\,\vec{b}]$.

?−? Für alle $\vec{a},\vec{b},\vec{c} \in \mathbb{R}^3$ ist $[\vec{a}\,\vec{b}\,\vec{c}]$ stets gleich $[\vec{a}\,\vec{c}\,\vec{b}]$.

?+? Für alle $\vec{a},\vec{b},\vec{c} \in \mathbb{R}^3$ ist $[\vec{a}\,\vec{b}\,\vec{c}]$ stets gleich $-[\vec{c}\,\vec{b}\,\vec{a}]$.

3.7　Cauchy-Schwarzsche Ungleichung

Im Folgenden ist wieder jedes auftauchende Produkt zweier Vektoren das Skalarprodukt und die betrachteten Vektoren sind wieder in $\mathbb{R}^n$, also

$$\vec{a},\vec{b} \in \mathbb{R}^n \quad \text{und} \quad \vec{a} \cdot \vec{b} := \sum_{k=1}^{n} a_k b_k\,.$$

Es wird nun eine wichtige Ungleichung, die sogenannte **Cauchy-Schwarzsche Ungleichung**, bewiesen, die auch bekannt ist als **Schwarzsche Ungleichung** oder als **Cauchy-Bunjakowski-Schwarzsche-Ungleichung**. Sie scheint zunächst keine besondere geometrische Bedeutung zu haben, wird sich aber in Kürze als wesentliches Hilfsmittel zur Definition eines Winkels zwischen zwei Vektoren herausstellen. Die Bezeichnung der Ungleichung erinnert dabei an die drei Mathematiker Augustin-Louis Cauchy (1789–1857), Wiktor Jakowlewitsch Bunjakowski (1804–1889) und Hermann Schwarz (1843–1921), auf die diese Ungleichung zurückgeht.

▷　　**Satz 3.7.1 Cauchy-Schwarzsche Ungleichung** Für alle $\vec{a},\vec{b} \in \mathbb{R}^n$ gilt die **Cauchy-Schwarzsche Ungleichung**

$$|\vec{a} \cdot \vec{b}| \leq |\vec{a}||\vec{b}|\,.$$

Beweis Für $\vec{b} = \vec{0}$ ist die Ungleichung offenbar richtig, denn es ergibt sich $0 \le 0$. Es sei nun $\vec{b} \ne \vec{0}$ und

$$\lambda := \frac{\vec{a} \cdot \vec{b}}{\vec{b} \cdot \vec{b}} = \frac{\vec{a} \cdot \vec{b}}{|\vec{b}|^2} \,.$$

Dann gilt mit den Rechenregeln (SP1) bis (SP4) für das Skalarprodukt

$$0 \le (\lambda\vec{b} - \vec{a}) \cdot (\lambda\vec{b} - \vec{a}) = \lambda^2 \vec{b} \cdot \vec{b} - 2\lambda \vec{a} \cdot \vec{b} + \vec{a} \cdot \vec{a}$$

$$= \frac{(\vec{a} \cdot \vec{b})^2}{\vec{b} \cdot \vec{b}} - 2\frac{(\vec{a} \cdot \vec{b})^2}{\vec{b} \cdot \vec{b}} + \vec{a} \cdot \vec{a} = -\frac{(\vec{a} \cdot \vec{b})^2}{|\vec{b}|^2} + |\vec{a}|^2 \,,$$

also

$$0 \le -(\vec{a} \cdot \vec{b})^2 + |\vec{a}|^2 |\vec{b}|^2 \quad \text{bzw.} \quad (\vec{a} \cdot \vec{b})^2 \le |\vec{a}|^2 |\vec{b}|^2 \,.$$

Zieht man nun auf beiden Seiten die Wurzel, so erhält man die behauptete Ungleichung. $\square$

Beispiel 3.7.2

Für $\vec{a} := (1, 3)^T$ und $\vec{b} := (-2, 8)^T$ erhält man

$$|\vec{a} \cdot \vec{b}| = 22 \quad \text{und} \quad |\vec{a}||\vec{b}| = \sqrt{10} \cdot \sqrt{68} = 26.076\ldots \,,$$

also gilt wie erwartet $|\vec{a} \cdot \vec{b}| \le |\vec{a}||\vec{b}|$.

Beispiel 3.7.3

Für $\vec{a} := (0, 4, 3, 9)^T$ und $\vec{b} := (1, -2, 3, 8)^T$ erhält man

$$|\vec{a} \cdot \vec{b}| = 73 \quad \text{und} \quad |\vec{a}||\vec{b}| = \sqrt{106} \cdot \sqrt{78} = 90.928\ldots \,,$$

also gilt wie erwartet $|\vec{a} \cdot \vec{b}| \le |\vec{a}||\vec{b}|$.

Beispiel 3.7.4

Für $\vec{a} := (1, 1, 0, 0, 0)^T$ und $\vec{b} := (-1, 1, -1, 2, 1)^T$ erhält man

$$|\vec{a} \cdot \vec{b}| = 0 \quad \text{und} \quad |\vec{a}||\vec{b}| = \sqrt{2} \cdot \sqrt{8} = 4 \,,$$

also gilt wie erwartet $|\vec{a} \cdot \vec{b}| \le |\vec{a}||\vec{b}|$.

Mit Hilfe der Cauchy-Schwarzschen Ungleichung ist es nun möglich, zunächst ganz formal zwei vom Nullvektor verschiedenen Vektoren einen **eingeschlossenen Winkel** zuzuordnen. Diese Winkelzuordnung ist natürlich nur dann akzeptabel, wenn sie in den Räumen $\mathbb{R}^2$ und $\mathbb{R}^3$ mit der aus der Schule bekannten Winkelmessung übereinstimmt. Dies wird im Anschluss gezeigt.

Zunächst folgt aus der Cauchy-Schwarzschen Ungleichung für alle $\vec{a}, \vec{b} \in \mathbb{R}^n \setminus \{\vec{0}\}$ die Ungleichung

$$|\vec{a} \cdot \vec{b}| \leq |\vec{a}||\vec{b}| \quad \text{bzw.} \quad \frac{|\vec{a} \cdot \vec{b}|}{|\vec{a}||\vec{b}|} \leq 1 \quad \text{bzw.} \quad -1 \leq \frac{\vec{a} \cdot \vec{b}}{|\vec{a}||\vec{b}|} \leq 1 \, .$$

Betrachtet man nun die **Cosinusfunktion** cos mit ihrer Umkehrfunktion arccos,

$$\cos : [0, \pi] \to [-1, 1],$$
$$\arccos : [-1, 1] \to [0, \pi],$$

so kann man – rein formal – je zwei Vektoren $\vec{a}, \vec{b} \in \mathbb{R}^n \setminus \{\vec{0}\}$ einen von ihnen **eingeschlossenen (nicht orientierten) Winkel** zuordnen.

Definition 3.7.5 Winkel zwischen zwei Vektoren

Es seien $\vec{a}, \vec{b} \in \mathbb{R}^n \setminus \{\vec{0}\}$ und arccos $: [-1, 1] \to [0, \pi]$ gegeben. Dann nennt man

$$\angle(\vec{a}, \vec{b}) := \varphi := \arccos\left(\frac{\vec{a} \cdot \vec{b}}{|\vec{a}||\vec{b}|}\right)$$

den **von den Vektoren $\vec{a}$ und $\vec{b}$ eingeschlossenen (nicht orientierten) Winkel.** ◄

Der so eingeführte Winkelbegriff ist in $\mathbb{R}^2$ und $\mathbb{R}^3$ konsistent mit der üblichen Winkelmessung und stimmt, wie unten gezeigt wird, mit dem bekannten **Cosinussatz** überein. In höheren Dimensionen handelt es sich um eine akzeptable Festsetzung!

Anhand von Abb. 3.10 verifiziert man sofort die folgenden Identitäten, die entweder auf dem Satz des Pythagoras oder der Definition des Cosinus beruhen:

$$x^2 + h^2 = |\vec{a}|^2 \, ,$$
$$\cos(\varphi) = \frac{x}{|\vec{a}|} \, ,$$
$$(\vec{b} - \vec{a}) \cdot (\vec{b} - \vec{a}) = |\vec{b} - \vec{a}|^2 = (|\vec{b}| - x)^2 + h^2 \, .$$

Setzt man nun die erste Gleichung in die dritte Gleichung ein, so erhält man

$$(\vec{b} - \vec{a}) \cdot (\vec{b} - \vec{a}) = |\vec{b}|^2 - 2|\vec{b}|x + \underbrace{x^2 + h^2}_{|\vec{a}|^2} \, .$$

Abb. 3.10 Cosinussatz

$$\vec{CB} = \vec{a} \quad \vec{CA} = \vec{b} \quad |\vec{CD}| = x \quad |\vec{BD}| = h$$

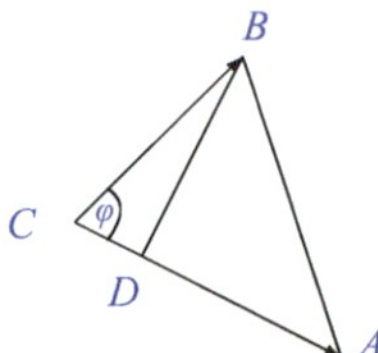

Daraus folgt durch Ausmultiplizieren sowie Einsetzen der zweiten Gleichung

$$|\vec{b}|^2 - 2\vec{a} \cdot \vec{b} + |\vec{a}|^2 = |\vec{b}|^2 - 2|\vec{a}||\vec{b}|\cos(\varphi) + |\vec{a}|^2 \,,$$

$$\vec{a} \cdot \vec{b} = |\vec{a}||\vec{b}|\cos(\varphi) \,,$$

$$\cos(\varphi) = \frac{\vec{a} \cdot \vec{b}}{|\vec{a}||\vec{b}|} \,.$$

Damit ist gezeigt, dass die formale Winkeldefinition in $\mathbb{R}^2$ und in $\mathbb{R}^3$ exakt mit dem Cosinussatz übereinstimmt.

Beispiel 3.7.6

Für $\vec{a} := (1,0)^T$, $\vec{b} := (0,1)^T$, $\vec{c} := (-1,0)^T$ und $\vec{d} := (0,-1)^T$ erhält man wie erwartet die vier Winkel

$$\varphi_1 = \arccos\left(\frac{\vec{a} \cdot \vec{b}}{|\vec{a}||\vec{b}|}\right) = \arccos\left(\frac{0}{1 \cdot 1}\right) = \frac{\pi}{2} \,,$$

$$\varphi_2 = \arccos\left(\frac{\vec{a} \cdot \vec{c}}{|\vec{a}||\vec{c}|}\right) = \arccos\left(\frac{-1}{1 \cdot 1}\right) = \pi \,,$$

$$\varphi_3 = \arccos\left(\frac{\vec{a} \cdot \vec{d}}{|\vec{a}||\vec{d}|}\right) = \arccos\left(\frac{0}{1 \cdot 1}\right) = \frac{\pi}{2} \,,$$

$$\varphi_4 = \arccos\left(\frac{\vec{a} \cdot \vec{a}}{|\vec{a}||\vec{a}|}\right) = \arccos\left(\frac{1}{1 \cdot 1}\right) = 0 \,.$$

Beispiel 3.7.7

Für $\vec{a} := (2,3)^T$ und $\vec{b} := (-1,5)^T$ erhält man

$$\varphi = \arccos\left(\frac{\vec{a} \cdot \vec{b}}{|\vec{a}||\vec{b}|}\right) = \arccos\left(\frac{13}{\sqrt{13} \cdot \sqrt{26}}\right) = \frac{\pi}{4} \,.$$

Beispiel 3.7.8

Für $\vec{a} := (2,3,0)^T$ und $\vec{b} := (-1,5,0)^T$ erhält man

$$\varphi = \arccos\left(\frac{\vec{a}\cdot\vec{b}}{|\vec{a}||\vec{b}|}\right) = \arccos\left(\frac{13}{\sqrt{13}\cdot\sqrt{26}}\right) = \frac{\pi}{4}.$$

Beispiel 3.7.9

Für $\vec{a} := (1,2,2,0)^T$ und $\vec{b} := (0,0,4,3)^T$ erhält man

$$\varphi = \arccos\left(\frac{\vec{a}\cdot\vec{b}}{|\vec{a}||\vec{b}|}\right) = \arccos\left(\frac{8}{3\cdot 5}\right) = 1.008\ldots.$$

▷ **Bemerkung 3.7.10 Invarianten des Skalarprodukts** Aus der geltenden Identität $\vec{a}\cdot\vec{b} = |\vec{a}||\vec{b}|\cos(\angle(\vec{a},\vec{b}))$ liest man sofort ab, dass das Skalarprodukt $\vec{a}\cdot\vec{b}$ **invariant gegenüber Drehungen und Spiegelungen** ist, denn die Längen $|\vec{a}|$ und $|\vec{b}|$ sowie der Winkel $\angle(\vec{a},\vec{b})$ bleiben bei gleichzeitiger Drehung oder Spiegelung von $\vec{a}$ und $\vec{b}$ unverändert.

▷ **Bemerkung 3.7.11 Einheitsvektoren und Skalarprodukt** Da für alle Vektoren $\vec{a},\vec{b} \in \mathbb{R}^n \setminus \{\vec{0}\}$ die Vektoren $\frac{\vec{a}}{|\vec{a}|}$ und $\frac{\vec{b}}{|\vec{b}|}$ wegen

$$\left|\frac{\vec{a}}{|\vec{a}|}\right| = \sqrt{\sum_{k=1}^{n}\left(\frac{a_k}{|\vec{a}|}\right)^2} = \frac{1}{|\vec{a}|}\sqrt{\sum_{k=1}^{n}(a_k)^2} = \frac{1}{|\vec{a}|}|\vec{a}| = 1\,,$$

$$\left|\frac{\vec{b}}{|\vec{b}|}\right| = \sqrt{\sum_{k=1}^{n}\left(\frac{b_k}{|\vec{b}|}\right)^2} = \frac{1}{|\vec{b}|}\sqrt{\sum_{k=1}^{n}(b_k)^2} = \frac{1}{|\vec{b}|}|\vec{b}| = 1\,,$$

die Länge 1 haben (solche Vektoren werden **auf 1 normierte Vektoren** oder kurz **Einheitsvektoren** genannt), kann man die Identität

$$\left(\frac{\vec{a}}{|\vec{a}|}\right)\cdot\left(\frac{\vec{b}}{|\vec{b}|}\right) = \cos\left(\angle\left(\vec{a},\vec{b}\right)\right) = \cos\left(\angle\left(\frac{\vec{a}}{|\vec{a}|},\frac{\vec{b}}{|\vec{b}|}\right)\right)$$

auch so interpretieren: Das Skalarprodukt zweier Einheitsvektoren ist gleich dem Cosinus des eingeschlossenen Winkels der Vektoren. Diese Eigenschaft wird z. B. in der Computer-Grafik ständig ausgenutzt, um auf Größen von Winkeln zu schließen, ohne rechenzeitintensive Aufrufe trigonometrischer Funktionen zu investieren.

3.8 Aufgaben mit Lösungen

Aufgabe 3.8.1 *Berechnen Sie die Winkel zwischen*

(a) $\vec{a} := (1, 2)^T$ *und* $\vec{b} := (-3, 1)^T$,
(b) $\vec{a} := (1, -1, 4)^T$ *und* $\vec{b} := (-1, 0, 5)^T$,
(c) $\vec{a} := (1, 2, 3, 6)^T$ *und* $\vec{b} := (2, 3, -2, -1)^T$.

Lösung der Aufgabe

(a) $\varphi = \arccos\left(\dfrac{\vec{a} \cdot \vec{b}}{|\vec{a}||\vec{b}|}\right) = \arccos\left(\dfrac{-1}{\sqrt{5} \cdot \sqrt{10}}\right) = 1.712\ldots,$

(b) $\varphi = \arccos\left(\dfrac{\vec{a} \cdot \vec{b}}{|\vec{a}||\vec{b}|}\right) = \arccos\left(\dfrac{19}{\sqrt{18} \cdot \sqrt{26}}\right) = 0.498\ldots,$

(c) $\varphi = \arccos\left(\dfrac{\vec{a} \cdot \vec{b}}{|\vec{a}||\vec{b}|}\right) = \arccos\left(\dfrac{-4}{\sqrt{50} \cdot \sqrt{18}}\right) = 1.704\ldots.$

Selbsttest 3.8.2 Welche Aussagen über die Cauchy-Schwarzsche Ungleichung (CSU) sind wahr?

?+? Die CSU macht eine Aussage über den Zusammenhang von Skalarprodukt und Länge.

?−? Aufgrund der CSU kann man zwei Vektoren eine eingeschlossene Fläche zuordnen.

?+? Aufgrund der CSU kann man zwei Nicht-Null-Vektoren einen eingeschlossenen Winkel zuordnen.

?−? Die Cauchy-Schwarzsche Ungleichung gilt nur im Vektorraum $\mathbb{R}^3$.

3.9 Dreiecksungleichung

Eine sehr einfache, aber äußerst wichtige Konsequenz der Cauchy-Schwarzschen Ungleichung ist die sogenannte **Dreiecksungleichung**. Sie sagt, grob gesprochen, dass **der kürzeste Weg zwischen zwei Punkten die geradlinige Verbindung** ist. Konkret erkennt man anhand von Abb. 3.11, dass die Verbindung der Punkte P_1 und P_2 idealerweise durch $\vec{a} + \vec{b}$ geschieht, während der Weg über die beiden anderen Seiten des entstehenden Dreiecks im Allgemeinen stets länger ist.

Abb. 3.11 Dreiecksungleichung

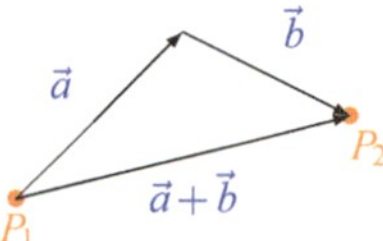

▷ **Satz 3.9.1 Dreiecksungleichung** Für alle $\vec{a}, \vec{b} \in \mathbb{R}^n$ gilt die **Dreiecksungleichung**

$$|\vec{a} + \vec{b}| \leq |\vec{a}| + |\vec{b}| .$$

Beweis Unter Ausnutzung der Cauchy-Schwarzschen Ungleichung

$$\vec{a} \cdot \vec{b} \leq |\vec{a} \cdot \vec{b}| \leq |\vec{a}||\vec{b}|$$

erhält man

$$|\vec{a} + \vec{b}|^2 = (\vec{a} + \vec{b}) \cdot (\vec{a} + \vec{b}) = \vec{a} \cdot \vec{a} + 2\vec{a} \cdot \vec{b} + \vec{b} \cdot \vec{b}$$
$$\leq |\vec{a}|^2 + 2|\vec{a}||\vec{b}| + |\vec{b}|^2 = \left(|\vec{a}| + |\vec{b}|\right)^2 .$$

Wurzelziehen auf beiden Seiten liefert die Behauptung. □

Beispiel 3.9.2
Für $\vec{a} := (1, 3)^T$ und $\vec{b} := (-2, 8)^T$ gilt

$$|\vec{a} + \vec{b}| = \sqrt{122} = 11.045\ldots$$

und

$$|\vec{a}| + |\vec{b}| = \sqrt{10} + \sqrt{68} = 11.408\ldots ,$$

also ist die Dreiecksungleichung wie erwartet erfüllt.

Beispiel 3.9.3
Für $\vec{a} := (0, 4, 3, 9)^T$ und $\vec{b} := (1, -2, 3, 8)^T$ gilt

$$|\vec{a} + \vec{b}| = \sqrt{330} = 18.165\ldots$$

und

$$|\vec{a}| + |\vec{b}| = \sqrt{106} + \sqrt{78} = 19.127\ldots ,$$

also ist die Dreiecksungleichung wie erwartet erfüllt.

Beispiel 3.9.4
Für $\vec{a} := (1, 1, 0, 0, 0)^T$ und $\vec{b} := (-1, 1, -1, 2, 1)^T$ gilt

$$|\vec{a} + \vec{b}| = \sqrt{10} = 3.162\ldots$$

und

$$|\vec{a}| + |\vec{b}| = \sqrt{2} + \sqrt{8} = 4.242\ldots\,,$$

also ist die Dreiecksungleichung wie erwartet erfüllt.

3.10   Aufgaben mit Lösungen

Aufgabe 3.10.1   *Prüfen Sie für*

(a) $\vec{a} := (1, 2)^T$ *und* $\vec{b} := (-3, 1)^T$,
(b) $\vec{a} := (1, -1, 4)^T$ *und* $\vec{b} := (-1, 0, 5)^T$,
(c) $\vec{a} := (1, 2, 3, 6)^T$ *und* $\vec{b} := (2, 3, -2, -1)^T$,

jeweils die Gültigkeit der Dreiecksungleichung nach.

Lösung der Aufgabe
(a) Wegen

$$|\vec{a} + \vec{b}| = \sqrt{13} = 3.605\ldots$$

und

$$|\vec{a}| + |\vec{b}| = \sqrt{5} + \sqrt{10} = 5.398\ldots$$

ist die Dreiecksungleichung wie erwartet erfüllt.
(b) Wegen

$$|\vec{a} + \vec{b}| = \sqrt{82} = 9.055\ldots$$

und

$$|\vec{a}| + |\vec{b}| = \sqrt{18} + \sqrt{26} = 9.341\ldots$$

ist die Dreiecksungleichung wie erwartet erfüllt.

(c) Wegen

$$|\vec{a} + \vec{b}| = \sqrt{60} = 7.745\ldots$$

und

$$|\vec{a}| + |\vec{b}| = \sqrt{50} + \sqrt{18} = 11.313\ldots$$

ist die Dreiecksungleichung wie erwartet erfüllt.

Selbsttest 3.10.2   Welche Aussagen über die Dreiecksungleichung (DU) sind wahr?

?+? Die DU macht eine Aussage über Summen von Beträgen und Beträge von Summen.
?−? Die Dreiecksungleichung gilt nicht, falls einer der Vektoren der Nullvektor ist.
?+? Die DU besagt, dass der kürzeste Weg zwischen zwei Punkten die gerade Verbindung
ist.
?−? Die Dreiecksungleichung gilt nur im Vektorraum $\mathbb{R}^3$.

Literatur

1. Fischer, G.: Lineare Algebra, 18. Aufl. Springer Spektrum, Wiesbaden (2014)
2. Knabner, P., Barth, W.: Lineare Algebra: Grundlagen und Anwendungen, 2. Aufl. Springer Spektrum, Berlin (2018)
3. Liesen, J., Mehrmann, V.: Lineare Algebra, 2. Aufl. Springer Spektrum, Wiesbaden (2015)

Matrizen

4

Lineare Gleichungssysteme, auf die wir z. B. bei der Untersuchung von Vektoren auf lineare Abhängigkeit und Unabhängigkeit bereits gestoßen sind, tauchen in den Anwendungen immer wieder auf und sollten deshalb möglichst kompakt notiert und effizient gelöst werden können. Dabei spielen, wie wir im Folgenden sehen werden, sogenannte **Matrizen** eine zentrale Rolle.

Um zu Beginn ein konkretes Beispiel vor Augen zu haben, wird im Folgenden eine fiktive **Werbeagentur** betrachtet, die für bestimmte Werbekampagnen zwei verschiedene Typen von Stellwänden produzieren muss. Aus Kostengründen sollen lediglich die Grundmaterialien extern eingekauft werden, die Stellwände selbst aber hausintern zusammengebaut werden. Die beiden herzustellenden Stellwände unterscheiden sich lediglich dadurch, dass die eine beidseitig, die andere nur einseitig nutzbar sein soll. Die einseitig nutzbare Wand wird im Folgenden als Stellwand A bezeichnet, die andere als Stellwand B. Zur **Produktion** dieser beiden Typen sind, abgesehen von einigen weiteren Kleinteilen, genau die Materialien nötig, die sich einschließlich der jeweils benötigten Stückzahl aus der Abb. 4.1 ergeben.

Beispiel 4.0.1

Es sollen nun 10 Stellwände vom Typ A und 7 Stellwände vom Typ B produziert werden. Wie soll man vorgehen, um die Anzahl der benötigten Grundmaterialien zu bestimmen?

Kürzt man die Anzahl der Stellwände vom Typ A mit z_1 und die Anzahl derer vom Typ B mit z_2 ab, so ergeben sich zunächst für die benötigten Stellwandgerüs-

---

Elektronisches Zusatzmaterial Die elektronische Version dieses Kapitels enthält Zusatzmaterial, das berechtigten Benutzern zur Verfügung steht https://doi.org/10.1007/978-3-658-29969-9_4.

B. Lenze, *Basiswissen Lineare Algebra*, https://doi.org/10.1007/978-3-658-29969-9_4

49

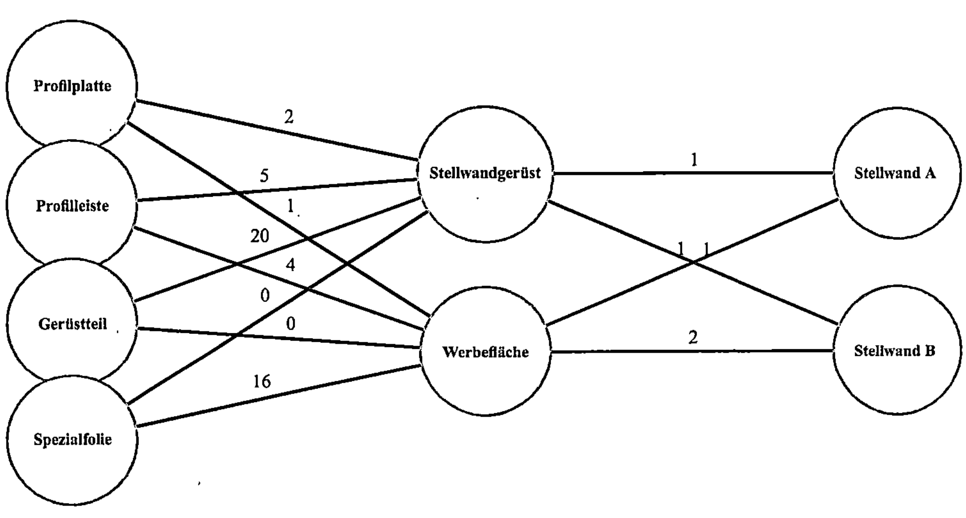

Abb. 4.1 Materialbedarf für Stellwände

te y_1 und Werbeflächen y_2 die Formeln

$$y_1 = z_1 + z_2 \,,$$
$$y_2 = z_1 + 2z_2 \,.$$

Man erhält so $y_1 = 17$ und $y_2 = 24$, wobei der Zusammenhang zwischen dem Zwischenproduktvektor $\vec{y} = (y_1, y_2)^T$ und dem Endproduktvektor $\vec{z} = (z_1, z_2)^T$ auch sehr kompakt mit Hilfe einer sogenannten **Produktionsmatrix** beschrieben werden könnte als

$$\begin{pmatrix} y_1 \\ y_2 \end{pmatrix} = \underbrace{\begin{pmatrix} 1 & 1 \\ 1 & 2 \end{pmatrix}}_{\text{Produktionsmatrix}} \cdot \begin{pmatrix} z_1 \\ z_2 \end{pmatrix} \,,$$

wobei als geeignet zu interpretierendes **neues Objekt** die besagte Produktionsmatrix auftaucht sowie eine **neue Art der Multiplikation** dieses Objekts mit einem Vektor. In diesem Sinne fortfahrend lassen sich nun die benötigten Profilplatten x_1, Profilleisten x_2, Gerüstteile x_3 und Spezialfolien x_4 berechnen als

$$x_1 = 2y_1 + y_2 \quad = 3z_1 + 4z_2 \,,$$
$$x_2 = 5y_1 + 4y_2 \quad = 9z_1 + 13z_2 \,,$$
$$x_3 = 20y_1 + 0y_2 = 20z_1 + 20z_2 \,,$$
$$x_4 = 0y_1 + 16y_2 = 16z_1 + 32z_2 \,,$$

bzw. in Matrix-Vektor-Notation als

$$\begin{pmatrix} x_1 \\ x_2 \\ x_3 \\ x_4 \end{pmatrix} = \underbrace{\begin{pmatrix} 2 & 1 \\ 5 & 4 \\ 20 & 0 \\ 0 & 16 \end{pmatrix}}_{\text{Produktionsmatrix}} \cdot \begin{pmatrix} y_1 \\ y_2 \end{pmatrix} = \begin{pmatrix} 3 & 4 \\ 9 & 13 \\ 20 & 20 \\ 16 & 32 \end{pmatrix} \cdot \begin{pmatrix} z_1 \\ z_2 \end{pmatrix}.$$

Man erhält so $\vec{x} = (x_1, x_2, x_3, x_4)^T = (58, 181, 340, 384)^T$. Schreibt man nun beide Produktionsschritte nochmals zusammen in Matrix-Vektor-Notation auf, so ergibt sich folgendes Bild:

$$\begin{pmatrix} x_1 \\ x_2 \\ x_3 \\ x_4 \end{pmatrix} = \underbrace{\begin{pmatrix} 2 & 1 \\ 5 & 4 \\ 20 & 0 \\ 0 & 16 \end{pmatrix} \cdot \begin{pmatrix} 1 & 1 \\ 1 & 2 \end{pmatrix} \cdot \begin{pmatrix} z_1 \\ z_2 \end{pmatrix}}_{\text{Gesamtproduktionsmatrix } P} = \underbrace{\begin{pmatrix} 3 & 4 \\ 9 & 13 \\ 20 & 20 \\ 16 & 32 \end{pmatrix}}_{P} \cdot \begin{pmatrix} z_1 \\ z_2 \end{pmatrix}.$$

Man hätte also bei Kenntnis der Gesamtproduktionsmatrix P die einzelnen Primärgüter zur Produktion der Stellwände direkt berechnen können.

Die Berechnung der im obigen Beispiel auftauchenden finalen **Matrix** P ist offenbar möglich, wenn man die Produktionsmatrizen der Zwischenschritte geeignet miteinander multipliziert. Darauf wird im Zusammenhang mit der **Matrizenmultiplikation** zurückzukommen sein. Ein weiteres interessantes Problem taucht auf, wenn sich die Werbeagentur entschließt, die Produktion der Stellwände einzustellen, gleichzeitig aber möglichst alle teuren und nicht anders verwertbaren Lagerbestände zu ihrer Produktion in einem letzten Produktionszyklus verbraucht werden sollen.

Beispiel 4.0.2

Es seien noch 39 Profilplatten und 120 Profilleisten auf Lager, die ausschließlich für die Stellwände vom Typ A und B nutzbar sind. Die eventuell ebenfalls noch vorhandenen Gerüstteile und Spezialfolien sollen auch für die Produktion anderer Werbeträger einsetzbar sein und finden folglich keine weitere Beachtung. Wir berechnen, wie viele Stellwände vom Typ A und wie viele vom Typ B produziert werden sollten, um möglichst wenig Restbestände übrig zu behalten.

Zunächst führt ein völlig analoges Vorgehen wie im bereits diskutierten Fall zu der Matrix-Vektor-Gleichung

$$\begin{pmatrix} 39 \\ 120 \end{pmatrix} = \begin{pmatrix} x_1 \\ x_2 \end{pmatrix} = \begin{pmatrix} 2 & 1 \\ 5 & 4 \end{pmatrix} \cdot \begin{pmatrix} 1 & 1 \\ 1 & 2 \end{pmatrix} \cdot \begin{pmatrix} z_1 \\ z_2 \end{pmatrix} = \begin{pmatrix} 3 & 4 \\ 9 & 13 \end{pmatrix} \cdot \begin{pmatrix} z_1 \\ z_2 \end{pmatrix},$$

bzw. zu dem **linearen Gleichungssystem**

$$3z_1 + 4z_2 = 39\,,$$
$$9z_1 + 13z_2 = 120\,.$$

Dieses Gleichungssystem lässt sich leicht lösen, indem man z. B. die erste Gleichung mit -3 multipliziert und auf die zweite Gleichung addiert. Man erhält so das einfachere Gleichungssystem

$$3z_1 + 4z_2 = 39\,,$$
$$z_2 = 3\,,$$

welches in der zweiten Gleichung nur noch die Unbekannte z_2 enthält. Diese Idee der Vereinfachung von linearen Gleichungssystemen durch systematische Eliminierung von Unbekannten ohne Veränderung der Lösungsmenge kennzeichnet genau den sogenannten **Gaußschen Algorithmus**, der in den folgenden Kapiteln eine zentrale Rolle spielen wird. Im vorliegenden Fall ist mit einem derartigen Gauß-Schritt bereits ein lineares Gleichungssystem entstanden, welches leicht gelöst werden kann: Aus der letzten Gleichung folgt sofort $z_2 = 3$, welches eingesetzt in die erste Gleichung zu $z_1 = 9$ führt. Die Werbeagentur sollte also sinnvollerweise noch 9 Stellwände vom Typ A und 3 Stellwände vom Typ B produzieren, um ihre Lagerbestände optimal zu nutzen.

Nach diesem einführenden Beispiel, in dem bereits einige Anwendungsaspekte von Matrizen aufgetaucht sind, soll zusammenfassend nochmals kurz skizziert werden, unter welchen verschiedenen Perspektiven man lineare Gleichungssysteme betrachten kann und wie dort Matrizen auf ganz natürliche Art und Weise ins Spiel kommen:

- **Klassisch (Koeffizienten-Gleichung)**

$$3x_1 + 4x_2 - 3x_3 = 7$$
$$-x_1 - 3x_2 + 8x_3 = -4$$

Kann man $x_1, x_2, x_3 \in \mathbb{R}$ finden, so dass das Gleichungssystem gelöst wird?

- **Spaltenvektor-spezifisch (Vektor-Gleichung)**

$$x_1 \begin{pmatrix} 3 \\ -1 \end{pmatrix} + x_2 \begin{pmatrix} 4 \\ -3 \end{pmatrix} + x_3 \begin{pmatrix} -3 \\ 8 \end{pmatrix} = \begin{pmatrix} 7 \\ -4 \end{pmatrix}$$

Kann man die Vektoren mittels gewisser Koeffizienten $x_1, x_2, x_3 \in \mathbb{R}$ so linear kombinieren, dass der Vektor auf der rechten Seite erhalten wird?
- **Matrix-spezifisch (Matrix-Vektor-Gleichung)** ·

$$\begin{pmatrix} 3 & 4 & -3 \\ -1 & -3 & 8 \end{pmatrix} \cdot \begin{pmatrix} x_1 \\ x_2 \\ x_3 \end{pmatrix} = \begin{pmatrix} 7 \\ -4 \end{pmatrix}$$

Kann man einen Lösungsvektor $(x_1, x_2, x_3)^T \in \mathbb{R}^3$ finden, so dass er nach **Multiplikation mit der bestimmenden Matrix des Gleichungssystems** den Vektor auf der rechten Seite ergibt?

Im Folgenden soll zunächst die dritte, Matrix-spezifische Sicht der Dinge genauer eingeführt und analysiert werden. Dabei ist es aber stets von Vorteil, die unterschiedlichen Interpretationen ein und desselben Problems nicht aus den Augen zu verlieren. Zu Beginn geht es jedoch erstmal darum, eine präzise Einführung in die Welt der **Matrizen** zu geben.

4.1 Grundlegendes zu Matrizen

Die im Folgenden zu untersuchenden Objekte sind eine naheliegende Verallgemeinerung der Vektoren in $\mathbb{R}^n$. Schreibt man nämlich mehrere dieser Objekte geordnet nebeneinander (oder, wenn es Zeilenvektoren gewesen sind, untereinander), dann kommt man zum Begriff der **Matrix**.

Definition 4.1.1 Matrizen

Es seien $m, n \in \mathbb{N}^*$ sowie $a_{jk} \in \mathbb{R}$, $1 \leq j \leq m$, $1 \leq k \leq n$, gegeben. Dann nennt man A,

$$A := \begin{pmatrix} a_{11} & a_{12} & \cdots & a_{1n} \\ a_{21} & a_{22} & \cdots & a_{2n} \\ \vdots & \vdots & & \vdots \\ a_{m1} & a_{m2} & \cdots & a_{mn} \end{pmatrix} := (a_{jk})_{1 \leq j \leq m, 1 \leq k \leq n} \,,$$

eine **(m,n)-Matrix** (kurz: $A \in \mathbb{R}^{m \times n}$). Mit A^T,

$$A^T := \begin{pmatrix} a_{11} & a_{21} & \cdots & a_{m1} \\ a_{12} & a_{22} & \cdots & a_{m2} \\ \vdots & \vdots & \cdot & \vdots \\ a_{1n} & a_{2n} & \cdots & a_{mn} \end{pmatrix},$$

bezeichnet man die zu A gehörige **transponierte (n,m)-Matrix** (kurz: $A^T \in \mathbb{R}^{n \times m}$). Gilt speziell $m = n$, dann heißt A **quadratische (n,n)-Matrix** (kurz: $A \in \mathbb{R}^{n \times n}$). ◄

In Java nimmt man Matrizen als zweidimensionale Felder (engl. *arrays*) in Zugriff, also z. B. in der Form folgender Anweisung:

```
double [] [] A = new double [m] [n];
```

▷ **Bemerkung 4.1.2 Gleichheit von Matrizen** Zwei beliebig gegebene Matrizen $A = (a_{jk})_{1 \leq j \leq m, 1 \leq k \leq n}$ und $B = (b_{jk})_{1 \leq j \leq \tilde{m}, 1 \leq k \leq \tilde{n}}$ sind dann und nur dann **gleich**, wenn $m = \tilde{m}$ und $n = \tilde{n}$ gilt (man sagt: A und B das gleiche **Format** haben) und wenn $a_{jk} = b_{jk}$ für $1 \leq j \leq m$, $1 \leq k \leq n$, gilt (man sagt: A und B dieselben **Komponenten** besitzen).

▷ **Bemerkung 4.1.3 Merkregel** Die Indizierung der Komponenten einer Matrix und ihre damit verbundene Platzierung in der Matrix kann man sich leicht mit folgender Eselsbrücke merken: **Zeile zuerst; Spalte später.** Das Element a_{jk} steht also genau in der j-ten Zeile und der k-ten Spalte. Eine entsprechende Merkregel gilt für das Format einer Matrix: **Zeilenanzahl zuerst; Spaltenanzahl später.** Matrizen aus dem Raum $\mathbb{R}^{m \times n}$ haben also genau m Zeilen und n Spalten.

Beispiel 4.1.4

Eine Matrix $A \in \mathbb{R}^{2 \times 3}$ mit ihrer transponierten $A^T \in \mathbb{R}^{3 \times 2}$,

$$A := \begin{pmatrix} 2 & 1 & 3 \\ 0 & 2 & 4 \end{pmatrix} \quad \text{und} \quad A^T = \begin{pmatrix} 2 & 0 \\ 1 & 2 \\ 3 & 4 \end{pmatrix}.$$

Beispiel 4.1.5

Eine Matrix $A \in \mathbb{R}^{4\times 2}$ mit ihrer transponierten $A^T \in \mathbb{R}^{2\times 4}$,

$$A := \begin{pmatrix} 2 & 2 \\ 5 & 3 \\ 0 & 2 \\ 1 & 2 \end{pmatrix} \quad \text{und} \quad A^T = \begin{pmatrix} 2 & 5 & 0 & 1 \\ 2 & 3 & 2 & 2 \end{pmatrix}.$$

Beispiel 4.1.6

Eine Matrix $A \in \mathbb{R}^{3\times 3}$ mit ihrer transponierten $A^T \in \mathbb{R}^{3\times 3}$,

$$A := \begin{pmatrix} 2 & 4 & 6 \\ 4 & 3 & 8 \\ 5 & 6 & 8 \end{pmatrix} \quad \text{und} \quad A^T = \begin{pmatrix} 2 & 4 & 5 \\ 4 & 3 & 6 \\ 6 & 8 & 8 \end{pmatrix}.$$

Beispiel 4.1.7

Eine Matrix $A \in \mathbb{R}^{2\times 2}$ mit ihrer transponierten $A^T \in \mathbb{R}^{2\times 2}$,

$$A := \begin{pmatrix} 2 & -1 \\ -1 & 0 \end{pmatrix} \quad \text{und} \quad A^T = \begin{pmatrix} 2 & -1 \\ -1 & 0 \end{pmatrix}.$$

▷   **Bemerkung 4.1.8 Symmetrische Matrizen** Das letzte Beispiel zeigt, dass es im quadratischen Fall passieren kann, dass die transponierte Matrix mit ihrer Ausgangsmatrix übereinstimmt. Derartige Matrizen bezeichnet man als **symmetrische Matrizen**. Sie werden an späterer Stelle noch systematisch untersucht.

Da eine (m,1)-Matrix nichts anderes ist als ein Vektor mit m Komponenten (manchmal auch (m)-Vektor genannt), ist klar, dass sich gewisse Vektoroperationen sehr einfach auf Matrizen übertragen lassen. Diese Operationen sind insbesondere die Addition und die Skalarmultiplikation, um die es im nächsten Abschnitt gehen wird.

4.2 Aufgaben mit Lösungen

Aufgabe 4.2.1 *Bestimmen Sie die transponierten Matrizen von*

$$A := \begin{pmatrix} 2 & 1 & 5 & 6 & 8 \\ 4 & 7 & 0 & 2 & 9 \end{pmatrix}, \quad B := \begin{pmatrix} 3 & 3 & 8 \\ 0 & 4 & 2 \\ 7 & 9 & -1 \\ 0 & -4 & 8 \end{pmatrix},$$

$$C := \begin{pmatrix} 2 & 5 & 3 & 9 \\ 5 & 0 & 2 & 8 \\ 3 & 2 & 3 & 8 \\ 9 & 8 & 8 & 10 \end{pmatrix} \quad und \quad D := \begin{pmatrix} 2 & -1 & 3 & 9 \\ 1 & 0 & 2 & 4 \\ 3 & 2 & 3 & 8 \\ 9 & 4 & 8 & 1 \end{pmatrix}.$$

Lösung der Aufgabe Die transponierten Matrizen ergeben sich als

$$A^T = \begin{pmatrix} 2 & 4 \\ 1 & 7 \\ 5 & 0 \\ 6 & 2 \\ 8 & 9 \end{pmatrix}, \quad B^T = \begin{pmatrix} 3 & 0 & 7 & 0 \\ 3 & 4 & 9 & -4 \\ 8 & 2 & -1 & 8 \end{pmatrix},$$

$$C^T = \begin{pmatrix} 2 & 5 & 3 & 9 \\ 5 & 0 & 2 & 8 \\ 3 & 2 & 3 & 8 \\ 9 & 8 & 8 & 10 \end{pmatrix} \quad und \quad D^T = \begin{pmatrix} 2 & 1 & 3 & 9 \\ -1 & 0 & 2 & 4 \\ 3 & 2 & 3 & 8 \\ 9 & 4 & 8 & 1 \end{pmatrix}.$$

Selbsttest 4.2.2 Gegeben sei die Matrix

$$A := \begin{pmatrix} 1 & 0 & 3 & 9 \\ 0 & 0 & 2 & 4 \\ 3 & 2 & 3 & 8 \\ 9 & 4 & 8 & 0 \end{pmatrix}.$$

Welche der folgenden Aussagen sind wahr?

?+? A ist eine quadratische Matrix.
?+? Es gilt $a_{34} = 8$.
?+? Es gilt $a_{13} = a_{31}$.
?−? Es gilt $A \in \mathbb{R}^{2\times2}$.
?+? Es gilt $A \in \mathbb{R}^{4\times4}$.
?+? Es gilt $A = A^T$.

4.3 Rechenregeln für Matrizen

Von nun an wird der zugrunde liegende Raum stets der $\mathbb{R}^{m\times n}$ sein, wobei $m,n \in \mathbb{N}^*$ fest gegeben seien. Man hat es in diesem Raum mit der Addition im Sinne von

$$A, B \in \mathbb{R}^{m\times n} : \quad A + B := \begin{pmatrix} a_{11} + b_{11} & \cdots & a_{1n} + b_{1n} \\ \vdots & \cdots & \vdots \\ \vdots & \cdots & \vdots \\ a_{m1} + b_{m1} & \cdots & a_{mn} + b_{mn} \end{pmatrix}$$

sowie der skalaren Multiplikation gemäß

$$\lambda \in \mathbb{R},\ A \in \mathbb{R}^{m\times n} : \quad \lambda A := \begin{pmatrix} \lambda a_{11} & \cdots & \lambda a_{1n} \\ \vdots & \cdots & \vdots \\ \vdots & \cdots & \vdots \\ \lambda a_{m1} & \cdots & \lambda a_{mn} \end{pmatrix}$$

zu tun. Die für diese Operationen geltenden Rechenregeln, die sehr leicht mit Hilfe der entsprechenden Rechenregeln für die reellen Zahlen bewiesen werden können, sind die wichtigsten **Rechenregeln für Matrizen**. Für beliebig gegebene $A, B, C \in \mathbb{R}^{m\times n}$ und $\lambda, \mu \in \mathbb{R}$ lauten diese Regeln:

(A1)	$A + B = B + A$	**(Kommutativität)**
(A2)	$(A + B) + C = A + (B + C)$	**(Assoziativität)**
(A3)	$\exists 0 \in \mathbb{R}^{m\times n} : A + 0 = A$	**(neutrales Element)**
(A4)	$\exists -A \in \mathbb{R}^{m\times n} : A + {-A} = 0$	**(inverse Elemente)**
(SM1)	$1A = A$	**(Verträglichkeit)**
(SM2)	$\lambda(\mu A) = (\lambda\mu)A$	**(Assoziativität)**
(SM3)	$\lambda(A + B) = (\lambda A) + (\lambda B)$	**(Distributivität)**
(SM4)	$(\lambda + \mu)A = (\lambda A) + (\mu A)$	**(Distributivität)**

Der $\mathbb{R}^{m\times n}$ erfüllt also, was nicht wirklich überraschen sollte, die Gesetze, die den Raum zu einem **Vektorraum über** $\mathbb{R}$ machen. Des Weiteren nennt man wieder jeden algebraischen Ausdruck, in dem Additionen und skalare Vielfache von Matrizen vorkommen, eine **Linearkombination** von Matrizen. Schließlich werden auch hier zwei Konventionen getroffen, die die Notation von Linearkombinationen vereinfachen.

▷ **Bemerkung 4.3.1 Punktrechnung vor Strichrechnung** Es wird vereinbart, dass skalare Multiplikationen vor Additionen auszuführen sind (Punktrechnung geht vor Strichrechnung), so dass z. B. bei der Formulierung der Distributivgesetze auf der rechten Seite die Klammern weggelassen werden können.

▷ **Bemerkung 4.3.2 Schlichtes Minus statt Plus-Minus** Es hat sich als Kurzschreibweise durchgesetzt, statt der Addition eines inversen Elements ein schlichtes Minuszeichen zu schreiben und statt von Addition eines inversen Elements von Subtraktion eines Elements zu sprechen, obwohl es streng genommen die Subtraktion als Operation gar nicht gibt.

Unter Anwendung dieser Konventionen werden in den folgenden Beispielen einige einfache Linearkombinationen von Matrizen berechnet.

Beispiel 4.3.3

Für eine Linearkombination von zwei Matrizen in $\mathbb{R}^{3\times4}$ ergibt sich z. B.

$$2\begin{pmatrix} 9 & 0 & 2 & 0 \\ 3 & 4 & 2 & 8 \\ 1 & -1 & 4 & 3 \end{pmatrix} + 4\begin{pmatrix} 7 & 1 & 4 & 5 \\ 9 & 3 & 8 & 2 \\ 1 & 1 & 4 & 3 \end{pmatrix} = \begin{pmatrix} 46 & 4 & 20 & 20 \\ 42 & 20 & 36 & 24 \\ 6 & 2 & 24 & 18 \end{pmatrix}$$

und für eine einfache Summe z. B.

$$\begin{pmatrix} 19 & 3 & 2 & -3 \\ -3 & 4 & 2 & 7 \\ 1 & 11 & -4 & 3 \end{pmatrix} + \begin{pmatrix} 0 & 0 & 0 & 0 \\ 0 & 0 & 0 & 0 \\ 0 & 0 & 0 & 0 \end{pmatrix} = \begin{pmatrix} 19 & 3 & 2 & -3 \\ -3 & 4 & 2 & 7 \\ 1 & 11 & -4 & 3 \end{pmatrix}.$$

Erwartungsgemäß ist also die Matrix, deren Komponenten alle gleich Null sind, das neutrale Element in $\mathbb{R}^{3\times4}$. Diese Matrix wird auch als Nullmatrix bezeichnet.

Beispiel 4.3.4

Für eine Linearkombination von zwei Matrizen in $\mathbb{R}^{3\times3}$ ergibt sich z. B.

$$2\begin{pmatrix} 3 & 0 & 2 \\ 7 & 2 & 1 \\ 3 & -4 & 4 \end{pmatrix} - 6\begin{pmatrix} 2 & 1 & 3 \\ 9 & 8 & 5 \\ 0 & 9 & -10 \end{pmatrix} = \begin{pmatrix} -6 & -6 & -14 \\ -40 & -44 & -28 \\ 6 & -62 & 68 \end{pmatrix}$$

und für eine einfache Summe z. B.

$$\begin{pmatrix} -3 & 1 & 2 \\ 7 & -2 & 1 \\ 8 & -4 & -3 \end{pmatrix} + \begin{pmatrix} 3 & -1 & -2 \\ -7 & 2 & -1 \\ -8 & 4 & 3 \end{pmatrix} = \begin{pmatrix} 0 & 0 & 0 \\ 0 & 0 & 0 \\ 0 & 0 & 0 \end{pmatrix}.$$

Erwartungsgemäß erhält man also die inverse Matrix, indem man alle Komponenten der gegebenen Matrix mit dem Faktor -1 multipliziert.

Beispiel 4.3.5

Für eine Linearkombination von zwei Matrizen in $\mathbb{R}^{3\times1}$, also für zwei gewöhnliche Spaltenvektoren, ergibt sich z. B.

$$-9\begin{pmatrix}1\\3\\8\end{pmatrix}+4\begin{pmatrix}3\\8\\4\end{pmatrix}=\begin{pmatrix}3\\5\\-56\end{pmatrix}.$$

Beispiel 4.3.6

Für eine Linearkombination von zwei Matrizen in $\mathbb{R}^{1\times4}$, also für zwei gewöhnliche Zeilenvektoren, ergibt sich z. B.

$$2(\ 8\ \ 3\ \ 8\ \ 5\ )+5(\ 2\ \ 8\ \ 3\ \ 9\ )=(\ 26\ \ 46\ \ 31\ \ 55\ ).$$

4.4 Aufgaben mit Lösungen

Aufgabe 4.4.1 *Berechnen Sie:*

(a)

$$-2\begin{pmatrix}3 & -1 & 2 & 8\\1 & -2 & 4 & 3\end{pmatrix}+3\begin{pmatrix}7 & 3 & 8 & 2\\1 & 4 & 4 & 3\end{pmatrix},$$

(b)

$$3\begin{pmatrix}0 & 2\\7 & 1\\3 & -4\end{pmatrix}-2\begin{pmatrix}2 & 1\\9 & 5\\9 & -10\end{pmatrix}.$$

Lösung der Aufgabe

(a)

$$-2\begin{pmatrix}3 & -1 & 2 & 8\\1 & -2 & 4 & 3\end{pmatrix}+3\begin{pmatrix}7 & 3 & 8 & 2\\1 & 4 & 4 & 3\end{pmatrix}=\begin{pmatrix}15 & 11 & 20 & -10\\1 & 16 & 4 & 3\end{pmatrix},$$

(b)

$$3\begin{pmatrix}0 & 2\\7 & 1\\3 & -4\end{pmatrix}-2\begin{pmatrix}2 & 1\\9 & 5\\9 & -10\end{pmatrix}=\begin{pmatrix}-4 & 4\\3 & -7\\-9 & 8\end{pmatrix}.$$

Selbsttest 4.4.2 Welche Aussagen über das Rechnen mit Matrizen sind wahr?

?+? Für die Addition von Matrizen gilt das Kommutativgesetz?

?–? Das neutrale Element der Matrizenaddition ist der Nullvektor $\vec{0}$.

?+? Für die skalare Multiplikation von Matrizen gelten zwei Distributivgesetze.

?+? Es gibt genau ein neutrales Element bezüglich der Matrizenaddition.

?–? Es gibt zu jeder Matrix mindestens zwei inverse Elemente bezüglich der Matrizenaddition.

4.5 Matrizenmultiplikation

Um die konkrete Definition des Matrizenprodukts noch einmal zu motivieren, sei zunächst
an die klassische Form eines einfachen **linearen Gleichungssystems** erinnert:

$$3x_1 + 4x_2 - 3x_3 = 7 \,,$$
$$-x_1 - 3x_2 + 8x_3 = -4 \,.$$

Definiert man nun die Matrix $A \in \mathbb{R}^{2\times 3}$ gemäß

$$A := \begin{pmatrix} 3 & 4 & -3 \\ -1 & -3 & 8 \end{pmatrix}$$

und fasst auch die Unbekannten sowie die rechten Seiten des Systems als Spaltenvektoren
auf, dann lässt sich das System ganz formal schreiben als

$$\underbrace{\begin{pmatrix} 3 & 4 & -3 \\ -1 & -3 & 8 \end{pmatrix}}_{\text{(2,3)-Matrix}} \cdot \underbrace{\begin{pmatrix} x_1 \\ x_2 \\ x_3 \end{pmatrix}}_{\text{(3,1)-Matrix}} = \underbrace{\begin{pmatrix} 7 \\ -4 \end{pmatrix}}_{\text{(2,1)-Matrix}} \,,$$

wobei die Deutung des Multiplikationszeichens gerade so vorzunehmen ist, dass das lineare Gleichungssystem reproduziert wird. Betrachtet man darüber hinaus gleichzeitig
noch ein weiteres (oder mehrere weitere) Gleichungssystem(e) desselben Typs mit anderer rechter Seite, z. B.

$$\begin{pmatrix} 3 & 4 & -3 \\ -1 & -3 & 8 \end{pmatrix} \cdot \begin{pmatrix} y_1 \\ y_2 \\ y_3 \end{pmatrix} = \begin{pmatrix} 2 \\ 1 \end{pmatrix} \,,$$

so kann man die beiden Gleichungssysteme als ein **Matrix-mal-Matrix-gleich-Matrix-
Problem** schreiben:

$$\underbrace{\begin{pmatrix} 3 & 4 & -3 \\ -1 & -3 & 8 \end{pmatrix}}_{\text{(2,3)-Matrix}} \cdot \underbrace{\begin{pmatrix} x_1 & y_1 \\ x_2 & y_2 \\ x_3 & y_3 \end{pmatrix}}_{\text{(3,2)-Matrix}} = \underbrace{\begin{pmatrix} 7 & 2 \\ -4 & 1 \end{pmatrix}}_{\text{(2,2)-Matrix}} \cdot$$

Dies motiviert die nun folgende Definition des **Matrizenprodukts** und beantwortet die Frage, warum es gerade so und nicht anders definiert wird.

Definition 4.5.1 Matrizenprodukt

Es seien $m, n, q \in \mathbb{N}^*$ gegeben sowie $A \in \mathbb{R}^{m \times n}$ und $B \in \mathbb{R}^{n \times q}$. Dann ist das **Matrizenprodukt** $A \cdot B$ von A und B definiert als

$$
A \cdot B := \begin{pmatrix}
\sum_{k=1}^{n} a_{1k} b_{k1} & \sum_{k=1}^{n} a_{1k} b_{k2} & \cdots & \sum_{k=1}^{n} a_{1k} b_{kq} \\
\sum_{k=1}^{n} a_{2k} b_{k1} & \sum_{k=1}^{n} a_{2k} b_{k2} & \cdots & \sum_{k=1}^{n} a_{2k} b_{kq} \\
\vdots & \vdots & & \vdots \\
\vdots & \vdots & & \vdots \\
\sum_{k=1}^{n} a_{mk} b_{k1} & \sum_{k=1}^{n} a_{mk} b_{k2} & \cdots & \sum_{k=1}^{n} a_{mk} b_{kq}
\end{pmatrix} .
$$

Offenbar ist die **Produktmatrix** $A \cdot B$ eine Matrix aus $\mathbb{R}^{m \times q}$. ◄

Beispiel 4.5.2

Für das Matrizenprodukt einer (4,3)-Matrix mit einer (3,2)-Matrix ergibt sich z. B.

$$
\begin{pmatrix}
2 & 4 & 3 \\
1 & 2 & 2 \\
3 & 3 & 1 \\
0 & 1 & 2
\end{pmatrix} \cdot
\begin{pmatrix}
1 & 2 \\
0 & 1 \\
2 & 3
\end{pmatrix} =
\begin{pmatrix}
2 \cdot 1 + 4 \cdot 0 + 3 \cdot 2 & 2 \cdot 2 + 4 \cdot 1 + 3 \cdot 3 \\
1 \cdot 1 + 2 \cdot 0 + 2 \cdot 2 & 1 \cdot 2 + 2 \cdot 1 + 2 \cdot 3 \\
3 \cdot 1 + 3 \cdot 0 + 1 \cdot 2 & 3 \cdot 2 + 3 \cdot 1 + 1 \cdot 3 \\
0 \cdot 1 + 1 \cdot 0 + 2 \cdot 2 & 0 \cdot 2 + 1 \cdot 1 + 2 \cdot 3
\end{pmatrix}
$$

$$
= \begin{pmatrix}
8 & 17 \\
5 & 10 \\
5 & 12 \\
4 & 7
\end{pmatrix} .
$$

▷ **Bemerkung 4.5.3 Falk-Schema** Ein für die Handrechnung sehr geeignetes und gut zu memorierendes Schema zur Multiplikation zweier Matrizen geht auf den deutschen Mathematiker Sigurd Falk (1921–2016) zurück und wird als **Falk-Schema** bezeichnet. Dabei schreibt man die linke Matrix nach links unten und die rechte Matrix nach rechts oben und erhält an den Schnittpunkten der Zeilen der linken Matrix mit den Spalten der rechten Matrix genau das Multiplikationsergebnis im Sinne der Summe der Produkte entsprechender

Komponenten. Für die Multiplikation in Beispiel 4.5.2 sähe das Falk-Schema wie folgt aus:

			1	2
			0	1
			2	3
2	4	3	8	17
1	2	2	5	10
3	**3**	**1**	5	**12**
0	1	2	4	7

Beispiel 4.5.4

Für das Matrizenprodukt einer (3,4)-Matrix mit einer (4,2)-Matrix ergibt sich z. B.

$$\begin{pmatrix} 1 & 2 & 4 & 1 \\ 0 & 2 & 3 & 3 \\ 6 & 1 & 4 & 0 \end{pmatrix} \cdot \begin{pmatrix} 1 & 1 \\ 0 & 3 \\ 2 & 4 \\ 3 & 6 \end{pmatrix} = \begin{pmatrix} 12 & 29 \\ 15 & 36 \\ 14 & 25 \end{pmatrix}.$$

Beispiel 4.5.5

Für das Matrizenprodukt einer (2,4)-Matrix mit einer (4,3)-Matrix ergibt sich z. B.

$$\begin{pmatrix} 0 & 2 & 3 & 1 \\ 8 & 1 & 0 & 2 \end{pmatrix} \cdot \begin{pmatrix} 1 & 3 & 6 \\ 2 & -1 & 0 \\ 0 & 2 & 3 \\ 1 & 8 & 0 \end{pmatrix} = \begin{pmatrix} 5 & 12 & 9 \\ 12 & 39 & 48 \end{pmatrix}.$$

Beispiel 4.5.6

Für das Matrizenprodukt einer (1,4)-Matrix mit einer (4,1)-Matrix ergibt sich z. B.

$$\begin{pmatrix} 4 & 2 & 3 & 1 \end{pmatrix} \cdot \begin{pmatrix} -1 \\ -2 \\ 0 \\ 1 \end{pmatrix} = (-7) = -7.$$

Wie oben bereits getan, werden (1,1)-Matrizen bzw. (1)-Vektoren unmittelbar mit ihrer jeweiligen Komponente identifiziert, d. h. im Allgemeinen als gewöhnliche Skalare und weniger als Matrizen oder Vektoren interpretiert. Insbesondere lässt man die umschließenden Klammern weg.

Beispiel 4.5.7

Für das Matrizenprodukt zweier (3,3)-Matrizen ergibt sich z. B.

$$
\begin{pmatrix} 3 & 0 & 5 \\ 0 & 0 & 1 \\ 1 & 0 & 0 \end{pmatrix} \cdot \begin{pmatrix} 0 & 0 & 1 \\ 1 & 2 & 0 \\ 0 & 0 & 1 \end{pmatrix} = \begin{pmatrix} 0 & 0 & 8 \\ 0 & 0 & 1 \\ 0 & 0 & 1 \end{pmatrix},
$$

$$
\begin{pmatrix} 0 & 0 & 1 \\ 1 & 2 & 0 \\ 0 & 0 & 1 \end{pmatrix} \cdot \begin{pmatrix} 3 & 0 & 5 \\ 0 & 0 & 1 \\ 1 & 0 & 0 \end{pmatrix} = \begin{pmatrix} 1 & 0 & 0 \\ 3 & 0 & 7 \\ 1 & 0 & 0 \end{pmatrix}.
$$

▷   **Bemerkung 4.5.8   Nicht-Kommutativität der Matrizenmultiplikation**   Aus dem letzten Beispiel folgt insbesondere, dass selbst wenn $A \cdot B$ und $B \cdot A$ berechenbar sind, d. h. die Formate für beide Multiplikationsrichtungen passen, i. Allg. nicht auf $A \cdot B = B \cdot A$ geschlossen werden kann. Das heißt, dass die Matrizenmultiplikation i. Allg. **nicht kommutativ** ist.

Im folgenden Satz werden nun die wesentlichen Regeln für das Matrizenprodukt festgehalten.

▷   **Satz 4.5.9   Rechenregeln für das Matrizenprodukt**   Es seien $m, n, u, v \in \mathbb{N}^*$ gegeben sowie $A, B \in \mathbb{R}^{m \times n}$, $C \in \mathbb{R}^{n \times u}$, $D \in \mathbb{R}^{u \times v}$, $F \in \mathbb{R}^{n \times m}$ und $\lambda \in \mathbb{R}$. Dann gilt:

(MP0)	$A \cdot F \neq F \cdot A$	(i. Allg. kein Kommutativgesetz)
(MP1)	$(A + B) \cdot C = (A \cdot C) + (B \cdot C)$	(Distributivgesetz)
(MP2)	$(A \cdot C) \cdot D = A \cdot (C \cdot D)$	(Assoziativgesetz)
(MP3)	$(A \cdot C)^T = C^T \cdot A^T$	(Transponierungsgesetz)
(MP4)	$A \cdot (\lambda C) = \lambda (A \cdot C) = (\lambda A) \cdot C$	(Homogenitätsgesetz)

Der Beweis ist einfach, aber teilweise sehr schreibintensiv. Auf seine Durchführung wird daher verzichtet. Es wird jedoch nachdrücklich empfohlen, sich für einige konkrete Beispiele von der Korrektheit der einzelnen Gesetzmäßigkeiten zu überzeugen!

▷ **Bemerkung 4.5.10 Punktrechnung vor Strichrechnung** Es gilt wieder die Konvention, dass Matrizenprodukte vor Additionen auszuführen sind (Punktrechnung geht vor Strichrechnung), so dass z. B. bei der Formulierung des Distributivgesetzes auf der rechten Seite die Klammern weggelassen werden können. Ferner lässt man häufig bei der Bildung des Matrizenprodukts den Multiplikationspunkt weg, so dass AB als $A \cdot B$ zu interpretieren ist. Wenn Missverständnisse ausgeschlossen sind, wird dies im Folgenden ebenfalls bisweilen getan.

4.6 Aufgaben mit Lösungen

Aufgabe 4.6.1 *Gegeben seien die Matrizen*

$$A := \begin{pmatrix} 0 & 0 \\ 1 & 2 \\ 0 & 0 \end{pmatrix}, \quad B := \begin{pmatrix} 3 & 0 & 5 \\ 0 & 0 & 1 \end{pmatrix}, \quad C := \begin{pmatrix} 2 & 1 \\ 0 & 4 \end{pmatrix},$$

$$D := \begin{pmatrix} 1 \\ 3 \\ 2 \end{pmatrix} \quad und \quad E := \begin{pmatrix} 2 & 4 \end{pmatrix}.$$

Berechnen Sie $A \cdot B$, $B \cdot A$, $A \cdot C$, $B \cdot D$, $D \cdot E$, $E \cdot B$, $E \cdot C$, $C \cdot C$ und C^3.

Lösung der Aufgabe Man erhält

$$A \cdot B = \begin{pmatrix} 0 & 0 & 0 \\ 3 & 0 & 7 \\ 0 & 0 & 0 \end{pmatrix}, \quad B \cdot A = \begin{pmatrix} 0 & 0 \\ 0 & 0 \end{pmatrix}, \quad A \cdot C = \begin{pmatrix} 0 & 0 \\ 2 & 9 \\ 0 & 0 \end{pmatrix},$$

$$B \cdot D = \begin{pmatrix} 13 \\ 2 \end{pmatrix}, \quad D \cdot E = \begin{pmatrix} 2 & 4 \\ 6 & 12 \\ 4 & 8 \end{pmatrix}, \quad E \cdot B = \begin{pmatrix} 6 & 0 & 14 \end{pmatrix},$$

$$E \cdot C = \begin{pmatrix} 4 & 18 \end{pmatrix}, \quad C \cdot C = \begin{pmatrix} 4 & 6 \\ 0 & 16 \end{pmatrix} \quad und \quad C^3 = \begin{pmatrix} 8 & 28 \\ 0 & 64 \end{pmatrix}.$$

Aufgabe 4.6.2 *Gegeben sei $\lambda := 3$ sowie die Matrizen*

$$A := \begin{pmatrix} 3 & 1 \\ 4 & 2 \\ 0 & 1 \end{pmatrix}, \qquad B := \begin{pmatrix} 4 & 0 \\ 2 & 8 \\ 3 & -1 \end{pmatrix},$$

$$C := \begin{pmatrix} 2 & 0 & 4 & 1 \\ -1 & 3 & 8 & 2 \end{pmatrix} \quad und \quad D := \begin{pmatrix} 1 & 0 \\ 2 & 2 \\ 0 & 1 \\ 3 & -4 \end{pmatrix}.$$

Zeigen Sie durch Nachrechnen:

(a) $(A + B) \cdot C = A \cdot C + B \cdot C,$
(b) $(A \cdot C) \cdot D = A \cdot (C \cdot D),$
(c) $(A \cdot C)^T = C^T \cdot A^T,$
(d) $A \cdot (\lambda C) = \lambda (A \cdot C).$

Lösung der Aufgabe
(a)

$$(A + B) \cdot C = A \cdot C + B \cdot C = \begin{pmatrix} 13 & 3 & 36 & 9 \\ 2 & 30 & 104 & 26 \\ 6 & 0 & 12 & 3 \end{pmatrix},$$

(b)

$$(A \cdot C) \cdot D = A \cdot (C \cdot D) = \begin{pmatrix} 26 & 6 \\ 42 & 12 \\ 11 & 6 \end{pmatrix},$$

(c)

$$(A \cdot C)^T = C^T \cdot A^T = \begin{pmatrix} 5 & 6 & -1 \\ 3 & 6 & 3 \\ 20 & 32 & 8 \\ 5 & 8 & 2 \end{pmatrix},$$

(d)

$$A \cdot (\lambda C) = \lambda (A \cdot C) = \begin{pmatrix} 15 & 9 & 60 & 15 \\ 18 & 18 & 96 & 24 \\ -3 & 9 & 24 & 6 \end{pmatrix}.$$

Selbsttest 4.6.3	Gegeben seien $A \in \mathbb{R}^{2\times3}$ und $B \in \mathbb{R}^{3\times4}$. Welche Aussagen sind wahr?

?+?	$A \cdot B$ ist eine Matrix aus $\mathbb{R}^{2\times4}$.

?–?	$A \cdot B$ ist eine Matrix aus $\mathbb{R}^{4\times2}$.

?–?	$B \cdot A$ ist eine Matrix aus $\mathbb{R}^{4\times2}$.

?+?	$B \cdot A$ ist nicht definiert.

?–?	$A^T \cdot B^T$ ist eine Matrix aus $\mathbb{R}^{4\times2}$.

?+?	$B^T \cdot A^T$ ist eine Matrix aus $\mathbb{R}^{4\times2}$.

?+?	$A^T \cdot B^T$ ist nicht definiert.

4.7 Gaußscher Algorithmus für Matrizen

Im Folgenden werden zunächst zwei ausgesprochen wichtige Operationen eingeführt, mit denen man beliebige Matrizen systematisch in andere, einfachere Matrizen überführen kann, die aber immer noch eine Fülle von Eigenschaften mit der jeweiligen Ausgangsmatrix gemein haben. Diese Operationen bilden dann die Basis für den **Gaußschen Algorithmus für Matrizen**, dessen Name an den bedeutenden deutschen Mathematiker Carl Friedrich Gauß (1777–1855) erinnert.

Die erste Operation ist der sogenannte **Zeilentausch.** Um ihn einzuführen, seien ab jetzt $m, n \in \mathbb{N}^*$ beliebig und fest vorgegeben. Liegt nun $A \in \mathbb{R}^{m\times n}$ vor gemäß

$$A = \begin{pmatrix} \cdots & \cdots & \left(\vec{z}_A^{(1)}\right)^T & \cdots & \cdots \\ & & \vdots & & \\ \cdots & \cdots & \left(\vec{z}_A^{(i)}\right)^T & \cdots & \cdots \\ & & \vdots & & \\ \cdots & \cdots & \left(\vec{z}_A^{(j)}\right)^T & \cdots & \cdots \\ & & \vdots & & \\ \cdots & \cdots & \left(\vec{z}_A^{(m)}\right)^T & \cdots & \cdots \end{pmatrix},$$

wobei

$$\left(\vec{z}_A^{(j)}\right)^T := (a_{j1}, a_{j2}, \ldots, a_{jn}) , \quad 1 \le j \le m ,$$

die Zeilenvektoren von A bezeichnen, dann ist der Zeilentauschoperator

$$\mathrm{ZT} : \mathbb{R}^{m\times n} \times \{1, 2, \ldots, m\} \times \{1, 2, \ldots, m\} \to \mathbb{R}^{m\times n}$$

definiert als

$$ZT(A,i,j) := \begin{pmatrix} \cdots & \cdots & \left(\vec{z}_A^{(1)}\right)^T & \cdots & \cdots \\ & & \vdots & & \\ \cdots & \cdots & \left(\vec{z}_A^{(j)}\right)^T & \cdots & \cdots \\ & & \vdots & & \\ \cdots & \cdots & \left(\vec{z}_A^{(i)}\right)^T & \cdots & \cdots \\ & & \vdots & & \\ \cdots & \cdots & \left(\vec{z}_A^{(m)}\right)^T & \cdots & \cdots \end{pmatrix}.$$

Trifft man nun grundsätzlich die Vereinbarung, dass man zur besseren Lesbarkeit des Java-Codes wie üblich alle Felder statt wie in der Mathematik vom Index 1 vom Index 0 beginnen lässt, dann ergibt sich folgender Code:

```java
public double[][] ZT(double[][] A, int i, int j)
{
    int n=A[0].length;  double help;
    for(int k=0;k<n;k++)
    {
        help=A[i][k]; A[i][k]=A[j][k]; A[j][k]=help;
    }
    return A;
}
```

Beispiel 4.7.1

Die Vertauschung der ersten und zweiten Zeile einer (2,3)-Matrix lässt sich z. B. schreiben als

$$ZT\left(\begin{pmatrix} 2 & 1 & 3 \\ 0 & 2 & 4 \end{pmatrix}, 1, 2\right) = \begin{pmatrix} 0 & 2 & 4 \\ 2 & 1 & 3 \end{pmatrix}.$$

Beispiel 4.7.2

Die Vertauschung der dritten und fünften Zeile einer (6,3)-Matrix lässt sich z. B. schreiben als

$$ZT\left(\begin{pmatrix} 8 & 7 & 3 \\ 1 & 8 & 4 \\ 3 & 2 & 7 \\ 3 & 8 & 4 \\ 5 & 6 & 0 \\ 1 & 3 & 4 \end{pmatrix}, 3, 5\right) = \begin{pmatrix} 8 & 7 & 3 \\ 1 & 8 & 4 \\ 5 & 6 & 0 \\ 3 & 8 & 4 \\ 3 & 2 & 7 \\ 1 & 3 & 4 \end{pmatrix}.$$

Beispiel 4.7.3

Die Vertauschung der zweiten und dritten Zeile einer (4,3)-Matrix lässt sich z. B. schreiben als

$$ZT\left(\begin{pmatrix} 2 & 0 & 2 \\ 5 & 7 & 9 \\ 2 & 4 & 3 \\ 1 & 2 & 4 \end{pmatrix}, 2, 3\right) = \begin{pmatrix} 2 & 0 & 2 \\ 2 & 4 & 3 \\ 5 & 7 & 9 \\ 1 & 2 & 4 \end{pmatrix}.$$

Die zweite wichtige Operation ist die sogenannte **Zeilenscherung**, mit deren Hilfe Vielfache einer Zeile auf eine andere Zeile der gegebenen Matrix addiert werden. Der Zeilenscherungsoperator

$$ZS : \mathbb{R}^{m \times n} \times \{1, 2, \ldots, m\} \times \{1, 2, \ldots, m\} \times \mathbb{R} \to \mathbb{R}^{m \times n}$$

hängt also von einem weiteren Parameter ab und ist definiert als

$$ZS(A, i, j, \lambda) := \begin{pmatrix} \cdots & \cdots & \left(\vec{z}_A^{(1)}\right)^T & \cdots & \cdots \\ & & \vdots & & \\ \cdots & \cdots & \left(\vec{z}_A^{(i)}\right)^T & \cdots & \cdots \\ & & \vdots & & \\ \cdots & \cdots & \left(\vec{z}_A^{(j)} + \lambda \vec{z}_A^{(i)}\right)^T & \cdots & \cdots \\ & & \vdots & & \\ \cdots & \cdots & \left(\vec{z}_A^{(m)}\right)^T & \cdots & \cdots \end{pmatrix}.$$

Der Java-Code mit der entsprechenden Anpassung bezüglich der Felder-Indizierung lautet hier:

```java
public double[][] ZS(double[][] A, int i, int j, double lambda)
{
 int n=A[0].length;
 for(int k=0;k<n;k++)
 {
    A[j][k]=A[j][k]+lambda*A[i][k];
 }
 return A;
}
```

Beispiel 4.7.4

Die Addition des 4-fachen der ersten Zeile einer (2,3)-Matrix auf die zweite Zeile lässt sich z. B. schreiben als

$$ZS\left(\begin{pmatrix} 2 & 1 & 3 \\ 0 & 2 & 4 \end{pmatrix}, 1, 2, 4\right) = \begin{pmatrix} 2 & 1 & 3 \\ 0+4\cdot 2 & 2+4\cdot 1 & 4+4\cdot 3 \end{pmatrix}$$

$$= \begin{pmatrix} 2 & 1 & 3 \\ 8 & 6 & 16 \end{pmatrix}.$$

Beispiel 4.7.5

Die Addition des 2-fachen der dritten Zeile einer (6,3)-Matrix auf die fünfte Zeile lässt sich z. B. schreiben als

$$ZS\left(\begin{pmatrix} 8 & 7 & 3 \\ 1 & 8 & 4 \\ 2 & 1 & 3 \\ 3 & 8 & 4 \\ 5 & 6 & 0 \\ 1 & 3 & 4 \end{pmatrix}, 3, 5, 2\right) = \begin{pmatrix} 8 & 7 & 3 \\ 1 & 8 & 4 \\ 2 & 1 & 3 \\ 3 & 8 & 4 \\ 5+2\cdot 2 & 6+2\cdot 1 & 0+2\cdot 3 \\ 1 & 3 & 4 \end{pmatrix}$$

$$= \begin{pmatrix} 8 & 7 & 3 \\ 1 & 8 & 4 \\ 2 & 1 & 3 \\ 3 & 8 & 4 \\ 9 & 8 & 6 \\ 1 & 3 & 4 \end{pmatrix}.$$

Beispiel 4.7.6

Die Addition des (-2)-fachen der zweiten Zeile einer (4,2)-Matrix auf die dritte Zeile lässt sich z. B. schreiben als

$$ZS\left(\begin{pmatrix} 2 & 0 \\ 5 & 7 \\ 2 & 4 \\ 1 & 2 \end{pmatrix}, 2, 3, -2\right) = \begin{pmatrix} 2 & 0 \\ 5 & 7 \\ 2 + (-2)\cdot 5 & 4 + (-2)\cdot 7 \\ 1 & 2 \end{pmatrix}$$

$$= \begin{pmatrix} 2 & 0 \\ 5 & 7 \\ -8 & -10 \\ 1 & 2 \end{pmatrix}.$$

Unter Verwendung der obigen elementaren Zeilenoperationen wird nun der sogenannte **Gaußsche Algorithmus für Matrizen** definiert, der in eindeutiger und systematischer Weise eine gegebene Matrix $A \in \mathbb{R}^{m \times n}$ in eine Matrix $A^\triangle \in \mathbb{R}^{m \times n}$ mit $a_{jk}^\triangle = 0$ für $j > k$ (**obere Dreiecks- bzw. Trapezgestalt**) überführt. Warum man an dieser neuen Matrix interessiert ist, wird sich z. B. bei der Lösung von linearen Gleichungssystemen zeigen. Bevor der Algorithmus präzise in Java notiert wird, wird er zunächst in einer etwas umgangssprachlichen Form formuliert, wobei der Laufindex sukzessiv die Werte $\mathbf{i = 1, 2, \ldots, \min\{m, n\}}$ annehmen möge:

- **Falls $\mathbf{a_{ii} \neq 0}$:** Addiere zu jeder j-ten Zeile ($i + 1 \leq j \leq m$) das $\left(-\frac{a_{ji}}{a_{ii}}\right)$-fache der i-ten Zeile. Dann gehe weiter.
- **Falls $\mathbf{a_{ii} = 0}$:** Suche den kleinsten Index $j \in \{i + 1, \ldots, m\}$ mit $a_{ji} \neq 0$ und tausche die i-te und die j-te Zeile. Anschließend addiere zu jeder j-ten Zeile ($i + 1 \leq j \leq m$) das $\left(-\frac{a_{ji}}{a_{ii}}\right)$-fache der neuen i-ten Zeile. Dann gehe weiter. Wenn kein Index $j \in \{i + 1, \ldots, m\}$ mit $a_{ji} \neq 0$ existiert, dann gehe auch weiter.

Nach $\min\{m, n\}$ Schritten erhält man so eine neue Matrix $A^\triangle \in \mathbb{R}^{m \times n}$, die im Folgenden stets als **Gaußsche Endmatrix** von A bezeichnet wird und die je nach Größe von m und n wie folgt aussieht:

Falls $m \leq n$ (obere Trapezmatrix):

$$A^\triangle = \begin{pmatrix} a_{11}^\triangle & a_{12}^\triangle & \cdots & \cdots & \cdots & a_{1n}^\triangle \\ 0 & a_{22}^\triangle & \cdots & \cdots & \cdots & a_{2n}^\triangle \\ \vdots & \ddots & \ddots & & & \vdots \\ 0 & \cdots & 0 & a_{mm}^\triangle & \cdots & a_{mn}^\triangle \end{pmatrix},$$

Falls $m \geq n$ (obere Dreiecksmatrix):

$$
A^{\Delta} =
\begin{pmatrix}
a_{11}^{\Delta} & a_{12}^{\Delta} & \cdots & a_{1n}^{\Delta} \\
0 & a_{22}^{\Delta} & \cdots & a_{2n}^{\Delta} \\
\vdots & \ddots & \ddots & \vdots \\
\vdots & & \ddots & a_{nn}^{\Delta} \\
\vdots & & & 0 \\
\vdots & & & \vdots \\
0 & \cdots & \cdots & 0
\end{pmatrix} .
$$

Der detaillierte Java-Code zur Überführung in die **Gaußsche Endmatrix** lautet nun unter Zugriff auf die Zeilenscherungs- und Zeilentausch-Methoden ZS und ZT sowie der Anpassung an die Java-Indizierung der Felder:

```java
public double[][] make_Gauss_Endmatrix(double[][] A)
{
    int min_mn, m=A.length, n=A[0].length;
    double lambda;
    if(m<=n) {min_mn=m;} else {min_mn=n;}
    for(int i=0;i<min_mn;i++)
    {
        if(A[i][i]!=0.0)    // besser: if(Math.abs(A[i][i])>eps)
        {
            for(int j=i+1;j<m;j++)
            {
             lambda=-(A[j][i]/A[i][i]); ZS(A,i,j,lambda);
            }
        }
        else
        {
            for(int j=i+1;j<m;j++)
            {
                if(A[j][i]!=0.0)   // besser: if(Math.abs(A[j][i])>eps)
                {
                 ZT(A,i,j); i=i-1; break;
                }
            }
        }
    }
    return A;
}
```

In den folgenden Beispielen sind die einzelnen Gauß-Schritte explizit notiert. Dabei benutzen wir eine etwas weniger formale Notation für die Tausch- oder Scherungsoperationen, die der Handrechnung angemessen ist: Bei Zeilentausch deuten wir die zu tauschenden Zeilen mit zwei Pfeilen an und bei der Zeilenscherung schreiben wir den Multiplikator an die Zeile, deren Vielfaches auf die durch einen Pfeil angedeutete Zeile zu addieren ist.

Beispiel 4.7.7

Für eine (2,3)-Matrix ergibt sich die Gaußsche Endmatrix gemäß

$$A := \begin{pmatrix} 2 & 1 & 3 \\ 4 & 3 & 9 \end{pmatrix} \begin{matrix} \cdot(-\frac{4}{2}) \\ \leftarrow + \end{matrix}$$

$$\begin{pmatrix} 2 & 1 & 3 \\ 0 & 1 & 3 \end{pmatrix} = A^{\triangle}$$

Beispiel 4.7.8

Für eine weitere (2,3)-Matrix mit einer Null in der linken oberen Ecke ergibt sich die Gaußsche Endmatrix gemäß

$$A := \begin{pmatrix} 0 & 1 & 3 \\ 1 & 2 & 4 \end{pmatrix} \begin{matrix} \leftarrow \\ \leftarrow \end{matrix}$$

$$\begin{pmatrix} 1 & 2 & 4 \\ 0 & 1 & 3 \end{pmatrix} = A^{\triangle}$$

Beispiel 4.7.9

Für eine (6,3)-Matrix ergibt sich die Gaußsche Endmatrix gemäß

$$A := \begin{pmatrix} 2 & 3 & 3 \\ 6 & 9 & 4 \\ -4 & -5 & 7 \\ 4 & 8 & 4 \\ 8 & 6 & 0 \\ -2 & 3 & 4 \end{pmatrix} \begin{matrix} \cdot(-\frac{6}{2}) & \cdot(-\frac{-4}{2}) & \cdot(-\frac{4}{2}) & \cdot(-\frac{8}{2}) & \cdot(-\frac{-2}{2}) \\ \leftarrow + & | & | & | & | \\ & \leftarrow + & | & | & | \\ & & \leftarrow + & | & | \\ & & & \leftarrow + & | \\ & & & & \leftarrow + \end{matrix}$$

$$\begin{pmatrix} 2 & 3 & 3 \\ 0 & 0 & -5 \\ 0 & 1 & 13 \\ 0 & 2 & -2 \\ 0 & -6 & -12 \\ 0 & 6 & 7 \end{pmatrix} \begin{array}{l} \\ \leftarrow \\ \leftarrow \\ \\ \\ \end{array}$$

$$\begin{pmatrix} 2 & 3 & 3 \\ 0 & 1 & 13 \\ 0 & 0 & -5 \\ 0 & 2 & -2 \\ 0 & -6 & -12 \\ 0 & 6 & 7 \end{pmatrix} \begin{array}{llll} \\ \cdot\left(-\tfrac{0}{1}\right) & \cdot\left(-\tfrac{2}{1}\right) & \cdot\left(-\tfrac{-6}{1}\right) & \cdot\left(-\tfrac{6}{1}\right) \\ \leftarrow + & | & | & | \\ & \leftarrow + & | & | \\ & & \leftarrow + & | \\ & & & \leftarrow + \end{array}$$

$$\begin{pmatrix} 2 & 3 & 3 \\ 0 & 1 & 13 \\ 0 & 0 & -5 \\ 0 & 0 & -28 \\ 0 & 0 & 66 \\ 0 & 0 & -71 \end{pmatrix} \begin{array}{lll} \\ \\ \cdot\left(-\tfrac{-28}{-5}\right) & \cdot\left(-\tfrac{66}{-5}\right) & \cdot\left(-\tfrac{-71}{-5}\right) \\ \leftarrow + & | & | \\ & \leftarrow + & | \\ & & \leftarrow + \end{array}$$

$$\begin{pmatrix} 2 & 3 & 3 \\ 0 & 1 & 13 \\ 0 & 0 & -5 \\ 0 & 0 & 0 \\ 0 & 0 & 0 \\ 0 & 0 & 0 \end{pmatrix} = A^{\triangle}$$

Beispiel 4.7.10

Für eine $(3,5)$-Matrix ergibt sich die Gaußsche Endmatrix gemäß

$$
A := \begin{pmatrix} 2 & 3 & 3 & 3 & 1 \\ 6 & 8 & 4 & 7 & 2 \\ -4 & -5 & 7 & 1 & 0 \end{pmatrix} \begin{matrix} \cdot(-\frac{6}{2}) & \cdot(-\frac{-4}{2}) \\ \leftarrow + & | \\ & \leftarrow + \end{matrix}
$$

$$
\begin{pmatrix} 2 & 3 & 3 & 3 & 1 \\ 0 & -1 & -5 & -2 & -1 \\ 0 & 1 & 13 & 7 & 2 \end{pmatrix} \begin{matrix} \\ \cdot(-\frac{1}{-1}) \\ \leftarrow + \end{matrix}
$$

$$
\begin{pmatrix} 2 & 3 & 3 & 3 & 1 \\ 0 & -1 & -5 & -2 & -1 \\ 0 & 0 & 8 & 5 & 1 \end{pmatrix} = A^{\triangle}
$$

▶ **Bemerkung 4.7.11 Pivotelemente** Man nennt die erhaltenen Diagonalelemente $a_{ii}^{\triangle}$, $1 \le i \le \min\{m,n\}$, von $A^{\triangle}$ auch **Pivotelemente**. Diese Bezeichnung wird insbesondere in der numerischen Linearen Algebra verwandt, wo man bei der Fixierung dieser Elemente durch geeigneten Zeilentausch zusätzlich dafür sorgt, dass dort stets betragsmäßig möglichst große zulässige Zahlen stehen. Dies sichert bei der Implementierung die sogenannte numerische Stabilität des Gaußschen Algorithmus, d. h. unvermeidliche Rundungsfehler führen dann i. Allg. nicht zu unbrauchbaren Ergebnissen, sondern bleiben unter Kontrolle.

Verallgemeinerungen des hier vorgestellten Gaußschen Algorithmus lassen auch Nicht-Diagonalelemente von $A^{\triangle}$ als Pivotelemente zu und gestatten neben Zeilen- auch Spaltenvertauschungen. Die vorliegende **prototypische Version des Gaußschen Algorithmus** ist allerdings unter dem Aspekt der möglichst schnellen Überführung einer Matrix in obere Trapez- bzw. obere Dreiecksform i. Allg. diejenige, die mit den **wenigsten Operationen** auskommt und wurde aus diesem Grunde ausgewählt. Warum man an der Überführung einer Matrix in die Gaußsche Endmatrix interessiert ist, wird in den Abschnitten über Determinanten und lineare Gleichungssysteme deutlich.

4.8 Aufgaben mit Lösungen

Aufgabe 4.8.1 *Gegeben seien die Matrizen*

$$A := \begin{pmatrix} 1 & 4 & 0 \\ 2 & 1 & 1 \\ 3 & -1 & 0 \end{pmatrix}, \qquad B := \begin{pmatrix} 1 & 2 & 3 \\ 2 & 4 & 0 \\ 7 & 14 & 3 \end{pmatrix},$$

$$C := \begin{pmatrix} 2 & 1 & -1 \\ -4 & -2 & 2 \\ 6 & 3 & -3 \\ 8 & 0 & 1 \end{pmatrix} \quad und \quad D := \begin{pmatrix} 1 & 2 & 3 & 4 \\ -2 & -4 & -6 & -8 \\ 1 & 0 & 2 & 1 \end{pmatrix}.$$

Berechnen Sie die jeweils eindeutig bestimmten Gaußschen Endmatrizen.

Lösung der Aufgabe Für die Matrix A erhält man:

$$A := \begin{pmatrix} 1 & 4 & 0 \\ 2 & 1 & 1 \\ 3 & -1 & 0 \end{pmatrix} \quad \begin{matrix} \cdot(-\tfrac{2}{1}) & \cdot(-\tfrac{3}{1}) \\ \leftarrow + & | \\ & \leftarrow + \end{matrix}$$

$$\begin{pmatrix} 1 & 4 & 0 \\ 0 & -7 & 1 \\ 0 & -13 & 0 \end{pmatrix} \quad \begin{matrix} \\ \cdot(-\tfrac{-13}{-7}) \\ \leftarrow + \end{matrix}$$

$$\begin{pmatrix} 1 & 4 & 0 \\ 0 & -7 & 1 \\ 0 & 0 & -\tfrac{13}{7} \end{pmatrix} = A^{\triangle}$$

Für die Matrix B erhält man:

$$B := \begin{pmatrix} 1 & 2 & 3 \\ 2 & 4 & 0 \\ 7 & 14 & 3 \end{pmatrix} \quad \begin{matrix} \cdot(-\tfrac{2}{1}) & \cdot(-\tfrac{7}{1}) \\ \leftarrow + & | \\ & \leftarrow + \end{matrix}$$

$$\begin{pmatrix} 1 & 2 & 3 \\ 0 & 0 & -6 \\ 0 & 0 & -18 \end{pmatrix} = B^{\triangle}$$

Für die Matrix C erhält man:

$$C := \begin{pmatrix} 2 & 1 & -1 \\ -4 & -2 & 2 \\ 6 & 3 & -3 \\ 8 & 0 & 1 \end{pmatrix} \begin{matrix} \cdot(-\frac{-4}{2}) & \cdot(-\frac{6}{2}) & \cdot(-\frac{8}{2}) \\ \leftarrow + & | & | \\ & \leftarrow + & | \\ & & \leftarrow + \end{matrix}$$

$$\begin{pmatrix} 2 & 1 & -1 \\ 0 & 0 & 0 \\ 0 & 0 & 0 \\ 0 & -4 & 5 \end{pmatrix} \begin{matrix} \\ \leftarrow \\ \\ \leftarrow \end{matrix}$$

$$\begin{pmatrix} 2 & 1 & -1 \\ 0 & -4 & 5 \\ 0 & 0 & 0 \\ 0 & 0 & 0 \end{pmatrix} = C^{\triangle}$$

Für die Matrix D erhält man:

$$D := \begin{pmatrix} 1 & 2 & 3 & 4 \\ -2 & -4 & -6 & -8 \\ 1 & 0 & 2 & 1 \end{pmatrix} \begin{matrix} \cdot(-\frac{-2}{1}) & \cdot(-\frac{1}{1}) \\ \leftarrow + & | \\ & \leftarrow + \end{matrix}$$

$$\begin{pmatrix} 1 & 2 & 3 & 4 \\ 0 & 0 & 0 & 0 \\ 0 & -2 & -1 & -3 \end{pmatrix} \begin{matrix} \\ \leftarrow \\ \leftarrow \end{matrix}$$

$$\begin{pmatrix} 1 & 2 & 3 & 4 \\ 0 & -2 & -1 & -3 \\ 0 & 0 & 0 & 0 \end{pmatrix} = D^{\triangle}$$

Selbsttest 4.8.2   Welche Aussagen über den Gaußschen Algorithmus für Matrizen sind wahr?

?+? Der Gaußsche Algorithmus überführt eine Matrix systematisch in eine Matrix gleichen Formats.

?−? Der Gaußsche Algorithmus ist nur auf quadratische Matrizen anwendbar.

?+? Der Gaußsche Algorithmus erlaubt in speziellen Situationen die Vertauschung zweier Zeilen.

?+? Beim Gaußschen Algorithmus werden systematisch Vielfache von Zeilen auf andere Zeilen addiert.

?−? Beim Gaußschen Algorithmus darf man beliebig Vielfache von Zeilen auf andere Zeilen addieren.

Determinanten 5

Im Vektorraum der Matrizen spielen die **quadratischen Matrizen** eine besondere Rolle. Betrachtet man zum Beispiel im einfachsten Fall eine Matrix $A \in \mathbb{R}^{2\times 2}$,

$$A := \begin{pmatrix} a_{11} & a_{12} \\ a_{21} & a_{22} \end{pmatrix},$$

und bezeichnet man ihre Zeilenvektoren wieder mit

$$\left(\vec{z}_A^{(1)}\right)^T := (a_{11}, a_{12}) \quad \text{und} \quad \left(\vec{z}_A^{(2)}\right)^T := (a_{21}, a_{22}),$$

dann kann man die folgenden interessanten Fragen stellen:

- Bilden $\vec{z}_A^{(1)}$ und $\vec{z}_A^{(2)}$ eine Basis von $\mathbb{R}^2$?
- Welchen Flächeninhalt hat das durch $\vec{z}_A^{(1)}$ und $\vec{z}_A^{(2)}$ aufgespannte Parallelogramm?
- Ist jedes durch A gegebene lineare Gleichungssystem eindeutig lösbar?

Jede dieser Fragen lässt sich schnell und vollständig beantworten, wenn man die sogenannte **Determinante** von A kennt: Ihr Betrag gibt genau die Fläche des von den Zeilenvektoren aufgespannten Parallelogramms an und ist diese größer als Null, dann bilden sie eine Basis von $\mathbb{R}^2$ und jedes durch A gegebene lineare Gleichungssystem ist eindeutig lösbar. Im Folgenden wird es also um die Berechnung eben dieser Determinanten gehen, zunächst nur in $\mathbb{R}^{2\times 2}$, dann in $\mathbb{R}^{3\times 3}$ und am Ende ganz allgemein in $\mathbb{R}^{n\times n}$.

Elektronisches Zusatzmaterial Die elektronische Version dieses Kapitels enthält Zusatzmaterial, das berechtigten Benutzern zur Verfügung steht https://doi.org/10.1007/978-3-658-29969-9_5.

B. Lenze, *Basiswissen Lineare Algebra*, https://doi.org/10.1007/978-3-658-29969-9_5

5.1 Grundlegendes zu (2,2)-Determinanten

Zunächst wird die **Determinante einer (2,2)-Matrix** von $A \in \mathbb{R}^{2\times 2}$ im Rahmen eines Satzes präzise eingeführt. Dabei wird sich zeigen, dass die Berechnung der Determinante sehr eng mit der Durchführung des **Gaußschen Algorithmus für Matrizen** zur Berechnung der **Gaußschen Endmatrix** $A^{\triangle}$ verbunden ist.

► **Satz 5.1.1 Determinante einer (2,2)-Matrix** Es sei $A \in \mathbb{R}^{2\times 2}$,

$$A = \begin{pmatrix} a_{11} & a_{12} \\ a_{21} & a_{22} \end{pmatrix},$$

beliebig gegeben und $A^{\triangle} \in \mathbb{R}^{2\times 2}$,

$$A^{\triangle} = \begin{pmatrix} a_{11}^{\triangle} & a_{12}^{\triangle} \\ 0 & a_{22}^{\triangle} \end{pmatrix},$$

die Gaußsche Endmatrix. Ferner bezeichne $v \in \mathbb{N}$ die Anzahl der Zeilenvertauschungen, die zur Berechnung von $A^{\triangle}$ benötigt wurden (maximal eine). Dann nennt man

$$\det A := (-1)^{v} a_{11}^{\triangle} a_{22}^{\triangle}$$

die **Determinante** von A. Sie lässt sich auch direkt aus den Komponenten von A berechnen als

$$\det A = a_{11}a_{22} - a_{12}a_{21}$$

und ihr Betrag gibt den Flächeninhalt des von den Zeilenvektoren von A aufgespannten Parallelogramms an.

Auf den einfachen Beweis wird verzichtet und er wird als kleine Übung empfohlen.

Beispiel 5.1.2
Zu bestimmen ist die Fläche des von $\vec{a} := (3,1)^{T}$ und $\vec{b} := (1,2)^{T}$ aufgespannten Parallelogramms (vgl. Abb. 5.1).
Der erste Gauß-Schritt liefert

$$\begin{pmatrix} 3 & 1 \\ 1 & 2 \end{pmatrix} \begin{matrix} \cdot(-\tfrac{1}{3}) \\ \leftarrow + \end{matrix}$$

$$\begin{pmatrix} 3 & 1 \\ 0 & \tfrac{5}{3} \end{pmatrix}$$

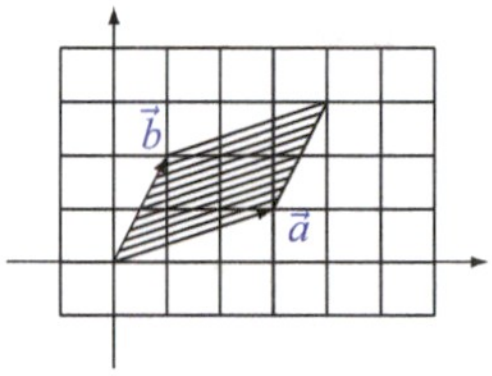

Abb. 5.1 Ursprüngliches Parallelogramm

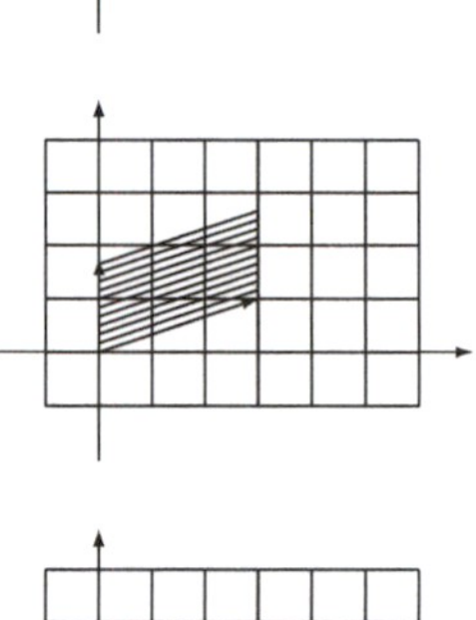

Abb. 5.2 Parallelogramm
nach erster Scherung

Abb. 5.3 Parallelogramm
nach zweiter Scherung

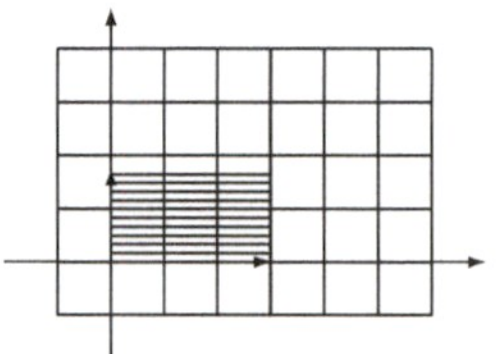

Da Scherungen bekanntlich die Fläche eines Parallelogramms unverändert lassen, erkennt man, dass die Flächenberechnung nach der Formel **Grundseite mal
Höhe** einfach durch Zugriff auf die Diagonalelemente der Gaußschen Endmatrix
erledigt werden kann (vgl. Abb. 5.2). Die Determinante der (2,2)-Matrix liefert
in diesem Fall also direkt, ohne zum Betrag übergehen zu müssen, die Fläche
des von ihren Zeilenvektoren aufgespannten Parallelogramms, im vorliegenden Fall
$3 \cdot \frac{5}{3} = 5$.

Ein weiterer, eigentlich nicht mehr nötiger und auch vom Gaußschen Algorithmus nicht vorgesehener Scherungsschritt überführt das Parallelogramm, wenn man
es wünscht, schließlich sogar in ein Rechteck gemäß

$$\begin{pmatrix} 3 & 1 \\ 0 & \frac{5}{3} \end{pmatrix} \begin{matrix} \leftarrow + \\ \cdot(-\frac{3}{5}) \end{matrix}$$

$$\begin{pmatrix} 3 & 0 \\ 0 & \frac{5}{3} \end{pmatrix}$$

Auch dabei bleibt der Flächeninhalt erhalten und berechnet sich erneut zu $3 \cdot \frac{5}{3} = 5$
(vgl. Abb. 5.3).

Dieses Beispiel lässt auch nochmals deutlich erkennen, warum die Gaußsche Operation der Addition eines Vielfachen einer Zeile auf eine andere Zeile **Scherung** genannt wird!

5.2 Aufgaben mit Lösungen

Aufgabe 5.2.1 *Berechnen Sie die Determinanten der Matrizen*

$$A := \begin{pmatrix} 2 & 2 \\ 3 & 3 \end{pmatrix}, \quad B := \begin{pmatrix} 0 & 1 \\ -2 & 4 \end{pmatrix} \quad und \quad C := \begin{pmatrix} -2 & 2 \\ -6 & 8 \end{pmatrix}$$

sowohl über die Gaußsche Endmatrix als auch mit Hilfe der direkten Formel.

Lösung der Aufgabe Für A ergibt sich mit dem Gaußschen Algorithmus

$$\begin{pmatrix} \boxed{2} & 2 \\ \boxed{3} & 3 \end{pmatrix} \begin{matrix} \cdot(-\frac{3}{2}) \\ \leftarrow + \end{matrix}$$

$$\begin{pmatrix} 2 & 2 \\ 0 & 0 \end{pmatrix} = \begin{pmatrix} a_{11}^{\triangle} & a_{12}^{\triangle} \\ 0 & a_{22}^{\triangle} \end{pmatrix} = A^{\triangle}$$

Damit berechnet sich die Determinante zu det $A = (-1)^0 \cdot 2 \cdot 0 = 0$ und liefert erwartungsgemäß dasselbe Ergebnis wie die direkte Formel det $A = 6 - 6 = 0$.

Für B ergibt sich mit dem Gaußschen Algorithmus

$$\begin{pmatrix} \boxed{0} & 1 \\ \boxed{-2} & 4 \end{pmatrix} \begin{matrix} \leftarrow \\ \leftarrow \end{matrix}$$

$$\begin{pmatrix} -2 & 4 \\ 0 & 1 \end{pmatrix} = \begin{pmatrix} b_{11}^{\triangle} & b_{12}^{\triangle} \\ 0 & b_{22}^{\triangle} \end{pmatrix} = B^{\triangle}$$

Damit berechnet sich die Determinante zu det $B = (-1)^1 \cdot (-2) \cdot 1 = 2$ und liefert erwartungsgemäß dasselbe Ergebnis wie die direkte Formel det $B = 0 - (-2) = 2$.

Für C ergibt sich mit dem Gaußschen Algorithmus

$$\begin{pmatrix} \boxed{-2} & 2 \\ \boxed{-6} & 8 \end{pmatrix} \begin{matrix} \cdot(-\frac{-6}{-2}) \\ \leftarrow + \end{matrix}$$

$$\begin{pmatrix} -2 & 2 \\ 0 & 2 \end{pmatrix} = \begin{pmatrix} c_{11}^{\triangle} & c_{12}^{\triangle} \\ 0 & c_{22}^{\triangle} \end{pmatrix} = C^{\triangle}$$

Damit berechnet sich die Determinante zu det $C = (-1)^0 \cdot (-2) \cdot 2 = -4$ und liefert erwartungsgemäß dasselbe Ergebnis wie die direkte Formel det $C = -16 - (-12) = -4$.

Selbsttest 5.2.2 Welche der folgenden Aussagen für (2,2)-Determinanten sind wahr?

?+? Die (2,2)-Determinante einer reellen (2,2)-Matrix ist eine reelle Zahl.

?−? Die (2,2)-Determinante einer (2,2)-Matrix kann nie negativ sein.

?−? Die Summe zweier (2,2)-Determinanten ist die (2,2)-Determinante der Summe der (2,2)-Matrizen.

?−? Die (2,2)-Determinante ist die Fläche des von den Zeilenvektoren aufgespannten Parallelogramms.

?−? Die (2,2)-Determinante ergibt sich als Produkt der Diagonalelemente der gegebenen (2,2)-Matrix.

5.3 Grundlegendes zu (3,3)-Determinanten

Zunächst wird die **Determinante einer (3,3)-Matrix** von $A \in \mathbb{R}^{3\times 3}$ wieder im Rahmen eines Satzes präzise eingeführt. Man beachte, dass das prinzipielle Vorgehen exakt dasselbe wie im Fall der (2,2)-Determinanten ist.

▷ **Satz 5.3.1 Determinante einer (3,3)-Matrix** Es sei $A \in \mathbb{R}^{3\times 3}$,

$$A = \begin{pmatrix} a_{11} & a_{12} & a_{13} \\ a_{21} & a_{22} & a_{23} \\ a_{31} & a_{32} & a_{33} \end{pmatrix},$$

beliebig gegeben und $A^{\triangle} \in \mathbb{R}^{3\times 3}$,

$$A^{\triangle} = \begin{pmatrix} a_{11}^{\triangle} & a_{12}^{\triangle} & a_{13}^{\triangle} \\ 0 & a_{22}^{\triangle} & a_{23}^{\triangle} \\ 0 & 0 & a_{33}^{\triangle} \end{pmatrix},$$

die Gaußsche Endmatrix. Ferner bezeichne $v \in \mathbb{N}$ die Anzahl der Zeilenvertauschungen, die zur Berechnung von $A^{\triangle}$ benötigt wurden (maximal zwei). Dann nennt man

$$\det A := (-1)^{v} a_{11}^{\triangle} a_{22}^{\triangle} a_{33}^{\triangle}$$

die **Determinante** von A. Sie lässt sich auch direkt aus den Komponenten von A berechnen als

$$\det A := a_{11}a_{22}a_{33} + a_{12}a_{23}a_{31} + a_{13}a_{21}a_{32} - a_{13}a_{22}a_{31} - a_{11}a_{23}a_{32}$$
$$- a_{12}a_{21}a_{33}$$

und ihr Betrag gibt das Volumen des von den Zeilenvektoren von A aufgespannten Spats (Parallelepipeds) an.

Abb. 5.4 Ursprüngliches Spat

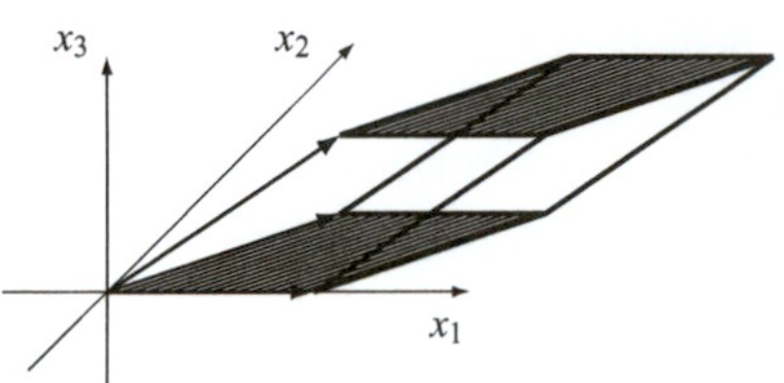

▶ **Bemerkung 5.3.2 Rechenschema** Die Formel zur direkten Berechnung von (3,3)-Determinanten wird in der Literatur als **Regel von Sarrus** bezeichnet. Man kann sie sich merken, indem man die (3,3)-Matrix notiert und die ersten beiden Spaltenvektoren rechts ergänzt. Dann ergibt sich die Determinante als Summe der Produkte der Links-Rechts-Diagonalen minus der Summe der Produkte der Rechts-Links-Diagonalen.

$$
\begin{array}{ccccc}
a_{11} & a_{12} & a_{13} & a_{11} & a_{12} \\
a_{21} & a_{22} & a_{23} & a_{21} & a_{22} \\
a_{31} & a_{32} & a_{33} & a_{31} & a_{32}
\end{array}
$$

$$-a_{13}a_{22}a_{31} - a_{11}a_{23}a_{32} - a_{12}a_{21}a_{33} + a_{11}a_{22}a_{33} + a_{12}a_{23}a_{31} + a_{13}a_{21}a_{32}$$

Die (3,3)-Determinante ist also genau mit dem **Spatprodukt** der Spaltenvektoren der gegebenen (3,3)-Matrix identisch!

Im folgenden Beispiel geht es nun, wie bereits erwähnt, um die Bestimmung des Volumens eines Spats basierend auf der Berechnung von (3,3)-Determinanten.

Beispiel 5.3.3

Zu bestimmen ist das Volumen des von $\vec{a} := (8,0,0)^T$, $\vec{b} := (3,12,-3)^T$ und $\vec{c} := (3,12,0)^T$ aufgespannten **Spats** bzw. **Parallelepipeds** (vgl. Abb. 5.4).

Der erste Gauß-Schritt (vgl. auch Abb. 5.5) liefert

$$
\begin{pmatrix}
8 & 0 & 0 \\
3 & 12 & -3 \\
3 & 12 & 0
\end{pmatrix}
\begin{array}{l}
\cdot(-\tfrac{3}{8}) \quad \cdot(-\tfrac{3}{8}) \\
\leftarrow + \qquad | \\
\qquad\quad \leftarrow +
\end{array}
$$

$$
\begin{pmatrix}
8 & 0 & 0 \\
0 & 12 & -3 \\
0 & 12 & 0
\end{pmatrix}
$$

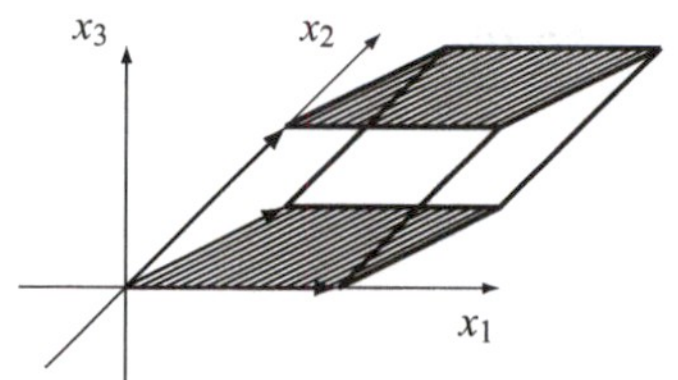

Abb. 5.5 Spat nach erster Scherung

Der zweite Gauß-Schritt (vgl. auch Abb. 5.6) liefert

$$
\begin{pmatrix} 8 & 0 & 0 \\ 0 & 12 & -3 \\ 0 & 12 & 0 \end{pmatrix} \begin{matrix} \\ \cdot(-1) \\ \leftarrow + \end{matrix}
$$

$$
\begin{pmatrix} 8 & 0 & 0 \\ 0 & 12 & -3 \\ 0 & 0 & 3 \end{pmatrix}
$$

Da Scherungen bekanntlich das Volumen eines Spats unverändert lassen, erkennt man, dass die Volumenberechnung nach der Formel **Grundseite mal Höhe1 mal Höhe2** einfach durch Zugriff auf die Diagonalelemente der Gaußschen Endmatrix erledigt werden kann. Die Determinante der (3,3)-Matrix liefert also, falls nötig nach Übergang zum Betrag, genau das Volumen des von ihren Zeilenvektoren aufgespannten Spats, im vorliegenden Fall $|8 \cdot 12 \cdot 3| = 288$.

Ein weiterer, eigentlich nicht mehr nötiger und auch vom klassischen Gaußschen Algorithmus nicht vorgesehener Scherungsschritt überführt den Spat, wenn man es wünscht, schließlich sogar in einen Quader gemäß

$$
\begin{pmatrix} 8 & 0 & 0 \\ 0 & 12 & -3 \\ 0 & 0 & 3 \end{pmatrix} \begin{matrix} \\ \leftarrow + \\ \cdot 1 \end{matrix}
$$

$$
\begin{pmatrix} 8 & 0 & 0 \\ 0 & 12 & 0 \\ 0 & 0 & 3 \end{pmatrix}
$$

Auch dabei bleibt das Volumen erhalten und berechnet sich erneut zu $|8{\cdot}12{\cdot}3| = 288$ (vgl. Abb. 5.7).

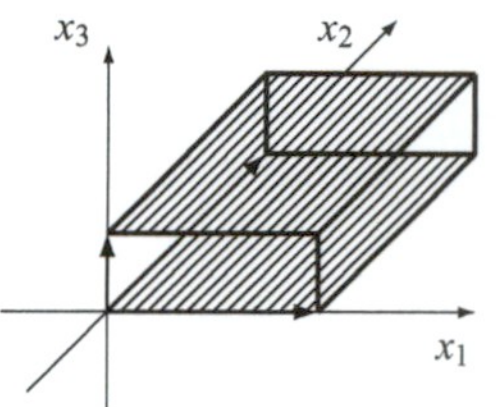

Abb. 5.6 Spat nach zweiter Scherung

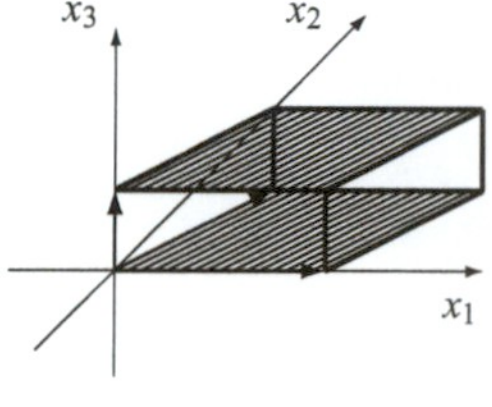

Abb. 5.7 Spat nach dritter Scherung

5.4 Aufgaben mit Lösungen

Aufgabe 5.4.1 *Berechnen Sie die Determinanten der Matrizen*

$$A := \begin{pmatrix} 2 & 3 & 0 \\ 2 & 4 & 1 \\ -4 & -3 & 1 \end{pmatrix}, \quad B := \begin{pmatrix} 2 & 1 & 3 \\ -2 & -1 & 4 \\ 4 & 3 & 0 \end{pmatrix} \quad und \quad C := \begin{pmatrix} 0 & 2 & 3 \\ 0 & 0 & 8 \\ 1 & 3 & 2 \end{pmatrix}$$

sowohl über die Gaußsche Endmatrix als auch mit Hilfe der direkten Formel.

Lösung der Aufgabe Für A ergibt sich mit dem Gaußschen Algorithmus

$$\begin{pmatrix} 2 & 3 & 0 \\ 2 & 4 & 1 \\ -4 & -3 & 1 \end{pmatrix} \begin{matrix} \cdot(-\frac{2}{2}) & \cdot(-\frac{-4}{2}) \\ \leftarrow + & | \\ & \leftarrow + \end{matrix}$$

$$\begin{pmatrix} 2 & 3 & 0 \\ 0 & 1 & 1 \\ 0 & 3 & 1 \end{pmatrix} \begin{matrix} \\ \cdot(-\frac{3}{1}) \\ \leftarrow + \end{matrix}$$

$$\begin{pmatrix} 2 & 3 & 0 \\ 0 & 1 & 1 \\ 0 & 0 & -2 \end{pmatrix} = \begin{pmatrix} a_{11}^{\triangle} & a_{12}^{\triangle} & a_{13}^{\triangle} \\ 0 & a_{22}^{\triangle} & a_{23}^{\triangle} \\ 0 & 0 & a_{33}^{\triangle} \end{pmatrix} = A^{\triangle}$$

Damit berechnet sich die Determinante zu det $A = (-1)^0 \cdot 2 \cdot 1 \cdot (-2) = -4$ und liefert erwartungsgemäß dasselbe Ergebnis wie die direkte Formel det $A = 8 - 12 + 0 - 0 - (-6) - 6 = -4$.

Für B ergibt sich mit dem Gaußschen Algorithmus

$$
\begin{pmatrix} \boxed{2} & 1 & 3 \\ \boxed{-2} & -1 & 4 \\ \boxed{4} & 3 & 0 \end{pmatrix}
\begin{matrix} \cdot(-\frac{-2}{2}) & \cdot(-\frac{4}{2}) \\ \leftarrow + & | \\ & \leftarrow + \end{matrix}
$$

$$
\begin{pmatrix} 2 & 1 & 3 \\ 0 & \boxed{0} & 7 \\ 0 & \boxed{1} & -6 \end{pmatrix}
\begin{matrix} \\ \leftarrow \\ \leftarrow \end{matrix}
$$

$$
\begin{pmatrix} 2 & 1 & 3 \\ 0 & 1 & -6 \\ 0 & 0 & 7 \end{pmatrix}
=
\begin{pmatrix} b_{11}^{\triangle} & b_{12}^{\triangle} & b_{13}^{\triangle} \\ 0 & b_{22}^{\triangle} & b_{23}^{\triangle} \\ 0 & 0 & b_{33}^{\triangle} \end{pmatrix}
= B^{\triangle}
$$

Damit berechnet sich die Determinante zu det $B = (-1)^1 \cdot 2 \cdot 1 \cdot 7 = -14$ und liefert erwartungsgemäß dasselbe Ergebnis wie die direkte Formel det $B = 0 + 16 - 18 - (-12) - 24 - 0 = -14$.

Für C ergibt sich mit dem Gaußschen Algorithmus

$$
\begin{pmatrix} \boxed{0} & 2 & 3 \\ 0 & 0 & 8 \\ \boxed{1} & 3 & 2 \end{pmatrix}
\begin{matrix} \leftarrow \\ \\ \leftarrow \end{matrix}
$$

$$
\begin{pmatrix} 1 & 3 & 2 \\ 0 & \boxed{0} & 8 \\ 0 & \boxed{2} & 3 \end{pmatrix}
\begin{matrix} \\ \leftarrow \\ \leftarrow \end{matrix}
$$

$$
\begin{pmatrix} 1 & 3 & 2 \\ 0 & 2 & 3 \\ 0 & 0 & 8 \end{pmatrix}
=
\begin{pmatrix} c_{11}^{\triangle} & c_{12}^{\triangle} & c_{13}^{\triangle} \\ 0 & c_{22}^{\triangle} & c_{23}^{\triangle} \\ 0 & 0 & c_{33}^{\triangle} \end{pmatrix}
= C^{\triangle}
$$

Damit berechnet sich die Determinante zu det $C = (-1)^2 \cdot 1 \cdot 2 \cdot 8 = 16$ und liefert erwartungsgemäß dasselbe Ergebnis wie die direkte Formel det $C = 0 + 16 + 0 - 0 - 0 - 0 = 16$.

Selbsttest 5.4.2 Welche der folgenden Aussagen für (3,3)-Determinanten sind wahr?

?+? Die (3,3)-Determinante einer reellen (3,3)-Matrix ist eine reelle Zahl.

?−? Die (3,3)-Determinante einer (3,3)-Matrix kann nie negativ sein.

?−? Die Summe zweier (3,3)-Determinanten ist die (3,3)-Determinante der Summe der (3,3)-Matrizen.

?+? Der Betrag der (3,3)-Determinante ist das Volumen des von den Zeilenvektoren aufgespannten Spats.

?−? Eine (3,3)-Determinante ergibt sich als Produkt der Diagonalelemente der gegebenen (3,3)-Matrix.

5.5 Rechenregeln für (n,n)-Determinanten

Zunächst wird die **Determinante einer (n,n)-Matrix** im Rahmen einer Definition präzise eingeführt. Man beachte dabei, dass das prinzipielle Vorgehen exakt dasselbe wie in den Fällen der (2,2)- und (3,3)-Determinanten ist, allerdings ohne die Möglichkeit der Berechnung mit einer einfachen direkten Formel.

Definition 5.5.1 Determinante einer (n,n)-Matrix

Es sei $A \in \mathbb{R}^{n \times n}$,

$$A = \begin{pmatrix} a_{11} & a_{12} & \cdots & a_{1n} \\ a_{21} & a_{22} & \cdots & a_{2n} \\ \vdots & \vdots & \vdots & \vdots \\ a_{n1} & a_{n2} & \cdots & a_{nn} \end{pmatrix},$$

beliebig gegeben und $A^{\triangle} \in \mathbb{R}^{n \times n}$,

$$A^{\triangle} = \begin{pmatrix} a_{11}^{\triangle} & a_{12}^{\triangle} & \cdots & a_{1n}^{\triangle} \\ 0 & a_{22}^{\triangle} & \cdots & a_{2n}^{\triangle} \\ \vdots & \ddots & \ddots & \vdots \\ 0 & \cdots & 0 & a_{nn}^{\triangle} \end{pmatrix},$$

die Gaußsche Endmatrix. Ferner bezeichne $v \in \mathbb{N}$ die Anzahl der Zeilenvertauschungen, die zur Berechnung von $A^{\triangle}$ benötigt wurden (maximal $(n-1)$). Dann nennt man

$$\det A := (-1)^{v} a_{11}^{\triangle} a_{22}^{\triangle} \cdots a_{nn}^{\triangle}$$

die **Determinante** von A. ◄

Beispiel 5.5.2

Die Determinante der Matrix A,

$$A := \begin{pmatrix} 0 & 1 & 2 & 0 \\ 1 & 2 & 4 & 6 \\ 0 & 1 & 5 & 1 \\ 0 & 0 & 2 & 0 \end{pmatrix},$$

soll berechnet werden. Für A ergibt sich mit dem Gaußschen Algorithmus

$$\begin{pmatrix} 0 & 1 & 2 & 0 \\ 1 & 2 & 4 & 6 \\ 0 & 1 & 5 & 1 \\ 0 & 0 & 2 & 0 \end{pmatrix} \begin{matrix} \leftarrow \\ \leftarrow \\ \\ \end{matrix}$$

$$\begin{pmatrix} 1 & 2 & 4 & 6 \\ 0 & 1 & 2 & 0 \\ 0 & 1 & 5 & 1 \\ 0 & 0 & 2 & 0 \end{pmatrix} \begin{matrix} \\ \cdot(-\frac{1}{1}) \quad \cdot(-\frac{0}{1}) \\ \leftarrow + \qquad | \\ \leftarrow + \end{matrix}$$

$$\begin{pmatrix} 1 & 2 & 4 & 6 \\ 0 & 1 & 2 & 0 \\ 0 & 0 & 3 & 1 \\ 0 & 0 & 2 & 0 \end{pmatrix} \begin{matrix} \\ \\ \cdot(-\frac{2}{3}) \\ \leftarrow + \end{matrix}$$

$$\begin{pmatrix} 1 & 2 & 4 & 6 \\ 0 & 1 & 2 & 0 \\ 0 & 0 & 3 & 1 \\ 0 & 0 & 0 & -\frac{2}{3} \end{pmatrix} = \begin{pmatrix} a_{11}^{\triangle} & a_{12}^{\triangle} & a_{13}^{\triangle} & a_{14}^{\triangle} \\ 0 & a_{22}^{\triangle} & a_{23}^{\triangle} & a_{24}^{\triangle} \\ 0 & 0 & a_{33}^{\triangle} & a_{34}^{\triangle} \\ 0 & 0 & 0 & a_{44}^{\triangle} \end{pmatrix} = A^{\triangle}$$

Damit berechnet sich die gesuchte Determinante zu $\det A = (-1)^1 \cdot 1 \cdot 1 \cdot 3 \cdot (-\frac{2}{3}) = 2$.

Die Festsetzung von $\det A$ ist also zunächst wieder eine reine Definition und bedarf keines Beweises. Da der Gaußsche Algorithmus und damit natürlich auch die Gaußsche Endmatrix eindeutig definiert sind, ist auch $\det A$ eindeutig bestimmt. Dass der Betrag von $\det A$ ferner das n-dimensionale Volumen des von den Zeilenvektoren von A aufgespannten Parallelotops angibt, sei an dieser Stelle der Vollständigkeit halber auch noch erwähnt, ohne allerdings näher auf derartige Parallelotope einzugehen.

Abschließend sollen nun ohne Beweis einige Rechenregeln für Determinanten angegeben werden, die für den praktischen Umgang mit ihnen bedeutsam sind, allerdings im Folgenden keine weitere Rolle spielen werden. Dazu sei $A \in \mathbb{R}^{n \times n}$ beliebig gegeben, und es seien

$$\left(\vec{z}_A^{(j)}\right)^T := (a_{j1}, a_{j2}, \ldots, a_{jn}), \quad 1 \leq j \leq n,$$

die Zeilenvektoren von A.

▷ **Satz 5.5.3 Rechenregeln für (n,n)-Determinanten** Es seien $A, B \in \mathbb{R}^{n \times n}$ zwei Matrizen, $\lambda \in \mathbb{R}$ ein beliebiger Skalar und $\vec{a} \in \mathbb{R}^n$ ein beliebiger Vektor. Dann gilt:

- **Homogenität in den Zeilen:**

$$\det \begin{pmatrix} \cdots & \left(\vec{z}_A^{(1)}\right)^T & \cdots \\ & \vdots & \\ \cdots & \left(\lambda \vec{z}_A^{(j)}\right)^T & \cdots \\ & \vdots & \\ \cdots & \left(\vec{z}_A^{(n)}\right)^T & \cdots \end{pmatrix} = \lambda \det \begin{pmatrix} \cdots & \left(\vec{z}_A^{(1)}\right)^T & \cdots \\ & \vdots & \\ \cdots & \left(\vec{z}_A^{(j)}\right)^T & \cdots \\ & \vdots & \\ \cdots & \left(\vec{z}_A^{(n)}\right)^T & \cdots \end{pmatrix}$$

- **Additivität in den Zeilen:**

$$\det \begin{pmatrix} \cdot & \left(\vec{z}_A^{(1)}\right)^T & \cdot \\ & \vdots & \\ \cdot & \left(\vec{z}_A^{(j)} + \vec{a}\right)^T & \cdot \\ & \vdots & \\ \cdot & \left(\vec{z}_A^{(n)}\right)^T & \cdot \end{pmatrix} = \det \begin{pmatrix} \cdot & \left(\vec{z}_A^{(1)}\right)^T & \cdot \\ & \vdots & \\ \cdot & \left(\vec{z}_A^{(j)}\right)^T & \cdot \\ & \vdots & \\ \cdot & \left(\vec{z}_A^{(n)}\right)^T & \cdot \end{pmatrix}$$

$$+ \det \begin{pmatrix} \cdot & \left(\vec{z}_A^{(1)}\right)^T & \cdot \\ & \vdots & \\ \cdot & \left(\vec{a}\right)^T & \cdot \\ & \vdots & \\ \cdot & \left(\vec{z}_A^{(n)}\right)^T & \cdot \end{pmatrix}$$

- **Vorzeichenwechsel bei Zeilenvertauschung:**

$$\det \begin{pmatrix} & \vdots & \\ \cdots & \left(\vec{z}_A^{(i)}\right)^T & \cdots \\ & \vdots & \\ \cdots & \left(\vec{z}_A^{(j)}\right)^T & \cdots \\ & \vdots & \end{pmatrix} = -\det \begin{pmatrix} & \vdots & \\ \cdots & \left(\vec{z}_A^{(j)}\right)^T & \cdots \\ & \vdots & \\ \cdots & \left(\vec{z}_A^{(i)}\right)^T & \cdots \\ & \vdots & \end{pmatrix}$$

- **Zeilen(un)abhängigkeit:** Es gilt genau dann det $A = 0$, wenn die Zeilenvektoren $\vec{z}_A^{(1)}, \vec{z}_A^{(2)}, \ldots, \vec{z}_A^{(n)}$ von A linear abhängig sind.
- **Invarianz bezüglich Transponieren:** det $A =$ det A^T.
- **Determinantenproduktsatz:** $\det(A \cdot B) = (\det A) \cdot (\det B)$.

5.6 Aufgaben mit Lösungen

Aufgabe 5.6.1 *Berechnen Sie die Determinante der Matrix $A \in \mathbb{R}^{4\times4}$,*

$$A := \begin{pmatrix} 1 & 2 & 3 & 4 \\ -2 & -4 & -6 & -9 \\ 1 & 0 & 2 & 1 \\ 2 & 0 & 3 & 1 \end{pmatrix}.$$

Lösung der Aufgabe   Für A ergibt sich mit dem Gaußschen Algorithmus

$$A := \begin{pmatrix} \boxed{1} & 2 & 3 & 4 \\ \boxed{-2} & -4 & -6 & -9 \\ \boxed{1} & 0 & 2 & 1 \\ \boxed{2} & 0 & 3 & 1 \end{pmatrix} \begin{matrix} \cdot(-\frac{-2}{1}) & \cdot(-\frac{1}{1}) & \cdot(-\frac{2}{1}) \\ \leftarrow + & | & | \\ & \leftarrow + & | \\ & & \leftarrow + \end{matrix}$$

$$\begin{pmatrix} 1 & 2 & 3 & 4 \\ 0 & \boxed{0} & 0 & -1 \\ 0 & \boxed{-2} & -1 & -3 \\ 0 & -4 & -3 & -7 \end{pmatrix} \begin{matrix} \\ \leftarrow \\ \leftarrow \\ \end{matrix}$$

$$\begin{pmatrix} 1 & 2 & 3 & 4 \\ 0 & \boxed{-2} & -1 & -3 \\ 0 & \boxed{0} & 0 & -1 \\ 0 & \boxed{-4} & -3 & -7 \end{pmatrix} \begin{matrix} \\ \cdot(-\frac{0}{-2}) & \cdot(-\frac{-4}{-2}) \\ \leftarrow + & | \\ & \leftarrow + \end{matrix}$$

$$\begin{pmatrix} 1 & 2 & 3 & 4 \\ 0 & -2 & -1 & -3 \\ 0 & 0 & \boxed{0} & -1 \\ 0 & 0 & \boxed{-1} & -1 \end{pmatrix} \begin{matrix} \\ \\ \leftarrow \\ \leftarrow \end{matrix}$$

$$\begin{pmatrix} 1 & 2 & 3 & 4 \\ 0 & -2 & -1 & -3 \\ 0 & 0 & -1 & -1 \\ 0 & 0 & 0 & -1 \end{pmatrix} = \begin{pmatrix} a_{11}^\triangle & a_{12}^\triangle & a_{13}^\triangle & a_{14}^\triangle \\ 0 & a_{22}^\triangle & a_{23}^\triangle & a_{24}^\triangle \\ 0 & 0 & a_{33}^\triangle & a_{34}^\triangle \\ 0 & 0 & 0 & a_{44}^\triangle \end{pmatrix} = A^\triangle$$

Da insgesamt zwei Zeilenvertauschungen nötig waren, berechnet sich die Determinante zu det $A = (-1)^2 \cdot 1 \cdot (-2) \cdot (-1) \cdot (-1) = -2$. Eine alternative Möglichkeit zur Berechnung dieser Determinante steht uns z.Z. nicht zur Verfügung, da es dazu des sogenannten **Laplaceschen Entwicklungssatzes** bedarf.

Selbsttest 5.6.2   Welche der folgenden Aussagen für (n,n)-Determinanten sind wahr?

?+? Die (n,n)-Determinante einer reellen (n,n)-Matrix ist eine reelle Zahl.

?+? Die (n,n)-Determinante einer (n,n)-Matrix kann man mit dem Gaußschen Algorithmus berechnen.

?−? Die Summe zweier (n,n)-Determinanten ist die (n,n)-Determinante der Summe der (n,n)-Matrizen.

?−? Die (n,n)-Determinante ergibt sich als Produkt der Diagonalelemente der gegebenen (n,n)-Matrix.

5.7   Laplacescher Entwicklungssatz

Im Folgenden wird der Frage nachgegangen, ob man Determinanten für große Matrizen außer mit der Gaußschen Methode auch noch auf eine andere Weise effizient berechnen kann. Es wird sich zeigen, dass dies in der Tat der Fall ist, allerdings bedarf das Vorgehen einiger Vorbereitungen. In einem ersten Schritt wird das Konzept der **algebraischen Komplemente** eingeführt.

Definition 5.7.1 Algebraische Komplemente

Es sei $n \in \mathbb{N}$, $n \geq 2$, beliebig gegeben und $A \in \mathbb{R}^{n \times n}$ eine beliebige (n, n)-Matrix. Bezeichnet man nun für $j, k \in \{1, \ldots, n\}$ mit $\tilde{A}_{jk}$ die $(n - 1, n - 1)$-Restmatrix, die entsteht, wenn man aus A die j-te Zeile und die k-te Spalte herausstreicht, dann nennt man

$$a_{jk}^{\star} := (-1)^{j+k} \det \tilde{A}_{jk}$$

das **algebraische Komplement** von a_{jk}. ◀

Beispiel 5.7.2
Es sei eine Matrix $A \in \mathbb{R}^{3 \times 3}$ gegeben als

$$A := \begin{pmatrix} 2 & 1 & 1 \\ 0 & 1 & 2 \\ 1 & 0 & 3 \end{pmatrix}.$$

Dann berechnen sich die insgesamt neun algebraischen Komplemente wie folgt:

$$\tilde{A}_{11} = \begin{pmatrix} 1 & 2 \\ 0 & 3 \end{pmatrix}, \qquad a_{11}^\star = (-1)^{1+1} \det \begin{pmatrix} 1 & 2 \\ 0 & 3 \end{pmatrix} = 3,$$

$$\tilde{A}_{12} = \begin{pmatrix} 0 & 2 \\ 1 & 3 \end{pmatrix}, \qquad a_{12}^\star = (-1)^{1+2} \det \begin{pmatrix} 0 & 2 \\ 1 & 3 \end{pmatrix} = 2,$$

$$\tilde{A}_{13} = \begin{pmatrix} 0 & 1 \\ 1 & 0 \end{pmatrix}, \qquad a_{13}^\star = (-1)^{1+3} \det \begin{pmatrix} 0 & 1 \\ 1 & 0 \end{pmatrix} = -1,$$

$$\tilde{A}_{21} = \begin{pmatrix} 1 & 1 \\ 0 & 3 \end{pmatrix}, \qquad a_{21}^\star = (-1)^{2+1} \det \begin{pmatrix} 1 & 1 \\ 0 & 3 \end{pmatrix} = -3,$$

$$\tilde{A}_{22} = \begin{pmatrix} 2 & 1 \\ 1 & 3 \end{pmatrix}, \qquad a_{22}^\star = (-1)^{2+2} \det \begin{pmatrix} 2 & 1 \\ 1 & 3 \end{pmatrix} = 5,$$

$$\tilde{A}_{23} = \begin{pmatrix} 2 & 1 \\ 1 & 0 \end{pmatrix}, \qquad a_{23}^\star = (-1)^{2+3} \det \begin{pmatrix} 2 & 1 \\ 1 & 0 \end{pmatrix} = 1,$$

$$\tilde{A}_{31} = \begin{pmatrix} 1 & 1 \\ 1 & 2 \end{pmatrix}, \qquad a_{31}^\star = (-1)^{3+1} \det \begin{pmatrix} 1 & 1 \\ 1 & 2 \end{pmatrix} = 1,$$

$$\tilde{A}_{32} = \begin{pmatrix} 2 & 1 \\ 0 & 2 \end{pmatrix}, \qquad a_{32}^\star = (-1)^{3+2} \det \begin{pmatrix} 2 & 1 \\ 0 & 2 \end{pmatrix} = -4,$$

$$\tilde{A}_{33} = \begin{pmatrix} 2 & 1 \\ 0 & 1 \end{pmatrix}, \qquad a_{33}^\star = (-1)^{3+3} \det \begin{pmatrix} 2 & 1 \\ 0 & 1 \end{pmatrix} = 2.$$

Die algebraischen Komplemente einer Matrix lassen sich vielfältig verwenden. Im Folgenden werden zunächst lediglich zwei Anwendungen näher beschrieben: Der **Laplacesche Entwicklungssatz**, dessen Name an den französischen Mathematiker Pierre Simon Laplace (1749–1827) erinnert, und an späterer Stelle die Berechnung der sogenannten **Inversen einer Matrix**.

▷ **Satz 5.7.3 Laplacescher Entwicklungssatz** Es sei $n \in \mathbb{N}$, $n \geq 2$, beliebig gegeben und $A \in \mathbb{R}^{n \times n}$ eine beliebige Matrix. Dann gelten folgende Aussagen:

- Für $j \in \{1, \ldots, n\}$ lässt sich det A, wie man sagt, **nach der j-ten Zeile entwickeln**, d. h. es gilt:

$$\det A = \sum_{k=1}^{n} a_{jk} a_{jk}^\star.$$

- Für $k \in \{1, \ldots, n\}$ lässt sich det A, wie man sagt, **nach der k-ten Spalte entwickeln**, d. h. es gilt:

$$\det A = \sum_{j=1}^{n} a_{jk} a_{jk}^{\star}.$$

Beweis Es wird im Folgenden lediglich der Beweis für die Entwicklung nach einer j-ten Zeile skizziert; das Vorgehen bei der Entwicklung nach einer k-ten Spalte ist entsprechend.

Zunächst tauscht man die j-te Zeile sukzessiv mit der $(j-1)$-ten, $(j-2)$-ten usw. bis die j-te Zeile in der ersten Zeile steht. Dies ändert die Determinante der Matrix A und zwar durch Multiplikation mit $(-1)^{j-1}$, da insgesamt $(j-1)$ Vertauschungen nötig waren. Anschließend denkt man sich den neuen ersten Zeilenvektor als Linearkombination bezüglich der n kanonischen Einheitsvektoren dargestellt, also als

$$\vec{z}_A^{(j)} = a_{j1}\vec{e}^{(1)} + a_{j2}\vec{e}^{(2)} + \cdots + a_{jn}\vec{e}^{(n)} \,,$$

und nutzt die Additivität und Homogenität in den Zeilen aus. Man erhält so für die Determinante von A eine Summe aus n Determinanten, wobei die k-te mit a_{jk} multipliziert werden muss und in der ersten Zeile den k-ten kanonischen Einheitsvektor als Zeilenvektor enthält. Tauscht man nun in jeder k-ten Determinante dieses Typs wieder Schritt für Schritt den k-ten Spaltenvektor nach vorne, so hat das erneut einen Vorzeichenfaktor $(-1)^{k-1}$ zur Folge und die Matrizen, die in der Summe übrig bleiben, sind genau Matrizen, bei denen in der ersten Zeile der erste kanonische Einheitsvektor steht. Denkt man sich nun mit dem Gaußschen Algorithmus die Elemente unterhalb der 1 in der ersten Spalte auf Null gebracht, so ergibt sich für die gesuchte Determinante von A die Entwicklung

$$\det A = \sum_{k=1}^{n} a_{jk}(-1)^{j-1}(-1)^{k-1} \det \begin{pmatrix} 1 & 0 \\ 0 & \tilde{A}_{jk} \end{pmatrix},$$

denn die $(n-1, n-1)$-Restmatrizen in jedem Summand sind genau die Matrizen $\tilde{A}_{jk}$, $1 \leq k \leq n$. Da die Fortsetzung des Gaußschen Algorithmus nur noch diese Restmatrizen tangiert und der jeweils zusätzlich zu berücksichtigende Multiplikator stets 1 ist, erhält man schließlich wie behauptet

$$\det A = \sum_{k=1}^{n} a_{jk}(-1)^{j+k} \det \tilde{A}_{jk} = \sum_{k=1}^{n} a_{jk} a_{jk}^{\star}. \qquad \square$$

Beispiel 5.7.4

Gegeben sei die Matrix $A \in \mathbb{R}^{3 \times 3}$,

$$A := \begin{pmatrix} 2 & 1 & 1 \\ 0 & 1 & 2 \\ 1 & 0 & 3 \end{pmatrix},$$

für die die algebraischen Komplemente bereits berechnet wurden als $a_{11}^\star = 3, a_{12}^\star = 2, a_{13}^\star = -1, a_{21}^\star = -3, a_{22}^\star = 5, a_{23}^\star = 1, a_{31}^\star = 1, a_{32}^\star = -4, a_{33}^\star = 2$. Man kann nun zu Übungszwecken die Determinante von A auf sechs verschiedene Arten berechnen, die sich darin unterscheiden, nach welcher Zeile oder Spalte man im Sinne des Laplaceschen Entwicklungssatzes entwickelt. Konkret erhält man bei Entwicklung nach

- Zeile 1: $\det A = \sum_{k=1}^{3} a_{1k}a_{1k}^\star = 2 \cdot 3 + 1 \cdot 2 + 1 \cdot (-1) = 7,$
- Zeile 2: $\det A = \sum_{k=1}^{3} a_{2k}a_{2k}^\star = 0 \cdot (-3) + 1 \cdot 5 + 2 \cdot 1 = 7,$
- Zeile 3: $\det A = \sum_{k=1}^{3} a_{3k}a_{3k}^\star = 1 \cdot 1 + 0 \cdot (-4) + 3 \cdot 2 = 7,$
- Spalte 1: $\det A = \sum_{j=1}^{3} a_{j1}a_{j1}^\star = 2 \cdot 3 + 0 \cdot (-3) + 1 \cdot 1 = 7,$
- Spalte 2: $\det A = \sum_{j=1}^{3} a_{j2}a_{j2}^\star = 1 \cdot 2 + 1 \cdot 5 + 0 \cdot (-4) = 7,$
- Spalte 3: $\det A = \sum_{j=1}^{3} a_{j3}a_{j3}^\star = 1 \cdot (-1) + 2 \cdot 1 + 3 \cdot 2 = 7.$

▷ **Bemerkung 5.7.5 Praxis der Determinantenberechnung** Wenn man ganz konkret eine Determinante zu berechnen hat, entwickelt man natürlich geschickterweise nach der Zeile bzw. der Spalte, in der möglichst viele Nullen stehen, und berechnet auch nur die algebraischen Komplemente, die man wirklich braucht. Des Weiteren kann man die Laplacesche Entwicklungsstrategie natürlich iterieren, da die algebraischen Komplemente jeweils selbst wieder Determinanten kleineren Formats sind, die man wieder nach Laplace entwickeln kann etc..

Beispiel 5.7.6

Die Determinante der Matrix A,

$$A := \begin{pmatrix} 0 & 1 & 2 & 0 \\ 1 & 2 & 4 & 6 \\ 0 & 1 & 5 & 1 \\ 0 & 0 & 2 & 0 \end{pmatrix},$$

soll möglichst geschickt mit dem Laplaceschen Entwicklungssatz berechnet werden. Dies geschieht wie folgt, wobei die Entwicklungszeilen oder -spalten stets optisch hervorgehoben sind:

$$\det \begin{pmatrix} 0 & 1 & 2 & 0 \\ 1 & 2 & 4 & 6 \\ 0 & 1 & 5 & 1 \\ 0 & 0 & 2 & 0 \end{pmatrix} = 1 \cdot (-1)^{2+1} \cdot \det \begin{pmatrix} 1 & 2 & 0 \\ 1 & 5 & 1 \\ 0 & 2 & 0 \end{pmatrix}$$

$$= -\left(2 \cdot (-1)^{3+2} \cdot \det \begin{pmatrix} 1 & 0 \\ 1 & 1 \end{pmatrix} \right)$$

$$= 2 \cdot 1 \cdot (-1)^{2+2} \cdot 1 = 2 \,.$$

5.8   Aufgaben mit Lösungen

Aufgabe 5.8.1   *Berechnen Sie die Determinante der Matrix $A \in \mathbb{R}^{3\times 3}$,*

$$A := \begin{pmatrix} 1 & 2 & 0 \\ 2 & 0 & 2 \\ 1 & 2 & 3 \end{pmatrix},$$

auf alle bekannten Arten.

Lösung der Aufgabe   Für A ergibt sich mit dem Gaußschen Algorithmus

$$\begin{pmatrix} 1 & 2 & 0 \\ 2 & 0 & 2 \\ 1 & 2 & 3 \end{pmatrix} \begin{matrix} \cdot(-\frac{2}{1}) & \cdot(-\frac{1}{1}) \\ \leftarrow + & | \\ & \leftarrow + \end{matrix}$$

$$\begin{pmatrix} 1 & 2 & 0 \\ 0 & -4 & 2 \\ 0 & 0 & 3 \end{pmatrix} = \begin{pmatrix} a_{11}^{\triangle} & a_{12}^{\triangle} & a_{13}^{\triangle} \\ 0 & a_{22}^{\triangle} & a_{23}^{\triangle} \\ 0 & 0 & a_{33}^{\triangle} \end{pmatrix} = A^{\triangle}$$

Damit berechnet sich die Determinante zu det $A = (-1)^0 \cdot 1 \cdot (-4) \cdot 3 = -12$.

     Alternativ erhält man auch mit der Regel von Sarrus det $A = 0 + 4 + 0 - 0 - 4 - 12 = -12$.

Die algebraischen Komplemente ergeben sich zu $a_{11}^{\star} = -4$, $a_{12}^{\star} = -4$, $a_{13}^{\star} = 4$, $a_{21}^{\star} = -6$, $a_{22}^{\star} = 3$, $a_{23}^{\star} = 0$, $a_{31}^{\star} = 4$, $a_{32}^{\star} = -2$, $a_{33}^{\star} = -4$. Daraus ergibt sich mit dem Laplaceschen Entwicklungssatz bei Entwicklung nach

$$
\begin{aligned}
\text{Zeile 1:} \quad & \det A = 1 \cdot (-4) + 2 \cdot (-4) + 0 \cdot 4 = -12, \\
\text{Zeile 2:} \quad & \det A = 2 \cdot (-6) + 0 \cdot 3 + 2 \cdot 0 = -12, \\
\text{Zeile 3:} \quad & \det A = 1 \cdot 4 + 2 \cdot (-2) + 3 \cdot (-4) = -12, \\
\text{Spalte 1:} \quad & \det A = 1 \cdot (-4) + 2 \cdot (-6) + 1 \cdot 4 = -12, \\
\text{Spalte 2:} \quad & \det A = 2 \cdot (-4) + 0 \cdot 3 + 2 \cdot (-2) = -12, \\
\text{Spalte 3:} \quad & \det A = 0 \cdot 4 + 2 \cdot 0 + 3 \cdot (-4) = -12.
\end{aligned}
$$

Aufgabe 5.8.2 *Berechnen Sie die Determinanten der Matrizen*

$$
A := \begin{pmatrix} 2 & 1 & 0 \\ 3 & 1 & 4 \\ 0 & 1 & 0 \end{pmatrix}, \quad
B := \begin{pmatrix} 3 & 0 & 2 & 0 \\ 1 & 4 & 0 & 2 \\ 0 & 1 & 0 & 0 \\ 2 & 1 & 2 & 0 \end{pmatrix} \quad und \quad
C := \begin{pmatrix} 1 & 0 & 0 & 2 & 0 \\ 2 & 1 & 0 & 0 & 0 \\ 0 & 3 & 2 & 4 & 3 \\ 2 & 2 & 0 & 3 & 4 \\ 3 & 0 & 0 & 1 & 2 \end{pmatrix}
$$

möglichst geschickt.

Lösung der Aufgabe Für A ergibt sich bei Entwicklung nach der dritten Spalte sofort

$$
\det \begin{pmatrix} 2 & 1 & \mathbf{0} \\ 3 & 1 & \mathbf{4} \\ 0 & 1 & \mathbf{0} \end{pmatrix} = \mathbf{4} \cdot (-1)^{2+3} \cdot \det \begin{pmatrix} 2 & 1 \\ 0 & 1 \end{pmatrix} = 4 \cdot (-1) \cdot 2 = -8.
$$

Für B ergibt sich bei Entwicklung nach der dritten Zeile und anschließender Anwendung der Regel von Sarrus

$$
\det \begin{pmatrix} 3 & 0 & 2 & 0 \\ 1 & 4 & 0 & 2 \\ \mathbf{0} & \mathbf{1} & \mathbf{0} & \mathbf{0} \\ 2 & 1 & 2 & 0 \end{pmatrix} = \mathbf{1} \cdot (-1)^{3+2} \cdot \det \begin{pmatrix} 3 & 2 & 0 \\ 1 & 0 & 2 \\ 2 & 2 & 0 \end{pmatrix} = -(0 + 8 + 0 - 0 - 12 - 0)
$$

$$
= 4 \, .
$$

Für C ergibt sich schließlich

$$\det \begin{pmatrix} 1 & 0 & 0 & 2 & 0 \\ 2 & 1 & 0 & 0 & 0 \\ 0 & 3 & 2 & 4 & 3 \\ 2 & 2 & 0 & 3 & 4 \\ 3 & 0 & 0 & 1 & 2 \end{pmatrix}$$

$$= 1 \cdot (-1)^{1+1} \cdot \det \begin{pmatrix} 1 & 0 & 0 & 0 \\ 3 & 2 & 4 & 3 \\ 2 & 0 & 3 & 4 \\ 0 & 0 & 1 & 2 \end{pmatrix} + 2 \cdot (-1)^{1+4} \cdot \det \begin{pmatrix} 2 & 1 & 0 & 0 \\ 0 & 3 & 2 & 3 \\ 2 & 2 & 0 & 4 \\ 3 & 0 & 0 & 2 \end{pmatrix}$$

$$= 1 \cdot (-1)^{1+1} \cdot \det \begin{pmatrix} 2 & 4 & 3 \\ 0 & 3 & 4 \\ 0 & 1 & 2 \end{pmatrix} + (-2) \cdot 2 \cdot (-1)^{2+3} \cdot \det \begin{pmatrix} 2 & 1 & 0 \\ 2 & 2 & 4 \\ 3 & 0 & 2 \end{pmatrix}$$

$$= (12 + 0 + 0 - 0 - 8 - 0) + 4 \cdot (8 + 12 + 0 - 0 - 0 - 4) = 68.$$

Aufgabe 5.8.3 *Es seien $a_0, a_1, \ldots, a_{n-1} \in \mathbb{R}$ beliebig gegeben. Zeigen Sie mit vollständiger Induktion und mit Hilfe des Laplaceschen Entwicklungssatzes, dass für alle $\lambda \in \mathbb{R}$ die folgende Determinante*

$$\det \begin{pmatrix} -\lambda & 1 & 0 & \cdots & 0 & 0 \\ 0 & -\lambda & 1 & \ddots & 0 & 0 \\ \vdots & \ddots & \ddots & \ddots & \ddots & \vdots \\ 0 & 0 & \ddots & \ddots & 1 & 0 \\ 0 & 0 & \cdots & 0 & -\lambda & 1 \\ -a_0 & -a_1 & -a_2 & \cdots & -a_{n-2} & -a_{n-1} - \lambda \end{pmatrix}$$

gleich dem algebraischen Polynom $p \colon \mathbb{R} \to \mathbb{R}$,

$$p(\lambda) := (-1)^n (\lambda^n + a_{n-1}\lambda^{n-1} + \cdots + a_1\lambda + a_0) \,,$$

*ist. Das Polynom wird in der Literatur auch das **Frobeniussche Begleitpolynom** der gegebenen Matrix genannt.*

Lösung der Aufgabe Induktionsanfang: Für $n = 1$ ist die Formel wahr, denn es gilt

$$\det(-a_0 - \lambda) = -a_0 - \lambda = (-1)^1(\lambda + a_0) \,.$$

Induktionsschluss: Es gelte die Formel für ein beliebiges $n \in \mathbb{N}^*$ (Induktionsannahme). Dann folgt mit dem Laplaceschen Entwicklungssatz durch Entwicklung nach der ersten Spalte

$$\det \begin{pmatrix} -\lambda & 1 & 0 & \cdots & 0 & 0 \\ 0 & -\lambda & 1 & \ddots & 0 & 0 \\ \vdots & \ddots & \ddots & \ddots & \ddots & \vdots \\ 0 & 0 & \ddots & \ddots & 1 & 0 \\ 0 & 0 & \cdots & 0 & -\lambda & 1 \\ -a_0 & -a_1 & -a_2 & \cdots & -a_{n-1} & -a_n - \lambda \end{pmatrix}$$

$$= (-\lambda) \cdot (-1)^{1+1} \cdot \det \begin{pmatrix} -\lambda & 1 & 0 & \cdots & 0 \\ 0 & \ddots & \ddots & \ddots & \vdots \\ \vdots & \ddots & \ddots & 1 & 0 \\ 0 & \cdots & 0 & -\lambda & 1 \\ -a_1 & -a_2 & \cdots & -a_{n-1} & -a_n - \lambda \end{pmatrix}$$

$$+ (-a_0) \cdot (-1)^{(n+1)+1} \cdot \det \begin{pmatrix} 1 & 0 & \cdots & 0 & 0 \\ -\lambda & 1 & \ddots & 0 & 0 \\ 0 & \ddots & \ddots & \ddots & \vdots \\ \vdots & \ddots & \ddots & 1 & 0 \\ 0 & \cdots & 0 & -\lambda & 1 \end{pmatrix}$$

$$= (-\lambda) \cdot (-1)^n \cdot (\lambda^n + a_n \lambda^{n-1} + \cdots + a_2 \lambda + a_1) + (-1)^{n+1} \cdot a_0 \quad \text{(IA)}$$

$$= (-1)^{n+1} (\lambda^{n+1} + a_n \lambda^n + \cdots + a_2 \lambda^2 + a_1 \lambda + a_0) \,,$$

also die behauptete Formel für $(n + 1)$. Dabei wurde im vorletzten Schritt neben der Induktionsannahme (IA) zusätzlich für die zweite zu berechnende Determinante ausgenutzt, dass ihre Transponierte eine rechte obere Dreiecksmatrix ist und damit ihre Determinante gleich dem Produkt ihrer Diagonalelemente ist, hier speziell gleich 1. Insgesamt folgt somit nun die zu zeigende Identität für alle $n \in \mathbb{N}^*$.

Selbsttest 5.8.4 Welche der folgenden Aussagen für (n, n)-Determinanten sind wahr?

?+? Die (n, n)-Determinante einer reellen (n, n)-Matrix ist eine reelle Zahl.

?+? Die (n, n)-Determinante kann rekursiv berechnet werden.

?+? Die (n, n)-Determinante kann man mit dem Laplaceschen Entwicklungssatz berechnen.

?−? Der Laplacesche Entwicklungssatz ist nur für (n, n)-Determinanten mit $n \geq 4$ anwendbar.

Lineare Gleichungssysteme spielen in den Anwendungen eine große Rolle und tauchen, wie bereits erwähnt, an den verschiedensten Stellen auf (Ökonomie, Produktion, Netzwerktechnik, Grafik usw.). Um einen ersten Eindruck von den systematischen Lösungsmöglichkeiten und unterschiedlichen Lösungsmengen derartiger Systeme zu erhalten, werden zunächst in lockerer Folge einige einfache lineare Gleichungssysteme betrachtet. Dass dabei zur Lösung genau die Technik des Gaußschen Algorithmus eingesetzt wird, sollte nicht wirklich überraschen!

6.1 Grundlegendes zu linearen Gleichungssystemen

Im Folgenden betrachten wir drei sehr einfache lineare Gleichungssysteme mit jeweils zwei Gleichungen und zwei Unbekannten und skizzieren erste Schritte eines systematischen Vorgehens, um die Lösungsmengen zu bestimmen.

Beispiel 6.1.1 (System 1 (quadratisch))
Man suche $x_1, x_2 \in \mathbb{R}$ mit

$$
\begin{array}{rcrcll}
2x_1 & + & x_2 & = & 4 & \cdot\left(-\tfrac{3}{2}\right) \\
3x_1 & + & x_2 & = & 5 & \leftarrow + \\
\hline
2x_1 & + & x_2 & = & 4 & \\
     &   & -\tfrac{1}{2}x_2 & = & -1 &
\end{array}
$$

Elektronisches Zusatzmaterial Die elektronische Version dieses Kapitels enthält Zusatzmaterial, das berechtigten Benutzern zur Verfügung steht https://doi.org/10.1007/978-3-658-29969-9_6.

Rücksubstitution von unten beginnend (umgangssprachlich auch kurz **Aufrollen von unten** genannt) liefert die eindeutige Lösung

$$x_2 = (-1)(-2) = 2\,,$$
$$x_1 = \frac{1}{2}(4 - x_2) = \frac{1}{2}(4 - 2) = 1\,.$$

Man schreibt dann für die Lösungsmenge

$$\mathbf{L} = \left\{ \begin{pmatrix} 1 \\ 2 \end{pmatrix} \right\}\,.$$

Beispiel 6.1.2   (System 2 (quadratisch):)
Man suche $x_1, x_2 \in \mathbb{R}$ mit

$$
\begin{array}{rcrcrl}
2x_1 & + & 4x_2 & = & 6 & \quad\cdot\frac{1}{2} \\
-x_1 & - & 2x_2 & = & -3 & \quad\leftarrow + \\
\hline
2x_1 & + & 4x_2 & = & 6 & \\
 & & 0x_2 & = & 0 &
\end{array}
$$

Aufrollen von unten liefert die unendlich vielen Lösungen

$$0x_2 = 0\,, \quad \text{also } x_2 = \lambda \in \mathbb{R} \text{ beliebig}\,,$$
$$x_1 = 3 - 2x_2 = 3 - 2\lambda\,.$$

Man schreibt dann für die Lösungsmenge

$$\mathbf{L} = \left\{ \begin{pmatrix} 3 - 2\lambda \\ \lambda \end{pmatrix} \,\middle|\, \lambda \in \mathbb{R} \right\} = \left\{ \begin{pmatrix} 3 \\ 0 \end{pmatrix} + \lambda \begin{pmatrix} -2 \\ 1 \end{pmatrix} \,\middle|\, \lambda \in \mathbb{R} \right\}\,.$$

Beispiel 6.1.3   (System 3 (quadratisch):)
Man suche $x_1, x_2 \in \mathbb{R}$ mit

$$
\begin{array}{rcrcrl}
2x_1 & + & 4x_2 & = & 4 & \quad\cdot\frac{1}{2} \\
-x_1 & - & 2x_2 & = & -3 & \quad\leftarrow + \\
\hline
2x_1 & + & 4x_2 & = & 4 & \\
 & & 0x_2 & = & -1 &
\end{array}
$$

Aufrollen von unten liefert die falsche Aussage $0 = -1$, d. h. die Lösungsmenge ist leer, also $\mathbf{L} = \emptyset$.

Wie die obigen Beispiele zeigen, kann es bereits im quadratischen Fall, in dem die Anzahl der Gleichungen mit der Anzahl der Unbekannten übereinstimmt, zu drei völlig unterschiedlichen Lösungsmengen kommen: Es kann **genau eine, keine** oder **unendlich viele** Lösungen geben! Dass es somit im überbestimmten Fall (mehr Gleichungen als Unbekannte) sowie im unterbestimmten Fall (weniger Gleichungen als Unbekannte) ähnlich kompliziert wird, dürfte daher nicht weiter überraschen. In jedem Fall sollte es klar sein, dass einer systematischen und effizienten Lösung linearer Gleichungssysteme eine zentrale Rolle zukommt und dabei der **Gaußsche Algorithmus** wieder eine wichtige Rolle spielen wird.

6.2 Gaußscher Algorithmus für lineare Gleichungssysteme

Der **Gaußsche Algorithmus für lineare Gleichungssysteme** ist eine **systematische** Strategie, ein lineares (m,n)-Gleichungssystem

$$\sum_{k=1}^{n} a_{jk}x_k = b_j, \quad 1 \leq j \leq m,$$

in eine Form zu überführen, aus der man seine Lösbarkeit oder Unlösbarkeit leicht ablesen kann und im Fall der Lösbarkeit die Lösung(en) einfach durch sogenannte **Rücksubstitution** bzw. **Aufrollen von unten** berechnen kann. Da der Algorithmus nichts anderes als der altbekannte Gaußsche Algorithmus für Matrizen ist (wobei er hier nicht nur auf die Matrix $A \in \mathbb{R}^{m \times n}$, sondern gleichzeitig auch noch auf den Vektor $\vec{b} \in \mathbb{R}^m$ anzuwenden ist, was man sich zusammengefasst als Anwendung des Algorithmus auf eine **erweiterte Matrix** $(A|\vec{b}) \in \mathbb{R}^{m \times (n+1)}$ vorstellen kann), wird er im Folgenden lediglich in umgangssprachlicher Form formuliert und nicht explizit in Java. Die Anpassung des alten Java-Codes auf diese erweiterte Situation wird als Übung empfohlen. Zur qualitativen Formulierung des Algorithmus möge der Laufindex wieder sukzessiv die Werte $\mathbf{i = 1, 2, \ldots, \min\{m, n\}}$ annehmen:

- **Falls $a_{ii} \neq 0$:** Addiere zu jeder j-ten Gleichung $(i + 1 \leq j \leq m)$ das $\left(-\frac{a_{ji}}{a_{ii}}\right)$-fache der i-ten Gleichung. Dann gehe weiter.
- **Falls $a_{ii} = 0$:** Suche den kleinsten Index $j \in \{i + 1, \ldots, m\}$ mit $a_{ji} \neq 0$ und tausche die i-te und die j-te Gleichung. Anschließend addiere zu jeder j-ten Gleichung $(i + 1 \leq j \leq m)$ das $\left(-\frac{a_{ji}}{a_{ii}}\right)$-fache der neuen i-ten Gleichung. Dann gehe weiter. Wenn kein Index $j \in \{i + 1, \ldots, m\}$ mit $a_{ji} \neq 0$ existiert, dann gehe auch weiter.

Nach $\min\{m, n\}$ Schritten erhält man so ein neues lineares (m,n)-Gleichungssystem

$$\sum_{k=1}^{n} a_{jk}^{\triangle} x_k = b_j^{\triangle}, \quad 1 \le j \le m,$$

mit folgenden Eigenschaften:

- Das neue System und das ursprüngliche System haben **dieselben Lösungen**.
- Die neue Koeffizientenmatrix ist genau die **Gaußsche Endmatrix** $A^{\triangle}$.

Im Folgenden wird die Endstruktur des Gaußschen Algorithmus für lineare Gleichungssysteme, kurz **Gaußsches Endsystem** genannt, im Überblick angegeben:

Fall $m \le n$ (unterbestimmter Fall, mehr Unbekannte als Gleichungen, obere Trapezgestalt):

$$\begin{pmatrix} a_{11}^{\triangle} & a_{12}^{\triangle} & \cdots & \cdots & \cdots & a_{1n}^{\triangle} \\ 0 & a_{22}^{\triangle} & \cdots & \cdots & \cdots & a_{2n}^{\triangle} \\ \vdots & \ddots & \ddots & & & \vdots \\ 0 & \cdots & 0 & a_{mm}^{\triangle} & \cdots & a_{mn}^{\triangle} \end{pmatrix} \begin{pmatrix} x_1 \\ x_2 \\ \vdots \\ \vdots \\ \vdots \\ x_n \end{pmatrix} = \begin{pmatrix} b_1^{\triangle} \\ b_2^{\triangle} \\ \vdots \\ b_m^{\triangle} \end{pmatrix}$$

Fall $m \ge n$ (überbestimmter Fall, mehr Gleichungen als Unbekannte, obere Dreiecksgestalt):

$$\begin{pmatrix} a_{11}^{\triangle} & a_{12}^{\triangle} & \cdots & a_{1n}^{\triangle} \\ 0 & a_{22}^{\triangle} & \cdots & a_{2n}^{\triangle} \\ \vdots & \ddots & \ddots & \vdots \\ \vdots & & \ddots & a_{nn}^{\triangle} \\ \vdots & & & 0 \\ \vdots & & & \vdots \\ 0 & \cdots & \cdots & 0 \end{pmatrix} \begin{pmatrix} x_1 \\ x_2 \\ \vdots \\ x_n \end{pmatrix} = \begin{pmatrix} b_1^{\triangle} \\ b_2^{\triangle} \\ \vdots \\ \vdots \\ \vdots \\ \vdots \\ b_m^{\triangle} \end{pmatrix}$$

Das **Aufrollen von unten** der neuen, einfacher gebauten linearen Gleichungssysteme allgemein aufzuschreiben und die unterschiedlichen Lösungssituationen (keine, eine, unendlich viele) im Detail zu beschreiben, ist möglich, aber außerordentlich technisch. Prinzipiell können bei jedem Schritt von einer Gleichung auf die nächst höhere folgende Situationen eintreten, wobei sich in der unten angegebenen Übersicht die Formulierung des Hinzukommens neuer Unbekannten immer darauf bezieht, dass diese Unbekannten mit Elementen $a_{ik}^{\triangle}$ zu Indices $i \leq k$ multipliziert werden und nicht mit irgendwelchen im Rahmen des Gaußschen Algorithmus erzeugten Nullen:

- Es kommt genau **eine neue Unbekannte** hinzu (das muss dann notwendigerweise die zum entsprechenden Diagonalelement $a_{ii}^{\triangle}$ gehörende sein), die bisher noch nicht festgelegt wurde. Gilt $a_{ii}^{\triangle} \neq 0$, dann löst man die neue Gleichung nach x_i auf und erhält so eine weitere Komponente des gesuchten Lösungsvektors. Gilt $a_{ii}^{\triangle} = 0$, dann wird entweder durch die Gleichung eine zuvor frei wählbare Unbekannte fixiert und x_i ist frei wählbar aus $\mathbb{R}$ oder die Gleichung liefert eine wahre Aussage (keine weiteren Informationen über die bisher fixierten Unbekannten und x_i ist ebenfalls frei wählbar aus $\mathbb{R}$) oder die Gleichung liefert eine falsche Aussage (leere Lösungsmenge).
- Es kommen **mehrere neue Unbekannte** hinzu (das kann nur bei der ersten Gleichung von unten im unterbestimmten Fall geschehen; obere Trapezgestalt), z. B. $s \geq 2$ Stück. Hat mindestens eine dieser Unbekannten einen von Null verschiedenen Koeffizienten, dann löst man die neue Gleichung nach einer dieser Unbekannten auf (welche man nimmt, ist egal und hat auf die Lösungsmenge keinen Einfluss!) und wählt die übrigen $(s - 1)$ dieser Unbekannten beliebig aus $\mathbb{R}$. Haben alle s neuen Unbekannten den Koeffizienten Null, dann liefert die Gleichung entweder eine wahre Aussage (alle s Unbekannten können frei und unabhängig voneinander aus $\mathbb{R}$ gewählt werden) oder eine falsche Aussage (leere Lösungsmenge).
- Es kommt **keine neue Unbekannte** hinzu (das kann nur bei den ersten Gleichungen von unten im überbestimmten Fall geschehen; obere Dreiecksgestalt). Dann liefert die Gleichung entweder eine wahre Aussage (keine Informationen über die gesuchten Unbekannten) oder eine falsche Aussage (leere Lösungsmenge).

▷ **Bemerkung 6.2.1 Pivotelemente** Man nennt die erhaltenen Diagonalelemente $a_{ii}^{\triangle}$, $1 \leq i \leq \min\{m, n\}$, von $A^{\triangle}$ wieder **Pivotelemente**. Diese Bezeichnung wird insbesondere in der numerischen Linearen Algebra verwandt, wo man bei der Fixierung dieser Elemente durch geeigneten Tausch von Gleichungen zusätzlich dafür sorgt, dass dort stets betragsmäßig möglichst große zulässige Zahlen stehen. Dies sichert bei der Implementierung die sogenannte numerische Stabilität des Gaußschen Algorithmus, d. h. unvermeidliche Rundungsfehler führen dann i. Allg. nicht zu unbrauchbaren Ergebnissen, sondern bleiben unter Kontrolle.

Verallgemeinerungen des hier vorgestellten Gaußschen Algorithmus für lineare Gleichungssysteme lassen auch Nicht-Diagonalelemente von $A^{\triangle}$ als Pivotelemente zu und gestatten neben Zeilen- auch Spaltenvertauschungen (letztere implizieren natürlich eine gleichzeitige Umnummerierung der gesuchten Komponenten des Lösungsvektors). Die vorliegende **prototypische Version des Gaußschen Algorithmus** ist allerdings unter dem Aspekt der möglichst schnellen Überführung eines linearen Gleichungssystems in obere

Trapez- bzw. obere Dreiecksform i. Allg. diejenige, die mit den **wenigsten Operationen** auskommt und wurde aus diesem Grunde ausgewählt.

In den folgenden Beispielen sind einige Gaußsche Endschemata angegeben und die jeweiligen Lösungen aus ihnen durch Aufrollen von unten berechnet. Auf die vorherigen Gaußschen Schritte zur Erzeugung des jeweiligen Endschemas wurde bewusst verzichtet, da dieses Vorgehen inzwischen klar sein sollte.

Beispiel 6.2.2

Aus dem Gaußschen Endsystem

$$x_1 + 2x_2 + 3x_3 = 2$$
$$2x_2 + 3x_3 = 1$$
$$4x_3 = 4$$

ergibt sich durch Aufrollen von unten die eindeutige Lösung

$$x_3 = 1 \,,$$
$$x_2 = \frac{1}{2}(1 - 3x_3) = \frac{1}{2}(1 - 3) = -1 \,,$$
$$x_1 = 2 - 2x_2 - 3x_3 = 2 + 2 - 3 = 1 \,,$$

also die Lösungsmenge

$$\mathbf{L} = \left\{ \begin{pmatrix} 1 \\ -1 \\ 1 \end{pmatrix} \right\} .$$

Beispiel 6.2.3

Aus dem Gaußschen Endsystem

$$x_1 + 2x_2 + 3x_3 = 1$$
$$0x_2 + 4x_3 = 12$$
$$1x_3 = 3$$

ergeben sich durch Aufrollen von unten die unendlich vielen Lösungen

$$x_3 = 3 \,,$$
$$0x_2 = 12 - 4x_3 = 12 - 12 = 0 \,, \quad \text{also } x_2 = \lambda \in \mathbb{R} \text{ beliebig} \,,$$
$$x_1 = 1 - 2x_2 - 3x_3 = 1 - 2\lambda - 9 = -8 - 2\lambda \,,$$

also die Lösungsmenge

$$\mathbf{L} = \left\{ \begin{pmatrix} -8 \\ 0 \\ 3 \end{pmatrix} + \lambda \begin{pmatrix} -2 \\ 1 \\ 0 \end{pmatrix} \mid \lambda \in \mathbb{R} \right\}.$$

Beispiel 6.2.4

Aus dem Gaußschen Endsystem

$$x_1 + 2x_2 + 3x_3 = 1$$
$$0x_2 + 4x_3 = 1$$
$$1x_3 = 3$$

ergibt sich durch Aufrollen von unten eine falsche Aussage gemäß

$$x_3 = 3 \,,$$
$$0x_2 = 1 - 4x_3 = 1 - 12 = -11 \,, \quad \text{also } 0 = -11 \,,$$

also die Lösungsmenge $\mathbf{L} = \emptyset$.

Beispiel 6.2.5

Aus dem Gaußschen Endsystem

$$0x_1 + x_2 + 3x_3 = 1$$
$$x_2 + 4x_3 = 2$$
$$0x_3 = 0$$

ergeben sich durch Aufrollen von unten die unendlich vielen Lösungen

$$0x_3 = 0 \,, \quad \text{also } x_3 = \lambda \in \mathbb{R} \text{ beliebig} \,,$$
$$x_2 = 2 - 4x_3 = 2 - 4\lambda \,,$$
$$0x_1 = 1 - x_2 - 3x_3 = 1 - (2 - 4\lambda) - 3\lambda = -1 + \lambda \,,$$
$$\text{also } x_1 = \mu \in \mathbb{R} \text{ beliebig und } \lambda = 1 \,,$$

also die Lösungsmenge

$$L = \left\{ \begin{pmatrix} 0 \\ -2 \\ 1 \end{pmatrix} + \mu \begin{pmatrix} 1 \\ 0 \\ 0 \end{pmatrix} \mid \mu \in \mathbb{R} \right\}.$$

Beispiel 6.2.6

Aus dem Gaußschen Endsystem

$$0x_1 + x_2 + 4x_3 = 1$$
$$x_2 + 4x_3 = 2$$
$$0x_3 = 0$$

ergibt sich durch Aufrollen von unten eine falsche Aussage gemäß

$$0x_3 = 0 \,, \quad \text{also } x_3 = \lambda \in \mathbb{R} \text{ beliebig} \,,$$
$$x_2 = 2 - 4x_3 = 2 - 4\lambda \,,$$
$$0x_1 = 1 - x_2 - 4x_3 = 1 - (2 - 4\lambda) - 4\lambda = -1 \,,$$
$$\text{also } 0 = -1 \,,$$

also die Lösungsmenge $L = \emptyset$.

Beispiel 6.2.7

Aus dem Gaußschen Endsystem

$$0x_1 + x_2 + 4x_3 = 2$$
$$x_2 + 4x_3 = 2$$
$$0x_3 = 0$$

ergeben sich durch Aufrollen von unten die unendlich vielen Lösungen

$$0x_3 = 0 \,, \quad \text{also } x_3 = \lambda \in \mathbb{R} \text{ beliebig} \,,$$
$$x_2 = 2 - 4x_3 = 2 - 4\lambda \,,$$
$$0x_1 = 2 - x_2 - 4x_3 = 2 - (2 - 4\lambda) - 4\lambda = 0,$$
$$\text{also } x_1 = \mu \in \mathbb{R} \text{ beliebig} \,,$$

also die Lösungsmenge

$$L = \left\{ \begin{pmatrix} 0 \\ 2 \\ 0 \end{pmatrix} + \lambda \begin{pmatrix} 0 \\ -4 \\ 1 \end{pmatrix} + \mu \begin{pmatrix} 1 \\ 0 \\ 0 \end{pmatrix} \mid \lambda, \mu \in \mathbb{R} \right\}.$$

Auf das Durchrechnen von weiteren Beispielen zu diesen vielen unterschiedlichen Fällen wird in den folgenden beiden Abschnitten im Zusammenhang mit der systematischen Analyse homogener und inhomogener Systeme erneut eingegangen.

Selbsttest 6.2.8 Welche Aussagen über lineare Gleichungssysteme sind wahr?

?+? Ein lineares Gleichungssystem hat nie genau vier Lösungen.

?+? Ein lineares Gleichungssystem kann unendlich viele Lösungen haben.

?−? Ein lineares Gleichungssystem mit zwei Unbekannten kann genau zwei Lösungen besitzen.

?+? Ein lineares Gleichungssystem mit $A \in \mathbb{Z}^{m \times n}$ und $\vec{b} \in \mathbb{Z}^m$ hat nur rationale Lösungen oder keine.

?−? Ein lineares Gleichungssystem hat nie nur den Nullvektor als Lösung.

6.3 Homogene lineare Gleichungssysteme

Im Folgenden wird zunächst nur eine wichtige Klasse linearer Gleichungssysteme betrachtet, nämlich die **homogenen linearen Gleichungssysteme**, d. h. lineare Gleichungssysteme, bei denen der Vektor auf der rechten Seite der Nullvektor ist.

▷ **Satz 6.3.1 Lösungen homogener linearer Gleichungssysteme** Es sei $A \in \mathbb{R}^{m \times n}$ beliebig gegeben und $A\vec{x} = \vec{0}$ ein **homogenes lineares (m,n)-Gleichungssystem**. Dann kann in Hinblick auf seine Lösung genau einer der folgenden beiden Fälle auftreten:

- Das homogene lineare Gleichungssystem hat **genau eine Lösung** und diese ist $\vec{x} = \vec{0} \in \mathbb{R}^n$. Man sagt dann, die Matrix A habe den **Rang** n, kurz Rang $A = n$.

- Das homogene lineare Gleichungssystem hat **unendlich viele Lösungen** und jede dieser Lösungen $\vec{x} \in \mathbb{R}^n$ lässt sich darstellen als

$$\vec{x} = \lambda_1 \vec{x}^{(1)} + \lambda_2 \vec{x}^{(2)} + \cdots + \lambda_k \vec{x}^{(k)},$$

wobei k eine eindeutig bestimmte natürliche Zahl aus $\{1, 2, \ldots, n\}$ ist, $\vec{x}^{(1)}, \vec{x}^{(2)}, \ldots, \vec{x}^{(k)} \in \mathbb{R}^n$ genau k linear unabhängige Lösungen des homogenen Gleichungssystems sind und schließlich $\lambda_1, \lambda_2, \ldots, \lambda_k \in \mathbb{R}$ beliebig sein können. Man sagt dann, die Matrix A habe den **Rang** $n - k$, kurz Rang $A = n - k$.

▷ **Bemerkung 6.3.2 Dimensionsformel und Fundamentalsystem** Es sei $A \in \mathbb{R}^{m \times n}$ beliebig gegeben und $A\vec{x} = \vec{0}$ das durch A gegebene homogene lineare Gleichungssystem.

- Gilt Rang $A = n - k$ im Sinne des obigen Satzes, dann spannen die Spaltenvektoren von A einen sogenannten $(n - k)$-dimensionalen Untervektorraum des $\mathbb{R}^m$ auf (Beweis siehe z. B. [1–3]), und das durch A gegebene homogene Gleichungssystem besitzt einen genau k-dimensionalen Untervektorraum des $\mathbb{R}^n$ als Lösungsraum. Die Dimensionen dieser beiden Untervektorräume addieren sich also stets zu $\dim \mathbb{R}^n = n$, und diese Tatsache wird in der Literatur auch häufig als **Dimensionsformel** bezeichnet.
- Gilt Rang $A = n - k < n$ im Sinne des obigen Satzes, dann nennt man eine beliebige Menge von k linear unabhängigen Lösungen $\vec{x}^{(1)}, \vec{x}^{(2)}, \ldots, \vec{x}^{(k)} \in \mathbb{R}^n$ des homogenen Systems ein **Fundamentalsystem**. Im Fall $k = 0$ gibt es kein Fundamentalsystem!

▷ **Bemerkung 6.3.3 Spaltenrang und Zeilenrang einer Matrix** Es sei $A \in \mathbb{R}^{m \times n}$ beliebig gegeben. Dann bezeichnet man die maximale Anzahl linear unabhängiger Spaltenvektoren von A als den **Spaltenrang** von A und die maximale Anzahl linear unabhängiger Zeilenvektoren von A als den **Zeilenrang** von A. Man kann zeigen, dass

$$\text{Spaltenrang von } A = \text{Rang } A = \text{Zeilenrang von } A$$

gilt und dass die sogenannten elementaren Gaußschen Operationen (Tausch einer Spalte oder Zeile, Multiplikation einer Spalte oder Zeile mit einer von Null verschiedenen Zahl, Addition des Vielfachen einer Spalte auf eine andere Spalte bzw. Addition des Vielfachen einer Zeile auf eine andere Zeile) den Rang von A nicht ändern (vgl. z. B. [1–3]).

Beispiel 6.3.4

Gegeben sei die Matrix $A \in \mathbb{R}^{3 \times 3}$,

$$A := \begin{pmatrix} 1 & 4 & 0 \\ 2 & 1 & 2 \\ 3 & -2 & 0 \end{pmatrix},$$

sowie das durch sie bestimmte homogene lineare Gleichungssystem $A\vec{x} = \vec{0}$. Wendet man zu seiner Lösung den Gaußschen Algorithmus an, so ergibt sich folgendes Schema, wobei ab jetzt nur noch die relevanten Zahlen und keine Variablen oder Gleichheitszeichen mehr notiert werden (wird häufig als **Tableau-Notation** des linearen Gleichungssystems bezeichnet):

1	4	0	0	$\cdot(-2)$	$\cdot(-3)$
2	1	2	0	$\leftarrow +$	|
3	-2	0	0		$\leftarrow +$
1	4	0	0		
0	-7	2	0	$\cdot(-2)$	
0	-14	0	0	$\leftarrow +$	
1	4	0	0		
0	-7	2	0		
0	0	-4	0		

Aus dem obigen Endschema erhält man die einelementige Lösungsmenge durch Aufrollen von unten als $\mathbf{L} = \{(0,0,0)^T\}$. Der Rang der Matrix ist damit gleich $3 - 0 = 3$, und ein Fundamentalsystem existiert nicht.

Beispiel 6.3.5

Gegeben sei die Matrix $A \in \mathbb{R}^{3\times 4}$,

$$A := \begin{pmatrix} 1 & 2 & 3 & 4 \\ -2 & -4 & -6 & -8 \\ 1 & 0 & 2 & 1 \end{pmatrix},$$

sowie das durch sie bestimmte homogene lineare Gleichungssystem $A\vec{x} = \vec{0}$. Wendet man zu seiner Lösung wieder den Gaußschen Algorithmus an, so ergibt sich folgendes Schema:

1	2	3	4	0	$\cdot 2$	$\cdot(-1)$
-2	-4	-6	-8	0	$\leftarrow +$	|
1	0	2	1	0		$\leftarrow +$

1	2	3	4	0	
0	0	0	0	0	←
0	−2	−1	−3	0	←
1	2	3	4	0	
0	−2	−1	−3	0	
0	0	0	0	0	

Aus dem obigen Endschema erhält man durch Aufrollen von unten die unendlich vielen Lösungen

$$0x_3 + 0x_4 = 0 \,, \quad \text{also } x_3 = \lambda \in \mathbb{R}, \ x_4 = \mu \in \mathbb{R} \text{ beliebig}\,,$$

$$x_2 = -\frac{1}{2}x_3 - \frac{3}{2}x_4 = -\frac{1}{2}\lambda - \frac{3}{2}\mu\,,$$

$$x_1 = -2x_2 - 3x_3 - 4x_4 = -2\lambda - \mu\,,$$

also die Lösungsmenge

$$\mathbf{L} = \left\{ \lambda \begin{pmatrix} -2 \\ -\frac{1}{2} \\ 1 \\ 0 \end{pmatrix} + \mu \begin{pmatrix} -1 \\ -\frac{3}{2} \\ 0 \\ 1 \end{pmatrix} \ \Big| \ \lambda, \mu \in \mathbb{R} \right\}\,.$$

Der Rang der Matrix ist damit gleich $4 - 2 = 2$, und ein Fundamentalsystem ist zum Beispiel gegeben durch $\vec{x}^{(1)} := (-2, -\frac{1}{2}, 1, 0)^T$ und $\vec{x}^{(2)} := (-1, -\frac{3}{2}, 0, 1)^T$.

6.4   Aufgaben mit Lösungen

Aufgabe 6.4.1   *Gegeben seien die Matrizen*

$$A := \begin{pmatrix} 1 & 2 & 3 \\ 2 & 4 & 0 \\ 7 & 14 & 3 \end{pmatrix} \quad und \quad B := \begin{pmatrix} 2 & 1 & -1 \\ -4 & -2 & 2 \\ 6 & 3 & -3 \\ 8 & 0 & 1 \end{pmatrix}$$

sowie die durch sie bestimmten homogenen linearen Gleichungssysteme $A\vec{x} = \vec{0}$ und $B\vec{x} = \vec{0}$. Lösen Sie die homogenen linearen Gleichungssysteme, und geben Sie den Rang der jeweiligen Matrix sowie ein Fundamentalsystem des homogenen Lösungsraums an *(falls ein Fundamentalsystem existiert). Zur Bestimmung der Lösungsmenge sollte natürlich der Gaußsche Algorithmus für lineare Gleichungssysteme mit Tableau-Notation benutzt werden.*

Lösung der Aufgabe Wendet man zur Lösung des ersten homogenen Gleichungssystems den Gaußschen Algorithmus an, so ergibt sich folgendes Schema:

1	2	3	0	$\cdot(-2)$	$\cdot(-7)$
2	4	0	0	$\leftarrow +$	$\vert$
7	14	3	0		$\leftarrow +$
1	2	3	0		
0	0	-6	0		
0	0	-18	0		

Aus dem obigen Endschema erhält man durch Aufrollen von unten die unendlich vielen Lösungen

$$-18x_3 = 0 \,, \quad \text{also } x_3 = 0 \,,$$
$$0x_2 = 6x_3 = 0 \,, \quad \text{also } x_2 = \lambda \in \mathbb{R} \text{ beliebig} \,,$$
$$x_1 = -2x_2 - 3x_3 = -2\lambda \,,$$

also die Lösungsmenge

$$\mathbf{L} = \left\{ \lambda \begin{pmatrix} -2 \\ 1 \\ 0 \end{pmatrix} \mid \lambda \in \mathbb{R} \right\} \,.$$

Der Rang der Matrix ist damit gleich $3 - 1 = 2$, und ein Fundamentalsystem ist zum Beispiel gegeben durch $\vec{x}^{(1)} := (-2, 1, 0)^T$.

Wendet man zur Lösung des zweiten homogenen Gleichungssystems ebenfalls den Gaußschen Algorithmus an, so ergibt sich folgendes Schema:

2	1	-1	0	$\cdot 2$	$\cdot(-3)$	$\cdot(-4)$
-4	-2	2	0	$\leftarrow +$	$\vert$	$\vert$
6	3	-3	0		$\leftarrow +$	$\vert$
8	0	1	0			$\leftarrow +$
2	1	-1	0			
0	0	0	0	$\leftarrow$		
0	0	0	0			
0	-4	5	0	$\leftarrow$		

$$\begin{matrix} 2 & 1 & -1 & 0 \\ 0 & -4 & 5 & 0 \\ 0 & 0 & 0 & 0 \\ 0 & 0 & 0 & 0 \end{matrix}$$

Aus dem obigen Endschema erhält man durch Aufrollen von unten die unendlich vielen Lösungen

$$0 = 0 \qquad \text{(wahre Aussage)} ,$$
$$0x_3 = 0 , \quad \text{also } x_3 = \lambda \in \mathbb{R} \text{ beliebig} ,$$
$$x_2 = -\frac{1}{4}(-5x_3) = \frac{5}{4}\lambda ,$$
$$x_1 = \frac{1}{2}(-x_2 + x_3) = -\frac{1}{8}\lambda ,$$

also die Lösungsmenge

$$\mathbf{L} = \left\{ \lambda \begin{pmatrix} -\frac{1}{8} \\ \frac{5}{4} \\ 1 \end{pmatrix} \ \middle|\ \lambda \in \mathbb{R} \right\} .$$

Der Rang der Matrix ist damit gleich $3 - 1 = 2$, und ein Fundamentalsystem ist zum Beispiel gegeben durch $\vec{x}^{(1)} := (-\frac{1}{8}, \frac{5}{4}, 1)^T$.

Selbsttest 6.4.2   Welche Aussagen über homogene lineare Gleichungssysteme sind wahr?

?+? Ein homogenes lineares Gleichungssystem hat immer mindestens eine Lösung.

?+? Ein homogenes lineares Gleichungssystem besitzt als rechte Seite den Nullvektor.

?−? Ein homogenes lineares Gleichungssystem ist stets eindeutig lösbar.

?+? Ein homogenes lineares Gleichungssystem kann unendlich viele Lösungen haben.

?−?' Ein homogenes lineares Gleichungssystem hat immer ein Fundamentalsystem.

6.5   Inhomogene lineare Gleichungssysteme

Im Folgenden wird nun die zweite wichtige Klasse linearer Gleichungssysteme betrachtet, nämlich die **inhomogenen linearen Gleichungssysteme**, d. h. lineare Gleichungssysteme, bei denen der Vektor auf der rechten Seite nicht der Nullvektor ist. Während homogene lineare Gleichungssysteme mindestens immer den Nullvektor als Lösungsvektor besitzen und damit stets lösbar sind, ist das für inhomogene lineare Gleichungssysteme im

Allgemeinen nicht der Fall. Sie können, wie der folgende Satz zeigt, auch durchaus keine Lösung haben.

▷   **Satz 6.5.1 Lösungen inhomogener linearer Gleichungssysteme** Es seien $A \in \mathbb{R}^{m \times n}$ sowie $\vec{b} \in \mathbb{R}^m \setminus \{\vec{0}\}$ beliebig gegeben und $A\vec{x} = \vec{b}$ ein **inhomogenes lineares (m,n)-Gleichungssystem**. Dann kann in Hinblick auf seine Lösung genau einer der folgenden drei Fälle auftreten:

- Das inhomogene lineare Gleichungssystem hat **keine Lösung**.
- Das inhomogene lineare Gleichungssystem hat **genau eine Lösung** und diese sei mit $\vec{x}^{(0)} \in \mathbb{R}^n$ bezeichnet.
- Das inhomogene lineare Gleichungssystem hat **unendlich viele Lösungen** und jede dieser Lösungen $\vec{x} \in \mathbb{R}^n$ lässt sich darstellen als

$$\vec{x} = \vec{x}^{(0)} + \lambda_1 \vec{x}^{(1)} + \lambda_2 \vec{x}^{(2)} + \cdots + \lambda_k \vec{x}^{(k)} \,,$$

wobei $\vec{x}^{(0)} \in \mathbb{R}^n$ eine beliebige Lösung des inhomogenen Systems ist, $k := n - \operatorname{Rang} A$ ist, $\vec{x}^{(1)}, \vec{x}^{(2)}, \ldots, \vec{x}^{(k)} \in \mathbb{R}^n$ ein Fundamentalsystem des homogenen Gleichungssystems ist und schließlich $\lambda_1, \ldots, \lambda_k \in \mathbb{R}$ beliebig sein können.

▷   **Bemerkung 6.5.2 Lösung inhomogener Systeme** Es seien $A \in \mathbb{R}^{m \times n}$ sowie $\vec{b} \in \mathbb{R}^m \setminus \{\vec{0}\}$ beliebig gegeben und $A\vec{x} = \vec{b}$ das zugehörige inhomogene lineare Gleichungssystem. Ist $\vec{x}^{(0)} \in \mathbb{R}^n$ **eine** beliebige Lösung des inhomogenen Systems, dann erhält man **alle** Lösungen des inhomogenen Systems, indem man auf den Vektor $\vec{x}^{(0)}$ alle Lösungen des homogenen Systems hinzu addiert (hat das homogene System nur den Nullvektor als Lösung, dann ist $\vec{x}^{(0)}$ auch einzige Lösung des inhomogenen Systems). Der Vektor $\vec{x}^{(0)}$ wird in diesem Zusammenhang auch als **Partikulärlösung** des inhomogenen linearen Gleichungssystems bezeichnet.

Beispiel 6.5.3

Gegeben sei die Matrix $A \in \mathbb{R}^{3 \times 3}$,

$$A := \begin{pmatrix} 1 & 2 & 3 \\ 2 & 4 & 0 \\ 7 & 14 & 3 \end{pmatrix},$$

sowie die durch sie bestimmten inhomogenen linearen Gleichungssysteme $A\vec{x} = (4, 2, 10)^T$ und $A\vec{x} = (4, 3, 10)^T$. Wendet man zu deren Lösung wieder den Gaußschen Algorithmus an, so ergibt sich folgendes Schema, wobei, um Schreibarbeit zu sparen, direkt beide rechten Seiten simultan bearbeitet werden:

1	2	3	4	4	$\cdot(-2)$	$\cdot(-7)$
2	4	0	2	3	$\leftarrow +$	|
7	14	3	10	10		$\leftarrow +$
1	2	3	4	4		
0	0	-6	-6	-5		
0	0	-18	-18	-18		

Aus dem obigen Endschema erhält man durch Aufrollen von unten für die erste rechte Seite die unendlich vielen Lösungen

$$-18x_3 = -18 \,, \quad \text{also } x_3 = 1 \,,$$
$$0x_2 = -6 + 6x_3 = 0 \,, \quad \text{also } x_2 = \lambda \in \mathbb{R} \text{ beliebig} \,,$$
$$x_1 = 4 - 2x_2 - 3x_3 = 1 - 2\lambda \,,$$

also die Lösungsmenge

$$\mathbf{L} = \left\{ \begin{pmatrix} 1 \\ 0 \\ 1 \end{pmatrix} + \lambda \begin{pmatrix} -2 \\ 1 \\ 0 \end{pmatrix} \mid \lambda \in \mathbb{R} \right\}.$$

Entsprechend erhält man durch Aufrollen von unten für die zweite rechte Seite eine falsche Aussage gemäß

$$-18x_3 = -18 \,, \quad \text{also } x_3 = 1 \,,$$
$$0x_2 = -5 + 6x_3 = 1 \,, \quad \text{also } 0 = 1 \,,$$

also die Lösungsmenge $\mathbf{L} = \emptyset$.

Beispiel 6.5.4
Gegeben sei die Matrix $A \in \mathbb{R}^{4 \times 3}$,

$$A := \begin{pmatrix} 2 & 1 & -1 \\ -4 & -2 & 2 \\ 6 & 3 & -3 \\ 8 & 0 & 1 \end{pmatrix},$$

sowie die durch sie bestimmten inhomogenen linearen Gleichungssysteme $A\vec{x} = (2, -4, 6, 9)^T$ und $A\vec{x} = (2, -4, 8, 1)^T$. Wendet man zu deren Lösung wieder den Gaußschen Algorithmus an, so ergibt sich folgendes Schema, wobei auch hier, um Schreibarbeit zu sparen, direkt beide rechten Seiten simultan bearbeitet werden:

$$
\begin{array}{rrrrr|lll}
2 & 1 & -1 & 2 & 2 & \cdot 2 & \cdot(-3) & \cdot(-4) \\
-4 & -2 & 2 & -4 & -4 & \leftarrow + & | & | \\
6 & 3 & -3 & 6 & 8 & & \leftarrow + & | \\
8 & 0 & 1 & 9 & 1 & & & \leftarrow + \\
\hline
2 & 1 & -1 & 2 & 2 & \\
0 & 0 & 0 & 0 & 0 & \leftarrow \\
0 & 0 & 0 & 0 & 2 & \\
0 & -4 & 5 & 1 & -7 & \leftarrow \\
\hline
2 & 1 & -1 & 2 & 2 & \\
0 & -4 & 5 & 1 & -7 & \\
0 & 0 & 0 & 0 & 2 & \\
0 & 0 & 0 & 0 & 0 &
\end{array}
$$

Aus dem obigen Endschema erhält man durch Aufrollen von unten für die erste rechte Seite die unendlich vielen Lösungen

$$0 = 0 \quad \text{(wahre Aussage)} ,$$
$$0x_3 = 0 , \quad \text{also } x_3 = \lambda \in \mathbb{R} \text{ beliebig} ,$$
$$x_2 = -\frac{1}{4}(1 - 5x_3) = -\frac{1}{4} + \frac{5}{4}\lambda ,$$
$$x_1 = \frac{1}{2}(2 - x_2 + x_3) = \frac{9}{8} - \frac{1}{8}\lambda ,$$

also die Lösungsmenge

$$\mathbf{L} = \left\{ \begin{pmatrix} \frac{9}{8} \\ -\frac{1}{4} \\ 0 \end{pmatrix} + \lambda \begin{pmatrix} -\frac{1}{8} \\ \frac{5}{4} \\ 1 \end{pmatrix} \;\middle|\; \lambda \in \mathbb{R} \right\} .$$

Entsprechend erhält man durch Aufrollen von unten für die zweite rechte Seite

$$0 = 0 \quad \text{(wahre Aussage)} ,$$
$$0x_3 = 2 , \quad \text{also } 0 = 2 \text{ (falsche Aussage)} ,$$

also die Lösungsmenge $\mathbf{L} = \emptyset$.

6.6   Aufgaben mit Lösungen

Aufgabe 6.6.1   *Gegeben sei die Matrix $A \in \mathbb{R}^{3\times 3}$,*

$$A := \begin{pmatrix} 1 & 4 & 0 \\ 2 & 1 & 2 \\ 3 & -2 & 0 \end{pmatrix},$$

sowie das inhomogene lineare Gleichungssystem $A\vec{x} = (5, 3, 1)^T$. Berechnen Sie die Lösungsmenge des Systems mit dem Gaußschen Algorithmus in Tableau-Notation.

Lösung der Aufgabe   Mit dem Gaußschen Algorithmus ergibt sich folgendes Lösungsschema:

1	4	0	5	$\cdot(-2)$	$\cdot(-3)$
2	1	2	3	$\leftarrow +$	$\|$
3	−2	0	1		$\leftarrow +$
1	4	0	5		
0	−7	2	−7	$\cdot(-2)$	
0	−14	0	−14	$\leftarrow +$	
1	4	0	5		
0	−7	2	−7		
0	0	−4	0		

Aus dem obigen Endschema erhält man die einelementige Lösungsmenge durch Aufrollen von unten als $\mathbf{L} = \{(1, 1, 0)^T\}$.

Aufgabe 6.6.2   *Gegeben sei die Matrix $A \in \mathbb{R}^{3\times 4}$,*

$$A := \begin{pmatrix} 1 & 2 & 3 & 4 \\ -2 & -4 & -6 & -8 \\ 1 & 0 & 2 & 1 \end{pmatrix},$$

sowie die inhomogenen linearen Gleichungssysteme $A\vec{x} = (4, -8, 3)^T$ und $A\vec{x} = (4, -4, 4)^T$. Berechnen Sie die Lösungsmengen der Systeme mit dem Gaußschen Algorithmus in Tableau-Notation.

Lösung der Aufgabe Mit dem Gaußschen Algorithmus ergibt sich folgendes Lösungsschema, wobei beide rechten Seiten simultan betrachtet werden:

1	2	3	4	4	4	$\cdot 2$	$\cdot(-1)$
-2	-4	-6	-8	-8	-4	$\leftarrow +$	$\mid$
1	0	2	1	3	4		$\leftarrow +$
1	2	3	4	4	4		
0	0	0	0	0	4	$\leftarrow$	
0	-2	-1	-3	-1	0	$\leftarrow$	
1	2	3	4	4	4		
0	-2	-1	-3	-1	0		
0	0	0	0	0	4		

Aus dem obigen Endschema erhält man durch Aufrollen von unten für die erste rechte Seite die unendlich vielen Lösungen

$$0x_3 + 0x_4 = 0 , \quad \text{also } x_3 = \lambda \in \mathbb{R},\ x_4 = \mu \in \mathbb{R} \text{ beliebig} ,$$

$$x_2 = \frac{1}{2} - \frac{1}{2}x_3 - \frac{3}{2}x_4 = \frac{1}{2} - \frac{1}{2}\lambda - \frac{3}{2}\mu ,$$

$$x_1 = 4 - 2x_2 - 3x_3 - 4x_4 = 3 - 2\lambda - \mu ,$$

also die Lösungsmenge

$$\mathbf{L} = \left\{ \begin{pmatrix} 3 \\ \frac{1}{2} \\ 0 \\ 0 \end{pmatrix} + \lambda \begin{pmatrix} -2 \\ -\frac{1}{2} \\ 1 \\ 0 \end{pmatrix} + \mu \begin{pmatrix} -1 \\ -\frac{3}{2} \\ 0 \\ 1 \end{pmatrix} \mid \lambda, \mu \in \mathbb{R} \right\} .$$

Entsprechend erhält man durch Aufrollen von unten für die zweite rechte Seite

$$0x_3 + 0x_4 = 4 , \quad \text{also } 0 = 4 \text{ (falsche Aussage)} ,$$

also die leere Lösungsmenge $\mathbf{L} = \emptyset$.

Selbsttest 6.6.3 Welche Aussagen über inhomogene lineare Gleichungssysteme sind wahr?

?–? Ein inhomogenes lineares Gleichungssystem hat immer mindestens eine Lösung.

?–? Ein inhomogenes lineares Gleichungssystem besitzt als rechte Seite den Nullvektor.

?–? Ein inhomogenes lineares Gleichungssystem ist stets eindeutig lösbar.

?+? Ist ein inhomogenes lineares Gleichungssystem eindeutig lösbar, dann ist es auch das homogene.

?+? Ein inhomogenes lineares Gleichungssystem kann unlösbar sein.

Literatur

1. Fischer, G.: Lineare Algebra, 18. Aufl. Springer Spektrum, Wiesbaden (2014)
2. Knabner, P., Barth, W.: Lineare Algebra: Grundlagen und Anwendungen, 2. Aufl. Springer Spektrum, Berlin (2018)
3. Liesen, J., Mehrmann, V.: Lineare Algebra, 2. Aufl. Springer Spektrum, Wiesbaden (2015)

Unter den allgemeinen linearen Gleichungssystemen spielen die **quadratischen** in den Anwendungen eine besondere Rolle und sollen deshalb im Folgenden genauer analysiert und mittels verschiedener Lösungsstrategien bearbeitet werden. Speziell die Fälle, in denen diese Gleichungssysteme eine **eindeutige** Lösung besitzen, sind von zentralem Interesse und bedürfen effizienter Lösungstechniken. Genau um diese linearen Gleichungssysteme wird es in den folgenden Untersuchungen gehen. Dabei sei von nun an $n \in \mathbb{N}^*$ stets eine feste natürliche Zahl.

7.1 Grundlegendes zu regulären Matrizen

Zunächst wird eine sehr einfache quadratische Matrix eingeführt, die sogenannte **Einheitsmatrix**.

Definition 7.1.1 Einheitsmatrix

Die Matrix $E \in \mathbb{R}^{n \times n}$, die in der Hauptdiagonale nur Einsen besitzt und sonst nur Nullen, heißt **(n,n)-Einheitsmatrix**,

$$E := \begin{pmatrix} 1 & 0 & \cdots & 0 \\ 0 & 1 & \ddots & \vdots \\ \vdots & \ddots & \ddots & 0 \\ 0 & \cdots & 0 & 1 \end{pmatrix}. \blacktriangleleft$$

Elektronisches Zusatzmaterial Die elektronische Version dieses Kapitels enthält Zusatzmaterial, das berechtigten Benutzern zur Verfügung steht https://doi.org/10.1007/978-3-658-29969-9_7.

119

Mit Hilfe der Einheitsmatrix lassen sich nun gewissen quadratischen Matrizen in eindeutiger Weise sogenannte **inverse Matrizen** zuordnen. Bei welchen Matrizen dies möglich ist, wird in der folgenden Definition und den anschließenden Sätzen präzisiert.

Definition 7.1.2 Reguläre und singuläre Matrizen und lineare Gleichungssysteme

Es seien die Matrix $A \in \mathbb{R}^{n \times n}$ und der Vektor $\vec{b} \in \mathbb{R}^n$ beliebig gegeben. Die Matrix A heißt **regulär** oder **invertierbar**, falls det $A \neq 0$ gilt. Die Matrix A heißt **singulär** oder **nicht invertierbar**, falls det $A = 0$ gilt. Das lineare Gleichungssystem $A\vec{x} = \vec{b}$ heißt **regulär**, falls die Koeffizientenmatrix A **regulär** ist. Das lineare Gleichungssystem $A\vec{x} = \vec{b}$ heißt **singulär**, falls die Koeffizientenmatrix A **singulär** ist. ◄

Der erste Satz über reguläre Matrizen bezieht sich auf die durch sie gegebenen linearen Gleichungssysteme.

▷ **Satz 7.1.3 Reguläre lineare Gleichungssysteme** Es seien die **reguläre Matrix** $A \in \mathbb{R}^{n \times n}$ und der Vektor $\vec{b} \in \mathbb{R}^n$ beliebig gegeben. Dann besitzt das **reguläre lineare (n,n)-Gleichungssystem**

$$\sum_{k=1}^{n} a_{jk} x_k = b_j, \quad 1 \le j \le n,$$

eine **eindeutige Lösung** $\vec{x} \in \mathbb{R}^n$.

Beweis Da det $A \neq 0$ gilt, stehen in der Diagonale der Gaußschen Endmatrix zur Lösung dieses Systems nur von Null verschiedene Zahlen. Also kann beim Aufrollen von unten stets in eindeutiger Weise nach jeder neuen Unbekannten aufgelöst werden, und die Lösung ist somit eindeutig bestimmt. □

Beispiel 7.1.4

Es seien $A \in \mathbb{R}^{2 \times 2}$ und $\vec{b} \in \mathbb{R}^2$ gegeben als

$$A := \begin{pmatrix} 4 & 6 \\ 5 & 7 \end{pmatrix} \quad \text{und} \quad \vec{b} := \begin{pmatrix} -12 \\ -13 \end{pmatrix}.$$

Betrachtet werden soll das lineare Gleichungssystem $A\vec{x} = \vec{b}$. Wegen det $A = 4 \cdot 7 - 5 \cdot 6 = -2 \neq 0$ ist A offenbar regulär. Also ist auch das lineare Gleichungssystem regulär und besitzt eine eindeutige Lösung. Eine einfache Anwendung des Gaußschen Algorithmus mit anschließendem Aufrollen von unten liefert die konkrete Lösung $\vec{x} = (3, -4)^T$.

Der zweite Satz über reguläre Matrizen bezieht sich auf die ihnen zugeordneten sogenannten **inversen Matrizen.**

▷ **Satz 7.1.5 Inverse einer regulären Matrix** Es sei $E \in \mathbb{R}^{n \times n}$ die Einheitsmatrix und $A \in \mathbb{R}^{n \times n}$ eine **reguläre Matrix**. Dann existiert eine eindeutig bestimmte Matrix zu A, die man mit A^{-1} bezeichnet, die in $\mathbb{R}^{n \times n}$ liegt und für die gilt:

$$AA^{-1} = E = A^{-1}A.$$

Die Matrix A^{-1} heißt die zu A gehörende **inverse Matrix**. Aus diesem Grunde werden reguläre Matrizen auch **invertierbare Matrizen** genannt.

Beweis Interpretiert man die Matrizengleichung $AA^{-1} = E$ als definierende Gleichung zur Bestimmung von A^{-1}, und bezeichnet man die Spaltenvektoren von A^{-1} mit $\vec{s}_{A^{-1}}^{(k)} \in \mathbb{R}^n$, $1 \leq k \leq n$, dann folgen aus

$$\underbrace{\begin{pmatrix} a_{11} & a_{12} & \cdots & a_{1n} \\ a_{21} & a_{22} & \cdots & a_{2n} \\ \vdots & \vdots & & \vdots \\ a_{n1} & a_{n2} & \cdots & a_{nn} \end{pmatrix}}_{A} \underbrace{\begin{pmatrix} \vdots & \vdots & \cdots & \vdots \\ \vec{s}_{A^{-1}}^{(1)} & \vec{s}_{A^{-1}}^{(2)} & \cdots & \vec{s}_{A^{-1}}^{(n)} \\ \vdots & \vdots & \cdots & \vdots \end{pmatrix}}_{A^{-1}} = \underbrace{\begin{pmatrix} 1 & 0 & \cdots & 0 \\ 0 & 1 & \ddots & \vdots \\ \vdots & \ddots & \ddots & 0 \\ 0 & \cdots & 0 & 1 \end{pmatrix}}_{E}$$

insgesamt n lineare Gleichungssysteme zur Bestimmung der gesuchten Spaltenvektoren von A^{-1}, im Detail

$$A\vec{s}_{A^{-1}}^{(k)} = \vec{e}^{(k)}, \quad 1 \leq k \leq n .$$

Dabei bezeichnen die Vektoren $\vec{e}^{(k)} \in \mathbb{R}^n$, $1 \leq k \leq n$, natürlich genau die kanonischen Einheitsvektoren in $\mathbb{R}^n$ bzw. die Spaltenvektoren von E. Da det $A \neq 0$ gilt, stehen in der Diagonale der Endmatrix des Gaußschen Algorithmus zur Lösung jedes dieser Systeme wieder nur von Null verschiedene Zahlen. Also kann beim Aufrollen von unten stets in eindeutiger Weise nach den Komponenten der gesuchten Spaltenvektoren aufgelöst werden, und die Lösung, und damit auch A^{-1}, ist eindeutig bestimmt. Es bleibt zu zeigen, dass für die so gefundene Matrix A^{-1} auch die Identität $A^{-1}A = E$ gilt (Achtung: Das Kommutativgesetz gilt für Matrizenprodukte ja im Allgemeinen nicht!). Zunächst ist die Matrix A^{-1} aufgrund des Determinantenproduktsatzes auch regulär, denn aus det $E = 1 = $ det $(AA^{-1}) = ($det $A)($det $A^{-1})$ folgt wegen det $A \neq 0$ unmittelbar auch det $A^{-1} \neq 0$. Damit existiert aber auch für die Matrix A^{-1} eine inverse Matrix, die wieder mit $(A^{-1})^{-1}$ bezeichnet wird und die Identität $A^{-1}(A^{-1})^{-1} = E$ erfüllt. Es genügt nun zu zeigen, dass $(A^{-1})^{-1} = A$ gilt. Dies folgt aber mit Hilfe des Assoziativgesetzes für die Matrizenmultiplikation sofort aus

$$A = AE = A(A^{-1}(A^{-1})^{-1}) = \underbrace{(AA^{-1})}_{E}(A^{-1})^{-1} = (A^{-1})^{-1}.$$

Bei der obigen Identität wurde neben dem Assoziativgesetz auch noch ausgenutzt, dass die Einheitsmatrix E das neutrale Element der Matrizenmultiplikation ist, was man unmittelbar nachrechnet. $\qquad\square$

Beispiel 7.1.6

Es sei $A \in \mathbb{R}^{n\times n}$ gegeben als

$$A := \begin{pmatrix} 4 & 6 \\ 5 & 7 \end{pmatrix}.$$

Für diese Matrix ist bereits bekannt, dass sie regulär ist. Also muss ihre inverse Matrix existieren. Diese wird bestimmt, indem die beiden Spaltenvektoren $\vec{s}^{(1)}_{A^{-1}}, \vec{s}^{(2)}_{A^{-1}} \in \mathbb{R}^2$ von A^{-1} aus den beiden Gleichungssystemen

$$A\vec{s}^{(1)}_{A^{-1}} = \vec{e}^{(1)} \qquad \text{und} \qquad A\vec{s}^{(2)}_{A^{-1}} = \vec{e}^{(2)}$$

berechnen werden. Aus diesen Gleichungssystemen

$$\begin{pmatrix} 4 & 6 \\ 5 & 7 \end{pmatrix} \vec{s}^{(1)}_{A^{-1}} = \begin{pmatrix} 1 \\ 0 \end{pmatrix} \qquad \text{und} \qquad \begin{pmatrix} 4 & 6 \\ 5 & 7 \end{pmatrix} \vec{s}^{(2)}_{A^{-1}} = \begin{pmatrix} 0 \\ 1 \end{pmatrix}$$

ergeben sich jeweils nach einem Gaußschen Eliminationsschritt und anschließendem Aufrollen von unten die Lösungen

$$\vec{s}^{(1)}_{A^{-1}} = \begin{pmatrix} -\frac{7}{2} \\ \frac{5}{2} \end{pmatrix} \qquad \text{und} \qquad \vec{s}^{(2)}_{A^{-1}} = \begin{pmatrix} 3 \\ -2 \end{pmatrix}.$$

Also lautet die inverse Matrix

$$A^{-1} = \begin{pmatrix} -\frac{7}{2} & 3 \\ \frac{5}{2} & -2 \end{pmatrix},$$

und eine Probe bestätigt sofort die Korrektheit der Rechnung:

$$AA^{-1} = \begin{pmatrix} 4 & 6 \\ 5 & 7 \end{pmatrix} \begin{pmatrix} -\frac{7}{2} & 3 \\ \frac{5}{2} & -2 \end{pmatrix} = \begin{pmatrix} 1 & 0 \\ 0 & 1 \end{pmatrix},$$

$$A^{-1}A = \begin{pmatrix} -\frac{7}{2} & 3 \\ \frac{5}{2} & -2 \end{pmatrix} \begin{pmatrix} 4 & 6 \\ 5 & 7 \end{pmatrix} = \begin{pmatrix} 1 & 0 \\ 0 & 1 \end{pmatrix}.$$

Es wird also im Folgenden u. a. darum gehen, Techniken zu entwickeln, die es gestatten, die Inverse einer Matrix möglichst effizient zu berechnen. Gelingt dies nämlich, so ist man unter Zugriff auf die inverse Matrix in der Lage, reguläre quadratische lineare Gleichungssysteme besonders elegant zu lösen. Dies wird im folgenden Satz festgehalten.

▷ **Satz 7.1.7 Direkte Lösung eines regulären linearen Gleichungssystems**
Es seien die **reguläre Matrix** $A \in \mathbb{R}^{n \times n}$ und der Vektor $\vec{b} \in \mathbb{R}^n$ beliebig gegeben. Dann besitzt das **reguläre lineare (n,n)-Gleichungssystem**

$$\sum_{k=1}^{n} a_{jk}x_k = b_j, \quad 1 \le j \le n,$$

bzw. $A\vec{x} = \vec{b}$ die **eindeutige Lösung** $\vec{x} = A^{-1}\vec{b}$.

Beweis Aufgrund der Regularität von A existiert die inverse Matrix $A^{-1} \in \mathbb{R}^{n \times n}$ mit $AA^{-1} = A^{-1}A = E$. Daraus folgt sofort unter Ausnutzung des Assoziativgesetzes für die Matrizenmultiplikation für den eindeutig bestimmten Lösungsvektor $\vec{x} \in \mathbb{R}^n$ die Identität $\vec{x} = E\vec{x} = (A^{-1}A)\vec{x} = A^{-1}(A\vec{x}) = A^{-1}\vec{b}$. $\qquad\qquad\square$

7.2 Vollständiger Gaußscher Algorithmus

Der **vollständige Gaußsche Algorithmus** für reguläre quadratische lineare Gleichungssysteme ist eine **systematische** Strategie, ein reguläres lineares (n,n)-Gleichungssystem

$$\sum_{k=1}^{n} a_{jk}x_k = b_j, \quad 1 \le j \le n,$$

in eine Form zu überführen, aus der man die eindeutig bestimmte Lösung direkt ablesen kann. Der Algorithmus ist im Wesentlichen wieder nichts anderes als der altbekannte **Gaußsche Algorithmus für Matrizen** (wobei er auch hier nicht nur auf die Matrix $A \in \mathbb{R}^{n \times n}$, sondern gleichzeitig auch noch auf den Vektor $\vec{b} \in \mathbb{R}^n$ anzuwenden ist, was man sich zusammengefasst wieder als Anwendung des Algorithmus auf eine **erweiterte Matrix** $(A|\vec{b}) \in \mathbb{R}^{n \times (n+1)}$ vorstellen kann). Hinzu kommt, dass aufgrund der Regularität von A die Diagonalelemente Schritt für Schritt von Null verschieden sind (ggf. nach geeignetem Zeilentausch) und somit zeilenweise durch diese geteilt werden kann, ohne die Lösungsmenge des Systems zu verändern. Im Folgenden wird der exakte Algorithmus wieder lediglich in umgangssprachlicher Notation formuliert und nicht explizit in Java. Die Anpassung des alten Java-Codes auf diese erweiterte Situation wird als einfache Übung empfohlen. Zur qualitativen Formulierung des Algorithmus möge der Laufindex sukzessiv die Werte $i = 1, 2, \ldots, n$ annehmen:

- **Falls $a_{ii} \neq 0$:** Teile die i-te Gleichung durch a_{ii} und addiere danach zu jeder j-ten Gleichung $(1 \leq j \leq n)$, $j \neq i$, das $(-a_{ji})$-fache der i-ten Gleichung. Dann gehe weiter.
- **Falls $a_{ii} = 0$:** Suche den kleinsten Index $j \in \{i+1, \ldots, n\}$ mit $a_{ji} \neq 0$ und tausche die i-te und die j-te Gleichung. Teile die neue i-te Gleichung durch a_{ii} und addiere danach zu jeder j-ten Gleichung $(1 \leq j \leq n)$, $j \neq i$, das $(-a_{ji})$-fache der i-ten Gleichung. Dann gehe weiter.

Nach Durchlauf des obigen Algorithmus erhält man ein neues quadratisches lineares (n,n)-Gleichungssystem

$$\begin{pmatrix} 1 & 0 & \cdots & 0 \\ 0 & 1 & \ddots & \vdots \\ \vdots & \ddots & \ddots & 0 \\ 0 & \cdots & 0 & 1 \end{pmatrix} \begin{pmatrix} x_1 \\ x_2 \\ \vdots \\ x_n \end{pmatrix} = \begin{pmatrix} b_1^\diamond \\ b_2^\diamond \\ \vdots \\ b_n^\diamond \end{pmatrix},$$

d. h. die Lösung ist unmittelbar ablesbar als $x_j = b_j^\diamond$, $1 \leq j \leq n$.

▷ **Bemerkung 7.2.1 Gauß-Jordan-Algorithmus** Der vollständige Gaußsche Algorithmus taucht in der Literatur in zahlreichen Varianten und Verallgemeinerungen auf (z. B. geeignet erweitert auf nicht quadratische Fälle) und wird dann häufig auch als **Gauß-Jordan-Algorithmus** bezeichnet, wobei der zweite Name an den französischen Mathematiker Camille Jordan (1838–1922) erinnert.

Beispiel 7.2.2

Gegeben seien die reguläre Matrix $A \in \mathbb{R}^{3 \times 3}$ und die rechte Seite $\vec{b} \in \mathbb{R}^3$ gemäß

$$A := \begin{pmatrix} 1 & 4 & 0 \\ 2 & 1 & 2 \\ 3 & -2 & 0 \end{pmatrix} \quad \text{und} \quad \vec{b} := \begin{pmatrix} 5 \\ 3 \\ 1 \end{pmatrix}.$$

Gesucht wird der Vektor $\vec{x} \in \mathbb{R}^3$ mit $A\vec{x} = \vec{b}$. Wendet man zur Lösung dieses Gleichungssystems den vollständigen Gaußschen Algorithmus an, so ergibt sich folgendes Schema, wobei wieder nur noch die relevanten Zahlen und keine Variablen oder Gleichheitszeichen mehr notiert werden (Tableau-Notation):

1	4	0	5	$:1$	$\cdot(-2)$	$\cdot(-3)$
2	1	2	3	$\leftarrow +$	$\vert$	
3	-2	0	1		$\leftarrow +$	
1	4	0	5	$\leftarrow +$		
0	-7	2	-7	$:(-7)$	$\cdot 14$	$\cdot(-4)$
0	-14	0	-14	$\leftarrow +$		
1	0	$\frac{8}{7}$	1	$\leftarrow +$		
0	1	$-\frac{2}{7}$	1	$\leftarrow +$	$\vert$	
0	0	-4	0	$:(-4)$	$\cdot\frac{2}{7}$	$\cdot(-\frac{8}{7})$
1	0	0	1			
0	1	0	1			
0	0	1	0			

Aus dem obigen Endschema liest man die Lösung direkt ab als $\vec{x} = (1, 1, 0)^T$.

▶ **Bemerkung 7.2.3 Invertierung mit vollständigem Gaußschen Algorithmus** Interpretiert man die Bestimmung der inversen Matrix $A^{-1} \in \mathbb{R}^{n \times n}$ einer regulären Matrix $A \in \mathbb{R}^{n \times n}$ wieder als Lösung von n linearen Gleichungssystemen für die Spaltenvektoren $\vec{s}_{A^{-1}}^{(k)} \in \mathbb{R}^n$, $1 \le k \le n$, von A^{-1},

$$\underbrace{\begin{pmatrix} a_{11} & a_{12} & \cdots & a_{1n} \\ a_{21} & a_{22} & \cdots & a_{2n} \\ \vdots & \vdots & & \vdots \\ a_{n1} & a_{n2} & \cdots & a_{nn} \end{pmatrix}}_{A} \underbrace{\begin{pmatrix} \vdots & \vdots & \cdots & \vdots \\ \vec{s}_{A^{-1}}^{(1)} & \vec{s}_{A^{-1}}^{(2)} & \cdots & \vec{s}_{A^{-1}}^{(n)} \\ \vdots & \vdots & \cdots & \vdots \end{pmatrix}}_{A^{-1}} = \underbrace{\begin{pmatrix} 1 & 0 & \cdots & 0 \\ 0 & 1 & \ddots & \vdots \\ \vdots & \ddots & \ddots & 0 \\ 0 & \cdots & 0 & 1 \end{pmatrix}}_{E},$$

dann lässt sich der vollständige Gaußsche Algorithmus auch sehr elegant zur Berechnung von A^{-1} verwenden (vgl. folgendes Beispiel).

Beispiel 7.2.4

Gegeben seien die reguläre Matrix $A \in \mathbb{R}^{3\times 3}$ und die rechte Seite $\vec{b} \in \mathbb{R}^3$ gemäß

$$A := \begin{pmatrix} 1 & 4 & 0 \\ 2 & 1 & 2 \\ 3 & -2 & 0 \end{pmatrix} \quad \text{und} \quad \vec{b} := \begin{pmatrix} 5 \\ 3 \\ 1 \end{pmatrix}.$$

Gesucht wird der Vektor $\vec{x} \in \mathbb{R}^3$ mit $A\vec{x} = \vec{b}$. Dazu berechnet man hier zunächst die Inverse der Matrix A, und zwar mit Hilfe des vollständigen Gaußschen Algorithmus. Konkret gelingt das auf Basis des folgenden Schemas:

1	4	0	1	0	0	$: 1$ $\cdot(-2)$ $\cdot(-3)$
2	1	2	0	1	0	$\leftarrow +$ $\vert$
3	-2	0	0	0	1	$\leftarrow +$
1	4	0	1	0	0	$\leftarrow +$
0	-7	2	-2	1	0	$: (-7)$ $\cdot 14$ $\cdot(-4)$
0	-14	0	-3	0	1	$\leftarrow +$
1	0	$\frac{8}{7}$	$-\frac{1}{7}$	$\frac{4}{7}$	0	$\leftarrow +$
0	1	$-\frac{2}{7}$	$\frac{2}{7}$	$-\frac{1}{7}$	0	$\leftarrow +$ $\vert$
0	0	-4	1	-2	1	$: (-4)$ $\cdot\frac{2}{7}$ $\cdot(-\frac{8}{7})$
1	0	0	$\frac{1}{7}$	0	$\frac{2}{7}$	
0	1	0	$\frac{3}{14}$	0	$-\frac{1}{14}$	
0	0	1	$-\frac{1}{4}$	$\frac{1}{2}$	$-\frac{1}{4}$	

Aus dem obigen Endschema liest man die Inverse von A direkt auf der rechten Seite ab als

$$A^{-1} = \begin{pmatrix} \frac{1}{7} & 0 & \frac{2}{7} \\ \frac{3}{14} & 0 & -\frac{1}{14} \\ -\frac{1}{4} & \frac{1}{2} & -\frac{1}{4} \end{pmatrix}.$$

Eine Probe, die lediglich zu Übungszwecken gemacht wird, liefert wie erwartet

$$AA^{-1} = \begin{pmatrix} 1 & 4 & 0 \\ 2 & 1 & 2 \\ 3 & -2 & 0 \end{pmatrix} \begin{pmatrix} \frac{1}{7} & 0 & \frac{2}{7} \\ \frac{3}{14} & 0 & -\frac{1}{14} \\ -\frac{1}{4} & \frac{1}{2} & -\frac{1}{4} \end{pmatrix} = \begin{pmatrix} 1 & 0 & 0 \\ 0 & 1 & 0 \\ 0 & 0 & 1 \end{pmatrix},$$

$$A^{-1}A = \begin{pmatrix} \frac{1}{7} & 0 & \frac{2}{7} \\ \frac{3}{14} & 0 & -\frac{1}{14} \\ -\frac{1}{4} & \frac{1}{2} & -\frac{1}{4} \end{pmatrix} \begin{pmatrix} 1 & 4 & 0 \\ 2 & 1 & 2 \\ 3 & -2 & 0 \end{pmatrix} = \begin{pmatrix} 1 & 0 & 0 \\ 0 & 1 & 0 \\ 0 & 0 & 1 \end{pmatrix}.$$

Die Lösung des eigentlichen Gleichungssystems erhält man dann als

$$\vec{x} = A^{-1}\vec{b} = \begin{pmatrix} \frac{1}{7} & 0 & \frac{2}{7} \\ \frac{3}{14} & 0 & -\frac{1}{14} \\ -\frac{1}{4} & \frac{1}{2} & -\frac{1}{4} \end{pmatrix} \begin{pmatrix} 5 \\ 3 \\ 1 \end{pmatrix} = \begin{pmatrix} 1 \\ 1 \\ 0 \end{pmatrix}.$$

▶ **Bemerkung 7.2.5 Praxis der Matrizeninversion** Die Berechnung der Inversen einer Matrix macht natürlich nur dann Sinn, wenn man **viele** reguläre lineare Gleichungssysteme mit stets gleicher Koeffizientenmatrix A und wechselnden rechten Seiten $\vec{b}^{(s)}$ mit $1 \leq s \leq t$ zu lösen hat. Nur dann lohnt sich der Aufwand, **einmal** die inverse Matrix A^{-1} zu berechnen und dann die Lösungen der Gleichungssysteme einfach gemäß $\vec{x}^{(s)} = A^{-1}\vec{b}^{(s)}$, $1 \leq s \leq t$, zu bestimmen.

7.3 Aufgaben mit Lösungen

Aufgabe 7.3.1 *Gegeben seien die reguläre Matrix $A \in \mathbb{R}^{4\times4}$ und die rechte Seite $\vec{b} \in \mathbb{R}^4$ gemäß*

$$A := \begin{pmatrix} 1 & 1 & 0 & 0 \\ -1 & -1 & 0 & 1 \\ 0 & 0 & 1 & 0 \\ 1 & -1 & 0 & 0 \end{pmatrix} \quad und \quad \vec{b} := \begin{pmatrix} 3 \\ 1 \\ 3 \\ -1 \end{pmatrix}.$$

Berechnen Sie die Lösung des regulären linearen Gleichungssystems $A\vec{x} = \vec{b}$ mit Hilfe des vollständigen Gaußschen Algorithmus in Tableau-Notation.

Lösung der Aufgabe Wendet man zur Lösung dieses Gleichungssystems den vollständigen Gaußschen Algorithmus an, so ergibt sich folgendes Schema:

1	1	0	0	3	: 1	$\cdot 1$	$\cdot 0$	$\cdot(-1)$
−1	−1	0	1	1		← +	|	|
0	0	1	0	3			← +	|
1	−1	0	0	−1				← +

1	1	0	0	3	
0	0	0	1	4	←
0	0	1	0	3	
0	−2	0	0	−4	←

1	1	0	0	3	← +
0	−2	0	0	−4	: (−2) ·(−1) ·0 ·0
0	0	1	0	3	← + |
0	0	0	1	4	← +

1	0	0	0	1
0	1	0	0	2
0	0	1	0	3
0	0	0	1	4

Aus dem obigen Endschema liest man die Lösung direkt ab als $\vec{x} = (1, 2, 3, 4)^{T}$.

Aufgabe 7.3.2   *Gegeben sei die reguläre Matrix $A \in \mathbb{R}^{3 \times 3}$ gemäß*

$$A := \begin{pmatrix} -2 & 1 & -3 \\ 6 & -3 & 10 \\ 5 & -2 & 6 \end{pmatrix}.$$

Berechnen Sie die Inverse A^{-1} der Matrix A mit Hilfe des vollständigen Gaußschen Algorithmus in Tableau-Notation.

Lösung der Aufgabe   Zur Berechnung von A^{-1} ergibt sich mit Hilfe des vollständigen Gaußschen Algorithmus das folgende Schema:

−2	1	−3	1	0	0	: (−2) ·(−6) ·(−5)
6	−3	10	0	1	0	← + |
5	−2	6	0	0	1	← +

1	$-\frac{1}{2}$	$\frac{3}{2}$	$-\frac{1}{2}$	0	0	
0	0	1	3	1	0	←
0	$\frac{1}{2}$	$-\frac{3}{2}$	$\frac{5}{2}$	0	1	←

1	$-\frac{1}{2}$	$\frac{3}{2}$	$-\frac{1}{2}$	0	0	← +
0	$\frac{1}{2}$	$-\frac{3}{2}$	$\frac{5}{2}$	0	1	: $\frac{1}{2}$ ·$\frac{1}{2}$ ·0
0	0	1	3	1	0	← +

1	0	0	2	0	1			← +
0	1	−3	5	0	2		← +	|
0	0	1	3	1	0	: 1	·3	·0
1	0	0	2	0	1			
0	1	0	14	3	2			
0	0	1	3	1	0			

Aus dem obigen Endschema liest man die Inverse von A direkt auf der rechten Seite ab als

$$A^{-1} = \begin{pmatrix} 2 & 0 & 1 \\ 14 & 3 & 2 \\ 3 & 1 & 0 \end{pmatrix}.$$

Aufgabe 7.3.3 *Gegeben seien die reguläre Matrix $A \in \mathbb{R}^{3 \times 3}$ und die rechte Seite $\vec{b} \in \mathbb{R}^3$ gemäß*

$$A := \begin{pmatrix} 1 & 2 & 0 \\ 0 & -1 & 3 \\ 1 & 0 & 3 \end{pmatrix} \quad und \quad \vec{b} := \begin{pmatrix} 2 \\ 3 \\ 5 \end{pmatrix}.$$

Berechnen Sie zunächst die Inverse A^{-1} der Matrix A mit Hilfe des vollständigen Gauß-schen Algorithmus in Tableau-Notation, und lösen Sie anschließend das reguläre lineare Gleichungssysteme $A\vec{x} = \vec{b}$ mit Hilfe von A^{-1}.

Lösung der Aufgabe Zur Berechnung von A^{-1} ergibt sich mit Hilfe des vollständigen Gaußschen Algorithmus das folgende Schema:

1	2	0	1	0	0	: 1	·0	·(−1)
0	−1	3	0	1	0		← +	|
1	0	3	0	0	1			← +
1	2	0	1	0	0		← +	
0	−1	3	0	1	0	: (−1)	·(−2)	·2
0	−2	3	−1	0	1			← +
1	0	6	1	2	0		← +	
0	1	−3	0	−1	0		← +	|
0	0	−3	−1	−2	1	: (−3)	·3	·(−6)
1	0	0	−1	−2	2			
0	1	0	1	1	−1			
0	0	1	$\frac{1}{3}$	$\frac{2}{3}$	$-\frac{1}{3}$			

Aus dem obigen Endschema liest man die Inverse von A direkt auf der rechten Seite ab
als

$$A^{-1} = \begin{pmatrix} -1 & -2 & 2 \\ 1 & 1 & -1 \\ \frac{1}{3} & \frac{2}{3} & -\frac{1}{3} \end{pmatrix}.$$

Die Lösung des eigentlichen Gleichungssystems erhält man dann als

$$\vec{x} = A^{-1}\vec{b} = \begin{pmatrix} -1 & -2 & 2 \\ 1 & 1 & -1 \\ \frac{1}{3} & \frac{2}{3} & -\frac{1}{3} \end{pmatrix} \begin{pmatrix} 2 \\ 3 \\ 5 \end{pmatrix} = \begin{pmatrix} 2 \\ 0 \\ 1 \end{pmatrix}.$$

Aufgabe 7.3.4   *Es seien $A, B \in \mathbb{R}^{n \times n}$ zwei beliebige reguläre Matrizen. Zeigen Sie, dass
dann auch die Produktmatrix AB regulär ist und dass gilt $(AB)^{-1} = B^{-1}A^{-1}$.*

Lösung der Aufgabe   Da A und B regulär sind, gilt det $A \neq 0 \neq$ det B. Daraus folgt mit
dem Determinantenproduktsatz sofort $\det(AB) = (\det A)(\det B) \neq 0$, also die Regularität von AB. Der Rest der Behauptung ergibt sich unter Ausnutzung des Assoziativgesetzes
für Matrizenprodukte aus

$$(AB)(B^{-1}A^{-1}) = A((BB^{-1})A^{-1}) = A(EA^{-1}) = AA^{-1} = E$$

und

$$(B^{-1}A^{-1})(AB) = B^{-1}((A^{-1}A)B) = B^{-1}(EB) = B^{-1}B = E\,.$$

Selbsttest 7.3.5   Welche der folgenden Aussagen sind wahr?

?+? Mit dem vollständigen Gaußschen Algorithmus lässt sich die inverse Matrix berechnen.

?−? Der vollständige Gaußsche Algorithmus benötigt keinen Zeilentausch.

?+? Der vollständige Gaußsche Algorithmus bedarf regulärer Koeffizientenmatrizen.

?+? Der vollständige Gaußsche Algorithmus bedarf der Division von Zeilen durch Diagonalelemente.

?−? Der vollständige Gaußsche Algorithmus bricht ab, sobald eine Null in der Diagonale
auftaucht.

7.4 Cramersche Regel

Als eine weitere Option zur Lösung eines regulären quadratischen linearen Gleichungssystems steht die sogenannte **Cramersche Regel** zur Verfügung, die auf den schweizer Mathematiker Gabriel Cramer (1704–1752) zurückgeht. Um sie kurz zu motivieren, sei $A \in \mathbb{R}^{n \times n}$ eine reguläre Matrix mit den Spaltenvektoren

$$\vec{s}_A^{(1)}, \vec{s}_A^{(2)}, \ldots, \vec{s}_A^{(n)} \in \mathbb{R}^n \ .$$

Man kann dann das zu lösende Gleichungssystem $A\vec{x} = \vec{b}$ für einen beliebig gegebenen Vektor $\vec{b} \in \mathbb{R}^n$ auch schreiben als

$$\sum_{k=1}^{n} x_k \vec{s}_A^{(k)} = \vec{b} \ .$$

Es sei nun $j \in \{1, \ldots, n\}$ beliebig gegeben. Streicht man aus der Matrix A die j-te Spalte und ersetzt sie durch $\vec{b}$, dann gilt unter Ausnutzung der obigen Darstellung sowie der Rechenregeln für Determinanten

$$\det\left(\vec{s}_A^{(1)}, \ldots, \vec{s}_A^{(j-1)}, \vec{b}, \vec{s}_A^{(j+1)}, \ldots, \vec{s}_A^{(n)}\right)$$
$$= \det\left(\vec{s}_A^{(1)}, \ldots, \vec{s}_A^{(j-1)}, \sum_{k=1}^{n} x_k \vec{s}_A^{(k)}, \vec{s}_A^{(j+1)}, \ldots, \vec{s}_A^{(n)}\right)$$
$$= \sum_{k=1}^{n} x_k \cdot \underbrace{\det\left(\vec{s}_A^{(1)}, \ldots, \vec{s}_A^{(j-1)}, \vec{s}_A^{(k)}, \vec{s}_A^{(j+1)}, \ldots, \vec{s}_A^{(n)}\right)}_{\substack{= 0, \quad \text{falls} \quad k \neq j \\ = \det A, \quad \text{falls} \quad k = j}} = x_j \cdot \det A \ ,$$

also

$$x_j = \frac{\det\left(\vec{s}_A^{(1)}, \ldots, \vec{s}_A^{(j-1)}, \vec{b}, \vec{s}_A^{(j+1)}, \ldots, \vec{s}_A^{(n)}\right)}{\det A} \ , \quad 1 \leq j \leq n \ .$$

Bei der obigen Herleitung wurde ausgenutzt, dass die Determinante einer Matrix Null ist, wenn die Spaltenvektoren linear abhängig sind, und dies ist insbesondere dann der Fall, wenn zwei Spaltenvektoren identisch sind. Die erhaltene Lösungsformel wird **Cramersche Regel** genannt. Zusammenfassend ergibt sich also folgender Satz.

▷ **Satz 7.4.1 Cramersche Regel** Es seien die **reguläre Matrix** $A \in \mathbb{R}^{n \times n}$ und der Vektor $\vec{b} \in \mathbb{R}^n$ beliebig gegeben. Dann lässt sich die Lösung $\vec{x} \in \mathbb{R}^n$ des

regulären linearen Gleichungssystems $A\vec{x} = \vec{b}$ komponentenweise berechnen als

$$x_j = \frac{\det\left(\vec{s}_A^{(1)}, \ldots, \vec{s}_A^{(j-1)}, \vec{b}, \vec{s}_A^{(j+1)}, \ldots, \vec{s}_A^{(n)}\right)}{\det A}, \quad 1 \le j \le n.$$

Diese Lösungsmöglichkeit wird als **Cramersche Regel** bezeichnet.

Beweis Der Beweis wurde oben bereits geführt. $\qquad\square$

Beispiel 7.4.2

Gegeben seien die reguläre Matrix $A \in \mathbb{R}^{3\times 3}$ und die rechte Seite $\vec{b} \in \mathbb{R}^3$ gemäß

$$A := \begin{pmatrix} 1 & 4 & 0 \\ 2 & 1 & 2 \\ 3 & -2 & 0 \end{pmatrix} \quad \text{und} \quad \vec{b} := \begin{pmatrix} 5 \\ 3 \\ 1 \end{pmatrix}.$$

Gesucht wird der Vektor $\vec{x} \in \mathbb{R}^3$ mit $A\vec{x} = \vec{b}$. Unter Anwendung der Cramerschen Regel ergibt sich sofort

$$\det A = \det \begin{pmatrix} 1 & 4 & 0 \\ 2 & 1 & 2 \\ 3 & -2 & 0 \end{pmatrix} = 0 + 24 + 0 - 0 - (-4) - 0 = 28,$$

$$x_1 = \frac{\det \begin{pmatrix} 5 & 4 & 0 \\ 3 & 1 & 2 \\ 1 & -2 & 0 \end{pmatrix}}{\det A} = \frac{0 + 8 + 0 - 0 - (-20) - 0}{28} = 1,$$

$$x_2 = \frac{\det \begin{pmatrix} 1 & 5 & 0 \\ 2 & 3 & 2 \\ 3 & 1 & 0 \end{pmatrix}}{\det A} = \frac{0 + 30 + 0 - 0 - 2 - 0}{28} = 1,$$

$$x_3 = \frac{\det \begin{pmatrix} 1 & 4 & 5 \\ 2 & 1 & 3 \\ 3 & -2 & 1 \end{pmatrix}}{\det A} = \frac{1 + 36 - 20 - 15 - (-6) - 8}{28} = 0.$$

Die Lösung des Gleichungssystems ergibt sich also zu $\vec{x} = (1, 1, 0)^T$.

Die Cramersche Regel lässt sich nun auch leicht zur Inversion regulärer Matrizen ausbauen, wobei in diesem Zusammenhang erneut die **algebraischen Komplemente** ins Spiel kommen. Die entstehende Regel kann als **erweiterte Cramersche Regel** bezeichnet werden.

▷   **Satz 7.4.3 Erweiterte Cramersche Regel** Es sei $A \in \mathbb{R}^{n \times n}$ eine beliebige **reguläre** Matrix. Dann lässt sich **die inverse Matrix** A^{-1} berechnen als

$$
A^{-1} = \frac{1}{\det A}
\begin{pmatrix}
a_{11}^\star & a_{21}^\star & \cdots & a_{n1}^\star \\
a_{12}^\star & a_{22}^\star & \cdots & a_{n2}^\star \\
\vdots & \vdots & & \vdots \\
a_{1n}^\star & a_{2n}^\star & \cdots & a_{nn}^\star
\end{pmatrix},
$$

wobei $a_{jk}^\star$ für $1 \leq j, k \leq n$ jeweils das bekannte algebraische Komplement zu a_{jk} bezeichnet. Diese Berechnungsmöglichkeit wird **erweiterte Cramersche Regel** genannt.

Beweis Es wird im Folgenden lediglich die Beweisidee skizziert. Man interpretiere dazu die Berechnung von A^{-1} wieder als Lösung von insgesamt n linearen Gleichungssystemen zur Bestimmung der Spaltenvektoren von A^{-1}, die aus der Gleichung $A \cdot A^{-1} = E$ entstehen. Zur Bestimmung des j-ten Spaltenvektors von A^{-1} hat man dann nach der Cramerschen Regel sukzessiv alle Spaltenvektoren von A Schritt für Schritt durch den j-ten kanonischen Einheitsvektor $\vec{e}^{(j)}$ zu ersetzen, die entsprechende Determinante zu berechnen und schließlich durch det A zu teilen. Entwickelt man die durch das spaltenweise Einsetzen von $\vec{e}^{(j)}$ entstehenden Determinanten jeweils nach der Spalte, in der $\vec{e}^{(j)}$ steht, so stellt man fest, dass sich im Fall der Ersetzung in der k-ten Spalte genau das algebraische Komplement $a_{jk}^\star$ ergibt. Daraus folgt die Behauptung.   □

Beispiel 7.4.4

Gegeben sei die reguläre Matrix $A \in \mathbb{R}^{3 \times 3}$ gemäß

$$
A := \begin{pmatrix} 1 & 4 & 0 \\ 2 & 1 & 2 \\ 3 & -2 & 0 \end{pmatrix}.
$$

Für die algebraischen Komplemente erhält man nach kurzer Rechnung: $a_{11}^\star = 4$, $a_{12}^\star = 6$, $a_{13}^\star = -7$, $a_{21}^\star = 0$, $a_{22}^\star = 0$, $a_{23}^\star = 14$, $a_{31}^\star = 8$, $a_{32}^\star = -2$, $a_{33}^\star = -7$. Daraus ergibt sich wegen det $A = 0 + 24 + 0 - 0 - (-4) - 0 = 28$ für die Inverse von A nach der erweiterten Cramerschen Regel

$$A^{-1} = \frac{1}{28} \begin{pmatrix} 4 & 0 & 8 \\ 6 & 0 & -2 \\ -7 & 14 & -7 \end{pmatrix} = \begin{pmatrix} \frac{1}{7} & 0 & \frac{2}{7} \\ \frac{3}{14} & 0 & -\frac{1}{14} \\ -\frac{1}{4} & \frac{1}{2} & -\frac{1}{4} \end{pmatrix}.$$

7.5 Aufgaben mit Lösungen

Aufgabe 7.5.1 *Gegeben seien die reguläre Matrix $A \in \mathbb{R}^{3\times3}$ und die rechte Seite $\vec{b} \in \mathbb{R}^3$ gemäß*

$$A := \begin{pmatrix} 1 & 2 & 0 \\ 0 & -1 & 3 \\ 1 & 0 & 3 \end{pmatrix} \quad und \quad \vec{b} := \begin{pmatrix} 2 \\ 3 \\ 5 \end{pmatrix}.$$

Lösen Sie das reguläre lineare Gleichungssystem $A\vec{x} = \vec{b}$ mit Hilfe der Cramerschen Regel.

Lösung der Aufgabe Unter Anwendung der Cramerschen Regel ergibt sich sofort

$$\det A = \det \begin{pmatrix} 1 & 2 & 0 \\ 0 & -1 & 3 \\ 1 & 0 & 3 \end{pmatrix} = -3 + 6 + 0 - 0 - 0 - 0 = 3,$$

$$x_1 = \frac{\det \begin{pmatrix} 2 & 2 & 0 \\ 3 & -1 & 3 \\ 5 & 0 & 3 \end{pmatrix}}{\det A} = \frac{-6 + 30 + 0 - 0 - 0 - 18}{3} = 2,$$

$$x_2 = \frac{\det \begin{pmatrix} 1 & 2 & 0 \\ 0 & 3 & 3 \\ 1 & 5 & 3 \end{pmatrix}}{\det A} = \frac{9 + 6 + 0 - 0 - 15 - 0}{3} = 0,$$

$$x_3 = \frac{\det \begin{pmatrix} 1 & 2 & 2 \\ 0 & -1 & 3 \\ 1 & 0 & 5 \end{pmatrix}}{\det A} = \frac{-5 + 6 + 0 - (-2) - 0 - 0}{3} = 1.$$

Die Lösung des Gleichungssystems ergibt sich also zu $\vec{x} = (2, 0, 1)^T$.

Aufgabe 7.5.2 *Gegeben sei die reguläre Matrix $A \in \mathbb{R}^{3\times3}$,*

$$A := \begin{pmatrix} -2 & 1 & -3 \\ 6 & -3 & 10 \\ 5 & -2 & 6 \end{pmatrix}.$$

Berechnen Sie die Inverse A^{-1} von A mit Hilfe der erweiterten Cramerschen Regel.

Lösung der Aufgabe Für die algebraischen Komplemente erhält man nach kurzer Rechnung: $a_{11}^\star = 2, a_{12}^\star = 14, a_{13}^\star = 3, a_{21}^\star = 0, a_{22}^\star = 3, a_{23}^\star = 1, a_{31}^\star = 1, a_{32}^\star = 2, a_{33}^\star = 0$. Daraus ergibt sich wegen det $A = 36 + 50 + 36 - 45 - 40 - 36 = 1$ für die Inverse von A nach der erweiterten Cramerschen Regel

$$A^{-1} = \frac{1}{1} \begin{pmatrix} 2 & 0 & 1 \\ 14 & 3 & 2 \\ 3 & 1 & 0 \end{pmatrix} = \begin{pmatrix} 2 & 0 & 1 \\ 14 & 3 & 2 \\ 3 & 1 & 0 \end{pmatrix}.$$

Aufgabe 7.5.3 *Gegeben sei die reguläre Matrix $A \in \mathbb{R}^{3\times3}$,*

$$A := \begin{pmatrix} 2 & 1 & 1 \\ 0 & 1 & 2 \\ 1 & 0 & 3 \end{pmatrix}.$$

Berechnen Sie die Inverse A^{-1} von A mit Hilfe der erweiterten Cramerschen Regel.

Lösung der Aufgabe Für die algebraischen Komplemente erhält man nach kurzer Rechnung: $a_{11}^\star = 3, a_{12}^\star = 2, a_{13}^\star = -1, a_{21}^\star = -3, a_{22}^\star = 5, a_{23}^\star = 1, a_{31}^\star = 1, a_{32}^\star = -4$, $a_{33}^\star = 2$. Daraus ergibt sich wegen det $A = 6 + 2 + 0 - 1 - 0 - 0 = 7$ für die Inverse von A nach der erweiterten Cramerschen Regel

$$A^{-1} = \frac{1}{7} \begin{pmatrix} 3 & -3 & 1 \\ 2 & 5 & -4 \\ -1 & 1 & 2 \end{pmatrix} = \begin{pmatrix} \frac{3}{7} & -\frac{3}{7} & \frac{1}{7} \\ \frac{2}{7} & \frac{5}{7} & -\frac{4}{7} \\ -\frac{1}{7} & \frac{1}{7} & \frac{2}{7} \end{pmatrix}.$$

Selbsttest 7.5.4 Welche der folgenden Aussagen über die Cramersche Regel sind wahr?

?−? Die Cramersche Regel dient zur Berechnung der Determinante einer quadratischen Matrix.

?+? Die Cramersche Regel beruht auf der Berechnung geeigneter Determinanten.

?+? Die Cramersche Regel ist nur auf reguläre lineare Gleichungssysteme anwendbar.

?+? Die erweiterte Cramersche Regel berechnet die Inverse einer gegebenen regulären Matrix.

7.6　LR-Zerlegungen

Als weitere Möglichkeit zur Lösung zumindest spezieller regulärer quadratischer Gleichungssysteme steht die sogenannte **LR-Zerlegung** zur Verfügung. Dabei wird die Matrix $A \in \mathbb{R}^{n \times n}$, sofern möglich, geschickt in das **Produkt zweier einfacher Dreiecksmatrizen** zerlegt. Am einfachsten macht man sich die prinzipielle Idee und das generelle Vorgehen anhand eines Beispiels klar. Zur Bestimmung der LR-Zerlegung bedarf es wieder ausschließlich des Gaußschen Algorithmus.

Beispiel 7.6.1

Gegeben sei eine Matrix $A \in \mathbb{R}^{3 \times 3}$, die mit dem Gaußschen Algorithmus für Matrizen auf obere Dreiecksgestalt gebracht wird:

$$A := \begin{pmatrix} 1 & 4 & 1 \\ -2 & 2 & 1 \\ 4 & -4 & 1 \end{pmatrix} \begin{matrix} \cdot 2 \quad \cdot(-4) \\ \leftarrow + \quad | \\ \leftarrow + \end{matrix}$$

$$\begin{pmatrix} 1 & 4 & 1 \\ 0 & 10 & 3 \\ 0 & -20 & -3 \end{pmatrix} \begin{matrix} \\ \cdot 2 \\ \leftarrow + \end{matrix}$$

$$\begin{pmatrix} 1 & 4 & 1 \\ 0 & 10 & 3 \\ 0 & 0 & 3 \end{pmatrix} = A^{\triangle}$$

Man betrachtet nun die benutzten Multiplikatoren beim Gaußschen Algorithmus, multipliziert sie mit (-1) und schreibt sie gemäß folgender Regel in eine Matrix $L \in \mathbb{R}^{3 \times 3}$, die Einsen als Diagonalelemente und Nullen oberhalb der Diagonale besitzt: Der mit (-1) multiplizierte Faktor, mit dem in der Gaußschen Endmatrix das Element $a_{jk}^{\triangle} = 0$, $j > k$, erzeugt wurde, wird genau an der Stelle l_{jk} in die Matrix L geschrieben. Bezeichnet man schließlich mit $R \in \mathbb{R}^{3 \times 3}$ die Gaußsche Endmatrix, also $R := A^{\triangle}$, so lässt sich folgende Beobachtung machen:

$$\underbrace{\begin{pmatrix} 1 & 0 & 0 \\ -2 & 1 & 0 \\ 4 & -2 & 1 \end{pmatrix}}_{L} \underbrace{\begin{pmatrix} 1 & 4 & 1 \\ 0 & 10 & 3 \\ 0 & 0 & 3 \end{pmatrix}}_{R=A^{\triangle}} = \underbrace{\begin{pmatrix} 1 & 4 & 1 \\ -2 & 2 & 1 \\ 4 & -4 & 1 \end{pmatrix}}_{A} .$$

Man kann den obigen Sachverhalt zusammenfassend so beschreiben: Die Matrix A lässt sich in ein Produkt aus einer Matrix L und einer Matrix R zerlegen, wobei diese Matrizen wie folgt gewonnen werden:

- **L:** Format wie A; oberhalb der Diagonale Nullen; in der Diagonale Einsen; unterhalb der Diagonale die Multiplikatoren der Gaußschen Eliminationsschritte mit negiertem Vorzeichen.
  Bezeichnung: **normierte linke untere Dreiecksmatrix.**
- **R:** Format wie A; ferner gilt $R = A^\triangle$, d. h. die Matrix ist genau die Gaußsche Endmatrix.
  Bezeichnung: **rechte obere Dreiecksmatrix.**

Die erhaltene Zerlegung bezeichnet man als **LR-Zerlegung** von A. Sie existiert in dieser Form aber nur dann, wenn der Gaußsche Algorithmus **ohne Zeilenvertauschungen** durchführbar ist! Im folgenden Satz wird das Vorgehen zusammenfassend festgehalten.

▷ **Satz 7.6.2 LR-Zerlegung nach Gauß** Es sei $A \in \mathbb{R}^{n \times n}$ eine **reguläre Matrix** sowie $R := A^\triangle \in \mathbb{R}^{n \times n}$ die zu A gehörende Gaußsche Endmatrix, die in diesem Kontext auch einfach **rechte obere Dreiecksmatrix** genannt wird. Ferner sei der Gaußsche Algorithmus zur Bestimmung von $R = A^\triangle$ **ohne Zeilenvertauschungen** durchführbar gewesen. Dann existiert eine eindeutig bestimmte sogenannte **normierte linke untere Dreiecksmatrix** $L \in \mathbb{R}^{n \times n}$ mit $l_{jk} = 0$ für $1 \le j < k \le n$ und $l_{jj} = 1$ für $1 \le j \le n$, so dass sich A berechnen lässt als

$$A = LR.$$

Dabei sind die fehlenden Elemente der Matrix L unterhalb der Diagonale wie folgt zu bestimmen: l_{jk} für $1 \le k < j \le n$ ist jeweils genau der mit (-1) multiplizierte Faktor, mit dem im Gaußschen Algorithmus die k-te Zeile multipliziert werden musste, um in der Matrix $A^\triangle$ das Element $a_{jk}^\triangle = 0$ zu erzeugen. Wenn die oben beschriebene Faktorisierung für A existiert, also wenn der Gaußsche Algorithmus ohne Zeilenvertauschungen durchführbar ist, dann bezeichnet man die Identität $A = LR$ als die **LR-Zerlegung (nach Gauß) von** A und A wird **LR-zerlegbar** genannt.

Beweis Es wird im Folgenden lediglich die Beweisidee skizziert. In einem ersten Schritt macht man sich dazu klar, dass der erste Gaußsche Eliminationsschritt zur Erzeugung von Nullen in $a_{j1}^\triangle$ für $2 \le j \le n$ interpretiert werden kann als Linksmultiplikation der Matrix A mit der Matrix $L_1 \in \mathbb{R}^{n \times n}$,

$$L_1 := \begin{pmatrix} 1 & 0 & \cdots & \cdots & 0 \\ l_{21} & 1 & 0 & \cdots & 0 \\ l_{31} & 0 & 1 & \ddots & \vdots \\ \vdots & \vdots & \ddots & \ddots & 0 \\ l_{n1} & 0 & \cdots & 0 & 1 \end{pmatrix} := \begin{pmatrix} 1 & 0 & \cdots & \cdots & 0 \\ -\frac{a_{21}}{a_{11}} & 1 & 0 & \cdots & 0 \\ -\frac{a_{31}}{a_{11}} & 0 & 1 & \ddots & \vdots \\ \vdots & \vdots & \ddots & \ddots & 0 \\ -\frac{a_{n1}}{a_{11}} & 0 & \cdots & 0 & 1 \end{pmatrix}.$$

Die Matrix L_1 ist regulär und ihre Inverse ist leicht bestimmbar als

$$L_1^{-1} = \begin{pmatrix} 1 & 0 & \cdots & \cdots & 0 \\ -l_{21} & 1 & 0 & \cdots & 0 \\ -l_{31} & 0 & 1 & \ddots & \vdots \\ \vdots & \vdots & \ddots & \ddots & 0 \\ -l_{n1} & 0 & \cdots & 0 & 1 \end{pmatrix} = \begin{pmatrix} 1 & 0 & \cdots & \cdots & 0 \\ \frac{a_{21}}{a_{11}} & 1 & 0 & \cdots & 0 \\ \frac{a_{31}}{a_{11}} & 0 & 1 & \ddots & \vdots \\ \vdots & \vdots & \ddots & \ddots & 0 \\ \frac{a_{n1}}{a_{11}} & 0 & \cdots & 0 & 1 \end{pmatrix}.$$

Als erstes Ergebnis erhält man so die Identität

$$L_1 A = \begin{pmatrix} a_{11}^{\triangle} & a_{12}^{\triangle} & \cdots & \cdots & a_{1n}^{\triangle} \\ 0 & a_{22}^{\triangle} & a_{23}^{\triangle} & \cdots & a_{2n}^{\triangle} \\ 0 & \star & \star & \cdots & \star \\ \vdots & \vdots & \ddots & \ddots & \vdots \\ 0 & \star & \cdots & \star & \star \end{pmatrix},$$

wobei $\star$ für irgendwelche, gemäß dem Gaußschen Algorithmus bestimmten Zahlen steht. Im nächsten Schritt sorgt man für Nullen in $a_{j2}^{\triangle}$ für $3 \leq j \leq n$ durch erneute Linksmultiplikation mit einer Matrix $L_2 \in \mathbb{R}^{n \times n}$,

$$L_2 := \begin{pmatrix} 1 & 0 & \cdots & \cdots & 0 \\ 0 & 1 & 0 & \cdots & 0 \\ 0 & l_{32} & 1 & \ddots & \vdots \\ \vdots & \vdots & 0 & \ddots & 0 \\ 0 & l_{n2} & 0 & 0 & 1 \end{pmatrix} := \begin{pmatrix} 1 & 0 & \cdots & \cdots & 0 \\ 0 & 1 & 0 & \cdots & 0 \\ 0 & -\frac{\star}{a_{22}^{\triangle}} & 1 & \ddots & \vdots \\ \vdots & \vdots & 0 & \ddots & 0 \\ 0 & -\frac{\star}{a_{22}^{\triangle}} & 0 & 0 & 1 \end{pmatrix}.$$

So fortfahrend ergibt sich schließlich $L_{n-1} \cdots L_2 L_1 A = R$ bzw. $A = LR$ mit $L := L_1^{-1} L_2^{-1} \cdots L_{n-1}^{-1}$, wobei die spezielle Struktur von L genau durch die spezielle Struktur der Matrizen L_j^{-1}, $1 \leq j < n$, induziert wird. $\qquad\square$

▷ **Bemerkung 7.6.3 LU-Zerlegung** In der Literatur wird die LR-Zerlegung auch häufig als **LU-Zerlegung** bezeichnet, wobei das **L** dann für **lower** und das **U** für **upper** steht.

Im Folgenden soll nun der Frage nachgegangen werden, warum man überhaupt an der LR-Zerlegung einer Matrix interessiert ist. Dazu sei mit $A \in \mathbb{R}^{n \times n}$ eine reguläre Matrix gegeben, die eine LR-Zerlegung $A = LR$ besitzen möge. Ist nun durch Vorgabe eines beliebigen Vektors $\vec{b} \in \mathbb{R}^n$ ein lineares Gleichungssystem $A\vec{x} = \vec{b}$ gegeben, dann ist dieses äquivalent zu den **beiden Gleichungssystemen**

$$L\vec{y} = \vec{b} \qquad \text{und} \qquad R\vec{x} = \vec{y}\,.$$

Dies zeigt man leicht durch Einsetzen, wobei $\vec{y}$ lediglich ein Hilfsvektor ist. Die Lösung dieser beiden neuen Gleichungssysteme ist nun insofern einfacher, als die auftauchenden Matrizen beides Dreiecksmatrizen sind. Prinzipiell kann man jetzt also wie folgt vorgehen: Man löst zuerst $L\vec{y} = \vec{b}$ durch **Aufrollen von oben** nach $\vec{y}$ auf, daran anschließend $R\vec{x} = \vec{y}$ durch **Aufrollen von unten** nach $\vec{x}$. Der Aufwand zur Berechnung der LR-Zerlegung ist natürlich nur dann gerechtfertigt, falls viele Gleichungssysteme der Form

$$A\vec{x}^{(s)} = \vec{b}^{(s)}, \quad 1 \le s \le t,$$

mit stets gleicher Koeffizientenmatrix und wechselnden rechten Seiten zu lösen sind.

Beispiel 7.6.4

Gegeben sei das reguläre lineare Gleichungssystem $A\vec{x} = \vec{b}$ mit

$$A := \begin{pmatrix} 1 & 4 & 1 \\ -2 & 2 & 1 \\ 4 & -4 & 1 \end{pmatrix} \quad \text{und} \quad \vec{b} := \begin{pmatrix} 6 \\ 1 \\ 1 \end{pmatrix},$$

wobei für die Matrix A bereits die LR-Zerlegung bekannt ist,

$$\underbrace{\begin{pmatrix} 1 & 4 & 1 \\ -2 & 2 & 1 \\ 4 & -4 & 1 \end{pmatrix}}_{A} = \underbrace{\begin{pmatrix} 1 & 0 & 0 \\ -2 & 1 & 0 \\ 4 & -2 & 1 \end{pmatrix}}_{L} \underbrace{\begin{pmatrix} 1 & 4 & 1 \\ 0 & 10 & 3 \\ 0 & 0 & 3 \end{pmatrix}}_{R = A^{\triangle}}.$$

Nun wird zunächst das Gleichungssystem $L\vec{y} = \vec{b}$, also

$$\begin{pmatrix} 1 & 0 & 0 \\ -2 & 1 & 0 \\ 4 & -2 & 1 \end{pmatrix} \begin{pmatrix} y_1 \\ y_2 \\ y_3 \end{pmatrix} = \begin{pmatrix} 6 \\ 1 \\ 1 \end{pmatrix},$$

durch Aufrollen von oben gelöst,

$$y_1 = 6,$$
$$y_2 = 1 + 2 \cdot 6 = 13,$$
$$y_3 = 1 - 4 \cdot 6 + 2 \cdot 13 = 3,$$

und anschließend das Gleichungssystem $R\vec{x} = \vec{y}$, also

$$\begin{pmatrix} 1 & 4 & 1 \\ 0 & 10 & 3 \\ 0 & 0 & 3 \end{pmatrix} \begin{pmatrix} x_1 \\ x_2 \\ x_3 \end{pmatrix} = \begin{pmatrix} 6 \\ 13 \\ 3 \end{pmatrix},$$

durch Aufrollen von unten,

$$x_3 = 1\,,$$

$$x_2 = \frac{1}{10}(13 - 3 \cdot 1) = 1\,,$$

$$x_1 = 6 - 4 \cdot 1 - 1 \cdot 1 = 1\,.$$

Man erhält so die gesuchte Lösung $\vec{x} = (1, 1, 1)^T$.

7.7 Aufgaben mit Lösungen

Aufgabe 7.7.1 *Gegeben seien die reguläre Matrix $A \in \mathbb{R}^{3\times3}$ und die rechte Seite $\vec{b} \in \mathbb{R}^3$ gemäß*

$$A := \begin{pmatrix} 1 & 2 & 0 \\ 0 & -1 & 3 \\ 1 & 0 & 3 \end{pmatrix} \quad und \quad \vec{b} := \begin{pmatrix} 2 \\ 3 \\ 5 \end{pmatrix}.$$

Bestimmen Sie – falls möglich – die LR-Zerlegung der Matrix A, und lösen Sie anschließend das Gleichungssystem $A\vec{x} = \vec{b}$ mit Hilfe der LR-Zerlegung, sofern diese existiert.

Lösung der Aufgabe　Mit dem Gaußschen Algorithmus für Matrizen ergibt sich zunächst:

$$A := \begin{pmatrix} 1 & 2 & 0 \\ 0 & -1 & 3 \\ 1 & 0 & 3 \end{pmatrix} \begin{matrix} \cdot 0 \quad \cdot(-1) \\ \leftarrow + \quad | \\ \leftarrow + \end{matrix}$$

$$\begin{pmatrix} 1 & 2 & 0 \\ 0 & -1 & 3 \\ 0 & -2 & 3 \end{pmatrix} \begin{matrix} \\ \cdot(-2) \\ \leftarrow + \end{matrix}$$

$$\begin{pmatrix} 1 & 2 & 0 \\ 0 & -1 & 3 \\ 0 & 0 & -3 \end{pmatrix} = A^\triangle$$

Daraus erhält man unmittelbar die LR-Zerlegung

$$\underbrace{\begin{pmatrix} 1 & 0 & 0 \\ \mathbf{0} & 1 & 0 \\ \mathbf{1} & \mathbf{2} & 1 \end{pmatrix}}_{L} \underbrace{\begin{pmatrix} 1 & 2 & 0 \\ 0 & -1 & 3 \\ 0 & 0 & -3 \end{pmatrix}}_{R=A^{\triangle}} = \underbrace{\begin{pmatrix} 1 & 2 & 0 \\ 0 & -1 & 3 \\ 1 & 0 & 3 \end{pmatrix}}_{A} .$$

Nun wird zunächst das Gleichungssystem $L\vec{y} = \vec{b}$, also

$$\begin{pmatrix} 1 & 0 & 0 \\ 0 & 1 & 0 \\ 1 & 2 & 1 \end{pmatrix} \begin{pmatrix} y_1 \\ y_2 \\ y_3 \end{pmatrix} = \begin{pmatrix} 2 \\ 3 \\ 5 \end{pmatrix} ,$$

durch Aufrollen von oben gelöst,

$$y_1 = 2 ,$$
$$y_2 = 3 ,$$
$$y_3 = 5 - 2 - 2 \cdot 3 = -3 ,$$

und anschließend das Gleichungssystem $R\vec{x} = \vec{y}$, also

$$\begin{pmatrix} 1 & 2 & 0 \\ 0 & -1 & 3 \\ 0 & 0 & -3 \end{pmatrix} \begin{pmatrix} x_1 \\ x_2 \\ x_3 \end{pmatrix} = \begin{pmatrix} 2 \\ 3 \\ -3 \end{pmatrix} ,$$

durch Aufrollen von unten,

$$x_3 = 1 ,$$
$$x_2 = -(3 - 3 \cdot 1) = 0 ,$$
$$x_1 = 2 - 2 \cdot 0 = 2 .$$

Man erhält so die gesuchte Lösung $\vec{x} = (2, 0, 1)^T$.

Selbsttest 7.7.2 Welche der folgenden Aussagen über die LR-Zerlegung sind wahr?

?+? Die R-Matrix bei einer LR-Zerlegung entspricht genau der Gaußschen Endmatrix.

?+? Die L-Matrix einer LR-Zerlegung besitzt oberhalb ihrer Diagonale lediglich Nullen.

?+? Die LR-Zerlegung kann zur Lösung eines regulären linearen Gleichungssystems eingesetzt werden.

?+? Die LR-Zerlegung wird bisweilen auch als LU-Zerlegung bezeichnet.

?−? Die LR-Zerlegung ist immer berechenbar, wenn die zugrunde liegende Matrix regulär ist.

7.8   QR-Zerlegungen

Als weitere Möglichkeit zur Lösung beliebiger regulärer quadratischer Gleichungssysteme steht die sogenannte **QR-Zerlegung** zur Verfügung. Um sie zu gewinnen, bedarf es zunächst einiger Vorbereitungen, die sich mit sogenannten **Orthonormalsystemen** beschäftigen.

Definition 7.8.1   Orthonormalsysteme und orthogonale Matrizen

Eine Menge von m Vektoren $\vec{q}^{(1)}, \ldots, \vec{q}^{(m)} \in \mathbb{R}^n$, $1 \leq m \leq n$, deren Skalarprodukte den Bedingungen

$$\vec{q}^{(j)T}\vec{q}^{(k)} = \left\{ \begin{array}{ll} 0 & \text{für } j \neq k \\ 1 & \text{für } j = k \end{array} \right\}, \quad 1 \leq j,k \leq m\,,$$

genügen, heißt **orthonormales System von Vektoren** oder kurz **Orthonormalsystem** bzw. **ON-System** in $\mathbb{R}^n$. Eine Matrix $Q \in \mathbb{R}^{n \times n}$, deren n Spaltenvektoren ein Orthonormalsystem in $\mathbb{R}^n$ bilden, wird als **orthogonale Matrix** bezeichnet. ◄

$\triangleright$ **Bemerkung 7.8.2 Orthonormalbasis** Man kann leicht zeigen, dass ein aus n Vektoren bestehendes Orthonormalsystem in $\mathbb{R}^n$ eine Basis des $\mathbb{R}^n$ bildet. Das Vektorsystem wird dann als eine **Orthonormalbasis** bzw. **ON-Basis** des $\mathbb{R}^n$ bezeichnet.

Es ist unmittelbar nachzurechnen, dass eine orthogonale Matrix $Q \in \mathbb{R}^{n \times n}$ die Identität $Q^T Q = E = Q Q^T$ erfüllt. Insbesondere ist Q also **regulär** und sehr **leicht invertierbar**, nämlich durch einfachen **Übergang zur transponierten Matrix**, also $Q^{-1} = Q^T$. Im Zusammenhang mit Eigenwert- und Eigenvektorproblemen werden die orthogonalen Matrizen erneut auftauchen und einer genaueren Analyse unterzogen.

$\triangleright$ **Bemerkung 7.8.3 Orthogonale Matrizen** Eigentlich würde man erwarten, dass die Matrizen $Q \in \mathbb{R}^{n \times n}$ mit $Q^T Q = E = Q Q^T$ **orthonormale** Matrizen genannt werden. Es hat sich aber in der Literatur durchgesetzt, diese Matrizen als **orthogonale** Matrizen zu bezeichnen.

Beispiel 7.8.4

Die Vektoren

$$\vec{q}^{(1)} := \begin{pmatrix} \frac{4}{5} \\ \frac{3}{5} \end{pmatrix} \quad \text{und} \quad \vec{q}^{(2)} := \begin{pmatrix} \frac{3}{5} \\ -\frac{4}{5} \end{pmatrix}$$

bilden eine Orthonormalbasis in $\mathbb{R}^2$. Die Matrix $Q \in \mathbb{R}^{2\times 2}$,

$$Q := \begin{pmatrix} \frac{4}{5} & \frac{3}{5} \\ \frac{3}{5} & -\frac{4}{5} \end{pmatrix},$$

die die gegebenen Vektoren als Spaltenvektoren enthält, erfüllt offenbar die Gleichung $Q^T Q = E = Q Q^T$. Insbesondere gilt also $Q^{-1} = Q^T$, d. h. die Matrix Q ist eine orthogonale Matrix.

Im Folgenden geht es darum, zu einer beliebigen **regulären Matrix** $A \in \mathbb{R}^{n\times n}$ eine **orthogonale Matrix** $Q \in \mathbb{R}^{n\times n}$ und eine **rechte obere Dreiecksmatrix** $R \in \mathbb{R}^{n\times n}$ zu finden, so dass $A = QR$ gilt. Um die Idee des Algorithmus zur Bestimmung dieser sogenannten **QR-Zerlegung** herauszuarbeiten, wird zunächst wieder ein einfaches Beispiel betrachtet.

Beispiel 7.8.5

Gegeben sei die reguläre Matrix $A \in \mathbb{R}^{3\times 3}$,

$$A := \begin{pmatrix} 1 & 4 & 1 \\ -2 & 2 & 1 \\ 4 & -4 & 1 \end{pmatrix},$$

mit den Spaltenvektoren

$$\vec{s}_A^{(1)} := \begin{pmatrix} 1 \\ -2 \\ 4 \end{pmatrix}, \quad \vec{s}_A^{(2)} := \begin{pmatrix} 4 \\ 2 \\ -4 \end{pmatrix} \quad \text{und} \quad \vec{s}_A^{(3)} := \begin{pmatrix} 1 \\ 1 \\ 1 \end{pmatrix}.$$

Gesucht wird nun eine Orthonormalbasis $\vec{s}_Q^{(1)}, \vec{s}_Q^{(2)}, \vec{s}_Q^{(3)} \in \mathbb{R}^3$ sowie reelle Zahlen $r_{11}, r_{12}, r_{13}, r_{22}, r_{23}, r_{33} \in \mathbb{R}$ mit

$$(1) \quad \vec{s}_A^{(1)} = r_{11}\vec{s}_Q^{(1)},$$
$$(2) \quad \vec{s}_A^{(2)} = r_{12}\vec{s}_Q^{(1)} + r_{22}\vec{s}_Q^{(2)},$$
$$(3) \quad \vec{s}_A^{(3)} = r_{13}\vec{s}_Q^{(1)} + r_{23}\vec{s}_Q^{(2)} + r_{33}\vec{s}_Q^{(3)},$$

bzw. in Matrix-Notation

$$\underbrace{\begin{pmatrix} 1 & 4 & 1 \\ -2 & 2 & 1 \\ 4 & -4 & 1 \end{pmatrix}}_{=A} = \underbrace{\begin{pmatrix} \cdot & \cdot & \cdot \\ \vec{s}_Q^{(1)} & \vec{s}_Q^{(2)} & \vec{s}_Q^{(3)} \\ \cdot & \cdot & \cdot \end{pmatrix}}_{=:Q} \underbrace{\begin{pmatrix} r_{11} & r_{12} & r_{13} \\ 0 & r_{22} & r_{23} \\ 0 & 0 & r_{33} \end{pmatrix}}_{=:R} .$$

Geht man in der ersten Gleichung (1) für $\vec{s}_A^{(1)}$ zum Betrag über, so erhält man wegen $|\vec{s}_Q^{(1)}| = 1$ unter der Annahme, dass r_{11} positiv ist,

$$r_{11} = \left| \vec{s}_A^{(1)} \right| = \sqrt{21} \,,$$

$$\vec{s}_Q^{(1)} = \frac{1}{r_{11}} \vec{s}_A^{(1)} = \left(\frac{1}{\sqrt{21}}, \frac{-2}{\sqrt{21}}, \frac{4}{\sqrt{21}} \right)^T .$$

Multipliziert man nun die zweite Gleichung (2) für $\vec{s}_A^{(2)}$ im Sinne des Skalarprodukts mit $\vec{s}_Q^{(1)}$ und geht danach zum Betrag über, so erhält man wegen der Orthonormalität von $\vec{s}_Q^{(1)}$ und $\vec{s}_Q^{(2)}$, wieder unter Annahme der Positivität von r_{22},

$$r_{12} = \vec{s}_A^{(2)^T} \vec{s}_Q^{(1)} = \frac{-16}{\sqrt{21}} \,,$$

$$r_{22} = \left| \vec{s}_A^{(2)} - r_{12} \vec{s}_Q^{(1)} \right| = \frac{50}{\sqrt{105}} \,,$$

$$\vec{s}_Q^{(2)} = \frac{1}{r_{22}} \left(\vec{s}_A^{(2)} - r_{12} \vec{s}_Q^{(1)} \right) = \left(\frac{10}{\sqrt{105}}, \frac{1}{\sqrt{105}}, \frac{-2}{\sqrt{105}} \right)^T .$$

Multipliziert man schließlich die dritte Gleichung (3) für $\vec{s}_A^{(3)}$ im Sinne des Skalarprodukts mit $\vec{s}_Q^{(1)}$ und $\vec{s}_Q^{(2)}$ und geht danach wieder zum Betrag über, so erhält man wegen der Orthonormalität von $\vec{s}_Q^{(1)}$, $\vec{s}_Q^{(2)}$ und $\vec{s}_Q^{(3)}$ unter Annahme von $r_{33} > 0$ die Identitäten

$$r_{13} = \vec{s}_A^{(3)^T} \vec{s}_Q^{(1)} = \frac{3}{\sqrt{21}} \,,$$

$$r_{23} = \vec{s}_A^{(3)^T} \vec{s}_Q^{(2)} = \frac{9}{\sqrt{105}} \,,$$

$$r_{33} = \left| \vec{s}_A^{(3)} - r_{13} \vec{s}_Q^{(1)} - r_{23} \vec{s}_Q^{(2)} \right| = \frac{3}{\sqrt{5}} \,,$$

$$\vec{s}_Q^{(3)} = \frac{1}{r_{33}} \left(\vec{s}_A^{(3)} - r_{13} \vec{s}_Q^{(1)} - r_{23} \vec{s}_Q^{(2)} \right) = \left(0, \frac{2}{\sqrt{5}}, \frac{1}{\sqrt{5}} \right)^T .$$

Zusammenfassend ergibt sich also die QR-Zerlegung

$$\underbrace{\begin{pmatrix} 1 & 4 & 1 \\ -2 & 2 & 1 \\ 4 & -4 & 1 \end{pmatrix}}_{=A} = \underbrace{\begin{pmatrix} \frac{1}{\sqrt{21}} & \frac{10}{\sqrt{105}} & 0 \\ \frac{-2}{\sqrt{21}} & \frac{1}{\sqrt{105}} & \frac{2}{\sqrt{5}} \\ \frac{4}{\sqrt{21}} & \frac{-2}{\sqrt{105}} & \frac{1}{\sqrt{5}} \end{pmatrix}}_{=:Q} \underbrace{\begin{pmatrix} \sqrt{21} & \frac{-16}{\sqrt{21}} & \frac{3}{\sqrt{21}} \\ 0 & \frac{50}{\sqrt{105}} & \frac{9}{\sqrt{105}} \\ 0 & 0 & \frac{3}{\sqrt{5}} \end{pmatrix}}_{=:R} .$$

Die im obigen Beispiel skizzierte Strategie lässt sich allgemein anwenden und führt zu folgendem Satz über die sogenannte **QR-Zerlegung** einer regulären Matrix, wobei die konkrete Berechnungsstrategie auf den deutschen Mathematiker Erhard Schmidt (1876–1959) zurück geht und deshalb mit seinem Namen verbunden ist.

▷ **Satz 7.8.6 QR-Zerlegung nach Schmidt** Es sei $A \in \mathbb{R}^{n \times n}$ eine reguläre Matrix mit den Spaltenvektoren $\vec{s}_A^{(1)}, \ldots, \vec{s}_A^{(n)} \in \mathbb{R}^n$ sowie $R \in \mathbb{R}^{n \times n}$ eine Matrix mit $r_{jk} := 0$ für $1 \leq k < j \leq n$, die in diesem Kontext wieder **rechte obere Dreiecksmatrix** genannt wird. Berechnet man nun die fehlenden Elemente der Matrix R sowie die Spaltenvektoren $\vec{s}_Q^{(1)}, \ldots, \vec{s}_Q^{(n)} \in \mathbb{R}^n$ der Matrix $Q \in \mathbb{R}^{n \times n}$ gemäß dem folgenden Algorithmus

```
for (int k=1; k < =n; k++)
    {            -
    for (int j=1; j < k; j++) {r_jk := s_A^(k)^T s_Q^(j);}
    r_kk := |s_A^(k) - Σ_{l=1}^{k-1} r_lk s_Q^(l)|;    s_Q^(k) := 1/r_kk (s_A^(k) - Σ_{l=1}^{k-1} r_lk s_Q^(l));
    }
```

dann erhält man für Q eine **orthogonale Matrix** und A lässt sich berechnen als

$$A = QR.$$

Das oben skizzierte algorithmische Vorgehen wird **QR-Zerlegung (nach Schmidt)** oder auch **Schmidtsches Orthonormalisierungsverfahren** bzw. kurz **Schmidtsches ON-Verfahren** genannt. Ferner bezeichnet man die Identität $A = QR$ als die **QR-Zerlegung von** A.

Beweis Auf den Beweis soll hier verzichtet werden, denn seine prinzipielle Idee ist leicht anhand des zuvor durchgerechneten Beispiels erkennbar: Es ist lediglich eine einfache vollständige Induktion durchzuführen, die als Übung empfohlen wird! Man beachte dabei insbesondere, dass die Regularität von A, d. h. die lineare Unabhängigkeit der Spaltenvektoren $\vec{s}_A^{(1)}, \ldots, \vec{s}_A^{(n)}$ von A, garantiert, dass stets $r_{kk} > 0$ gilt und damit der Algorithmus immer ohne Division durch Null durchführbar ist. $\qquad\square$

Im Folgenden soll nun wieder der Frage nachgegangen werden, warum man überhaupt an der QR-Zerlegung einer Matrix interessiert ist. Dazu sei mit $A \in \mathbb{R}^{n \times n}$ eine reguläre Matrix gegeben, die die QR-Zerlegung $A = QR$ besitzen möge. Ist nun durch Vorgabe eines beliebigen Vektors $\vec{b} \in \mathbb{R}^n$ ein lineares Gleichungssystem $A\vec{x} = \vec{b}$ gegeben, dann ist dieses wieder äquivalent zu den **beiden Gleichungssystemen**

$$Q\vec{y} = \vec{b} \qquad \text{und} \qquad R\vec{x} = \vec{y}$$

bzw. wegen $Q^{-1} = Q^T$ zu dem Gleichungssystem

$$R\vec{x} = Q^T\vec{b}\,.$$

Dies zeigt man leicht durch Einsetzen, wobei $\vec{y}$ lediglich ein Hilfsvektor ist, auf den auch bei direktem Übergang zum letzten Gleichungssystem verzichtet werden kann. Die Lösung dieses letzten Gleichungssystems ist nun insofern einfacher, als die auftauchende Koeffizientenmatrix wieder eine obere Dreiecksmatrix ist. Prinzipiell kann man jetzt also wie folgt vorgehen: Man löst zuerst $Q\vec{y} = \vec{b}$ durch einfache **Inversion mittels Transponieren** nach $\vec{y}$ auf, daran anschließend $R\vec{x} = \vec{y}$ durch **Aufrollen von unten** nach $\vec{x}$. Der Aufwand zur Berechnung der QR-Zerlegung ist wieder gerechtfertigt, falls viele Gleichungssysteme der Form

$$A\vec{x}^{(s)} = \vec{b}^{(s)}, \quad 1 \le s \le t,$$

mit stets gleicher Koeffizientenmatrix und wechselnden rechten Seiten zu lösen sind.

Beispiel 7.8.7

Gegeben sei das reguläre lineare Gleichungssystem $A\vec{x} = \vec{b}$ mit

$$A := \begin{pmatrix} 1 & 4 & 1 \\ -2 & 2 & 1 \\ 4 & -4 & 1 \end{pmatrix} \qquad \text{und} \qquad \vec{b} := \begin{pmatrix} 6 \\ 1 \\ 1 \end{pmatrix},$$

wobei für die Matrix A bereits die QR-Zerlegung bekannt ist,

$$\underbrace{\begin{pmatrix} 1 & 4 & 1 \\ -2 & 2 & 1 \\ 4 & -4 & 1 \end{pmatrix}}_{=A} = \underbrace{\begin{pmatrix} \frac{1}{\sqrt{21}} & \frac{10}{\sqrt{105}} & 0 \\ \frac{-2}{\sqrt{21}} & \frac{1}{\sqrt{105}} & \frac{2}{\sqrt{5}} \\ \frac{4}{\sqrt{21}} & \frac{-2}{\sqrt{105}} & \frac{1}{\sqrt{5}} \end{pmatrix}}_{=:Q} \underbrace{\begin{pmatrix} \sqrt{21} & \frac{-16}{\sqrt{21}} & \frac{3}{\sqrt{21}} \\ 0 & \frac{50}{\sqrt{105}} & \frac{9}{\sqrt{105}} \\ 0 & 0 & \frac{3}{\sqrt{5}} \end{pmatrix}}_{=:R}.$$

Nun wird zunächst das Gleichungssystem $Q\vec{y} = \vec{b}$ für den Hilfsvektor $\vec{y}$ durch einfache Multiplikation mit $Q^{-1} = Q^T$ gelöst gemäß

$$\vec{y} = Q^T\vec{b} = \begin{pmatrix} \frac{1}{\sqrt{21}} & \frac{-2}{\sqrt{21}} & \frac{4}{\sqrt{21}} \\ \frac{10}{\sqrt{105}} & \frac{1}{\sqrt{105}} & \frac{-2}{\sqrt{105}} \\ 0 & \frac{2}{\sqrt{5}} & \frac{1}{\sqrt{5}} \end{pmatrix} \begin{pmatrix} 6 \\ 1 \\ 1 \end{pmatrix} = \begin{pmatrix} \frac{8}{\sqrt{21}} \\ \frac{59}{\sqrt{105}} \\ \frac{3}{\sqrt{5}} \end{pmatrix},$$

und anschließend das Gleichungssystem $R\vec{x} = \vec{y}$ durch Aufrollen von unten gemäß

$$\begin{pmatrix} \sqrt{21} & \frac{-16}{\sqrt{21}} & \frac{3}{\sqrt{21}} \\ 0 & \frac{50}{\sqrt{105}} & \frac{9}{\sqrt{105}} \\ 0 & 0 & \frac{3}{\sqrt{5}} \end{pmatrix} \begin{pmatrix} x_1 \\ x_2 \\ x_3 \end{pmatrix} = \begin{pmatrix} \frac{8}{\sqrt{21}} \\ \frac{59}{\sqrt{105}} \\ \frac{3}{\sqrt{5}} \end{pmatrix} \implies \begin{pmatrix} x_1 \\ x_2 \\ x_3 \end{pmatrix} = \begin{pmatrix} 1 \\ 1 \\ 1 \end{pmatrix}.$$

Man erhält so die gesuchte Lösung $\vec{x} = (1, 1, 1)^T$.

7.9   Aufgaben mit Lösungen

Aufgabe 7.9.1   *Gegeben seien die regulären Matrizen $A \in \mathbb{R}^{3\times 3}$ und die rechten Seiten $\vec{b} \in \mathbb{R}^3$ gemäß*

(a)

$$A := \begin{pmatrix} 1 & 2 & 0 \\ 0 & -1 & 3 \\ 1 & 0 & 3 \end{pmatrix} \quad und \quad \vec{b} := \begin{pmatrix} 2 \\ 3 \\ 5 \end{pmatrix},$$

(b)

$$A := \begin{pmatrix} 0 & 0 & 1 \\ \frac{4}{5} & \frac{3}{5} & 0 \\ -\frac{3}{5} & \frac{4}{5} & 0 \end{pmatrix} \quad und \quad \vec{b} := \begin{pmatrix} 1 \\ 2 \\ 1 \end{pmatrix},$$

(c)

$$A := \begin{pmatrix} 1 & 1 & 0 & 0 \\ -1 & -1 & 0 & 1 \\ 0 & 0 & 1 & 0 \\ 1 & -1 & 0 & 0 \end{pmatrix} \quad und \quad \vec{b} := \begin{pmatrix} 3 \\ 1 \\ 3 \\ -1 \end{pmatrix}.$$

Bestimmen Sie die QR-Zerlegungen der Matrizen A, und lösen Sie anschließend das jeweilige Gleichungssystem $A\vec{x} = \vec{b}$ mit Hilfe der QR-Zerlegung.

Lösung der Aufgabe

(a) Die Anwendung des Schmidtschen ON-Verfahrens liefert:

$$k = 1: r_{11} = \left|\vec{s}_A^{(1)}\right| = \sqrt{2},$$

$$\vec{s}_Q^{(1)} = \frac{1}{r_{11}}\vec{s}_A^{(1)} = \left(\frac{1}{\sqrt{2}}, 0, \frac{1}{\sqrt{2}}\right)^T,$$

$$k = 2: r_{12} = \vec{s}_A^{(2)T}\vec{s}_Q^{(1)} = \sqrt{2},$$

$$r_{22} = \left|\vec{s}_A^{(2)} - r_{12}\vec{s}_Q^{(1)}\right| = \sqrt{3},$$

$$\vec{s}_Q^{(2)} = \frac{1}{r_{22}}\left(\vec{s}_A^{(2)} - r_{12}\vec{s}_Q^{(1)}\right) = \left(\frac{1}{\sqrt{3}}, \frac{-1}{\sqrt{3}}, \frac{-1}{\sqrt{3}}\right)^T,$$

$$k = 3: r_{13} = \vec{s}_A^{(3)T}\vec{s}_Q^{(1)} = \frac{3}{\sqrt{2}},$$

$$r_{23} = \vec{s}_A^{(3)T}\vec{s}_Q^{(2)} = \frac{-6}{\sqrt{3}},$$

$$r_{33} = \left|\vec{s}_A^{(3)} - r_{13}\vec{s}_Q^{(1)} - r_{23}\vec{s}_Q^{(2)}\right| = \frac{3}{\sqrt{6}},$$

$$\vec{s}_Q^{(3)} = \frac{1}{r_{33}}\left(\vec{s}_A^{(3)} - r_{13}\vec{s}_Q^{(1)} - r_{23}\vec{s}_Q^{(2)}\right) = \left(\frac{1}{\sqrt{6}}, \frac{2}{\sqrt{6}}, \frac{-1}{\sqrt{6}}\right)^T.$$

Zusammenfassend ergibt sich also die QR-Zerlegung

$$\underbrace{\begin{pmatrix} 1 & 2 & 0 \\ 0 & -1 & 3 \\ 1 & 0 & 3 \end{pmatrix}}_{=A} = \underbrace{\begin{pmatrix} \frac{1}{\sqrt{2}} & \frac{1}{\sqrt{3}} & \frac{1}{\sqrt{6}} \\ 0 & \frac{-1}{\sqrt{3}} & \frac{2}{\sqrt{6}} \\ \frac{1}{\sqrt{2}} & \frac{-1}{\sqrt{3}} & \frac{-1}{\sqrt{6}} \end{pmatrix}}_{=:Q} \underbrace{\begin{pmatrix} \sqrt{2} & \sqrt{2} & \frac{3}{\sqrt{2}} \\ 0 & \sqrt{3} & \frac{-6}{\sqrt{3}} \\ 0 & 0 & \frac{3}{\sqrt{6}} \end{pmatrix}}_{=:R}.$$

Nun wird zunächst das Gleichungssystem $Q\vec{y} = (2,3,5)^T$ für den Hilfsvektor $\vec{y}$ durch einfache Multiplikation mit $Q^{-1} = Q^T$ gelöst. Damit ergibt sich $\vec{y} = (\frac{7}{\sqrt{2}}, -\frac{6}{\sqrt{3}}, \frac{3}{\sqrt{6}})^T$. Anschließend wird das Gleichungssystem $R\vec{x} = \vec{y}$ durch Aufrollen von unten gelöst, und man erhält die endgültige Lösung $\vec{x} = (2, 0, 1)^T$.

(b) Da hier die Matrix A bereits eine orthogonale Matrix ist, ergibt sich mit dem Schmidtschen ON-Verfahren für die Zerlegungsmatrizen $Q = A$ und $R = E$. Somit kann man das Gleichungssystem $A\vec{x} = (1, 2, 1)^T$ direkt durch einfache Multiplikation mit $A^{-1} = A^T$ lösen, und man erhält $\vec{x} = (1, 2, 1)^T$, also zufällig wieder genau den Vektor $\vec{b}$.

(c) Hier ergibt sich mit dem Schmidtschen ON-Verfahren die QR-Zerlegung

$$
\underbrace{\begin{pmatrix} 1 & 1 & 0 & 0 \\ -1 & -1 & 0 & 1 \\ 0 & 0 & 1 & 0 \\ 1 & -1 & 0 & 0 \end{pmatrix}}_{=A}
=
\underbrace{\begin{pmatrix} \frac{1}{\sqrt{3}} & \frac{1}{\sqrt{6}} & 0 & \frac{1}{\sqrt{2}} \\ \frac{-1}{\sqrt{3}} & \frac{-1}{\sqrt{6}} & 0 & \frac{1}{\sqrt{2}} \\ 0 & 0 & 1 & 0 \\ \frac{1}{\sqrt{3}} & \frac{-2}{\sqrt{6}} & 0 & 0 \end{pmatrix}}_{=:Q}
\underbrace{\begin{pmatrix} \sqrt{3} & \frac{1}{\sqrt{3}} & 0 & \frac{-1}{\sqrt{3}} \\ 0 & \frac{4}{\sqrt{6}} & 0 & \frac{-1}{\sqrt{6}} \\ 0 & 0 & 1 & 0 \\ 0 & 0 & 0 & \frac{1}{\sqrt{2}} \end{pmatrix}}_{=:R} .
$$

Das Gleichungssystem $Q\vec{y} = (3,1,3,-1)^T$ für den Hilfsvektor $\vec{y}$ wird wieder durch einfache Multiplikation mit $Q^{-1} = Q^T$ gelöst. Damit ergibt sich $\vec{y} = (\frac{1}{\sqrt{3}}, \frac{4}{\sqrt{6}}, 3, \frac{4}{\sqrt{2}})^T$. Anschließend wird das Gleichungssystem $R\vec{x} = \vec{y}$ durch Aufrollen von unten gelöst, und man erhält die endgültige Lösung $\vec{x} = (1,2,3,4)^T$.

Selbsttest 7.9.2   Welche der folgenden Aussagen über die QR-Zerlegung sind wahr?

?−? Die R-Matrix bei einer QR-Zerlegung entspricht genau der Gaußschen Endmatrix.

?+? Die R-Matrix einer QR-Zerlegung besitzt unterhalb ihrer Diagonale lediglich Nullen.

?+? Die QR-Zerlegung kann zur Lösung eines regulären linearen Gleichungssystems eingesetzt werden.

?+? Zur Berechnung der QR-Zerlegung kann das Schmidtsche ON-Verfahren benutzt werden.

?+? Die QR-Zerlegung ist immer berechenbar, wenn die zugrunde liegende Matrix regulär ist.

Die einfachsten geometrischen Objekte, mit denen man es in der Computer-Grafik oder allgemein bei bildgebenden Verfahren zu tun hat, sind **Geraden und Ebenen** (oder Teile dieser Objekte). Neben einer möglichst effizienten **Darstellung** und damit natürlich auch performanten **Implementierung** ist man vor allen Dingen an der **Schnittmengenbestimmung** interessiert, die z. B. immer dann durchzuführen ist, wenn Teile einer Gerade oder Ebene von anderen Teilen einer Gerade oder Ebene verdeckt oder durchstoßen werden. Auch die mathematische Beschreibung komplexerer Beleuchtungsmodelle (shading, ray-tracing etc.) bedürfen Techniken des im Folgenden zu entwickelnden Typs. Vom engeren mathematischen Standpunkt aus betrachtet bietet die Schnittmengenberechnung von Geraden und Ebenen eine schöne konkrete Anwendung, bei der es der effizienten **Lösung linearer Gleichungssysteme** bedarf, und ist somit eine gute Gelegenheit, unsere diesbezüglich bereits erarbeiteten Fähigkeiten praktisch einzusetzen.

8.1 Grundlegendes zu Geraden

Zunächst wird die allgemeine Definition einer **Gerade** in **Punkt-Richtungs-Darstellung** gegeben.

Definition 8.1.1 Gerade, Punkt-Richtungs-Darstellung

Es seien $\vec{a}, \vec{b} \in \mathbb{R}^n$, $n \geq 2$, mit $\vec{b} \neq \vec{0}$ beliebig gegeben. Dann heißt die Menge $G \subseteq \mathbb{R}^n$,

$$G := \{\vec{x} \in \mathbb{R}^n \mid \exists \lambda \in \mathbb{R}: \vec{x} = \vec{a} + \lambda\vec{b}\} \, ,$$

Elektronisches Zusatzmaterial Die elektronische Version dieses Kapitels enthält Zusatzmaterial, das berechtigten Benutzern zur Verfügung steht https://doi.org/10.1007/978-3-658-29969-9_8.

B. Lenze, *Basiswissen Lineare Algebra*, https://doi.org/10.1007/978-3-658-29969-9_8

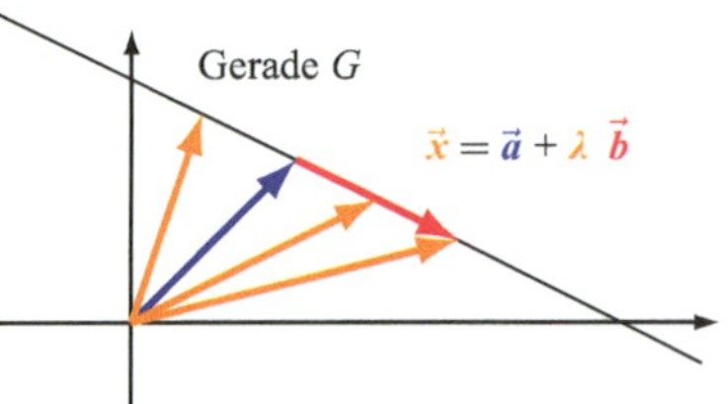

Abb. 8.1 Gerade in Punkt-Richtungs-Darstellung

Gerade in $\mathbb{R}^n$. Die spezielle Darstellung wird **Punkt-Richtungs-Darstellung** der Gerade G genannt. Der Vektor $\vec{a}$ wird auch als ein **Aufvektor** oder **Stützvektor** und der Vektor $\vec{b}$ als ein **Richtungsvektor** der Gerade G bezeichnet (vgl. Abb. 8.1). ◄

Es drängt sich natürlich sofort die Frage auf, wie die obige Begriffsbildung mit den aus der Schule bekannten **Geraden in** $\mathbb{R}^2$ zusammenhängt. Diese Untersuchung ist Gegenstand des folgenden allgemeinen Beispiels.

Beispiel 8.1.2

Es sei G eine Gerade in $\mathbb{R}^2$ mit Aufvektor $\vec{a} = (a_1, a_2)^T \in \mathbb{R}^2$ und Richtungsvektor $\vec{b} = (b_1, b_2)^T \in \mathbb{R}^2 \setminus \{\vec{0}\}$. Da $\vec{b} \neq \vec{0}$ ist, gilt entweder $b_1 \neq 0$ oder $b_2 \neq 0$ oder beide Komponenten sind ungleich Null. Sei also z. B. $b_1 \neq 0$. Dann gilt

$$\vec{x} = (x_1, x_2)^T \in G \iff \exists \lambda \in \mathbb{R}: \vec{x} = \vec{a} + \lambda \vec{b}$$

$$\iff \exists \lambda \in \mathbb{R}: \left\{ \begin{array}{ll} x_1 = a_1 + \lambda b_1 & \cdot \left(-\frac{b_2}{b_1}\right) \\ x_2 = a_2 + \lambda b_2 & \leftarrow + \end{array} \right\}$$

Also ergibt sich

$$x_2 - \frac{b_2}{b_1} x_1 = a_2 - \frac{b_2}{b_1} a_1 \,,$$

bzw.

$$x_2 = \underbrace{\frac{b_2}{b_1}}_{\text{Steigung } m} x_1 + \underbrace{\left(a_2 - \frac{b_2}{b_1} a_1\right)}_{y\text{-Achsenabschnitt } b} ,$$

also die aus der Schule bekannte Gleichung vom Typ $y = mx + b$. Damit ist gezeigt, dass der neu eingeführte Geradenbegriff in $\mathbb{R}^2$ in den bekannten Geradenbegriff übergeht.

Liegt umgekehrt eine Gerade in $\mathbb{R}^2$ in der klassischen Schulnotation

$$y = mx + b \,, \quad x \in \mathbb{R} \,,$$

Abb. 8.2 Gerade in Zwei-Punkte-Darstellung

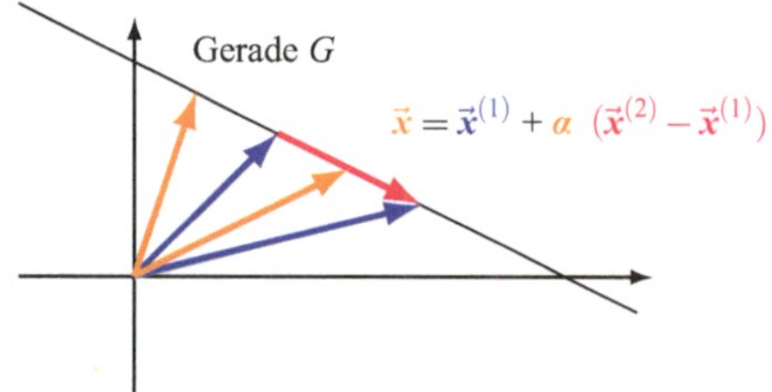

mit festen $m, b \in \mathbb{R}$ vor, dann ergibt sich in Vektor-Notation sofort

$$\begin{pmatrix} x_1 \\ x_2 \end{pmatrix} = \begin{pmatrix} x \\ y \end{pmatrix} = \begin{pmatrix} x \\ mx + b \end{pmatrix} = \begin{pmatrix} 0 \\ b \end{pmatrix} + x \begin{pmatrix} 1 \\ m \end{pmatrix}, \quad x \in \mathbb{R},$$

also die neu eingeführte Punkt-Richtungs-Darstellung mit Aufvektor $(0, b)^T$ und Richtungsvektor $(1, m)^T$.

Neben der Punkt-Richtungs-Darstellung gibt es als weitere Definitionsmöglichkeit für eine **Gerade** die sogenannte **Zwei-Punkte-Darstellung**. Diese Darstellung wird insbesondere dann zur Beschreibung einer Gerade benutzt, wenn man von ihr lediglich zwei auf ihr liegende Punkte gegeben hat, jedoch nicht ihren Richtungsvektor.

Definition 8.1.3 Gerade, Zwei-Punkte-Darstellung

Es seien $\vec{x}^{(1)}, \vec{x}^{(2)} \in \mathbb{R}^n$, $n \geq 2$, mit $\vec{x}^{(1)} \neq \vec{x}^{(2)}$ beliebig gegeben. Dann heißt die Menge $G \subseteq \mathbb{R}^n$,

$$G := \{\vec{x} \in \mathbb{R}^n \mid \exists \alpha \in \mathbb{R} \colon \vec{x} = \vec{x}^{(1)} + \alpha(\vec{x}^{(2)} - \vec{x}^{(1)})\}$$

Gerade in $\mathbb{R}^n$. Die spezielle Darstellung wird **Zwei-Punkte-Darstellung** der Gerade G genannt (vgl. Abb. 8.2). ◄

► **Bemerkung 8.1.4 Verträglichkeit der Geraden-Darstellungen** Es kann leicht gezeigt werden, dass jede Gerade in Punkt-Richtungs-Darstellung auch in einer Zwei-Punkte-Darstellung geschrieben werden kann und umgekehrt. Aus diesem Grund sind die beiden Definitionen für Geraden **verträglich**. Insbesondere sollte klar sein, dass es für eine Gerade stets unendlich viele verschiedene Punkt-Richtungs- und Zwei-Punkte-Darstellungen gibt. Man kann also zwei gegebenen Darstellungen i. Allg. nicht unmittelbar ansehen, ob sie identische Geraden beschreiben oder nicht!

8.2 Schnittmengen von Geraden

Im Folgenden wird für zwei ausgewählte Situationen, die insbesondere im Grafik-Bereich häufig auftauchen, der Frage nach den **Schnittmengen einer Gerade** G mit anderen geometrischen Objekten nachgegangen. Es handelt sich dabei einmal um den sogenannten **Punkt-Gerade-Test** und einmal um den **Gerade-Gerade-Test**. Es wird sich zeigen, dass auch in diesem Kontext der Gaußsche Algorithmus wieder das entscheidende Hilfsmittel sein wird, denn die Tests laufen alle auf die Lösung eines linearen Gleichungssystems hinaus. Ab jetzt sei $n \in \mathbb{N}$ stets größer oder gleich 2.

Punkt-Gerade-Test: Gegeben sei eine Gerade

$$G := \{\vec{x} \in \mathbb{R}^n \mid \exists \lambda \in \mathbb{R} : \vec{x} = \vec{a} + \lambda\vec{b}\} \subseteq \mathbb{R}^n$$

sowie ein beliebiger Vektor $\vec{z} \in \mathbb{R}^n$. Wie kann man feststellen, ob $\vec{z}$ auf G liegt, d.h. ob $\vec{z} \in G$ gilt? Zur Lösung des Problems betrachte man das lineare Gleichungssystem

$$\vec{a} + \lambda\vec{b} = \vec{z}$$

bestehend aus n Komponentengleichungen für die gesuchte Unbekannte $\lambda \in \mathbb{R}$.

- Ist das Gleichungssystem lösbar, dann liegt $\vec{z}$ auf G, also gilt $\vec{z} \in G$.
- Ist das Gleichungssystem nicht lösbar, dann liegt $\vec{z}$ nicht auf G, also $\vec{z} \notin G$.

Gerade-Gerade-Test: Gegeben seien zwei Geraden

$$G_1 := \{\vec{x} \in \mathbb{R}^n \mid \exists \lambda_1 \in \mathbb{R} : \vec{x} = \vec{a}^{(1)} + \lambda_1 \vec{b}^{(1)}\} \subseteq \mathbb{R}^n \,,$$

$$G_2 := \{\vec{x} \in \mathbb{R}^n \mid \exists \lambda_2 \in \mathbb{R} : \vec{x} = \vec{a}^{(2)} + \lambda_2 \vec{b}^{(2)}\} \subseteq \mathbb{R}^n \,.$$

Wie kann man feststellen, ob und – wenn ja – in welchen Punkten sich G_1 und G_2 schneiden? Zur Lösung des Problems betrachte man das lineare Gleichungssystem

$$\vec{a}^{(1)} + \lambda_1 \vec{b}^{(1)} = \vec{a}^{(2)} + \lambda_2 \vec{b}^{(2)}$$

bestehend aus n Komponentengleichungen für die gesuchten Unbekannten $\lambda_1, \lambda_2 \in \mathbb{R}$.

- Ist das Gleichungssystem nicht lösbar, dann schneiden sich G_1 und G_2 nicht, also $G_1 \cap G_2 = \emptyset$.
- Ist das Gleichungssystem eindeutig lösbar, dann schneiden sich G_1 und G_2 in genau einem Punkt, also $G_1 \cap G_2 = \{\vec{z}\}$; der Schnittpunkt $\vec{z} \in \mathbb{R}^n$ lässt sich berechnen, indem man λ_1 in G_1 einsetzt oder λ_2 in G_2 einsetzt.
- Besitzt das Gleichungssystem mehr als eine Lösung, so hat es bekanntlich direkt unendlich viele Lösungen und G_1 und G_2 sind identisch, also $G_1 = G_2$.

Beispiel 8.2.1

Gegeben sei die Gerade G,

$$G := \{\vec{x} \in \mathbb{R}^2 \mid \exists \lambda \in \mathbb{R}\colon \vec{x} = (-1,2)^T + \lambda(1,2)^T\}\,.$$

Der Punkt-Gerade-Test, ob z. B. der Vektor $\vec{z} := (1,2)^T$ auf G liegt, führt auf die Vektorgleichung

$$\begin{pmatrix} -1 \\ 2 \end{pmatrix} + \lambda \begin{pmatrix} 1 \\ 2 \end{pmatrix} = \begin{pmatrix} 1 \\ 2 \end{pmatrix} \qquad \text{bzw.} \qquad \lambda \begin{pmatrix} 1 \\ 2 \end{pmatrix} = \begin{pmatrix} 2 \\ 0 \end{pmatrix}.$$

Löst man das durch Übergang zu den Komponentengleichungen entstehende lineare Gleichungssystem mit dem Gaußschen Algorithmus, so ergibt sich als Lösungsmenge die leere Menge. Also liegt $\vec{z}$ nicht auf G, kurz $\vec{z} \notin G$.

Der Punkt-Gerade-Test, ob z. B. der Vektor $\vec{z} := (0,4)^T$ auf G liegt, führt auf die Vektorgleichung

$$\begin{pmatrix} -1 \\ 2 \end{pmatrix} + \lambda \begin{pmatrix} 1 \\ 2 \end{pmatrix} = \begin{pmatrix} 0 \\ 4 \end{pmatrix} \qquad \text{bzw.} \qquad \lambda \begin{pmatrix} 1 \\ 2 \end{pmatrix} = \begin{pmatrix} 1 \\ 2 \end{pmatrix}.$$

Löst man das durch Übergang zu den Komponentengleichungen entstehende lineare Gleichungssystem mit dem Gaußschen Algorithmus, so ergibt sich hier als Lösung $\lambda = 1$. Also liegt $\vec{z}$ auf G, kurz $\vec{z} \in G$.

Beispiel 8.2.2

Gegeben seien die Geraden G_1 und G_2,

$$G_1 := \{\vec{x} \in \mathbb{R}^2 \mid \exists \lambda_1 \in \mathbb{R}\colon \vec{x} = (-1,2)^T + \lambda_1(1,2)^T\}\,,$$
$$G_2 := \{\vec{x} \in \mathbb{R}^2 \mid \exists \lambda_2 \in \mathbb{R}\colon \vec{x} = (2,3)^T + \lambda_2(2,2)^T\}\,.$$

Der Gerade-Gerade-Test führt auf die Vektorgleichung

$$\begin{pmatrix} -1 \\ 2 \end{pmatrix} + \lambda_1 \begin{pmatrix} 1 \\ 2 \end{pmatrix} = \begin{pmatrix} 2 \\ 3 \end{pmatrix} + \lambda_2 \begin{pmatrix} 2 \\ 2 \end{pmatrix} \qquad \text{bzw.} \qquad \lambda_1 \begin{pmatrix} 1 \\ 2 \end{pmatrix} + \lambda_2 \begin{pmatrix} -2 \\ -2 \end{pmatrix} = \begin{pmatrix} 3 \\ 1 \end{pmatrix}.$$

Löst man das durch Übergang zu den Komponentengleichungen entstehende lineare Gleichungssystem mit dem Gaußschen Algorithmus, so ergibt sich hier als Lösung

$\lambda_1 = -2$ und $\lambda_2 = -\frac{5}{2}$. Also schneiden sich G_1 und G_2 in $\vec{z} := (-3, -2)^T$, wobei $\vec{z}$ entweder durch Einsetzen von λ_1 in G_1 oder durch Einsetzen von λ_2 in G_2 berechnet werden kann.

Beispiel 8.2.3

Gegeben seien die Geraden G_1 und G_2,

$$G_1 := \{\vec{x} \in \mathbb{R}^2 \mid \exists \lambda_1 \in \mathbb{R} : \vec{x} = (-1, 2)^T + \lambda_1 (1, 2)^T\},$$
$$G_2 := \{\vec{x} \in \mathbb{R}^2 \mid \exists \lambda_2 \in \mathbb{R} : \vec{x} = (0, 4)^T + \lambda_2 (-2, -4)^T\}.$$

Der Gerade-Gerade-Test führt auf die Vektorgleichung

$$\begin{pmatrix} -1 \\ 2 \end{pmatrix} + \lambda_1 \begin{pmatrix} 1 \\ 2 \end{pmatrix} = \begin{pmatrix} 0 \\ 4 \end{pmatrix} + \lambda_2 \begin{pmatrix} -2 \\ -4 \end{pmatrix} \quad \text{bzw.} \quad \lambda_1 \begin{pmatrix} 1 \\ 2 \end{pmatrix} + \lambda_2 \begin{pmatrix} 2 \\ 4 \end{pmatrix} = \begin{pmatrix} 1 \\ 2 \end{pmatrix}.$$

Löst man das durch Übergang zu den Komponentengleichungen entstehende lineare Gleichungssystem mit dem Gaußschen Algorithmus, so ergeben sich hier unendlich viele Lösungen für λ_1 und λ_2. Also sind die Geraden G_1 und G_2 identisch, kurz $G_1 = G_2$.

▷ **Bemerkung 8.2.4 Spezielle geometrische Tests** In $\mathbb{R}^2$ und in $\mathbb{R}^3$ gibt es neben der Lösung linearer Gleichungssysteme zur Feststellung der Schnittmengen von Punkten und Geraden noch eine Fülle weiterer Techniken, um derartige Probleme effizient zu lösen. Diese beruhen vielfach auf speziellen Operationen in diesen Räumen, lassen sich aber i. Allg. nicht auf Räume $\mathbb{R}^n$ mit $n > 3$ übertragen. So lässt sich z. B. für drei gegebene Vektoren $\vec{a}, \vec{b}, \vec{c} \in \mathbb{R}^3$ anhand der linearen Abhängigkeit oder Unabhängigkeit von

$$\begin{pmatrix} b_1 \\ b_2 \\ b_3 \end{pmatrix} - \begin{pmatrix} a_1 \\ a_2 \\ a_3 \end{pmatrix} \quad \text{und} \quad \begin{pmatrix} c_1 \\ c_2 \\ c_3 \end{pmatrix} - \begin{pmatrix} a_1 \\ a_2 \\ a_3 \end{pmatrix}$$

leicht entscheiden, ob die durch die Vektoren gegebenen Punkte auf einer Gerade liegen oder nicht: Sind die Differenzvektoren linear abhängig in $\mathbb{R}^3$, dann liegen die Punkte auf einer Gerade, ansonsten nicht. Bei der Implementierung dieses sogenannten **Drei-Punkte-Tests** wird man natürlich möglichst geschickt vorgehen, um die Anzahl an Operationen zu minimieren. Z. B. könnte man den Quotienten entsprechender Komponenten bilden und miteinander vergleichen und sofort abbrechen, sobald zwei Quotienten verschieden sind (entspricht linearer Unabhängigkeit und damit 3 Punkten, die nicht auf einer Gerade liegen).

8.3 Aufgaben mit Lösungen

Aufgabe 8.3.1 *Stellen Sie mit dem Punkt-Gerade-Test fest, ob die durch die Vektoren $\vec{z}$ gegebenen Punkte auf den jeweiligen Geraden G liegen:*

(a)

$$\vec{z} := (1,3)^T, \quad G := \{\vec{x} \in \mathbb{R}^2 \mid \exists \lambda \in \mathbb{R} \colon \vec{x} = (-1,2)^T + \lambda(1,2)^T\},$$

(b)

$$\vec{z} := (2,1,0)^T, \quad G := \{\vec{x} \in \mathbb{R}^3 \mid \exists \lambda \in \mathbb{R} \colon \vec{x} = (1,0,1)^T + \lambda(-1,-1,2)^T\},$$

(c)

$$\vec{z} := (4,1,-7,6)^T, \quad G := \{\vec{x} \in \mathbb{R}^4 \mid \exists \lambda \in \mathbb{R} \colon \vec{x} = (2,1,-3,0)^T + \lambda(1,0,-2,3)^T\}.$$

Lösung der Aufgabe

(a) Der Punkt-Gerade-Test führt auf die Vektorgleichung

$$\begin{pmatrix} -1 \\ 2 \end{pmatrix} + \lambda \begin{pmatrix} 1 \\ 2 \end{pmatrix} = \begin{pmatrix} 1 \\ 3 \end{pmatrix} \quad \text{bzw.} \quad \lambda \begin{pmatrix} 1 \\ 2 \end{pmatrix} = \begin{pmatrix} 2 \\ 1 \end{pmatrix}.$$

Löst man das durch Übergang zu den Komponentengleichungen entstehende lineare Gleichungssystem mit dem Gaußschen Algorithmus, so ergibt sich als Lösungsmenge die leere Menge. Also liegt $\vec{z}$ nicht auf G, kurz $\vec{z} \notin G$.

(b) Der Punkt-Gerade-Test führt auf die Vektorgleichung

$$\begin{pmatrix} 1 \\ 0 \\ 1 \end{pmatrix} + \lambda \begin{pmatrix} -1 \\ -1 \\ 2 \end{pmatrix} = \begin{pmatrix} 2 \\ 1 \\ 0 \end{pmatrix} \quad \text{bzw.} \quad \lambda \begin{pmatrix} -1 \\ -1 \\ 2 \end{pmatrix} = \begin{pmatrix} 1 \\ 1 \\ -1 \end{pmatrix}.$$

Löst man das durch Übergang zu den Komponentengleichungen entstehende lineare Gleichungssystem mit dem Gaußschen Algorithmus, so ergibt sich als Lösungsmenge die leere Menge. Also liegt $\vec{z}$ nicht auf G, kurz $\vec{z} \notin G$.

(c) Der Punkt-Gerade-Test führt auf die Vektorgleichung

$$\begin{pmatrix} 2 \\ 1 \\ -3 \\ 0 \end{pmatrix} + \lambda \begin{pmatrix} 1 \\ 0 \\ -2 \\ 3 \end{pmatrix} = \begin{pmatrix} 4 \\ 1 \\ -7 \\ 6 \end{pmatrix} \qquad \text{bzw.} \qquad \lambda \begin{pmatrix} 1 \\ 0 \\ -2 \\ 3 \end{pmatrix} = \begin{pmatrix} 2 \\ 0 \\ -4 \\ 6 \end{pmatrix}.$$

Löst man das durch Übergang zu den Komponentengleichungen entstehende lineare Gleichungssystem mit dem Gaußschen Algorithmus, so ergibt sich als Lösung $\lambda = 2$. Also liegt $\vec{z}$ auf G, kurz $\vec{z} \in G$.

Aufgabe 8.3.2 *Bestimmen Sie mit dem Gerade-Gerade-Test die Schnittmenge folgender Geraden:*

$$G_1 := \{\vec{x} \in \mathbb{R}^4 \mid \exists \lambda_1 \in \mathbb{R}: \vec{x} = (2, 1, -3, 0)^T + \lambda_1(1, 0, -2, 3)^T\},$$
$$G_2 := \{\vec{x} \in \mathbb{R}^4 \mid \exists \lambda_2 \in \mathbb{R}: \vec{x} = (4, 1, -7, 6)^T + \lambda_2(-3, 0, 6, -9)^T\}.$$

Lösung der Aufgabe Der Gerade-Gerade-Test führt auf die Vektorgleichung

$$\begin{pmatrix} 2 \\ 1 \\ -3 \\ 0 \end{pmatrix} + \lambda_1 \begin{pmatrix} 1 \\ 0 \\ -2 \\ 3 \end{pmatrix} = \begin{pmatrix} 4 \\ 1 \\ -7 \\ 6 \end{pmatrix} + \lambda_2 \begin{pmatrix} -3 \\ 0 \\ 6 \\ -9 \end{pmatrix} \qquad \text{bzw.} \qquad \lambda_1 \begin{pmatrix} 1 \\ 0 \\ -2 \\ 3 \end{pmatrix} + \lambda_2 \begin{pmatrix} 3 \\ 0 \\ -6 \\ 9 \end{pmatrix} = \begin{pmatrix} 2 \\ 0 \\ -4 \\ 6 \end{pmatrix}.$$

Löst man das durch Übergang zu den Komponentengleichungen entstehende lineare Gleichungssystem mit dem Gaußschen Algorithmus, so ergeben sich hier unendlich viele Lösungen für λ_1 und λ_2. Also sind die Geraden G_1 und G_2 identisch, kurz $G_1 = G_2$.

Aufgabe 8.3.3 *Bestimmen Sie mit dem Gerade-Gerade-Test die Schnittmengen folgender Geradenpaare:*

(a)

$$G_1 := \{\vec{x} \in \mathbb{R}^2 \mid \exists \lambda_1 \in \mathbb{R}: \vec{x} = (-1, 2)^T + \lambda_1(1, 2)^T\},$$
$$G_2 := \{\vec{x} \in \mathbb{R}^2 \mid \exists \lambda_2 \in \mathbb{R}: \vec{x} = (1, 1)^T + \lambda_2(3, 6)^T\},$$

(b)

$$G_1 := \{\vec{x} \in \mathbb{R}^3 \mid \exists \lambda_1 \in \mathbb{R}: \vec{x} = (-5, 0, -2)^T + \lambda_1(-1, -1, 2)^T\},$$
$$G_2 := \{\vec{x} \in \mathbb{R}^3 \mid \exists \lambda_2 \in \mathbb{R}: \vec{x} = (0, 2, 0)^T + \lambda_2(2, 1, 0)^T\},$$

(c)

$$G_1 := \{\vec{x} \in \mathbb{R}^4 \mid \exists \lambda_1 \in \mathbb{R}: \vec{x} = (0, 1, -3, 0)^T + \lambda_1(1, 0, -2, 3)^T\},$$
$$G_2 := \{\vec{x} \in \mathbb{R}^4 \mid \exists \lambda_2 \in \mathbb{R}: \vec{x} = (4, 1, -7, 6)^T + \lambda_2(-3, 0, 6, -9)^T\}.$$

Lösung der Aufgabe

(a) Der Gerade-Gerade-Test führt auf die Vektorgleichung

$$\begin{pmatrix} -1 \\ 2 \end{pmatrix} + \lambda_1 \begin{pmatrix} 1 \\ 2 \end{pmatrix} = \begin{pmatrix} 1 \\ 1 \end{pmatrix} + \lambda_2 \begin{pmatrix} 3 \\ 6 \end{pmatrix} \qquad \text{bzw.} \qquad \lambda_1 \begin{pmatrix} 1 \\ 2 \end{pmatrix} + \lambda_2 \begin{pmatrix} -3 \\ -6 \end{pmatrix} = \begin{pmatrix} 2 \\ -1 \end{pmatrix}.$$

Löst man das durch Übergang zu den Komponentengleichungen entstehende lineare Gleichungssystem mit dem Gaußschen Algorithmus, so ergibt sich als Lösungsmenge die leere Menge. Also besitzen die Geraden G_1 und G_2 eine leere Schnittmenge, kurz $G_1 \cap G_2 = \emptyset$.

(b) Der Gerade-Gerade-Test führt auf die Vektorgleichung

$$\begin{pmatrix} -5 \\ 0 \\ -2 \end{pmatrix} + \lambda_1 \begin{pmatrix} -1 \\ -1 \\ 2 \end{pmatrix} = \begin{pmatrix} 0 \\ 2 \\ 0 \end{pmatrix} + \lambda_2 \begin{pmatrix} 2 \\ 1 \\ 0 \end{pmatrix} \qquad \text{bzw.} \qquad \lambda_1 \begin{pmatrix} -1 \\ -1 \\ 2 \end{pmatrix} + \lambda_2 \begin{pmatrix} -2 \\ -1 \\ 0 \end{pmatrix} = \begin{pmatrix} 5 \\ 2 \\ 2 \end{pmatrix}.$$

Löst man das durch Übergang zu den Komponentengleichungen entstehende lineare Gleichungssystem mit dem Gaußschen Algorithmus, so ergibt sich als Lösung $\lambda_1 = 1$ und $\lambda_2 = -3$. Also besitzen die Geraden G_1 und G_2 die Schnittmenge $G_1 \cap G_2 = \{(-6, -1, 0)^T\}$, wobei sich der Schnittpunkt $\vec{z} := (-6, -1, 0)^T$ entweder durch Einsetzen von $\lambda_1 = 1$ in G_1 oder von $\lambda_2 = -3$ in G_2 bestimmen lässt.

(c) Der Gerade-Gerade-Test führt auf die Vektorgleichung

$$\begin{pmatrix} 0 \\ 1 \\ -3 \\ 0 \end{pmatrix} + \lambda_1 \begin{pmatrix} 1 \\ 0 \\ -2 \\ 3 \end{pmatrix} = \begin{pmatrix} 4 \\ 1 \\ -7 \\ 6 \end{pmatrix} + \lambda_2 \begin{pmatrix} -3 \\ 0 \\ 6 \\ -9 \end{pmatrix} \qquad \text{bzw.} \qquad \lambda_1 \begin{pmatrix} 1 \\ 0 \\ -2 \\ 3 \end{pmatrix} + \lambda_2 \begin{pmatrix} 3 \\ 0 \\ -6 \\ 9 \end{pmatrix} = \begin{pmatrix} 4 \\ 0 \\ -4 \\ 6 \end{pmatrix}.$$

Löst man das durch Übergang zu den Komponentengleichungen entstehende lineare Gleichungssystem mit dem Gaußschen Algorithmus, so ergibt sich als Lösungsmenge die leere Menge. Also besitzen die Geraden G_1 und G_2 eine leere Schnittmenge, kurz $G_1 \cap G_2 = \emptyset$.

Aufgabe 8.3.4 *Entscheiden Sie mit dem Drei-Punkte-Test, ob die jeweils drei durch die folgenden Vektoren gegebenen Punkte auf einer Gerade liegen:*

(a)

$$\vec{a} := (-4, -2, 3)^T, \quad \vec{b} := (-1, -4, 2)^T, \quad \vec{c} := (8, -11, -1)^T,$$

(b)

$$\vec{a} := (2, -3, -1)^T, \quad \vec{b} := (0, 2, -2)^T, \quad \vec{c} := (-6, 17, -5)^T.$$

Lösung der Aufgabe

(a) Die drei Vektoren liegen nicht auf einer Gerade, denn die Differenzvektoren

$$\begin{pmatrix} -1 \\ -4 \\ 2 \end{pmatrix} - \begin{pmatrix} -4 \\ -2 \\ 3 \end{pmatrix} = \begin{pmatrix} 3 \\ -2 \\ -1 \end{pmatrix} \quad \text{und} \quad \begin{pmatrix} 8 \\ -11 \\ -1 \end{pmatrix} - \begin{pmatrix} -4 \\ -2 \\ 3 \end{pmatrix} = \begin{pmatrix} 12 \\ -9 \\ -4 \end{pmatrix}$$

sind offenbar linear unabhängig (nachrechnen!).

(b) Die drei Vektoren liegen auf einer Gerade, denn die Differenzvektoren

$$\begin{pmatrix} 0 \\ 2 \\ -2 \end{pmatrix} - \begin{pmatrix} 2 \\ -3 \\ -1 \end{pmatrix} = \begin{pmatrix} -2 \\ 5 \\ -1 \end{pmatrix} \quad \text{und} \quad \begin{pmatrix} -6 \\ 17 \\ -5 \end{pmatrix} - \begin{pmatrix} 2 \\ -3 \\ -1 \end{pmatrix} = \begin{pmatrix} -8 \\ 20 \\ -4 \end{pmatrix}$$

sind offenbar linear abhängig (nachrechnen!).

Selbsttest 8.3.5   Welche Aussagen über Geraden in $\mathbb{R}^2$ sind wahr?

?+? Der Vektor $(1, -4)^T$ ist ein möglicher Aufvektor von $y = -6x + 2$.

?+? Der Vektor $(1, -6)^T$ ist ein möglicher Richtungsvektor von $y = -6x + 2$.

?−? Der Vektor $(1, 6)^T$ ist ein möglicher Richtungsvektor von $y = -6x + 2$.

?+? Der Vektor $(-2, 12)^T$ ist ein möglicher Richtungsvektor von $y = -6x + 2$.

?+? Der Vektor $(0, 2)^T$ ist ein möglicher Aufvektor von $y = -6x + 2$.

?+? Der Vektor $(12, -8)^T$ ist ein möglicher Aufvektor von $y = -8$.

?−? Der Vektor $(0, -8)^T$ ist ein möglicher Richtungsvektor von $y = -8$.

?+? Der Vektor $(1, 0)^T$ ist ein möglicher Richtungsvektor von $y = -8$.

Selbsttest 8.3.6   Welche Aussagen über Schnittmengen von Geraden sind wahr?

?−? Zwei Geraden in $\mathbb{R}^2$ haben stets eine nicht leere Schnittmenge.

?−? Zwei Geraden können genau zwei verschiedene Schnittpunkte besitzen (und nicht mehr).

?−? Zwei Geraden mit identischen Richtungsvektoren haben unendlich viele Schnittpunkte.

?+? Zwei Geraden mit linear unabhängigen Richtungsvektoren haben maximal einen Schnittpunkt.

?+? Zwei Geraden mit identischen Aufvektoren haben mindestens einen Schnittpunkt.

Abb. 8.3 Ebene in Punkt-Richtungs-Darstellung

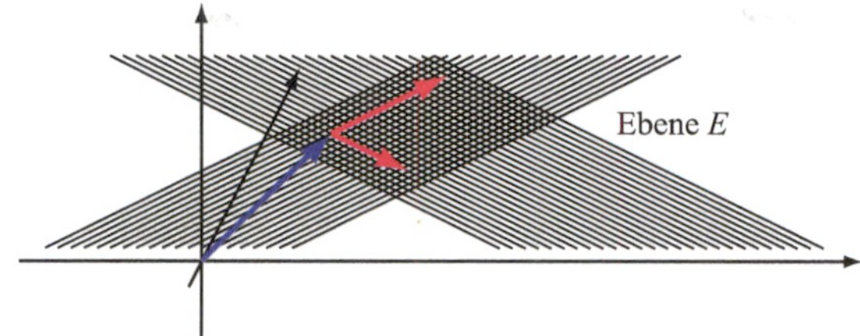

8.4 Grundlegendes zu Ebenen

Da das prinzipielle Vorgehen für Ebenen identisch ist mit dem für Geraden, bedarf es nur wenig zusätzlicher Erklärungen. Zunächst wird die allgemeine Definition einer **Ebene** in **Punkt-Richtungs-Darstellung** gegeben.

Definition 8.4.1 Ebene, Punkt-Richtungs-Darstellung

Es seien $\vec{a}, \vec{b}, \vec{c} \in \mathbb{R}^n$, $n \geq 3$, beliebig gegeben und $\vec{b}$ und $\vec{c}$ seien linear unabhängig. Dann heißt die Menge $E \subseteq \mathbb{R}^n$,

$$E := \{\vec{x} \in \mathbb{R}^n \mid \exists \lambda, \mu \in \mathbb{R} \colon \vec{x} = \vec{a} + \lambda \vec{b} + \mu \vec{c}\}$$

Ebene in $\mathbb{R}^n$. Die spezielle Darstellung wird **Punkt-Richtungs-Darstellung** der Ebene E genannt. Der Vektor $\vec{a}$ wird auch als ein **Aufvektor** oder **Stützvektor** und die Vektoren $\vec{b}$ und $\vec{c}$ als **Richtungsvektoren** der Ebene E bezeichnet (vgl. Abb. 8.3). ◄

Neben der Punkt-Richtungs-Darstellung gibt es als weitere Definitionsmöglichkeit für eine **Ebene** in Analogie zur Gerade die **Drei-Punkte-Darstellung**.

Definition 8.4.2 Ebene, Drei-Punkte-Darstellung

Es seien $\vec{x}^{(1)}, \vec{x}^{(2)}, \vec{x}^{(3)} \in \mathbb{R}^n$, $n \geq 3$, beliebig gegeben und $\vec{x}^{(2)} - \vec{x}^{(1)}$ und $\vec{x}^{(3)} - \vec{x}^{(1)}$ seien linear unabhängig. Dann heißt die Menge $E \subseteq \mathbb{R}^n$,

$$E := \{\vec{x} \in \mathbb{R}^n \mid \exists \alpha, \beta \in \mathbb{R} \colon \vec{x} = \vec{x}^{(1)} + \alpha(\vec{x}^{(2)} - \vec{x}^{(1)}) + \beta(\vec{x}^{(3)} - \vec{x}^{(1)})\}$$

Ebene in $\mathbb{R}^n$. Die spezielle Darstellung wird **Drei-Punkte-Darstellung** der Ebene E genannt (vgl. Abb. 8.4). ◄

► **Bemerkung 8.4.3 Verträglichkeit der Ebenen-Darstellungen** Es kann leicht gezeigt werden, dass jede Ebene in Punkt-Richtungs-Darstellung auch in einer Drei-Punkte-Darstellung geschrieben werden kann und umgekehrt. Aus diesem Grund sind die beiden Definitionen für Ebenen **verträglich**.

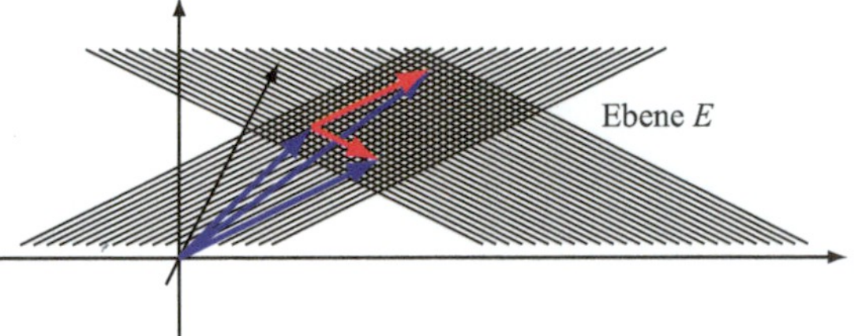

Abb. 8.4 Ebene in Drei-Punkte-Darstellung

Ferner sollte wieder klar sein, dass es für eine Ebene stets unendlich viele verschiedene Punkt-Richtungs- und Drei-Punkte-Darstellungen gibt. Man kann also zwei gegebenen Darstellungen i. Allg. nicht unmittelbar ansehen, ob sie identische Ebenen beschreiben oder nicht!

8.5 Schnittmengen von Ebenen

Im Folgenden wird für drei ausgewählte Situationen, die insbesondere wieder im Grafik-Bereich häufig auftauchen, der Frage nach den **Schnittmengen einer Ebene** E mit anderen geometrischen Objekten nachgegangen. Es handelt sich dabei einmal um sogenannte **Punkt-Ebene-Tests**, dann um **Gerade-Ebene-Tests** und schließlich um **Ebene-Ebene-Tests**. Es wird sich zeigen, dass auch in diesem Kontext der Gaußsche Algorithmus wieder das entscheidende Hilfsmittel sein wird, denn die Tests laufen erneut alle auf die Lösung eines linearen Gleichungssystems hinaus. Ab jetzt sei $n \in \mathbb{N}$ stets größer oder gleich 3.
Punkt-Ebene-Test: Gegeben sei eine Ebene

$$E := \{\vec{x} \in \mathbb{R}^n \mid \exists \lambda, \mu \in \mathbb{R}: \vec{x} = \vec{a} + \lambda \vec{b} + \mu \vec{c}\} \subseteq \mathbb{R}^n$$

sowie ein beliebiger Vektor $\vec{z} \in \mathbb{R}^n$. Wie kann man feststellen, ob $\vec{z}$ auf E liegt, d. h. ob $\vec{z} \in E$ gilt? Zur Lösung des Problems betrachte man das lineare Gleichungssystem

$$\vec{a} + \lambda \vec{b} + \mu \vec{c} = \vec{z}$$

bestehend aus n Komponentengleichungen für die gesuchten Unbekannten $\lambda, \mu \in \mathbb{R}$.

- Ist das Gleichungssystem lösbar, dann liegt $\vec{z}$ auf E, also gilt $\vec{z} \in E$.
- Ist das Gleichungssystem nicht lösbar, dann liegt $\vec{z}$ nicht auf E, also $\vec{z} \notin E$.

Gerade-Ebene-Test: Gegeben seien eine Gerade und eine Ebene

$$G := \{\vec{x} \in \mathbb{R}^n \mid \exists \lambda_1 \in \mathbb{R}: \vec{x} = \vec{a}^{(1)} + \lambda_1 \vec{b}^{(1)}\} \subseteq \mathbb{R}^n \,,$$

$$E := \{\vec{x} \in \mathbb{R}^n \mid \exists \lambda_2, \mu_2 \in \mathbb{R}: \vec{x} = \vec{a}^{(2)} + \lambda_2 \vec{b}^{(2)} + \mu_2 \vec{c}^{(2)}\} \subseteq \mathbb{R}^n \,.$$

Abb. 8.5 Von Gerade durch-
stoßene Ebene

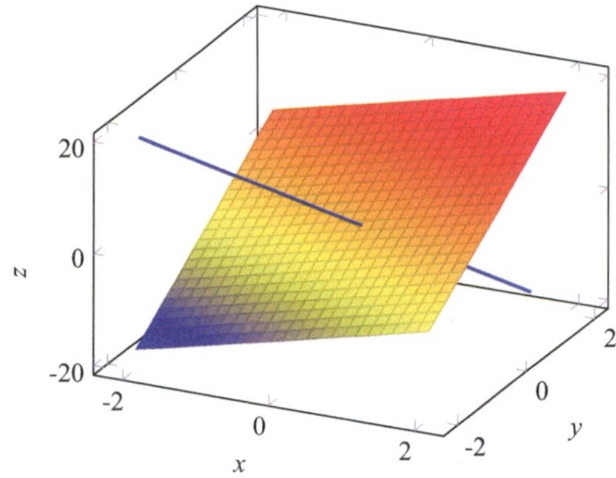

Wie kann man feststellen, ob und – wenn ja – in welchen Punkten sich G und E schneiden? Zur Lösung des Problems betrachte man das lineare Gleichungssystem

$$\vec{a}^{(1)} + \lambda_1 \vec{b}^{(1)} = \vec{a}^{(2)} + \lambda_2 \vec{b}^{(2)} + \mu_2 \vec{c}^{(2)}$$

bestehend aus n Komponentengleichungen für die gesuchten Unbekannten $\lambda_1, \lambda_2, \mu_2 \in \mathbb{R}$.

- Ist das Gleichungssystem nicht lösbar, dann schneiden sich G und E nicht, also gilt $G \cap E = \emptyset$.
- Ist das Gleichungssystem eindeutig lösbar, dann schneiden sich G und E in genau einem Punkt, also $G \cap E = \{\vec{z}\}$; der Schnittpunkt $\vec{z} \in \mathbb{R}^n$ lässt sich berechnen, indem man λ_1 in G einsetzt oder λ_2 und μ_2 in E einsetzt (vgl. Abb. 8.5).
- Besitzt das Gleichungssystem mehr als eine Lösung, so hat es bekanntlich direkt unendlich viele Lösungen und G liegt in E, also $G \cap E = G$.

Ebene-Ebene-Test: Gegeben seien zwei Ebenen

$$E_1 := \{\vec{x} \in \mathbb{R}^n \mid \exists \lambda_1, \mu_1 \in \mathbb{R}: \vec{x} = \vec{a}^{(1)} + \lambda_1 \vec{b}^{(1)} + \mu_1 \vec{c}^{(1)}\} \subseteq \mathbb{R}^n \,,$$

$$E_2 := \{\vec{x} \in \mathbb{R}^n \mid \exists \lambda_2, \mu_2 \in \mathbb{R}: \vec{x} = \vec{a}^{(2)} + \lambda_2 \vec{b}^{(2)} + \mu_2 \vec{c}^{(2)}\} \subseteq \mathbb{R}^n \,.$$

Wie kann man feststellen, ob und – wenn ja – in welchen Punkten sich E_1 und E_2 schneiden? Zur Lösung des Problems betrachte man das lineare Gleichungssystem

$$\vec{a}^{(1)} + \lambda_1 \vec{b}^{(1)} + \mu_1 \vec{c}^{(1)} = \vec{a}^{(2)} + \lambda_2 \vec{b}^{(2)} + \mu_2 \vec{c}^{(2)}$$

bestehend aus n Komponentengleichungen für die gesuchten Unbekannten $\lambda_1, \mu_1, \lambda_2, \mu_2 \in \mathbb{R}$.

Abb. 8.6 Zwei sich schnei-
dende Ebenen

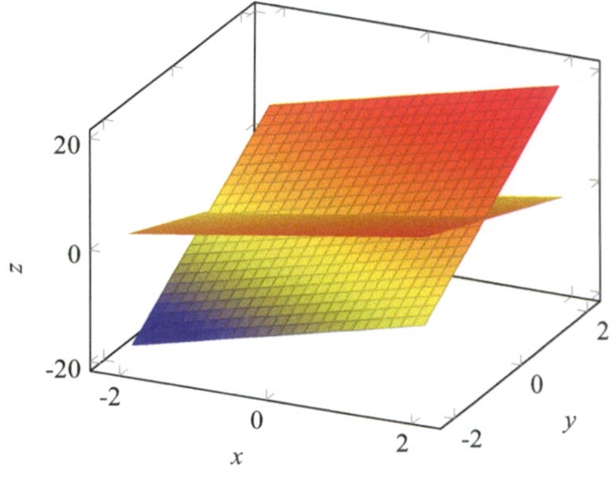

- Ist das Gleichungssystem nicht lösbar, dann schneiden sich E_1 und E_2 nicht, also gilt $E_1 \cap E_2 = \emptyset$.
- Ist das Gleichungssystem eindeutig lösbar, dann schneiden sich E_1 und E_2 in genau einem Punkt, also $E_1 \cap E_2 = \{\vec{z}\}$; der Schnittpunkt $\vec{z} \in \mathbb{R}^n$ lässt sich berechnen, indem man λ_1 und μ_1 in E_1 einsetzt oder indem man λ_2 und μ_2 in E_2 einsetzt. Die Situation, dass sich zwei Ebenen in einem Punkt schneiden, kann nur für $n \geq 4$ auftreten!
- Besitzt das Gleichungssystem mehr als eine Lösung, so hat es bekanntlich direkt unendlich viele Lösungen. Hängt der Lösungsraum nur von einem frei wählbaren Parameter ab, dann schneiden sich E_1 und E_2 in einer Gerade, also $E_1 \cap E_2 = G$; die Schnittgerade $G \subseteq \mathbb{R}^n$ lässt sich berechnen, indem man λ_1 und μ_1 in E_1 einsetzt oder indem man λ_2 und μ_2 in E_2 einsetzt. In beiden Fällen erhält man eine nur noch von einem freien Parameter abhängige Menge, die genau die Schnittgerade G beschreibt (vgl. Abb. 8.6).
- Besitzt das Gleichungssystem mehr als eine Lösung und hängt der Lösungsraum schließlich von zwei frei wählbaren Parametern ab, dann sind E_1 und E_2 identisch, also $E_1 = E_2$.

Beispiel 8.5.1
Gegeben sei die Ebene E,

$$E := \{\vec{x} \in \mathbb{R}^3 \mid \exists \lambda, \mu \in \mathbb{R} : \vec{x} = (0,1,0)^T + \lambda(1,0,1)^T + \mu(1,1,1)^T\}\,.$$

Der Punkt-Ebene-Test, ob z. B. der Vektor $\vec{z} := (1,1,0)^T$ auf E liegt, führt auf die Vektorgleichung

$$\begin{pmatrix} 0 \\ 1 \\ 0 \end{pmatrix} + \lambda \begin{pmatrix} 1 \\ 0 \\ 1 \end{pmatrix} + \mu \begin{pmatrix} 1 \\ 1 \\ 1 \end{pmatrix} = \begin{pmatrix} 1 \\ 1 \\ 0 \end{pmatrix} \qquad \text{bzw.} \qquad \lambda \begin{pmatrix} 1 \\ 0 \\ 1 \end{pmatrix} + \mu \begin{pmatrix} 1 \\ 1 \\ 1 \end{pmatrix} = \begin{pmatrix} 1 \\ 0 \\ 0 \end{pmatrix}\,.$$

Löst man das durch Übergang zu den Komponentengleichungen entstehende lineare Gleichungssystem mit dem Gaußschen Algorithmus, so ergibt sich als Lösungsmenge die leere Menge. Also liegt $\vec{z}$ nicht auf E, kurz $\vec{z} \notin E$.

Der Punkt-Ebene-Test, ob z. B. der Vektor $\vec{z} := (1,0,1)^T$ auf E liegt, führt auf die Vektorgleichung

$$\begin{pmatrix} 0 \\ 1 \\ 0 \end{pmatrix} + \lambda \begin{pmatrix} 1 \\ 0 \\ 1 \end{pmatrix} + \mu \begin{pmatrix} 1 \\ 1 \\ 1 \end{pmatrix} = \begin{pmatrix} 1 \\ 0 \\ 1 \end{pmatrix} \qquad \text{bzw.} \qquad \lambda \begin{pmatrix} 1 \\ 0 \\ 1 \end{pmatrix} + \mu \begin{pmatrix} 1 \\ 1 \\ 1 \end{pmatrix} = \begin{pmatrix} 1 \\ -1 \\ 1 \end{pmatrix}.$$

Löst man das durch Übergang zu den Komponentengleichungen entstehende lineare Gleichungssystem mit dem Gaußschen Algorithmus, so ergibt sich hier als Lösung $\lambda = 2$ und $\mu = -1$. Also liegt $\vec{z}$ auf E, kurz $\vec{z} \in E$.

Beispiel 8.5.2

Gegeben seien die Gerade G und die Ebene E,

$$G := \{ \vec{x} \in \mathbb{R}^3 \mid \exists \lambda_1 \in \mathbb{R} : \vec{x} = (1,2,0)^T + \lambda_1 (-1,-2,-2)^T \},$$
$$E := \{ \vec{x} \in \mathbb{R}^3 \mid \exists \lambda_2, \mu_2 \in \mathbb{R} : \vec{x} = (1,2,1)^T + \lambda_2 (0,1,1)^T + \mu_2 (1,1,0)^T \}.$$

Der Gerade-Ebene-Test führt auf die Vektorgleichung

$$\begin{pmatrix} 1 \\ 2 \\ 0 \end{pmatrix} + \lambda_1 \begin{pmatrix} -1 \\ -2 \\ -2 \end{pmatrix} = \begin{pmatrix} 1 \\ 2 \\ 1 \end{pmatrix} + \lambda_2 \begin{pmatrix} 0 \\ 1 \\ 1 \end{pmatrix} + \mu_2 \begin{pmatrix} 1 \\ 1 \\ 0 \end{pmatrix}$$

$$\text{bzw.} \qquad \lambda_1 \begin{pmatrix} -1 \\ -2 \\ -2 \end{pmatrix} + \lambda_2 \begin{pmatrix} 0 \\ -1 \\ -1 \end{pmatrix} + \mu_2 \begin{pmatrix} -1 \\ -1 \\ 0 \end{pmatrix} = \begin{pmatrix} 0 \\ 0 \\ 1 \end{pmatrix}.$$

Löst man das durch Übergang zu den Komponentengleichungen entstehende lineare Gleichungssystem mit dem Gaußschen Algorithmus, so ergibt sich als Lösung $\lambda_1 = -1$, $\lambda_2 = 1$ und $\mu_2 = 1$. Also schneiden sich G und E im Punkt $\vec{z} := (2,4,2)^T$, den man durch Einsetzen von λ_1 in G oder durch Einsetzen von λ_2 und μ_2 in E erhält, kurz $G \cap E = \{(2,4,2)^T\}$.

Beispiel 8.5.3

Gegeben seien die Ebenen E_1 und E_2,

$$E_1 := \{\vec{x} \in \mathbb{R}^4 \mid \exists \lambda_1, \mu_1 \in \mathbb{R}: \vec{x} = (1,1,2,3)^T + \lambda_1 \vec{e}^{(1)} + \mu_1 \vec{e}^{(2)} ,$$

$$E_2 := \{\vec{x} \in \mathbb{R}^4 \mid \exists \lambda_2, \mu_2 \in \mathbb{R}: \vec{x} = (0,2,1,3)^T + \lambda_2 \vec{e}^{(1)} + \mu_2 \vec{e}^{(3)} ,$$

wobei $\vec{e}^{(i)}$, $1 \le i \le 4$, die kanonischen Einheitsvektoren in $\mathbb{R}^4$ bezeichnen mögen. Der Ebene-Ebene-Test führt auf die Vektorgleichung

$$\begin{pmatrix} 1 \\ 1 \\ 2 \\ 3 \end{pmatrix} + \lambda_1 \begin{pmatrix} 1 \\ 0 \\ 0 \\ 0 \end{pmatrix} + \mu_1 \begin{pmatrix} 0 \\ 1 \\ 0 \\ 0 \end{pmatrix} = \begin{pmatrix} 0 \\ 2 \\ 1 \\ 3 \end{pmatrix} + \lambda_2 \begin{pmatrix} 1 \\ 0 \\ 0 \\ 0 \end{pmatrix} + \mu_2 \begin{pmatrix} 0 \\ 0 \\ 1 \\ 0 \end{pmatrix}$$

$$\text{bzw.} \quad \lambda_1 \begin{pmatrix} 1 \\ 0 \\ 0 \\ 0 \end{pmatrix} + \mu_1 \begin{pmatrix} 0 \\ 1 \\ 0 \\ 0 \end{pmatrix} + \lambda_2 \begin{pmatrix} -1 \\ 0 \\ 0 \\ 0 \end{pmatrix} + \mu_2 \begin{pmatrix} 0 \\ 0 \\ -1 \\ 0 \end{pmatrix} = \begin{pmatrix} -1 \\ 1 \\ -1 \\ 0 \end{pmatrix} .$$

Löst man das durch Übergang zu den Komponentengleichungen entstehende lineare Gleichungssystem mit dem Gaußschen Algorithmus, so ergibt sich als Lösung $\lambda_1 = \alpha \in \mathbb{R}$ beliebig, $\mu_1 = 1$, $\lambda_2 = 1 + \alpha$ und $\mu_2 = 1$. Also schneiden sich die beiden Ebenen in der Gerade G,

$$G := \{\vec{x} \in \mathbb{R}^4 \mid \exists \alpha \in \mathbb{R}: \vec{x} = (1,2,2,3)^T + \alpha(1,0,0,0)^T\} ,$$

die man durch Einsetzen von λ_1 und μ_1 in E_1 oder durch Einsetzen von λ_2 und μ_2 in E_2 erhält, kurz $E_1 \cap E_2 = G$.

▷   **Bemerkung 8.5.4 Spezielle geometrische Tests** In $\mathbb{R}^3$ gibt es wieder neben der Lösung linearer Gleichungssysteme zur Feststellung der Schnittmengen von Punkten, Geraden und Ebenen noch eine Fülle weiterer Techniken, um derartige Probleme effizient zu lösen. Diese beruhen vielfach auf speziellen Operationen in $\mathbb{R}^3$, lassen sich aber i. Allg. nicht auf Räume $\mathbb{R}^n$ mit $n > 3$ übertragen. So lässt sich z. B. für vier gegebene Vektoren $\vec{a}, \vec{b}, \vec{c}, \vec{d} \in \mathbb{R}^3$ durch den sogenannten **Vier-Punkte-Test** anhand der $(3,3)$-Determinante

$$\det \begin{pmatrix} b_1 - a_1 & c_1 - a_1 & d_1 - a_1 \\ b_2 - a_2 & c_2 - a_2 & d_2 - a_2 \\ b_3 - a_3 & c_3 - a_3 & d_3 - a_3 \end{pmatrix}$$

entscheiden, ob die durch die Vektoren gegebenen Punkte auf einer Ebene liegen oder nicht: Ist die erhaltene Determinante gleich Null, dann liegen die Punkte auf einer Ebene, ansonsten nicht. Auf weitere einfache Techniken dieses Typs soll nicht näher eingegangen werden.

8.6 Aufgaben mit Lösungen

Aufgabe 8.6.1 *Stellen Sie mit dem Punkt-Ebene-Test fest, ob die durch die Vektoren $\vec{z}$ gegebenen Punkte auf den jeweiligen Ebenen E liegen:*

(a)

$$\vec{z} := (1, 2, 3, -1)^T ,$$
$$E := \{\vec{x} \in \mathbb{R}^4 \mid \exists \lambda, \mu \in \mathbb{R}: \vec{x} = (1, 1, 2, 1)^T + \lambda(-1, 0, 2, 1)^T + \mu(2, 2, 3, 0)^T\} ,$$

(b)

$$\vec{z} := (2, 3, 7, 2)^T ,$$
$$E := \{\vec{x} \in \mathbb{R}^4 \mid \exists \lambda, \mu \in \mathbb{R}: \vec{x} = (1, 1, 2, 1)^T + \lambda(-1, 0, 2, 1)^T + \mu(2, 2, 3, 0)^T\} .$$

Lösung der Aufgabe

(a) Der Punkt-Ebene-Test führt auf die Vektorgleichung

$$\begin{pmatrix} 1 \\ 1 \\ 2 \\ 1 \end{pmatrix} + \lambda \begin{pmatrix} -1 \\ 0 \\ 2 \\ 1 \end{pmatrix} + \mu \begin{pmatrix} 2 \\ 2 \\ 3 \\ 0 \end{pmatrix} = \begin{pmatrix} 1 \\ 2 \\ 3 \\ -1 \end{pmatrix} \quad \text{bzw.} \quad \lambda \begin{pmatrix} -1 \\ 0 \\ 2 \\ 1 \end{pmatrix} + \mu \begin{pmatrix} 2 \\ 2 \\ 3 \\ 0 \end{pmatrix} = \begin{pmatrix} 0 \\ 1 \\ 1 \\ -2 \end{pmatrix} .$$

Löst man das durch Übergang zu den Komponentengleichungen entstehende lineare Gleichungssystem mit dem Gaußschen Algorithmus, so ergibt sich als Lösungsmenge die leere Menge. Also liegt $\vec{z}$ nicht auf E, kurz $\vec{z} \notin E$.

(b) Der Punkt-Ebene-Test führt auf die Vektorgleichung

$$\begin{pmatrix} 1 \\ 1 \\ 2 \\ 1 \end{pmatrix} + \lambda \begin{pmatrix} -1 \\ 0 \\ 2 \\ 1 \end{pmatrix} + \mu \begin{pmatrix} 2 \\ 2 \\ 3 \\ 0 \end{pmatrix} = \begin{pmatrix} 2 \\ 3 \\ 7 \\ 2 \end{pmatrix} \quad \text{bzw.} \quad \lambda \begin{pmatrix} -1 \\ 0 \\ 2 \\ 1 \end{pmatrix} + \mu \begin{pmatrix} 2 \\ 2 \\ 3 \\ 0 \end{pmatrix} = \begin{pmatrix} 1 \\ 2 \\ 5 \\ 1 \end{pmatrix} .$$

Löst man das durch Übergang zu den Komponentengleichungen entstehende lineare Gleichungssystem mit dem Gaußschen Algorithmus, so ergibt sich hier als Lösung $\lambda = 1$ und $\mu = 1$. Also liegt $\vec{z}$ auf E, kurz $\vec{z} \in E$.

Aufgabe 8.6.2 *Bestimmen Sie mit dem Gerade-Ebene-Test die Schnittmengen folgender Paare von Geraden und Ebenen:*

(a)

$$G := \{\vec{x} \in \mathbb{R}^3 \mid \exists \lambda_1 \in \mathbb{R}: \vec{x} = (-1,2,1)^T + \lambda_1(1,2,1)^T\},$$
$$E := \{\vec{x} \in \mathbb{R}^3 \mid \exists \lambda_2, \mu_2 \in \mathbb{R}: \vec{x} = (1,2,1)^T + \lambda_2(0,1,1)^T + \mu_2(1,1,0)^T\},$$

(b)

$$G := \{\vec{x} \in \mathbb{R}^3 \mid \exists \lambda_1 \in \mathbb{R}: \vec{x} = (1,3,2)^T + \lambda_1(-1,0,1)^T\},$$
$$E := \{\vec{x} \in \mathbb{R}^3 \mid \exists \lambda_2, \mu_2 \in \mathbb{R}: \vec{x} = (1,2,1)^T + \lambda_2(0,1,1)^T + \mu_2(1,1,0)^T\}.$$

Lösung der Aufgabe

(a) Der Gerade-Ebene-Test führt auf die Vektorgleichung

$$\begin{pmatrix} -1 \\ 2 \\ 1 \end{pmatrix} + \lambda_1 \begin{pmatrix} 1 \\ 2 \\ 1 \end{pmatrix} = \begin{pmatrix} 1 \\ 2 \\ 1 \end{pmatrix} + \lambda_2 \begin{pmatrix} 0 \\ 1 \\ 1 \end{pmatrix} + \mu_2 \begin{pmatrix} 1 \\ 1 \\ 0 \end{pmatrix}$$

$$\text{bzw.} \quad \lambda_1 \begin{pmatrix} 1 \\ 2 \\ 1 \end{pmatrix} + \lambda_2 \begin{pmatrix} 0 \\ -1 \\ -1 \end{pmatrix} + \mu_2 \begin{pmatrix} -1 \\ -1 \\ 0 \end{pmatrix} = \begin{pmatrix} 2 \\ 0 \\ 0 \end{pmatrix}.$$

Löst man das durch Übergang zu den Komponentengleichungen entstehende lineare Gleichungssystem mit dem Gaußschen Algorithmus, so ergibt sich hier als Lösungsmenge die leere Menge. Also besitzen G und E eine leere Schnittmenge, kurz $G \cap E = \emptyset$.

(b) Der Gerade-Ebene-Test führt auf die Vektorgleichung

$$\begin{pmatrix} 1 \\ 3 \\ 2 \end{pmatrix} + \lambda_1 \begin{pmatrix} -1 \\ 0 \\ 1 \end{pmatrix} = \begin{pmatrix} 1 \\ 2 \\ 1 \end{pmatrix} + \lambda_2 \begin{pmatrix} 0 \\ 1 \\ 1 \end{pmatrix} + \mu_2 \begin{pmatrix} 1 \\ 1 \\ 0 \end{pmatrix}$$

$$\text{bzw.} \quad \lambda_1 \begin{pmatrix} -1 \\ 0 \\ 1 \end{pmatrix} + \lambda_2 \begin{pmatrix} 0 \\ -1 \\ -1 \end{pmatrix} + \mu_2 \begin{pmatrix} -1 \\ -1 \\ 0 \end{pmatrix} = \begin{pmatrix} 0 \\ -1 \\ -1 \end{pmatrix}.$$

Löst man das durch Übergang zu den Komponentengleichungen entstehende lineare Gleichungssystem mit dem Gaußschen Algorithmus, so ergeben sich hier unendlich viele Lösungen für λ_1, λ_2 und μ_2. Also liegt die Gerade G auf der Ebene E, kurz $G \cap E = G$.

Aufgabe 8.6.3 *Bestimmen Sie mit dem Ebene-Ebene-Test die Schnittmengen folgender Ebenenpaare:*

(a)

$$E_1 := \{\vec{x} \in \mathbb{R}^4 \mid \exists \lambda_1, \mu_1 \in \mathbb{R}: \vec{x} = (1,1,2,3)^T + \lambda_1(1,0,0,0)^T + \mu_1(0,1,0,0)^T\},$$
$$E_2 := \{\vec{x} \in \mathbb{R}^4 \mid \exists \lambda_2, \mu_2 \in \mathbb{R}: \vec{x} = (0,2,3,1)^T + \lambda_2(1,1,0,0)^T + \mu_2(1,0,0,0)^T\},$$

(b)

$$E_1 := \{\vec{x} \in \mathbb{R}^4 \mid \exists \lambda_1, \mu_1 \in \mathbb{R}: \vec{x} = (1,1,2,3)^T + \lambda_1(1,0,0,0)^T + \mu_1(0,1,0,0)^T\},$$
$$E_2 := \{\vec{x} \in \mathbb{R}^4 \mid \exists \lambda_2, \mu_2 \in \mathbb{R}: \vec{x} = (1,2,3,4)^T + \lambda_2(0,0,1,0)^T + \mu_2(0,0,0,1)^T\},$$

(c)

$$E_1 := \{\vec{x} \in \mathbb{R}^4 \mid \exists \lambda_1, \mu_1 \in \mathbb{R}: \vec{x} = (1,1,2,3)^T + \lambda_1(1,0,0,0)^T + \mu_1(0,1,0,0)^T\},$$
$$E_2 := \{\vec{x} \in \mathbb{R}^4 \mid \exists \lambda_2, \mu_2 \in \mathbb{R}: \vec{x} = (2,2,2,3)^T + \lambda_2(1,1,0,0)^T + \mu_2(1,0,0,0)^T\}.$$

Lösung der Aufgabe

(a) Der Ebene-Ebene-Test führt auf die Vektorgleichung

$$\begin{pmatrix} 1 \\ 1 \\ 2 \\ 3 \end{pmatrix} + \lambda_1 \begin{pmatrix} 1 \\ 0 \\ 0 \\ 0 \end{pmatrix} + \mu_1 \begin{pmatrix} 0 \\ 1 \\ 0 \\ 0 \end{pmatrix} = \begin{pmatrix} 0 \\ 2 \\ 3 \\ 1 \end{pmatrix} + \lambda_2 \begin{pmatrix} 1 \\ 1 \\ 0 \\ 0 \end{pmatrix} + \mu_2 \begin{pmatrix} 1 \\ 0 \\ 0 \\ 0 \end{pmatrix}$$

$$\text{bzw.} \quad \lambda_1 \begin{pmatrix} 1 \\ 0 \\ 0 \\ 0 \end{pmatrix} + \mu_1 \begin{pmatrix} 0 \\ 1 \\ 0 \\ 0 \end{pmatrix} + \lambda_2 \begin{pmatrix} -1 \\ -1 \\ 0 \\ 0 \end{pmatrix} + \mu_2 \begin{pmatrix} -1 \\ 0 \\ 0 \\ 0 \end{pmatrix} = \begin{pmatrix} -1 \\ 1 \\ 1 \\ -2 \end{pmatrix}.$$

Löst man das durch Übergang zu den Komponentengleichungen entstehende lineare Gleichungssystem mit dem Gaußschen Algorithmus, so ergibt sich als Lösungsmenge die leere Menge. Also schneiden sich die beiden Ebenen nicht, kurz $E_1 \cap E_2 = \emptyset$.

(b) Der Ebene-Ebene-Test führt auf die Vektorgleichung

$$\begin{pmatrix}1\\1\\2\\3\end{pmatrix} + \lambda_1 \begin{pmatrix}1\\0\\0\\0\end{pmatrix} + \mu_1 \begin{pmatrix}0\\1\\0\\0\end{pmatrix} = \begin{pmatrix}1\\2\\3\\4\end{pmatrix} + \lambda_2 \begin{pmatrix}0\\0\\1\\0\end{pmatrix} + \mu_2 \begin{pmatrix}0\\0\\0\\1\end{pmatrix}$$

$$\text{bzw.} \quad \lambda_1 \begin{pmatrix}1\\0\\0\\0\end{pmatrix} + \mu_1 \begin{pmatrix}0\\1\\0\\0\end{pmatrix} + \lambda_2 \begin{pmatrix}0\\0\\-1\\0\end{pmatrix} + \mu_2 \begin{pmatrix}0\\0\\0\\-1\end{pmatrix} = \begin{pmatrix}0\\1\\1\\1\end{pmatrix}.$$

Löst man das durch Übergang zu den Komponentengleichungen entstehende lineare Gleichungssystem mit dem Gaußschen Algorithmus, so ergibt sich als Lösung $\lambda_1 = 0$, $\mu_1 = 1$, $\lambda_2 = -1$ und $\mu_2 = -1$. Also schneiden sich die beiden Ebenen im Punkt $\vec{z} := (1,2,2,3)^T$, den man durch Einsetzen von λ_1 und μ_1 in E_1 oder durch Einsetzen von λ_2 und μ_2 in E_2 erhält, kurz $E_1 \cap E_2 = \{(1,2,2,3)^T\}$.

(c) Der Ebene-Ebene-Test führt auf die Vektorgleichung

$$\begin{pmatrix}1\\1\\2\\3\end{pmatrix} + \lambda_1 \begin{pmatrix}1\\0\\0\\0\end{pmatrix} + \mu_1 \begin{pmatrix}0\\1\\0\\0\end{pmatrix} = \begin{pmatrix}2\\2\\2\\3\end{pmatrix} + \lambda_2 \begin{pmatrix}1\\1\\0\\0\end{pmatrix} + \mu_2 \begin{pmatrix}1\\0\\0\\0\end{pmatrix}$$

$$\text{bzw.} \quad \lambda_1 \begin{pmatrix}1\\0\\0\\0\end{pmatrix} + \mu_1 \begin{pmatrix}0\\1\\0\\0\end{pmatrix} + \lambda_2 \begin{pmatrix}-1\\-1\\0\\0\end{pmatrix} + \mu_2 \begin{pmatrix}-1\\0\\0\\0\end{pmatrix} = \begin{pmatrix}1\\1\\0\\0\end{pmatrix}.$$

Löst man das durch Übergang zu den Komponentengleichungen entstehende lineare Gleichungssystem mit dem Gaußschen Algorithmus, so ergibt sich als Lösung ein zweidimensionaler Lösungsraum, also eine Lösungsmenge, die von zwei frei wählbaren Parametern abhängt. Also sind die beiden Ebenen identisch, kurz $E_1 = E_2$.

Aufgabe 8.6.4 *Entscheiden Sie mit dem Vier-Punkte-Test, ob die jeweils vier durch die folgenden Vektoren gegebenen Punkte auf einer Ebene liegen:*

(a)

$$\vec{a} := (3,-2,-1)^T, \quad \vec{b} := (3,-3,0)^T, \quad \vec{c} := (2,-2,-1)^T, \quad \vec{d} := (-3,3,-5)^T,$$

(b)

$$\vec{a} := (-1,0,-2)^T, \quad \vec{b} := (-3,4,-2)^T, \quad \vec{c} := (-2,2,-2)^T, \quad \vec{d} := (5,3,0)^T.$$

Lösung der Aufgabe

(a) Die vier Vektoren liegen nicht auf einer Ebene, denn die für den Vier-Punkte-Test benötigte Determinante

$$\det \begin{pmatrix} 3-3 & 2-3 & -3-3 \\ -3-(-2) & -2-(-2) & 3-(-2) \\ 0-(-1) & -1-(-1) & -5-(-1) \end{pmatrix} = \det \begin{pmatrix} 0 & -1 & -6 \\ -1 & 0 & 5 \\ 1 & 0 & -4 \end{pmatrix} = -1$$

ist ungleich Null.

(b) Die vier Vektoren liegen auf einer Ebene, denn die für den Vier-Punkte-Test benötigte Determinante

$$\det \begin{pmatrix} -3-(-1) & -2-(-1) & 5-(-1) \\ 4-0 & 2-0 & 3-0 \\ -2-(-2) & -2-(-2) & 0-(-2) \end{pmatrix} = \det \begin{pmatrix} -2 & -1 & 6 \\ 4 & 2 & 3 \\ 0 & 0 & 2 \end{pmatrix} = 0$$

ist gleich Null.

Selbsttest 8.6.5 Welche Aussagen über die Ebene

$$E := \{ \vec{x} \in \mathbb{R}^3 \mid \exists \lambda, \mu \in \mathbb{R} : \vec{x} = \lambda(0,0,1)^T + \mu(1,0,0)^T \}$$

in $\mathbb{R}^3$ sind wahr?

?+? Der Vektor $(1,0,1)^T$ ist ein möglicher Aufvektor von E.

?+? Der Vektor $(1,0,1)^T$ ist ein möglicher Richtungsvektor von E.

?−? Der Vektor $(1,3,4)^T$ ist ein möglicher Richtungsvektor von E.

?+? Der Vektor $(2,0,4)^T$ ist ein möglicher Richtungsvektor von E.

?+? Der Vektor $(0,0,0)^T$ ist ein möglicher Aufvektor von E.

Selbsttest 8.6.6 Welche Aussagen über Schnittmengen von Ebenen sind wahr?

?+? Zwei Ebenen in $\mathbb{R}^2$ haben stets eine nicht leere Schnittmenge.

?−? Zwei Ebenen können genau zwei verschiedene Schnittpunkte besitzen (und nicht mehr).

?−? Zwei Ebenen mit identischen Richtungsvektoren haben unendlich viele Schnittpunkte.

?+? Zwei Ebenen in $\mathbb{R}^4$ können genau einen Schnittpunkt besitzen.

?+? Zwei Ebenen mit identischen Aufvektoren haben mindestens einen Schnittpunkt.

Komplexe Zahlen

9

Mit den **reellen Zahlen** $\mathbb{R}$ und den aus ihnen aufgebauten **n-dimensionalen** $\mathbb{R}$**-Vektorräumen** $\mathbb{R}^n$ hat man in der Analysis und der Linearen Algebra hinreichend flexible Objekte zur Verfügung, um nahezu alle wünschenswerten Operationen und Rechnungen durchzuführen. Es gibt aber einige Fragen und Probleme, auf die man mit den zur Verfügung stehenden Räumen gegenwärtig noch keine befriedigende Antwort geben kann. Diese Fragen sind zum Beispiel:

- Hat das Polynom p, $p(x) := x^2 + 1$, so etwas wie Nullstellen, und, wenn ja, wo liegen sie?
- Gibt es eine Vektor-Vektor-Multiplikation, mit der man so rechnen kann, wie man es von der gewöhnlichen Multiplikation in $\mathbb{R}$ gewöhnt ist, und, wenn ja, wie ist sie zu definieren?
- Ist es möglich, jedes beliebige Polynom p, $p(x) := x^n + a_{n-1}x^{n-1} + \cdots + a_1 x + a_0$, in Linearfaktoren zu zerlegen gemäß $p(x) = (x - x_1) \cdot (x - x_2) \cdots (x - x_n)$, und, wenn ja, wie erhält man die Faktoren?

Auf alle drei Fragen wird es eine positive Antwort geben, und dabei werden die sogenannten **komplexen Zahlen** die entscheidende Rolle spielen. Überraschenderweise sind diese Zahlen nicht wirklich neu, sondern entpuppen sich als Elemente des $\mathbb{R}^2$ zusammen mit einer noch zu definierenden, neuen Multiplikation. Um das generelle Vorgehen zu verstehen, sollte man sich klar machen, dass man bereits in der Schule immer mal wieder die Menge der zu benutzenden Zahlen vergrößert hat, wenn die Lösung gewisser Probleme mit den bis dahin bekannten Zahlen nicht mehr möglich war. Im Folgenden sollen diese Schritte nochmals in aller Kürze für die Suche von Lösungen einfacher Gleichungen in Erinnerung gerufen werden.

Elektronisches Zusatzmaterial Die elektronische Version dieses Kapitels enthält Zusatzmaterial, das berechtigten Benutzern zur Verfügung steht https://doi.org/10.1007/978-3-658-29969-9_9.

B. Lenze, *Basiswissen Lineare Algebra*, https://doi.org/10.1007/978-3-658-29969-9_9

In den **natürlichen Zahlen** $\mathbb{N}$ hat die Gleichung

$$x - 2 = 0$$

eine eindeutige Lösung. Die Gleichung

$$x + 2 = 0$$

ist dagegen in $\mathbb{N}$ nicht lösbar; man ist deshalb zur Menge der **ganzen Zahlen** $\mathbb{Z}$ übergegangen. In $\mathbb{Z}$ hat jedoch die Gleichung

$$3x - 2 = 0$$

auch keine Lösung mehr; man ist deshalb zur Menge der **rationalen Zahlen** $\mathbb{Q}$ übergegangen. Schließlich hat in $\mathbb{Q}$ auch die Gleichung

$$x^2 - 2 = 0$$

keine Lösung mehr, was den Übergang zu den **reellen Zahlen** $\mathbb{R}$ erforderlich machte. Der letzte noch ausstehende Schritt ist die Suche nach einer Lösung z. B. der Gleichung

$$x^2 + 2 = 0 \,,$$

die auch in $\mathbb{R}$ keine Lösung mehr besitzt. Im Folgenden wird gezeigt, dass dazu lediglich der Übergang zu $\mathbb{R}^2$ erforderlich ist, wobei dort zusätzlich noch eine passende Multiplikation zu erklären ist, die die altbekannte Multiplikation in $\mathbb{R}$ fortsetzt. Des Weiteren schreibt man in diesem Kontext $\mathbb{C}$ statt $\mathbb{R}^2$ und spricht von **komplexen Zahlen** statt von ebenen Vektoren.

9.1 Grundlegendes zu komplexen Zahlen

Um den Einstieg in die Gedankenwelt der **komplexen Zahlen** zu erleichtern, soll es zu Beginn zunächst nur um eine neue Art der Multiplikation in $\mathbb{R}^2$ gehen. Diese neue multiplikative Verknüpfung wird **komplexes Produkt** genannt und ist wie folgt definiert (siehe auch [1]).

Definition 9.1.1 Komplexes Produkt

Das **komplexe Produkt** bzw. die **komplexe Multiplikation** zweier Vektoren $\vec{a}, \vec{b} \in \mathbb{R}^2$ ist definiert als

$$\vec{a} \bullet \vec{b} := \begin{pmatrix} a_1 b_1 - a_2 b_2 \\ a_1 b_2 + a_2 b_1 \end{pmatrix} .$$

Wenn in $\mathbb{R}^2$ speziell mit diesem durch $\bullet$ abgekürzten Produkt gearbeitet wird, dann bezeichnet man den $\mathbb{R}^2$ auch als die (**Menge der**) **komplexen Zahlen.** ◄

Beispiel 9.1.2

Gegeben seien die Vektoren

$$\vec{a} := \begin{pmatrix} -1 \\ 3 \end{pmatrix}, \quad \vec{b} := \begin{pmatrix} 2 \\ 5 \end{pmatrix}, \quad \vec{e} := \begin{pmatrix} 1 \\ 0 \end{pmatrix} \quad \text{und} \quad \vec{i} := \begin{pmatrix} 0 \\ 1 \end{pmatrix}.$$

Dann gilt

$$\vec{a} \bullet \vec{b} = \begin{pmatrix} (-1) \cdot 2 - 3 \cdot 5 \\ (-1) \cdot 5 + 3 \cdot 2 \end{pmatrix} = \begin{pmatrix} -17 \\ 1 \end{pmatrix},$$

$$\vec{b} \bullet \vec{a} = \begin{pmatrix} 2 \cdot (-1) - 5 \cdot 3 \\ 2 \cdot 3 + 5 \cdot (-1) \end{pmatrix} = \begin{pmatrix} -17 \\ 1 \end{pmatrix}.$$

Das komplexe Produkt scheint also kommutativ zu sein. Ferner gilt

$$\vec{a} \bullet \vec{e} = \vec{e} \bullet \vec{a} = \begin{pmatrix} (-1) \cdot 1 - 3 \cdot 0 \\ (-1) \cdot 0 + 3 \cdot 1 \end{pmatrix} = \begin{pmatrix} -1 \\ 3 \end{pmatrix} = \vec{a}.$$

Offenbar ist also der Vektor $\vec{e}$ das neutrale Element der komplexen Multiplikation. Schließlich gilt auch noch

$$\vec{i} \bullet \vec{i} = \begin{pmatrix} 0 \cdot 0 - 1 \cdot 1 \\ 0 \cdot 1 + 1 \cdot 0 \end{pmatrix} = \begin{pmatrix} -1 \\ 0 \end{pmatrix} = -\vec{e}.$$

Die letzte Identität besagt, dass das Quadrat des Vektors $\vec{i}$ bezüglich der neuen komplexen Multiplikation genau das Negative des neutralen Elements $\vec{e}$ ergibt. Das ist ein erster wesentlicher Unterschied zum Rechnen in $\mathbb{R}$, denn dort gibt es keine Zahl, deren Quadrat das Negative von 1, also -1 ist.

9.2 Rechenregeln für komplexe Zahlen

Neben den bereits bekannten Rechenregeln in $\mathbb{R}^2$ für die Vektoraddition und die skalare Multiplikation kommen unter dem Aspekt der Identifizierung von $\mathbb{R}^2$ mit den komplexen Zahlen die **Rechenregeln für die komplexe Multiplikation** hinzu. Im folgenden Satz sind diese Regeln zusammenfassend festgehalten.

▷ **Satz 9.2.1 Rechenregeln für das komplexe Produkt** Es seien $\vec{a}, \vec{b}, \vec{c} \in \mathbb{R}^2$ beliebig gegeben und im Fall des Gesetzes (KM4) zusätzlich noch $\vec{a} \neq \vec{0}$. Dann gelten bezüglich der komplexen Multiplikation die folgenden Gesetze:

(KM1)	$\vec{a} \bullet \vec{b} = \vec{b} \bullet \vec{a}$	**(Kommutativität)**
(KM2)	$(\vec{a} \bullet \vec{b}) \bullet \vec{c} = \vec{a} \bullet (\vec{b} \bullet \vec{c})$	**(Assoziativität)**
(KM3)	$\exists \vec{e} \in \mathbb{R}^2 \colon \vec{a} \bullet \vec{e} = \vec{a}$	**(neutrales Element)**
(KM4)	$\exists \vec{a}^{-1} \in \mathbb{R}^2 \setminus \{\vec{0}\} \colon \vec{a} \bullet \vec{a}^{-1} = \vec{e}$	**(inverse Elemente)**
(KMD)	$\vec{a} \bullet (\vec{b} + \vec{c}) = (\vec{a} \bullet \vec{b}) + (\vec{a} \bullet \vec{c})$	**(Distributivität)**

Genauer gilt, dass das neutrale Element in (KM3) gegeben ist durch

$$\vec{e} = (1, 0)^T$$

und dass sich das jeweils inverse Element zu $\vec{a} \in \mathbb{R}^2 \setminus \{\vec{0}\}$ aus (KM4) berechnen lässt als

$$\vec{a}^{-1} = \left(\frac{a_1}{a_1^2 + a_2^2}, \frac{-a_2}{a_1^2 + a_2^2} \right)^T .$$

Beweis Die Gesetze rechnet man unter Ausnutzung der bekannten Rechenregeln für die reellen Zahlen, mit denen man es ja in jeder Komponente zu tun hat, leicht nach. Exemplarisch sei der Nachweis von (KM4)

$$\vec{a} \bullet \left(\frac{a_1}{a_1^2 + a_2^2}, \frac{-a_2}{a_1^2 + a_2^2} \right)^T = (a_1, a_2)^T \bullet \left(\frac{a_1}{a_1^2 + a_2^2}, \frac{-a_2}{a_1^2 + a_2^2} \right)^T$$

$$= \left(\frac{a_1^2}{a_1^2 + a_2^2} - \frac{-a_2^2}{a_1^2 + a_2^2}, \frac{-a_1 a_2}{a_1^2 + a_2^2} + \frac{a_2 a_1}{a_1^2 + a_2^2} \right)^T = (1, 0)^T$$

und (KMD)

$$\vec{a} \bullet (\vec{b} + \vec{c}) = (a_1, a_2)^T \bullet (b_1 + c_1, b_2 + c_2)^T$$
$$= (a_1(b_1 + c_1) - a_2(b_2 + c_2), a_1(b_2 + c_2) + a_2(b_1 + c_1))^T$$
$$= (a_1 b_1 + a_1 c_1 - a_2 b_2 - a_2 c_2, a_1 b_2 + a_1 c_2 + a_2 b_1 + a_2 c_1)^T$$
$$= (a_1 b_1 - a_2 b_2 + a_1 c_1 - a_2 c_2, a_1 b_2 + a_2 b_1 + a_1 c_2 + a_2 c_1)^T$$
$$= (a_1 b_1 - a_2 b_2, a_1 b_2 + a_2 b_1)^T + (a_1 c_1 - a_2 c_2, a_1 c_2 + a_2 c_1)^T$$
$$= (\vec{a} \bullet \vec{b}) + (\vec{a} \bullet \vec{c})$$

vorgeführt.   □

▷ **Bemerkung 9.2.2 Körper der komplexen Zahlen** Der $\mathbb{R}^2$ bildet also mit der bekannten Vektoraddition $+$ (Rechenregeln (A1) bis (A4)) und der neu erklärten multiplikativen Verknüpfung $\bullet$ (Rechenregeln (KM1) bis (KM4) sowie (KMD)) einen **Körper**, den sogenannten **Körper der komplexen Zahlen**. Man kann zeigen, dass es für $\mathbb{R}^n$, $n > 2$, unmöglich ist, eine Körperstruktur zu erklären. Dies ist ein tiefliegendes mathematisches Resultat, welches zeigt, dass der Körper der komplexen Zahlen eine ausgezeichnete Rolle spielt.

▷ **Bemerkung 9.2.3 Punktrechnung vor Strichrechnung** Es wird wieder die Konvention getroffen, dass Multiplikationen vor Additionen auszuführen sind (Punktrechnung geht vor Strichrechnung), so dass z. B. bei der Formulierung des Distributivgesetzes im obigen Satz auf der rechten Seite die Klammern weggelassen werden können.

Beispiel 9.2.4

Zum Vektor $\vec{a} := (3, -4)^T \in \mathbb{R}^2$ berechnet sich der bezüglich der komplexen Multiplikation inverse Vektor als

$$\vec{a}^{-1} = \left(\frac{3}{3^2 + (-4)^2}, \frac{-(-4)}{3^2 + (-4)^2} \right)^T = \left(\frac{3}{25}, \frac{4}{25} \right)^T.$$

Eine Probe ergibt wie erwartet

$$\begin{pmatrix} 3 \\ -4 \end{pmatrix} \bullet \begin{pmatrix} \frac{3}{25} \\ \frac{4}{25} \end{pmatrix} = \begin{pmatrix} 1 \\ 0 \end{pmatrix} = \begin{pmatrix} \frac{3}{25} \\ \frac{4}{25} \end{pmatrix} \bullet \begin{pmatrix} 3 \\ -4 \end{pmatrix}.$$

9.3 Notationen für komplexe Zahlen

Im Folgenden führen wir eine neue Notation für Vektoren im $\mathbb{R}^2$ ein, sofern das komplexe Produkt und der Umgang mit ihm im Vordergrund steht. Eine nachvollziehbare Motivation für die Einführung einer neuen Darstellung der Vektoren in $\mathbb{R}^2$ im Zusammenhang mit dem komplexen Produkt wäre zum Beispiel, dass man mit dem neuen Produkt unter Anwendung der neuen Darstellung im Wesentlichen genauso rechnen kann wie mit dem gewöhnlichen Produkt in $\mathbb{R}$. Des Weiteren ist es ja nicht unüblich, in Abhängigkeit vom jeweiligen Problem oder der jeweils durchzuführenden Rechnung eine passende Notation für die zu verknüpfenden Objekte einzuführen und dann mit dieser zu arbeiten. So ist z. B. für eine beliebige rationale Zahl sowohl die **Bruchdarstellung** als auch die **Dezimaldarstellung** gebräuchlich. In diesem Sinne sind die Zahlen $\frac{3}{8}$ und 0.375 sowie die Zahlen $\frac{7}{20}$ und 0.35 vollkommen identisch, wobei hier und im Folgenden stets die Punkt-Notation und nicht die Komma-Notation für die Dezimaldarstellung verwendet wird. Will man die beiden Zahlen multiplizieren, so ist die Bruchdarstellung sicher die geeignetere, will man sie addieren, so ist die Dezimaldarstellung vorzuziehen. Genauso verhält es sich nun bei den komplexen Zahlen, wobei hier die Anzahl möglicher Notationen noch etwas größer ist. Um zu einer ersten neuen Darstellung zu kommen, betrachtet man zunächst einmal lediglich Vektoren, deren zweite Komponente jeweils Null ist. Für derartige Vektoren gilt offensichtlich

$$(a_1, 0)^T + (b_1, 0)^T = (a_1 + b_1, 0)^T,$$
$$(a_1, 0)^T \bullet (b_1, 0)^T = (a_1 b_1, 0)^T,$$

d. h. man erhält so nichts anderes als die gewöhnliche Addition und Multiplikation in $\mathbb{R}$. Dies bezeichnet man als **Einbettung** der reellen Zahlen im Körper der komplexen Zahlen. Ferner gilt die folgende, bereits zuvor beobachtete Identität

$$(0, 1)^T \bullet (0, 1)^T = (0 \cdot 0 - 1 \cdot 1, 0 \cdot 1 + 1 \cdot 0)^T = (-1, 0)^T.$$

Identifiziert man also die erste Komponente eines Vektors aus $\mathbb{R}^2$ mit der entsprechenden reellen Zahl auf der reellen Achse (falls seine zweite Komponente Null ist), dann ist jetzt sowohl die übliche Addition und Multiplikation reeller Zahlen eingebettet als auch ein Vektor gefunden (nämlich $(0, 1)^T$), dessen Quadrat -1 ergibt, genauer $(-1, 0)^T$. Natürlich liegt diese neue Zahl nicht mehr in $\mathbb{R}$, sondern echt in $\mathbb{R}^2$, was ja auch nicht verblüfft, denn in $\mathbb{R}$ gibt es ja bekanntlich keine Zahl, deren Quadrat -1 ergibt. Als Schreibweise hat sich aufgrund dieser Beobachtungen die sogenannte **komplexe Darstellung** durchgesetzt:

$$\vec{a} = (a_1, a_2)^T = a_1 \underbrace{(1, 0)^T}_{1} + a_2 \underbrace{(0, 1)^T}_{i} =: a_1 + a_2 i =: a_1 + i a_2 \,.$$

Dabei ist die sogenannte **imaginäre Einheit** i lediglich ein Platzhalter, der sagt: Die mit mir multiplizierte reelle Zahl stellt eigentlich die zweite Komponente eines Vektors in $\mathbb{R}^2$ dar. Die definierende Eigenschaft von i ist also die Gültigkeit der Gleichung $i^2 = -1$ und der Mehrwert dieser neuen Notation besteht darin, dass man nun mit Zahlen in komplexer Darstellung **genauso** rechnen kann wie mit Zahlen aus $\mathbb{R}$, wobei man lediglich stets i^2 durch -1 zu ersetzen hat.

Beispiel 9.3.1

Das komplexe Produkt von $\vec{a} := 3 - 4i$ und $\vec{b} := 2 + 5i$ berechnet sich durch übliches Ausmultiplizieren leicht zu

$$(3 - 4i) \bullet (2 + 5i) = 6 + 15i - 8i - 20i^2 = 6 + 7i + 20 = 26 + 7i \,.$$

Zu $\vec{a} = 3 - 4i$ berechnet sich das Inverse bezüglich der komplexen Multiplikation durch Erweiterung des Reziprokwerts mit der sogenannten **konjugiert komplexen Zahl** $3 + 4i$ einfach als

$$\vec{a}^{-1} = \frac{1}{3 - 4i} = \frac{3 + 4i}{(3 - 4i)(3 + 4i)} = \frac{3 + 4i}{9 + 12i - 12i - 16i^2} = \frac{3 + 4i}{9 + 16}$$

$$= \frac{3}{25} + \frac{4}{25}i \, .$$

Eine Probe ergibt wie erwartet

$$(3 - 4i) \bullet \left(\frac{3}{25} + \frac{4}{25}i \right) = \frac{9}{25} + \frac{12}{25}i - \frac{12}{25}i - \frac{16}{25}i^2 = \frac{9}{25} + \frac{16}{25} = 1 \, .$$

▷ **Bemerkung 9.3.2 Imaginäre Einheit** Die imaginäre Einheit i wird in der ingenieurwissenschaftlichen Literatur auch häufig mit j bezeichnet, während die Bezeichnung mit i primär in der mathematischen Literatur verbreitet ist. Erstmals benutzt wurde i von dem schweizer Mathematiker Leonard Euler (1707–1783), der intensiv mit diesen Zahlen gerechnet hat und Pionierarbeit auf dem Gebiet der komplexen Zahlen geleistet hat.

Während die gerade diskutierte komplexe Darstellung ihren Vorzug beim analytischen Umgang mit komplexen Zahlen hat, entwickelt die im Folgenden einzuführende Darstellung ihren speziellen Nutzen im geometrischen Kontext. Was dies zu bedeuten hat, soll zunächst anhand eines einfachen Beispiels erläutert werden.

Beispiel 9.3.3

Gegeben seien die Vektoren $\vec{a} := (3, 1)^T$ und $\vec{b} := (1, 1)^T$ mit dem komplexen Produkt

$$\vec{a} \bullet \vec{b} = (3 \cdot 1 - 1 \cdot 1, 3 \cdot 1 + 1 \cdot 1)^T = (2, 4)^T$$

bzw. in der neuen komplexen Notation

$$\vec{a} \bullet \vec{b} = (3 + i) \bullet (1 + i) = 3 + 3i + i + i^2 = 2 + 4i \, .$$

Vergleicht man nun die Längen der insgesamt drei Vektoren (vgl. Abb. 9.1), so erhält man wegen

$$|\vec{a}| = \sqrt{3^2 + 1^2} = \sqrt{10} \, , \qquad\qquad |\vec{b}| = \sqrt{1^2 + 1^2} = \sqrt{2} \, ,$$

$$|\vec{a} \bullet \vec{b}| = \sqrt{2^2 + 4^2} = \sqrt{20} \, ,$$

Abb. 9.1 Komplexe Multiplikation

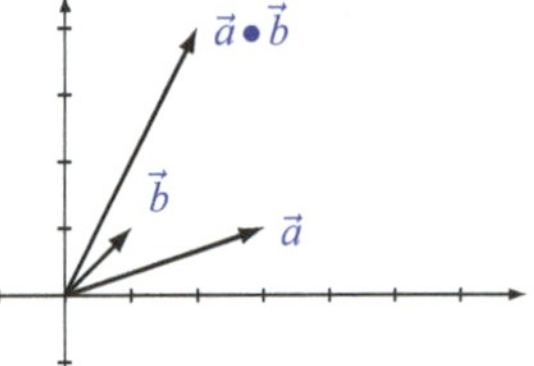

die Identität

$$|\vec{a}| \cdot |\vec{b}| = |\vec{a} \bullet \vec{b}| \, .$$

Vergleicht man ferner die Winkel, die die drei Vektoren mit der durch den ersten kanonischen Einheitsvektor $\vec{e}^{(1)}$ repräsentierten positiven x-Achse einschließen, so erhält man wegen

$$\angle(\vec{a}, \vec{e}^{(1)}) = \arctan\left(\frac{a_2}{a_1}\right) = \arctan\left(\frac{1}{3}\right) = 0.32175\ldots,$$

$$\angle(\vec{b}, \vec{e}^{(1)}) = \arctan\left(\frac{b_2}{b_1}\right) = \arctan\left(\frac{1}{1}\right) = 0.78539\ldots,$$

$$\angle(\vec{a} \bullet \vec{b}, \vec{e}^{(1)}) = \arctan\left(\frac{(\vec{a} \bullet \vec{b})_2}{(\vec{a} \bullet \vec{b})_1}\right) = \arctan\left(\frac{4}{2}\right) = 1.10714\ldots,$$

die Identität

$$\angle(\vec{a}, \vec{e}^{(1)}) + \angle(\vec{b}, \vec{e}^{(1)}) = \angle(\vec{a} \bullet \vec{b}, \vec{e}^{(1)}) \, .$$

Als Vermutung basierend auf diesem Beispiel ergibt sich somit: **Bei der komplexen Multiplikation multiplizieren sich die Längen und addieren sich die Winkel der beteiligten Vektoren.**

Im Folgenden soll die obige Vermutung Schritt für Schritt als korrekt nachgewiesen werden. Dazu bedarf es zunächst einiger Vorüberlegungen.

Es sei $\vec{a} \in \mathbb{R}^2 \setminus \{\vec{0}\}$ mit $|\vec{a}| = \sqrt{a_1^2 + a_2^2} =: r > 0$ beliebig gegeben. Bezeichnet nun $\varphi := \angle(\vec{a}, \vec{e}^{(1)})$ den gegen den Uhrzeigersinn gemessenen Winkel zwischen $\vec{a}$ und der positiven x-Achse, dann lässt sich $\vec{a}$ wegen

$$\cos(\varphi) = \frac{a_1}{r} \quad \text{und} \quad \sin(\varphi) = \frac{a_2}{r}$$

Abb. 9.2 Kartesische und trigonometrische Koordinaten eines Vektors

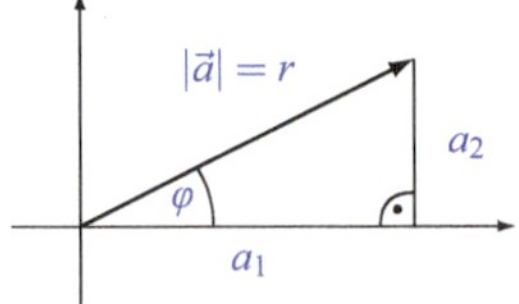

schreiben als

$$\vec{a} = r(\cos(\varphi), \sin(\varphi))^T = r(\cos(\varphi) + \mathrm{i}\sin(\varphi)) \, .$$

Diese Darstellung wird **trigonometrische Darstellung** von $\vec{a}$ genannt (vgl. Abb. 9.2). Nutzt man nun noch die bereits aus der Analysis bekannten Reihenentwicklungen

$$e^x = \sum_{k=0}^{\infty} \frac{x^k}{k!}$$

sowie $\qquad \cos(x) = \sum_{k=0}^{\infty}(-1)^k \frac{x^{2k}}{(2k)!} \quad$ und $\quad \sin(x) = \sum_{k=0}^{\infty}(-1)^k \frac{x^{2k+1}}{(2k+1)!}$

aus und setzt ganz formal $x := \mathrm{i}\varphi$, dann folgt wegen $\mathrm{i}^2 = -1$ die Identität

$$
\begin{aligned}
r e^{\mathrm{i}\varphi} &= r \sum_{k=0}^{\infty} \frac{(\mathrm{i}\cdot\varphi)^k}{k!} = r \left(\sum_{k=0}^{\infty} \frac{(\mathrm{i}\cdot\varphi)^{2k}}{(2k)!} + \sum_{k=0}^{\infty} \frac{(\mathrm{i}\cdot\varphi)^{2k+1}}{(2k+1)!} \right) \\
&= r \left(\sum_{k=0}^{\infty} \mathrm{i}^{2k} \frac{\varphi^{2k}}{(2k)!} + \mathrm{i} \sum_{k=0}^{\infty} \mathrm{i}^{2k} \frac{\varphi^{2k+1}}{(2k+1)!} \right) \\
&= r \left(\sum_{k=0}^{\infty} (-1)^k \frac{\varphi^{2k}}{(2k)!} + \mathrm{i} \sum_{k=0}^{\infty} (-1)^k \frac{\varphi^{2k+1}}{(2k+1)!} \right) \\
&= r(\cos(\varphi) + \mathrm{i}\sin(\varphi)) \, .
\end{aligned}
$$

Abb. 9.3 Trigonometrische und exponentielle Darstellung komplexer Zahlen

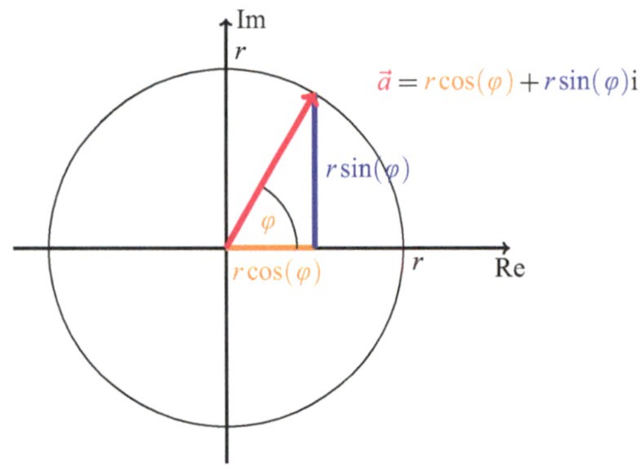

Also ergibt sich für $\vec{a}$ die Darstellung

$$\vec{a} = r(\cos(\varphi) + \mathrm{i}\sin(\varphi)) = re^{\mathrm{i}\varphi}.$$

Diese Identität geht wieder auf den schweizer Mathematiker Leonard Euler (1707–1783) zurück und wird deshalb in der Literatur als **Eulersche Formel** bezeichnet oder auch kurz als **exponentielle Darstellung** von $\vec{a}$ (vgl. auch Abb. 9.3). Aus ihr folgt unmittelbar durch einfaches Potenzieren die von Abraham de Moivre (1667–1754) gefundene und nach ihm benannte **Formel von Moivre**

$$(r(\cos(\varphi) + \mathrm{i}\sin(\varphi)))^n = r^n e^{\mathrm{i}n\varphi} = r^n(\cos(n\varphi) + \mathrm{i}\sin(n\varphi)) \,.$$

Alle bisherigen Beobachtungen und daraus resultierenden **Darstellungen für komplexe Zahlen** werden nun zusammenfassend in der folgenden abschließenden Definition festgehalten.

Definition 9.3.4 Komplexe Zahlen

Es sei $\vec{a} \in \mathbb{R}^2 \setminus \{\vec{0}\}$ beliebig gegeben. Ferner sei $r := |\vec{a}|$ die **Länge** von $\vec{a}$ (auch **Modul** oder **Betrag** genannt) und $\varphi := \angle(\vec{a}, \vec{e}^{(1)})$ der gegen den Uhrzeigersinn gemessene **Winkel** zwischen $\vec{a}$ und $\vec{e}^{(1)} = (1, 0)^T$ (auch **Phase** oder **Argument** genannt). Dann gilt

$$\vec{a} = (a_1, a_2)^T = a_1 + \mathrm{i}a_2 = r\left(\cos(\varphi) + \mathrm{i}\sin(\varphi)\right) = re^{\mathrm{i}\varphi} \,,$$

und die unterschiedlichen Darstellungen heißen der Reihe nach **kartesische Darstellung, komplexe Darstellung, trigonometrische Darstellung** und **exponentielle Darstellung** von $\vec{a}$. Ferner bezeichnet man a_1 als den **Realteil** von $\vec{a}$ und a_2 als den **Imaginärteil** von $\vec{a}$, kurz $\mathrm{Re}(\vec{a}) := a_1$ und $\mathrm{Im}(\vec{a}) := a_2$. Ist $\mathrm{Re}(\vec{a}) = 0$, dann heißt $\vec{a}$ **rein imaginär**, ist $\mathrm{Im}(\vec{a}) = 0$, dann heißt $\vec{a}$ **rein reell**. Schließlich schreibt man, wenn der komplexe Aspekt im Vordergrund steht, für den Vektor $\vec{a}$ die **komplexe Zahl** z und bezeichnet $\mathbb{R}^2$ als die **(Menge der) komplexen Zahlen** (oder als die **komplexe Zahlenebene** oder auch als die **Gaußsche Zahlenebene**), kurz $\mathbb{C}$, also

$$\mathbb{C} := \{z = a_1 + \mathrm{i}a_2 \mid a_1, a_2 \in \mathbb{R}\}.$$

Des Weiteren wird nun auch wieder die Multiplikation mit dem normalen Multiplikationszeichen oder, wenn Missverständnisse ausgeschlossen sind, ohne Angabe eines Zeichens geschrieben und nicht mehr mit dem Punkt •. Ist schließlich $z = a_1 + \mathrm{i}a_2$ eine beliebige komplexe Zahl, so wird mit

$$\overline{z} := a_1 - \mathrm{i}a_2$$

die zu z **konjugiert komplexe Zahl** bezeichnet. Ist z rein reell, dann gilt $\overline{z} = z$; ist z rein imaginär, dann gilt $\overline{z} = -z$. Unter Zugriff auf die konjugiert komplexe Zahl lässt sich u. a. der Modul von z in kompakter Form berechnen als $|z| = \sqrt{z\overline{z}}$. ◄

Abb. 9.4 Komplexe Zahl in
komplexer Darstellung

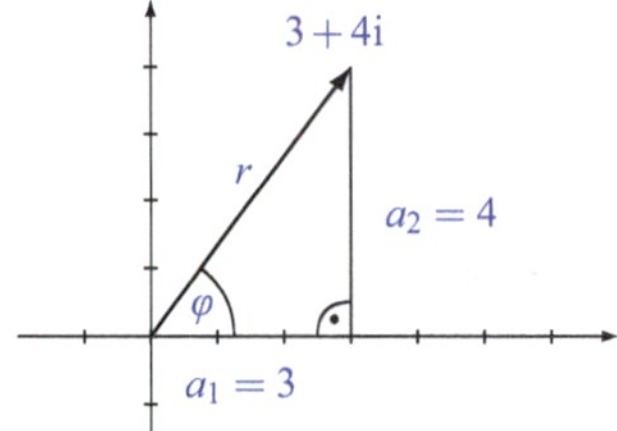

9.4 Rechentechniken für komplexe Zahlen

Im Folgenden wird in loser Aneinanderreihung einfacher Beispiele die Umrechnung komplexer Zahlen aus der einen in die andere Darstellung vorgestellt sowie einfache Berechnungen mit komplexen Zahlen in unterschiedlichen Darstellungen durchgeführt. Die Beherrschung dieser Rechentechniken für komplexe Zahlen ist wichtig und sollte intensiv geübt werden.

Beispiel 9.4.1
Zu berechnen ist die exponentielle Darstellung von $z^{(1)} := 3 + 4\mathrm{i}$, wobei auch hier die Arcustangensfunktion zur Bestimmung der Phase eingesetzt werden soll (vgl. Abb. 9.4).
Man erhält damit

$$r = \sqrt{(\mathrm{Re}(z^{(1)}))^2 + (\mathrm{Im}(z^{(1)}))^2} = \sqrt{3^2 + 4^2} = 5\,,$$

$$\varphi = \arctan\left(\frac{\mathrm{Im}(z^{(1)})}{\mathrm{Re}(z^{(1)})}\right) = \arctan\left(\frac{4}{3}\right) = 0.927\ldots\,,$$

also die exponentielle Darstellung $z^{(1)} = 5e^{\mathrm{i}0.927\ldots}$.

Beispiel 9.4.2
Zu berechnen ist die komplexe Darstellung von $z^{(2)} := 3e^{\mathrm{i}\frac{\pi}{4}}$ (vgl. Abb. 9.5).
Hier ergibt sich unter Anwendung der Eulerschen Formel sofort die komplexe Darstellung

$$z^{(2)} = 3\left(\cos\left(\frac{\pi}{4}\right) + \mathrm{i}\sin\left(\frac{\pi}{4}\right)\right) = 3\left(\frac{1}{\sqrt{2}} + \mathrm{i}\frac{1}{\sqrt{2}}\right) = \frac{3}{\sqrt{2}} + \mathrm{i}\frac{3}{\sqrt{2}}\,.$$

Abb. 9.5 Komplexe Zahl in exponentieller Darstellung

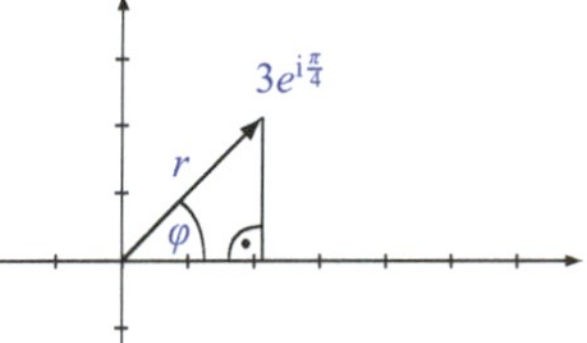

Für die folgenden Beispiele seien $z^{(1)} := 3 + i4 = 5e^{i0.927\ldots}$ und $z^{(2)} := 3e^{i\frac{\pi}{4}} = \frac{3}{\sqrt{2}} + i\frac{3}{\sqrt{2}}$ fest vorgegeben. Es werden nun einige Rechnungen durchgeführt mit dem Ziel herauszufinden, für welche Rechnung welche Darstellung besser geeignet ist.

Beispiel 9.4.3

Für die Addition zweier komplexer Zahlen ergibt sich

$$z^{(1)} + z^{(2)} = (3 + i4) + \left(\frac{3}{\sqrt{2}} + i\frac{3}{\sqrt{2}}\right) = \left(3 + \frac{3}{\sqrt{2}}\right) + i\left(4 + \frac{3}{\sqrt{2}}\right),$$

$$z^{(1)} + z^{(2)} = 5e^{i0.927} + 3e^{i\frac{\pi}{4}}$$

$$= 5\left(\cos(0.927\ldots) + i\sin(0.927\ldots)\right) + 3\left(\cos\left(\frac{\pi}{4}\right) + i\sin\left(\frac{\pi}{4}\right)\right)$$

$$= 5\left(\frac{3}{5} + \frac{4}{5}i\right) + 3\left(\frac{1}{\sqrt{2}} + i\frac{1}{\sqrt{2}}\right) = \left(3 + \frac{3}{\sqrt{2}}\right) + i\left(4 + \frac{3}{\sqrt{2}}\right)$$

$$= \sqrt{\left(3 + \frac{3}{\sqrt{2}}\right)^2 + \left(4 + \frac{3}{\sqrt{2}}\right)^2}\, e^{\,i\arctan\left(\frac{4+\frac{3}{\sqrt{2}}}{3+\frac{3}{\sqrt{2}}}\right)} = 7.981\ldots e^{i0.874\ldots}.$$

Offensichtlich ist für die Addition von komplexen Zahlen die komplexe Darstellung besser geeignet als die exponentielle Darstellung. Dieselbe Aussage gilt natürlich auch für die Subtraktion als Kurzschreibweise für die Addition eines bezüglich der Addition inversen Elements.

Beispiel 9.4.4

Für die Multiplikation zweier komplexer Zahlen ergibt sich

$$z^{(1)} \cdot z^{(2)} = (3 + i4) \cdot \left(\frac{3}{\sqrt{2}} + i\frac{3}{\sqrt{2}}\right) = \frac{9}{\sqrt{2}} + \frac{12}{\sqrt{2}}i^2 + \frac{9}{\sqrt{2}}i + \frac{12}{\sqrt{2}}i$$

$$= \left(\frac{9}{\sqrt{2}} - \frac{12}{\sqrt{2}}\right) + i\left(\frac{9}{\sqrt{2}} + \frac{12}{\sqrt{2}}\right) = -\frac{3}{\sqrt{2}} + i\frac{21}{\sqrt{2}},$$

$$z^{(1)} \cdot z^{(2)} = 5e^{i0.927\ldots} \cdot 3e^{i\frac{\pi}{4}} = 15e^{i\left(0.927\ldots + \frac{\pi}{4}\right)}.$$

Offensichtlich ist für die Multiplikation von komplexen Zahlen die exponentielle Darstellung besser geeignet als die komplexe Darstellung.

Beispiel 9.4.5

Für die Division zweier komplexer Zahlen als Kurzschreibweise für die Multiplikation einer komplexen Zahl mit einem bezüglich der Multiplikation inversen Element ergibt sich

$$\frac{z^{(2)}}{z^{(1)}} = \frac{\frac{3}{\sqrt{2}} + i\frac{3}{\sqrt{2}}}{3 + i4} \cdot \frac{3 - i4}{3 - i4} = \frac{\frac{9}{\sqrt{2}} - i^2 \frac{12}{\sqrt{2}} - \frac{12}{\sqrt{2}}i + \frac{9}{\sqrt{2}}i}{9 + 16} = \frac{21}{25\sqrt{2}} - \frac{3}{25\sqrt{2}}i,$$

$$\frac{z^{(2)}}{z^{(1)}} = \frac{3e^{i\frac{\pi}{4}}}{5e^{i0.927\ldots}} = \frac{3}{5}e^{i\left(\frac{\pi}{4} - 0.927\ldots\right)}.$$

Offensichtlich ist für die Division von komplexen Zahlen die exponentielle Darstellung besser geeignet als die komplexe Darstellung.

Beispiel 9.4.6

Für die Konjugation komplexer Zahlen ergibt sich

$$\overline{z^{(1)}} = \overline{3 + 4i} = 3 - 4i,$$

$$\overline{z^{(1)}} = \overline{5e^{i0.927\ldots}} = 5e^{-i0.927\ldots}.$$

Offensichtlich ist für die Konjugation von komplexen Zahlen die komplexe Darstellung genauso geeignet wie die exponentielle Darstellung. In beiden Darstellungen ist das Konjugieren ausgesprochen einfach. Geometrisch bedeutet es ja nichts anderes als eine Spiegelung an der reellen Achse und ob dies durch Negation des Imaginärteils oder durch Negation der Phase vollzogen wird, spielt vom Aufwand her keine Rolle.

Beispiel 9.4.7

Für die Reziprokwertbildung komplexer Zahlen, also für die Bestimmung des multiplikativ inversen Elements, ergibt sich

$$\frac{1}{z^{(1)}} = \frac{1}{3 + 4i} \cdot \frac{3 - 4i}{3 - 4i} = \frac{3}{25} - \frac{4}{25}i,$$

$$\frac{1}{z^{(1)}} = \frac{1}{5e^{i0.927\ldots}} = \frac{1}{5}e^{-i0.927\ldots}.$$

> Offensichtlich ist für die Reziprokwertbildung von komplexen Zahlen die exponentielle Darstellung besser geeignet als die komplexe Darstellung. Mit Hilfe der Erweiterung des Bruchs mit dem konjugiert komplexen Wert ist allerdings auch die Rechnung in komplexer Darstellung noch relativ einfach.

Beim **Wechsel der Darstellungen** komplexer Zahlen ist die Umrechnung von der komplexen in die exponentielle Darstellung die mit Abstand schwierigste. Deshalb soll im Folgenden nochmals im Detail notiert werden, welche Schritte erforderlich sind. Dazu sei $z := a_1 + ia_2 \neq 0$ eine beliebige von Null verschiedene Zahl in komplexer Darstellung. Dann ist $z = re^{i\varphi}$ die exponentielle Darstellung, wobei der Modul r und die Phase φ wie folgt zu bestimmen sind:

$$r := \sqrt{a_1^2 + a_2^2}\,,$$

$$\varphi := \left\{ \begin{array}{lll} \arctan\left(\frac{a_2}{a_1}\right) \in [0, \frac{\pi}{2}) & \text{für} \quad a_1 > 0 \quad \text{und} \quad a_2 \geq 0 & (1.\ \text{Quadrant}) \\ \frac{\pi}{2} & \text{für} \quad a_1 = 0 \quad \text{und} \quad a_2 > 0 & \\ \arctan\left(\frac{a_2}{a_1}\right) + \pi \in (\frac{\pi}{2}, \frac{3\pi}{2}) & \text{für} \quad a_1 < 0 & (2.\ \text{und } 3.\ \text{Quadrant}) \\ \frac{3\pi}{2} & \text{für } a_1 = 0 \quad \text{und} \quad a_2 < 0 & \\ \arctan\left(\frac{a_2}{a_1}\right) + 2\pi \in (\frac{3\pi}{2}, 2\pi) & \text{für} \quad a_1 > 0 \quad \text{und} \quad a_2 < 0 & (4.\ \text{Quadrant}) \end{array} \right\} \cdot$$

Die etwas komplizierte Berechnung der Phase hängt damit zusammen, dass die in der Arcustangensfunktion auftauchenden Quotienten nicht zwischen dem ersten und dritten bzw. dem zweiten und vierten Quadranten unterscheiden können. Viele höhere Programmiersprachen haben deshalb die Arcustangensfunktion so erweitert, dass sie diese Unterscheidung vornehmen kann. Sie ist dann auf zwei Argumenten erklärt (Imaginärteil und Realteil), kann so exakt auf den jeweiligen Quadranten rückschließen und wird **arctan2- oder atan2-Funktion** genannt (siehe auch Abb. 9.6). Speziell in Java würde also ein einfacher Code zur Umrechnung der komplexen Darstellung in die exponentielle etwa wie folgt aussehen:

```java
public static double[] komp2expo(double real, double imag)
{
        double[] modul_phase = new double[2];
        modul_phase[0]=Math.sqrt(real*real+imag*imag);
        modul_phase[1]=Math.atan2(imag,real);
        return modul_phase;
}
```

Abschließend wird nun im Rahmen einer Bemerkung das Ziehen n-ter Wurzeln aus komplexen Zahlen festgehalten.

Abb. 9.6 Skizze zu arctan und arctan2

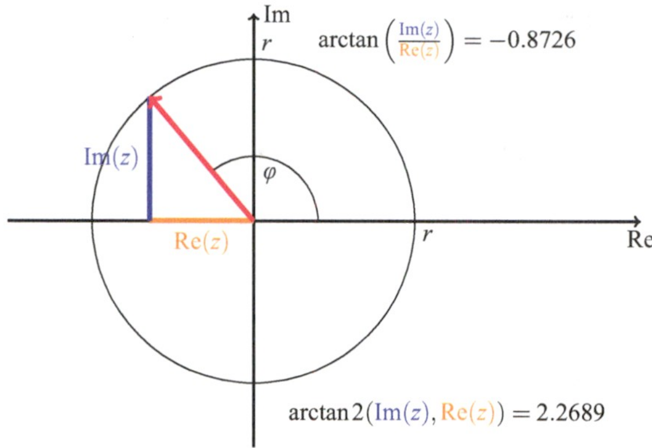

▶   **Bemerkung 9.4.8 Wurzeln komplexer Zahlen** Eine beliebige komplexe Zahl $z \in \mathbb{C} \setminus \{0\}$ besitzt für jedes $n \in \mathbb{N}^*$ **genau n verschiedene n-te Wurzeln**. Falls die Zahl $z \in \mathbb{C} \setminus \{0\}$ in exponentieller Darstellung $z = re^{i\varphi}$ gegeben ist, dann lassen sich diese n Wurzeln sehr leicht berechnen, und zwar gemäß

$$
\sqrt[n]{z} = \sqrt[n]{re^{i\varphi}} = \sqrt[n]{r}\,\sqrt[n]{e^{i\varphi}} = \left\{
\begin{array}{l}
\sqrt[n]{r}\,e^{i\frac{\varphi}{n}} \\[4pt]
\sqrt[n]{r}\,e^{i(\frac{\varphi}{n}+\frac{2\pi}{n})} \\[4pt]
\sqrt[n]{r}\,e^{i(\frac{\varphi}{n}+2\frac{2\pi}{n})} \\[4pt]
\vdots \\[4pt]
\sqrt[n]{r}\,e^{i(\frac{\varphi}{n}+(n-1)\frac{2\pi}{n})}
\end{array}
\right\} .
$$

Dass diese Zahlen in der Tat n-te Wurzeln sind, bestätigt man leicht durch eine Probe, wobei wegen der 2π-Periodizität von sin und cos auszunutzen ist, dass auch die komplexe Exponentialfunktion 2π-periodisch ist, d. h. dass gilt

$$
e^{i(\varphi+2k\pi)} = e^{i\varphi}\,, \quad \varphi \in \mathbb{R}\,, \quad k \in \mathbb{Z}\,.
$$

Schließlich bezeichnet man in diesem Zusammenhang die komplexen Zahlen

$$
e^{i\frac{2k\pi}{n}}\,, \quad k \in \{0, 1, 2, \ldots, n-1\}\,,
$$

für jedes feste $n \in \mathbb{N}^*$ als die **n-ten komplexen Einheitswurzeln**.

Abb. 9.7 8-te komplexe Einheitswurzeln

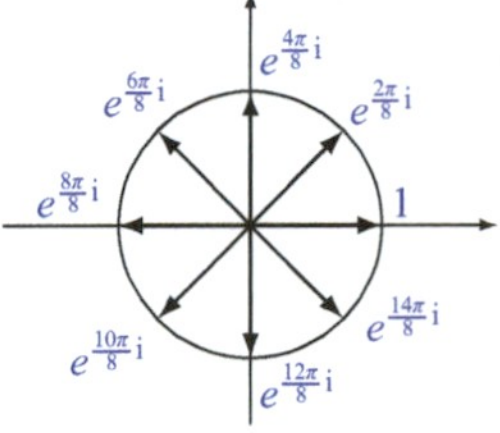

Beispiel 9.4.9

Die 8-ten komplexen Einheitswurzeln lauten zum Beispiel

$$\sqrt[8]{1} = \left\{ \begin{array}{l} e^{i\frac{0\cdot 2\pi}{8}} = 1 \\[4pt] e^{i\frac{1\cdot 2\pi}{8}} = e^{i\frac{\pi}{4}} \\[4pt] e^{i\frac{2\cdot 2\pi}{8}} = e^{i\frac{\pi}{2}} \\[4pt] e^{i\frac{3\cdot 2\pi}{8}} = e^{i\frac{3\pi}{4}} \\[4pt] e^{i\frac{4\cdot 2\pi}{8}} = e^{i\pi} \\[4pt] e^{i\frac{5\cdot 2\pi}{8}} = e^{i\frac{5\pi}{4}} \\[4pt] e^{i\frac{6\cdot 2\pi}{8}} = e^{i\frac{3\pi}{2}} \\[4pt] e^{i\frac{7\cdot 2\pi}{8}} = e^{i\frac{7\pi}{4}} \end{array} \right\}.$$

Ihre Lage in der komplexen Ebene ist in Abb. 9.7 skizziert.

9.5 Aufgaben mit Lösungen

Aufgabe 9.5.1 *Gegeben seien die Vektoren*

$$\vec{a} := \begin{pmatrix} 2 \\ -4 \end{pmatrix}, \quad \vec{b} := \begin{pmatrix} -2 \\ 7 \end{pmatrix}, \quad \vec{e} := \begin{pmatrix} 1 \\ 0 \end{pmatrix} \quad und \quad \vec{i} := \begin{pmatrix} 0 \\ 1 \end{pmatrix}.$$

Berechnen Sie $\vec{a} \bullet \vec{b}$, $\vec{b} \bullet \vec{a}$, $\vec{a} \bullet \vec{e}$, $\vec{e} \bullet \vec{a}$ und $\vec{i} \bullet \vec{e}$.

Lösung der Aufgabe Man erhält die folgenden Resultate:

$$\vec{a} \bullet \vec{b} = \begin{pmatrix} 2 \cdot (-2) - (-4) \cdot 7 \\ 2 \cdot 7 + (-4) \cdot (-2) \end{pmatrix} = \begin{pmatrix} 24 \\ 22 \end{pmatrix},$$

$$\vec{b} \bullet \vec{a} = \begin{pmatrix} (-2) \cdot 2 - 7 \cdot (-4) \\ (-2) \cdot (-4) + 7 \cdot 2 \end{pmatrix} = \begin{pmatrix} 24 \\ 22 \end{pmatrix},$$

$$\vec{a} \bullet \vec{e} = \vec{e} \bullet \vec{a} = \begin{pmatrix} 2 \cdot 1 - (-4) \cdot 0 \\ 2 \cdot 0 + (-4) \cdot 1 \end{pmatrix} = \begin{pmatrix} 2 \\ -4 \end{pmatrix} = \vec{a} \,,$$

$$\vec{i} \bullet \vec{e} = \begin{pmatrix} 0 \cdot 1 - 1 \cdot 0 \\ 0 \cdot 0 + 1 \cdot 1 \end{pmatrix} = \begin{pmatrix} 0 \\ 1 \end{pmatrix} = \vec{i} \,.$$

Aufgabe 9.5.2 *Gegeben sei der Vektor $\vec{a} := (-2, 5)^T \in \mathbb{R}^2$. Berechnen Sie den bezüglich der komplexen Multiplikation inversen Vektor zu $\vec{a}$, und bestätigen Sie die Richtigkeit des Ergebnisses durch eine Probe.*

Lösung der Aufgabe Der bezüglich der komplexen Multiplikation inverse Vektor berechnet sich als

$$\vec{a}^{-1} = \left(\frac{-2}{(-2)^2 + 5^2}, \frac{-5}{(-2)^2 + 5^2} \right)^T = \left(-\frac{2}{29}, -\frac{5}{29} \right)^T \,.$$

Eine Probe ergibt wie erwartet

$$\begin{pmatrix} -2 \\ 5 \end{pmatrix} \bullet \begin{pmatrix} -\frac{2}{29} \\ -\frac{5}{29} \end{pmatrix} = \begin{pmatrix} 1 \\ 0 \end{pmatrix} = \begin{pmatrix} -\frac{2}{29} \\ -\frac{5}{29} \end{pmatrix} \bullet \begin{pmatrix} -2 \\ 5 \end{pmatrix} \,.$$

Aufgabe 9.5.3 *Gegeben seien die komplexen Zahlen $z^{(1)} := 3 + i$ und $z^{(2)} := 1 + 2i$. Berechnen Sie das komplexe Produkt der beiden Zahlen, und prüfen Sie ferner für dieses konkrete Beispiel nach, dass sich bei der komplexen Multiplikation die Module der beteiligten Zahlen multiplizieren und sich die Phasen der beteiligten Zahlen addieren. Zur Veranschaulichung mag eine Skizze hilfreich sein.*

Lösung der Aufgabe Das komplexe Produkt berechnet sich zu

$$z^{(1)} \cdot z^{(2)} = (3 + i)(1 + 2i) = 3 + 6i + i + 2i^2 = 1 + 7i \,.$$

Bestimmt man die Module der drei Zahlen, so erhält man wegen

$$|z^{(1)}| = \sqrt{3^2 + 1^2} = \sqrt{10} \,, \qquad |z^{(2)}| = \sqrt{1^2 + 2^2} = \sqrt{5} \,,$$
$$|z^{(1)} \cdot z^{(2)}| = \sqrt{1^2 + 7^2} = \sqrt{50} \,,$$

die Identität

$$|z^{(1)}| \cdot |z^{(2)}| = |z^{(1)} \cdot z^{(2)}| \,.$$

Bestimmt man ferner die Phasen der drei Zahlen, so erhält man wegen

$$\angle(z^{(1)}, 1) = \arctan\left(\frac{\mathrm{Im}(z^{(1)})}{\mathrm{Re}(z^{(1)})}\right) = \arctan\left(\frac{1}{3}\right) = 0.3217\ldots ,$$

$$\angle(z^{(2)}, 1) = \arctan\left(\frac{\mathrm{Im}(z^{(2)})}{\mathrm{Re}(z^{(2)})}\right) = \arctan\left(\frac{2}{1}\right) = 1.1071\ldots ,$$

$$\angle(z^{(1)} \cdot z^{(2)}, 1) = \arctan\left(\frac{\mathrm{Im}(z^{(1)} \cdot z^{(2)})}{\mathrm{Re}(z^{(1)} \cdot z^{(2)})}\right) = \arctan\left(\frac{7}{1}\right) = 1.4288\ldots ,$$

die Identität

$$\angle(z^{(1)}, 1) + \angle(z^{(2)}, 1) = \angle(z^{(1)} \cdot z^{(2)}, 1) .$$

Aufgabe 9.5.4 *Gegeben seien die komplexen Zahlen $z^{(1)} := -3 + 4i$, $z^{(2)} := 2 + 3i$, $z^{(3)} := 4e^{i\pi}$, $z^{(4)} := -1e^{i3\pi}$, $z^{(5)} := 3e^{i\frac{3}{4}\pi}$ und $z^{(6)} := -2e^{i\frac{\pi}{3}}$. Bestimmen Sie die exponentielle Darstellung von $z^{(1)}$ und $z^{(2)}$ sowie die komplexe Darstellung von $z^{(3)}$, $z^{(4)}$, $z^{(5)}$ und $z^{(6)}$. Berechnen Sie anschließend $z^{(1)} - z^{(2)}$, $\frac{1}{z^{(1)}}$, $\overline{z^{(2)}}$, $z^{(1)} \cdot z^{(2)}$, $\overline{z^{(5)}}$, $\frac{1}{z^{(6)}}$, $\left(z^{(5)}\right)^3$, $\left(z^{(1)}\right)^3$, $\sqrt[3]{z^{(5)}}$, $\sqrt[5]{z^{(6)}}$, $\frac{z^{(5)}}{z^{(6)}}$ und $\frac{1}{z^{(4)}}$, wobei Sie jeweils die am besten geeignete Darstellung für die Rechnung benutzen sollten.*

Lösung der Aufgabe Als Lösungen ergeben sich:

$$z^{(1)} = \sqrt{9 + 16}\, e^{i(\pi + \arctan(\frac{4}{-3}))} = 5e^{i2.214\ldots} ,$$

$$z^{(2)} = \sqrt{4 + 9}\, e^{i(\arctan(\frac{3}{2}))} = \sqrt{13}e^{i0.982\ldots} ,$$

$$z^{(3)} = 4(\cos(\pi) + i\sin(\pi)) = -4 ,$$

$$z^{(4)} = -(\cos(3\pi) + i\sin(3\pi)) = 1 ,$$

$$z^{(5)} = 3\left(\cos\left(\frac{3\pi}{4}\right) + i\sin\left(\frac{3\pi}{4}\right)\right) = -\frac{3}{\sqrt{2}} + i\frac{3}{\sqrt{2}} ,$$

$$z^{(6)} = -2\left(\cos\left(\frac{\pi}{3}\right) + i\sin\left(\frac{\pi}{3}\right)\right) = -1 - i\sqrt{3} ,$$

$$z^{(1)} - z^{(2)} = -5 + i ,$$

$$\frac{1}{z^{(1)}} = \frac{1}{5}e^{-i2.214\ldots} ,$$

$$\overline{z^{(2)}} = 2 - 3i ,$$

$$z^{(1)} \cdot z^{(2)} = 5e^{i2.214\ldots} \cdot \sqrt{13}e^{i0.982\ldots} = 5\sqrt{13}e^{i3.196\ldots} ,$$

$$\overline{z^{(5)}} = 3e^{-i\frac{3\pi}{4}} ,$$

$$\frac{1}{z^{(6)}} = -\frac{1}{2}e^{-i\frac{\pi}{3}} ,$$

$$\left(z^{(5)}\right)^3 = 27e^{i\frac{9\pi}{4}} = 27e^{i\frac{\pi}{4}} ,$$

$$\left(z^{(1)}\right)^3 = 125e^{i6.642\ldots} = 125e^{i0.358\ldots}\,,$$

$$\sqrt[3]{z^{(5)}} = \sqrt[3]{3}e^{i\left(\frac{\pi}{4}+k\frac{2\pi}{3}\right)}\,, \qquad k = 0,1,2\,,$$

$$\sqrt[5]{z^{(6)}} = \sqrt[5]{2}e^{i\left(\frac{4\pi}{15}+k\frac{2\pi}{5}\right)}\,, \qquad k = 0,1,2,3,4\,,$$

$$\frac{z^{(5)}}{z^{(6)}} = -\frac{3}{2}e^{i\left(\frac{3}{4}-\frac{1}{3}\right)\pi} = -\frac{3}{2}e^{i\frac{5\pi}{12}} = \frac{3}{2}e^{i\frac{17\pi}{12}}\,,$$

$$\frac{1}{z^{(4)}} = -1e^{-i3\pi} = 1\,.$$

Selbsttest 9.5.5 Welche Aussagen über komplexe Zahlen sind wahr?

?+? Die komplexen Zahlen lassen sich exakt mit dem Vektorraum $\mathbb{R}^2$ identifizieren.

?+? Das komplexe Produkt ist eine speziell definierte Multiplikation für Vektoren aus $\mathbb{R}^2$.

?−? Das komplexe Produkt liefert als Ergebnis eine reelle Zahl.

?−? Das komplexe Produkt ist mit dem Vektorprodukt in $\mathbb{R}^3$ identisch.

?−? Die komplexen Zahlen lassen sich exakt mit dem Vektorraum $\mathbb{R}^3$ identifizieren.

?+? Die komplexen Zahlen bilden mit Vektoraddition und komplexer Multiplikation einen Körper.

?+? Das komplexe Produkt ist kommutativ und assoziativ.

?−? Das komplexe Produkt ist, wie das Vektorprodukt, anti-symmetrisch.

?−? Der Vektor $(1, 1)^T$ ist das neutrale Element bei der komplexen Multiplikation.

?−? Das komplexe Produkt ist gleich Null, wenn die beiden Faktoren senkrecht aufeinander stehen.

?+? Die komplexen Zahlen können als Vektoren in $\mathbb{R}^2$ interpretiert werden.

?+? Die komplexen Zahlen können über Länge und Winkel identifiziert werden.

?−? Der Übergang von z zu $\bar{z}$ entspricht einer Spiegelung am Ursprung.

?+? Der Übergang von z zu $\bar{z}$ entspricht einer Spiegelung an der reellen Achse.

?+? Die Multiplikation einer komplexen Zahl mit $e^{i\varphi}$ entspricht einer Drehung um den Ursprung.

?+? Bei der Multiplikation von komplexen Zahlen bietet sich die exponentielle Darstellung an.

?−? Bei der Addition von komplexen Zahlen bietet sich die exponentielle Darstellung an.

?+? Bei der Konjugation von komplexen Zahlen kommt es auf die Darstellung nicht an.

?+? Eine von Null verschiedene komplexe Zahl hat genau zehn verschiedene zehnte Wurzeln.

?+? Alle n-ten Wurzeln einer komplexen Zahl $re^{i\varphi}$, $r \neq 0$, liegen auf einem Kreis um den Ursprung.

9.6 Polynomfaktorisierungen

Aus der Schule ist bekannt, dass man z. B. das Polynom p,

$$p(x) := x^2 + 2x + 1 , \quad x \in \mathbb{R} ,$$

aufgrund der ersten binomischen Formel als **Produkt** schreiben kann gemäß

$$p(x) = (x + 1)^2 , \quad x \in \mathbb{R} .$$

Man spricht dann von einer **Faktorisierung in Linearfaktoren** oder auch kurz von einer **Polynomfaktorisierung**. Allgemein kann man stets Polynome vom Grad 2 mit reellen Nullstellen als Produkt von zwei Linearfaktoren schreiben. Man geht dabei so vor, dass man sich zunächst die Nullstellen des Polynoms berechnet und basierend auf diesen dann die Faktorisierung erhält. Für das Polynom p,

$$p(x) := x^2 - x - 12 , \quad x \in \mathbb{R} ,$$

erhält man z. B. mit der sogenannten **p-q-Formel** die Nullstellen

$$x_{1/2} = \frac{1}{2} \pm \sqrt{\left(\frac{1}{2}\right)^2 + 12} = \frac{1}{2} \pm \frac{7}{2} ,$$

also $x_1 = 4$ und $x_2 = -3$. Daraus ergibt sich die Faktorisierung von p als

$$p(x) = (x - x_1)(x - x_2) = (x - 4)(x - (-3)) = (x - 4)(x + 3) .$$

Da mit den komplexen Zahlen jetzt auch die Möglichkeit besteht, Wurzeln aus negativen Zahlen zu ziehen (man beachte: $\sqrt{-1} = i$), lässt sich z. B. das Polynom p,

$$p(x) := x^2 + 9 , \quad x \in \mathbb{R} ,$$

problemlos unter Ausnutzung der dritten binomischen Formel faktorisieren als

$$p(x) = (x - 3i)(x + 3i) , \quad x \in \mathbb{R} .$$

Auch das Polynom

$$p(x) := x^2 + 4x + 5 , \quad x \in \mathbb{R} ,$$

macht keine Schwierigkeiten. Mit der p-q-Formel erhält man die jetzt komplexen Nullstellen

$$z_{1/2} = -2 \pm \sqrt{2^2 - 5} = -2 \pm i ,$$

also $z_1 = -2 + i$ und $z_2 = -2 - i$. Daraus ergibt sich die Faktorisierung von p als

$$p(x) = (x - z_1)(x - z_2) = (x - (-2 + i))(x - (-2 - i)) .$$

Nach diesen einfachen Beispielen drängt sich natürlich die Frage auf, ob derartige **Polynomfaktorisierungen** auch für Polynome höheren Grades stets zu erhalten sind. Die positive Antwort auf diese Frage liefert der **Fundamentalsatz der Algebra**, der nun in seiner allgemeinsten Variante für Argumente und Koeffizienten aus $\mathbb{C}$ ohne Beweis formuliert wird.

▷ **Satz 9.6.1 Fundamentalsatz der Algebra** Es sei $p\colon \mathbb{C} \to \mathbb{C}$ ein algebraisches Polynom vom (genauen) Grad $n \in \mathbb{N}^*$,

$$p(z) := a_n z^n + a_{n-1} z^{n-1} + \cdots + a_1 z + a_0 \,, \quad z \in \mathbb{C}\,,$$

mit Koeffizienten $a_n, a_{n-1}, \ldots, a_0 \in \mathbb{C}$ und $a_n \neq 0$. Dann besitzt p genau n Nullstellen $z_1, z_2, \ldots, z_n \in \mathbb{C}$ (wobei auch mehrfach dieselben vorkommen können), und p lässt sich faktorisieren in der Form

$$p(z) = a_n(z - z_1)(z - z_2) \cdots (z - z_n)\,, \quad z \in \mathbb{C}\,.$$

Taucht eine bestimmte Nullstelle k mal auf, dann nennt man sie k-fache Nullstelle von p.

Beweis Auf den Beweis wird verzichtet! □

Im Folgenden soll anhand verschiedener Beispiele gezeigt werden, wie man sich in einfachen Fällen die Faktorisierung eines Polynoms beschaffen kann.

Beispiel 9.6.2
Für das Polynom $p(z) := z^2 - 1$ ergibt sich mit der dritten binomischen Formel sofort die Faktorisierung

$$p(z) = z^2 - 1 = (z + 1)(z - 1) = (z - (-1))(z - 1)\,.$$

Das Polynom p hat also die beiden einfachen Nullstellen $z_1 = -1$ und $z_2 = 1$.

Beispiel 9.6.3
Für das Polynom $p(z) := z^2 - 2z + 1$ ergibt sich mit der zweiten binomischen Formel sofort die Faktorisierung

$$p(z) = z^2 - 2z + 1 = (z - 1)^2\,.$$

Das Polynom p hat also die zweifache bzw. doppelte Nullstelle $z_1 = z_2 = 1$.

Abb. 9.8 Skizze von $|z^2 + 1|$

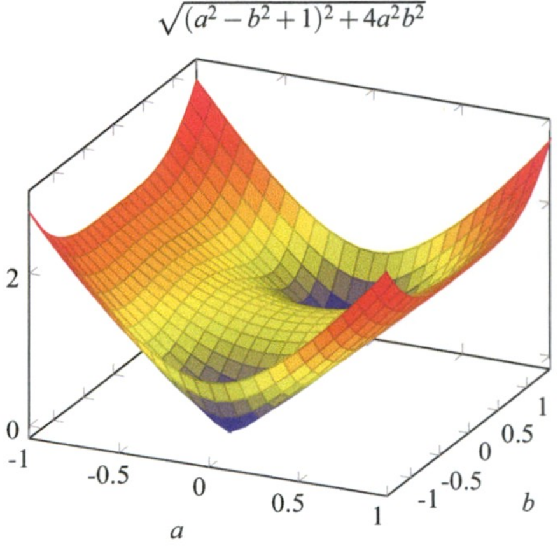

Beispiel 9.6.4

Für das Polynom $p(z) := z^2 + 1$ ergibt sich mit der dritten binomischen Formel sofort die Faktorisierung

$$p(z) = z^2 + 1 = (z + \mathrm{i})(z - \mathrm{i}) = (z - (-\mathrm{i}))(z - \mathrm{i}) \,.$$

Das Polynom p hat also die beiden einfachen Nullstellen $z_1 = -\mathrm{i}$ und $z_2 = \mathrm{i}$. Setzt man nun konkret $z = a + \mathrm{i}b$ mit $a, b \in \mathbb{R}$ in das Polynom ein, so ergibt sich für den Betrag von $p(z)$ die Identität

$$|p(z)| = |(a + \mathrm{i}b)^2 + 1| = |(a^2 - b^2 + 1) + 2ab\mathrm{i}| = \sqrt{(a^2 - b^2 + 1)^2 + 4a^2 b^2} \,.$$

In Abb. 9.8 und Abb. 9.9 ist jeweils der Betrag von $p(z)$ einmal als 3D-Plot und einmal als Höhenlinienplot als Funktion von $a = \mathrm{Re}(z)$ und $b = \mathrm{Im}(z)$ skizziert. Man erkennt gut die beiden Nullstellen bei $\pm\mathrm{i} = 0 \pm \mathrm{i} \cdot 1$, also an den Stellen $(a, b)^T = (0, \pm 1)^T$.

Beispiel 9.6.5

Mit der dritten binomischen Formel ergibt sich für das Polynom $p(z) := z^2 + 4$ sofort die Faktorisierung

$$p(z) = z^2 + 4 = (z + 2\mathrm{i})(z - 2\mathrm{i}) = (z - (-2\mathrm{i}))(z - 2\mathrm{i}) \,.$$

Das Polynom p hat also die beiden einfachen Nullstellen $z_1 = -2\mathrm{i}$ und $z_2 = 2\mathrm{i}$.

Abb. 9.9 Höhenlinien von $|z^2 + 1|$

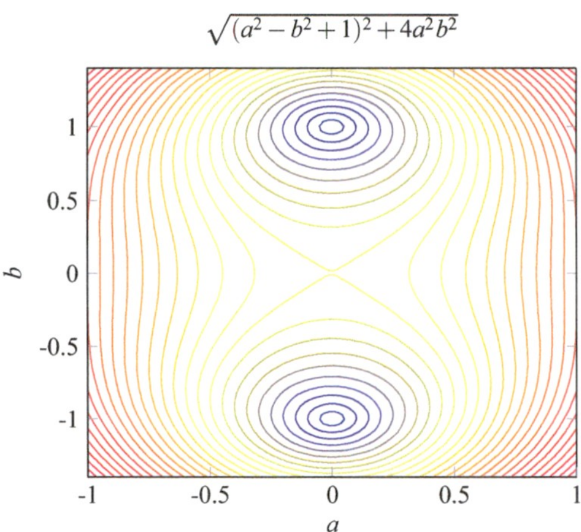

Beispiel 9.6.6

Für das Polynom $p(z) := z^3 - 3z^2 + 4z - 2$ findet man zunächst durch Probieren die erste Nullstelle $z_1 = 1$. Bei diesem Probieren macht es Sinn, zu Beginn lediglich alle ganzzahligen Teiler des letzten Koeffizienten von p als mögliche Nullstellen heranzuziehen, hier also ± 1 und ± 2. Der bekannte **Wurzelsatz von Vieta** (benannt nach François Vieta, 1540–1603), eine direkte Folgerung aus dem Fundamentalsatz der Algebra, besagt nämlich, dass jede Nullstelle eines Polynoms mit ganzzahligen Nullstellen und Koeffizienten ein Teiler des konstanten Koeffizienten des Polynoms ist. Findet man auf diese Weise keine erste Nullstelle, muss man entweder im Fall von Polynomen vom Grad 3 und 4 auf komplizierte Verallgemeinerungen der p-q-Formel zurückgreifen (**Formeln von Cardano** (benannt nach Geronimo Cardano, 1501–1576) und geschickte Substitutionen) oder numerische Methoden zur Nullstellenberechnung verwenden. Dies wird im Folgenden nicht erforderlich sein, d. h. ein Ausprobieren aller ganzzahligen Teiler des letzten Koeffizienten des Polynoms wird stets mindestens eine Nullstelle liefern. Im vorliegenden Fall war dies die Nullstelle $z_1 = 1$, die nun als $z - z_1 = z - 1$ mit einer einfachen **Polynomdivision** von $p(z)$ abdividiert wird. Eine Möglichkeit, dies zu tun, orientiert sich schrittweise an den führenden Koeffizienten und ist leicht verallgemeinerbar:

$$
\begin{aligned}
(z^3 - 3z^2 + 4z - 2) &= \quad z^2 \cdot (z - 1) \; -2z^2 + 4z - 2 \,, \\
(-2z^2 + 4z - 2) &= -2z \cdot (z - 1) \qquad\quad +2z - 2 \,, \\
(2z - 2) &= \quad 2 \cdot (z - 2) \qquad\qquad\quad +0 \,.
\end{aligned}
$$

Man erhält so die Identität $p(z) : (z - 1) = z^2 - 2z + 2$ bzw. als erste Faktorisierung

$$
p(z) = (z - 1)(z^2 - 2z + 2) \,.
$$

Abb. 9.10 Skizze von $|z^3 - 3z^2 + 4z - 2|$

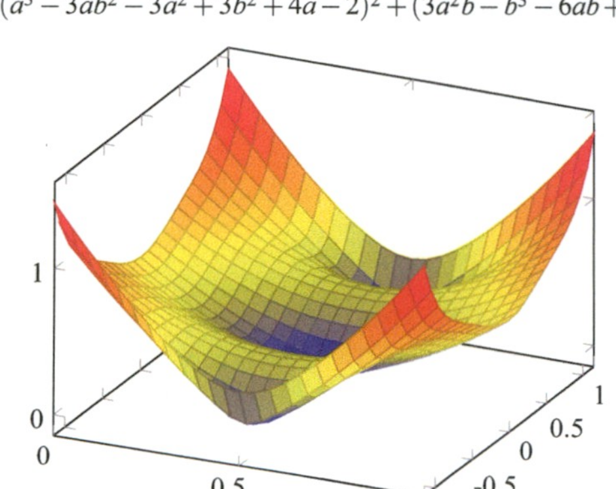

Damit ist das Problem der kompletten Faktorisierung zurückgespielt auf die Faktorisierung eines quadratischen Polynoms. Dies lässt sich wieder mit der p-q-Formel erledigen, so dass man als endgültige Faktorisierung

$$p(z) = (z - 1)(z - (1 + i))(z - (1 - i))$$

erhält. Die Stellen $z_1 = 1$, $z_2 = 1 + i$ und $z_3 = 1 - i$ sind also die drei einfachen Nullstellen von p. Setzt man nun wieder $z = a + ib$ mit $a, b \in \mathbb{R}$, so ergibt sich

$$\begin{aligned}
|p(z)| &= |(a + ib)^3 - 3(a + ib)^2 + 4(a + ib) - 2| \\
&= |(a^3 - 3ab^2 - 3a^2 + 3b^2 + 4a - 2) + i(3a^2b - b^3 - 6ab + 4b)| \\
&= \sqrt{(a^3 - 3ab^2 - 3a^2 + 3b^2 + 4a - 2)^2 + (3a^2b - b^3 - 6ab + 4b)^2} \, .
\end{aligned}$$

In Abb. 9.10 und Abb. 9.11 ist jeweils der Betrag von $p(z)$ einmal als 3D-Plot und einmal als Höhenlinienplot als Funktion von $a = \mathrm{Re}(z)$ und $b = \mathrm{Im}(z)$ skizziert. Man erkennt gut die drei Nullstellen bei 1 und $1 \pm i$, also an den Stellen $(a, b)^T = (1, 0)^T$ und $(a, b)^T = (1, \pm 1)^T$.

Beispiel 9.6.7

Für das Polynom $p(z) := z^3 + 2z^2 + 4z + 8$ findet man zunächst durch Probieren mit ± 1, ± 2, ± 4 und ± 8 die erste Nullstelle $z_1 = -2$. Abdivision von $z - z_1 = z + 2$

Abb. 9.11 Höhenlinien von $|z^3 - 3z^2 + 4z - 2|$

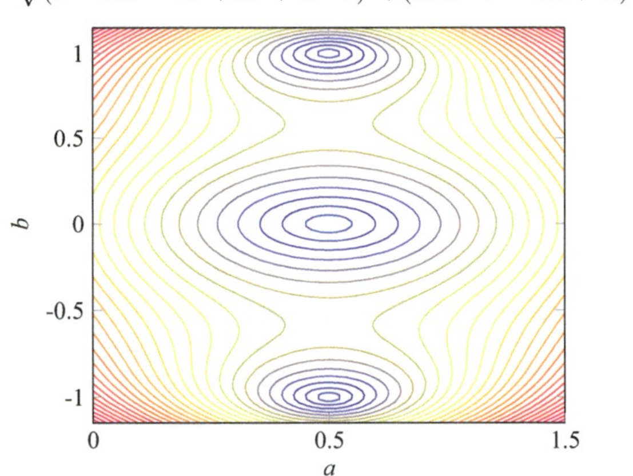

liefert

$$(z^3 + 2z^2 + 4z + 8) : (z + 2) = z^2 \quad \text{Rest } 4z + 8 \, ,$$

$$(4z + 8) : (z + 2) = 4 \quad \text{Rest } 0 \, .$$

Man erhält so die Identität $p(z) : (z + 2) = z^2 + 4$ bzw. als erste Faktorisierung

$$p(z) = (z + 2)(z^2 + 4) \, .$$

Damit ist das Problem der kompletten Faktorisierung wieder zurückgespielt auf die Faktorisierung eines quadratischen Polynoms. Dies lässt sich hier mit der dritten binomischen Formel erledigen, so dass man als endgültige Faktorisierung

$$p(z) = (z + 2)(z - 2\mathrm{i})(z + 2\mathrm{i})$$

erhält. Die Stellen $z_1 = -2$, $z_2 = 2\mathrm{i}$ und $z_3 = -2\mathrm{i}$ sind also die drei einfachen Nullstellen von p.

Die obigen Beispiele legen die Vermutung nahe, dass bei **Polynomen mit reellen Koeffizienten** komplexe Nullstellen stets als **konjugiert komplexe Paare** auftauchen. Dies ist in der Tat so und wird im folgenden Satz festgehalten.

▶ **Satz 9.6.8 Komplexe Nullstellen reeller Polynome** Es sei $p\colon \mathbb{C} \to \mathbb{C}$ ein algebraisches Polynom vom (genauen) Grad $n \in \mathbb{N}^*$,

$$p(z) := a_n z^n + a_{n-1} z^{n-1} + \cdots + a_1 z + a_0, \quad z \in \mathbb{C},$$

mit **reellen** Koeffizienten $a_n, a_{n-1}, \ldots, a_0 \in \mathbb{R}$ und $a_n \neq 0$. Falls nun $z \in \mathbb{C}$ eine Nullstelle von p ist, dann ist auch $\bar{z}$ eine Nullstelle von p.

Beweis Zunächst macht man sich durch Nachrechnen schnell klar, dass man die Konjugation von Summen komplexer Zahlen summandenweise und die Konjugation von Produkten komplexer Zahlen faktorweise durchführen kann (Nachweis wird als Übung empfohlen, wobei man für die Summen die komplexe Darstellung und für die Produkte die exponentielle Darstellung verwenden sollte). Mit diesen Vorüberlegungen sowie der Tatsache, dass alle Koeffizienten von p reell sind, erhält man für die Nullstelle z von p unmittelbar die folgende Identität

$$0 = p(z) = \overline{p(z)} = \overline{a_n z^n + a_{n-1} z^{n-1} + \cdots + a_1 z + a_0}$$
$$= \bar{a}_n \bar{z}^n + \bar{a}_{n-1} \bar{z}^{n-1} + \cdots + \bar{a}_1 \bar{z} + \bar{a}_0 = a_n \bar{z}^n + a_{n-1} \bar{z}^{n-1} + \cdots + a_1 \bar{z} + a_0 = p(\bar{z}).$$

Also gilt $p(\bar{z}) = 0$, und $\bar{z}$ ist in der Tat ebenfalls eine Nullstelle von p. □

9.7 Aufgaben mit Lösungen

Aufgabe 9.7.1 *Faktorisieren Sie folgende Polynome in Linearfaktoren:*

(a) $p(z) := z^2 - 4z - 5$,
(b) $p(z) := z^3 - 2z^2 - z + 2$,
(c) $p(z) := z^4 + 8z^2 - 9$,
(d) $p(z) := z^3 - z^2 + 2$,
(e) $p(z) := z^3 + (-1 + 3\mathrm{i})z^2 + (-2 - 3\mathrm{i})z + 2$,
(f) $p(z) := z^4 + 3z^3 + 4z^2 - 8z$.

Lösung der Aufgabe
(a) Mit der p-q-Formel erhält man die beiden Nullstellen

$$z_{1/2} = 2 \pm \sqrt{2^2 + 5} = 2 \pm 3,$$

also $z_1 = -1$ und $z_2 = 5$. Daraus ergibt sich die Faktorisierung von p als

$$p(z) = (z - z_1)(z - z_2) = (z + 1)(z - 5).$$

(b) Zunächst findet man durch Probieren mit ± 1 und ± 2 die erste Nullstelle $z_1 = 1$. Abdivision von $z - z_1 = z - 1$ liefert

$$
\begin{aligned}
(z^3 - 2z^2 - z + 2) : (z - 1) &= z^2 \quad \text{Rest } -z^2 - z + 2\,, \\
(-z^2 - z + 2) : (z - 1) &= -z \quad \text{Rest } -2z + 2\,, \\
(-2z + 2) : (z - 1) &= -2 \quad \text{Rest } 0\,.
\end{aligned}
$$

Man erhält so die Identität $p(z) = (z-1)(z^2 - z - 2)$. Für das noch zu faktorisierende quadratische Polynom liefert die p-q-Formel die Nullstellen

$$
z_{2/3} = \frac{1}{2} \pm \sqrt{\frac{1}{4} + 2} = \frac{1}{2} \pm \frac{3}{2}\,,
$$

also $z_2 = -1$ und $z_3 = 2$. Daraus ergibt sich die endgültige Faktorisierung von p als

$$
p(z) = (z - z_1)(z - z_2)(z - z_3) = (z - 1)(z + 1)(z - 2)\,.
$$

(c) Zunächst findet man durch Probieren mit ± 1, ± 3 und ± 9 die erste Nullstelle $z_1 = 1$. Abdivision von $z - z_1 = z - 1$ liefert

$$
\begin{aligned}
(z^4 + 8z^2 - 9) : (z - 1) &= z^3 \quad \text{Rest } z^3 + 8z^2 - 9\,, \\
(z^3 + 8z^2 - 9) : (z - 1) &= z^2 \quad \text{Rest } 9z^2 - 9\,, \\
(9z^2 - 9) : (z - 1) &= 9z \quad \text{Rest } 9z - 9\,, \\
(9z - 9) : (z - 1) &= 9 \quad \text{Rest } 0\,.
\end{aligned}
$$

Man erhält so die Identität $p(z) = (z - 1)(z^3 + z^2 + 9z + 9)$. Für das jetzt noch zu faktorisierende Polynom vom Grad drei findet man wieder durch Probieren mit ± 1, ± 3 und ± 9 die zweite Nullstelle $z_2 = -1$. Abdivision von $z - z_1 = z + 1$ liefert

$$
\begin{aligned}
(z^3 + z^2 + 9z + 9) : (z + 1) &= z^2 \quad \text{Rest } 9z + 9\,, \\
(9z + 9) : (z + 1) &= 9 \quad \text{Rest } 0\,.
\end{aligned}
$$

Man erhält so als nächste Faktorisierung $p(z) = (z - 1)(z + 1)(z^2 + 9)$. Für das schließlich noch zu faktorisierende quadratische Polynom liefert die dritte binomische Formel die endgültige Faktorisierung von p als

$$
p(z) = (z - z_1)(z - z_2)(z - z_3)(z - z_4) = (z - 1)(z + 1)(z - 3\mathrm{i})(z + 3\mathrm{i})\,.
$$

(d) Zunächst findet man durch Probieren mit ± 1 und ± 2 die erste Nullstelle $z_1 = -1$. Abdivision von $z - z_1 = z + 1$ liefert

$$
\begin{aligned}
(z^3 - z^2 + 2) : (z + 1) &= z^2 \quad \text{Rest } -2z^2 + 2\,, \\
(-2z^2 + 2) : (z + 1) &= -2z \quad \text{Rest } 2z + 2\,, \\
(2z + 2) : (z + 1) &= 2 \quad \text{Rest } 0\,.
\end{aligned}
$$

Man erhält so die Identität $p(z) = (z+1)(z^2 - 2z + 2)$. Für das noch zu faktorisierende quadratische Polynom liefert die p-q-Formel die Nullstellen

$$z_{2/3} = 1 \pm \sqrt{1-2} = 1 \pm i \, ,$$

also $z_2 = 1 - i$ und $z_3 = 1 + i$. Daraus ergibt sich die endgültige Faktorisierung von p als

$$p(z) = (z - z_1)(z - z_2)(z - z_3) = (z + 1)(z - (1 - i))(z - (1 + i)) \, .$$

(e) Zunächst findet man durch Probieren mit ± 1 und ± 2 die erste Nullstelle $z_1 = 1$. Abdivision von $z - z_1 = z - 1$ liefert

$$(z^3 + (-1 + 3i)z^2 + (-2 - 3i)z + 2) : (z - 1) = z^2 \quad \text{Rest } 3iz^2 + (-2 - 3i)z + 2 \, ,$$
$$(3iz^2 + (-2 - 3i)z + 2) : (z - 1) = 3iz \quad \text{Rest } -2z + 2 \, ,$$
$$(-2z + 2) : (z - 1) = -2 \quad \text{Rest } 0 \, .$$

Man erhält so die Identität $p(z) = (z-1)(z^2 + 3iz - 2)$. Für das noch zu faktorisierende quadratische Polynom liefert die p-q-Formel die Nullstellen

$$z_{2/3} = -\frac{3}{2}i \pm \sqrt{-\frac{9}{4} + 2} = -\frac{3}{2}i \pm \frac{1}{2}i \, ,$$

also $z_2 = -2i$ und $z_3 = -i$. Daraus ergibt sich die endgültige Faktorisierung von p als

$$p(z) = (z - z_1)(z - z_2)(z - z_3) = (z - 1)(z + 2i)(z + i) \, .$$

(f) Zunächst findet man durch Ausklammern von z die erste Nullstelle $z_1 = 0$. Durch anschließendes Probieren mit ± 1, ± 2, ± 4 und ± 8 findet man die zweite Nullstelle $z_2 = 1$. Abdivision von $z - z_2 = z - 1$ liefert

$$(z^3 + 3z^2 + 4z - 8) : (z - 1) = z^2 \quad \text{Rest } 4z^2 + 4z - 8 \, ,$$
$$(4z^2 + 4z - 8) : (z - 1) = 4z \quad \text{Rest } 8z - 8 \, ,$$
$$(8z - 8) : (z - 1) = 8 \quad \text{Rest } 0 \, .$$

Man erhält so die Identität $p(z) = z(z - 1)(z^2 + 4z + 8)$. Für das noch zu faktorisierende quadratische Polynom liefert die p-q-Formel die Nullstellen

$$z_{3/4} = -2 \pm \sqrt{-4} = -2 \pm 2i \, ,$$

also $z_3 = -2 + 2i$ und $z_4 = -2 - 2i$. Daraus ergibt sich die endgültige Faktorisierung von p als

$$p(z) = z(z - 1)(z - (-2 + 2i))(z - (-2 - 2i)) \, .$$

Selbsttest 9.7.2 Welche Aussagen über ein algebraisches Polynoms p vom genauen Grad $n \in \mathbb{N}^*$ sind wahr?

?+? p hat genau n Nullstellen, wobei einige mehrfach sein können.

?–? Hat p nur reelle Koeffizienten, dann hat p nur reelle Nullstellen.

?–? Hat p nur komplexe Koeffizienten, dann hat p nur nicht reelle Nullstellen.

?+? Wenn $p(z_1) = 0$ ist, dann ist $p(z) : (z - z_1)$ ein algebraisches Polynom vom (genauen) Grad $n - 1$.

?+? Hat p nur reelle Koeffizienten und ist n ungerade, dann hat p mindestens eine reelle Nullstelle.

Literatur

1. Teschl, G., Teschl, S.: Mathematik für Informatiker, 4. Aufl. Bd. 1. Springer, Berlin, Heidelberg (2013)

Eigenwerte und Eigenvektoren

10

Eigenwert- und Eigenvektorprobleme treten in den Anwendungen insbesondere bei der Lösung von Differentialgleichungen und Differentialgleichungssystemen auf (Elektrotechnik, Physik, Wirtschaftswissenschaften etc.). Da derartige Probleme hier nicht explizit behandelt werden, soll eine andere einfache Fragestellung aus dem Bereich der **Dimensionierung von Sicherheiten** beim Ausfall von Ressourcen zur Motivation dienen.

Ein fiktiver, sehr kleiner **Provider** betreibe zwei Server mit vorgeschalteter Lastverteilungs- und Synchronisationseinheit zur Realisierung verschiedener Services für seine Kunden (siehe Abb. 10.1). Über den ersten Server soll im Normalbetrieb pro Zeiteinheit die Datenmenge x_1 fließen, über den zweiten die Datenmenge x_2. Die beiden Server sollen so konfiguriert werden, dass beim **Ausfall** des zweiten Servers noch 40 % der Datenmenge x_1 und ebenfalls 40 % der Datenmenge x_2 über den ersten Server geroutet werden können (40 % ist also der **garantierte Mindestdurchsatz**, den der erste, leistungsschwächere Server im Störungsfall gerade noch realisieren soll) und beim Ausfall des ersten Servers noch 60 % der Datenmenge x_1 und 90 % der Datenmenge x_2 über den zweiten Server verarbeitet werden können. Diese unsymmetrische Verteilung beim Ausfall macht dann Sinn bzw. ist dann akzeptabel, wenn der Provider aus Kostengründen nicht zwei gleich gute, leistungsstarke Server anschaffen kann oder aber die Fehleranfälligkeit des einen Servers signifikant höher ist als die des anderen oder aber die Instandsetzungszeiten für die Server deutlich differieren.

> **Beispiel 10.0.1**
>
> Wir gehen der Frage nach, welcher **Sicherheitsfaktor** $\lambda \in \mathbb{R}$ für beide Server vorgesehen werden muss, damit die oben genannten Durchsätze im Fehlerfall garantiert

---

Elektronisches Zusatzmaterial Die elektronische Version dieses Kapitels enthält Zusatzmaterial, das berechtigten Benutzern zur Verfügung steht https://doi.org/10.1007/978-3-658-29969-9_10.

B. Lenze, *Basiswissen Lineare Algebra*, https://doi.org/10.1007/978-3-658-29969-9_10

203

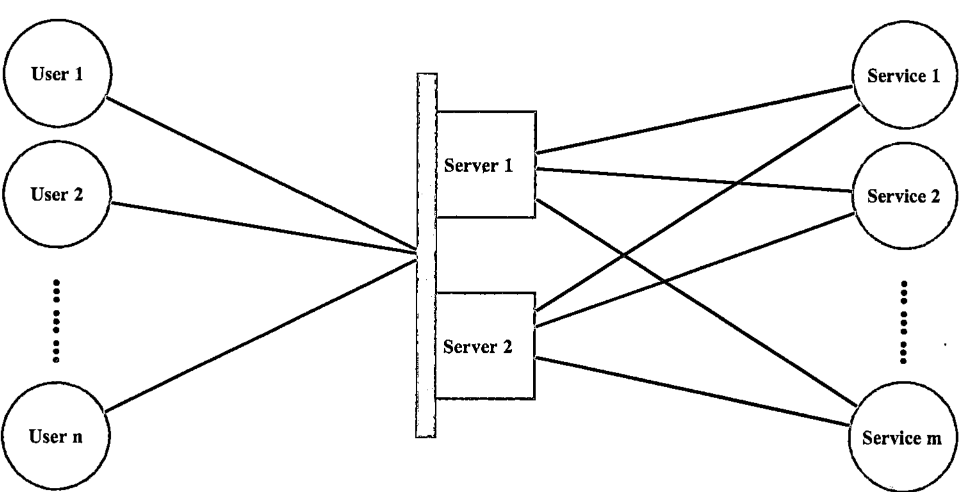

Abb. 10.1   Schematische Skizze der Zwei-Server-Konfiguration

werden können, und geben an, für welche Normaldurchsätze x_1 und x_2 das Sicherheitskonzept optimal geeignet ist.

Die Lösung des obigen Problems führt offensichtlich direkt zu dem **Gleichungssystem**

$$\text{Ausfall Server 2:} \quad 0.4x_1 + 0.4x_2 = \lambda x_1 \,,$$
$$\text{Ausfall Server 1:} \quad 0.6x_1 + 0.9x_2 = \lambda x_2 \,,$$

oder in Matrix-Vektor-Notation zu

$$\begin{pmatrix} 0.4 & 0.4 \\ 0.6 & 0.9 \end{pmatrix} \begin{pmatrix} x_1 \\ x_2 \end{pmatrix} = \lambda \begin{pmatrix} x_1 \\ x_2 \end{pmatrix}.$$

Dabei handelt es sich nicht mehr um ein lineares Gleichungssystem, denn neben x_1 und x_2 ist ja auch der Faktor λ unbekannt und gesucht. Man nennt ein derartiges Problem ein **Eigenwert-Eigenvektor-Problem**, wobei λ den **Eigenwert** bezeichnet und $(x_1, x_2)^T$ den **Eigenvektor**. Für das vorliegende Beispiel erhält man z. B. als mögliche Lösung

$$\lambda = 1.2 \quad \text{und} \quad \begin{pmatrix} x_1 \\ x_2 \end{pmatrix} = \begin{pmatrix} 1 \\ 2 \end{pmatrix}.$$

Allerdings ist auch für jedes $\alpha \in \mathbb{R}$ die Wahl

$$\lambda = 1.2 \quad \text{und} \quad \begin{pmatrix} x_1 \\ x_2 \end{pmatrix} = \begin{pmatrix} \alpha \\ 2\alpha \end{pmatrix}$$

eine Lösung des Problems. Eine Antwort auf die Fragestellung des Providers könnte
also sein: Falls die Standardkonfiguration der Server so realisiert ist, dass im Normalbetrieb über den zweiten Server etwa doppelt so viele Daten übertragen werden
wie über den ersten Server, dann wähle als Sicherheit den Faktor 1.2, d. h. sorge im
Normalbetrieb dafür, dass beide Server lediglich zu höchstens (100/1.2)% $\approx$ 83 %
ihrer maximalen Kapazität ausgelastet werden. Dann sind genügend Reserven vorhanden, um den Ausfall eines Servers in der gewünschten Form zu kompensieren.

Beim obigen Beispiel stellen sich natürlich mindestens zwei Fragen: Wie kommt man auf
systematischem Weg auf eine derartige Lösung? Ist dies die einzige Lösung oder gibt es
eventuell auch noch andere? Beide Fragen führen zum Konzept der sogenannten **Eigenwerte und Eigenvektoren** und werden u. a. in den folgenden Abschnitten beantwortet.

10.1 Grundlegendes zu Eigenwerten und -vektoren

Zunächst wird ganz formal definiert, was man in der Literatur unter einem **Eigenwert-
Eigenvektor-Paar** einer quadratischen Matrix versteht. Damit die zu entwickelnde Theorie möglichst allgemein wird, werden alle Definitionen und Sätze direkt für den kom-
plexwertigen Fall formuliert. Die Beispiele und Aufgaben behandeln aber stets die etwas
einfacheren reellen Spezialfälle, um das Verständnis des neuen Stoffs zu erleichtern (hinsichtlich weiterführender Informationen siehe [1–4]).

Definition 10.1.1 Eigenwerte und Eigenvektoren

Es sei $A \in \mathbb{C}^{n \times n}$. Eine Zahl $\lambda \in \mathbb{C}$ heißt **Eigenwert** der Matrix A, falls ein Vektor
$\vec{r} \in \mathbb{C}^n \setminus \{\vec{0}\}$ existiert, so dass gilt

$$A\vec{r} = \lambda\vec{r} \ .$$

Jeder Vektor $\vec{r} \in \mathbb{C}^n \setminus \{\vec{0}\}$ mit dieser Eigenschaft heißt dann **Eigenvektor** von A zum
Eigenwert λ. Die Menge aller Eigenwerte von A wird **Spektrum** von A genannt. ◄

Beispiel 10.1.2

Man betrachte

$$A := \begin{pmatrix} 1 & 3 \\ 1 & -1 \end{pmatrix}, \quad \lambda := 2 \quad \text{und} \quad \vec{r} := \begin{pmatrix} 3 \\ 1 \end{pmatrix}.$$

Wegen

$$A\vec{r} = \begin{pmatrix} 1 & 3 \\ 1 & -1 \end{pmatrix} \begin{pmatrix} 3 \\ 1 \end{pmatrix} = \begin{pmatrix} 6 \\ 2 \end{pmatrix} = 2 \cdot \begin{pmatrix} 3 \\ 1 \end{pmatrix} = \lambda \vec{r}$$

ist $\vec{r}$ ein Eigenvektor von A zum Eigenwert λ. Auch alle Vektoren $\vec{r}_\alpha := (3\alpha, \alpha)^T$ mit beliebigem $\alpha \in \mathbb{C} \setminus \{0\}$ sind Eigenvektoren von A zum Eigenwert λ, denn es gilt

$$A\vec{r}_\alpha = \begin{pmatrix} 1 & 3 \\ 1 & -1 \end{pmatrix} \begin{pmatrix} 3\alpha \\ \alpha \end{pmatrix} = \begin{pmatrix} 6\alpha \\ 2\alpha \end{pmatrix} = 2 \cdot \begin{pmatrix} 3\alpha \\ \alpha \end{pmatrix} = \lambda \vec{r}_\alpha .$$

Ferner ist der Skalar $\lambda := -2$ ebenfalls ein Eigenwert von A, denn z. B. für den Vektor $\vec{r} := (-1, 1)^T$ gilt die Identität

$$A\vec{r} = \begin{pmatrix} 1 & 3 \\ 1 & -1 \end{pmatrix} \begin{pmatrix} -1 \\ 1 \end{pmatrix} = \begin{pmatrix} 2 \\ -2 \end{pmatrix} = (-2) \cdot \begin{pmatrix} -1 \\ 1 \end{pmatrix} = \lambda \vec{r} .$$

Auch in diesem Fall sind wieder alle Vektoren $\vec{r}_\alpha := (-\alpha, \alpha)^T$ mit beliebigem $\alpha \in \mathbb{C} \setminus \{0\}$ Eigenvektoren von A zum Eigenwert λ, denn es gilt

$$A\vec{r}_\alpha = \begin{pmatrix} 1 & 3 \\ 1 & -1 \end{pmatrix} \begin{pmatrix} -\alpha \\ \alpha \end{pmatrix} = \begin{pmatrix} 2\alpha \\ -2\alpha \end{pmatrix} = (-2) \cdot \begin{pmatrix} -\alpha \\ \alpha \end{pmatrix} = \lambda \vec{r}_\alpha .$$

▷ **Bemerkung 10.1.3 Nullvektor nie Eigenvektor** Man beachte, dass der Nullvektor **niemals** Eigenvektor einer Matrix sein kann, da als Eigenvektoren gemäß obiger Definition nur Vektoren in Frage kommen, die vom Nullvektor verschieden sind!

10.2 Berechnung von Eigenwerten und -vektoren

Im Folgenden wird Schritt für Schritt erläutert, wie man die Berechnung von Eigenwerten und Eigenvektoren auf systematische Art und Weise durchführen kann. Es sei also $A \in \mathbb{C}^{n \times n}$ eine beliebige Matrix und $\vec{r} \in \mathbb{C}^n \setminus \{\vec{0}\}$ ein Eigenvektor zum Eigenwert λ von A. Bezeichnet nun $E \in \mathbb{R}^{n \times n}$ die Einheitsmatrix, also das neutrale Element der Matrizenmultiplikation, dann lässt sich die Identität $A\vec{r} = \lambda\vec{r}$ unter Ausnutzung der Rechenregeln für Vektoren und Matrizen äquivalent umformen gemäß

$$A\vec{r} = \lambda E\vec{r} \quad \Longleftrightarrow \quad A\vec{r} - \lambda E\vec{r} = \vec{0} \quad \Longleftrightarrow \quad (A - \lambda E)\vec{r} = \vec{0} \,.$$

In ausgeschriebener Form lautet die letzte Identität

$$\begin{pmatrix} a_{11} - \lambda & a_{12} & \cdots & a_{1n} \\ a_{21} & a_{22} - \lambda & \ddots & \vdots \\ \vdots & \ddots & \ddots & a_{n-1n} \\ a_{n1} & \cdots & a_{nn-1} & a_{nn} - \lambda \end{pmatrix} \begin{pmatrix} r_1 \\ r_2 \\ \vdots \\ r_n \end{pmatrix} = \begin{pmatrix} 0 \\ 0 \\ \vdots \\ 0 \end{pmatrix},$$

und sie ist aufgrund der Vorgaben wie folgt zu interpretieren:

- Das entstandene homogene lineare (n,n)-Gleichungssystem besitzt mit dem Eigenvektor $\vec{r}$ eine vom Nullvektor verschiedene Lösung. Also ist es **nicht regulär**, also ist die Matrix $(A - \lambda E)$ **nicht invertierbar**, also muss $\det(A - \lambda E) = 0$ sein.
- Jede Lösung $\vec{r} \neq \vec{0}$ des entstandenen homogenen linearen (n,n)-Gleichungssystems $(A - \lambda E)\vec{r} = \vec{0}$ ist ein Eigenvektor von A zum Eigenwert λ.

Die obigen Überlegungen geben Anlass zur Definition des sogenannten **charakteristischen Polynoms** einer Matrix.

Definition 10.2.1 Charakteristisches Polynom

Es sei $A \in \mathbb{C}^{n \times n}$ eine beliebige Matrix und $E \in \mathbb{R}^{n \times n}$ die Einheitsmatrix. Die Funktion

$$p : \mathbb{C} \to \mathbb{C} , \qquad \lambda \mapsto \det(A - \lambda E) ,$$

wird **charakteristisches Polynom** von A genannt. p ist – wie der Name schon sagt – aufgrund der Definition der Determinante ein algebraisches Polynom genau n-ten Grades in der Variablen λ. ◄

Unter Zugriff auf das charakteristische Polynom einer Matrix lässt sich nun der wichtige Satz über die **Berechnung von Eigenwerten und Eigenvektoren** formulieren.

▷ **Satz 10.2.2 Eigenwert-Eigenvektor-Paar-Berechnung** Es sei $A \in \mathbb{C}^{n\times n}$ eine beliebige Matrix und $E \in \mathbb{R}^{n\times n}$ die Einheitsmatrix. Dann gilt:

- Eine Zahl $\lambda \in \mathbb{C}$ ist genau dann ein **Eigenwert von** A, wenn λ eine Nullstelle des charakteristischen Polynoms p von A ist, also wenn gilt:

$$p(\lambda) = \det(A - \lambda E) = 0 \,.$$

- Ein Vektor $\vec{r} \in \mathbb{C}^n \setminus \{\vec{0}\}$ ist genau dann ein **Eigenvektor von** A zum Eigenwert λ, wenn $\vec{r}$ eine Lösung des folgenden singulären homogenen linearen (n,n)-Gleichungssystems ist:

$$(A - \lambda E)\vec{r} = \vec{0} \,.$$

Aus den obigen Überlegungen leitet sich die folgende allgemeine Berechnungsstrategie für Eigenwerte und Eigenvektoren ab:

1. Schritt: Man berechne das charakteristische Polynom p von A sowie dessen – i. Allg. auch komplexe oder mehrfache – Nullstellen $\lambda_1, \ldots, \lambda_n \in \mathbb{C}$ als Lösungen des **Nullstellenproblems**

$$p(\lambda) = \det(A - \lambda E) = 0 \,.$$

Man erhält so genau die Eigenwerte von A.

2. Schritt: Man berechne jeweils die vom Nullvektor verschiedenen Lösungen $\vec{r}^{(1)}, \ldots, \vec{r}^{(n)} \in \mathbb{C}^n \setminus \{\vec{0}\}$ der durch die Eigenwerte gegebenen singulären homogenen linearen **Gleichungssysteme**

$$(A - \lambda_1 E)\vec{r}^{(1)} = \vec{0} \,,$$

$$(A - \lambda_2 E)\vec{r}^{(2)} = \vec{0} \,,$$

$$\vdots$$

$$(A - \lambda_n E)\vec{r}^{(n)} = \vec{0} \,.$$

Man erhält so die Eigenvektoren von A.

Beispiel 10.2.3

Zu berechnen sind die Eigenwerte und Eigenvektoren der Matrix $A \in \mathbb{R}^{2\times 2}$,

$$A := \begin{pmatrix} 1 & 3 \\ 1 & -1 \end{pmatrix} \,.$$

1. Schritt: Aus der Gleichung

$$p(\lambda) = \det(A - \lambda E) = \det\begin{pmatrix} 1-\lambda & 3 \\ 1 & -1-\lambda \end{pmatrix} = (1-\lambda)(-1-\lambda) - 3$$

$$= \lambda^2 - 4 = 0$$

berechnen sich die Lösungen $\lambda_1 = 2$ und $\lambda_2 = -2$, also die Eigenwerte von A.

2. Schritt: Aus dem Gleichungssystem

$$(A - \lambda_1 E)\vec{r}^{(1)} = \vec{0} \quad \Longleftrightarrow \quad \begin{pmatrix} 1-2 & 3 \\ 1 & -1-2 \end{pmatrix}\begin{pmatrix} r_1^{(1)} \\ r_2^{(1)} \end{pmatrix} = \begin{pmatrix} 0 \\ 0 \end{pmatrix}$$

ergeben sich alle zu $\lambda_1 = 2$ gehörenden Eigenvektoren zu

$$\vec{r}^{(1)} = \alpha \begin{pmatrix} 3 \\ 1 \end{pmatrix}, \quad \alpha \in \mathbb{C} \setminus \{0\}.$$

Aus dem Gleichungssystem

$$(A - \lambda_2 E)\vec{r}^{(2)} = \vec{0} \quad \Longleftrightarrow \quad \begin{pmatrix} 1-(-2) & 3 \\ 1 & -1-(-2) \end{pmatrix}\begin{pmatrix} r_1^{(2)} \\ r_2^{(2)} \end{pmatrix} = \begin{pmatrix} 0 \\ 0 \end{pmatrix}$$

ergeben sich alle zu $\lambda_2 = -2$ gehörenden Eigenvektoren zu

$$\vec{r}^{(2)} = \alpha \begin{pmatrix} -1 \\ 1 \end{pmatrix}, \quad \alpha \in \mathbb{C} \setminus \{0\}.$$

▷ **Bemerkung 10.2.4 Unvermeidbarkeit komplexer Eigenwerte** Man beachte, dass auch eine rein reellwertige Matrix $A \in \mathbb{R}^{n \times n}$ komplexe Eigenwerte (und damit auch komplexe Eigenvektoren) haben kann, denn auch algebraische Polynome mit lediglich reellen Koeffizienten können bekanntlich komplexe Nullstellen besitzen! Aus diesem Grunde ist der durchgängige Übergang von $\mathbb{R}$ nach $\mathbb{C}$ nicht aus purer Freude an möglichst großer Allgemeinheit vollzogen worden, sondern gewissermaßen unumgänglich. Das folgende kleine Beispiel soll dies veranschaulichen.

Beispiel 10.2.5
Zu berechnen sind die Eigenwerte und Eigenvektoren der Matrix $A \in \mathbb{R}^{2 \times 2}$,

$$A := \begin{pmatrix} 1 & -1 \\ 1 & 1 \end{pmatrix}.$$

1. Schritt: Aus der Gleichung

$$p(\lambda) = \det(A - \lambda E) = \det \begin{pmatrix} 1 - \lambda & -1 \\ 1 & 1 - \lambda \end{pmatrix} = \lambda^2 - 2\lambda + 2 = 0$$

berechnen sich die Lösungen $\lambda_1 = 1 + \mathrm{i}$ und $\lambda_2 = 1 - \mathrm{i}$, also die Eigenwerte von A.

2. Schritt: Aus dem Gleichungssystem

$$(A - \lambda_1 E)\vec{r}^{(1)} = \vec{0} \quad \Longleftrightarrow \quad \begin{pmatrix} 1 - (1 + \mathrm{i}) & -1 \\ 1 & 1 - (1 + \mathrm{i}) \end{pmatrix} \begin{pmatrix} r_1^{(1)} \\ r_2^{(1)} \end{pmatrix} = \begin{pmatrix} 0 \\ 0 \end{pmatrix}$$

ergeben sich alle zu $\lambda_1 = 1 + \mathrm{i}$ gehörenden Eigenvektoren zu

$$\vec{r}^{(1)} = \alpha \begin{pmatrix} \mathrm{i} \\ 1 \end{pmatrix}, \quad \alpha \in \mathbb{C} \setminus \{0\}\,.$$

Aus dem Gleichungssystem

$$(A - \lambda_2 E)\vec{r}^{(2)} = \vec{0} \quad \Longleftrightarrow \quad \begin{pmatrix} 1 - (1 - \mathrm{i}) & -1 \\ 1 & 1 - (1 - \mathrm{i}) \end{pmatrix} \begin{pmatrix} r_1^{(2)} \\ r_2^{(2)} \end{pmatrix} = \begin{pmatrix} 0 \\ 0 \end{pmatrix}$$

ergeben sich alle zu $\lambda_2 = 1 - \mathrm{i}$ gehörenden Eigenvektoren zu

$$\vec{r}^{(2)} = \alpha \begin{pmatrix} -\mathrm{i} \\ 1 \end{pmatrix}, \quad \alpha \in \mathbb{C} \setminus \{0\}\,.$$

10.3   Eigenschaften von Eigenwerten und -vektoren

Die wichtigsten **Eigenschaften von Eigenwerten und Eigenvektoren** sind bereits implizit in den im vorausgegangenen Abschnitt durchgerechneten Beispielen zu Tage getreten und werden nun zusammenfassend im folgenden Satz festgehalten.

▷   **Satz 10.3.1 Eigenschaften von Eigenwerten und -vektoren** Es sei $A \in \mathbb{C}^{n \times n}$ eine beliebige Matrix. Dann gelten die folgenden Aussagen:

- A hat höchstens n verschiedene Eigenwerte.
- Zu jedem Eigenwert λ von A gibt es $(n - \mathrm{Rang}\,(A - \lambda E))$ linear unabhängige Eigenvektoren.

- Sind $\lambda_1, \lambda_2, \ldots, \lambda_m$ paarweise verschiedene Eigenwerte von A und $\vec{r}^{(1)}, \vec{r}^{(2)}, \ldots,$ $\vec{r}^{(m)}$ zugehörige Eigenvektoren, dann sind die Eigenvektoren $\vec{r}^{(1)}, \vec{r}^{(2)}, \ldots, \vec{r}^{(m)}$ linear unabhängig.

Beweis (1) Die Eigenwerte sind genau die Nullstellen des charakteristischen Polynoms p mit $p(\lambda) = \det(A - \lambda E)$. Dieses hat aber als Polynom genau n-ten Grades aufgrund des Fundamentalsatzes der Algebra maximal n verschiedene Nullstellen.

(2) Die Eigenvektoren zum Eigenwert λ sind genau die vom Nullvektor verschiedenen Lösungen des homogenen linearen (n,n)-Gleichungssystems $(A - \lambda E)\vec{r} = \vec{0}$. Dieses hat aber nach der Lösungstheorie für homogene lineare Gleichungssysteme einen genau $(n - \text{Rang}\,(A - \lambda E))$-dimensionalen Lösungsraum.

(3) Der Nachweis geschieht mittels vollständiger Induktion nach $k \in \{1, \ldots, m\}$.

Induktionsanfang: Für $k = 1$ gilt natürlich, dass $\vec{r}^{(1)}$ linear unabhängig ist, denn $\vec{r}^{(1)}$ ist ungleich dem Nullvektor.

Induktionsschluss: Es gelte für ein beliebiges $k \in \{1, \ldots, m-1\}$, dass $\vec{r}^{(1)}, \ldots, \vec{r}^{(k)}$ linear unabhängig sind (Induktionsannahme). Nun ist zu zeigen, dass auch $\vec{r}^{(1)}, \ldots, \vec{r}^{(k)}, \vec{r}^{(k+1)}$ linear unabhängig sind. Dazu seien $c_1, \ldots, c_{k+1} \in \mathbb{C}$ gegeben mit

$$c_1 \vec{r}^{(1)} + c_2 \vec{r}^{(2)} + \cdots + c_k \vec{r}^{(k)} + c_{k+1} \vec{r}^{(k+1)} = \vec{0} \, .$$

Multipliziert man die obige Identität, die im Folgenden als erste Gleichung bezeichnet wird, von links mit A, so ergibt sich

$$c_1 A \vec{r}^{(1)} + c_2 A \vec{r}^{(2)} + \cdots + c_k A \vec{r}^{(k)} + c_{k+1} A \vec{r}^{(k+1)} = \vec{0} \, ,$$

$$c_1 \lambda_1 \vec{r}^{(1)} + c_2 \lambda_2 \vec{r}^{(2)} + \cdots + c_k \lambda_k \vec{r}^{(k)} + c_{k+1} \lambda_{k+1} \vec{r}^{(k+1)} = \vec{0} \, .$$

Subtrahiert man von dieser Gleichung das λ_{k+1}-fache der ersten Gleichung, so erhält man

$$c_1 \underbrace{(\lambda_1 - \lambda_{k+1})}_{\neq 0} \vec{r}^{(1)} + c_2 \underbrace{(\lambda_2 - \lambda_{k+1})}_{\neq 0} \vec{r}^{(2)} + \cdots + c_k \underbrace{(\lambda_k - \lambda_{k+1})}_{\neq 0} \vec{r}^{(k)} = \vec{0}.$$

Da $\vec{r}^{(1)}, \ldots, \vec{r}^{(k)}$ nach Induktionsannahme linear unabhängig sind und $\lambda_1, \ldots, \lambda_k, \lambda_{k+1}$ verschieden sind, folgt aus der letzten Identität bereits $c_1 = c_2 = \cdots = c_k = 0$. Das bedeutet aber auch sofort aufgrund der ersten Gleichung

$$c_{k+1} \vec{r}^{(k+1)} = \vec{0} \, ,$$

also $c_{k+1} = 0$ oder $\vec{r}^{(k+1)} = \vec{0}$. Da $\vec{r}^{(k+1)}$ als Eigenvektor von A aber nicht der Nullvektor sein kann, muss $c_{k+1} = 0$ gelten. Also ist insgesamt gezeigt, dass $c_1 = \cdots = c_k = c_{k+1} = 0$ gilt, also auch die $(k + 1)$ Eigenvektoren linear unabhängig sind. $\qquad\square$

▷ **Bemerkung 10.3.2 Eigenvektorbasis** Aus dem obigen Satz folgt sofort, dass z. B. für eine Matrix $A \in \mathbb{R}^{n \times n}$ mit n **verschiedenen reellen** Eigenwerten eine beliebige Auswahl von n zugehörigen **reellen** Eigenvektoren eine

Basis des $\mathbb{R}^n$ bilden. Man nennt eine derartige Basis eine **Eigenvektorbasis** des $\mathbb{R}^n$.

Die obige Bemerkung lässt erkennen, dass der Fall verschiedener Eigenwerte sehr übersichtlich ist. Komplizierter wird die Situation, wenn einige Eigenwerte mehrfach auftauchen. In den folgenden Beispielen sollen einige wesentliche Fälle dieses Typs diskutiert werden.

Beispiel 10.3.3

Gegeben sei die Matrix $A \in \mathbb{R}^{3\times3}$,

$$A := \begin{pmatrix} 1 & 0 & 0 \\ 0 & 1 & 0 \\ 0 & 0 & 1 \end{pmatrix}.$$

Das charakteristische Polynom von A ergibt sich zu

$$p(\lambda) = \det(A - \lambda E) = \det \begin{pmatrix} 1-\lambda & 0 & 0 \\ 0 & 1-\lambda & 0 \\ 0 & 0 & 1-\lambda \end{pmatrix} = (1-\lambda)^3 = 0.$$

Dieses Polynom hat offenbar die dreifache Nullstelle $\lambda_1 = \lambda_2 = \lambda_3 = 1$. Also ist $\lambda = 1$ ein **dreifacher Eigenwert** von A. Wegen

$$(A - \lambda E)\vec{r} = \begin{pmatrix} 1-1 & 0 & 0 \\ 0 & 1-1 & 0 \\ 0 & 0 & 1-1 \end{pmatrix} \begin{pmatrix} r_1 \\ r_2 \\ r_3 \end{pmatrix} = \begin{pmatrix} 0 \\ 0 \\ 0 \end{pmatrix}$$

existieren zu $\lambda = 1$ **drei linear unabhängige Eigenvektoren**, z. B.

$$\vec{r}^{(1)} = \begin{pmatrix} 1 \\ 0 \\ 0 \end{pmatrix}, \quad \vec{r}^{(2)} = \begin{pmatrix} 0 \\ 1 \\ 0 \end{pmatrix}, \quad \vec{r}^{(3)} = \begin{pmatrix} 0 \\ 0 \\ 1 \end{pmatrix}.$$

Dieses Beispiel zeigt, dass zu einem k-fachen Eigenwert einer Matrix (bzw. einer k-fachen Nullstelle des charakteristischen Polynoms) k linear unabhängige Eigenvektoren existieren können!

Beispiel 10.3.4

Gegeben sei die Matrix $A \in \mathbb{R}^{2\times 2}$,

$$A := \begin{pmatrix} 1 & 1 \\ 0 & 1 \end{pmatrix}.$$

Das charakteristische Polynom von A ergibt sich zu

$$p(\lambda) = \det(A - \lambda E) = \det \begin{pmatrix} 1-\lambda & 1 \\ 0 & 1-\lambda \end{pmatrix} = (1-\lambda)^2 = 0.$$

Dieses Polynom hat offenbar die doppelte Nullstelle $\lambda_1 = \lambda_2 = 1$. Also ist $\lambda = 1$ ein **doppelter Eigenwert** von A. Wegen

$$(A - \lambda E)\vec{r} = \vec{0} \quad \Longleftrightarrow \quad \begin{pmatrix} 0 & 1 \\ 0 & 0 \end{pmatrix} \begin{pmatrix} r_1 \\ r_2 \end{pmatrix} = \begin{pmatrix} 0 \\ 0 \end{pmatrix}$$

ergeben sich alle zu $\lambda = 1$ gehörenden Eigenvektoren zu

$$\vec{r} = \begin{pmatrix} \alpha \\ 0 \end{pmatrix} = \alpha \begin{pmatrix} 1 \\ 0 \end{pmatrix}, \quad \alpha \in \mathbb{C} \setminus \{0\}.$$

Insbesondere gibt es also **keine zwei linear unabhängigen Eigenvektoren** zum doppelten Eigenwert $\lambda_1 = \lambda_2 = 1$. Dieses Beispiel zeigt, dass zu einem k-fachen Eigenwert einer Matrix A (bzw. einer k-fachen Nullstelle des charakteristischen Polynoms) durchaus weniger als k linear unabhängige Eigenvektoren existieren können!

Die im obigen Beispiel auftauchende Situation, die zu den sogenannten **Hauptvektoren** und den nach Camille Jordan (1838–1922) benannten **Jordanschen Normalformen** führt, soll im Folgenden nicht weiter analysiert werden. Es werden also von nun an lediglich Matrizen betrachtet, bei denen zu jedem mehrfachen Eigenwert auch eine entsprechende Anzahl linear unabhängiger Eigenvektoren existiert. Welche Matrizen dies genau sind, wird im nächsten Abschnitt eingehend untersucht.

Abschließend skizzieren wir noch eine kleine Anwendung des Eigenwert-Eigenvektor-Konzepts im Kontext der Ermittlung sogenannter **Page-Ranks** der bekannten Suchmaschine **Google**, benannt nach dem Google-Mitgründer Larry Page.

Beispiel 10.3.5

Wir betrachten n verschiedene Webseiten, wobei die j-te Webseite insgesamt $l_j \geq 1$ Links auf andere Seiten haben möge (vgl. Abb. 10.2). Dabei werden vorhandene Links zwischen Seite j und k stets einfach gezählt, auch wenn mehrere Links auf dieselbe Zielseite weisen, und die Bedingung $l_j \geq 1$ stellt sicher, dass es keine Webseite ohne mindestens einen Link auf eine andere Seite gibt. Die Wahrscheinlichkeit, dass ein Nutzer von der Seite j zur Seite k geht, wird modelliert durch die Übergangswahrscheinlichkeit $p_{jk} \in [0, 1]$,

$$p_{jk} := \begin{cases} \dfrac{d}{l_j} + \dfrac{1-d}{n}, & \text{falls Seite j einen Link auf Seite k enthält, kurz } j \to k \\ \dfrac{1-d}{n}, & \text{falls Seite j keinen Link auf Seite k enthält, kurz } j \nrightarrow k \end{cases}.$$

Würde man hier $d := 1$ wählen, wäre die Wahrscheinlichkeit, dass ein Nutzer von Seite j zu Seite k wechselt gleich 0, wenn Seite j keinen Link auf Seite k enthält. Das ist jedoch unrealistisch, so dass Page die Idee hatte, diese Wahrscheinlichkeit eben etwas größer als 0 zu wählen. Konkret wird in der Regel $d := 0.85$ gewählt und die Definition der Wahrscheinlichkeiten ist jetzt, wie man leicht nachprüft, zumindest plausibel, und es gilt

$$\sum_{k=1}^{n} p_{jk} = \sum_{\substack{k \in \{1,2,\dots,n\} \\ j \to k}} \left(\frac{d}{l_j} + \frac{1-d}{n} \right) + \sum_{\substack{k \in \{1,2,\dots,n\} \\ j \nrightarrow k}} \left(\frac{1-d}{n} \right) = 1 , \quad 1 \leq j \leq n .$$

Es sei nun mit $P := (p_{jk})_{1 \leq j,k \leq n}$ eine Matrix definiert, die zur Klasse der sogenannten **zeilenstochastischen Übergangsmatrizen** gehört. Dies sind Matrizen, deren Komponenten zwischen 0 und 1 liegen und deren Zeilensummen jeweils 1 ergeben. Als Gewichte (Page-Ranks) der Seiten definiert man nun die Komponenten des Vektors $\vec{r} \in [0, 1]^n$, der den Bedingungen

$$P^T \vec{r} = \vec{r} \quad \text{mit} \quad \sum_{j=1}^{n} r_j = \sum_{j=1}^{n} |r_j| = 1$$

genügt, also einen Eigenvektor der Matrix P^T zum Eigenwert 1 mit nicht negativen Komponenten, die auf 1 summieren. Dass es einen derartigen Eigenvektor gibt, muss man natürlich zuvor allgemein zeigen (folgt aus dem Satz von Perron und Frobenius über positive Matrizen). Dass die Komponenten eines derartigen Eigenvektors aber sinnvolle Gewichte für die Webseiten liefern, kann man sich leicht klar

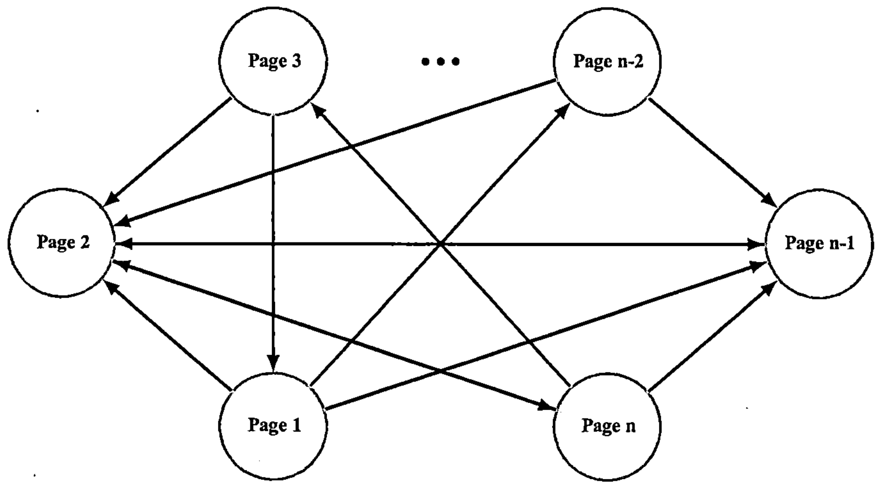

Abb. 10.2 n Webseiten mit Verlinkungen

machen: Zunächst lautet die obige Eigenvektor-Gleichung ausgeschrieben

$$\sum_{j=1}^{n} p_{jk} r_j = r_k , \quad 1 \le k \le n .$$

Ist r_k der Anteil aller Internetnutzer, die sich im Mittel auf Seite k aufhalten, dann bleibt nach dem Übergangsverhalten gemäß den Wahrscheinlichkeiten p_{jk} dieser Anteil unverändert. Also gibt r_k den Anteil der Internetnutzer an, die sich nach Einstellen eines Gleichgewichtszustandes im Mittel auf Seite k befinden, und dies für jede Seite $k \in \{1, 2, \ldots, n\}$.

10.4 Aufgaben mit Lösungen

Aufgabe 10.4.1 *Berechnen Sie die Eigenwerte und Eigenvektoren der Matrix $A \in \mathbb{R}^{2\times2}$,*

$$A := \begin{pmatrix} -35 & -80 \\ 16 & 37 \end{pmatrix} .$$

Lösung der Aufgabe	1. Schritt: Aus der Gleichung

$$p(\lambda) = \det(A - \lambda E) = \det \begin{pmatrix} -35 - \lambda & -80 \\ 16 & 37 - \lambda \end{pmatrix} = \lambda^2 - 2\lambda - 15 = 0$$

berechnen sich die Lösungen $\lambda_1 = -3$ und $\lambda_2 = 5$, also die Eigenwerte von A.
2. Schritt: Aus dem Gleichungssystem

$$(A - \lambda_1 E)\vec{r}^{(1)} = \vec{0} \quad \Longleftrightarrow \quad \begin{pmatrix} -35 - (-3) & -80 \\ 16 & 37 - (-3) \end{pmatrix} \begin{pmatrix} r_1^{(1)} \\ r_2^{(1)} \end{pmatrix} = \begin{pmatrix} 0 \\ 0 \end{pmatrix}$$

ergeben sich alle zu $\lambda_1 = -3$ gehörenden Eigenvektoren zu

$$\vec{r}^{(1)} = \alpha \begin{pmatrix} 5 \\ -2 \end{pmatrix}, \quad \alpha \in \mathbb{C} \setminus \{0\} \,.$$

Aus dem Gleichungssystem

$$(A - \lambda_2 E)\vec{r}^{(2)} = \vec{0} \quad \Longleftrightarrow \quad \begin{pmatrix} -35 - 5 & -80 \\ 16 & 37 - 5 \end{pmatrix} \begin{pmatrix} r_1^{(2)} \\ r_2^{(2)} \end{pmatrix} = \begin{pmatrix} 0 \\ 0 \end{pmatrix}$$

ergeben sich alle zu $\lambda_2 = 5$ gehörenden Eigenvektoren zu

$$\vec{r}^{(2)} = \alpha \begin{pmatrix} 2 \\ -1 \end{pmatrix}, \quad \alpha \in \mathbb{C} \setminus \{0\} \,.$$

Aufgabe 10.4.2	*Berechnen Sie die Eigenwerte und Eigenvektoren der Matrix $A \in \mathbb{R}^{3\times3}$,*

$$A := \begin{pmatrix} 33 & 16 & 72 \\ -24 & -10 & -57 \\ -8 & -4 & -17 \end{pmatrix} \,.$$

Lösung der Aufgabe	1. Schritt: Aus der Gleichung

$$p(\lambda) = \det(A - \lambda E) = \det \begin{pmatrix} 33 - \lambda & 16 & 72 \\ -24 & -10 - \lambda & -57 \\ -8 & -4 & -17 - \lambda \end{pmatrix}$$
$$= -\lambda^3 + 6\lambda^2 - 11\lambda + 6 = 0$$

berechnen sich die Lösungen $\lambda_1 = 1$, $\lambda_2 = 2$ und $\lambda_3 = 3$, also die Eigenwerte von A.

2. Schritt: Aus dem Gleichungssystem

$$(A - \lambda_1 E)\vec{r}^{(1)} = \vec{0} \quad \Longleftrightarrow \quad \begin{pmatrix} 33-1 & 16 & 72 \\ -24 & -10-1 & -57 \\ -8 & -4 & -17-1 \end{pmatrix} \begin{pmatrix} r_1^{(1)} \\ r_2^{(1)} \\ r_3^{(1)} \end{pmatrix} = \begin{pmatrix} 0 \\ 0 \\ 0 \end{pmatrix}$$

ergeben sich alle zu $\lambda_1 = 1$ gehörenden Eigenvektoren zu

$$\vec{r}^{(1)} = \alpha \begin{pmatrix} -15 \\ 12 \\ 4 \end{pmatrix}, \quad \alpha \in \mathbb{C} \setminus \{0\}\,.$$

Aus dem Gleichungssystem

$$(A - \lambda_2 E)\vec{r}^{(2)} = \vec{0} \quad \Longleftrightarrow \quad \begin{pmatrix} 33-2 & 16 & 72 \\ -24 & -10-2 & -57 \\ -8 & -4 & -17-2 \end{pmatrix} \begin{pmatrix} r_1^{(2)} \\ r_2^{(2)} \\ r_3^{(2)} \end{pmatrix} = \begin{pmatrix} 0 \\ 0 \\ 0 \end{pmatrix}$$

ergeben sich alle zu $\lambda_2 = 2$ gehörenden Eigenvektoren zu

$$\vec{r}^{(2)} = \alpha \begin{pmatrix} -16 \\ 13 \\ 4 \end{pmatrix}, \quad \alpha \in \mathbb{C} \setminus \{0\}\,.$$

Aus dem Gleichungssystem

$$(A - \lambda_3 E)\vec{r}^{(3)} = \vec{0} \quad \Longleftrightarrow \quad \begin{pmatrix} 33-3 & 16 & 72 \\ -24 & -10-3 & -57 \\ -8 & -4 & -17-3 \end{pmatrix} \begin{pmatrix} r_1^{(3)} \\ r_2^{(3)} \\ r_3^{(3)} \end{pmatrix} = \begin{pmatrix} 0 \\ 0 \\ 0 \end{pmatrix}$$

ergeben sich alle zu $\lambda_3 = 3$ gehörenden Eigenvektoren zu

$$\vec{r}^{(3)} = \alpha \begin{pmatrix} -4 \\ 3 \\ 1 \end{pmatrix}, \quad \alpha \in \mathbb{C} \setminus \{0\}\,.$$

Aufgabe 10.4.3 *Berechnen Sie die Eigenwerte und Eigenvektoren der Matrix* $A \in \mathbb{R}^{3\times3}$,

$$A := \begin{pmatrix} 3 & 0 & -1 \\ 1 & 4 & 1 \\ -1 & 0 & 3 \end{pmatrix}.$$

Lösung der Aufgabe　1. Schritt: Aus der Gleichung

$$p(\lambda) = \det(A - \lambda E) = \det\begin{pmatrix} 3-\lambda & 0 & -1 \\ 1 & 4-\lambda & 1 \\ -1 & 0 & 3-\lambda \end{pmatrix} = (4-\lambda)(\lambda-2)(\lambda-4) = 0$$

berechnen sich die Lösungen $\lambda_1 = 2$ und $\lambda_2 = \lambda_3 = 4$, also die Eigenwerte von A.
2. Schritt: Aus dem Gleichungssystem

$$(A - \lambda_1 E)\vec{r}^{(1)} = \vec{0} \quad \Longleftrightarrow \quad \begin{pmatrix} 3-2 & 0 & -1 \\ 1 & 4-2 & 1 \\ -1 & 0 & 3-2 \end{pmatrix} \begin{pmatrix} r_1^{(1)} \\ r_2^{(1)} \\ r_3^{(1)} \end{pmatrix} = \begin{pmatrix} 0 \\ 0 \\ 0 \end{pmatrix}$$

ergeben sich alle zu $\lambda_1 = 2$ gehörenden Eigenvektoren zu

$$\vec{r}^{(1)} = \alpha \begin{pmatrix} 1 \\ -1 \\ 1 \end{pmatrix}, \quad \alpha \in \mathbb{C} \setminus \{0\}\,.$$

Aus dem Gleichungssystem

$$(A - \lambda_{2/3} E)\vec{r}^{(2/3)} = \vec{0} \quad \Longleftrightarrow \quad \begin{pmatrix} 3-4 & 0 & -1 \\ 1 & 4-4 & 1 \\ -1 & 0 & 3-4 \end{pmatrix} \begin{pmatrix} r_1^{(2/3)} \\ r_2^{(2/3)} \\ r_3^{(2/3)} \end{pmatrix} = \begin{pmatrix} 0 \\ 0 \\ 0 \end{pmatrix}$$

ergeben sich alle zu $\lambda_2 = \lambda_3 = 4$ gehörenden Eigenvektoren zu

$$\vec{r}^{(2)} = \alpha \begin{pmatrix} -1 \\ 0 \\ 1 \end{pmatrix} + \beta \begin{pmatrix} 0 \\ 1 \\ 0 \end{pmatrix}, \quad \alpha, \beta \in \mathbb{C}, \quad |\alpha| + |\beta| \neq 0\,.$$

Aufgabe 10.4.4　*Berechnen Sie die Eigenwerte und Eigenvektoren der Matrix $A \in \mathbb{R}^{3\times3}$,*

$$A := \begin{pmatrix} 4 & 0 & -3 \\ 0 & 1 & 0 \\ -4 & 0 & 3 \end{pmatrix}.$$

Lösung der Aufgabe　1. Schritt: Aus der Gleichung

$$p(\lambda) = \det(A - \lambda E) = \det\begin{pmatrix} 4-\lambda & 0 & -3 \\ 0 & 1-\lambda & 0 \\ -4 & 0 & 3-\lambda \end{pmatrix} = \lambda(1-\lambda)(\lambda-7) = 0$$

berechnen sich die Lösungen $\lambda_1 = 0$, $\lambda_2 = 1$ und $\lambda_3 = 7$, also die Eigenwerte von A.

2. Schritt: Aus dem Gleichungssystem

$$(A - \lambda_1 E)\vec{r}^{(1)} = \vec{0} \quad \Longleftrightarrow \quad \begin{pmatrix} 4-0 & 0 & -3 \\ 0 & 1-0 & 0 \\ -4 & 0 & 3-0 \end{pmatrix} \begin{pmatrix} r_1^{(1)} \\ r_2^{(1)} \\ r_3^{(1)} \end{pmatrix} = \begin{pmatrix} 0 \\ 0 \\ 0 \end{pmatrix}$$

ergeben sich alle zu $\lambda_1 = 0$ gehörenden Eigenvektoren zu

$$\vec{r}^{(1)} = \alpha \begin{pmatrix} 3 \\ 0 \\ 4 \end{pmatrix}, \quad \alpha \in \mathbb{C} \setminus \{0\}.$$

Aus dem Gleichungssystem

$$(A - \lambda_2 E)\vec{r}^{(2)} = \vec{0} \quad \Longleftrightarrow \quad \begin{pmatrix} 4-1 & 0 & -3 \\ 0 & 1-1 & 0 \\ -4 & 0 & 3-1 \end{pmatrix} \begin{pmatrix} r_1^{(2)} \\ r_2^{(2)} \\ r_3^{(2)} \end{pmatrix} = \begin{pmatrix} 0 \\ 0 \\ 0 \end{pmatrix}$$

ergeben sich alle zu $\lambda_2 = 1$ gehörenden Eigenvektoren zu

$$\vec{r}^{(2)} = \alpha \begin{pmatrix} 0 \\ 1 \\ 0 \end{pmatrix}, \quad \alpha \in \mathbb{C} \setminus \{0\}.$$

Aus dem Gleichungssystem

$$(A - \lambda_3 E)\vec{r}^{(3)} = \vec{0} \quad \Longleftrightarrow \quad \begin{pmatrix} 4-7 & 0 & -3 \\ 0 & 1-7 & 0 \\ -4 & 0 & 3-7 \end{pmatrix} \begin{pmatrix} r_1^{(3)} \\ r_2^{(3)} \\ r_3^{(3)} \end{pmatrix} = \begin{pmatrix} 0 \\ 0 \\ 0 \end{pmatrix}$$

ergeben sich alle zu $\lambda_3 = 7$ gehörenden Eigenvektoren zu

$$\vec{r}^{(3)} = \alpha \begin{pmatrix} 1 \\ 0 \\ -1 \end{pmatrix}, \quad \alpha \in \mathbb{C} \setminus \{0\}.$$

Aufgabe 10.4.5 *Es sei $A \in \mathbb{C}^{n \times n}$ eine beliebige Matrix und $\lambda \in \mathbb{C}$ ein Skalar. Zeigen Sie, dass*

$$\det(A - \lambda E) = (-1)^n \det(\lambda E - A)$$

gilt. Aus dieser Identität folgt sofort, dass sich die Eigenwerte von A auch durch Lösung der Gleichung $\det(\lambda E - A) = 0$ bestimmen lassen!

Abb. 10.3 3 Webseiten mit Verlinkungen

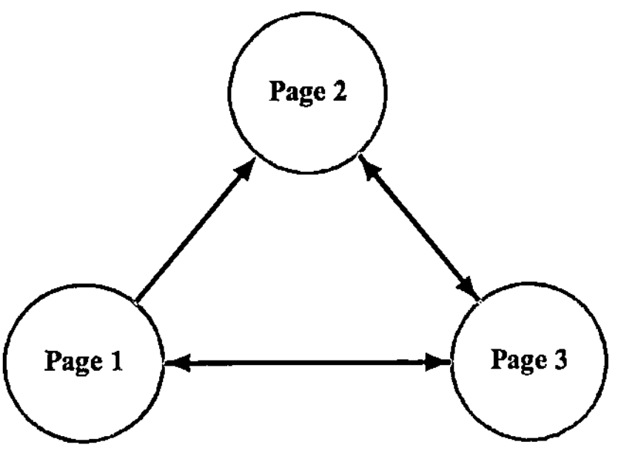

Lösung der Aufgabe　Zunächst gilt natürlich

$$\det(A - \lambda E) = \det((-1)(\lambda E - A)) \, .$$

Aufgrund der Homogenität in den Zeilen kann man sukzessiv den Faktor (-1) Zeile für Zeile aus der zu berechnenden Determinante herausziehen. Daraus ergibt sich unmittelbar die Behauptung.

Aufgabe 10.4.6　*Es seien 3 verschiedene Webseiten mit folgender Verlinkungsstruktur*

$$1 \to 2 \quad 1 \to 3 \quad 2 \to 3 \quad 3 \to 1 \quad 3 \to 2$$

gegeben (vgl. Abb. 10.3). Berechnen Sie die Page-Ranks der drei Seiten.

Lösung der Aufgabe　Da die erste Seite auf zwei weitere Seiten verweist, ist $l_1 = 2$, da die zweite Seite auf eine weitere Seite verweist, ist $l_2 = 1$ und da schließlich die dritte Seite auf zwei weitere Seiten verweist, ist $l_3 = 2$. Die Wahrscheinlichkeit, dass ein Nutzer von der Seite j zur Seite k geht, wird modelliert durch die Übergangswahrscheinlichkeit $p_{jk} \in (0, 1)$,

$$p_{jk} := \begin{cases} \frac{0.85}{l_j} + \frac{0.15}{3}, & \text{falls Seite j einen Link auf Seite k enthält, kurz } j \to k \\ \frac{0.15}{3}, & \text{falls Seite j keinen Link auf Seite k enthält, kurz } j \not\to k \end{cases} \, ,$$

$$1 \le j, k \le 3 \, .$$

Es sei nun mit $P := (p_{jk})_{1 \le j, k \le 3}$ die zugehörige zeilenstochastische Übergangsmatrix bezeichnet, die hier konkret

$$P = \begin{pmatrix} \frac{0.15}{3} & \frac{0.15}{3} + \frac{0.85}{2} & \frac{0.15}{3} + \frac{0.85}{2} \\ \frac{0.15}{3} & \frac{0.15}{3} & \frac{0.15}{3} + \frac{0.85}{1} \\ \frac{0.15}{3} + \frac{0.85}{2} & \frac{0.15}{3} + \frac{0.85}{2} & \frac{0.15}{3} \end{pmatrix} = \begin{pmatrix} \frac{2}{40} & \frac{19}{40} & \frac{19}{40} \\ \frac{2}{40} & \frac{2}{40} & \frac{36}{40} \\ \frac{19}{40} & \frac{19}{40} & \frac{2}{40} \end{pmatrix}$$

lautet. Man geht nun über zu P^T und berechnet zur Übung die Eigenwerte (obwohl nur der Eigenwert $\lambda_1 = 1$ interessant ist und man schon weiß, dass es ihn gibt):

1. Schritt: Aus der Gleichung

$$p(\lambda) = \det(P^T - \lambda E) = \det \begin{pmatrix} \frac{2}{40} - \lambda & \frac{2}{40} & \frac{19}{40} \\ \frac{19}{40} & \frac{2}{40} - \lambda & \frac{19}{40} \\ \frac{19}{40} & \frac{36}{40} & \frac{2}{40} - \lambda \end{pmatrix}$$

$$= (1 - \lambda)\left(\lambda^2 + \frac{17}{20}\lambda + \frac{289}{1600}\right) = 0$$

berechnen sich die Lösungen $\lambda_1 = 1$ und $\lambda_2 = \lambda_3 = -\frac{17}{40}$ (doppelt), also die Eigenwerte von P^T.

2. Schritt: Aus dem Gleichungssystem

$$(P^T - \lambda_1 E)\vec{r}^{(1)} = \vec{0} \quad \Longleftrightarrow \quad \begin{pmatrix} \frac{-38}{40} & \frac{2}{40} & \frac{19}{40} \\ \frac{19}{40} & \frac{-38}{40} & \frac{19}{40} \\ \frac{19}{40} & \frac{36}{40} & \frac{-38}{40} \end{pmatrix} \begin{pmatrix} r_1^{(1)} \\ r_2^{(1)} \\ r_3^{(1)} \end{pmatrix} = \begin{pmatrix} 0 \\ 0 \\ 0 \end{pmatrix}$$

ergeben sich alle zu $\lambda_1 = 1$ gehörenden Eigenvektoren zu

$$\vec{r}^{(1)} = \alpha \begin{pmatrix} 40 \\ 57 \\ 74 \end{pmatrix}, \quad \alpha \in \mathbb{C} \setminus \{0\}.$$

Uns interessiert nur derjenige mit positiven Komponenten, die auf 1 summieren, also

$$\vec{r} = \begin{pmatrix} \frac{40}{171} \\ \frac{57}{171} \\ \frac{74}{171} \end{pmatrix} = \begin{pmatrix} 0.23\ldots \\ 0.33\ldots \\ 0.43\ldots \end{pmatrix},$$

aus dessen Komponenten man die gesuchten Page-Ranks ablesen kann. Man mache sich abschließend kurz klar, dass die so gefundene Gewichtung der drei Seiten durchaus plausibel ist und zu einem sinnvollen Ranking bei solchen Suchanfragen führt, bei denen alle drei Seiten potentielle Kandidaten sind.

Selbsttest 10.4.7 Welche der folgenden Aussagen über die Matrix $A \in \mathbb{R}^{2\times 2}$,

$$A := \begin{pmatrix} 3 & 0 \\ 0 & 1 \end{pmatrix},$$

sind wahr?

?+? Der Vektor $(1, 0)^T$ ist ein Eigenvektor von A.

?−? Der Vektor $(2, -1)^T$ ist ein Eigenvektor von A zum Eigenwert 3.

?+? Der Vektor $(0, 3)^T$ ist ein Eigenvektor von A zum Eigenwert 1.

?+? Der Vektor $(0, 1)^T$ ist ein Eigenvektor von A.

?–? Der Vektor $(1, 0)^T$ ist ein Eigenvektor von A zum Eigenwert 1.

?+? Der Vektor $(1, 0)^T$ ist ein Eigenvektor von A zum Eigenwert 3.

Selbsttest 10.4.8　Welche der folgenden Aussagen sind wahr?

?–? Zu jedem Eigenwert gibt es genau einen Eigenvektor.

?–? Ein Eigenwert kann nie Null sein.

?+? Ein Eigenvektor kann nie der Nullvektor sein.

?+? Zwei verschiedene Eigenwerte derselben Matrix haben stets verschiedene Eigenvektoren.

?–? Eine reguläre Matrix kann den Eigenwert Null haben.

Selbsttest 10.4.9　Welche Aussagen für zwei gegebene Matrizen $A, B \in \mathbb{R}^{n \times n}$ sind wahr?

?+? Das charakteristische Polynom von A hat den genauen Grad n.

?–? A hat stets n verschiedene Eigenwerte.

?+? Zur Berechnung der Eigenvektoren von A muss man homogene (n, n)-Gleichungssysteme lösen.

?+? Zur Berechnung der Eigenwerte von A muss man die Nullstellen eines Polynoms bestimmen.

?–? Wenn A und B dieselben Eigenwerte besitzen, dann muss $A = B$ gelten.

10.5　Diagonalähnliche Matrizen

Die **Berechnung von Eigenwerten und Eigenvektoren** ist i. Allg. ein recht mühsames Geschäft. In den Anwendungen reicht es aber in vielen Fällen aus, lediglich gewisse Informationen über das Spektrum einer Matrix und die zugehörigen Eigenvektoren zu haben. So ist es vielfach ausreichend zu wissen, dass die Matrix nur reelle Eigenwerte hat oder nur positive reelle Eigenwerte besitzt oder Ähnliches. Es wäre aus diesem Grunde sehr hilfreich, wenn man für **gewisse Klassen von Matrizen**, die einfach zu beschreiben sind, allgemeine **Aussagen über ihre Eigenwerte und Eigenvektoren** herleiten könnte. Genau darum wird es im Folgenden gehen (hinsichtlich weiterführender Informationen siehe [1, 2]).

In einem ersten Schritt soll eine Transformation eingeführt werden, die eine gegebene quadratische Matrix in eine andere mit ähnlichen Eigenschaften überführt. Aus diesem Grunde wird die Transformation auch **Ähnlichkeitstransformation** genannt und die entsprechenden Matrizen heißen **ähnlich**.

Definition 10.5.1 Ähnliche Matrizen

Zwei Matrizen $A, B \in \mathbb{C}^{n \times n}$ heißen **ähnlich**, falls es eine reguläre Matrix $C \in \mathbb{C}^{n \times n}$ gibt, so dass $B = C^{-1}AC$ gilt. Die durch die reguläre Matrix C induzierte Transformation T_C,

$$T_C : \mathbb{C}^{n \times n} \to \mathbb{C}^{n \times n}, \quad A \mapsto C^{-1}AC,$$

heißt **Ähnlichkeitstransformation**, und die Matrix C wird **Transformationsmatrix** genannt. ◄

Beispiel 10.5.2

Die Matrix $A \in \mathbb{R}^{2 \times 2}$,

$$A := \begin{pmatrix} -2 & 2 \\ 3 & 4 \end{pmatrix},$$

lässt sich mit der regulären Matrix $C \in \mathbb{R}^{2 \times 2}$ und ihrer inversen Matrix $C^{-1} \in \mathbb{R}^{2 \times 2}$,

$$C := \begin{pmatrix} 1 & 2 \\ 3 & 5 \end{pmatrix} \quad \text{und} \quad C^{-1} = \begin{pmatrix} -5 & 2 \\ 3 & -1 \end{pmatrix},$$

transformieren gemäß

$$B := C^{-1}AC = \begin{pmatrix} -5 & 2 \\ 3 & -1 \end{pmatrix} \begin{pmatrix} -2 & 2 \\ 3 & 4 \end{pmatrix} \begin{pmatrix} 1 & 2 \\ 3 & 5 \end{pmatrix} = \begin{pmatrix} 10 & 22 \\ -3 & -8 \end{pmatrix}.$$

Also sind die Matrizen A und B ähnlich.

Warum das Adjektiv **ähnlich** in der obigen Definition gerechtfertigt ist, wird durch den folgenden Satz deutlich. Er besagt nämlich, dass sich **ähnliche Matrizen** in Hinblick auf ihr Spektrum gar nicht und in Hinblick auf ihre Eigenvektoren nur sehr gering unterscheiden.

▷ **Satz 10.5.3 Eigenwerte und -vektoren ähnlicher Matrizen** Es seien $A, B \in \mathbb{C}^{n \times n}$ zwei **ähnliche Matrizen** und $C \in \mathbb{C}^{n \times n}$ eine zugehörige reguläre Transformationsmatrix mit $B = C^{-1}AC$. Ferner sei $\lambda \in \mathbb{C}$ ein Eigenwert von A und $\vec{r} \in \mathbb{C}^n \setminus \{\vec{0}\}$ ein zugehöriger Eigenvektor, d. h. es gelte $A\vec{r} = \lambda\vec{r}$. Dann ist λ auch ein Eigenwert von B und $\vec{s} := C^{-1}\vec{r}$ ein Eigenvektor von B zum Eigenwert λ.

Beweis Wegen $B = C^{-1}AC$ gilt

$$B\vec{s} = (C^{-1}AC)(C^{-1}\vec{r}) = C^{-1}A\underbrace{(CC^{-1})}_{E}\vec{r} = C^{-1}\underbrace{A\vec{r}}_{\lambda\vec{r}}$$

$$= C^{-1}\lambda\vec{r} = \lambda C^{-1}\vec{r} = \lambda\vec{s}.$$

Da $\vec{s}$ aufgrund der Regularität von C^{-1} und wegen $\vec{r} \neq \vec{0}$ nicht der Nullvektor sein kann, folgt aus der obigen Identität, dass $\vec{s}$ wie behauptet ein Eigenvektor von B zum Eigenwert λ ist. $\qquad\square$

An dieser Stelle drängt sich nun die Frage auf, ob es eine besonders einfache Klasse von ähnlichen Matrizen gibt, deren Spektrum und Eigenvektoren unmittelbar anzugeben sind. Dies ist in der Tat der Fall, wenn man sich an den sogenannten **Diagonalmatrizen** orientiert.

Definition 10.5.4 Diagonalmatrizen

Eine Matrix $D \in \mathbb{C}^{n\times n}$ heißt **Diagonalmatrix**, falls $d_{jk} = 0$ für $j \neq k$ gilt, kurz

$$D = \begin{pmatrix} d_{11} & 0 & \cdots & 0 \\ 0 & d_{22} & \ddots & \vdots \\ \vdots & \ddots & \ddots & 0 \\ 0 & \cdots & 0 & d_{nn} \end{pmatrix} =: \mathrm{diag}\,(d_{11}, d_{22}, \ldots, d_{nn}). \quad\blacktriangleleft$$

Offensichtlich besitzt eine (n,n)-Diagonalmatrix D genau die Eigenwerte $d_{11}, d_{22}, \ldots, d_{nn}$ und die kanonischen Einheitsvektoren $\vec{e}^{(1)}, \vec{e}^{(2)}, \ldots, \vec{e}^{(n)} \in \mathbb{R}^n$ bilden eine zugehörige Eigenvektorbasis. Dies ist eine ausgesprochen einfache Situation und man darf annehmen, dass sich alle Matrizen, die zu Diagonalmatrizen ähnlich sind, vergleichbar einfach verhalten. Man kommt so zum Begriff der **diagonalähnlichen Matrizen**, die auch **diagonalisierbare Matrizen** genannt werden.

Definition 10.5.5 Diagonalähnliche Matrizen

Eine Matrix $A \in \mathbb{C}^{n\times n}$ heißt **diagonalähnlich** (oder **diagonalisierbar**), falls es eine Diagonalmatrix $D = \mathrm{diag}\,(d_{11}, d_{22}, \ldots, d_{nn}) \in \mathbb{C}^{n\times n}$ und eine reguläre Matrix $C \in \mathbb{C}^{n\times n}$ gibt, so dass $D = C^{-1}AC$ gilt, also A und D ähnlich sind. Die Zerlegung von A im Sinne von $A = CDC^{-1}$ wird auch als **Jordan-Zerlegung** bezeichnet. $\quad\blacktriangleleft$

$\triangleright$　**Bemerkung 10.5.6 Datenkompression mittels Jordan-Zerlegung** Hat man für $A \in \mathbb{C}^{n\times n}$ eine **Jordan-Zerlegung** $A = CDC^{-1}$ mit $D = \mathrm{diag}\,(d_{11}, d_{22}, \ldots, d_{nn}) \in \mathbb{C}^{n\times n}$ im obigen Sinne und sind die Diagonalelemente in D ab einem Index $k \in \{1, 2, \ldots, n\}$ betragsmäßig klein (oder

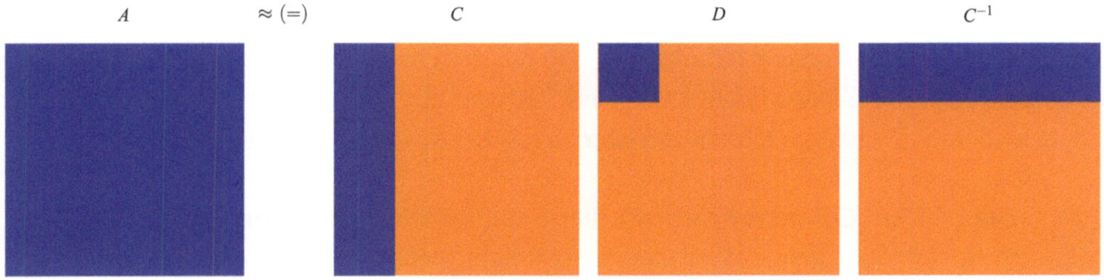

Abb. 10.4 Skizze zur Idee der Datenkompression mittels Jordan-Zerlegung

sogar Null), dann ist eine verlustbehaftete (oder sogar verlustfreie) Datenkompression für die Matrix A wie folgt möglich: Setze alle Diagonalelemente von D mit einem Index größer als k gleich Null (sofern sie es nicht schon sind) und rekonstruiere dann A näherungsweise (oder sogar exakt) mittels

$$A \approx: (=) \, C \, \mathrm{diag}\,(d_{11}, d_{22}, \dots, d_{kk}, 0, \dots, 0) \, C^{-1}\,,$$

wobei dazu lediglich die ersten k Zeilen von C^{-1} und die ersten k Spalten von C relevant sind und gespeichert werden müssen (siehe dazu auch Abb. 10.4, in der die zur Rekonstruktion von A benutzten Teile der Matrizen C, D und C^{-1} jeweils wie A selbst unterlegt sind).

Beispiel 10.5.7
Die Matrix $A \in \mathbb{R}^{2\times 2}$,

$$A := \begin{pmatrix} -27 & 10 \\ -75 & 28 \end{pmatrix},$$

lässt sich mit der regulären Matrix $C \in \mathbb{R}^{2\times 2}$ und ihrer inversen Matrix $C^{-1} \in \mathbb{R}^{2\times 2}$,

$$C := \begin{pmatrix} 1 & 2 \\ 3 & 5 \end{pmatrix} \quad \text{und} \quad C^{-1} = \begin{pmatrix} -5 & 2 \\ 3 & -1 \end{pmatrix},$$

transformieren gemäß

$$D := C^{-1}AC = \begin{pmatrix} -5 & 2 \\ 3 & -1 \end{pmatrix}\begin{pmatrix} -27 & 10 \\ -75 & 28 \end{pmatrix}\begin{pmatrix} 1 & 2 \\ 3 & 5 \end{pmatrix} = \begin{pmatrix} 3 & 0 \\ 0 & -2 \end{pmatrix}.$$

Also ist die Matrix A diagonalähnlich.

Das obige Beispiel wirft die Frage auf, wie man einer gegebenen Matrix möglichst einfach ansehen kann, ob sie diagonalähnlich ist, und wie man in diesem Fall eine geeignete Transformationsmatrix C bestimmen kann. Eine Antwort auf diese Fragen liefert der folgende, außerordentlich wichtige **Charakterisierungssatz für diagonalähnliche Matrizen.**

▷ **Satz 10.5.8 Charakterisierung diagonalähnlicher Matrizen** Eine Matrix $A \in \mathbb{C}^{n \times n}$ ist genau dann diagonalähnlich, wenn sie n linear unabhängige Eigenvektoren besitzt.

Beweis Zunächst wird vorausgesetzt, dass A diagonalähnlich ist. Dann gibt es eine reguläre Matrix $C \in \mathbb{C}^{n \times n}$ und eine Diagonalmatrix $D \in \mathbb{C}^{n \times n}$ mit $D = C^{-1}AC$, also auch $AC = CD$ bzw. ausführlich geschrieben

$$A \begin{pmatrix} c_{11} & \cdots & \cdots & c_{1n} \\ \vdots & & & \vdots \\ \vdots & & & \vdots \\ c_{n1} & \cdots & \cdots & c_{nn} \end{pmatrix} = \begin{pmatrix} c_{11} & \cdots & \cdots & c_{1n} \\ \vdots & & & \vdots \\ \vdots & & & \vdots \\ c_{n1} & \cdots & \cdots & c_{nn} \end{pmatrix} \begin{pmatrix} d_{11} & 0 & \cdots & 0 \\ 0 & d_{22} & \ddots & \vdots \\ \vdots & \ddots & \ddots & 0 \\ 0 & \cdots & 0 & d_{nn} \end{pmatrix}.$$

Kürzt man die linear unabhängigen Spaltenvektoren von C wieder mit $\vec{s}_C^{(1)}, \vec{s}_C^{(2)}, \ldots, \vec{s}_C^{(n)}$ ab, dann lässt sich die obige Matrixgleichung schreiben als

$$A \begin{pmatrix} \vec{s}_C^{(1)} & \vec{s}_C^{(2)} & \cdots & \vec{s}_C^{(n)} \end{pmatrix} = \begin{pmatrix} \vec{s}_C^{(1)} & \vec{s}_C^{(2)} & \cdots & \vec{s}_C^{(n)} \end{pmatrix} \begin{pmatrix} d_{11} & 0 & \cdots & 0 \\ 0 & d_{22} & \ddots & \vdots \\ \vdots & \ddots & \ddots & 0 \\ 0 & \cdots & 0 & d_{nn} \end{pmatrix}.$$

Vergleicht man diese Matrixidentität spaltenweise, so erhält man n Vektoridentitäten

$$A\vec{s}_C^{(1)} = d_{11}\vec{s}_C^{(1)},$$
$$A\vec{s}_C^{(2)} = d_{22}\vec{s}_C^{(2)},$$
$$\vdots$$
$$A\vec{s}_C^{(n)} = d_{nn}\vec{s}_C^{(n)}.$$

Also hat A offenbar n linear unabhängige Eigenvektoren, nämlich $\vec{s}_C^{(1)}, \vec{s}_C^{(2)}, \ldots, \vec{s}_C^{(n)}$ mit den zugehörigen Eigenwerten $d_{11}, d_{22}, \ldots, d_{nn}$.

Es wird nun vorausgesetzt, dass A genau n linear unabhängige Eigenvektoren $\vec{r}^{(1)}, \ldots,$ $\vec{r}^{(n)}$ besitzt, d. h. es gibt Eigenwerte $\lambda_1, \ldots, \lambda_n$ (eventuell mehrfach auftauchend), so dass gilt

$$A\vec{r}^{(1)} = \lambda_1\vec{r}^{(1)},$$

$$A\vec{r}^{(2)} = \lambda_2\vec{r}^{(2)},$$

$$\vdots$$

$$A\vec{r}^{(n)} = \lambda_n\vec{r}^{(n)}.$$

Schreibt man die obigen n Vektoridentitäten als eine Matrixidentität, wobei die Eigenvektoren spaltenweise in die (n,n)-Matrix C zu schreiben sind,

$$A\underbrace{\left(\vec{r}^{(1)}\,\vec{r}^{(2)}\,\cdots\,\vec{r}^{(n)}\right)}_{=:\,C} = \underbrace{\left(\vec{r}^{(1)}\,\vec{r}^{(2)}\,\cdots\,\vec{r}^{(n)}\right)}_{=\,C}\underbrace{\begin{pmatrix} \lambda_1 & 0 & \cdots & 0 \\ 0 & \lambda_2 & \ddots & \vdots \\ \vdots & \ddots & \ddots & 0 \\ 0 & \cdots & 0 & \lambda_n \end{pmatrix}}_{=:\,D},$$

und beachtet, dass C regulär ist, da $\vec{r}^{(1)},\dots,\vec{r}^{(n)}$ linear unabhängig sind, so erhält man aus $AC = CD$ durch Linksmultiplikation mit C^{-1} die Identität $C^{-1}AC = D$. Also ist A diagonalähnlich. $\qquad\Box$

Beispiel 10.5.9

Zu zeigen ist, dass die Matrix $A \in \mathbb{R}^{2\times2}$,

$$A := \begin{pmatrix} 1 & 3 \\ 1 & -1 \end{pmatrix},$$

diagonalähnlich ist. Ferner ist eine reguläre Matrix $C \in \mathbb{C}^{2\times2}$ anzugeben mit $C^{-1}AC = D = \operatorname{diag}(d_{11}, d_{22})$. Zur Lösung des Problems werden zunächst die Eigenwerte und Eigenvektoren von A bestimmt.

1. Schritt: Aus der Gleichung

$$p(\lambda) = \det(A - \lambda E) = \det\begin{pmatrix} 1-\lambda & 3 \\ 1 & -1-\lambda \end{pmatrix} = \lambda^2 - 4 = 0$$

berechnen sich die Lösungen $\lambda_1 = 2$ und $\lambda_2 = -2$, also die Eigenwerte von A. Da diese verschieden sind, gehören zu ihnen jeweils linear unabhängige Eigenvektoren. Man kann also bereits an dieser Stelle darauf schließen, dass A diagonalähnlich ist.

2. Schritt: Aus dem Gleichungssystem

$$(A - \lambda_1 E)\vec{r}^{(1)} = \vec{0} \quad \Longleftrightarrow \quad \begin{pmatrix} 1-2 & 3 \\ 1 & -1-2 \end{pmatrix} \begin{pmatrix} r_1^{(1)} \\ r_2^{(1)} \end{pmatrix} = \begin{pmatrix} 0 \\ 0 \end{pmatrix}$$

ergeben sich alle zu $\lambda_1 = 2$ gehörenden Eigenvektoren zu

$$\vec{r}^{(1)} = \alpha \begin{pmatrix} 3 \\ 1 \end{pmatrix}, \quad \alpha \in \mathbb{C} \setminus \{0\} \, .$$

Aus dem Gleichungssystem

$$(A - \lambda_2 E)\vec{r}^{(2)} = \vec{0} \quad \Longleftrightarrow \quad \begin{pmatrix} 1-(-2) & 3 \\ 1 & -1-(-2) \end{pmatrix} \begin{pmatrix} r_1^{(2)} \\ r_2^{(2)} \end{pmatrix} = \begin{pmatrix} 0 \\ 0 \end{pmatrix}$$

ergeben sich alle zu $\lambda_2 = -2$ gehörenden Eigenvektoren zu

$$\vec{r}^{(2)} = \alpha \begin{pmatrix} -1 \\ 1 \end{pmatrix}, \quad \alpha \in \mathbb{C} \setminus \{0\} \, .$$

3. Schritt: Zur Konstruktion der regulären Matrix $C \in \mathbb{C}^{2\times 2}$ werden spaltenweise zwei beliebige Eigenvektoren zu $\lambda_1 = 2$ und $\lambda_2 = -2$ herangezogen, also z. B.

$$C := \begin{pmatrix} 3 & -1 \\ 1 & 1 \end{pmatrix} \, .$$

Die inverse Matrix von C berechnet sich leicht zu

$$C^{-1} = \begin{pmatrix} 0.25 & 0.25 \\ -0.25 & 0.75 \end{pmatrix},$$

und eine Probe bestätigt die erwartete Identität $C^{-1}AC = D = \mathrm{diag}\,(2, -2)$.

▷   **Bemerkung 10.5.10 Zusammenhang von C und D** Die Reihenfolge der Eigenvektoren in den Spalten der Transformationsmatrix C entspricht stets genau der Reihenfolge der zugehörigen Eigenwerte auf der Diagonale der Diagonalmatrix D.

10.6 Aufgaben mit Lösungen

Aufgabe 10.6.1 *Zeigen Sie, dass die Matrix $A \in \mathbb{R}^{3\times3}$,*

$$A := \begin{pmatrix} \frac{52}{25} & \frac{36}{25} & 0 \\ \frac{36}{25} & \frac{73}{25} & 0 \\ 0 & 0 & 3 \end{pmatrix},$$

diagonalähnlich ist, indem Sie ihre Eigenwerte und Eigenvektoren berechnen. Geben Sie ferner eine reguläre Matrix $C \in \mathbb{C}^{3\times3}$ an mit $C^{-1}AC = D = \operatorname{diag}(d_{11}, d_{22}, d_{33})$.

Lösung der Aufgabe 1. Schritt: Aus der Gleichung

$$p(\lambda) = \det(A - \lambda E) = \det \begin{pmatrix} \frac{52}{25} - \lambda & \frac{36}{25} & 0 \\ \frac{36}{25} & \frac{73}{25} - \lambda & 0 \\ 0 & 0 & 3 - \lambda \end{pmatrix} = (3 - \lambda)(\lambda^2 - 5\lambda + 4) = 0$$

berechnen sich die Lösungen $\lambda_1 = 1$, $\lambda_2 = 3$ und $\lambda_3 = 4$, also die Eigenwerte von A. Da diese verschieden sind, gehören zu ihnen jeweils linear unabhängige Eigenvektoren. Man kann also bereits an dieser Stelle darauf schließen, dass A diagonalähnlich ist.

2. Schritt: Aus dem Gleichungssystem $(A - \lambda_1 E)\vec{r}^{(1)} = \vec{0}$, also

$$\begin{pmatrix} \frac{52}{25} - 1 & \frac{36}{25} & 0 \\ \frac{36}{25} & \frac{73}{25} - 1 & 0 \\ 0 & 0 & 3 - 1 \end{pmatrix} \begin{pmatrix} r_1^{(1)} \\ r_2^{(1)} \\ r_3^{(1)} \end{pmatrix} = \begin{pmatrix} 0 \\ 0 \\ 0 \end{pmatrix},$$

ergeben sich alle zu $\lambda_1 = 1$ gehörenden Eigenvektoren zu

$$\vec{r}^{(1)} = \alpha \begin{pmatrix} 4 \\ -3 \\ 0 \end{pmatrix}, \quad \alpha \in \mathbb{C} \setminus \{0\}.$$

Aus dem Gleichungssystem $(A - \lambda_2 E)\vec{r}^{(2)} = \vec{0}$, also

$$\begin{pmatrix} \frac{52}{25} - 3 & \frac{36}{25} & 0 \\ \frac{36}{25} & \frac{73}{25} - 3 & 0 \\ 0 & 0 & 3 - 3 \end{pmatrix} \begin{pmatrix} r_1^{(2)} \\ r_2^{(2)} \\ r_3^{(2)} \end{pmatrix} = \begin{pmatrix} 0 \\ 0 \\ 0 \end{pmatrix},$$

ergeben sich alle zu $\lambda_2 = 3$ gehörenden Eigenvektoren zu

$$\vec{r}^{(2)} = \alpha \begin{pmatrix} 0 \\ 0 \\ 1 \end{pmatrix}, \quad \alpha \in \mathbb{C} \setminus \{0\}.$$

Aus dem Gleichungssystem $(A - \lambda_3 E)\vec{r}^{(3)} = \vec{0}$, also

$$\begin{pmatrix} \frac{52}{25} - 4 & \frac{36}{25} & 0 \\ \frac{36}{25} & \frac{73}{25} - 4 & 0 \\ 0 & 0 & 3 - 4 \end{pmatrix} \begin{pmatrix} r_1^{(3)} \\ r_2^{(3)} \\ r_3^{(3)} \end{pmatrix} = \begin{pmatrix} 0 \\ 0 \\ 0 \end{pmatrix},$$

ergeben sich alle zu $\lambda_3 = 4$ gehörenden Eigenvektoren zu

$$\vec{r}^{(3)} = \alpha \begin{pmatrix} 3 \\ 4 \\ 0 \end{pmatrix}, \quad \alpha \in \mathbb{C} \setminus \{0\}.$$

3. Schritt: Zur Konstruktion der regulären Matrix $C \in \mathbb{C}^{3 \times 3}$ werden spaltenweise drei beliebige Eigenvektoren zu $\lambda_1 = 1$, $\lambda_2 = 3$ und $\lambda_3 = 4$ herangezogen, also z. B.

$$C := \begin{pmatrix} 4 & 0 & 3 \\ -3 & 0 & 4 \\ 0 & 1 & 0 \end{pmatrix}.$$

Die inverse Matrix von C berechnet sich leicht zu

$$C^{-1} = \begin{pmatrix} \frac{4}{25} & -\frac{3}{25} & 0 \\ 0 & 0 & 1 \\ \frac{3}{25} & \frac{4}{25} & 0 \end{pmatrix},$$

und eine Probe bestätigt die erwartete Identität $C^{-1}AC = D = \operatorname{diag}(1, 3, 4)$.

Selbsttest 10.6.2   Welche Aussagen über diagonalähnliche Matrizen sind wahr?

?+? Die Einheitsmatrix ist eine diagonalähnliche Matrix.

?+? Jede Diagonalmatrix ist eine diagonalähnliche Matrix.

?−? Jede reguläre Matrix ist eine diagonalähnliche Matrix.

?+? Die Nullmatrix ist eine diagonalähnliche Matrix.

?−? Jede singuläre Matrix ist eine diagonalähnliche Matrix.

Literatur

1. Fischer, G.: Lineare Algebra, 18. Aufl. Springer Spektrum, Wiesbaden (2014)
2. Knabner, P., Barth, W.: Lineare Algebra: Grundlagen und Anwendungen, 2. Aufl. Springer Spektrum, Berlin (2018)
3. Kreußler, B., Pfister, G.: Mathematik für Informatiker. Springer, Berlin, Heidelberg (2009)
4. Teschl, G., Teschl, S.: Mathematik für Informatiker, 4. Aufl. Bd. 1. Springer, Berlin, Heidelberg (2013)

Im Folgenden werden aus der Menge der **diagonalisierbaren Matrizen** zwei wichtige Teilmengen von Matrizen genauer analysiert. Zunächst die schon bekannten **symmetrischen Matrizen** bzw. im komplexen Fall die **hermiteschen Matrizen** sowie die sogenannten **orthogonalen Matrizen** bzw. im komplexen Fall die **unitären Matrizen.** Wir werden für diese Matrizentypen herausarbeiten, welche speziellen Eigenschaften sie insbesondere in Hinblick auf ihre Eigenwerte und ihre Eigenvektoren besitzen und aufzeigen, welche Anwendungen sich daraus ableiten lassen.

Während es sich bei den oben erwähnten Klassen von Matrizen stets um quadratische Matrizen handelt, beschäftigt sich der zweite Teil dieses Kapitels mit einer Zerlegungsstrategie für Matrizen beliebigen Formats, der sogenannten **Singulärwertzerlegung.** Aufbauend auf dieser sehr speziellen Zerlegung werden wir in der Lage sein, jeder beliebigen Matrix eine Matrix zuordnen zu können, die ein guter Ersatz für die inversen Matrizen im Fall regulärer quadratischer Matrizen darstellt, genauer die sogenannte **Pseudoinverse** einer Matrix. Auch in diesem Zusammenhang werden Eigenwerte und Eigenvektoren bestimmter quadratischer Matrizen wieder eine zentrale Rolle spielen und uns zu den sogenannten **Singulärwerten** beliebiger Matrizen führen.

11.1 Symmetrische und hermitesche Matrizen

In diesem Abschnitt werden zwei Klassen von Matrizen eingeführt (ein reeller und ein komplexer Typ), deren Spektren und Eigenvektoren sehr einfache Struktur besitzen. Es handelt sich dabei im reellen Fall um die sogenannten **symmetrischen Matrizen** und im komplexen Fall um die sogenannten **hermiteschen Matrizen,** wobei das Adjektiv her-

Elektronisches Zusatzmaterial Die elektronische Version dieses Kapitels enthält Zusatzmaterial, das berechtigten Benutzern zur Verfügung steht https://doi.org/10.1007/978-3-658-29969-9_11.

mitesch an den französischen Mathematiker Charles Hermite (1822–1901) erinnert, der diese Art von Matrizen als einer der Ersten betrachtete.

Definition 11.1.1 Symmetrische und hermitesche Matrizen

Eine Matrix $A \in \mathbb{R}^{n \times n}$ heißt **symmetrisch**, falls $A^T = A$ bzw. $a_{jk} = a_{kj}$, $1 \leq j, k \leq n$, gilt. Eine Matrix $A \in \mathbb{C}^{n \times n}$ heißt **hermitesch**, falls $A^\dagger := \bar{A}^T = A$ bzw. $\bar{a}_{jk} = a_{kj}$, $1 \leq j, k \leq n$, gilt. Dabei bezeichnet $\bar{a}_{jk}$ die zu a_{jk} gehörende konjugiert komplexe Zahl und wegen $\bar{a}_{jj} = a_{jj}$, $1 \leq j \leq n$, folgt insbesondere sofort, dass hermitesche Matrizen reelle Diagonalelemente besitzen. ◀

▷ **Bemerkung 11.1.2 Adjungieren** Während man den Übergang von A zu A^T bekanntlich als **transponieren** bezeichnet, spricht man beim Übergang von A zu $A^\dagger = \bar{A}^T$ von **adjungieren**. Man nennt also A^T die **transponierte Matrix** zu A und entsprechend $A^\dagger = \bar{A}^T$ die **adjungierte Matrix** zu A. Ferner ist statt $A^\dagger$ in der Mathematik auch die Bezeichnung A^H gebräuchlich (manchmal auch A^*).

▷ **Bemerkung 11.1.3 Zusammenhang zwischen symmetrisch und hermitesch** Eine **reelle** (n,n)-Matrix ist genau dann **symmetrisch**, wenn sie **hermitesch** ist. Im Folgenden wird deshalb nur der allgemeinere Fall der hermiteschen Matrizen betrachtet.

Beispiel 11.1.4
Die Matrix $A \in \mathbb{R}^{3 \times 3}$,

$$A := \begin{pmatrix} 1 & 3 & 4 \\ 3 & 8 & -6 \\ 4 & -6 & 9 \end{pmatrix},$$

ist wegen $A = A^T = A^\dagger$ eine symmetrische und damit auch eine hermitesche Matrix.

Beispiel 11.1.5
Die Matrix $A \in \mathbb{C}^{3 \times 3}$,

$$A := \begin{pmatrix} 5 & 4+2i & 1-i \\ 4-2i & 9 & -3-6i \\ 1+i & -3+6i & 7 \end{pmatrix},$$

ist wegen $A = A^\dagger$ eine hermitesche Matrix.

Neben den oben eingeführten speziellen Typen von Matrizen wird auch noch ein erweitertes Konzept senkrecht stehender Vektoren benötigt. Es werden also in Verallgemeinerung der bereits bekannten **orthogonalen Vektoren** auch die sogenannten **unitären Vektoren** betrachtet.

Definition 11.1.6 Orthogonale und unitäre Vektoren

Zwei Vektoren $\vec{r}, \vec{s} \in \mathbb{R}^n$ heißen **orthogonal**, falls $\vec{r}^T \vec{s} = 0$ gilt. Zwei Vektoren $\vec{r}, \vec{s} \in \mathbb{C}^n$ heißen **unitär** oder **komplex-orthogonal** oder auch einfach wieder **orthogonal**, falls $\bar{\vec{r}}^T \vec{s} = 0$ gilt. Dabei bezeichnet $\bar{\vec{r}}$ den Vektor, der entsteht, wenn man beim Vektor $\vec{r}$ jede Komponente durch ihre konjugiert komplexe Zahl ersetzt. In beiden Fällen schreibt man kurz $\vec{r} \perp \vec{s}$. ◄

▷　**Bemerkung 11.1.7 Zusammenhang zwischen orthogonal und unitär** Zwei **reelle** Vektoren sind genau dann **orthogonal**, wenn sie **unitär** sind. Im Folgenden wird deshalb nur der allgemeinere Fall der unitären Vektoren betrachtet.

Beispiel 11.1.8
Die reellen Vektoren $\vec{r} := (1,2)^T$ und $\vec{s} := (-2,1)^T$ aus $\mathbb{R}^2$ sind wegen $\vec{r}^T \vec{s} = \bar{\vec{r}}^T \vec{s} = 0$ orthogonal und damit auch unitär.

Beispiel 11.1.9
Die komplexen Vektoren $\vec{r} := (1, \mathrm{i})^T$ und $\vec{s} := (1, -\mathrm{i})^T$ aus $\mathbb{C}^2$ sind wegen $\bar{\vec{r}}^T \vec{s} = 0$ unitär.

Mit den jetzt zur Verfügung stehenden neuen Konzepten lässt sich nun der folgende wichtige Satz formulieren, in dem die wesentlichen **Eigenschaften hermitescher Matrizen** und damit implizit auch symmetrischer Matrizen festgehalten werden.

▷　**Satz 11.1.10 Eigenschaften hermitescher Matrizen** Es sei $A \in \mathbb{C}^{n \times n}$ eine **hermitesche Matrix**. Dann gelten die folgenden Aussagen:

- Jeder Eigenwert λ von A ist reell, also $\lambda \in \mathbb{R}$.
- Zwei zu verschiedenen Eigenwerten λ und μ von A gehörende Eigenvektoren $\vec{r}$ und $\vec{s}$ sind unitär.
- Die Matrix A ist diagonalähnlich.

Beweis (1) Es sei $\vec{r}$ ein Eigenvektor von A zum Eigenwert λ. Dann gelten die Identitäten

$$A\vec{r} = \lambda\vec{r} \qquad /^T$$
$$\vec{r}^T A^T = \lambda\vec{r}^T \qquad /^-$$
$$\vec{r}^T \bar{A}^T = \bar{\lambda}\vec{r}^T \qquad /\,(\bar{A}^T = A)$$
$$\vec{r}^T A = \bar{\lambda}\vec{r}^T .$$

Also ergibt sich aus den Implikationen

$$A\vec{r} = \lambda\vec{r} \quad \overset{\vec{r}^T\cdot}{\Longrightarrow} \quad \vec{r}^T A\vec{r} = \lambda\vec{r}^T\vec{r}$$

$$\vec{r}^T A = \bar{\lambda}\vec{r}^T \quad \overset{\cdot\vec{r}}{\Longrightarrow} \quad \vec{r}^T A\vec{r} = \bar{\lambda}\vec{r}^T\vec{r}$$

durch Subtraktion

$$(\lambda - \bar{\lambda})\underbrace{\vec{r}^T\vec{r}}_{\neq 0} = 0 \quad \Longrightarrow \quad \lambda - \bar{\lambda} = 0 \quad \Longrightarrow \quad \lambda = \bar{\lambda} .$$

Daraus folgt natürlich, dass λ reell sein muss.
(2) Da nach (1) die Eigenwerte λ und μ reell sind, gilt mit (1)

$$\underbrace{(\lambda - \mu)}_{\neq 0}\vec{r}^T\vec{s} = \lambda\vec{r}^T\vec{s} - \mu\vec{r}^T\vec{s} = (\lambda\vec{r}^T)\vec{s} - \vec{r}^T(\mu\vec{s}) = \vec{r}^T A\vec{s} - \vec{r}^T A\vec{s} = 0.$$

Also muss $\vec{r}^T\vec{s} = 0$ sein, d.h. $\vec{r}$ und $\vec{s}$ sind unitär.
(3) Auf diesen Nachweis wird verzichtet!　　　　　　　　　　　　$\square$

Beispiel 11.1.11
Für die symmetrische Matrix $A \in \mathbb{R}^{2\times 2}$,

$$A := \begin{pmatrix} 11 & -48 \\ -48 & 39 \end{pmatrix},$$

wird gezeigt, dass sie wie erwartet reelle Eigenwerte besitzt, ihre Eigenvektoren zu verschiedenen Eigenwerten unitär bzw. orthogonal sind und sie diagonalähnlich ist.
1. Schritt: Aus der Gleichung

$$p(\lambda) = \det(A - \lambda E) = \det\begin{pmatrix} 11-\lambda & -48 \\ -48 & 39-\lambda \end{pmatrix} = \lambda^2 - 50\lambda - 1875 = 0$$

berechnen sich die Lösungen $\lambda_1 = -25$ und $\lambda_2 = 75$, also die Eigenwerte von A. Sie sind erwartungsgemäß reell. Da die Eigenwerte von A auch verschieden sind, gehören zu ihnen jeweils linear unabhängige Eigenvektoren. Man kann also bereits an dieser Stelle darauf schließen, dass A auch diagonalähnlich ist.

2. Schritt: Aus dem Gleichungssystem

$$(A - \lambda_1 E)\vec{r}^{(1)} = \vec{0} \quad \Longleftrightarrow \quad \begin{pmatrix} 11 - (-25) & -48 \\ -48 & 39 - (-25) \end{pmatrix} \begin{pmatrix} r_1^{(1)} \\ r_2^{(1)} \end{pmatrix} = \begin{pmatrix} 0 \\ 0 \end{pmatrix}$$

ergeben sich alle zu $\lambda_1 = -25$ gehörenden Eigenvektoren zu

$$\vec{r}^{(1)} = \alpha \begin{pmatrix} 4 \\ 3 \end{pmatrix}, \quad \alpha \in \mathbb{C} \setminus \{0\}.$$

Aus dem Gleichungssystem

$$(A - \lambda_2 E)\vec{r}^{(2)} = \vec{0} \quad \Longleftrightarrow \quad \begin{pmatrix} 11 - 75 & -48 \\ -48 & 39 - 75 \end{pmatrix} \begin{pmatrix} r_1^{(2)} \\ r_2^{(2)} \end{pmatrix} = \begin{pmatrix} 0 \\ 0 \end{pmatrix}$$

ergeben sich alle zu $\lambda_2 = 75$ gehörenden Eigenvektoren zu

$$\vec{r}^{(2)} = \alpha \begin{pmatrix} -3 \\ 4 \end{pmatrix}, \quad \alpha \in \mathbb{C} \setminus \{0\}.$$

Betrachtet man nun die berechneten Eigenvektoren, so prüft man leicht nach, dass je zwei zu verschiedenen Eigenwerten gehörende Eigenvektoren unitär sind; lässt man nur reelle Eigenvektoren zu, so sind diese jeweils orthogonal zueinander.

Neben der Information, dass eine Matrix ausschließlich reelle Eigenwerte besitzt, ist es manchmal von Vorteil, wenn man mit relativ geringem Aufwand auch noch entscheiden kann, ob **alle Eigenwerte positiv** sind. Dies ist in der Tat in vielen Fällen mit einem sehr einfachen Kriterium möglich. Um dieses herzuleiten, bedarf es jedoch zunächst der Einführung des Konzepts der **positiven Definitheit**.

Definition 11.1.12 Positive Definitheit und Semidefinitheit

Eine **symmetrische Matrix** $A \in \mathbb{R}^{n \times n}$ heißt **positiv definit** (**positiv semidefinit**), falls für alle Vektoren $\vec{x} \in \mathbb{R}^n \setminus \{\vec{0}\}$ gilt:

$$\vec{x}^T A \vec{x} > 0 \qquad (\vec{x}^T A \vec{x} \geq 0).$$

Eine **hermitesche Matrix** $A \in \mathbb{C}^{n \times n}$ heißt **positiv definit** (**positiv semidefinit**), falls für alle Vektoren $\vec{x} \in \mathbb{C}^n \setminus \{\vec{0}\}$ gilt:

$$\overline{\vec{x}}^T A \vec{x} > 0 \qquad (\overline{\vec{x}}^T A \vec{x} \geq 0). \quad \blacktriangleleft$$

▷ **Bemerkung 11.1.13 Zusammenhang zwischen symmetrisch und hermitesch** Jede **reelle** positiv definite (positiv semidefinite) **hermitesche** (n,n)-Matrix ist genau eine positiv definite (positiv semidefinite) **symmetrische** Matrix.

Beispiel 11.1.14

Gegeben seien die symmetrischen Matrizen $A_a \in \mathbb{R}^{2\times 2}$,

$$A_a := \begin{pmatrix} 2 & 0 \\ 0 & a \end{pmatrix}, \quad a \in \mathbb{R}.$$

Für jeden beliebigen Vektor $\vec{x} \in \mathbb{R}^2 \setminus \{\vec{0}\}$ gilt

$$\vec{x}^T A_a \vec{x} = (x_1, x_2) \begin{pmatrix} 2 & 0 \\ 0 & a \end{pmatrix} \begin{pmatrix} x_1 \\ x_2 \end{pmatrix} = (x_1, x_2) \begin{pmatrix} 2x_1 \\ ax_2 \end{pmatrix}$$

$$= 2x_1^2 + ax_2^2 \begin{cases} > 0 & \text{falls} \quad a > 0 , \\ \geq 0 & \text{falls} \quad a = 0 . \end{cases}$$

Also ist A_a positiv definit für $a > 0$ und positiv semidefinit für $a = 0$.

Beispiel 11.1.15

Gegeben seien erneut die symmetrischen, und damit natürlich insbesondere auch hermiteschen Matrizen $A_a \in \mathbb{R}^{2\times 2}$,

$$A_a := \begin{pmatrix} 2 & 0 \\ 0 & a \end{pmatrix}, \quad a \in \mathbb{R}.$$

Jetzt sei allerdings mit $\vec{x} \in \mathbb{C}^n \setminus \{\vec{0}\}$ auch zugelassen, dass $\vec{x}$ komplexe Komponenten enthält. Dann gilt

$$\vec{x}^T A_a \vec{x} = (\bar{x}_1, \bar{x}_2) \begin{pmatrix} 2 & 0 \\ 0 & a \end{pmatrix} \begin{pmatrix} x_1 \\ x_2 \end{pmatrix} = (\bar{x}_1, \bar{x}_2) \begin{pmatrix} 2x_1 \\ ax_2 \end{pmatrix}$$

$$= 2x_1\bar{x}_1 + ax_2\bar{x}_2 = 2|x_1|^2 + a|x_2|^2 \begin{cases} > 0 & \text{falls} \quad a > 0 , \\ \geq 0 & \text{falls} \quad a = 0 . \end{cases}$$

Also ist A_a auch im komplexen erweiterten Sinne positiv definit für $a > 0$ und positiv semidefinit für $a = 0$.

Es stellt sich nun natürlich die Frage, ob die positive Definitheit oder Semidefinitheit von Matrizen am jeweiligen **Spektrum der Matrix** festgemacht werden kann. Dass dies in der Tat der Fall ist, sollte nicht besonders überraschen und wird im folgenden Satz präzise festgehalten.

▷ **Satz 11.1.16 Charakterisierung positiv (semi)definiter Matrizen** Eine symmetrische Matrix $A \in \mathbb{R}^{n \times n}$ oder eine hermitesche Matrix $A \in \mathbb{C}^{n \times n}$ ist genau dann positiv definit (positiv semidefinit), wenn alle Eigenwerte von A positiv (nicht negativ) sind.

Beweis Es wird nur der reelle positiv definite Fall betrachtet; der positiv semidefinite Fall und die entsprechenden komplexen Fälle erledigen sich analog.

Es sei $A \in \mathbb{R}^{n \times n}$ zunächst als positiv definit vorausgesetzt und λ ein beliebiger Eigenwert von A mit Eigenvektor $\vec{r}$. Da A symmetrisch ist, muss λ reell sein, und da $\vec{r}$ ein Eigenvektor von A ist, kann er nicht der Nullvektor sein. Ferner kann $\vec{r}$ als reeller Eigenvektor gewählt werden, da sowohl A als auch λ reell sind. Damit folgt aber sofort

$$0 < \vec{r}^T A \vec{r} = \vec{r}^T (A \vec{r}) = \vec{r}^T (\lambda \vec{r}) = \lambda \underbrace{\vec{r}^T \vec{r}}_{>0} \, ,$$

also insbesondere die Positivität von λ.

Es seien nun $\lambda_1, \ldots, \lambda_n$ (eventuell mehrfach auftauchend) die positiven Eigenwerte von $A \in \mathbb{R}^{n \times n}$ und $\vec{r}^{(1)}, \ldots, \vec{r}^{(n)}$ eine zugehörige reelle orthonormale Eigenvektorbasis, d. h.

$$\vec{r}^{(j)^T} \vec{r}^{(k)} = \begin{cases} 0, & \text{falls} \quad j \neq k \, , \\ 1, & \text{falls} \quad j = k \, . \end{cases}$$

Ferner sei $\vec{x} \in \mathbb{R}^n \setminus \{\vec{0}\}$ ein beliebiger reeller Vektor mit der bezüglich der obigen Basis eindeutigen Darstellung

$$\vec{x} = c_1 \vec{r}^{(1)} + c_2 \vec{r}^{(2)} + \cdots + c_n \vec{r}^{(n)} \, ,$$

wobei mindestens ein $c_j \neq 0$ ist. Dann gilt

$$\vec{x}^T A \vec{x} = \left(\sum_{j=1}^{n} c_j \vec{r}^{(j)} \right)^T A \left(\sum_{k=1}^{n} c_k \vec{r}^{(k)} \right) = \left(\sum_{j=1}^{n} c_j \vec{r}^{(j)^T} \right) \left(\sum_{k=1}^{n} c_k \underbrace{A \vec{r}^{(k)}}_{\lambda_k \vec{r}^{(k)}} \right)$$

$$= \sum_{j=1}^{n} \sum_{k=1}^{n} c_j c_k \lambda_k \underbrace{\vec{r}^{(j)^T} \vec{r}^{(k)}}_{\substack{= 0, \, j \neq k \\ = 1, \, j = k}} = \sum_{j=1}^{n} c_j c_j \lambda_j = \sum_{j=1}^{n} (c_j)^2 \lambda_j > 0 \, .$$

Also ist A wie behauptet positiv definit.   □

Beispiel 11.1.17

Gegeben sei die symmetrische Matrix $A \in \mathbb{R}^{2\times 2}$,

$$A := \begin{pmatrix} 2 & \sqrt{3} \\ \sqrt{3} & 4 \end{pmatrix}.$$

Diese Matrix ist positiv definit, und dies ist auf mindestens zwei Arten nachweisbar. Entweder man orientiert sich an der direkten Definition von positiver Definitheit und rechnet für alle Vektoren $\vec{x} \in \mathbb{R}^2 \setminus \{\vec{0}\}$ nach, dass

$$\vec{x}^T A \vec{x} = (x_1, x_2) \begin{pmatrix} 2 & \sqrt{3} \\ \sqrt{3} & 4 \end{pmatrix} \begin{pmatrix} x_1 \\ x_2 \end{pmatrix} = (x_1, x_2) \begin{pmatrix} 2x_1 + \sqrt{3}x_2 \\ \sqrt{3}x_1 + 4x_2 \end{pmatrix}$$
$$= 2x_1^2 + 2\sqrt{3}x_1 x_2 + 4x_2^2 = x_1^2 + (x_1 + \sqrt{3}x_2)^2 + x_2^2 > 0$$

gilt, oder man bestimmt aus der Gleichung

$$p(\lambda) = \det(A - \lambda E) = \det \begin{pmatrix} 2 - \lambda & \sqrt{3} \\ \sqrt{3} & 4 - \lambda \end{pmatrix} = \lambda^2 - 6\lambda + 5 = 0$$

die Eigenwerte $\lambda_1 = 1$ und $\lambda_2 = 5$ von A und stellt fest, dass diese positiv sind.

Im Moment sieht es so aus, als gäbe es zum Nachweis der positiven Definitheit oder Semidefinitheit einer symmetrischen oder hermiteschen Matrix lediglich die beiden Möglichkeiten, entweder ihr Spektrum zu bestimmen oder aber direkt mit der recht unhandlichen Definition der Definitheit zu arbeiten. Erfreulicherweise ist dies jedoch in vielen Fällen nicht nötig, da es ein wesentlich einfacheres hinreichendes Kriterium für positive Definitheit oder Semidefinitheit gibt, nämlich das sogenannte **Zeilensummenkriterium**. Das Kriterium wird wieder nur für hermitesche Matrizen formuliert, umfasst aber natürlich auch den Fall der reellen symmetrischen Matrizen.

▷　**Satz 11.1.18 (Schwaches) Zeilensummenkriterium** Es sei $A \in \mathbb{C}^{n\times n}$ eine beliebige **hermitesche Matrix**. Wenn A das sogenannte **Zeilensummenkriterium**

$$\forall j \in \{1, 2, \ldots, n\}:\ a_{jj} > \sum_{\substack{k=1 \\ k \neq j}}^{n} |a_{jk}|$$

erfüllt, dann sind alle Eigenwerte von A positiv. Hermitesche Matrizen, die das Zeilensummenkriterium erfüllen, nennt man auch **diagonaldominante**

Matrizen, und diese Matrizen sind also insbesondere **positiv definit**. Wenn A das sogenannte **schwache Zeilensummenkriterium**

$$\forall j \in \{1, 2, \ldots, n\}: \ a_{jj} \geq \sum_{\substack{k=1 \\ k \neq j}}^{n} |a_{jk}|$$

erfüllt, dann sind alle Eigenwerte von A nicht negativ. Hermitesche Matrizen, die das schwache Zeilensummenkriterium erfüllen, nennt man auch **schwach diagonaldominante Matrizen**, und diese Matrizen sind also insbesondere **positiv semidefinit**.

Beweis   Es sei λ ein Eigenwert von A und $\vec{r}$ ein zugehöriger Eigenvektor. Dann gibt es – eventuell nach Übergang von $\vec{r}$ zu $\overline{r_j}\,\vec{r}$ – einen Index $j \in \{1, 2, \ldots, n\}$ mit $r_j > 0$ und $r_j \geq |r_k|$, $1 \leq k \leq n$. Aus $A\vec{r} = \lambda\vec{r}$ folgt nun mit Blick auf die j-te Komponente

$$\sum_{k=1}^{n} a_{jk} r_k = \lambda r_j \quad \Longrightarrow \quad \sum_{\substack{k=1 \\ k \neq j}}^{n} a_{jk} r_k = \lambda r_j - a_{jj} r_j \ .$$

Nach Division durch r_j ergibt sich daraus sofort durch Übergang zum Betrag und Anwendung der Dreiecksungleichung

$$|\lambda - a_{jj}| = \left| \sum_{\substack{k=1 \\ k \neq j}}^{n} a_{jk} \frac{r_k}{r_j} \right| \leq \sum_{\substack{k=1 \\ k \neq j}}^{n} |a_{jk}| \underbrace{\left| \frac{r_k}{r_j} \right|}_{\leq 1} \leq \sum_{\substack{k=1 \\ k \neq j}}^{n} |a_{jk}| < a_{jj} \ \text{bzw.} \ \leq a_{jj},$$

also insbesondere $\lambda > 0$ bzw. $\lambda \geq 0$, je nachdem ob das (starke) Zeilensummenkriterium oder das schwache Zeilensummenkriterium erfüllt ist. $\square$

Beispiel 11.1.19

Da die Matrix $A \in \mathbb{R}^{3\times 3}$,

$$A := \begin{pmatrix} 8 & -2 & 1 \\ -2 & 5 & 2 \\ 1 & 2 & 4 \end{pmatrix},$$

symmetrisch ist und wegen

$$8 > |-2| + |1| \ , \quad 5 > |-2| + |2| \ , \quad 4 > |1| + |2| \ ,$$

das Zeilensummenkriterium erfüllt, kann man sofort für A schließen: A ist diagonalähnlich, hat nur reelle positive Eigenwerte und die reellen Eigenvektoren zu verschiedenen Eigenwerten sind paarweise orthogonal.

Beispiel 11.1.20

Da die Matrix $A \in \mathbb{C}^{3\times 3}$,

$$A := \begin{pmatrix} 8 & 0 & 2+i \\ 0 & 5 & 3-4i \\ 2-i & 3+4i & 11 \end{pmatrix},$$

hermitesch ist und wegen

$$8 > |0| + |2+i|, \quad 5 \geq |0| + |3-4i|, \quad 11 > |2-i| + |3+4i|,$$

das schwache Zeilensummenkriterium erfüllt, kann man sofort für A schließen: A ist diagonalähnlich, hat nur reelle nicht negative Eigenwerte und die Eigenvektoren zu verschiedenen Eigenwerten sind paarweise unitär.

11.2 Aufgaben mit Lösungen

Aufgabe 11.2.1 *Begründen Sie, dass die Matrix $A \in \mathbb{R}^{3\times 3}$,*

$$A := \begin{pmatrix} 29 & 17 & -9 \\ 17 & 34 & -16 \\ -9 & -16 & 30 \end{pmatrix},$$

reelle positive Eigenwerte besitzt, ihre reellen Eigenvektoren zu verschiedenen Eigenwerten paarweise senkrecht zueinander stehen und sie diagonalähnlich ist.

Lösung der Aufgabe Da die Matrix symmetrisch ist, besitzt sie reelle Eigenwerte, paarweise orthogonale reelle Eigenvektoren und sie ist diagonalähnlich. All dies folgt direkt aus dem Satz über die Eigenschaften hermitescher bzw. symmetrischer Matrizen. Da die Matrix wegen

$$29 > |17| + |-9|, \quad 34 > |17| + |-16|, \quad 30 > |-9| + |-16|,$$

auch noch das Zeilensummenkriterium erfüllt, müssen ihre reellen Eigenwerte sogar positiv sein.

Aufgabe 11.2.2   *Begründen Sie, dass die Matrix $A \in \mathbb{R}^{3\times3}$,*

$$A := \begin{pmatrix} \frac{52}{25} & \frac{36}{25} & 0 \\ \frac{36}{25} & \frac{73}{25} & 0 \\ 0 & 0 & 3 \end{pmatrix},$$

reelle positive Eigenwerte besitzt, ihre reellen Eigenvektoren zu verschiedenen Eigenwerten paarweise senkrecht zueinander stehen und sie diagonalähnlich ist.

Lösung der Aufgabe   Da die Matrix symmetrisch ist, besitzt sie reelle Eigenwerte, paarweise orthogonale reelle Eigenvektoren und sie ist diagonalähnlich. All dies folgt direkt aus dem Satz über die Eigenschaften hermitescher bzw. symmetrischer Matrizen. Da die Matrix wegen

$$\frac{52}{25} > \left|\frac{36}{25}\right| + |0| , \quad \frac{73}{25} > \left|\frac{36}{25}\right| + |0| , \quad 3 > |0| + |0| ,$$

auch noch das Zeilensummenkriterium erfüllt, müssen ihre reellen Eigenwerte sogar positiv sein. Zur Probe rechnet man für A nach, dass ihre Eigenwerte genau $\lambda_1 = 1$, $\lambda_2 = 3$ und $\lambda_3 = 4$ sind und ihre reellen zugehörigen Eigenvektoren

$$\vec{r}^{(1)} = \alpha \begin{pmatrix} 4 \\ -3 \\ 0 \end{pmatrix}, \quad \vec{r}^{(2)} = \alpha \begin{pmatrix} 0 \\ 0 \\ 1 \end{pmatrix}, \quad \vec{r}^{(3)} = \alpha \begin{pmatrix} 3 \\ 4 \\ 0 \end{pmatrix},$$

lauten, mit jeweils beliebigen $\alpha \in \mathbb{R} \setminus \{0\}$. Also sind alle bereits zuvor ohne echte Rechnung erhaltenen Informationen über A erwartungsgemäß korrekt.

Selbsttest 11.2.3   Welche der folgenden Aussagen über hermitesche Matrizen sind wahr?

?+? Die Einheitsmatrix ist eine hermitesche Matrix.

?−? Jede Diagonalmatrix ist eine hermitesche Matrix.

?+? Eine hermitesche Matrix hat nur reelle Werte auf der Diagonale.

?+? Die Nullmatrix ist eine hermitesche Matrix.

?−? Jede hermitesche Matrix ist regulär.

11.3   Orthogonale und unitäre Matrizen

Im Folgenden werden zwei weitere Klassen von Matrizen eingeführt (ein reeller und ein komplexer Typ), deren Spektren und Eigenvektoren erneut eine sehr einfache Struktur besitzen. Es handelt sich dabei im reellen Fall um die sogenannten **orthogonalen Matrizen** und im komplexen Fall um die sogenannten **unitären Matrizen**.

Definition 11.3.1 Orthogonale und unitäre Matrizen

Eine Matrix $A \in \mathbb{R}^{n \times n}$ heißt **orthogonal**, falls sie regulär ist und $A^{-1} = A^T$ gilt. Eine Matrix $A \in \mathbb{C}^{n \times n}$ heißt **unitär**, falls sie regulär ist und $A^{-1} = A^\dagger$ gilt. ◄

▷ **Bemerkung 11.3.2 Zusammenhang zwischen orthogonal und unitär** Eine **reelle** (n,n)-Matrix ist genau dann **orthogonal**, wenn sie **unitär** ist. Im Folgenden wird deshalb nur der allgemeinere Fall der unitären Matrizen betrachtet.

Beispiel 11.3.3

Die Matrix $A \in \mathbb{R}^{2 \times 2}$ und ihre inverse Matrix $A^{-1} \in \mathbb{R}^{2 \times 2}$,

$$A := \begin{pmatrix} \frac{4}{5} & -\frac{3}{5} \\ \frac{3}{5} & \frac{4}{5} \end{pmatrix} \quad \text{und} \quad A^{-1} = \begin{pmatrix} \frac{4}{5} & \frac{3}{5} \\ -\frac{3}{5} & \frac{4}{5} \end{pmatrix}$$

genügen der Gleichung $A^{-1} = A^T = A^\dagger$. Also ist A eine orthogonale und damit auch eine unitäre Matrix.

Beispiel 11.3.4

Die Matrix $A \in \mathbb{C}^{2 \times 2}$ und ihre inverse Matrix $A^{-1} \in \mathbb{C}^{2 \times 2}$,

$$A := \begin{pmatrix} \frac{4}{5}i & -\frac{3}{5}i \\ \frac{3}{5} & \frac{4}{5} \end{pmatrix} \quad \text{und} \quad A^{-1} = \begin{pmatrix} -\frac{4}{5}i & \frac{3}{5} \\ \frac{3}{5}i & \frac{4}{5} \end{pmatrix}$$

genügen der Gleichung $A^{-1} = \bar{A}^T = A^\dagger$. Also ist A eine unitäre Matrix.

Es lässt sich nun der folgende wichtige Satz formulieren, in dem die wesentlichen **Eigenschaften unitärer Matrizen** und damit implizit auch orthogonaler Matrizen festgehalten werden.

▷ **Satz 11.3.5 Eigenschaften unitärer Matrizen** Es sei $A \in \mathbb{C}^{n \times n}$ eine **unitäre Matrix**. Dann gelten die folgenden Aussagen:

- Jeder Eigenwert λ von A hat den Betrag 1, also $|\lambda| = 1$.
- Zwei zu verschiedenen Eigenwerten λ und μ von A gehörende Eigenvektoren $\vec{r}$ und $\vec{s}$ sind unitär.
- Die Matrix A ist diagonalähnlich.

Beweis   (1) Es sei $\vec{r}$ ein Eigenvektor von A zum Eigenwert λ. Dann gelten die Identitäten

$$A\vec{r} = \lambda\vec{r} \qquad /\,^{T}$$
$$\vec{r}^{T}A^{T} = \lambda\vec{r}^{T} \qquad /\,^{-}$$
$$\vec{\bar{r}}^{T}\bar{A}^{T} = \bar{\lambda}\vec{\bar{r}}^{T} \qquad /\,\cdot(A\vec{r} = \lambda\vec{r})$$
$$\vec{\bar{r}}^{T}\underbrace{\bar{A}^{-1}A}_{E}\vec{r} = \bar{\lambda}\vec{\bar{r}}^{T}\lambda\vec{r} \qquad /\,(\bar{A}^{T} = A^{-1})$$
$$\underbrace{\vec{\bar{r}}^{T}\vec{r}}_{\neq 0} = \bar{\lambda}\lambda\underbrace{\vec{\bar{r}}^{T}\vec{r}}_{\neq 0} \qquad /\,:(\vec{\bar{r}}^{T}\vec{r})$$
$$1 = \bar{\lambda}\lambda = |\lambda|^{2} \ .$$

Daraus folgt sofort durch Wurzelziehen $|\lambda| = 1$.

(2) Da nach (1) insbesondere $\lambda \neq 0 \neq \mu$ gilt, folgt

$$\vec{\bar{r}}^{T}\vec{s} = \vec{\bar{r}}^{T}\underbrace{\bar{A}^{-1}A}_{E}\vec{s} = \vec{\bar{r}}^{T}\bar{A}^{T}A\vec{s} = \bar{\lambda}\vec{\bar{r}}^{T}\mu\vec{s} = \bar{\lambda}\mu\vec{\bar{r}}^{T}\vec{s} \ ,$$

also $\qquad 0 = (1 - \bar{\lambda}\mu)\vec{\bar{r}}^{T}\vec{s} = (\underbrace{\bar{\lambda}\lambda}_{=1} - \bar{\lambda}\mu)\vec{\bar{r}}^{T}\vec{s} = \underbrace{\bar{\lambda}(\lambda - \mu)}_{\neq 0}\vec{\bar{r}}^{T}\vec{s} \ .$

Daraus ergibt sich aber sofort $\vec{\bar{r}}^{T}\vec{s} = 0$, d. h. $\vec{r}$ und $\vec{s}$ sind unitär.

(3) Auf diesen Nachweis wird verzichtet! $\square$

Beispiel 11.3.6

Für die orthogonale Matrix $A \in \mathbb{R}^{2\times 2}$,

$$A := \begin{pmatrix} \frac{4}{5} & -\frac{3}{5} \\ \frac{3}{5} & \frac{4}{5} \end{pmatrix},$$

wird gezeigt, dass sie wie erwartet Eigenwerte vom Betrag 1 besitzt, ihre Eigenvektoren zu verschiedenen Eigenwerten unitär sind und sie diagonalähnlich ist.

1. Schritt: Aus der Gleichung

$$p(\lambda) = \det(A - \lambda E) = \det\begin{pmatrix} \frac{4}{5} - \lambda & -\frac{3}{5} \\ \frac{3}{5} & \frac{4}{5} - \lambda \end{pmatrix} = \lambda^{2} - \frac{8}{5}\lambda + 1 = 0$$

berechnen sich die Lösungen $\lambda_{1} = \frac{4}{5} + \frac{3}{5}i$ und $\lambda_{2} = \frac{4}{5} - \frac{3}{5}i$, also die Eigenwerte von A. Diese haben offenbar den Betrag 1. Da die Eigenwerte von A auch verschieden sind, gehören zu ihnen jeweils linear unabhängige Eigenvektoren. Man kann also bereits an dieser Stelle darauf schließen, dass A auch diagonalähnlich ist.

2. Schritt: Aus dem Gleichungssystem

$$(A - \lambda_1 E)\vec{r}^{(1)} = \vec{0} \quad \Longleftrightarrow \quad \begin{pmatrix} -\frac{3}{5}i & -\frac{3}{5} \\ \frac{3}{5} & -\frac{3}{5}i \end{pmatrix} \begin{pmatrix} r_1^{(1)} \\ r_2^{(1)} \end{pmatrix} = \begin{pmatrix} 0 \\ 0 \end{pmatrix}$$

ergeben sich alle zu $\lambda_1 = \frac{4}{5} + \frac{3}{5}i$ gehörenden Eigenvektoren zu

$$\vec{r}^{(1)} = \alpha \begin{pmatrix} i \\ 1 \end{pmatrix}, \quad \alpha \in \mathbb{C} \setminus \{0\} \,.$$

Aus dem Gleichungssystem

$$(A - \lambda_2 E)\vec{r}^{(2)} = \vec{0} \quad \Longleftrightarrow \quad \begin{pmatrix} \frac{3}{5}i & -\frac{3}{5} \\ \frac{3}{5} & \frac{3}{5}i \end{pmatrix} \begin{pmatrix} r_1^{(2)} \\ r_2^{(2)} \end{pmatrix} = \begin{pmatrix} 0 \\ 0 \end{pmatrix}$$

ergeben sich alle zu $\lambda_2 = \frac{4}{5} - \frac{3}{5}i$ gehörenden Eigenvektoren zu

$$\vec{r}^{(2)} = \alpha \begin{pmatrix} -i \\ 1 \end{pmatrix}, \quad \alpha \in \mathbb{C} \setminus \{0\} \,.$$

Betrachtet man nun die berechneten Eigenvektoren, so prüft man leicht nach, dass je zwei zu verschiedenen Eigenwerten gehörende Eigenvektoren unitär sind.

Es stellt sich nun die Frage, ob die orthogonalen und unitären Matrizen noch weitere interessante Eigenschaften besitzen. Dies ist in der Tat der Fall, wie im folgenden abschließenden Satz zumindest für den Fall der orthogonalen Matrizen festgehalten werden soll. Es handelt sich dabei um die sogenannte **Längen- und Winkelinvarianz** bei orthogonalen Abbildungen (für den unitären Fall gibt es ein analoges Resultat).

▷　**Satz 11.3.7 Längen- und Winkelinvarianz** Es sei $A \in \mathbb{R}^{n \times n}$ eine **orthogonale Matrix** und $\vec{x} \in \mathbb{R}^n$ ein beliebiger Vektor. Dann gilt die **Längeninvarianzbeziehung**

$$|\vec{x}| = |A\vec{x}| \,.$$

Sind ferner $\vec{x}, \vec{y} \in \mathbb{R}^n \setminus \{\vec{0}\}$ zwei vom Nullvektor verschiedene Vektoren, dann gilt die **Winkelinvarianzbeziehung**

$$\angle(\vec{x}, \vec{y}) = \angle(A\vec{x}, A\vec{y}).$$

Beweis Die Längeninvarianz ergibt sich wegen $A^T A = E$ aus der Identität

$$|A\vec{x}| = \sqrt{(A\vec{x})^T (A\vec{x})} = \sqrt{\vec{x}^T(A^T A)\vec{x}} = \sqrt{\vec{x}^T\vec{x}} = |\vec{x}| \ .$$

Die Winkelinvarianz folgt ebenfalls unter Ausnutzung von $A^T A = E$ aus

$$\angle(A\vec{x}, A\vec{y}) = \arccos\left(\frac{(A\vec{x})^T (A\vec{y})}{|A\vec{x}||A\vec{y}|}\right) = \arccos\left(\frac{\vec{x}^T\vec{y}}{|\vec{x}||\vec{y}|}\right) = \angle(\vec{x}, \vec{y}) \ . \qquad \square$$

Beispiel 11.3.8

Gegeben sei die orthogonale Matrix $A \in \mathbb{R}^{2\times2}$,

$$A := \begin{pmatrix} \frac{4}{5} & -\frac{3}{5} \\ \frac{3}{5} & \frac{4}{5} \end{pmatrix}.$$

Für den Vektor $\vec{x} := (-5, 10)^T \in \mathbb{R}^2$ gilt zum Beispiel

$$|\vec{x}| = \sqrt{125} \quad \text{und} \quad |A\vec{x}| = |(-10, 5)^T| = \sqrt{125} \ ,$$

d. h. seine Länge bleibt nach Anwendung von A erhalten.
Nimmt man auch noch den Vektor $\vec{y} := (-3, 1)^T \in \mathbb{R}^2$ hinzu, so ergeben sich wegen

$$A\vec{x} = (-10, 5)^T \quad \text{und} \quad A\vec{y} = (-3, -1)^T$$

die Identitäten

$$\angle(\vec{x}, \vec{y}) = \arccos\left(\frac{\vec{x}^T\vec{y}}{|\vec{x}||\vec{y}|}\right) = \arccos\left(\frac{15 + 10}{\sqrt{125}\sqrt{10}}\right) = \frac{\pi}{4}$$

und

$$\angle(A\vec{x}, A\vec{y}) = \arccos\left(\frac{(A\vec{x})^T (A\vec{y})}{|A\vec{x}||A\vec{y}|}\right) = \arccos\left(\frac{30 - 5}{\sqrt{125}\sqrt{10}}\right) = \frac{\pi}{4} \ ,$$

d. h. der eingeschlossene Winkel bleibt nach Anwendung von A erhalten.

$\triangleright$ **Bemerkung 11.3.9 Normale Matrizen** Abschließend sei erwähnt, dass es eine die Menge der hermiteschen (symmetrischen) und unitären (orthogonalen) Matrizen umfassende Menge von Matrizen gibt, nämlich die Menge der sogenannten **normalen Matrizen**. Eine Matrix $A \in \mathbb{C}^{n\times n}$ heißt **normal**, falls

$A^\dagger A = A A^\dagger$ gilt. Man kann nun zeigen, dass für diese Matrizen die folgenden Aussagen erfüllt sind:

- Die hermiteschen und die unitären Matrizen sind normal.
- Zwei zu verschiedenen Eigenwerten einer normalen Matrix gehörende Eigenvektoren sind unitär.
- Jede normale Matrix ist diagonalähnlich.

Auf Basis dieser Resultate zusammen mit dem Charakterisierungssatz für diagonalähnliche Matrizen lässt sich leicht zeigen, dass normale Matrizen (und damit insbesondere hermitesche und unitäre Matrizen) durch unitäre Ähnlichkeitstransformationen auf Diagonalgestalt gebracht werden können. Diesen Prozess bezeichnet man insbesondere im Zusammenhang mit symmetrischen Matrizen in der Literatur häufig als **Hauptachsentransformation**.

11.4   Aufgaben mit Lösungen

Aufgabe 11.4.1   *Gegeben sei die Matrix* $A \in \mathbb{R}^{2\times 2}$,

$$A := \begin{pmatrix} \frac{3}{5} & -\frac{4}{5} \\ \frac{4}{5} & \frac{3}{5} \end{pmatrix}.$$

Zeigen Sie, dass A orthogonal ist.

Lösung der Aufgabe   Man rechnet sofort nach, dass $AA^T = E$ gilt. Also ist $A^{-1} = A^T$ und A somit orthogonal.

Aufgabe 11.4.2   *Gegeben sei die Matrix* $A \in \mathbb{R}^{2\times 2}$,

$$A := \begin{pmatrix} \frac{1}{\sqrt{2}} & -\frac{1}{\sqrt{2}} \\ \frac{1}{\sqrt{2}} & \frac{1}{\sqrt{2}} \end{pmatrix}.$$

Zeigen Sie, dass A ist orthogonal ist. Geben Sie ferner die beiden Eigenwerte von A mit Betrag 1 sowie die zugehörigen unitären Eigenvektoren an. Prüfen Sie schließlich für $\vec{x} := (-2, 8)^T \in \mathbb{R}^2$ und $\vec{y} := (3, -4)^T \in \mathbb{R}^2$ die Gültigkeit der Identitäten $|\vec{x}| = |A\vec{x}|$ und $\angle(\vec{x}, \vec{y}) = \angle(A\vec{x}, A\vec{y})$ explizit nach.

Lösung der Aufgabe   Die inverse Matrix $A^{-1} \in \mathbb{R}^{2\times 2}$ berechnet sich mit dem vollständigen Gaußschen Algorithmus leicht als

$$A^{-1} = \begin{pmatrix} \frac{1}{\sqrt{2}} & \frac{1}{\sqrt{2}} \\ -\frac{1}{\sqrt{2}} & \frac{1}{\sqrt{2}} \end{pmatrix}.$$

Daraus ergibt sich aber sofort $A^T = A^{-1}$, also die Erkenntnis, dass A eine orthogonale Matrix ist.

Zur Berechnung der Eigenwerte und Eigenvektoren von A wird wieder in zwei Schritten vorgegangen.

1. Schritt: Aus der Gleichung

$$p(\lambda) = \det(A - \lambda E) = \det \begin{pmatrix} \frac{1}{\sqrt{2}} - \lambda & -\frac{1}{\sqrt{2}} \\ \frac{1}{\sqrt{2}} & \frac{1}{\sqrt{2}} - \lambda \end{pmatrix} = \lambda^2 - \sqrt{2}\lambda + 1 = 0$$

berechnen sich die Lösungen $\lambda_1 = \frac{1}{\sqrt{2}} + \frac{1}{\sqrt{2}}i$ und $\lambda_2 = \frac{1}{\sqrt{2}} - \frac{1}{\sqrt{2}}i$, also die Eigenwerte von A. Diese haben offenbar den Betrag 1.

2. Schritt: Aus dem Gleichungssystem

$$(A - \lambda_1 E)\vec{r}^{(1)} = \vec{0} \quad \Longleftrightarrow \quad \begin{pmatrix} -\frac{1}{\sqrt{2}}i & -\frac{1}{\sqrt{2}} \\ \frac{1}{\sqrt{2}} & -\frac{1}{\sqrt{2}}i \end{pmatrix} \begin{pmatrix} r_1^{(1)} \\ r_2^{(1)} \end{pmatrix} = \begin{pmatrix} 0 \\ 0 \end{pmatrix}$$

ergeben sich alle zu $\lambda_1 = \frac{1}{\sqrt{2}} + \frac{1}{\sqrt{2}}i$ gehörenden Eigenvektoren zu

$$\vec{r}^{(1)} = \alpha \begin{pmatrix} i \\ 1 \end{pmatrix}, \quad \alpha \in \mathbb{C} \setminus \{0\}\,.$$

Aus dem Gleichungssystem

$$(A - \lambda_2 E)\vec{r}^{(2)} = \vec{0} \quad \Longleftrightarrow \quad \begin{pmatrix} \frac{1}{\sqrt{2}}i & -\frac{1}{\sqrt{2}} \\ \frac{1}{\sqrt{2}} & \frac{1}{\sqrt{2}}i \end{pmatrix} \begin{pmatrix} r_1^{(2)} \\ r_2^{(2)} \end{pmatrix} = \begin{pmatrix} 0 \\ 0 \end{pmatrix}$$

ergeben sich alle zu $\lambda_2 = \frac{1}{\sqrt{2}} - \frac{1}{\sqrt{2}}i$ gehörenden Eigenvektoren zu

$$\vec{r}^{(2)} = \alpha \begin{pmatrix} -i \\ 1 \end{pmatrix}, \quad \alpha \in \mathbb{C} \setminus \{0\}\,.$$

Betrachtet man nun die berechneten Eigenvektoren, so prüft man leicht nach, dass je zwei zu verschiedenen Eigenwerten gehörende Eigenvektoren unitär sind.

Für den Vektor $\vec{x} := (-2, 8)^T \in \mathbb{R}^2$ gilt

$$|\vec{x}| = \sqrt{68} \quad \text{und} \quad |A\vec{x}| = \left| \left(-\frac{10}{\sqrt{2}}, \frac{6}{\sqrt{2}} \right)^T \right| = \sqrt{68}\,,$$

d. h. seine Länge bleibt nach Anwendung von A erhalten.

Nimmt man auch noch den Vektor $\vec{y} := (3, -4)^T \in \mathbb{R}^2$ hinzu, so ergeben sich wegen

$$A\vec{x} = \left(-\frac{10}{\sqrt{2}}, \frac{6}{\sqrt{2}}\right)^T \quad \text{und} \quad A\vec{y} = \left(\frac{7}{\sqrt{2}}, -\frac{1}{\sqrt{2}}\right)^T$$

die Identitäten

$$\angle(\vec{x}, \vec{y}) = \arccos\left(\frac{\vec{x}^T \vec{y}}{|\vec{x}||\vec{y}|}\right) = \arccos\left(\frac{-6-32}{\sqrt{68}\sqrt{25}}\right) = 2.743\ldots$$

und

$$\angle(A\vec{x}, A\vec{y}) = \arccos\left(\frac{(A\vec{x})^T (A\vec{y})}{|A\vec{x}||A\vec{y}|}\right) = \arccos\left(\frac{-35-3}{\sqrt{68}\sqrt{25}}\right) = 2.743\ldots,$$

d. h. der eingeschlossene Winkel bleibt nach Anwendung von A erhalten.

Selbsttest 11.4.3　Welche der folgenden Aussagen über unitäre Matrizen sind wahr?

?+? Die Einheitsmatrix ist eine unitäre Matrix.

?−? Jede Diagonalmatrix ist eine unitäre Matrix.

?+? Eine unitäre Matrix ist immer regulär.

?−? Die Nullmatrix ist eine unitäre Matrix.

?−? Jede hermitesche Matrix ist unitär.

11.5　Singulärwertzerlegung und Pseudoinverse

Wir haben gesehen, dass z. B. symmetrische oder hermitesche, orthogonale oder unitäre, oder allgemein normale Matrizen vollständig mit Hilfe ihrer Eigenwerte und Eigenvektoren beschrieben werden können, konkret durch eine für sie existierende **Jordan-Zerlegung**. Eine derartige Zerlegung kann unmittelbar zur geometrischen Beschreibung ihrer Wirkung auf Vektoren benutzt werden und zur Lösung verschiedenster Anwendungsprobleme eingesetzt werden. Wir·wollen nun eine Zerlegungstechnik für beliebige Matrizen erarbeiten, wobei wir uns dabei auf den Fall **reeller** Matrizen beschränken wollen (für komplexe Matrizen existiert eine analoge Theorie). Die zu konstruierende Zerlegung wird **Singulärwertzerlegung** genannt (engl. **Singular-Value-Decomposition**, kurz **SVD**). Die dabei eine zentrale Rolle spielenden Singulärwerte können ähnlich gut interpretiert werden wie die Eigenwerte diagonalähnlicher quadratischer Matrizen. Die Vorteile der Singulärwertzerlegung gegenüber Zerlegungen beruhend auf Eigenwerten und Eigenvektoren von Matrizen bestehen darin, dass sie zum einen nicht auf quadratische Matrizen beschränkt ist (alle Matrizen können zerlegt werden) und dass reelle Matrizen reell zerlegbar sind (kein Rückgriff auf komplexe Zahlen im reellen Fall). Wir führen die Singulärwertzerlegung nun direkt formal ein und betrachten danach ein ausführliches Beispiel (hinsichtlich weiterer Details siehe [1, 2]).

> **Satz 11.5.1 Singulärwertzerlegung** Es sei $A \in \mathbb{R}^{m \times n}$ gegeben. Dann gibt es orthogonale Matrizen $U \in \mathbb{R}^{m \times m}$ und $V \in \mathbb{R}^{n \times n}$ sowie eine Matrix $S := (s_{jk})_{1 \leq j \leq m, 1 \leq k \leq n} \in \mathbb{R}^{m \times n}$ mit $s_{jk} = 0$ für alle $j \neq k$ und nicht negativen Diagonalelementen $s_{11} \geq s_{22} \geq s_{33} \geq \cdots \geq 0$, so dass sich A schreiben lässt als
>
> $$A = USV^T.$$

Diese Darstellung heißt eine **Singulärwertzerlegung von** A. Die von Null verschiedenen Diagonalelemente der Matrix S heißen **Singulärwerte von** A und sind genau die positiven Wurzeln der identischen positiven Eigenwerte der beiden symmetrischen Matrizen $A^T A \in \mathbb{R}^{n \times n}$ und $AA^T \in \mathbb{R}^{m \times m}$.

Beweis Man betrachtet $A^T A$. Die Matrix $A^T A$ ist eine symmetrische positiv semidefinite (n, n)-Matrix. Sie besitzt also reelle nicht negative Eigenwerte $\lambda_1 \geq \lambda_2 \geq \cdots \geq \lambda_n \geq 0$ und eine zugehörige orthonormale Eigenvektorbasis

$$\vec{v}^{(1)}, \vec{v}^{(2)}, \ldots, \vec{v}^{(n)} \in \mathbb{R}^n \ .$$

Entsprechend betrachtet man AA^T. Die Matrix AA^T ist eine symmetrische positiv semidefinite (m, m)-Matrix. Sie besitzt also auch reelle nicht negative Eigenwerte $\mu_1 \geq \mu_2 \geq \cdots \geq \mu_m \geq 0$ und eine zugehörige orthonormale Eigenvektorbasis

$$\vec{u}^{(1)}, \vec{u}^{(2)}, \ldots, \vec{u}^{(m)} \in \mathbb{R}^m \ .$$

Wegen

$$(AA^T)(A\vec{v}^{(j)}) = A(A^T A \vec{v}^{(j)}) = A(\lambda_j \vec{v}^{(j)}) = \lambda_j (A\vec{v}^{(j)}), \quad 1 \leq j \leq n \ ,$$

und

$$(A\vec{v}^{(j)})^T (A\vec{v}^{(k)}) = \vec{v}^{(j)^T} (A^T A)\vec{v}^{(k)} = \vec{v}^{(j)^T} \lambda_k \vec{v}^{(k)} = \lambda_k \vec{v}^{(j)^T} \vec{v}^{(k)}$$

$$= \left\{ \begin{array}{ll} \lambda_k & \text{falls } j = k \\ 0 & \text{sonst} \end{array} \right\}, \quad 1 \leq j, k \leq n \ ,$$

– beachte insbesondere $A\vec{v}^{(j)} = \vec{0}$ falls $\lambda_j = 0$ – sowie

$$(A^T A)(A^T \vec{u}^{(j)}) = A^T (AA^T \vec{u}^{(j)}) = A^T (\mu_j \vec{u}^{(j)}) = \mu_j (A^T \vec{u}^{(j)}), \quad 1 \leq j \leq m \ ,$$

und

$$(A^T \vec{u}^{(j)})^T (A^T \vec{u}^{(k)}) = \vec{u}^{(j)^T}(AA^T)\vec{u}^{(k)} = \vec{u}^{(j)^T}\mu_k\vec{u}^{(k)} = \mu_k\vec{u}^{(j)^T}\vec{u}^{(k)}$$

$$= \left\{ \begin{array}{ll} \mu_k & \text{falls } j = k \\ 0 & \text{sonst} \end{array} \right\}, \quad 1 \le j,k \le m,$$

besitzt AA^T mindestens so viele von Null verschiedene Eigenwerte wie $A^T A$ und, umgekehrt, auch $A^T A$ mindestens so viele von Null verschiedene Eigenwerte wie AA^T. Also müssen AA^T und $A^T A$ gleich viele von Null verschiedene Eigenwerte besitzen und diese müssen auch noch identisch sein. Im Folgenden bezeichnen wir diese r identischen von Null verschiedenen positiven Eigenwerte von $A^T A$ und AA^T mit $\lambda_1 \ge \lambda_2 \ge \cdots \ge \lambda_r > 0$, wobei wir wegen $0 \le r \le \min\{m,n\}$ auch ausdrücklich zulassen, dass $r = 0$ gilt, also A eine Nullmatrix ist; alle anderen eventuell noch vorhandenen Eigenwerte von $A^T A$ und/oder AA^T sind aber auf jeden Fall Null! Mit diesen Vorüberlegungen lässt sich jetzt eine neue spezielle orthonormale Eigenvektorbasis von AA^T aus der von $A^T A$ berechnen gemäß

$$\vec{u}^{(j)} := \frac{1}{\sqrt{\lambda_j}}A\vec{v}^{(j)}, \quad 1 \le j \le r,$$

ergänzt durch eventuell noch fehlende $\vec{u}^{(j)}$ für $r < j \le m$ zu den Eigenwerten Null der Matrix AA^T. Wir setzen nun zur Definition der Matrix $S = (s_{jk})_{1 \le j \le m, 1 \le k \le n} \in \mathbb{R}^{m \times n}$,

$$s_{jk} := \left\{ \begin{array}{ll} \sqrt{\lambda_j} & \text{falls } j = k \text{ und } 1 \le j \le r \\ 0 & \text{sonst} \end{array} \right\},$$

sowie

$$U := \left(\vec{u}^{(1)}, \vec{u}^{(2)}, \vec{u}^{(3)}, \ldots, \vec{u}^{(m)}\right) \in \mathbb{R}^{m \times m}$$

und

$$V := \left(\vec{v}^{(1)}, \vec{v}^{(2)}, \vec{v}^{(3)}, \ldots, \vec{v}^{(n)}\right) \in \mathbb{R}^{n \times n}.$$

Offensichtlich sind U und V orthogonale Matrizen und es gilt

$$USV^T = \sum_{j=1}^{r} s_{jj}\vec{u}^{(j)}\vec{v}^{(j)^T} = \sum_{j=1}^{r} \sqrt{\lambda_j}\vec{u}^{(j)}\vec{v}^{(j)^T} = \sum_{j=1}^{r} \sqrt{\lambda_j}\frac{1}{\sqrt{\lambda_j}}A\vec{v}^{(j)}\vec{v}^{(j)^T}$$

$$= \sum_{j=1}^{r} A\vec{v}^{(j)}\vec{v}^{(j)^T} = \sum_{j=1}^{n} A\vec{v}^{(j)}\vec{v}^{(j)^T} = A\sum_{j=1}^{n} \vec{v}^{(j)}\vec{v}^{(j)^T} = AVV^T = A. \qquad \square$$

▶ **Bemerkung 11.5.2 Eindeutigkeit der Singulärwertzerlegung** Der Beweis des obigen Satzes besagt implizit, dass jede Matrix $A \in \mathbb{R}^{m \times n}$ in Hinblick auf eine zugehörige Singulärwertzerlegung USV^T folgende Eigenschaften besitzt: Die Singulärwerte von A und damit die Matrix S sind eindeutig bestimmt, da die positiven und identischen Eigenwerte von $A^T A$ und $A A^T$ eindeutig bestimmt sind. Die orthogonalen Matrizen U und V sind dagegen nicht eindeutig bestimmt, da die Wahl der orthonormalen Eigenvektorbasen von $A^T A$ und/oder $A A^T$ mit gewissen Freiheiten verbunden ist. Desweiteren sind speziell für symmetrische Matrizen $A \in \mathbb{R}^{n \times n}$ die Singulärwerte genau die Beträge der von Null verschiedenen Eigenwerte von A.

$\triangleright$ **Bemerkung 11.5.3 Singulärwerte und Rang** In der Literatur werden manchmal auch alle Diagonalelemente der Matrix S einer Singulärwertzerlegung USV^T von $A \in \mathbb{R}^{m \times n}$ als Singulärwerte bezeichnet. Wir nennen jedoch lediglich die positiven Diagonalelemente von S Singulärwerte von A. Bei unserer Konvention gilt z. B. die Aussage, dass die Anzahl der Singulärwerte von A identisch mit dem Rang von A ist. Insbesondere besitzen alle Nullmatrizen keine Singulärwerte und natürlich den Rang Null.

$\triangleright$ **Bemerkung 11.5.4 Datenkompression mittels Singulärwertzerlegung** Hat man für $A \in \mathbb{R}^{m \times n}$ eine **Singulärwertzerlegung** $A = USV^T$ mit $S := (s_{jk})_{1 \leq j \leq m, 1 \leq k \leq n} \in \mathbb{R}^{m \times n}$ sowie $s_{jk} = 0$ für alle $j \neq k$ und nicht negativen Diagonalelementen $s_{11} \geq s_{22} \geq s_{33} \geq \cdots \geq 0$ im obigen Sinne und sind die Diagonalelemente in S ab einem Index $k \in \{1, 2, \ldots, \min\{m, n\}\}$ klein (oder sogar Null), dann ist eine verlustbehaftete (oder sogar verlustfreie) Datenkompression für die Matrix A wie folgt möglich: Setze alle Diagonalelemente von S mit einem Index größer als k gleich Null (sofern sie es nicht schon sind), bezeichne die so erhaltene Matrix gleichen Formats mit S_k und rekonstruiere dann A näherungsweise (oder sogar exakt) mittels

$$A \approx (=) US_k V^T \,,$$

wobei dazu lediglich die ersten k Zeilen von V^T und die ersten k Spalten von U relevant sind und gespeichert werden müssen (siehe dazu auch Abb. 11.1, in der die zur Rekonstruktion von A benutzten Teile der Matrizen U, S und V^T jeweils wie A selbst unterlegt sind).

Beispiel 11.5.5
Wir betrachten die Matrix

$$A := \begin{pmatrix} 3 & 1 & 1 \\ -1 & 3 & 1 \end{pmatrix} .$$

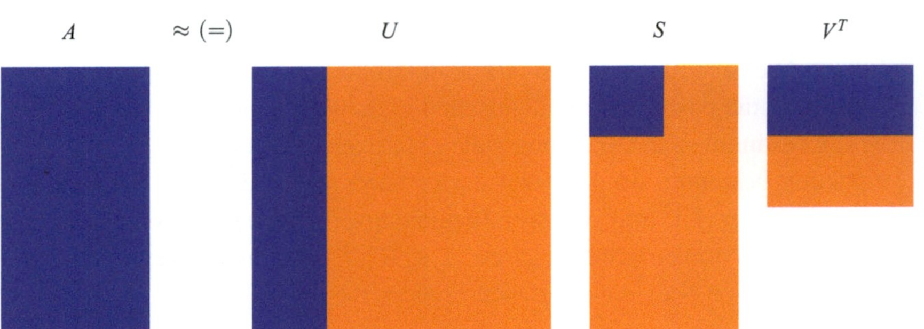

Abb. 11.1 Skizze zur Idee der Datenkompression mittels Singulärwertzerlegung

Zunächst berechnen wir

$$A^T A = \begin{pmatrix} 3 & -1 \\ 1 & 3 \\ 1 & 1 \end{pmatrix} \begin{pmatrix} 3 & 1 & 1 \\ -1 & 3 & 1 \end{pmatrix} = \begin{pmatrix} 10 & 0 & 2 \\ 0 & 10 & 4 \\ 2 & 4 & 2 \end{pmatrix}.$$

Die Eigenwerte von $A^T A$ ergeben sich zu $\lambda_1 = 12$, $\lambda_2 = 10$ und $\lambda_3 = 0$ und eine orthonormale Eigenvektorbasis könnte z. B. gegeben sein durch

$$\vec{v}^{(1)} := \begin{pmatrix} \frac{1}{\sqrt{6}} \\ \frac{2}{\sqrt{6}} \\ \frac{1}{\sqrt{6}} \end{pmatrix}, \quad \vec{v}^{(2)} := \begin{pmatrix} \frac{2}{\sqrt{5}} \\ -\frac{1}{\sqrt{5}} \\ 0 \end{pmatrix} \quad \text{und} \quad \vec{v}^{(3)} := \begin{pmatrix} \frac{1}{\sqrt{30}} \\ \frac{2}{\sqrt{30}} \\ -\frac{5}{\sqrt{30}} \end{pmatrix}.$$

Damit ist die Matrix V bestimmt gemäß

$$V := (\vec{v}^{(1)}, \vec{v}^{(2)}, \vec{v}^{(3)}) = \begin{pmatrix} \frac{1}{\sqrt{6}} & \frac{2}{\sqrt{5}} & \frac{1}{\sqrt{30}} \\ \frac{2}{\sqrt{6}} & -\frac{1}{\sqrt{5}} & \frac{2}{\sqrt{30}} \\ \frac{1}{\sqrt{6}} & 0 & -\frac{5}{\sqrt{30}} \end{pmatrix}.$$

Entsprechend berechnen wir

$$AA^T = \begin{pmatrix} 3 & 1 & 1 \\ -1 & 3 & 1 \end{pmatrix} \begin{pmatrix} 3 & -1 \\ 1 & 3 \\ 1 & 1 \end{pmatrix} = \begin{pmatrix} 11 & 1 \\ 1 & 11 \end{pmatrix}.$$

Die Eigenwerte von AA^T ergeben sich zu $\mu_1 = 12$ und $\mu_2 = 10$ und eine orthonormale Eigenvektorbasis könnte z. B. gegeben sein durch

$$\vec{u}^{(1)} := \begin{pmatrix} \frac{1}{\sqrt{2}} \\ \frac{1}{\sqrt{2}} \end{pmatrix} \quad \text{und} \quad \vec{u}^{(2)} := \begin{pmatrix} -\frac{1}{\sqrt{2}} \\ \frac{1}{\sqrt{2}} \end{pmatrix}.$$

Man beachte, dass die von Null verschiedenen Eigenwerte von $A^T A$ und AA^T wie erwartet identisch sind. Um jetzt auch noch die im Sinne der Zerlegungssuche passenden orthonormalen Eigenvektoren von AA^T zu den von Null verschiedenen Eigenwerten zu erhalten (bei einfachen Eigenwerten geht es dabei nur um das richtige Vorzeichen, bei mehrfachen Eigenwerten um die geeigneten aufspannenden Vektoren des Eigenvektorraums), berechnen wir

$$\vec{u}^{(1)} := \frac{1}{\sqrt{\lambda_1}} A \vec{v}^{(1)} = \frac{1}{\sqrt{12}} \begin{pmatrix} 3 & 1 & 1 \\ -1 & 3 & 1 \end{pmatrix} \begin{pmatrix} \frac{1}{\sqrt{6}} \\ \frac{2}{\sqrt{6}} \\ \frac{1}{\sqrt{6}} \end{pmatrix} = \begin{pmatrix} \frac{1}{\sqrt{2}} \\ \frac{1}{\sqrt{2}} \end{pmatrix}$$

und

$$\vec{u}^{(2)} := \frac{1}{\sqrt{\lambda_2}} A \vec{v}^{(2)} = \frac{1}{\sqrt{10}} \begin{pmatrix} 3 & 1 & 1 \\ -1 & 3 & 1 \end{pmatrix} \begin{pmatrix} \frac{2}{\sqrt{5}} \\ -\frac{1}{\sqrt{5}} \\ 0 \end{pmatrix} = \begin{pmatrix} \frac{1}{\sqrt{2}} \\ -\frac{1}{\sqrt{2}} \end{pmatrix}.$$

Man erkennt, dass einmal das Vorzeichen korrigiert wurde, und erhält so die finale Matrix U als

$$U := (\vec{u}^{(1)}, \vec{u}^{(2)}) = \begin{pmatrix} \frac{1}{\sqrt{2}} & \frac{1}{\sqrt{2}} \\ \frac{1}{\sqrt{2}} & -\frac{1}{\sqrt{2}} \end{pmatrix}.$$

Insgesamt ergibt sich nun die gesuchte Singulärwertzerlegung zu

$$A = U S V^T = \begin{pmatrix} \frac{1}{\sqrt{2}} & \frac{1}{\sqrt{2}} \\ \frac{1}{\sqrt{2}} & -\frac{1}{\sqrt{2}} \end{pmatrix} \begin{pmatrix} \sqrt{12} & 0 & 0 \\ 0 & \sqrt{10} & 0 \end{pmatrix} \begin{pmatrix} \frac{1}{\sqrt{6}} & \frac{2}{\sqrt{6}} & \frac{1}{\sqrt{6}} \\ \frac{2}{\sqrt{5}} & -\frac{1}{\sqrt{5}} & 0 \\ \frac{1}{\sqrt{30}} & \frac{2}{\sqrt{30}} & -\frac{5}{\sqrt{30}} \end{pmatrix}.$$

In der Praxis gibt es zahlreiche Einsatzmöglichkeiten für die Singulärwertzerlegung von Matrizen. Exemplarisch betrachten wir eine kleine Anwendung basierend auf der sogenannten **Pseudoinversen** einer Matrix, die auch bisweilen als **Moore-Penrose-Pseudoinverse** bezeichnet wird (zu Ehren des amerikanischen Mathematikers Eliakim Hastings Moore (1861–1932) und des englischen Mathematikers Roger Penrose (geb. 1931)).

Definition 11.5.6 Pseudoinverse

Es sei $A \in \mathbb{R}^{m \times n}$ gegeben und eine zugehörige Singulärwertzerlegung

$$A = USV^T$$

von A mit geeigneten orthogonalen Matrizen $U \in \mathbb{R}^{m \times m}$ und $V \in \mathbb{R}^{n \times n}$ sowie der Matrix $S \in \mathbb{R}^{m \times n}$ mit den positiven Singulärwerten $s_{11} \geq s_{22} \geq s_{33} \geq \cdots \geq s_{rr} > 0$, $0 \leq r \leq \min\{m, n\}$, und $s_{jk} = 0$ sonst. Definiert man nun die Matrix $S^+ := (s^+_{jk})_{1 \leq j \leq n, 1 \leq k \leq m} \in \mathbb{R}^{n \times m}$ gemäß

$$s^+_{jk} := \left\{ \begin{array}{ll} \frac{1}{s_{jj}} & \text{falls } j = k \text{ und } 1 \leq j \leq r \\ 0 & \text{sonst} \end{array} \right\},$$

dann bezeichnet man die Matrix $A^+ \in \mathbb{R}^{n \times m}$,

$$A^+ := VS^+U^T$$

als eine **Pseudoinverse von** A. ◄

Gemäß der obigen Definition ist zunächst nicht klar, ob es zu jeder Matrix nur eine oder mehrere Pseudoinverse gibt, denn die Singulärwertzerlegung einer Matrix ist ja in Hinblick auf die benötigten orthogonalen Matrizen U und V nicht eindeutig bestimmt. Wir werden in Kürze jedoch zeigen, dass es zu jeder Matrix in der Tat nur eine Pseudoinverse gibt, diese also eindeutig bestimmt ist. Ferner soll, wie der Name ja schon andeutet, die Pseudoinverse einen gewissen Ersatz für die im Fall nicht quadratischer oder singulärer Matrizen nicht existierenden inversen Matrizen darstellen. In diesem Zusammenhang werden wir nachweisen, dass im Fall quadratischer regulärer Matrizen die Inversen und Pseudoinversen identisch sind.

Wir beginnen mit einem wichtigen Satz, der insbesondere bereits die Eindeutigkeitsfrage für die Pseudoinversen klärt.

▻ **Satz 11.5.7 Eigenschaften und Eindeutigkeit der Pseudoinversen** Es sei $A \in \mathbb{R}^{m \times n}$ gegeben und $A = USV^T$ eine zugehörige Singulärwertzerlegung von A mit geeigneten orthogonalen Matrizen $U \in \mathbb{R}^{m \times m}$ und $V \in \mathbb{R}^{n \times n}$ sowie der Matrix $S \in \mathbb{R}^{m \times n}$ mit den positiven Singulärwerten $s_{11} \geq s_{22} \geq s_{33} \geq \cdots \geq s_{rr} > 0$, $0 \leq r \leq \min\{m, n\}$, und $s_{jk} = 0$ sonst. Ferner sei $A^+ \in \mathbb{R}^{n \times m}$ eine zugehörige Pseudoinverse von A. Dann gilt:

(1) $AA^+A = A$.
(2) $A^+AA^+ = A^+$.
(3) $(AA^+)^T = AA^+$.
(4) $(A^+A)^T = A^+A$.
(5) A^+ ist eindeutig bestimmt.

Beweis Nutzt man aus, dass $V^T V = V V^T = E \in \mathbb{R}^{n \times n}$ und $U^T U = U U^T = E \in \mathbb{R}^{m \times m}$ sowie $S S^+ S = S$ und $S^+ S S^+ = S^+$ gilt, so ergibt sich:

(1) $A A^+ A = U S V^T V S^+ U^T U S V^T = U S S^+ S V^T = U S V^T = A.$

(2) $A^+ A A^+ = V S^+ U^T U S V^T V S^+ U^T = V S^+ S S^+ U^T = V S^+ U^T = A^+.$

(3) $(A A^+)^T = (U S V^T V S^+ U^T)^T = (U S S^+ U^T)^T = U (S S^+)^T U^T = U(S S^+) U^T.$
$\qquad = U S V^T V S^+ U^T = A A^+$

(4) $(A^+ A)^T = (V S^+ U^T U S V^T)^T = (V S^+ S V^T)^T = V (S^+ S)^T V^T = V(S^+ S) V^T.$
$\qquad = V S^+ U^T U S V^T = A^+ A$

(5) Seien nun B und C zwei Pseudoinverse zu A. Aufgrund der gerade nachgewiesenen Identitäten (1) bis (4) müssen dann folgende Beziehungen gelten:

$$ABA = A \quad \text{und} \quad ACA = A\,, \qquad BAB = B \quad \text{und} \quad CAC = C\,,$$
$$(AB)^T = AB \quad \text{und} \quad (AC)^T = AC\,, \quad (BA)^T = BA \quad \text{und} \quad (CA)^T = CA\,.$$

Daraus folgt aber sofort

$$B = BAB = B(ACA)B = (BA)^T (CA)^T B = (CABA)^T B = (CA)^T B = CAB$$
$$= C(AB)^T = C((ACA)B)^T = C((AC)(AB))^T = C(AB)^T (AC)^T = CABAC$$
$$= CAC = C\,. \quad \blacktriangleleft$$

▷ **Bemerkung 11.5.8 Moore-Penrose-Bedingungen** Die Identitäten (1) bis (4) aus Satz 11.5.7 werden als **Moore-Penrose-Bedingungen** bezeichnet und können auch benutzt werden, um die Pseudoinverse zunächst abstrakt ohne Zugriff auf eine Singulärwertzerlegung einer Matrix zu definieren. Möchte man aber diese dann eindeutig bestimmte Matrix explizit berechnen, kommt man an einer Singulärwertzerlegung nicht vorbei.

▷ **Bemerkung 11.5.9 Pseudoinverse spezieller Matrizen** Die Moore-Penrose-Bedingungen (1) bis (4) aus Satz 11.5.7 zeigen unmittelbar, dass im Fall einer regulären quadratischen Matrix $A \in \mathbb{R}^{n \times n}$ die Identität $A^+ = A^{-1}$ gilt, also die Pseudoinverse mit der gewöhnlichen Inversen identisch ist. Man prüfe dazu für A^{-1} einfach das Erfülltsein der vier Bedingungen nach! Ebenso zeigt man direkt, dass die Pseudoinverse einer Nullmatrix genau die transponierte Nullmatrix ist.

Nachdem nun einige wichtige Eigenschaften der Pseudoinversen zusammengetragen wurden, wird im folgenden abschließenden Satz eine Anwendung im Kontext der Lösung von linearen Gleichungssystemen formuliert. Dabei geht es konkret um die Lösung dieser beiden Probleme:

(1) **Kleinste-Quadrate-Problem** (engl. **Least-Squares-Problem**) für nicht lösbare lineare Gleichungssysteme $A\vec{x} = \vec{b}$: **Suche einen Vektor $\vec{x}$, so dass $|A\vec{x} - \vec{b}|$ minimal wird!**

(2) **Kleinste-Norm-Problem** (engl. **Least-Norm-Problem**) für nicht eindeutig lösbare lineare Gleichungssysteme $A\vec{x} = \vec{b}$: **Suche einen Vektor $\vec{x}$ mit $A\vec{x} = \vec{b}$, so dass $|\vec{x}|$ minimal wird!**

▷   **Satz 11.5.10 Least-Squares- und Least-Norm-Lösung mittels Pseudoinverser** Es seien $A \in \mathbb{R}^{m \times n}$ und $\vec{b} \in \mathbb{R}^m$ beliebig gegeben. Dann erfüllt der Vektor

$$\vec{x}^+ := A^+\vec{b} \in \mathbb{R}^n$$

die sogenannte **Least-Squares-Bedingung**

$$|A\vec{x}^+ - \vec{b}| = \min\{|A\vec{x} - \vec{b}| \mid \vec{x} \in \mathbb{R}^n\} \, .$$

Insbesondere löst er das lineare Gleichungssystem $A\vec{x} = \vec{b}$, sofern es lösbar ist.

Hat das lineare Gleichungssystem $A\vec{x} = \vec{b}$ sogar mehrere Lösungen, dann erfüllt er zusätzlich noch die sogenannte **Least-Norm-Bedingung**

$$|\vec{x}^+| = \min\{|\vec{x}| \mid \vec{x} \in \mathbb{R}^n \text{ und } A\vec{x} = \vec{b}\} \, .$$

Beweis Wir beginnen mit dem Nachweis der Least-Squares-Eigenschaft. Dazu nehmen wir wieder an, dass A die positiven Singulärwerte $s_{11} \geq s_{22} \geq s_{33} \geq \cdots \geq s_{rr} > 0$ mit $0 \leq r \leq \min\{m, n\}$ besitzt und A die Singulärwertzerlegung $A = USV^T$ hat. Sucht man nun zunächst ein $\vec{y} \in \mathbb{R}^n$, welches $|S\vec{y} - \vec{b}|$ minimiert, so ist wegen

$$|S\vec{y} - \vec{b}|^2 = \sum_{j=1}^{r}(s_{jj}\,y_j - b_j)^2 + \sum_{j=r+1}^{m}(b_j)^2$$

klar, dass die ersten r Komponenten von $\vec{y}$ als $y_j = \frac{b_j}{s_{jj}}$ für $1 \leq j \leq r$ gewählt werden müssen, während die eventuell noch vorhandenen übrigen Komponenten von $\vec{y}$ beliebig sein dürfen. Also wäre z. B. $\vec{y}^+ := S^+\vec{b}$ eine optimale Lösung.

Nach dieser kleinen Vorüberlegung betrachten wir nun das allgemeine Problem. Da die Multiplikation von Vektoren mit orthogonalen Matrizen die Euklidischen Normen der Vektoren nicht ändern (Stichwort: Längeninvarianz), ergibt sich sofort für alle $\vec{x} \in \mathbb{R}^n$ die folgende Identität:

$$|A\vec{x} - \vec{b}| = |USV^T\vec{x} - \vec{b}| = |U^T(USV^T\vec{x} - \vec{b})| = |SV^T\vec{x} - U^T\vec{b}| \, .$$

Setzt man nun $\vec{y} := V^T\vec{x}$, dann ist nach unseren Vorüberlegungen der Vektor $\vec{y}^+ := S^+U^T\vec{b}$ für das obige Problem eine optimale Lösung. Wegen der Regularität von V^T folgt damit aus der Identität $\vec{y} = V^T\vec{x}$ durch Auflösung nach $\vec{x}$ wie behauptet für die dadurch induzierte optimale Lösung des Ausgangsproblems

$$\vec{x}^+ = V\vec{y}^+ = VS^+U^T\vec{b} = A^+\vec{b} \; .$$

Wir kommen nun zum Nachweis der Least-Norm-Eigenschaft. Dazu nehmen wir an, dass das lineare Gleichungssystem $A\vec{x} = \vec{b}$ mehrere Lösungen hat, zu denen nach dem bereits oben Bewiesenen natürlich auch der Vektor $\vec{x}^+$ gehören muss. Sei nun mit $\vec{x} \in \mathbb{R}^n$ ein beliebiger weiterer Lösungsvektor gegeben. Dann ergibt sich zunächst folgende Implikation:

$$A\vec{x}^+ = \vec{b} \quad \text{und} \quad A\vec{x} = \vec{b} \quad \Longrightarrow \quad A(\vec{x} - \vec{x}^+) = A\vec{x} - A\vec{x}^+ = \vec{0} \; .$$

Daraus folgt aber sofort mit den Moore-Penrose-Bedingungen für A^+ die Identität

$$(\vec{x}^+)^T(\vec{x} - \vec{x}^+) = (A^+\vec{b})^T(\vec{x} - \vec{x}^+) = \vec{b}^T(A^+)^T(\vec{x} - \vec{x}^+) = \vec{b}^T(A^+AA^+)^T(\vec{x} - \vec{x}^+)$$
$$= \vec{b}^T(A^+)^T(A^+A)^T(\vec{x} - \vec{x}^+) = \vec{b}^T(A^+)^TA^+A(\vec{x} - \vec{x}^+)$$
$$= \vec{b}^T(A^+)^TA^+(A\vec{x} - A\vec{x}^+) = 0$$

sowie mit ihrer Hilfe die Abschätzung

$$\vec{x}^T\vec{x} = (\vec{x} - \vec{x}^+ + \vec{x}^+)^T(\vec{x} - \vec{x}^+ + \vec{x}^+)$$
$$= (\vec{x} - \vec{x}^+)^T(\vec{x} - \vec{x}^+) + 2(\vec{x}^+)^T(\vec{x} - \vec{x}^+) + (\vec{x}^+)^T\vec{x}^+$$
$$= (\vec{x} - \vec{x}^+)^T(\vec{x} - \vec{x}^+) + (\vec{x}^+)^T\vec{x}^+ \geq (\vec{x}^+)^T\vec{x}^+ \; .$$

Zieht man in der letzten Ungleichung auf beiden Seiten die Wurzel, folgt wie behauptet $|\vec{x}^+| \leq |\vec{x}|$. $\qquad\qquad\Box$

Beispiel 11.5.11

Wir betrachten die Matrix

$$A := \begin{pmatrix} 3 & 1 & 1 \\ -1 & 3 & 1 \end{pmatrix}$$

aus Beispiel 11.5.5 mit der dort berechneten Singulärwertzerlegung

$$A = USV^T = \begin{pmatrix} \frac{1}{\sqrt{2}} & \frac{1}{\sqrt{2}} \\ \frac{1}{\sqrt{2}} & -\frac{1}{\sqrt{2}} \end{pmatrix} \begin{pmatrix} \sqrt{12} & 0 & 0 \\ 0 & \sqrt{10} & 0 \end{pmatrix} \begin{pmatrix} \frac{1}{\sqrt{6}} & \frac{2}{\sqrt{6}} & \frac{1}{\sqrt{6}} \\ \frac{2}{\sqrt{5}} & -\frac{1}{\sqrt{5}} & 0 \\ \frac{1}{\sqrt{30}} & \frac{2}{\sqrt{30}} & -\frac{5}{\sqrt{30}} \end{pmatrix} \; .$$

Da A den Rang 2 hat und 3 linear abhängige Spaltenvektoren aus $\mathbb{R}^2$ besitzt, hat jedes Gleichungssystem $A\vec{x} = \vec{b}$ stets unendlich viele Lösungen. Zum Beispiel für $\vec{b} := (8,8)^T \in \mathbb{R}^2$ erhält man dann wie folgt eine Lösung des Gleichungssystems, die im Sinne der Least-Norm-Bedingung optimal ist:

$$\vec{x}^+ = A^+\vec{b} = VS^+U^T\vec{b}$$

$$= \begin{pmatrix} \frac{1}{\sqrt{6}} & \frac{2}{\sqrt{5}} & \frac{1}{\sqrt{30}} \\ \frac{2}{\sqrt{6}} & -\frac{1}{\sqrt{5}} & \frac{2}{\sqrt{30}} \\ \frac{1}{\sqrt{6}} & 0 & -\frac{5}{\sqrt{30}} \end{pmatrix} \begin{pmatrix} \frac{1}{\sqrt{12}} & 0 \\ 0 & \frac{1}{\sqrt{10}} \\ 0 & 0 \end{pmatrix} \begin{pmatrix} \frac{1}{\sqrt{2}} & \frac{1}{\sqrt{2}} \\ \frac{1}{\sqrt{2}} & -\frac{1}{\sqrt{2}} \end{pmatrix} \begin{pmatrix} 8 \\ 8 \end{pmatrix} = \begin{pmatrix} \frac{4}{3} \\ \frac{8}{3} \\ \frac{4}{3} \end{pmatrix}.$$

Wir betrachten nun alternativ die transponierte Matrix

$$A^T := \begin{pmatrix} 3 & -1 \\ 1 & 3 \\ 1 & 1 \end{pmatrix}$$

aus Beispiel 11.5.5 mit der aus der dort berechneten Singulärwertzerlegung von A leicht zu erhaltenden Singulärwertzerlegung

$$A^T = VS^TU^T = \begin{pmatrix} \frac{1}{\sqrt{6}} & \frac{2}{\sqrt{5}} & \frac{1}{\sqrt{30}} \\ \frac{2}{\sqrt{6}} & -\frac{1}{\sqrt{5}} & \frac{2}{\sqrt{30}} \\ \frac{1}{\sqrt{6}} & 0 & -\frac{5}{\sqrt{30}} \end{pmatrix} \begin{pmatrix} \sqrt{12} & 0 \\ 0 & \sqrt{10} \\ 0 & 0 \end{pmatrix} \begin{pmatrix} \frac{1}{\sqrt{2}} & \frac{1}{\sqrt{2}} \\ \frac{1}{\sqrt{2}} & -\frac{1}{\sqrt{2}} \end{pmatrix}.$$

Da A^T den Rang 2 hat und nur 2 linear unabhängige Spaltenvektoren aus $\mathbb{R}^3$ besitzt, ist nicht jedes Gleichungssystem $A^T\vec{x} = \vec{b}$ lösbar. Zum Beispiel für $\vec{b} := (2,4,3)^T \in \mathbb{R}^3$ ist das lineare Gleichungssystem nicht lösbar, aber mit der Pseudoinversen erhält man eine Näherungslösung, die im Sinne der Least-Squares-Bedingung optimal ist:

$$\vec{x}^+ = A^{T+}\vec{b} = US^{T+}V^T\vec{b}$$

$$= \begin{pmatrix} \frac{1}{\sqrt{2}} & \frac{1}{\sqrt{2}} \\ \frac{1}{\sqrt{2}} & -\frac{1}{\sqrt{2}} \end{pmatrix} \begin{pmatrix} \frac{1}{\sqrt{12}} & 0 & 0 \\ 0 & \frac{1}{\sqrt{10}} & 0 \end{pmatrix} \begin{pmatrix} \frac{1}{\sqrt{6}} & \frac{2}{\sqrt{6}} & \frac{1}{\sqrt{6}} \\ \frac{2}{\sqrt{5}} & -\frac{1}{\sqrt{5}} & 0 \\ \frac{1}{\sqrt{30}} & \frac{2}{\sqrt{30}} & -\frac{5}{\sqrt{30}} \end{pmatrix} \begin{pmatrix} 2 \\ 4 \\ 3 \end{pmatrix}$$

$$= \begin{pmatrix} \frac{13}{12} \\ \frac{13}{12} \end{pmatrix}.$$

11.6   Aufgaben mit Lösungen

Aufgabe 11.6.1   *Berechnen Sie eine Singulärwertzerlegung und die Pseudoinverse von*

$$A := \begin{pmatrix} 1 & -1 \\ -1 & 0 \\ 0 & 1 \end{pmatrix} \in \mathbb{R}^{3\times 2} \,.$$

Lösung der Aufgabe   Zunächst berechnen wir

$$A^T A = \begin{pmatrix} 1 & -1 & 0 \\ -1 & 0 & 1 \end{pmatrix} \begin{pmatrix} 1 & -1 \\ -1 & 0 \\ 0 & 1 \end{pmatrix} = \begin{pmatrix} 2 & -1 \\ -1 & 2 \end{pmatrix}.$$

Die Eigenwerte von $A^T A$ ergeben sich zu $\lambda_1 = 3$ und $\lambda_2 = 1$ und eine orthonormale Eigenvektorbasis könnte z. B. gegeben sein durch

$$\vec{v}^{(1)} := \begin{pmatrix} \frac{1}{\sqrt{2}} \\ -\frac{1}{\sqrt{2}} \end{pmatrix} \quad \text{und} \quad \vec{v}^{(2)} := \begin{pmatrix} \frac{1}{\sqrt{2}} \\ \frac{1}{\sqrt{2}} \end{pmatrix}.$$

Damit ergibt sich die Matrix V zu

$$V := (\vec{v}^{(1)}, \vec{v}^{(2)}) = \begin{pmatrix} \frac{1}{\sqrt{2}} & \frac{1}{\sqrt{2}} \\ -\frac{1}{\sqrt{2}} & \frac{1}{\sqrt{2}} \end{pmatrix}.$$

Wir bestimmen nun die orthogonale Matrix $U \in \mathbb{R}^{3\times 3}$, indem wir geeignete orthonormale Eigenvektoren für $A A^T$ berechnen.

$$\vec{u}^{(1)} := \frac{1}{\sqrt{\lambda_1}} A \vec{v}^{(1)} = \frac{1}{\sqrt{3}} \begin{pmatrix} 1 & -1 \\ -1 & 0 \\ 0 & 1 \end{pmatrix} \begin{pmatrix} \frac{1}{\sqrt{2}} \\ -\frac{1}{\sqrt{2}} \end{pmatrix} = \begin{pmatrix} \frac{2}{\sqrt{6}} \\ -\frac{1}{\sqrt{6}} \\ -\frac{1}{\sqrt{6}} \end{pmatrix}$$

und

$$\vec{u}^{(2)} := \frac{1}{\sqrt{\lambda_2}} A \vec{v}^{(2)} = \frac{1}{\sqrt{1}} \begin{pmatrix} 1 & -1 \\ -1 & 0 \\ 0 & 1 \end{pmatrix} \begin{pmatrix} \frac{1}{\sqrt{2}} \\ \frac{1}{\sqrt{2}} \end{pmatrix} = \begin{pmatrix} 0 \\ -\frac{1}{\sqrt{2}} \\ \frac{1}{\sqrt{2}} \end{pmatrix}.$$

Den noch fehlenden dritten Eigenvektor von $A A^T$ zum Eigenwert Null könnte man nun z. B. mit Hilfe des Vektorprodukts aus $\vec{u}^{(1)}$ und $\vec{u}^{(2)}$ berechnen oder wegen

$$A A^T = \begin{pmatrix} 1 & -1 \\ -1 & 0 \\ 0 & 1 \end{pmatrix} \begin{pmatrix} 1 & -1 & 0 \\ -1 & 0 & 1 \end{pmatrix} = \begin{pmatrix} 2 & -1 & -1 \\ -1 & 1 & 0 \\ -1 & 0 & 1 \end{pmatrix} .$$

durch direktes Hinsehen zu

$$\vec{u}^{(3)} := \begin{pmatrix} \frac{1}{\sqrt{3}} \\ \frac{1}{\sqrt{3}} \\ \frac{1}{\sqrt{3}} \end{pmatrix}.$$

Insgesamt erhält man so die Matrix U als

$$U := (\vec{u}^{(1)}, \vec{u}^{(2)}, \vec{u}^{(3)}) = \begin{pmatrix} \frac{2}{\sqrt{6}} & 0 & \frac{1}{\sqrt{3}} \\ -\frac{1}{\sqrt{6}} & -\frac{1}{\sqrt{2}} & \frac{1}{\sqrt{3}} \\ -\frac{1}{\sqrt{6}} & \frac{1}{\sqrt{2}} & \frac{1}{\sqrt{3}} \end{pmatrix}.$$

Damit ergibt sich nun eine Singulärwertzerlegung zu

$$A = USV^T = \begin{pmatrix} \frac{2}{\sqrt{6}} & 0 & \frac{1}{\sqrt{3}} \\ -\frac{1}{\sqrt{6}} & -\frac{1}{\sqrt{2}} & \frac{1}{\sqrt{3}} \\ -\frac{1}{\sqrt{6}} & \frac{1}{\sqrt{2}} & \frac{1}{\sqrt{3}} \end{pmatrix} \begin{pmatrix} \sqrt{3} & 0 \\ 0 & 1 \\ 0 & 0 \end{pmatrix} \begin{pmatrix} \frac{1}{\sqrt{2}} & -\frac{1}{\sqrt{2}} \\ \frac{1}{\sqrt{2}} & \frac{1}{\sqrt{2}} \end{pmatrix}$$

und entsprechend die gesuchte Pseudoinverse zu

$$A^+ = VS^+U^T = \begin{pmatrix} \frac{1}{\sqrt{2}} & \frac{1}{\sqrt{2}} \\ -\frac{1}{\sqrt{2}} & \frac{1}{\sqrt{2}} \end{pmatrix} \begin{pmatrix} \frac{1}{\sqrt{3}} & 0 & 0 \\ 0 & 1 & 0 \end{pmatrix} \begin{pmatrix} \frac{2}{\sqrt{6}} & -\frac{1}{\sqrt{6}} & -\frac{1}{\sqrt{6}} \\ 0 & -\frac{1}{\sqrt{2}} & \frac{1}{\sqrt{2}} \\ \frac{1}{\sqrt{3}} & \frac{1}{\sqrt{3}} & \frac{1}{\sqrt{3}} \end{pmatrix}$$

$$= \begin{pmatrix} \frac{1}{3} & -\frac{2}{3} & \frac{1}{3} \\ -\frac{1}{3} & -\frac{1}{3} & \frac{2}{3} \end{pmatrix}.$$

Aufgabe 11.6.2　*Gegeben seien die Matrix $A \in \mathbb{R}^{3\times2}$ und der Vektor $\vec{b} \in \mathbb{R}^3$ gemäß*

$$A := \begin{pmatrix} 1 & -1 \\ -1 & 0 \\ 0 & 1 \end{pmatrix} \quad und \quad \vec{b} := \begin{pmatrix} 0 \\ -1 \\ 4 \end{pmatrix}.$$

Bestimmen Sie eine Näherungslösung des linearen Gleichungssystems $A\vec{x} = \vec{b}$, die im Sinne der Least-Squares-Bedingung optimal ist.

Lösung der Aufgabe　In der Aufgabe 11.6.1 haben wir bereits die Pseudoinverse von A berechnet als

$$A^+ = \begin{pmatrix} \frac{1}{3} & -\frac{2}{3} & \frac{1}{3} \\ -\frac{1}{3} & -\frac{1}{3} & \frac{2}{3} \end{pmatrix}.$$

Mit ihr erhält man eine Näherungslösung des Gleichungssystems, die im Sinne der Least-Squares-Bedingung optimal ist:

$$\vec{x}^+ = A^+\vec{b} = \begin{pmatrix} \frac{1}{3} & -\frac{2}{3} & \frac{1}{3} \\ -\frac{1}{3} & -\frac{1}{3} & \frac{2}{3} \end{pmatrix} \begin{pmatrix} 0 \\ -1 \\ 4 \end{pmatrix} = \begin{pmatrix} 2 \\ 3 \end{pmatrix}.$$

Aufgabe 11.6.3 *Gegeben seien die Matrix $A \in \mathbb{R}^{2\times 3}$ und der Vektor $\vec{b} \in \mathbb{R}^2$ gemäß*

$$A := \begin{pmatrix} 1 & -1 & 0 \\ -1 & 0 & 1 \end{pmatrix} \quad und \quad \vec{b} := \begin{pmatrix} -1 \\ 2 \end{pmatrix}.$$

Bestimmen Sie eine Lösung des linearen Gleichungssystems $A\vec{x} = \vec{b}$, die im Sinne der Least-Norm-Bedingung optimal ist.

Lösung der Aufgabe In der Aufgabe 11.6.1 haben wir bereits eine Singulärwertzerlegung von A^T berechnet als

$$A^T = \begin{pmatrix} \frac{2}{\sqrt{6}} & 0 & \frac{1}{\sqrt{3}} \\ -\frac{1}{\sqrt{6}} & -\frac{1}{\sqrt{2}} & \frac{1}{\sqrt{3}} \\ -\frac{1}{\sqrt{6}} & \frac{1}{\sqrt{2}} & \frac{1}{\sqrt{3}} \end{pmatrix} \begin{pmatrix} \sqrt{3} & 0 \\ 0 & 1 \\ 0 & 0 \end{pmatrix} \begin{pmatrix} \frac{1}{\sqrt{2}} & -\frac{1}{\sqrt{2}} \\ \frac{1}{\sqrt{2}} & \frac{1}{\sqrt{2}} \end{pmatrix}.$$

Durch Transponieren ergibt sich damit eine Singulärwertzerlegung für A gemäß

$$A = \begin{pmatrix} \frac{1}{\sqrt{2}} & \frac{1}{\sqrt{2}} \\ -\frac{1}{\sqrt{2}} & \frac{1}{\sqrt{2}} \end{pmatrix} \begin{pmatrix} \sqrt{3} & 0 & 0 \\ 0 & 1 & 0 \end{pmatrix} \begin{pmatrix} \frac{2}{\sqrt{6}} & -\frac{1}{\sqrt{6}} & -\frac{1}{\sqrt{6}} \\ 0 & -\frac{1}{\sqrt{2}} & \frac{1}{\sqrt{2}} \\ \frac{1}{\sqrt{3}} & \frac{1}{\sqrt{3}} & \frac{1}{\sqrt{3}} \end{pmatrix}$$

und die Pseudoinverse A^+ entsprechend als

$$A^+ = \begin{pmatrix} \frac{2}{\sqrt{6}} & 0 & \frac{1}{\sqrt{3}} \\ -\frac{1}{\sqrt{6}} & -\frac{1}{\sqrt{2}} & \frac{1}{\sqrt{3}} \\ -\frac{1}{\sqrt{6}} & \frac{1}{\sqrt{2}} & \frac{1}{\sqrt{3}} \end{pmatrix} \begin{pmatrix} \frac{1}{\sqrt{3}} & 0 \\ 0 & 1 \\ 0 & 0 \end{pmatrix} \begin{pmatrix} \frac{1}{\sqrt{2}} & -\frac{1}{\sqrt{2}} \\ \frac{1}{\sqrt{2}} & \frac{1}{\sqrt{2}} \end{pmatrix} = \begin{pmatrix} \frac{1}{3} & -\frac{1}{3} \\ -\frac{2}{3} & -\frac{1}{3} \\ \frac{1}{3} & \frac{2}{3} \end{pmatrix}.$$

Mit ihr erhält man eine Lösung des Gleichungssystems, die im Sinne der Least-Norm-Bedingung optimal ist:

$$\vec{x} = A^+\vec{b} = \begin{pmatrix} \frac{1}{3} & -\frac{1}{3} \\ -\frac{2}{3} & -\frac{1}{3} \\ \frac{1}{3} & \frac{2}{3} \end{pmatrix} \begin{pmatrix} -1 \\ 2 \end{pmatrix} = \begin{pmatrix} -1 \\ 0 \\ 1 \end{pmatrix}.$$

Selbsttest 11.6.4　Welche der folgenden Aussagen sind wahr?

?+? Jede Matrix A besitzt eine Singulärwertzerlegung.

?−? Nur quadratische Matrizen besitzen eine Singulärwertzerlegung.

?+? Die Pseudoinverse einer regulären quadratischen Matrix ist genau ihre Inverse.

?−? Die Singulärwertzerlegung einer Matrix ist eindeutig bestimmt.

?+? Die Singulärwerte einer Matrix sind eindeutig bestimmt.

?+? Die Pseudoinverse einer Matrix ist eindeutig bestimmt.

Literatur

1. Knabner, P., Barth, W.: Lineare Algebra: Grundlagen und Anwendungen, 2. Aufl. Springer Spektrum, Berlin (2018)
2. Liesen, J., Mehrmann, V.: Lineare Algebra, 2. Aufl. Springer Spektrum, Wiesbaden (2015)

Bei vielen Anwendungen der Linearen Algebra kommt es darauf an, eine Menge von Vektoren auf eine andere Menge von Vektoren abzubilden, wobei die Menge der Bildvektoren in einem ganz bestimmten, kontextabhängigen Zusammenhang mit den Urbildvektoren stehen soll. Zum Beispiel muss man beim Übergang von einem globalen (Welt-)Koordinatensystem zu einem lokalen Objekt- oder Szene-Koordinatensystem jeden Vektor bezüglich der Basisdarstellung in dem einen System in eine entsprechende Darstellung bezüglich des anderen Systems überführen. Dies leistet die **kartesische Koordinatentransformation**. Während dieses Problem speziell in $\mathbb{R}^2$ eine rechteckig orientierte Sicht auf die Ebene zur Grundlage hat, sind z. B. beim Test, ob ein ebener Punkt in einem gewissen Dreieck liegt oder nicht, sogenannte **baryzentrische Koordinaten** und ihre Be- und Umrechnung von zentraler Bedeutung. Ein weiteres allgegenwärtiges Problem ist, dass man zur Visualisierung oder zweidimensionalen Ausgabe stets alle Vektoren, die eine dreidimensionale Szene beschreiben, auf zweidimensionale Bildschirm- oder Ausgabegerätkoordinaten abbilden muss. Hier finden **Zentral- und Parallelprojektionen** Anwendung. Will man vor der Ausgabe einer dreidimensionalen Szene auch noch einen Kameraschwenk, eine Vergrößerung, eine Verzerrung, o. Ähnl. durchführen, kommen neben einfachen **Translationen** auch noch **Rotationen, Skalierungen, Scherungen oder Spiegelungen** hinzu.

12.1 Kartesische Koordinatentransformationen

Die im Folgenden zu entwickelnde **kartesische Koordinatentransformation** kann prinzipiell in jedem Vektorraum $\mathbb{R}^n$ eingeführt werden, soll jedoch hier der Einfachheit halber auf den dreidimensionalen Raum $\mathbb{R}^3$ beschränkt sein. Des Weiteren werden nicht nur or-

Elektronisches Zusatzmaterial Die elektronische Version dieses Kapitels enthält Zusatzmaterial, das berechtigten Benutzern zur Verfügung steht https://doi.org/10.1007/978-3-658-29969-9_12.

Abb. 12.1 Kartesische Koordinaten in $\mathbb{R}^3$

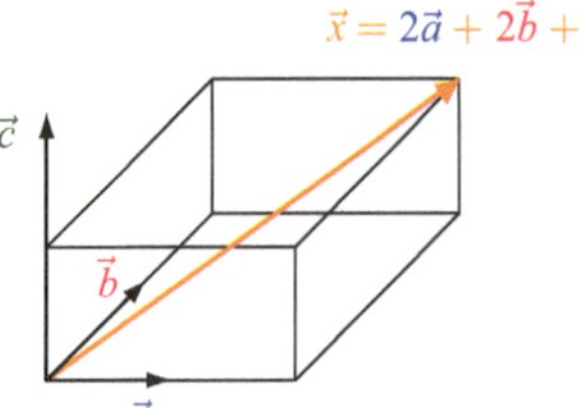

thonormale Basisvektor-Systeme im engeren kartesischen Sinne betrachtet, sondern direkt beliebige Systeme linear unabhängiger Vektoren mit Basis-Eigenschaft. Es seien also drei linear unabhängige Vektoren

$$\vec{a} = (a_1, a_2, a_3)^T, \quad \vec{b} = (b_1, b_2, b_3)^T \quad \text{und} \quad \vec{c} = (c_1, c_2, c_3)^T$$

aus $\mathbb{R}^3$ vorgegeben. Da diese Vektoren eine Basis des $\mathbb{R}^3$ bilden, lässt sich jeder Vektor $\vec{x} = (x_1, x_2, x_3)^T \in \mathbb{R}^3$ in eindeutiger Weise schreiben als

$$\vec{x} = \alpha\vec{a} + \beta\vec{b} + \gamma\vec{c}$$

mit $\alpha, \beta, \gamma \in \mathbb{R}$ (vgl. Abb. 12.1).

Die Koeffizienten werden dann auch als **kartesische Koordinaten** von $\vec{x}$ bezüglich der gegebenen Basis bezeichnet. Falls nun drei andere linear unabhängige Vektoren

$$\vec{p} = (p_1, p_2, p_3)^T, \quad \vec{q} = (q_1, q_2, q_3)^T \quad \text{und} \quad \vec{r} = (r_1, r_2, r_3)^T$$

aus $\mathbb{R}^3$ gegeben werden, stellt sich die Frage, wie man möglichst schnell von den alten Koordinaten α, β und γ von $\vec{x}$ auf die neuen, unbekannten Koordinaten $\tilde{\alpha}$, $\tilde{\beta}$ und $\tilde{\gamma}$ bezüglich der neuen Basis schließen kann:

$$\vec{x} = \tilde{\alpha}\vec{p} + \tilde{\beta}\vec{q} + \tilde{\gamma}\vec{r} \ .$$

Über die Identität

$$\vec{x} = \alpha\vec{a} + \beta\vec{b} + \gamma\vec{c} = \tilde{\alpha}\vec{p} + \tilde{\beta}\vec{q} + \tilde{\gamma}\vec{r}$$

bzw. ihre ausführliche Notation

$$\alpha \begin{pmatrix} a_1 \\ a_2 \\ a_3 \end{pmatrix} + \beta \begin{pmatrix} b_1 \\ b_2 \\ b_3 \end{pmatrix} + \gamma \begin{pmatrix} c_1 \\ c_2 \\ c_3 \end{pmatrix} = \tilde{\alpha} \begin{pmatrix} p_1 \\ p_2 \\ p_3 \end{pmatrix} + \tilde{\beta} \begin{pmatrix} q_1 \\ q_2 \\ q_3 \end{pmatrix} + \tilde{\gamma} \begin{pmatrix} r_1 \\ r_2 \\ r_3 \end{pmatrix}$$

bzw. ihre Matrix-Vektor-Notation

$$
\begin{pmatrix} a_1 & b_1 & c_1 \\ a_2 & b_2 & c_2 \\ a_3 & b_3 & c_3 \end{pmatrix}
\begin{pmatrix} \alpha \\ \beta \\ \gamma \end{pmatrix}
=
\begin{pmatrix} p_1 & q_1 & r_1 \\ p_2 & q_2 & r_2 \\ p_3 & q_3 & r_3 \end{pmatrix}
\begin{pmatrix} \tilde{\alpha} \\ \tilde{\beta} \\ \tilde{\gamma} \end{pmatrix}
$$

erhält man die Lösung über eine einfache Matrix-Inversion direkt als

$$
\begin{pmatrix} \tilde{\alpha} \\ \tilde{\beta} \\ \tilde{\gamma} \end{pmatrix}
=
\begin{pmatrix} p_1 & q_1 & r_1 \\ p_2 & q_2 & r_2 \\ p_3 & q_3 & r_3 \end{pmatrix}^{-1}
\begin{pmatrix} a_1 & b_1 & c_1 \\ a_2 & b_2 & c_2 \\ a_3 & b_3 & c_3 \end{pmatrix}
\begin{pmatrix} \alpha \\ \beta \\ \gamma \end{pmatrix}.
$$

Beispiel 12.1.1

Gegeben sei der Vektor $\vec{x} \in \mathbb{R}^3$ durch die kartesischen Koordinaten $\alpha := -1$, $\beta := -4$ und $\gamma := -2$ bezüglich der Basis

$$
\vec{a} := (-1, 1, 3)^T, \quad \vec{b} := (1, 0, -1)^T \quad \text{und} \quad \vec{c} := (0, 1, 1)^T.
$$

Gesucht werden die neuen kartesischen Koordinaten $\tilde{\alpha}$, $\tilde{\beta}$ und $\tilde{\gamma}$ von $\vec{x}$ bezüglich der Basis

$$
\vec{p} := (2, -1, 14)^T, \quad \vec{q} := (1, 1, 2)^T \quad \text{und} \quad \vec{r} := (1, 2, -1)^T.
$$

Dazu berechnet man zunächst die inverse Matrix der durch die neuen Basisvektoren gegebenen Matrix

$$
\begin{pmatrix} 2 & 1 & 1 \\ -1 & 1 & 2 \\ 14 & 2 & -1 \end{pmatrix},
$$

die sich z. B. mit dem vollständigen Gaußschen Algorithmus ergibt zu

$$
\begin{pmatrix} -5 & 3 & 1 \\ 27 & -16 & -5 \\ -16 & 10 & 3 \end{pmatrix}.
$$

Daraus erhält man dann die neuen kartesischen Koordinaten unter Einbeziehung der entsprechenden, durch die alten Basisvektoren gegebenen Matrix als

$$
\begin{pmatrix} \tilde{\alpha} \\ \tilde{\beta} \\ \tilde{\gamma} \end{pmatrix}
=
\begin{pmatrix} -5 & 3 & 1 \\ 27 & -16 & -5 \\ -16 & 10 & 3 \end{pmatrix}
\begin{pmatrix} -1 & 1 & 0 \\ 1 & 0 & 1 \\ 3 & -1 & 1 \end{pmatrix}
\begin{pmatrix} -1 \\ -4 \\ -2 \end{pmatrix}
=
\begin{pmatrix} 5 \\ -28 \\ 15 \end{pmatrix}.
$$

12.2 Baryzentrische Koordinatentransformationen

Die im Folgenden zu entwickelnde **baryzentrische Koordinatentransformation** kann prinzipiell in jedem Vektorraum $\mathbb{R}^n$ eingeführt werden, soll jedoch hier der Einfachheit halber auf den zweidimensionalen Raum $\mathbb{R}^2$ beschränkt sein. Das Ziel, welches man dabei im Auge hat, ist es, den Raum $\mathbb{R}^2$ mit einem regelmäßigen Gitter von Dreiecken zu überziehen und jedem Vektor bzw. Punkt in $\mathbb{R}^2$ eindeutige Koordinaten bezüglich dieses Dreiecksgitters zuzuordnen. Es seien also nun drei nicht mit ihren Endpunkten auf einer Gerade liegende Vektoren $\vec{a} = (a_1, a_2)^T$, $\vec{b} = (b_1, b_2)^T$ und $\vec{c} = (c_1, c_2)^T$ aus $\mathbb{R}^2$ vorgegeben. Da diese Vektoren keine Basis des $\mathbb{R}^2$ bilden, lässt sich jeder Vektor $\vec{x} = (x_1, x_2)^T \in \mathbb{R}^2$ nur dann in eindeutiger Weise schreiben als

$$\vec{x} = \alpha \vec{a} + \beta \vec{b} + \gamma \vec{c}$$

mit $\alpha, \beta, \gamma \in \mathbb{R}$, wenn noch eine zusätzliche Bedingung für die Koeffizienten gegeben ist. Diese Bedingung lautet

$$1 = \alpha + \beta + \gamma$$

und die Koeffizienten werden dann **baryzentrische Koordinaten** bezüglich der gegebenen Vektoren genannt (vgl. Abb. 12.2).

Falls nun drei andere nicht mit ihren Endpunkten auf einer Gerade liegende Vektoren $\vec{p} = (p_1, p_2)^T$, $\vec{q} = (q_1, q_2)^T$ und $\vec{r} = (r_1, r_2)^T$ aus $\mathbb{R}^2$ gegeben werden, stellt sich die Frage, wie man möglichst schnell von den alten Koordinaten α, β und γ von $\vec{x}$ auf die neuen, unbekannten Koordinaten $\tilde{\alpha}, \tilde{\beta}$ und $\tilde{\gamma}$ bezüglich der neuen Vektoren schließen kann:

$$\vec{x} = \tilde{\alpha}\vec{p} + \tilde{\beta}\vec{q} + \tilde{\gamma}\vec{r} \quad \text{und} \quad 1 = \tilde{\alpha} + \tilde{\beta} + \tilde{\gamma}\,.$$

Über die Identitäten

$$\vec{x} = \alpha \vec{a} + \beta \vec{b} + \gamma \vec{c} = \tilde{\alpha}\vec{p} + \tilde{\beta}\vec{q} + \tilde{\gamma}\vec{r}\,,$$

$$1 = \alpha + \beta + \gamma = \tilde{\alpha} + \tilde{\beta} + \tilde{\gamma}\,,$$

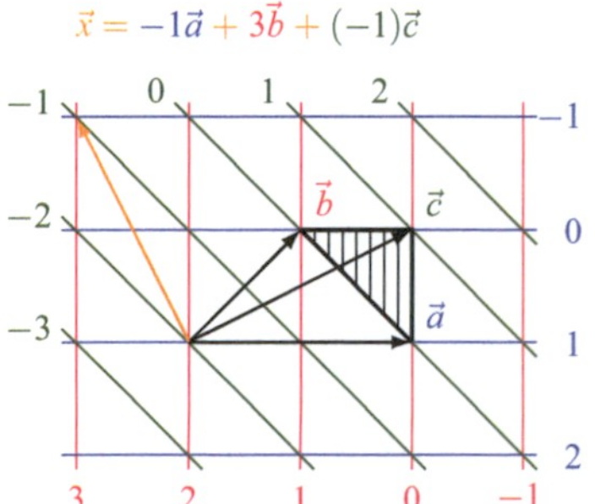

Abb. 12.2 Baryzentrische Koordinaten in $\mathbb{R}^2$

bzw. ihre ausführliche Notation

$$\alpha \begin{pmatrix} a_1 \\ a_2 \\ 1 \end{pmatrix} + \beta \begin{pmatrix} b_1 \\ b_2 \\ 1 \end{pmatrix} + \gamma \begin{pmatrix} c_1 \\ c_2 \\ 1 \end{pmatrix} = \tilde{\alpha} \begin{pmatrix} p_1 \\ p_2 \\ 1 \end{pmatrix} + \tilde{\beta} \begin{pmatrix} q_1 \\ q_2 \\ 1 \end{pmatrix} + \tilde{\gamma} \begin{pmatrix} r_1 \\ r_2 \\ 1 \end{pmatrix}$$

bzw. ihre Matrix-Vektor-Notation

$$\begin{pmatrix} a_1 & b_1 & c_1 \\ a_2 & b_2 & c_2 \\ 1 & 1 & 1 \end{pmatrix} \begin{pmatrix} \alpha \\ \beta \\ \gamma \end{pmatrix} = \begin{pmatrix} p_1 & q_1 & r_1 \\ p_2 & q_2 & r_2 \\ 1 & 1 & 1 \end{pmatrix} \begin{pmatrix} \tilde{\alpha} \\ \tilde{\beta} \\ \tilde{\gamma} \end{pmatrix}$$

erhält man die Lösung über eine einfache Matrix-Inversion direkt als

$$\begin{pmatrix} \tilde{\alpha} \\ \tilde{\beta} \\ \tilde{\gamma} \end{pmatrix} = \begin{pmatrix} p_1 & q_1 & r_1 \\ p_2 & q_2 & r_2 \\ 1 & 1 & 1 \end{pmatrix}^{-1} \begin{pmatrix} a_1 & b_1 & c_1 \\ a_2 & b_2 & c_2 \\ 1 & 1 & 1 \end{pmatrix} \begin{pmatrix} \alpha \\ \beta \\ \gamma \end{pmatrix}.$$

Beispiel 12.2.1

Gegeben sei der Vektor $\vec{x} \in \mathbb{R}^2$ durch die baryzentrischen Koordinaten $\alpha := 1$, $\beta := -3$ und $\gamma := 3$ bezüglich der Vektoren

$$\vec{a} := (1,1)^T, \quad \vec{b} := (4,-1)^T \quad \text{und} \quad \vec{c} := (-1,2)^T.$$

Gesucht werden die neuen baryzentrischen Koordinaten $\tilde{\alpha}$, $\tilde{\beta}$ und $\tilde{\gamma}$ bezüglich der Vektoren

$$\vec{p} := (-1,5)^T, \quad \vec{q} := (2,1)^T \quad \text{und} \quad \vec{r} := (1,2)^T.$$

Dazu berechnet man zunächst die inverse Matrix der durch die neuen Vektoren gegebenen Matrix (ergänzt durch eine Zeile mit Einsen)

$$\begin{pmatrix} -1 & 2 & 1 \\ 5 & 1 & 2 \\ 1 & 1 & 1 \end{pmatrix},$$

die sich z. B. mit dem vollständigen Gaußschen Algorithmus ergibt zu

$$\begin{pmatrix} 1 & 1 & -3 \\ 3 & 2 & -7 \\ -4 & -3 & 11 \end{pmatrix}.$$

Daraus erhält man dann die neuen baryzentrischen Koordinaten unter Einbeziehung der entsprechenden, durch die alten Vektoren gegebenen Matrix als

$$\begin{pmatrix} \tilde{\alpha} \\ \tilde{\beta} \\ \tilde{\gamma} \end{pmatrix} = \begin{pmatrix} 1 & 1 & -3 \\ 3 & 2 & -7 \\ -4 & -3 & 11 \end{pmatrix} \begin{pmatrix} 1 & 4 & -1 \\ 1 & -1 & 2 \\ 1 & 1 & 1 \end{pmatrix} \begin{pmatrix} 1 \\ -3 \\ 3 \end{pmatrix} = \begin{pmatrix} -7 \\ -29 \\ 37 \end{pmatrix}.$$

▷   **Bemerkung 12.2.2 Motivation für Namensgebung** Für drei gegebene, nicht mit ihren Endpunkten auf einer Gerade liegende Vektoren $\vec{a}$, $\vec{b}$ und $\vec{c}$ aus $\mathbb{R}^2$ sind natürlich die baryzentrischen Koordinaten dieser Vektoren selbst genau die kanonischen Einheitsvektoren des $\mathbb{R}^3$, also

$$(1,0,0)^T, \quad (0,1,0)^T \quad \text{und} \quad (0,0,1)^T.$$

Ferner liegt der durch den Vektor mit den baryzentrischen Koordinaten $(\frac{1}{3}, \frac{1}{3}, \frac{1}{3})^T$ gegebene Punkt genau im **Schwerpunkt (Baryzentrum)** des Dreiecks mit den von $\vec{a}$, $\vec{b}$ und $\vec{c}$ gegebenen Eckpunkten. Dies motiviert die Bezeichnung **baryzentrische Koordinaten (Schwerpunkt-Koordinaten)**. Allgemein kann man zeigen, dass die drei baryzentrischen Koordinaten eines durch den Vektor $\vec{x} \in \mathbb{R}^2$ gegebenen Punktes genau dann alle zwischen 0 und 1 liegen, wenn der Punkt innerhalb des durch die drei Vektoren $\vec{a}$, $\vec{b}$ und $\vec{c}$ definierten Dreiecks liegt. Man kann also die baryzentrischen Koordinaten z. B. dazu benutzen um festzustellen, ob ein Punkt in der Ebene in einem gewissen Dreieck liegt oder nicht.

12.3   Aufgaben mit Lösungen

Aufgabe 12.3.1   *Berechnen Sie für den durch die kartesischen Koordinaten $\alpha := 1$ und $\beta := 2$ bezüglich der Basis*

$$\vec{a} := \left(\frac{1}{\sqrt{2}}, \frac{1}{\sqrt{2}} \right)^T \quad \text{und} \quad \vec{b} := \left(\frac{1}{\sqrt{2}}, -\frac{1}{\sqrt{2}} \right)^T$$

gegebenen Vektor $\vec{x} \in \mathbb{R}^2$ die neuen kartesischen Koordinaten $\tilde{\alpha}$ und $\tilde{\beta}$ bezüglich der Basis

$$\vec{p} := \left(\frac{3}{5}, -\frac{4}{5} \right)^T \quad \text{und} \quad \vec{q} := \left(-\frac{4}{5}, -\frac{3}{5} \right)^T.$$

Lösung der Aufgabe Zunächst berechnet man die inverse Matrix der durch die neuen Basisvektoren gegebenen Matrix

$$\begin{pmatrix} \frac{3}{5} & -\frac{4}{5} \\ -\frac{4}{5} & -\frac{3}{5} \end{pmatrix} \quad \text{zu} \quad \begin{pmatrix} \frac{3}{5} & -\frac{4}{5} \\ -\frac{4}{5} & -\frac{3}{5} \end{pmatrix},$$

Matrix und Inverse sind also identisch. Sie ergibt sich, da es sich hier um eine orthogonale Matrix handelt, einfach durch Transponieren der Ausgangsmatrix und da diese symmetrisch ist, ändert sich nichts. Daraus erhält man dann die neuen kartesischen Koordinaten unter Einbeziehung der entsprechenden, durch die alten Basisvektoren gegebenen Matrix als

$$\begin{pmatrix} \tilde{\alpha} \\ \tilde{\beta} \end{pmatrix} = \begin{pmatrix} \frac{3}{5} & -\frac{4}{5} \\ -\frac{4}{5} & -\frac{3}{5} \end{pmatrix} \begin{pmatrix} \frac{1}{\sqrt{2}} & \frac{1}{\sqrt{2}} \\ \frac{1}{\sqrt{2}} & -\frac{1}{\sqrt{2}} \end{pmatrix} \begin{pmatrix} 1 \\ 2 \end{pmatrix} = \begin{pmatrix} \frac{13}{5\sqrt{2}} \\ -\frac{9}{5\sqrt{2}} \end{pmatrix}.$$

Aufgabe 12.3.2 *Wie vereinfacht sich eine kartesische Koordinatentransformation, wenn sowohl die Vektoren $\vec{a}, \vec{b}, \vec{c} \in \mathbb{R}^3$ als auch die Vektoren $\vec{p}, \vec{q}, \vec{r} \in \mathbb{R}^3$ jeweils eine Orthonormalbasis bilden?*

Lösung der Aufgabe Die Vereinfachung besteht darin, dass man bei den Umrechnungen der kartesischen Koordinaten bezüglich der einen Basis in Koordinaten der anderen Basis keine aufwendigen Berechnungen zur Inversion von Matrizen mehr durchführen muss. Alle auftauchenden Matrizen sind in diesem speziellen Fall nämlich orthogonale Matrizen und ihre jeweiligen inversen Matrizen erhält man einfach durch Transponieren.

Selbsttest 12.3.3 Es seien $\vec{a}, \vec{b} \in \mathbb{R}^2$ zwei linear unabhängige Vektoren und $\vec{x} \in \mathbb{R}^2$ ein Vektor mit den kartesischen Koordinaten $\alpha, \beta \in \mathbb{R}$, also $\vec{x} = \alpha\vec{a} + \beta\vec{b}$. Welche der folgenden Aussagen sind wahr?

?+? Wenn $\alpha = 0$ gilt, dann liegt $\vec{x}$ auf der von $\vec{b}$ aufgespannten Gerade.
?+? Wenn $\beta = 0$ gilt, dann liegt $\vec{x}$ auf der von $\vec{a}$ aufgespannten Gerade.
?−? Wenn $\alpha + \beta = 0$ gilt, dann gilt $\vec{x} = \vec{0}$.
?+? Wenn $|\alpha| + |\beta| = 0$ gilt, dann gilt $\vec{x} = \vec{0}$.

Selbsttest 12.3.4 Es seien $\vec{a}, \vec{b}, \vec{c} \in \mathbb{R}^3$ drei linear unabhängige Vektoren und $\vec{x} \in \mathbb{R}^3$ ein Vektor mit den kartesischen Koordinaten $\alpha, \beta, \gamma \in \mathbb{R}$, also $\vec{x} = \alpha\vec{a} + \beta\vec{b} + \gamma\vec{c}$. Welche der folgenden Aussagen sind wahr?

?+? Wenn $\alpha = 0$ gilt, dann liegt $\vec{x}$ in der von $\vec{b}$ und $\vec{c}$ aufgespannten Ebene.
?+? Wenn $\beta = 0$ gilt, dann liegt $\vec{x}$ in der von $\vec{a}$ und $\vec{c}$ aufgespannten Ebene.
?−? Wenn $\alpha + \beta + \gamma = 0$ gilt, dann gilt $\vec{x} = \vec{0}$.
?+? Wenn $|\alpha| + |\beta| + |\gamma| = 0$ gilt, dann gilt $\vec{x} = \vec{0}$.
?+? Wenn $\alpha = 0$ und $\beta = 0$ gilt, dann liegt $\vec{x}$ auf der von $\vec{c}$ aufgespannten Gerade.

Aufgabe 12.3.5 *Gegeben sei der Vektor $\vec{x} \in \mathbb{R}^2$ durch die baryzentrischen Koordinaten $\alpha := 3$, $\beta := 4$ und $\gamma := -6$ bezüglich der Vektoren*

$$\vec{a} := (-1,4)^T, \quad \vec{b} := (2,-3)^T \quad und \quad \vec{c} := (1,-1)^T.$$

Gesucht werden die neuen baryzentrischen Koordinaten $\tilde{\alpha}$, $\tilde{\beta}$ und $\tilde{\gamma}$ bezüglich der Vektoren

$$\vec{p} := (-1,1)^T, \quad \vec{q} := (-4,-3)^T \quad und \quad \vec{r} := (1,4)^T.$$

Lösung der Aufgabe Zunächst berechnet man mit dem vollständigen Gaußschen Algorithmus die inverse Matrix der durch die neuen Vektoren gegebenen Matrix (ergänzt durch eine Zeile mit Einsen)

$$\begin{pmatrix} -1 & -4 & 1 \\ 1 & -3 & 4 \\ 1 & 1 & 1 \end{pmatrix} \quad zu \quad \begin{pmatrix} 7 & -5 & 13 \\ -3 & 2 & -5 \\ -4 & 3 & -7 \end{pmatrix}.$$

Daraus erhält man dann die neuen baryzentrischen Koordinaten unter Einbeziehung der entsprechenden, durch die alten nicht kollinearen Vektoren gegebenen Matrix als

$$\begin{pmatrix} \tilde{\alpha} \\ \tilde{\beta} \\ \tilde{\gamma} \end{pmatrix} = \begin{pmatrix} 7 & -5 & 13 \\ -3 & 2 & -5 \\ -4 & 3 & -7 \end{pmatrix} \begin{pmatrix} -1 & 2 & 1 \\ 4 & -3 & -1 \\ 1 & 1 & 1 \end{pmatrix} \begin{pmatrix} 3 \\ 4 \\ -6 \end{pmatrix} = \begin{pmatrix} -24 \\ 10 \\ 15 \end{pmatrix}.$$

Selbsttest 12.3.6 Es seien $\vec{a}, \vec{b}, \vec{c} \in \mathbb{R}^2$ drei nicht mit ihren Endpunkten auf einer Gerade liegende Vektoren und $\vec{x} \in \mathbb{R}^2$ ein Vektor mit den baryzentrischen Koordinaten $\alpha, \beta, \gamma \in \mathbb{R}$, also

$$\vec{x} = \alpha\vec{a} + \beta\vec{b} + \gamma\vec{c} \quad und \quad 1 = \alpha + \beta + \gamma.$$

Welche der folgenden Aussagen sind wahr?

?+? Gilt $\alpha = 0$, dann liegt $\vec{x}$ auf der durch die Aufvektoren $\vec{b}$ und $\vec{c}$ gegebenen Gerade.

?+? Gilt $\beta = 0$, dann liegt $\vec{x}$ auf der durch die Aufvektoren $\vec{a}$ und $\vec{c}$ gegebenen Gerade.

?−? Gilt $\alpha + \beta = 0$, dann ist $\vec{x} = \vec{c}$.

?+? Gilt $\alpha = 0$ und $\beta = 0$, dann ist $\vec{x} = \vec{c}$.

12.4 Zentral- und Parallelprojektionen

Es wird mit der **Zentralprojektion** begonnen und der Einfachheit halber wieder nur der dreidimensionale Raum $\mathbb{R}^3$ betrachtet. Zur Motivation stelle man sich folgendes Modell vor: Eine **punktförmige Lichtquelle** (Spotlight) liefert **zentrierte Lichtstrahlen** und beleuchtet ein vor einer Wand stehendes Objekt, dessen Schatten an der Wand zu bestimmen

Abb. 12.3   Zentralprojektion

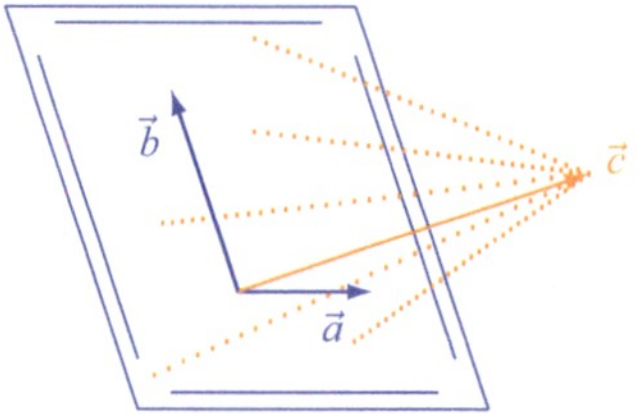

ist. Abstrahiert man diese Fragestellung auf die wesentlichen Informationen, dann kann man wie folgt zu einer Lösung kommen: Es seien drei linear unabhängige Vektoren

$$\vec{a} = (a_1, a_2, a_3)^T, \quad \vec{b} = (b_1, b_2, b_3)^T \quad \text{und} \quad \vec{c} = (c_1, c_2, c_3)^T$$

aus $\mathbb{R}^3$ vorgegeben. Durch die beiden Vektoren $\vec{a}$ und $\vec{b}$ wird in eindeutiger Weise eine Ebene E durch den Ursprung festgelegt,

$$E := \{\vec{y} \in \mathbb{R}^3 \mid \exists \alpha, \beta \in \mathbb{R} : \vec{y} = \alpha\vec{a} + \beta\vec{b}\} \, .$$

Falls nun ein beliebiger, zentral zu projizierender Vektor $\vec{x} = (x_1, x_2, x_3)^T \in \mathbb{R}^3$ gegeben ist, dann versteht man unter seiner **Zentralprojektion** $\vec{p} = (p_1, p_2, p_3)^T \in \mathbb{R}^3$ durch das **Projektionszentrum** $\vec{c}$ auf die **Projektionsebene** E den Schnittpunkt der Gerade G,

$$G := \{\vec{y} \in \mathbb{R}^3 \mid \exists \gamma \in \mathbb{R} : \vec{y} = \vec{x} + \gamma(\vec{c} - \vec{x})\} \, ,$$

mit der Ebene E, sofern ein derartiger Schnittpunkt existiert (vgl. Abb. 12.3 mit verschiedenen gestrichelt angedeuteten Geraden G). Es sollte klar sein, dass ein solcher Schnittpunkt wegen der linearen Unabhängigkeit von $\vec{a}$, $\vec{b}$ und $\vec{c}$ genau dann nicht existiert, wenn $\vec{a}$, $\vec{b}$ und $\vec{c} - \vec{x}$ linear abhängig sind oder, wie man auch sagt, wenn $\vec{x}$ in der **Verschwindungsebene** V,

$$V := \{\vec{y} \in \mathbb{R}^3 \mid \exists \lambda, \mu \in \mathbb{R} : \vec{y} = \vec{c} + \lambda\vec{a} + \mu\vec{b}\}$$

liegt.

Zur Berechnung der Zentralprojektion ist also zunächst das lineare Gleichungssystem

$$\alpha \begin{pmatrix} a_1 \\ a_2 \\ a_3 \end{pmatrix} + \beta \begin{pmatrix} b_1 \\ b_2 \\ b_3 \end{pmatrix} = \begin{pmatrix} x_1 \\ x_2 \\ x_3 \end{pmatrix} + \gamma \left(\begin{pmatrix} c_1 \\ c_2 \\ c_3 \end{pmatrix} - \begin{pmatrix} x_1 \\ x_2 \\ x_3 \end{pmatrix} \right)$$

nach α, β und γ aufzulösen und danach $\vec{p}$ zu berechnen gemäß

$$\begin{pmatrix} p_1 \\ p_2 \\ p_3 \end{pmatrix} = \begin{pmatrix} x_1 \\ x_2 \\ x_3 \end{pmatrix} + \gamma \left(\begin{pmatrix} c_1 \\ c_2 \\ c_3 \end{pmatrix} - \begin{pmatrix} x_1 \\ x_2 \\ x_3 \end{pmatrix} \right)$$

oder

$$\begin{pmatrix} p_1 \\ p_2 \\ p_3 \end{pmatrix} = \alpha \begin{pmatrix} a_1 \\ a_2 \\ a_3 \end{pmatrix} + \beta \begin{pmatrix} b_1 \\ b_2 \\ b_3 \end{pmatrix}.$$

Beispiel 12.4.1

Zu berechnen ist die Zentralprojektion $\vec{p} = (p_1, p_2, p_3)^T$ des Vektors $\vec{x} :=$ $(1, 2, 3)^T$ auf die von $\vec{a} := (-3, 2, -1)^T$ und $\vec{b} := (1, -1, -4)^T$ aufgespannte Ebene durch das Projektionszentrum $\vec{c} := (-1, 2, 1)^T$. Dazu betrachtet man die Vektorgleichung

$$\alpha \begin{pmatrix} -3 \\ 2 \\ -1 \end{pmatrix} + \beta \begin{pmatrix} 1 \\ -1 \\ -4 \end{pmatrix} = \begin{pmatrix} 1 \\ 2 \\ 3 \end{pmatrix} + \gamma \left(\begin{pmatrix} -1 \\ 2 \\ 1 \end{pmatrix} - \begin{pmatrix} 1 \\ 2 \\ 3 \end{pmatrix} \right)$$

$$\text{bzw.} \quad \alpha \begin{pmatrix} -3 \\ 2 \\ -1 \end{pmatrix} + \beta \begin{pmatrix} 1 \\ -1 \\ -4 \end{pmatrix} + \gamma \begin{pmatrix} 2 \\ 0 \\ 2 \end{pmatrix} = \begin{pmatrix} 1 \\ 2 \\ 3 \end{pmatrix}.$$

Löst man das durch Übergang zu den Komponentengleichungen entstehende lineare Gleichungssystem mit dem Gaußschen Algorithmus, so ergibt sich hier speziell $\gamma = 2$ (die anderen Lösungen sind nicht relevant, können aber zur Probe ebenfalls berechnet werden). Setzt man das so gewonnene $\gamma = 2$ ein, so berechnet sich die Zentralprojektion zu $\vec{p} = (-3, 2, -1)^T$.

Als Nächstes wird die **Parallelprojektion** betrachtet und zwar ebenfalls wieder nur in $\mathbb{R}^3$. Zur Motivation stelle man sich hier folgendes Modell vor: Eine **flächenförmige Lichtquelle** (Flutlicht) liefert **parallele Lichtstrahlen** und beleuchtet ein vor einer Wand stehendes Objekt, dessen Schatten an der Wand zu bestimmen ist. Abstrahiert man diese Fragestellung wieder auf die wesentlichen Informationen, dann kann man wie folgt zu einer Lösung kommen: Es seien drei linear unabhängige Vektoren

$$\vec{a} = (a_1, a_2, a_3)^T, \quad \vec{b} = (b_1, b_2, b_3)^T \quad \text{und} \quad \vec{c} = (c_1, c_2, c_3)^T$$

aus $\mathbb{R}^3$ vorgegeben. Durch die beiden Vektoren $\vec{a}$ und $\vec{b}$ wird wieder in eindeutiger Weise eine Ebene E durch den Ursprung festgelegt,

$$E := \{ \vec{y} \in \mathbb{R}^3 \mid \exists \alpha, \beta \in \mathbb{R} : \vec{y} = \alpha \vec{a} + \beta \vec{b} \}.$$

Abb. 12.4 Parallelprojektion

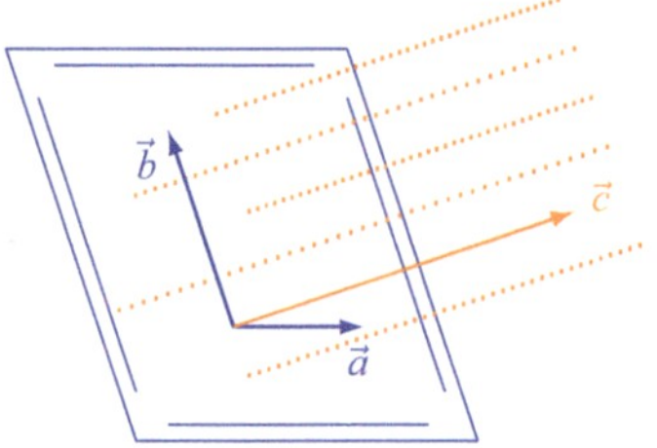

Falls nun ein beliebiger, parallel zu projizierender Vektor $\vec{x} = (x_1, x_2, x_3)^T \in \mathbb{R}^3$ gegeben ist, dann versteht man unter seiner **Parallelprojektion** $\vec{p} = (p_1, p_2, p_3)^T \in \mathbb{R}^3$ in **Projektionsrichtung** $\vec{c}$ auf die **Projektionsebene** E den Schnittpunkt der Gerade G,

$$G := \{\vec{y} \in \mathbb{R}^3 \mid \exists \gamma \in \mathbb{R}\colon \vec{y} = \vec{x} + \gamma\vec{c}\}\,,$$

mit der Ebene E (vgl. Abb. 12.4 mit verschiedenen gestrichelt angedeuteten Geraden G).

Es ist also zunächst das lineare Gleichungssystem

$$\alpha \begin{pmatrix} a_1 \\ a_2 \\ a_3 \end{pmatrix} + \beta \begin{pmatrix} b_1 \\ b_2 \\ b_3 \end{pmatrix} = \begin{pmatrix} x_1 \\ x_2 \\ x_3 \end{pmatrix} + \gamma \begin{pmatrix} c_1 \\ c_2 \\ c_3 \end{pmatrix}$$

nach α, β und γ aufzulösen und danach $\vec{p}$ zu berechnen gemäß

$$\begin{pmatrix} p_1 \\ p_2 \\ p_3 \end{pmatrix} = \begin{pmatrix} x_1 \\ x_2 \\ x_3 \end{pmatrix} + \gamma \begin{pmatrix} c_1 \\ c_2 \\ c_3 \end{pmatrix}$$

oder

$$\begin{pmatrix} p_1 \\ p_2 \\ p_3 \end{pmatrix} = \alpha \begin{pmatrix} a_1 \\ a_2 \\ a_3 \end{pmatrix} + \beta \begin{pmatrix} b_1 \\ b_2 \\ b_3 \end{pmatrix}\,.$$

Da man das zu lösende Gleichungssystem auch umschreiben kann gemäß

$$\begin{pmatrix} a_1 & b_1 & c_1 \\ a_2 & b_2 & c_2 \\ a_3 & b_3 & c_3 \end{pmatrix} \begin{pmatrix} \alpha \\ \beta \\ -\gamma \end{pmatrix} = \begin{pmatrix} x_1 \\ x_2 \\ x_3 \end{pmatrix}$$

bzw.

$$\begin{pmatrix} \alpha \\ \beta \\ -\gamma \end{pmatrix} = \begin{pmatrix} a_1 & b_1 & c_1 \\ a_2 & b_2 & c_2 \\ a_3 & b_3 & c_3 \end{pmatrix}^{-1} \begin{pmatrix} x_1 \\ x_2 \\ x_3 \end{pmatrix}\,,$$

sowie die Bestimmung von $\vec{p}$ auch schreiben kann als

$$\begin{pmatrix} p_1 \\ p_2 \\ p_3 \end{pmatrix} = \begin{pmatrix} a_1 & b_1 & c_1 \\ a_2 & b_2 & c_2 \\ a_3 & b_3 & c_3 \end{pmatrix} \begin{pmatrix} \alpha \\ \beta \\ 0 \end{pmatrix} = \begin{pmatrix} a_1 & b_1 & c_1 \\ a_2 & b_2 & c_2 \\ a_3 & b_3 & c_3 \end{pmatrix} \begin{pmatrix} 1 & 0 & 0 \\ 0 & 1 & 0 \\ 0 & 0 & 0 \end{pmatrix} \begin{pmatrix} \alpha \\ \beta \\ -\gamma \end{pmatrix},$$

lässt sich zusammenfassend der parallel projizierte Vektor $\vec{p}$ auch kompakt berechnen als

$$\begin{pmatrix} p_1 \\ p_2 \\ p_3 \end{pmatrix} = \underbrace{\begin{pmatrix} a_1 & b_1 & c_1 \\ a_2 & b_2 & c_2 \\ a_3 & b_3 & c_3 \end{pmatrix} \begin{pmatrix} 1 & 0 & 0 \\ 0 & 1 & 0 \\ 0 & 0 & 0 \end{pmatrix} \begin{pmatrix} a_1 & b_1 & c_1 \\ a_2 & b_2 & c_2 \\ a_3 & b_3 & c_3 \end{pmatrix}^{-1}}_{=:\,P} \begin{pmatrix} x_1 \\ x_2 \\ x_3 \end{pmatrix}.$$

Basierend auf dieser Darstellung kann man nun die Lösung des Ausgangsproblems auch sehr schön in Eigenwert-Eigenvektor-Terminologie formulieren: Die **Parallelprojektionsmatrix** $P \in \mathbb{R}^{3\times3}$ hat einen doppelten Eigenwert 1 mit den linear unabhängigen Eigenvektoren $\vec{a}$ und $\vec{b}$ sowie den einfachen Eigenwert 0 mit dem Eigenvektor $\vec{c}$. Damit hätte man auch direkt über den Charakterisierungssatz für diagonalähnliche Matrizen voraussagen können, dass die Matrix wie oben hergeleitet berechenbar sein muss.

Beispiel 12.4.2

Zu berechnen ist die Parallelprojektion $\vec{p} = (p_1, p_2, p_3)^T$ des Vektors $\vec{x} := (1, 2, 3)^T$ auf die von $\vec{a} := (1, 5, 6)^T$ und $\vec{b} := (1, 3, 1)^T$ aufgespannte Ebene in Projektionsrichtung $\vec{c} := (3, 10, 5)^T$. Dazu betrachtet man die Vektorgleichung

$$\alpha \begin{pmatrix} 1 \\ 5 \\ 6 \end{pmatrix} + \beta \begin{pmatrix} 1 \\ 3 \\ 1 \end{pmatrix} = \begin{pmatrix} 1 \\ 2 \\ 3 \end{pmatrix} + \gamma \begin{pmatrix} 3 \\ 10 \\ 5 \end{pmatrix}$$

$$\text{bzw.} \quad \alpha \begin{pmatrix} 1 \\ 5 \\ 6 \end{pmatrix} + \beta \begin{pmatrix} 1 \\ 3 \\ 1 \end{pmatrix} + \gamma \begin{pmatrix} -3 \\ -10 \\ -5 \end{pmatrix} = \begin{pmatrix} 1 \\ 2 \\ 3 \end{pmatrix}.$$

Löst man das durch Übergang zu den Komponentengleichungen entstehende lineare Gleichungssystem mit dem Gaußschen Algorithmus, so ergibt sich hier speziell $\gamma = 9$ (die anderen Lösungen sind nicht relevant, können aber zur Probe ebenfalls berechnet werden). Setzt man das so gewonnene $\gamma = 9$ ein, so berechnet sich die Parallelprojektion zu $\vec{p} = (28, 92, 48)^T$. Zur Übung wird nachdrücklich empfohlen, den Vektor $\vec{p}$ auch mit Hilfe der Parallelprojektionsmatrix $P \in \mathbb{R}^{3\times3}$ zu berechnen!

12.5 Aufgaben mit Lösungen

Aufgabe 12.5.1 *Berechnen Sie die Zentralprojektion $\vec{p} = (p_1, p_2)^T$ des Vektors $\vec{x} :=$ $(2, 3)^T$ auf die durch den Aufvektor $\vec{0}$ und den Richtungsvektor $\vec{a} := (-3, -1)^T$ gegebene Gerade durch das Projektionszentrum $\vec{c} := (1, 1)^T$. Zur Veranschaulichung wird die Anfertigung einer kleinen Skizze empfohlen!*

Lösung der Aufgabe Man betrachtet die Vektorgleichung

$$\alpha \begin{pmatrix} -3 \\ -1 \end{pmatrix} = \begin{pmatrix} 2 \\ 3 \end{pmatrix} + \gamma \begin{pmatrix} 1-2 \\ 1-3 \end{pmatrix} \qquad \text{bzw.} \qquad \alpha \begin{pmatrix} -3 \\ -1 \end{pmatrix} + \gamma \begin{pmatrix} 1 \\ 2 \end{pmatrix} = \begin{pmatrix} 2 \\ 3 \end{pmatrix}.$$

Löst man das durch Übergang zu den Komponentengleichungen entstehende lineare Gleichungssystem mit dem Gaußschen Algorithmus, so ergibt sich hier speziell $\gamma = \frac{7}{5}$ (die Lösung für α ist nicht relevant, kann aber zur Probe ebenfalls berechnet werden). Setzt man das so gewonnene $\gamma = \frac{7}{5}$ ein, so berechnet sich die Zentralprojektion zu $\vec{p} = (\frac{3}{5}, \frac{1}{5})^T$.

Aufgabe 12.5.2 *Berechnen Sie die Parallelprojektion $\vec{p} = (p_1, p_2)^T$ des Vektors $\vec{x} :=$ $(-4, 8)^T$ auf die durch den Aufvektor $\vec{0}$ und den Richtungsvektor $\vec{a} := (-4, 3)^T$ gegebene Gerade in Projektionsrichtung $\vec{c} := (3, 4)^T$. Zur Veranschaulichung wird die Anfertigung einer kleinen Skizze empfohlen!*

Lösung der Aufgabe Man betrachtet die Vektorgleichung

$$\alpha \begin{pmatrix} -4 \\ 3 \end{pmatrix} = \begin{pmatrix} -4 \\ 8 \end{pmatrix} + \gamma \begin{pmatrix} 3 \\ 4 \end{pmatrix} \qquad \text{bzw.} \qquad \alpha \begin{pmatrix} -4 \\ 3 \end{pmatrix} + \gamma \begin{pmatrix} -3 \\ -4 \end{pmatrix} = \begin{pmatrix} -4 \\ 8 \end{pmatrix}.$$

Löst man das durch Übergang zu den Komponentengleichungen entstehende lineare Gleichungssystem mit dem Gaußschen Algorithmus, so ergibt sich hier speziell $\gamma = -\frac{4}{5}$ (die Lösung für α ist nicht relevant, kann aber zur Probe ebenfalls berechnet werden). Setzt man das so gewonnene $\gamma = -\frac{4}{5}$ ein, so berechnet sich die Parallelprojektion zu $\vec{p} = (-\frac{32}{5}, \frac{24}{5})^T$.

Selbsttest 12.5.3 Welche Aussagen über Zentral- und Parallelprojektionen sind wahr?

?+? Bei Zentral- und Parallelprojektionen bleiben Vektoren in der Projektionsebene unverändert.

?+? Bei den Zentralprojektionen gibt es stets Vektoren, die nicht projiziert werden können.

?–? Bei den Parallelprojektionen gibt es stets Vektoren, die nicht projiziert werden können.

?+? Bei Zentral- und Parallelprojektionen ändern sich i. Allg. die Längen der Vektoren.

?+? Bei den Zentralprojektionen werden echte Vielfache des Projektionszentrums auf $\vec{0}$ projiziert.

?+? Bei den Parallelprojektionen werden Vielfache der Projektionsrichtung auf $\vec{0}$ projiziert.

12.6 Spezielle 2D- und 3D-Transformationen

Zu Beginn werden die **Rotationen** betrachtet, und zwar zunächst nur in $\mathbb{R}^3$ und ohne eine Herleitung der entsprechenden Transformationsmatrizen. Diese werden im Folgenden mit $R_{x,\varphi}$, $R_{y,\varphi}$ und $R_{z,\varphi}$ bezeichnet und sind bezüglich der Rotationsachsen (x-, y- und z-Achse) so angegeben, dass bei einem **rechtsorientierten Koordinatensystem** bei positivem Rotationswinkel φ und Blick in die negative Achsenrichtung gegen den Uhrzeigersinn gedreht wird:

$$R_{x,\varphi} := \begin{pmatrix} 1 & 0 & 0 \\ 0 & \cos(\varphi) & -\sin(\varphi) \\ 0 & \sin(\varphi) & \cos(\varphi) \end{pmatrix}, \quad R_{y,\varphi} := \begin{pmatrix} \cos(\varphi) & 0 & \sin(\varphi) \\ 0 & 1 & 0 \\ -\sin(\varphi) & 0 & \cos(\varphi) \end{pmatrix},$$

$$R_{z,\varphi} := \begin{pmatrix} \cos(\varphi) & -\sin(\varphi) & 0 \\ \sin(\varphi) & \cos(\varphi) & 0 \\ 0 & 0 & 1 \end{pmatrix}.$$

Beispiel 12.6.1

Zu berechnen ist die Rotation $\vec{r} = (r_1, r_2, r_3)^T$ des Vektors $\vec{x} := (2, 1, -3)^T$ um den Winkel $\varphi := \frac{\pi}{4}$ um die y-Achse. Setzt man dazu den angegebenen Winkel in die entsprechende Rotationsmatrix ein, so erhält man

$$\begin{pmatrix} r_1 \\ r_2 \\ r_3 \end{pmatrix} = R_{y,\frac{\pi}{4}} \begin{pmatrix} 2 \\ 1 \\ -3 \end{pmatrix} = \begin{pmatrix} 0.707\ldots & 0 & 0.707\ldots \\ 0 & 1 & 0 \\ -0.707\ldots & 0 & 0.707\ldots \end{pmatrix} \begin{pmatrix} 2 \\ 1 \\ -3 \end{pmatrix} = \begin{pmatrix} -0.707\ldots \\ 1 \\ -3.535\ldots \end{pmatrix}.$$

Um also einen beliebigen Vektor $\vec{x} = (x_1, x_2, x_3)^T \in \mathbb{R}^3$ zunächst um den Winkel α um die x-Achse, dann um den Winkel β um die y-Achse sowie schließlich um den Winkel γ um die z-Achse zu drehen, ist folgende Berechnung zur Bestimmung des rotierten Vektors $\vec{r} = (r_1, r_2, r_3)^T$ durchzuführen:

$$\begin{pmatrix} r_1 \\ r_2 \\ r_3 \end{pmatrix} = R_{z,\gamma}\, R_{y,\beta}\, R_{x,\alpha} \begin{pmatrix} x_1 \\ x_2 \\ x_3 \end{pmatrix}.$$

▷ **Bemerkung 12.6.2 Rotationsmatrizen als spezielle orthogonale Matrizen**
Es sollte klar sein, dass es sich bei den oben definierten **Rotationsmatrizen** natürlich stets um spezielle **orthogonale Matrizen** handelt! Insbesondere erhält man ihre Inversen durch einfaches Transponieren!

Beispiel 12.6.3
Zu berechnen ist die Rotation $\vec{r} = (r_1, r_2, r_3)^T$ des Vektors $\vec{x} := (1, 2, 3)^T$ zunächst um den Winkel $\alpha := 1.132$ um die x-Achse, dann um den Winkel $\beta := 4.615$ um die y-Achse sowie schließlich um den Winkel $\gamma := 2.973$ um die z-Achse im Sinne einer Hintereinanderausführung. Setzt man dazu die angegebenen Winkel in die entsprechenden Rotationsmatrizen ein, so erhält man

$$\begin{pmatrix} r_1 \\ r_2 \\ r_3 \end{pmatrix} = R_{z,2.973}\ R_{y,4.615}\ R_{x,1.132} \begin{pmatrix} 1 \\ 2 \\ 3 \end{pmatrix} = \begin{pmatrix} 3.435\ldots \\ 1.310\ldots \\ 0.695\ldots \end{pmatrix}.$$

Beispiel 12.6.4
Speziell in $\mathbb{R}^2$ wird natürlich alles noch einfacher. Zunächst macht man sich leicht klar, dass man sich Drehungen in der Ebene um den Ursprung als Drehungen im Raum um die z-Achse vorstellen kann, wobei die dritten Komponenten aller beteiligten Vektoren natürlich Null sind und somit nicht wirklich berücksichtigt werden müssen.

Möchte man nun weiter nicht nur einen Vektor $\vec{x} \in \mathbb{R}^2$, sondern eine ganzes Objekt um den Ursprung drehen, so schreibt man die das Objekt definierenden Vektoren als Spaltenvektoren in eine sogenannte **Objektmatrix** und führt die Drehung des Objekts als Matrix-Matrix-Multiplikation durch. So ergibt sich z. B. für die Drehung der in Abb. 12.5 angegebenen Box mit der Objektmatrix $B \in \mathbb{R}^{2\times4}$ um den Winkel $\varphi := \frac{\pi}{2}$ gegen den Uhrzeigersinn um den Ursprung wegen $\cos(\frac{\pi}{2}) = 0$ und $\sin(\frac{\pi}{2}) = 1$ für die Objektmatrix $B_r \in \mathbb{R}^{2\times4}$ der gedrehten Box die Identität

$$B_r = \begin{pmatrix} 0 & -1 \\ 1 & 0 \end{pmatrix} \underbrace{\begin{pmatrix} 1 & 3 & 3 & 1 \\ 1 & 1 & 2 & 2 \end{pmatrix}}_{=:\,B} = \begin{pmatrix} -1 & -1 & -2 & -2 \\ 1 & 3 & 3 & 1 \end{pmatrix}.$$

Als Nächstes werden in aller Kürze auch noch **Skalierungen** und **Scherungen** betrachtet, und zwar zunächst wieder in $\mathbb{R}^3$. Allgemein berechnet man den skalierten Vektor

Abb. 12.5 Rotierte Box

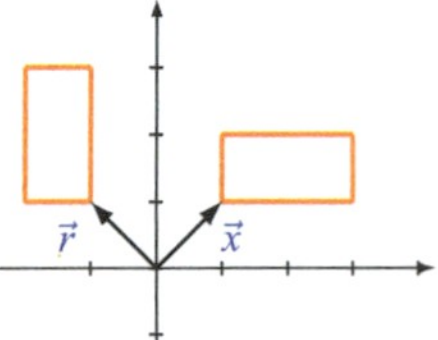

$\vec{s} = (s_1, s_2, s_3)^T$ eines vorgegebenen Vektors $\vec{x} = (x_1, x_2, x_3)^T$ aus dem $\mathbb{R}^3$ gemäß

$$\begin{pmatrix} s_1 \\ s_2 \\ s_3 \end{pmatrix} = \begin{pmatrix} sx & 0 & 0 \\ 0 & sy & 0 \\ 0 & 0 & sz \end{pmatrix} \begin{pmatrix} x_1 \\ x_2 \\ x_3 \end{pmatrix},$$

wobei sx, sy und sz die für jede Achse vorgegebenen reellen Skalierungsparameter sind.

Beispiel 12.6.5
Gegeben seien die drei Skalierungsparameter $sx := 5$, $sy := -1$ und $sz := 6$.
Zu berechnen ist der skalierte Vektor $\vec{s} = (s_1, s_2, s_3)^T$ des Vektors $\vec{x} := (1, 2, 3)^T$.
Dieser ergibt sich leicht als

$$\begin{pmatrix} s_1 \\ s_2 \\ s_3 \end{pmatrix} = \begin{pmatrix} 5 & 0 & 0 \\ 0 & -1 & 0 \\ 0 & 0 & 6 \end{pmatrix} \begin{pmatrix} 1 \\ 2 \\ 3 \end{pmatrix} = \begin{pmatrix} 5 \\ -2 \\ 18 \end{pmatrix}.$$

Beispiel 12.6.6
Speziell in $\mathbb{R}^2$ ergeben sich wieder dieselben Vereinfachungen wie auch schon im
Fall der Rotationen.

Möchte man also z. B. die bereits zuvor betrachtete Box mit der Objektmatrix
$B \in \mathbb{R}^{2\times4}$ um $sx := 2$ in x-Richtung und um $sy := \frac{3}{2}$ in y-Richtung skalieren, so
ergibt sich für die Objektmatrix $B_s \in \mathbb{R}^{2\times4}$ der skalierten Box (vgl. Abb. 12.6) die
Identität

$$B_s = \begin{pmatrix} 2 & 0 \\ 0 & \frac{3}{2} \end{pmatrix} \underbrace{\begin{pmatrix} 1 & 3 & 3 & 1 \\ 1 & 1 & 2 & 2 \end{pmatrix}}_{=:B} = \begin{pmatrix} 2 & 6 & 6 & 2 \\ \frac{3}{2} & \frac{3}{2} & 3 & 3 \end{pmatrix}.$$

Um nun auch noch die **Scherungen** definieren zu können, sind im Folgenden mit
S_{x,sx_1,sx_2}, S_{y,sy_1,sy_2} und S_{z,sz_1,sz_2} die Scherungsmatrizen mit Scherrichtung in x-, y- und

Abb. 12.6 Skalierte Box

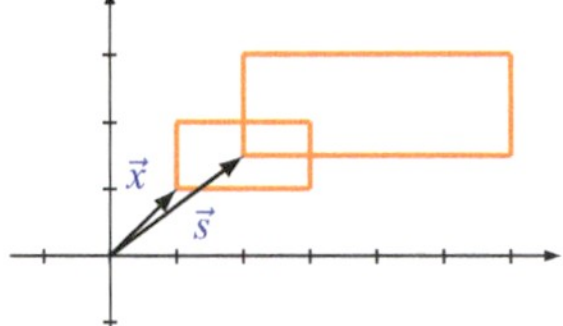

z-Achse bezeichnet und zu berechnen gemäß

$$
S_{x,sx_1,sx_2} := \begin{pmatrix} 1 & sx_1 & sx_2 \\ 0 & 1 & 0 \\ 0 & 0 & 1 \end{pmatrix}, \quad
S_{y,sy_1,sy_2} := \begin{pmatrix} 1 & 0 & 0 \\ sy_1 & 1 & sy_2 \\ 0 & 0 & 1 \end{pmatrix},
$$

$$
S_{z,sz_1,sz_2} := \begin{pmatrix} 1 & 0 & 0 \\ 0 & 1 & 0 \\ sz_1 & sz_2 & 1 \end{pmatrix},
$$

wobei jeweils zwei Scherungsparameter sx_1 und sx_2 für die Scherung in x-Richtung, zwei Scherungsparameter sy_1 und sy_2 für die Scherung in y-Richtung sowie zwei Scherungsparameter sz_1 und sz_2 für die Scherung in z-Richtung beliebig vorzugegeben sind. Um also einen gegebenen Vektor $\vec{x} = (x_1, x_2, x_3)^T \in \mathbb{R}^3$ zunächst um sz_1 und sz_2 in z-Richtung, dann um sy_1 und sy_2 in y-Richtung sowie schließlich um sx_1 und sx_2 in x-Richtung zu scheren, ist folgende Berechnung zur Bestimmung des gescherten Vektors $\vec{s} = (s_1, s_2, s_3)^T$ durchzuführen:

$$
\begin{pmatrix} s_1 \\ s_2 \\ s_3 \end{pmatrix} = \begin{pmatrix} 1 & sx_1 & sx_2 \\ 0 & 1 & 0 \\ 0 & 0 & 1 \end{pmatrix} \begin{pmatrix} 1 & 0 & 0 \\ sy_1 & 1 & sy_2 \\ 0 & 0 & 1 \end{pmatrix} \begin{pmatrix} 1 & 0 & 0 \\ 0 & 1 & 0 \\ sz_1 & sz_2 & 1 \end{pmatrix} \begin{pmatrix} x_1 \\ x_2 \\ x_3 \end{pmatrix}.
$$

Beispiel 12.6.7

Gegeben seien jeweils zwei Scherungsparameter $sx_1 := 4$ und $sx_2 := -2$ für die Scherung in x-Richtung, zwei Scherungsparameter $sy_1 := -5$ und $sy_2 := 6$ für die Scherung in y-Richtung sowie zwei Scherungsparameter $sz_1 := -1$ und $sz_2 := -6$ für die Scherung in z-Richtung. Zu berechnen ist der dreimal gescherte Vektor $\vec{s} = (s_1, s_2, s_3)^T$ des Vektors $\vec{x} := (1, 2, 3)^T$ im Sinne einer Hintereinanderausführung der Scherungen (erst z-, dann y- und schließlich x-Scherung). Dieser ergibt sich leicht als

$$
\begin{pmatrix} s_1 \\ s_2 \\ s_3 \end{pmatrix} = \begin{pmatrix} 1 & 4 & -2 \\ 0 & 1 & 0 \\ 0 & 0 & 1 \end{pmatrix} \begin{pmatrix} 1 & 0 & 0 \\ -5 & 1 & 6 \\ 0 & 0 & 1 \end{pmatrix} \begin{pmatrix} 1 & 0 & 0 \\ 0 & 1 & 0 \\ -1 & -6 & 1 \end{pmatrix} \begin{pmatrix} 1 \\ 2 \\ 3 \end{pmatrix} = \begin{pmatrix} -231 \\ -63 \\ -10 \end{pmatrix}.
$$

Abb. 12.7 Gescherte Box

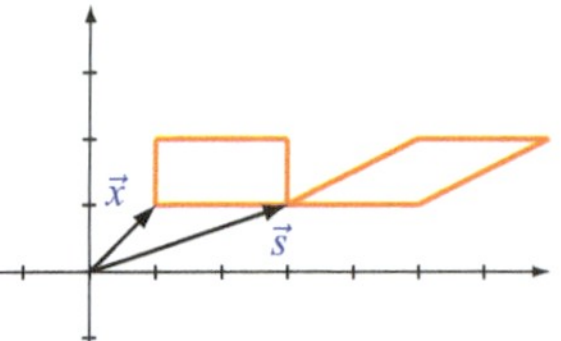

Beispiel 12.6.8

Speziell in $\mathbb{R}^2$ ergeben sich wieder dieselben Vereinfachungen wie auch schon im Fall der Rotationen und Skalierungen.

Möchte man also z. B. erneut die inzwischen bekannte Box mit der Objektmatrix $B \in \mathbb{R}^{2\times4}$ um $sx_1 := 2$ in x-Richtung scheren, so ergibt sich für die Objektmatrix $B_s \in \mathbb{R}^{2\times4}$ der gescherten Box (vgl. Abb. 12.7) die Identität

$$B_s = \begin{pmatrix} 1 & 2 \\ 0 & 1 \end{pmatrix} \underbrace{\begin{pmatrix} 1 & 3 & 3 & 1 \\ 1 & 1 & 2 & 2 \end{pmatrix}}_{=:B} = \begin{pmatrix} 3 & 5 & 7 & 5 \\ 1 & 1 & 2 & 2 \end{pmatrix}.$$

▶ **Bemerkung 12.6.9 Translationen** Eine letzte wichtige und bisher noch nicht betrachtete Transformation ist die sogenannte **Translation**. In $\mathbb{R}^2$ können Translationen mit dem Translationsvektor $\vec{t} \in \mathbb{R}^2$, also Übergänge von einem beliebigen Vektor $\vec{x} \in \mathbb{R}^2$ zu einem verschobenen Vektor $\vec{x} + \vec{t} \in \mathbb{R}^2$, realisiert werden mit der Matrix

$$\begin{pmatrix} 1 & 0 & t_1 \\ 0 & 1 & t_2 \\ 0 & 0 & 1 \end{pmatrix}.$$

Dabei sind alle beteiligten Vektoren durch die Ergänzung einer dritten Komponente, nämlich der 1, künstlich in den $\mathbb{R}^3$ einzubetten. Man erhält auf diese Art und Weise auch für die Translation den verschobenen Vektor $\vec{v}$ als **Matrix-Vektor-Produkt** aus dem zu transformierenden Vektor $\vec{x}$ und der obigen Matrix, konkret

$$\begin{pmatrix} v_1 \\ v_2 \\ 1 \end{pmatrix} = \begin{pmatrix} 1 & 0 & t_1 \\ 0 & 1 & t_2 \\ 0 & 0 & 1 \end{pmatrix} \begin{pmatrix} x_1 \\ x_2 \\ 1 \end{pmatrix} = \begin{pmatrix} x_1 + t_1 \\ x_2 + t_2 \\ 1 \end{pmatrix}.$$

Zur Verallgemeinerung für den $\mathbb{R}^3$ wird die Transformationsmatrix in naheliegender Weise erweitert und alle Vektoren durch Ergänzung der vierten

Komponente 1 in den $\mathbb{R}^4$ eingebettet. Auf eine genaue theoretische Begründung dieses Vorgehens (Stichwort: **homogene Koordinaten**) soll in diesem einführenden Buch verzichtet werden. Der Sinn und Zweck dieses Vorgehens besteht darin, nach einer derartigen Einbettung **alle** wesentlichen geometrischen Operationen als **Matrix-Vektor-Multiplikationen** schreiben zu können und damit die Anzahl der Rechenoperationen bei mehreren hintereinander auszuführenden Transformationen durch die Bestimmung **einer Transformationsmatrix** reduzieren zu können.

Beispiel 12.6.10

Möchte man also z. B. eine Box mit der erweiterten Objektmatrix $B \in \mathbb{R}^{3\times 4}$,

$$B := \begin{pmatrix} 0 & 4 & 4 & 0 \\ 0 & 0 & \frac{3}{2} & \frac{3}{2} \\ 1 & 1 & 1 & 1 \end{pmatrix},$$

zunächst um den Vektor $\vec{t} := (2, \frac{3}{2})^T$ translatieren, dann um $sx := \frac{1}{2}$ in x-Richtung und um $sy := \frac{2}{3}$ in y-Richtung skalieren und schließlich um den Winkel $\varphi := \frac{\pi}{2}$ gegen den Uhrzeigersinn um den Ursprung drehen, so bestimmt man zunächst die erweiterte Transformationsmatrix $T \in \mathbb{R}^{3\times 3}$ gemäß

$$T := \begin{pmatrix} 0 & -1 & 0 \\ 1 & 0 & 0 \\ 0 & 0 & 1 \end{pmatrix} \begin{pmatrix} \frac{1}{2} & 0 & 0 \\ 0 & \frac{2}{3} & 0 \\ 0 & 0 & 1 \end{pmatrix} \begin{pmatrix} 1 & 0 & 2 \\ 0 & 1 & \frac{3}{2} \\ 0 & 0 & 1 \end{pmatrix} = \begin{pmatrix} 0 & -\frac{2}{3} & -1 \\ \frac{1}{2} & 0 & 1 \\ 0 & 0 & 1 \end{pmatrix}.$$

Damit ergibt sich für die erweiterte Objektmatrix $B_t \in \mathbb{R}^{3\times 4}$ der transformierten Box (vgl. auch Abb. 12.8 mit den dünn in schwarz angedeuteten, aber nicht explizit zu berechnenden Zwischenergebnissen) die Identität

$$B_t = \begin{pmatrix} 0 & -\frac{2}{3} & -1 \\ \frac{1}{2} & 0 & 1 \\ 0 & 0 & 1 \end{pmatrix} \begin{pmatrix} 0 & 4 & 4 & 0 \\ 0 & 0 & \frac{3}{2} & \frac{3}{2} \\ 1 & 1 & 1 & 1 \end{pmatrix} = \begin{pmatrix} -1 & -1 & -2 & -2 \\ 1 & 3 & 3 & 1 \\ 1 & 1 & 1 & 1 \end{pmatrix}.$$

Abb. 12.8   Transformierte Box

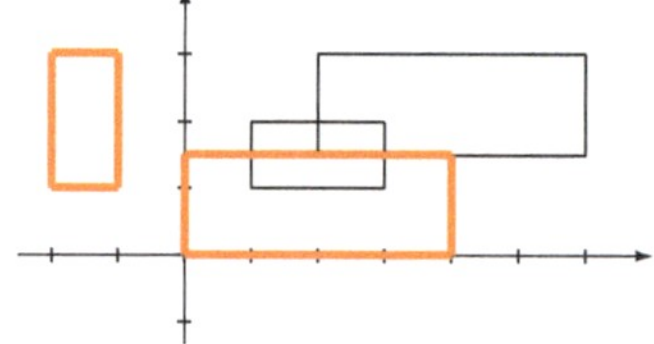

12.7 Aufgaben mit Lösungen

Aufgabe 12.7.1 *Berechnen Sie die Rotation $\vec{r} = (r_1, r_2)^T$ des Vektors $\vec{x} := (1,1)^T$ um den Winkel $\alpha := \frac{\pi}{3}$ gegen den Uhrzeigersinn um den Ursprung. Zur Veranschaulichung wird die Anfertigung einer kleinen Skizze empfohlen!*

Lösung der Aufgabe Mit der auf $\mathbb{R}^{2\times 2}$ reduzierten Rotationsmatrix erhält man

$$\begin{pmatrix} r_1 \\ r_2 \end{pmatrix} = \begin{pmatrix} \cos(\frac{\pi}{3}) & -\sin(\frac{\pi}{3}) \\ \sin(\frac{\pi}{3}) & \cos(\frac{\pi}{3}) \end{pmatrix} \begin{pmatrix} 1 \\ 1 \end{pmatrix} = \begin{pmatrix} -0.366\ldots \\ 1.366\ldots \end{pmatrix}.$$

Aufgabe 12.7.2 *Gegeben seien die zwei Skalierungsparameter $sx := 3$ und $sy := 2$. Berechnen Sie den skalierten Vektor $\vec{s} = (s_1, s_2)^T$ des Vektors $\vec{x} := (1,3)^T$. Zur Veranschaulichung wird die Anfertigung einer kleinen Skizze empfohlen!*

Lösung der Aufgabe Mit der auf $\mathbb{R}^{2\times 2}$ reduzierten Skalierungsmatrix erhält man

$$\begin{pmatrix} s_1 \\ s_2 \end{pmatrix} = \begin{pmatrix} 3 & 0 \\ 0 & 2 \end{pmatrix} \begin{pmatrix} 1 \\ 3 \end{pmatrix} = \begin{pmatrix} 3 \\ 6 \end{pmatrix}.$$

Aufgabe 12.7.3 *Gegeben sei jeweils ein Scherungsparameter $sx_1 := 2$ für die Scherung in x-Richtung sowie ein Scherungsparameter $sy_1 := 3$ für die Scherung in y-Richtung. Berechnen Sie den zweimal gescherten Vektor $\vec{s} = (s_1, s_2)^T$ des Vektors $\vec{x} := (1,3)^T$ im Sinne einer Hintereinanderausführung der Scherungen (erst y-, dann x-Scherung). Zur Veranschaulichung wird die Anfertigung einer kleinen Skizze empfohlen!*

Lösung der Aufgabe Mit den auf $\mathbb{R}^{2\times 2}$ reduzierten Scherungsmatrizen erhält man

$$\begin{pmatrix} s_1 \\ s_2 \end{pmatrix} = \begin{pmatrix} 1 & 2 \\ 0 & 1 \end{pmatrix} \begin{pmatrix} 1 & 0 \\ 3 & 1 \end{pmatrix} \begin{pmatrix} 1 \\ 3 \end{pmatrix} = \begin{pmatrix} 13 \\ 6 \end{pmatrix}.$$

Aufgabe 12.7.4 *Machen Sie sich kurz klar, welchen Effekt die bisher diskutierten Transformationen in $\mathbb{R}^3$ auf das Volumen eines beliebigen Spats haben, und schließen Sie daraus auf den allgemeinen Einfluss der jeweiligen Transformation auf Volumina.*

Lösung der Aufgabe Man überlegt sich sehr leicht, dass ganz allgemein Zentral- und Parallelprojektionen zu Volumen Null führen (alles liegt nach Durchführung der Projektionen in einer Ebene), Rotationen, Scherungen und Translationen das Volumen erhalten (Determinantenproduktsatz anwenden) und Skalierungen zu einem mit den Beträgen der Skalierungsparameter multiplizierten Volumen führen (ebenfalls mit dem Determinantenproduktsatz begründbar).

Selbsttest 12.7.5 Welche der folgenden Aussagen sind wahr?

?+? Die Rotationsmatrizen sind orthogonale Matrizen.

?+? Die Scherungsmatrizen sind reguläre Matrizen mit Determinante 1.

?−? Die Skalierungsmatrizen sind reguläre Matrizen mit Determinante 1.

?+? Eine Objektmatrix enthält die Vektoren eines geometrischen Objekts als Spaltenvektoren.

?−? Eine Translation in $\mathbb{R}^3$ kann man mit einer (3,3)-Matrix als Matrix-Vektor-Multiplikation schreiben.

12.8 Householder-Transformationen

Neben den bereits diskutierten geometrischen Transformationen spielen insbesondere in der numerischen Linearen Algebra, aber auch in der Computer-Grafik, **Spiegelungen** eine herausragende Rolle. Als Beispiel für die Konstruktion einer Matrix zur Spiegelung an einer sogenannten **Hyperebene** eines Raumes, d. h. an einer Ebene durch den Ursprung der Dimension $(n-1)$ in einem Raum der Dimension n, soll im Folgenden die sogenannte **Householder-Transformation** vorgestellt werden, deren Name auf ihren Entdecker Alston Householder (1904–1993) zurückgeht. Dazu bedarf es zunächst einiger Vorbereitungen, bei denen neben der formal korrekten Einführung des Begriffs der **Hyperebene** das sogenannte **dyadische Produkt** eines Vektors eine zentrale Rolle spielt. Im Folgenden sei $n \in \mathbb{N}$ stets eine natürliche Zahl größer als 1.

Definition 12.8.1 Hyperebene

Jeder Vektorraum $U \subseteq \mathbb{R}^n$ der Dimension $(n-1)$ heißt **Hyperebene** in $\mathbb{R}^n$. Jede Hyperebene U kann eindeutig durch einen Vektor $\vec{w} \in \mathbb{R}^n \setminus \{\vec{0}\}$ definiert werden, der orthogonal zu ihr ist, kurz

$$U := \{\vec{u} \in \mathbb{R}^n \mid \vec{w}^T \vec{u} = 0\} \, .$$

Im $\mathbb{R}^2$ sind die Hyperebenen offensichtlich genau die Geraden durch den Ursprung und im $\mathbb{R}^3$ exakt die Ebenen durch den Ursprung.

▷ **Satz 12.8.2 Dyadisches Produkt** Es sei $\vec{w} \in \mathbb{R}^n \setminus \{\vec{0}\}$ beliebig gegeben. Dann bezeichnet man die Matrix $W \in \mathbb{R}^{n \times n}$,

$$W := \vec{w}\vec{w}^T = \begin{pmatrix} w_1 \\ w_2 \\ \vdots \\ w_n \end{pmatrix} (w_1, w_2, \ldots, w_n) = \begin{pmatrix} w_1 w_1 & w_1 w_2 & \cdots & w_1 w_n \\ w_2 w_1 & w_2 w_2 & \cdots & w_2 w_n \\ \vdots & \vdots & \cdots & \vdots \\ w_n w_1 & w_n w_2 & \cdots & w_n w_n \end{pmatrix} ,$$

als **dyadisches Produkt von** $\vec{w}$. Die Matrix W ist symmetrisch, positiv semidefinit und hat den Rang 1.

Beweis   Die Symmetrie von W folgt sofort aus

$$W^T = (\vec{w}\vec{w}^T)^T = (\vec{w}^T)^T\vec{w}^T = \vec{w}\vec{w}^T = W \, .$$

Zum Nachweis der positiven Semidefinitheit sei $\vec{x} \in \mathbb{R}^n$ ein beliebig gegebener Vektor. Dann folgt die Behauptung aus

$$\vec{x}^T W \vec{x} = \vec{x}^T(\vec{w}\vec{w}^T)\vec{x} = (\vec{x}^T\vec{w})(\vec{w}^T\vec{x}) = (\vec{x}^T\vec{w})^2 \geq 0 \, .$$

Um schließlich noch zu zeigen, dass W den Rang 1 besitzt, macht man sich zunächst leicht klar, dass es in $\mathbb{R}^n$ stets $(n-1)$ linear unabhängige Vektoren gibt, die senkrecht auf $\vec{w}$ stehen. Es sei nun $\vec{x} \in \mathbb{R}^n$ ein beliebiger Vektor dieses Typs. Dann gilt

$$W\vec{x} = \vec{w}\underbrace{\vec{w}^T\vec{x}}_{=0} = \vec{0} \, .$$

Also hat das durch W gegebene homogene lineare Gleichungssystem $W\vec{x} = \vec{0}$ einen mindestens $(n-1)$-dimensionalen Lösungsraum und somit die Matrix W höchstens den Rang 1. Da die Matrix W wegen $\vec{w} \neq \vec{0}$ andererseits nicht die Nullmatrix ist, hat sie auch mindestens den Rang 1. Insgesamt ist damit gezeigt, dass die Matrix W genau den Rang 1 besitzt. $\Box$

Mit Hilfe des dyadischen Produkts lässt sich nun die sogenannte **Householder-Matrix** einführen.

▷   **Satz 12.8.3 Householder-Matrizen**   Es sei $\vec{w} \in \mathbb{R}^n$ ein Vektor der Länge 1, d. h. $|\vec{w}| = 1$, und $E \in \mathbb{R}^{n\times n}$ die Einheitsmatrix. Dann bezeichnet man die Matrix $H_{\vec{w}} \in \mathbb{R}^{n\times n}$,

$$H_{\vec{w}} := E - 2\vec{w}\vec{w}^T = \begin{pmatrix} 1 - 2w_1w_1 & -2w_1w_2 & \cdots & -2w_1w_n \\ -2w_2w_1 & 1 - 2w_2w_2 & \ddots & \vdots \\ \vdots & \ddots & \ddots & -2w_{n-1}w_n \\ -2w_nw_1 & \cdots & -2w_nw_{n-1} & 1 - 2w_nw_n \end{pmatrix} \, ,$$

als **Householder-Matrix von** $\vec{w}$. Die Matrix $H_{\vec{w}}$ ist symmetrisch, regulär und orthogonal.

Beweis   Da wegen $\vec{w}^T \vec{w} = 1$ die Identität

$$H_{\vec{w}} H_{\vec{w}}^T = (E - 2\vec{w}\vec{w}^T)(E - 2\vec{w}\vec{w}^T)^T = (E - 2\vec{w}\vec{w}^T)(E - 2\vec{w}\vec{w}^T)$$
$$= E - 4\vec{w}\vec{w}^T + 4(\vec{w}\vec{w}^T)(\vec{w}\vec{w}^T) = E - 4\vec{w}\vec{w}^T + 4\vec{w}(\vec{w}^T\vec{w})\vec{w}^T = E$$

gilt, folgt sofort die Orthogonalität von $H_{\vec{w}}$. Damit ist $H_{\vec{w}}$ natürlich insbesondere regulär. Die Symmetrie von $H_{\vec{w}}$ ist klar und wurde implizit bereits im obigen Nachweis ausgenutzt. $\qquad\square$

Mit Hilfe der Householder-Matrix lassen sich nun sehr allgemeine **Spiegelungen** in $\mathbb{R}^n$ definieren. Diese sind Gegenstand des folgenden Satzes.

▷ **Satz 12.8.4 Spiegelung durch Householder-Transformation** Es sei $\vec{w} \in \mathbb{R}^n$ ein Vektor der Länge 1, d. h. $|\vec{w}| = 1$, und $\vec{x} \in \mathbb{R}^n \setminus \{\vec{0}\}$ beliebig gegeben. Bezeichnet nun $H_{\vec{w}} \in \mathbb{R}^{n\times n}$ die zu $\vec{w}$ gehörende **Householder-Matrix**, dann erhält man mit dem Vektor $\vec{s} := H_{\vec{w}}\vec{x}$ genau den an der Menge der zu $\vec{w}$ orthogonalen Vektoren gespiegelten Vektor von $\vec{x}$ oder, mit anderen Worten, den an der durch $\vec{w}$ definierten Hyperebene

$$U := \{\vec{u} \in \mathbb{R}^n \mid \vec{w}^T \vec{u} = 0\}$$

gespiegelten Vektor von $\vec{x}$.

Beweis   Da es $(n-1)$ linear unabhängige Vektoren in $\mathbb{R}^n$ gibt, die senkrecht zu $\vec{w}$ stehen, lässt sich $\vec{x}$ eindeutig darstellen als

$$\vec{x} = \alpha\vec{w} + \vec{u} \ \text{ mit } \vec{u}^T\vec{w} = \vec{w}^T\vec{u} = 0 \, .$$

Eine Spiegelung von $\vec{x}$ an $\vec{u}$ bedeutet den Übergang zu $\vec{s} = -\alpha\vec{w} + \vec{u}$. Da man sich durch Skalarproduktbildung der für $\vec{x}$ geltenden Gleichung mit $\vec{w}^T$ leicht überlegt, dass $\alpha = \vec{w}^T\vec{x}$ gilt, folgt sofort für $\vec{s}$ die gewünschte Identität

$$\vec{s} = -\alpha\vec{w} + \vec{u} = \vec{u} - \vec{w}\alpha = (\vec{x} - \vec{w}\alpha) - \vec{w}\alpha = \vec{x} - 2\vec{w}\vec{w}^T\vec{x} = (E - 2\vec{w}\vec{w}^T)\vec{x}$$
$$= H_{\vec{w}}\vec{x} \, . \qquad\square$$

Beispiel 12.8.5
Betrachtet man zunächst den $\mathbb{R}^2$, so handelt es sich bei der Householder-Transformation um nichts anderes als eine Spiegelung an einer Gerade durch den Ursprung.

Abb. 12.9 Gespiegelter Vektor

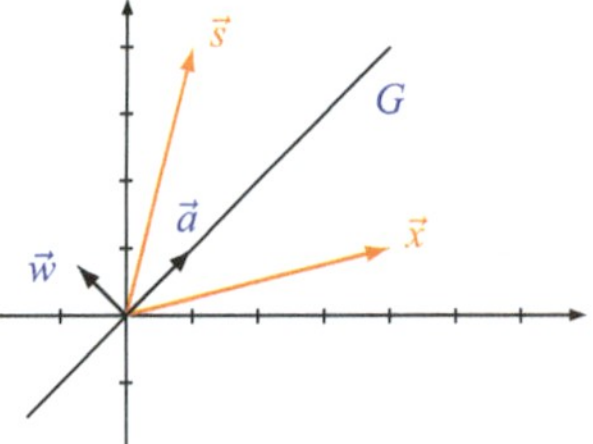

Gegeben sei z. B. der vom Nullvektor verschiedene Vektor $\vec{a} := (1,1)^T$ aus $\mathbb{R}^2$ und die durch ihn definierte Gerade G durch den Ursprung,

$$G := \{\vec{y} \in \mathbb{R}^2 \mid \exists \alpha \in \mathbb{R}: \vec{y} = \alpha(1,1)^T\}.$$

Zu berechnen ist nun der an der von $\vec{a}$ aufgespannten Gerade G gespiegelte Vektor $\vec{s} = (s_1, s_2)^T$ des Vektors $\vec{x} := (4,1)^T$ (vgl. Abb. 12.9). Dazu wird der erforderliche Vektor $\vec{w} = (w_1, w_2)^T$ zur Definition der (2,2)-Householder-Matrix, der senkrecht auf G bzw. auf $\vec{a}$ stehen muss, einfach berechnet als

$$\vec{w} := \frac{(-a_2, a_1)^T}{|(-a_2, a_1)^T|} = \frac{(-1,1)^T}{|(-1,1)^T|} = \left(-\frac{1}{\sqrt{2}}, \frac{1}{\sqrt{2}}\right)^T.$$

Dabei wird ausgenutzt, dass ein Vektor $(a_1, a_2)^T$ stets senkrecht auf dem Vektor $(-a_2, a_1)^T$ steht, der schlicht durch Vertauschung der Komponenten und Einfügen eines Minuszeichens konstruiert werden kann. Damit berechnet sich der gesuchte Spiegelungsvektor $\vec{s}$ als

$$\begin{pmatrix} s_1 \\ s_2 \end{pmatrix} = \left(\begin{pmatrix} 1 & 0 \\ 0 & 1 \end{pmatrix} - 2 \begin{pmatrix} -\frac{1}{\sqrt{2}} \\ \frac{1}{\sqrt{2}} \end{pmatrix} \left(-\frac{1}{\sqrt{2}}, \frac{1}{\sqrt{2}}\right)\right) \begin{pmatrix} 4 \\ 1 \end{pmatrix} = \begin{pmatrix} 1 \\ 4 \end{pmatrix}.$$

Beispiel 12.8.6

Betrachtet man nun den $\mathbb{R}^3$, so handelt es sich bei der Householder-Transformation um nichts anderes als eine Spiegelung an einer Ebene durch den Ursprung. Gegeben seien z. B. zwei linear unabhängige Vektoren $\vec{a} := (4,2,3)^T$ und $\vec{b} := (4,-3,0)^T$ aus $\mathbb{R}^3$ und die durch sie definierte Ebene E durch den Ursprung,

$$E := \{\vec{y} \in \mathbb{R}^3 \mid \exists \alpha, \beta \in \mathbb{R}: \vec{y} = \alpha(4,2,3)^T + \beta(4,-3,0)^T\}.$$

Zu berechnen ist nun der an der von $\vec{a}$ und $\vec{b}$ aufgespannten Ebene gespiegelte Vektor $\vec{s} = (s_1, s_2, s_3)^T$ des Vektors $\vec{x} := (1, 2, 3)^T$. Dazu wird der erforderliche Vektor $\vec{w} = (w_1, w_2, w_3)^T$ zur Definition der (3,3)-Householder-Matrix, der senkrecht auf E bzw. auf $\vec{a}$ und $\vec{b}$ stehen muss, einfach berechnet als

$$\vec{w} := \frac{\vec{a} \times \vec{b}}{|\vec{a} \times \vec{b}|} = \frac{(9, 12, -20)^T}{|(9, 12, -20)^T|} = \left(\frac{9}{25}, \frac{12}{25}, -\frac{20}{25}\right)^T .$$

Dabei wird ausgenutzt, dass der durch das Vektorprodukt bestimmte Vektor senkrecht auf den Vektoren steht, aus denen er generiert wurde. Damit berechnet sich der gesuchte Spiegelungsvektor $\vec{s}$ als

$$\begin{pmatrix} s_1 \\ s_2 \\ s_3 \end{pmatrix} = \left(\begin{pmatrix} 1 & 0 & 0 \\ 0 & 1 & 0 \\ 0 & 0 & 1 \end{pmatrix} - 2 \begin{pmatrix} \frac{9}{25} \\ \frac{12}{25} \\ -\frac{20}{25} \end{pmatrix} \left(\frac{9}{25}, \frac{12}{25}, -\frac{20}{25} \right) \right) \begin{pmatrix} 1 \\ 2 \\ 3 \end{pmatrix} = \begin{pmatrix} \frac{1111}{625} \\ \frac{1898}{625} \\ \frac{795}{625} \end{pmatrix} .$$

12.9 Aufgaben mit Lösungen

Aufgabe 12.9.1 *Gegeben sei der vom Nullvektor verschiedene Richtungsvektor $\vec{a} := (4, 3)^T$ aus $\mathbb{R}^2$ und die durch ihn gegebene Gerade G durch den Ursprung. Berechnen Sie den an der Gerade G gespiegelten Vektor $\vec{s} = (s_1, s_2)^T$ des Vektors $\vec{x} := (3, 1)^T$. Zur Veranschaulichung wird die Anfertigung einer kleinen Skizze empfohlen!*

Lösung der Aufgabe Zunächst ergibt sich

$$\vec{w} = \frac{(-3, 4)^T}{|(-3, 4)^T|} = \left(-\frac{3}{5}, \frac{4}{5}\right)^T .$$

Damit berechnet sich der gesuchte Spiegelungsvektor $\vec{s}$ als

$$\begin{pmatrix} s_1 \\ s_2 \end{pmatrix} = \left(\begin{pmatrix} 1 & 0 \\ 0 & 1 \end{pmatrix} - 2 \begin{pmatrix} -\frac{3}{5} \\ \frac{4}{5} \end{pmatrix} \left(-\frac{3}{5}, \frac{4}{5} \right) \right) \begin{pmatrix} 3 \\ 1 \end{pmatrix} = \begin{pmatrix} \frac{9}{5} \\ \frac{13}{5} \end{pmatrix} .$$

Selbsttest 12.9.2 Welche der folgenden Aussagen sind wahr?

?+? Das dyadische Produkt eines Vektors mit sich selbst ist eine symmetrische Matrix.
?−? Das dyadische Produkt eines Vektors mit sich selbst ist eine orthogonale Matrix.

?+? Die Householder-Matrix zu einem Vektor der Länge 1 ist eine symmetrische Matrix.
?+? Die Householder-Matrix zu einem Vektor der Länge 1 ist eine orthogonale Matrix.
?+? Die Householder-Matrix zu einem Vektor der Länge 1 realisiert eine Spiegelung.

Auch bei Datenanalyse- und Datenkompressionsverfahren sowie Signal- und Bildverarbeitungstechniken können Konzepte der Linearen Algebra geschickt eingesetzt werden. Zum Beispiel kann man feststellen, welche Vektoren oder Vektorrichtungen in einem Datensatz relativ häufig vorkommen und kann dann die zu analysierenden oder zu speichernden Vektoren nach diesen dominanten Vektoren sowie nach den dazu senkrechten, vernachlässigbaren Vektoren entwickeln. Als Beispiel für diesen Anwendungstyp wird die **Karhunen-Loève-Transformation** im Detail besprochen. Eine ähnliche Technik basierend auf Überlegungen aus der Fourier-Analysis führt zur **diskreten Fourier-Transformation** sowie zur **diskreten Cosinus-Transformation** und schließlich zur ganz aktuellen **diskreten Wavelet-Transformation.**

13.1 Karhunen-Loève-Transformationen

Prinzipiell geht es bei der **Karhunen-Loève-Transformation** (nach Kari Karhunen, 1915–1992, und Michel Loève, 1907–1979), die auch bisweilen als **Hauptkomponentenanalyse** oder auch als **Hotelling-Transformation** (nach Harold Hotelling, 1895–1973) bezeichnet wird, darum, einen Datensatz in einem hochdimensionalen Raum (also Vektoren mit vielen Komponenten) möglichst präzise durch einen Datensatz mit deutlich weniger Parametern zu beschreiben. Um das zu erreichen, muss man gewissermaßen die **Hauptrichtung(en)** aller gegebenen Vektoren bestimmen (ihr (ihnen) kommt eine wesentliche Bedeutung zu) und die dazu orthogonale(n) **Nebenrichtung(en)** (sie spielt (spielen) eine untergeordnete Rolle) (vgl. Abb. 13.1 für den einfachen zweidimensionalen Fall).

Elektronisches Zusatzmaterial Die elektronische Version dieses Kapitels enthält Zusatzmaterial, das berechtigten Benutzern zur Verfügung steht https://doi.org/10.1007/978-3-658-29969-9_13.

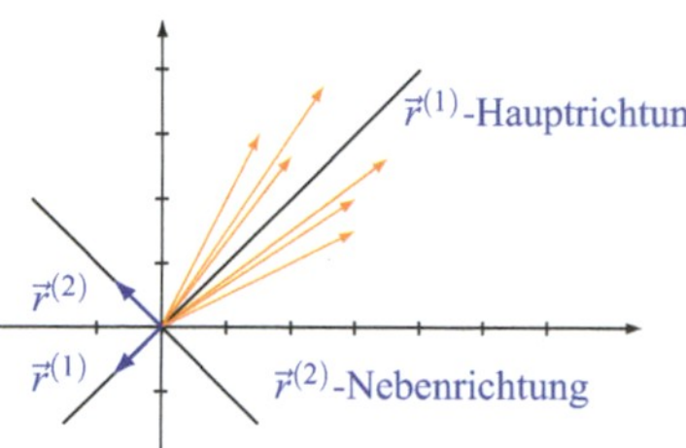

Abb. 13.1 Karhunen-Loève-Idee

Die Details zur Karhunen-Loève-Transformation sind etwas technisch und sollen direkt im folgenden Satz festgehalten werden.

▶ **Satz 13.1.1 Karhunen-Loève-Transformation** Es sei $t \in \mathbb{N}^*$ beliebig gegeben sowie $\vec{x}^{(s)} \in \mathbb{R}^n$, $1 \leq s \leq t$, eine Menge von t beliebigen Vektoren in $\mathbb{R}^n$. Ferner sei

$$\vec{z} := \frac{1}{t} \sum_{s=1}^{t} \vec{x}^{(s)}$$

das sogenannte **Zentrum** (oder auch **Schwerpunkt**) von $\vec{x}^{(1)}, \ldots, \vec{x}^{(t)}$ und

$$\vec{z}^{(s)} := \vec{x}^{(s)} - \vec{z}, \quad 1 \leq s \leq t,$$

die sogenannten **zentrierten Vektoren**. Bezeichnet man nun mit

$$Z := \sum_{s=1}^{t} \vec{z}^{(s)} \vec{z}^{(s)^T} \in \mathbb{R}^{n \times n}$$

die symmetrische positiv semidefinite **Kovarianzmatrix** des zentrierten Datensatzes und mit $\lambda_1 \geq \cdots \geq \lambda_n \geq 0$ die der Größe nach geordneten, nicht negativen Eigenwerte von Z mit einer zugehörigen orthonormalen Eigenvektorbasis $\vec{r}^{(1)}, \ldots, \vec{r}^{(n)} \in \mathbb{R}^n$,

$$\vec{r}^{(j)^T} \vec{r}^{(\ell)} = \begin{cases} 0 & \text{für} \quad j \neq \ell, \\ 1 & \text{für} \quad j = \ell, \end{cases}$$

dann werden für festes $k \in \{1, 2, \ldots, n\}$ die Linearkombinationen

$$\sum_{j=1}^{k} (\vec{z}^{(s)^T} \vec{r}^{(j)}) \vec{r}^{(j)}, \quad 1 \leq s \leq t,$$

allgemein **Projektionen** von $\vec{z}^{(s)}$, $1 \leq s \leq t$, in den von $\vec{r}^{(1)}, \ldots, \vec{r}^{(k)}$ aufgespannten Vektorraum genannt. In diesem Spezialfall spricht man dann auch von der sogenannten **Karhunen-Loève-Transformation**, für die die Gesamt-fehlerdarstellung

$$\sum_{s=1}^{t} \left| \vec{z}^{(s)} - \sum_{j=1}^{k} (\vec{z}^{(s)^T} \vec{r}^{(j)}) \vec{r}^{(j)} \right|^2 = \sum_{j=k+1}^{n} \lambda_j$$

gilt. Man kommt also auf diesem Weg zu einer Datenreduktion, da zur Identifikation von $\vec{z}^{(s)}$ lediglich die k (mit k im Allgemeinen wesentlich kleiner als n) Koeffizienten $(\vec{z}^{(s)^T} \vec{r}^{(j)})$, $1 \leq j \leq k$, gespeichert werden müssen. Die Datenreduktion ist sogar verlustfrei, falls $\sum_{j=k+1}^{n} \lambda_j = 0$ gilt, im Allgemeinen jedoch mindestens verlustarm, da für hoch korrelierte Daten $\vec{z}^{(s)}$, $1 \leq s \leq t$, die kleinen Eigenwerte von Z sehr nahe bei Null liegen.

Beweis Die Symmetrie und positive Semidefinitheit von Z rechnet man mittels $Z = Z^T$ und $\vec{x}^T Z \vec{x} \geq 0$, $\vec{x} \in \mathbb{R}^n$, schnell nach. Damit bleibt lediglich die Gesamtfehlerdarstellung für die Projektionen zu zeigen. Aufgrund der Orthonormalität der Eigenvektorbasis $\vec{r}^{(1)}, \ldots, \vec{r}^{(n)}$ von Z ergibt sich zunächst für alle $\vec{z}^{(s)}$, $1 \leq s \leq t$, die Basisdarstellung

$$\vec{z}^{(s)} = \sum_{j=1}^{n} (\vec{z}^{(s)^T} \vec{r}^{(j)}) \vec{r}^{(j)} , \quad 1 \leq s \leq t .$$

Dies lässt sich leicht nachrechnen, indem man die Darstellung als kartesische Koordinatentransformation interpretiert (alte Basis: $\vec{e}^{(1)}, \ldots, \vec{e}^{(n)}$; neue Basis: $\vec{r}^{(1)}, \ldots, \vec{r}^{(n)}$). Daraus folgt aber sofort

$$\sum_{s=1}^{t} \left| \vec{z}^{(s)} - \sum_{j=1}^{k} (\vec{z}^{(s)^T} \vec{r}^{(j)}) \vec{r}^{(j)} \right|^2 = \sum_{s=1}^{t} \left| \sum_{j=k+1}^{n} (\vec{z}^{(s)^T} \vec{r}^{(j)}) \vec{r}^{(j)} \right|^2$$

$$= \sum_{s=1}^{t} \left(\sum_{j=k+1}^{n} (\vec{z}^{(s)^T} \vec{r}^{(j)}) \vec{r}^{(j)} \right)^T \left(\sum_{j=k+1}^{n} (\vec{z}^{(s)^T} \vec{r}^{(j)}) \vec{r}^{(j)} \right)$$

$$= \sum_{s=1}^{t} \sum_{j=k+1}^{n} \sum_{\ell=k+1}^{n} (\vec{z}^{(s)^T} \vec{r}^{(j)})(\vec{z}^{(s)^T} \vec{r}^{(\ell)}) \underbrace{(\vec{r}^{(j)^T} \vec{r}^{(\ell)})}_{\substack{=0, \, j \neq \ell \\ =1, \, j=\ell}}$$

$$= \sum_{s=1}^{t} \sum_{j=k+1}^{n} (\vec{r}^{(j)^T} \vec{z}^{(s)} \vec{z}^{(s)^T} \vec{r}^{(j)}) = \sum_{j=k+1}^{n} \vec{r}^{(j)^T} \left(\sum_{s=1}^{t} \vec{z}^{(s)} \vec{z}^{(s)^T} \right) \vec{r}^{(j)}$$

$$= \sum_{j=k+1}^{n} \vec{r}^{(j)^T} Z \vec{r}^{(j)} = \sum_{j=k+1}^{n} \vec{r}^{(j)^T} \lambda_j \vec{r}^{(j)} = \sum_{j=k+1}^{n} \lambda_j . \qquad \square$$

Beispiel 13.1.2

Für die vier gegebenen Vektoren $\vec{x}^{(s)}$, $1 \leq s \leq 4$,

$$\begin{pmatrix} -6 \\ 7 \\ -12 \end{pmatrix}, \quad \begin{pmatrix} 6 \\ -5 \\ 0 \end{pmatrix}, \quad \begin{pmatrix} 2 \\ 3 \\ -6 \end{pmatrix}, \quad \begin{pmatrix} -2 \\ -1 \\ -6 \end{pmatrix},$$

werden in $\mathbb{R}^3$ drei Vektoren $\vec{z}$, $\vec{r}^{(1)}$ und $\vec{r}^{(2)}$ gesucht, so dass in guter Näherung

$$\vec{x}^{(s)} \approx \vec{z} + \alpha_{s,1}\vec{r}^{(1)} + \alpha_{s,2}\vec{r}^{(2)}, \quad 1 \leq s \leq 4,$$

gilt, d. h., dass anstelle der ursprünglich drei Komponenten eines jeden x-Vektors im Wesentlichen lediglich noch seine jeweils zwei Komponenten

$$(\alpha_{s,1}, \alpha_{s,2})^T \in \mathbb{R}^2, \quad 1 \leq s \leq 4,$$

bezüglich der neuen Darstellung abzuspeichern sind. Dazu setzt man zunächst $\vec{z} \in \mathbb{R}^3$ an als Zentrum der Vektoren $\vec{x}^{(s)}$, $1 \leq s \leq 4$, also

$$\vec{z} := \frac{1}{4} \sum_{s=1}^{4} \vec{x}^{(s)} = \frac{1}{4} \begin{pmatrix} 0 \\ 4 \\ -24 \end{pmatrix} = \begin{pmatrix} 0 \\ 1 \\ -6 \end{pmatrix},$$

und definiert die zentrierten Vektoren als

$$\vec{z}^{(s)} := \vec{x}^{(s)} - \vec{z}, \quad 1 \leq s \leq 4.$$

Nun berechnet man die symmetrische positiv semidefinite Kovarianzmatrix $Z \in \mathbb{R}^{3\times3}$ gemäß

$$Z := \sum_{s=1}^{4} \vec{z}^{(s)}\vec{z}^{(s)T} = \begin{pmatrix} 80 & -64 & 72 \\ -64 & 80 & -72 \\ 72 & -72 & 72 \end{pmatrix}.$$

Das charakteristische Polynom von Z lautet dann

$$p(\lambda) = \det(Z - \lambda E) = -\lambda^3 + 232\lambda^2 - 3456\lambda,$$

so dass sich die Eigenwerte von Z als Nullstellen dieses Polynoms ergeben zu

$$\lambda_1 = 216, \quad \lambda_2 = 16, \quad \lambda_3 = 0.$$

Entsprechend erhält man die, bis auf das Vorzeichen eindeutig bestimmten, zugehörigen orthonormalen Eigenvektoren als

$$\vec{r}^{(1)} = \begin{pmatrix} -\frac{1}{\sqrt{3}} \\ \frac{1}{\sqrt{3}} \\ -\frac{1}{\sqrt{3}} \end{pmatrix}, \quad \vec{r}^{(2)} = \begin{pmatrix} \frac{1}{\sqrt{2}} \\ \frac{1}{\sqrt{2}} \\ 0 \end{pmatrix}, \quad \vec{r}^{(3)} = \begin{pmatrix} \frac{1}{\sqrt{6}} \\ -\frac{1}{\sqrt{6}} \\ -\frac{2}{\sqrt{6}} \end{pmatrix}.$$

Damit lässt sich also in diesem Fall jeder Vektor $\vec{x}^{(s)}$, $1 \leq s \leq 4$, exakt darstellen als

$$\vec{x}^{(s)} = \vec{z} + \underbrace{\left(\vec{z}^{(s)T}\vec{r}^{(1)}\right)}_{\alpha_{s,1}} \vec{r}^{(1)} + \underbrace{\left(\vec{z}^{(s)T}\vec{r}^{(2)}\right)}_{\alpha_{s,2}} \vec{r}^{(2)}, \quad 1 \leq s \leq 4,$$

und die gewünschte Datenreduktion ist gelungen.

13.2 Diskrete Fourier-Transformationen

Die Idee bei der **diskreten Fourier-Transformation**, die auch kurz als **DFT** bezeichnet wird und nach dem französischen Mathematiker Joseph Fourier (1768–1830) benannt ist, besteht darin, einem gegebenen Vektor einen anderen Vektor zuzuordnen, der gewisse Vorteile besitzt. Der ursprüngliche Vektor kann dabei z. B. ein Teil eines abgetasteten Audio-Signals sein oder ein Zeilen- oder Spaltenvektor eines Bildes. Welche Vorteile der zugeordnete Vektor im Vergleich zum ursprünglichen Vektor besitzt (z. B. kompaktere Speicherbarkeit, anwendungsorientierte Interpretierbarkeit, bessere Informationsextrahierbarkeit usw.) soll hier nicht weiter diskutiert werden, sondern bleibt den speziellen ingenieurwissenschaftlichen Büchern zu diesen Techniken vorbehalten. Hier soll im Folgenden lediglich die minimale Forderung an einen derartigen Transformationsprozess genauer untersucht werden, nämlich die exakte Rückgewinnung des ursprünglichen Vektors aus dem transformierten. Im vorliegenden Fall leistet dies genau die **inverse diskrete Fourier-Transformation**, kurz **IDFT**. Um beide Transformationen, also sowohl die Hin- als auch die Rücktransformation, präzise definieren zu können, bedarf es zunächst eines kleinen Satzes, wobei nun wieder mit i die **imaginäre Einheit** bezeichnet wird.

▷ **Satz 13.2.1 Diskrete Orthogonalität der Exponentialfunktion** Es seien $m \in \mathbb{N}^*$ und $n \in \mathbb{Z}$ beliebig gegeben. Dann gilt die Identität

$$\sum_{k=0}^{m-1} \exp\left(\frac{2\pi i k n}{m}\right) = \left\{ \begin{array}{ll} m & \text{für } n = 0 \\ 0 & \text{für } 0 < |n| < m \end{array} \right\}.$$

Beweis Aufgrund der geometrischen Summenformel

$$\sum_{k=0}^{m-1} z^k = 1 + z + \cdots + z^{m-1} = \left\{ \begin{array}{ll} m & \text{für } z = 1 \\ \frac{1-z^m}{1-z} & \text{für } z \neq 1 \end{array} \right\}$$

ergibt sich sofort für $z := \exp(\frac{2\pi i n}{m})$ die Identität

$$\sum_{k=0}^{m-1} \exp\left(\frac{2\pi i k n}{m}\right) = \left\{ \begin{array}{ll} m & \text{für } n = 0 \\ \frac{1-\exp(2\pi i n)}{1-\exp(\frac{2\pi i n}{m})} & \text{für } 0 < |n| < m \end{array} \right\}$$
$$= \left\{ \begin{array}{ll} m & \text{für } n = 0 \\ 0 & \text{für } 0 < |n| < m \end{array} \right\} .$$

Beim ersten Gleichheitszeichen wurde dabei ausgenutzt, dass für alle $n \in \mathbb{Z}$ mit $0 < |n| <$ m die Ungleichheit $\exp(\frac{2\pi i n}{m}) \neq 1$ gilt, und beim letzten Gleichheitszeichen, dass für alle $n \in \mathbb{Z}$ die Identität $\exp(2\pi i n) = 1$ gültig ist. $\qquad\Box$

Nach diesen Vorüberlegungen lässt sich nun die **diskrete Fourier-Transformation** und ihre Inverse präzise definieren. Um die Notationen und die darauf folgenden Beispiele etwas übersichtlich zu halten, sollen beide Transformationen nur für den Fall $m = 8$ formuliert werden, der auch in den Anwendungen eine zentrale Rolle spielt.

▷   **Satz 13.2.2 DFT und IDFT** Es sei ein Vektor $\vec{f} \in \mathbb{C}^8$, $\vec{f} = (f_0, f_1, f_2, f_3, f_4,$ $f_5, f_6, f_7)^T$, beliebig gegeben. Ordnet man dem Vektor $\vec{f}$ den Vektor $\vec{c} \in \mathbb{C}^8$ zu gemäß

$$c_n := \frac{1}{\sqrt{8}} \sum_{k=0}^{7} f_k \exp\left(-\frac{2\pi i k n}{8}\right), \quad 0 \leq n < 8 ,$$

so nennt man dies die **diskrete Fourier-Transformation** von $\vec{f}$, kurz **DFT**. Aus dem Vektor $\vec{c}$ kann nun umgekehrt mit der sogenannten **inversen diskreten Fourier-Transformation**, kurz **IDFT**, der Vektor $\vec{f} \in \mathbb{C}^8$ zurückgewonnen werden gemäß

$$f_n = \frac{1}{\sqrt{8}} \sum_{k=0}^{7} c_k \exp\left(\frac{2\pi i k n}{8}\right), \quad 0 \leq n < 8 .$$

Beweis Bei der DFT handelt es sich lediglich um eine Definition. Zu beweisen ist also nur die Rekonstruierbarkeit des Vektors $\vec{f}$ aus dem Vektor $\vec{c}$ mit Hilfe der IDFT. Unter

Ausnutzung des zuvor bewiesenen Lemmas folgt dies sofort aus

$$\frac{1}{\sqrt{8}} \sum_{k=0}^{7} c_k \exp\left(\frac{2\pi i k n}{8}\right) = \frac{1}{\sqrt{8}} \sum_{k=0}^{7} \left(\frac{1}{\sqrt{8}} \sum_{\ell=0}^{7} f_\ell \exp\left(-\frac{2\pi i \ell k}{8}\right)\right) \exp\left(\frac{2\pi i k n}{8}\right)$$

$$= \sum_{\ell=0}^{7} f_\ell \underbrace{\left(\frac{1}{8} \sum_{k=0}^{7} \exp\left(\frac{2\pi i k (n - \ell)}{8}\right)\right)}_{\substack{= 1,\ \ell=n \\ = 0,\ \ell \neq n}} = f_n \, . \qquad \Box$$

▷ **Bemerkung 13.2.3 Matrix-Vektor-Notation der DFT/IDFT** Mit Hilfe der unitären Matrix $F \in \mathbb{C}^{8\times 8}$,

$$F := \frac{1}{\sqrt{8}} \begin{pmatrix}
1 & 1 & 1 & \cdots & \cdots & 1 \\
1 & \exp(-\frac{2\pi i 1\cdot 1}{8}) & \exp(-\frac{2\pi i 2\cdot 1}{8}) & \cdots & \cdots & \exp(-\frac{2\pi i 7\cdot 1}{8}) \\
1 & \exp(-\frac{2\pi i 1\cdot 2}{8}) & \exp(-\frac{2\pi i 2\cdot 2}{8}) & \cdots & \cdots & \exp(-\frac{2\pi i 7\cdot 2}{8}) \\
\vdots & \vdots & \vdots & & \vdots & \vdots \\
\vdots & \vdots & \vdots & & \vdots & \vdots \\
\vdots & \vdots & \vdots & & \vdots & \vdots \\
1 & \exp(-\frac{2\pi i 1\cdot 6}{8}) & \exp(-\frac{2\pi i 2\cdot 6}{8}) & \cdots & \cdots & \exp(-\frac{2\pi i 7\cdot 6}{8}) \\
1 & \exp(-\frac{2\pi i 1\cdot 7}{8}) & \exp(-\frac{2\pi i 2\cdot 7}{8}) & \cdots & \cdots & \exp(-\frac{2\pi i 7\cdot 7}{8})
\end{pmatrix}$$

und ihrer inversen Matrix $F^{-1} = \bar{F}^T = \bar{F}$,

$$F^{-1} = \frac{1}{\sqrt{8}} \begin{pmatrix}
1 & 1 & 1 & \cdots & \cdots & 1 \\
1 & \exp(\frac{2\pi i 1\cdot 1}{8}) & \exp(\frac{2\pi i 2\cdot 1}{8}) & \cdots & \cdots & \exp(\frac{2\pi i 7\cdot 1}{8}) \\
1 & \exp(\frac{2\pi i 1\cdot 2}{8}) & \exp(\frac{2\pi i 2\cdot 2}{8}) & \cdots & \cdots & \exp(\frac{2\pi i 7\cdot 2}{8}) \\
\vdots & \vdots & \vdots & & \vdots & \vdots \\
\vdots & \vdots & \vdots & & \vdots & \vdots \\
\vdots & \vdots & \vdots & & \vdots & \vdots \\
1 & \exp(\frac{2\pi i 1\cdot 6}{8}) & \exp(\frac{2\pi i 2\cdot 6}{8}) & \cdots & \cdots & \exp(\frac{2\pi i 7\cdot 6}{8}) \\
1 & \exp(\frac{2\pi i 1\cdot 7}{8}) & \exp(\frac{2\pi i 2\cdot 7}{8}) & \cdots & \cdots & \exp(\frac{2\pi i 7\cdot 7}{8})
\end{pmatrix}$$

lassen sich **DFT** und **IDFT** in **Matrix-Vektor-Notation** auch kompakt schreiben als

$$\vec{c} := F\vec{f} \qquad \text{und} \qquad \vec{f} = \bar{F}\vec{c} \, .$$

Dies ist besonders nützlich, wenn man die Transformationen nicht auf Vektoren, sondern auf Matrizen anwenden möchte, wie dies z. B. im Rahmen der

Bildverarbeitung häufig der Fall ist. Dort gilt es z. B., einen als (8,8)-Matrix darstellbaren Bildausschnitt $A \in \mathbb{C}^{8\times 8}$ zu transformieren, indem man die Transformationen simultan sowohl auf die Zeilen als auch auf die Spalten von A anwendet. Mit Hilfe der oben eingeführten Matrizen lassen sich auch hier die **DFT** und die **IDFT** sehr kompakt schreiben als

$$B := FAF \qquad \text{und} \qquad A = \bar{F}B\bar{F} \,.$$

Da $\bar{F}^T = \bar{F} = F^{-1}$ gilt, sind also in diesem Fall A und B durch eine unitäre Matrix F miteinander gekoppelt, so dass man in diesem Zusammenhang auch von einer unitären Transformation spricht.

Beispiel 13.2.4

Für den Vektor $\vec{f} \in \mathbb{C}^8$ gegeben als

f_0	f_1	f_2	f_3
$114 + 117i$	$111 + 118i$	$112 + 114i$	$117 + 111i$
f_4	f_5	f_6	f_7
$115 + 117i$	$114 + 117i$	$112 + 119i$	$112 + 111i$

erhält man mittels **DFT** den Vektor $\vec{c} := F\vec{f}$ bei Rundung auf die erste Nachkommastelle als

c_0	c_1	c_2	c_3
$320.7 + 326.7i$	$-3.9 - 0.3i$	$6.4 + 1.8i$	$3.7 - 0.8i$
c_4	c_5	c_6	c_7
$-0.4 + 3.5i$	$-0.4 + 0.3i$	$-2.8 - 1.1i$	$-0.8 + 0.8i$

und daraus mittels **IDFT** wie erwartet den Vektor $\vec{f} = \bar{F}\vec{c}$

f_0	f_1	f_2	f_3
$114 + 117i$	$111 + 118i$	$112 + 114i$	$117 + 111i$
f_4	f_5	f_6	f_7
$115 + 117i$	$114 + 117i$	$112 + 119i$	$112 + 111i$

zurück.

▷   **Bemerkung 13.2.5 Datenkompression mit DFT/IDFT** Zieht man zur Rekonstruktion eines beliebigen Vektors $\vec{f} \in \mathbb{C}^8$ nicht den kompletten DFT-

Vektor $\vec{c} := F\vec{f}$ heran, sondern nur den Vektor

$$\vec{c}^{(k)} := (c_0, c_1, \ldots, c_k, 0, \ldots, 0)^T \in \mathbb{C}^8$$

mit $k \in \{0, 1, \ldots, 7\}$, dann genügt der so mittels IDFT erhaltene Rekonstruktionsvektor $\vec{f}^{(k)} := \bar{F}\vec{c}^{(k)}$ der Fehlerabschätzung

$$|\vec{f} - \vec{f}^{(k)}|^2 = |\bar{F}(\vec{c} - \vec{c}^{(k)})|^2 := \overline{(\bar{F}(\vec{c} - \vec{c}^{(k)}))}^T (\bar{F}(\vec{c} - \vec{c}^{(k)}))$$

$$= \overline{(\vec{c} - \vec{c}^{(k)})}^T \underbrace{(F\bar{F})}_{= E}(\vec{c} - \vec{c}^{(k)}) = \sum_{j=k+1}^{7} |c_j|^2 \, .$$

In der obigen Identität kommt erstmals explizit die Berechnung der Länge eines komplexen Vektors $\vec{x} \in \mathbb{C}^n$ als $|\vec{x}| := \sqrt{\overline{\vec{x}}^T \vec{x}}$ vor; deshalb erscheint dort an eben dieser Stelle das Zeichen $:=$ und nicht das einfache Gleichheitszeichen. Da nun die Komponenten c_j für große Indices j im Allgemeinen klein werden, ist auch der durch Nullsetzen dieser Komponenten verursachte Fehler zur Rekonstruktion von $\vec{f}$ im Allgemeinen klein, und man erkennt die sich damit eröffnende Möglichkeit zur in der Regel **verlustbehafteten Datenkompression** durch Speicherung geeignet vieler führender Komponenten von $\vec{c}$ anstelle des Vektors $\vec{f}$.

13.3 Diskrete Cosinus-Transformationen

Die Idee bei der **diskreten Cosinus-Transformation**, die auch kurz als **DCT** bezeichnet wird, besteht darin, einem gegebenen Vektor einen anderen Vektor zuzuordnen, der gewisse Vorteile besitzt. Im Unterschied zur diskreten Fourier-Transformation kann bei der DCT die Rechnung rein reell durchgeführt werden, wenn ein reeller Ausgangsvektor gegeben ist. Dieser ursprüngliche Vektor kann dabei wieder z. B. ein Teil eines abgetasteten Audio-Signals sein oder ein Zeilen- oder Spaltenvektor eines Bildes. Welche Vorteile der zugeordnete Vektor im Vergleich zum ursprünglichen Vektor besitzt (z. B. kompaktere Speicherbarkeit, anwendungsorientierte Interpretierbarkeit, bessere Informationsextrahierbarkeit usw.) und wie die DCT im Zusammenhang mit den JPEG- und MPEG-Verfahren eingesetzt wird, soll hier wieder nicht weiter diskutiert werden. Wir fokussieren uns stattdessen erneut auf die minimale Forderung an einen derartigen Transformationsprozess, nämlich die exakte Rückgewinnung des ursprünglichen Vektors aus dem transformierten. Im vorliegenden Fall leistet dies genau die **inverse diskrete Cosinus-Transformation**, kurz **IDCT**. Um beide Transformationen, also sowohl die Hin- als auch die Rücktransformation, präzise definieren zu können, bedarf es zunächst erneut eines kleinen Satzes.

▷ **Satz 13.3.1 Diskrete Orthogonalität der Cosinusfunktion** Es seien $m \in \mathbb{N}^*$ und $n \in \mathbb{Z}$ beliebig gegeben. Dann gilt die Identität

$$\sum_{k=0}^{m-1} \cos\left(\frac{\pi k n}{m}\right) = \left\{ \begin{array}{ll} m & \text{für } n = 0 \\ 1 & \text{für } |n| \in \{1,3,5,\ldots,2m-1\} \\ 0 & \text{für } |n| \in \{2,4,6\ldots,2m-2\} \end{array} \right\}.$$

Beweis Aufgrund der geometrischen Summenformel

$$\sum_{k=0}^{2m-1} z^k = 1 + z + \cdots + z^{2m-1} = \left\{ \begin{array}{ll} 2m & \text{für } z = 1 \\ \frac{1-z^{2m}}{1-z} & \text{für } z \neq 1 \end{array} \right\}$$

ergibt sich sofort für $z := \exp(\frac{\pi i n}{m})$ die Identität

$$\sum_{k=0}^{2m-1} \exp\left(\frac{\pi i k n}{m}\right) = \left\{ \begin{array}{ll} 2m & \text{für } n = 0 \\ \frac{1-\exp(2\pi i n)}{1-\exp(\frac{\pi i n}{m})} & \text{für } 0 < |n| < 2m \end{array} \right\} = \left\{ \begin{array}{ll} 2m & \text{für } n = 0 \\ 0 & \text{für } 0 < |n| < 2m \end{array} \right\}.$$

Beim ersten Gleichheitszeichen wurde dabei ausgenutzt, dass für alle $n \in \mathbb{Z}$ mit $0 < |n| < 2m$ die Ungleichheit $\exp(\frac{\pi i n}{m}) \neq 1$ gilt, und beim letzten Gleichheitszeichen, dass für alle $n \in \mathbb{Z}$ die Identität $\exp(2\pi i n) = 1$ gültig ist. Mit der Eulerschen Formel

$$\cos(\varphi) = \frac{\exp(i\varphi) + \exp(-i\varphi)}{2}$$

ergibt sich andererseits die Gleichung

$$\sum_{k=0}^{2m-1} \exp\left(\frac{\pi i k n}{m}\right) = \sum_{k=0}^{m-1} \exp\left(\frac{\pi i k n}{m}\right) + \sum_{k=m}^{2m-1} \exp\left(\frac{\pi i k n}{m}\right)$$

$$= \sum_{k=0}^{m-1} \exp\left(\frac{\pi i k n}{m}\right) + \sum_{k=1}^{m} \exp\left(\frac{\pi i (2m-k)n}{m}\right)$$

$$= \sum_{k=0}^{m-1} \exp\left(\frac{\pi i k n}{m}\right) + \sum_{k=1}^{m} \underbrace{\exp(2\pi i n)}_{=1} \exp\left(-\frac{\pi i k n}{m}\right)$$

$$= 1 + (-1)^n + \sum_{k=1}^{m-1}\left(\exp\left(\frac{\pi i k n}{m}\right) + \exp\left(-\frac{\pi i k n}{m}\right)\right)$$

$$= -1 + (-1)^n + 2\sum_{k=0}^{m-1} \cos\left(\frac{\pi k n}{m}\right).$$

Aus beiden Summationsformeln zusammen ergibt sich die Behauptung. ☐

Nach diesen Vorüberlegungen lässt sich nun die **diskrete Cosinus-Transformation** und ihre Inverse präzise definieren. Um die Notationen und die darauf folgenden Beispiele etwas übersichtlich zu halten, sollen beide Transformationen wieder nur für den Fall $m = 8$ formuliert werden, der auch in den Anwendungen (JPEG, MPEG) eine zentrale Rolle spielt.

▷ **Satz 13.3.2 DCT und IDCT** Es sei ein Vektor $\vec{f} \in \mathbb{R}^8$, $\vec{f} = (f_0, f_1, f_2, f_3, f_4, f_5, f_6, f_7)^T$, beliebig gegeben. Ordnet man dem Vektor $\vec{f}$ den Vektor $\vec{c} \in \mathbb{R}^8$ zu gemäß

$$c_n := \frac{\epsilon_n}{2} \sum_{k=0}^{7} f_k \cos\left(\frac{\pi(2k+1)n}{16}\right), \quad 0 \le n < 8,$$

wobei $\epsilon_0 := 1/\sqrt{2}$ und $\epsilon_n := 1$ für $1 \le n < 8$, so nennt man dies die **diskrete Cosinus-Transformation** von $\vec{f}$, kurz **DCT**. Aus dem Vektor $\vec{c}$ kann nun umgekehrt mit der sogenannten **inversen diskreten Cosinus-Transformation**, kurz **IDCT**, der Vektor $\vec{f} \in \mathbb{R}^8$ zurückgewonnen werden gemäß

$$f_n = \sum_{k=0}^{7} \frac{\epsilon_k}{2} c_k \cos\left(\frac{\pi(2n+1)k}{16}\right), \quad 0 \le n < 8.$$

Beweis Bei der DCT handelt es sich lediglich um eine Definition. Zu beweisen ist also nur die Rekonstruierbarkeit des Vektors $\vec{f}$ aus dem Vektor $\vec{c}$ mit Hilfe der IDCT. Durch Einsetzen erhält man zunächst

$$\sum_{k=0}^{7} \frac{\epsilon_k}{2} c_k \cos\left(\frac{\pi(2n+1)k}{16}\right)$$

$$= \sum_{k=0}^{7} \frac{\epsilon_k}{2} \left(\frac{\epsilon_k}{2} \sum_{\ell=0}^{7} f_\ell \cos\left(\frac{\pi(2\ell+1)k}{16}\right)\right) \cos\left(\frac{\pi(2n+1)k}{16}\right)$$

$$= \sum_{\ell=0}^{7} f_\ell \left(\sum_{k=0}^{7} \frac{\epsilon_k^2}{4} \cos\left(\frac{\pi(2\ell+1)k}{16}\right) \cos\left(\frac{\pi(2n+1)k}{16}\right)\right).$$

Nutzt man nun die trigonometrische Identität

$$\cos(\alpha)\cos(\beta) = \frac{\cos(\alpha+\beta) + \cos(\alpha-\beta)}{2}$$

aus, dann ergibt sich weiter

$$\sum_{k=0}^{7} \frac{\epsilon_k}{2} c_k \cos\left(\frac{\pi(2n+1)k}{16}\right)$$

$$= \sum_{\ell=0}^{7} f_\ell \left(\sum_{k=0}^{7} \frac{\epsilon_k^2}{8}\left(\cos\left(\frac{\pi(\ell+n+1)k}{8}\right) + \cos\left(\frac{\pi(\ell-n)k}{8}\right)\right)\right)$$

$$= \sum_{\ell=0}^{7} f_\ell \left(-\frac{1}{8} + \frac{1}{8}\sum_{k=0}^{7}\cos\left(\frac{\pi(\ell+n+1)k}{8}\right) + \frac{1}{8}\sum_{k=0}^{7}\cos\left(\frac{\pi(\ell-n)k}{8}\right)\right)$$

$$= f_n .$$

Zum Nachweis der letzten Identität muss das Lemma über die diskrete Orthogonalität der Cosinusfunktion ausgenutzt werden sowie berücksichtigt werden, dass $(\ell-n)$ genau dann gerade (ungerade) ist, wenn $(\ell+n+1)$ ungerade (gerade) ist. Ferner muss man einfließen lassen, dass für $\ell = n$ alle Argumente des Cosinus in der zweiten Summe gleich Null werden, der Cosinus also stets den Wert 1 liefert.　　　　□

▶ **Bemerkung 13.3.3 Matrix-Vektor-Notation der DCT/IDCT** Mit Hilfe der orthogonalen Matrix $C \in \mathbb{R}^{8\times8}$,

$$C := \frac{1}{2}\begin{pmatrix}
\frac{1}{\sqrt{2}} & \frac{1}{\sqrt{2}} & \cdots & \frac{1}{\sqrt{2}} \\
\cos(\frac{\pi(2\cdot0+1)\cdot1}{16}) & \cos(\frac{\pi(2\cdot1+1)\cdot1}{16}) & \cdots & \cos(\frac{\pi(2\cdot7+1)\cdot1}{16}) \\
\cos(\frac{\pi(2\cdot0+1)\cdot2}{16}) & \cos(\frac{\pi(2\cdot1+1)\cdot2}{16}) & \cdots & \cos(\frac{\pi(2\cdot7+1)\cdot2}{16}) \\
\vdots & \vdots & \vdots & \vdots \\
\vdots & \vdots & \vdots & \vdots \\
\cos(\frac{\pi(2\cdot0+1)\cdot6}{16}) & \cos(\frac{\pi(2\cdot1+1)\cdot6}{16}) & \cdots & \cos(\frac{\pi(2\cdot7+1)\cdot6}{16}) \\
\cos(\frac{\pi(2\cdot0+1)\cdot7}{16}) & \cos(\frac{\pi(2\cdot1+1)\cdot7}{16}) & \cdots & \cos(\frac{\pi(2\cdot7+1)\cdot7}{16})
\end{pmatrix}$$

und ihrer inversen Matrix $C^{-1} = C^T$,

$$C^{-1} = \frac{1}{2}\begin{pmatrix}
\frac{1}{\sqrt{2}} & \cos(\frac{\pi(2\cdot0+1)\cdot1}{16}) & \cos(\frac{\pi(2\cdot0+1)\cdot2}{16}) & \cdots & \cos(\frac{\pi(2\cdot0+1)\cdot7}{16}) \\
\frac{1}{\sqrt{2}} & \cos(\frac{\pi(2\cdot1+1)\cdot1}{16}) & \cos(\frac{\pi(2\cdot1+1)\cdot2}{16}) & \cdots & \cos(\frac{\pi(2\cdot1+1)\cdot7}{16}) \\
\frac{1}{\sqrt{2}} & \cos(\frac{\pi(2\cdot2+1)\cdot1}{16}) & \cos(\frac{\pi(2\cdot2+1)\cdot2}{16}) & \cdots & \cos(\frac{\pi(2\cdot2+1)\cdot7}{16}) \\
\vdots & \vdots & \vdots & \vdots & \vdots \\
\vdots & \vdots & \vdots & \vdots & \vdots \\
\frac{1}{\sqrt{2}} & \cos(\frac{\pi(2\cdot6+1)\cdot1}{16}) & \cos(\frac{\pi(2\cdot6+1)\cdot2}{16}) & \cdots & \cos(\frac{\pi(2\cdot6+1)\cdot7}{16}) \\
\frac{1}{\sqrt{2}} & \cos(\frac{\pi(2\cdot7+1)\cdot1}{16}) & \cos(\frac{\pi(2\cdot7+1)\cdot2}{16}) & \cdots & \cos(\frac{\pi(2\cdot7+1)\cdot7}{16})
\end{pmatrix}$$

lassen sich **DCT** und **IDCT** in **Matrix-Vektor-Notation** auch kompakt schreiben als

$$\vec{c} := C\vec{f} \quad \text{und} \quad \vec{f} = C^T \vec{c} \, .$$

Dies ist besonders nützlich, wenn man die Transformationen nicht auf Vektoren, sondern auf Matrizen anwenden möchte, wie dies z. B. im Rahmen der Bildverarbeitung häufig der Fall ist. Dort gilt es z. B., einen als (8,8)-Matrix darstellbaren Bildausschnitt $A \in \mathbb{R}^{8\times 8}$ zu transformieren, indem man die Transformationen simultan sowohl auf die Zeilen als auch auf die Spalten von A anwendet. Mit Hilfe der oben eingeführten Matrizen lassen sich auch hier die **DCT** und die **IDCT** sehr kompakt schreiben als

$$B := CAC^T \quad \text{und} \quad A = C^T BC \, .$$

Da $C^T = C^{-1}$ gilt, sind also in diesem Fall A und B orthogonal-ähnliche Matrizen, d. h. es sind Matrizen, die durch eine orthogonale Ähnlichkeitstransformation ineinander überführt werden können.

Beispiel 13.3.4

Für den Vektor $\vec{f} \in \mathbb{R}^8$ gegeben als

f_0	f_1	f_2	f_3	f_4	f_5	f_6	f_7
112	112	114	115	115	116	118	118

erhält man mittels **DCT** den Vektor $\vec{c} := C\vec{f}$ bei Rundung auf die dritte Nachkommastelle als

c_0	c_1	c_2	c_3	c_4	c_5	c_6	c_7
325.269	−5.992	0	−0.928	0	1.081	0	0.250

und daraus mittels **IDCT** wie erwartet den Vektor $\vec{f} = C^T \vec{c}$

f_0	f_1	f_2	f_3	f_4	f_5	f_6	f_7
112	112	114	115	115	116	118	118

zurück.

▷ **Bemerkung 13.3.5 Datenkompression mit DCT/IDCT** Zieht man zur Rekonstruktion eines beliebigen Vektors $\vec{f} \in \mathbb{R}^8$ nicht den kompletten DCT-

Vektor $\vec{c} := C \vec{f}$ heran, sondern nur den Vektor

$$\vec{c}^{(k)} := (c_0, c_1, \ldots, c_k, 0, \ldots, 0)^T \in \mathbb{R}^8$$

mit $k \in \{0, 1, \ldots, 7\}$, dann genügt der so mittels IDCT erhaltene Rekonstruktionsvektor $\vec{f}^{(k)} := C^T \vec{c}^{(k)}$ der Fehlerabschätzung

$$|\vec{f} - \vec{f}^{(k)}|^2 = |C^T(\vec{c} - \vec{c}^{(k)})|^2 = (C^T(\vec{c} - \vec{c}^{(k)}))^T (C^T(\vec{c} - \vec{c}^{(k)}))$$

$$= (\vec{c} - \vec{c}^{(k)})^T \underbrace{(C C^T)}_{= E}(\vec{c} - \vec{c}^{(k)}) = \sum_{j=k+1}^{7} (c_j)^2 \, .$$

Da die Komponenten c_j für große Indices j im Allgemeinen klein werden, ist auch der durch Nullsetzen dieser Komponenten verursachte Fehler zur Rekonstruktion von $\vec{f}$ im Allgemeinen klein, und man erkennt die sich damit eröffnende Möglichkeit zur in der Regel **verlustbehafteten Datenkompression** durch Speicherung geeignet vieler führender Komponenten von $\vec{c}$ anstelle des Vektors $\vec{f}$.

13.4 Diskrete Haar-Wavelet-Transformationen

Die Idee bei der **diskreten Haar-Wavelet-Transformation**, die auch kurz als **DHWT** bezeichnet wird und nach dem ungarischen Mathematiker Alfréd Haar (1885–1933) benannt ist, besteht darin, einem gegebenen Vektor einen anderen Vektor zuzuordnen, der gewisse Vorteile besitzt. Der Unterschied zur diskreten Fourier-Transformation und zur diskreten Cosinus-Transformation besteht primär darin, dass bei der DHWT die Rechnung sehr einfach ist und i.W. lediglich aus der Bildung von Summen und Differenzen der Komponenten des ursprünglichen Vektors besteht. Dieser ursprüngliche Vektor kann dabei wieder z. B. ein Teil eines abgetasteten Audio-Signals sein oder ein Zeilen- oder Spaltenvektor eines Bildes. Welche Vorteile der zugeordnete Vektor im Vergleich zum ursprünglichen Vektor besitzt (z. B. kompaktere Speicherbarkeit, anwendungsorientierte Interpretierbarkeit, bessere Informationsextrahierbarkeit usw.) und wie Verallgemeinerungen der DHWT im Zusammenhang mit dem JPEG2000-Standard eingesetzt werden, soll hier nicht weiter diskutiert werden. Im Rahmen dieses Buchs soll wieder lediglich die minimale Forderung an einen derartigen Transformationsprozess genauer untersucht werden, nämlich die exakte Rückgewinnung des ursprünglichen Vektors aus dem transformierten. Im vorliegenden Fall leistet dies genau die **inverse diskrete Haar-Wavelet-Transformation**, kurz **IDHWT**. Um beide Transformationen, also sowohl die Hin- als auch die Rücktransformation, präzise definieren zu können, macht es Sinn, sich die Berechnungen zunächst anhand eines kleinen Schemas zu verdeutlichen. Zum Verständnis dieses Schemas mache man sich klar, dass zum Beispiel zum Abspeichern der beiden Zahlen $f_0 := 118$ und

$f_1 := 120$ auch einfach deren Summe und Differenz abgespeichert werden könnte,

$$s_0 := f_0 + f_1 = 238 \quad \text{und} \quad d_0 := f_0 - f_1 = -2 \, .$$

Aus s_0 und d_0 lassen sich nämlich f_0 und f_1 leicht zurückgewinnen gemäß

$$f_0 = \frac{s_0 + d_0}{2} = 118 \quad \text{und} \quad f_1 = \frac{s_0 - d_0}{2} = 120.$$

Diese Technik funktioniert auch immer noch, wenn man die Summen- und Differenzbildung bei Hin- und Rücktransformation symmetrisiert im Sinne von

$$s_0 := \frac{f_0 + f_1}{\sqrt{2}} = 168.291\ldots \quad \text{und} \quad d_0 := \frac{f_0 - f_1}{\sqrt{2}} = -1.414\ldots$$

sowie

$$f_0 = \frac{s_0 + d_0}{\sqrt{2}} = 118 \quad \text{und} \quad f_1 = \frac{s_0 - d_0}{\sqrt{2}} = 120.$$

Iteriert man dieses Vorgehen nun bei einer Anwendung auf Vektoren mit mehr als zwei Komponenten (im vorliegenden Fall wieder Vektoren aus $\mathbb{R}^8$), so gelangt man zu den folgenden Transformations- und Rücktransformationsvorschriften, bei denen es sich genau um die **DHWT** und die **IDHWT** handelt. Dabei bezeichnen die Abkürzungen s_j^k bzw. d_j^k jeweils j-te Summen bzw. Differenzen der Ordnung k, denn die Differenz- und Summenbildung geschieht, wie oben bereits gesagt, iterativ fortgesetzt auf den entstehenden Zwischensummen und zwar so lange, bis dass nur noch ein Summenterm übrig bleibt. Konkret erfolgt die **DHWT** also nach dem Schema

f_0	f_1	f_2	f_3	f_4	f_5	f_6	f_7
$\frac{f_0+f_1}{\sqrt{2}}$	$\frac{f_2+f_3}{\sqrt{2}}$	$\frac{f_4+f_5}{\sqrt{2}}$	$\frac{f_6+f_7}{\sqrt{2}}$	$\frac{f_0-f_1}{\sqrt{2}}$	$\frac{f_2-f_3}{\sqrt{2}}$	$\frac{f_4-f_5}{\sqrt{2}}$	$\frac{f_6-f_7}{\sqrt{2}}$
s_0^1	s_1^1	s_2^1	s_3^1	$d_0^1 =: c_4$	$d_1^1 =: c_5$	$d_2^1 =: c_6$	$d_3^1 =: c_7$

s_0^1	s_1^1	s_2^1	s_3^1
$\frac{s_0^1+s_1^1}{\sqrt{2}}$	$\frac{s_2^1+s_3^1}{\sqrt{2}}$	$\frac{s_0^1-s_1^1}{\sqrt{2}}$	$\frac{s_2^1-s_3^1}{\sqrt{2}}$
s_0^2	s_1^2	$d_0^2 =: c_2$	$d_1^2 =: c_3$

s_0^2	s_1^2
$\frac{s_0^2+s_1^2}{\sqrt{2}}$	$\frac{s_0^2-s_1^2}{\sqrt{2}}$
$s_0^3 =: c_0$	$d_0^3 =: c_1$

und die entsprechende **IDHWT** nach dem Schema

c_0	c_1
$\frac{c_0+c_1}{\sqrt{2}}$	$\frac{c_0-c_1}{\sqrt{2}}$
s_0^2	s_1^2

s_0^2	s_1^2	c_2	c_3
$\frac{s_0^2+c_2}{\sqrt{2}}$	$\frac{s_0^2-c_2}{\sqrt{2}}$	$\frac{s_1^2+c_3}{\sqrt{2}}$	$\frac{s_1^2-c_3}{\sqrt{2}}$
s_0^1	s_1^1	s_2^1	s_3^1

s_0^1	s_1^1	s_2^1	s_3^1	c_4	c_5	c_6	c_7
$\frac{s_0^1+c_4}{\sqrt{2}}$	$\frac{s_0^1-c_4}{\sqrt{2}}$	$\frac{s_1^1+c_5}{\sqrt{2}}$	$\frac{s_1^1-c_5}{\sqrt{2}}$	$\frac{s_2^1+c_6}{\sqrt{2}}$	$\frac{s_2^1-c_6}{\sqrt{2}}$	$\frac{s_3^1+c_7}{\sqrt{2}}$	$\frac{s_3^1-c_7}{\sqrt{2}}$
f_0	f_1	f_2	f_3	f_4	f_5	f_6	f_7

Setzt man diese Berechnungsvorschriften, die nichts anderes als das sukzessive Bilden von gewichteten Summen und gewichteten Differenzen darstellen, Schritt für Schritt ineinander ein, so erhält man direkte Berechnungsformeln für die **diskrete Haar-Wavelet-Transformation** und ihre Inverse, die im folgenden Satz festgehalten werden.

▶ **Satz 13.4.1 DHWT und IDHWT** Es sei ein Vektor $\vec{f} \in \mathbb{R}^8$, $\vec{f} = (f_0, f_1, f_2, f_3, f_4, f_5, f_6, f_7)^T$, beliebig gegeben. Ordnet man dem Vektor $\vec{f}$ den Vektor $\vec{c} \in \mathbb{R}^8$ zu gemäß

$$c_0 := \frac{1}{2\sqrt{2}}(f_0 + f_1 + f_2 + f_3 + f_4 + f_5 + f_6 + f_7) ,$$

$$c_1 := \frac{1}{2\sqrt{2}}(f_0 + f_1 + f_2 + f_3 - f_4 - f_5 - f_6 - f_7) ,$$

$$c_2 := \frac{1}{2}(f_0 + f_1 - f_2 - f_3) ,$$

$$c_3 := \frac{1}{2}(f_4 + f_5 - f_6 - f_7) ,$$

$$c_4 := \frac{1}{\sqrt{2}}(f_0 - f_1) ,$$

$$c_5 := \frac{1}{\sqrt{2}}(f_2 - f_3) ,$$

$$c_6 := \frac{1}{\sqrt{2}}(f_4 - f_5) ,$$

$$c_7 := \frac{1}{\sqrt{2}}(f_6 - f_7) ,$$

so nennt man dies die **diskrete Haar-Wavelet-Transformation** von $\vec{f}$, kurz **DHWT**. Aus dem Vektor $\vec{c}$ kann nun umgekehrt mit der sogenannten **inversen diskreten Haar-Wavelet-Transformation**, kurz **IDHWT**, der Vektor $\vec{f} \in \mathbb{R}^8$ zurückgewonnen werden gemäß

$$
f_0 = \frac{1}{2\sqrt{2}}c_0 + \frac{1}{2\sqrt{2}}c_1 + \frac{1}{2}c_2 + \frac{1}{\sqrt{2}}c_4 ,
$$

$$
f_1 = \frac{1}{2\sqrt{2}}c_0 + \frac{1}{2\sqrt{2}}c_1 + \frac{1}{2}c_2 - \frac{1}{\sqrt{2}}c_4 ,
$$

$$
f_2 = \frac{1}{2\sqrt{2}}c_0 + \frac{1}{2\sqrt{2}}c_1 - \frac{1}{2}c_2 + \frac{1}{\sqrt{2}}c_5 ,
$$

$$
f_3 = \frac{1}{2\sqrt{2}}c_0 + \frac{1}{2\sqrt{2}}c_1 - \frac{1}{2}c_2 - \frac{1}{\sqrt{2}}c_5 ,
$$

$$
f_4 = \frac{1}{2\sqrt{2}}c_0 - \frac{1}{2\sqrt{2}}c_1 + \frac{1}{2}c_3 + \frac{1}{\sqrt{2}}c_6 ,
$$

$$
f_5 = \frac{1}{2\sqrt{2}}c_0 - \frac{1}{2\sqrt{2}}c_1 + \frac{1}{2}c_3 - \frac{1}{\sqrt{2}}c_6 ,
$$

$$
f_6 = \frac{1}{2\sqrt{2}}c_0 - \frac{1}{2\sqrt{2}}c_1 - \frac{1}{2}c_3 + \frac{1}{\sqrt{2}}c_7 ,
$$

$$
f_7 = \frac{1}{2\sqrt{2}}c_0 - \frac{1}{2\sqrt{2}}c_1 - \frac{1}{2}c_3 - \frac{1}{\sqrt{2}}c_7 .
$$

Beweis Das Einsetzen und Nachrechnen wird als Übung empfohlen! $\square$

▷ **Bemerkung 13.4.2 Matrix-Vektor-Notation der DHWT/IDHWT** Mit Hilfe der orthogonalen Matrix $W \in \mathbb{R}^{8 \times 8}$,

$$
W := \begin{pmatrix}
\frac{1}{2\sqrt{2}} & \frac{1}{2\sqrt{2}} & \frac{1}{2\sqrt{2}} & \frac{1}{2\sqrt{2}} & \frac{1}{2\sqrt{2}} & \frac{1}{2\sqrt{2}} & \frac{1}{2\sqrt{2}} & \frac{1}{2\sqrt{2}} \\[4pt]
\frac{1}{2\sqrt{2}} & \frac{1}{2\sqrt{2}} & \frac{1}{2\sqrt{2}} & \frac{1}{2\sqrt{2}} & -\frac{1}{2\sqrt{2}} & -\frac{1}{2\sqrt{2}} & -\frac{1}{2\sqrt{2}} & -\frac{1}{2\sqrt{2}} \\[4pt]
\frac{1}{2} & \frac{1}{2} & -\frac{1}{2} & -\frac{1}{2} & 0 & 0 & 0 & 0 \\[4pt]
0 & 0 & 0 & 0 & \frac{1}{2} & \frac{1}{2} & -\frac{1}{2} & -\frac{1}{2} \\[4pt]
\frac{1}{\sqrt{2}} & -\frac{1}{\sqrt{2}} & 0 & 0 & 0 & 0 & 0 & 0 \\[4pt]
0 & 0 & \frac{1}{\sqrt{2}} & -\frac{1}{\sqrt{2}} & 0 & 0 & 0 & 0 \\[4pt]
0 & 0 & 0 & 0 & \frac{1}{\sqrt{2}} & -\frac{1}{\sqrt{2}} & 0 & 0 \\[4pt]
0 & 0 & 0 & 0 & 0 & 0 & \frac{1}{\sqrt{2}} & -\frac{1}{\sqrt{2}}
\end{pmatrix}
$$

und ihrer inversen Matrix $W^{-1} = W^T$,

$$
W^{-1} = \begin{pmatrix}
\frac{1}{2\sqrt{2}} & \frac{1}{2\sqrt{2}} & \frac{1}{2} & 0 & \frac{1}{\sqrt{2}} & 0 & 0 & 0 \\
\frac{1}{2\sqrt{2}} & \frac{1}{2\sqrt{2}} & \frac{1}{2} & 0 & -\frac{1}{\sqrt{2}} & 0 & 0 & 0 \\
\frac{1}{2\sqrt{2}} & \frac{1}{2\sqrt{2}} & -\frac{1}{2} & 0 & 0 & \frac{1}{\sqrt{2}} & 0 & 0 \\
\frac{1}{2\sqrt{2}} & \frac{1}{2\sqrt{2}} & -\frac{1}{2} & 0 & 0 & -\frac{1}{\sqrt{2}} & 0 & 0 \\
\frac{1}{2\sqrt{2}} & -\frac{1}{2\sqrt{2}} & 0 & \frac{1}{2} & 0 & 0 & \frac{1}{\sqrt{2}} & 0 \\
\frac{1}{2\sqrt{2}} & -\frac{1}{2\sqrt{2}} & 0 & \frac{1}{2} & 0 & 0 & -\frac{1}{\sqrt{2}} & 0 \\
\frac{1}{2\sqrt{2}} & -\frac{1}{2\sqrt{2}} & 0 & -\frac{1}{2} & 0 & 0 & 0 & \frac{1}{\sqrt{2}} \\
\frac{1}{2\sqrt{2}} & -\frac{1}{2\sqrt{2}} & 0 & -\frac{1}{2} & 0 & 0 & 0 & -\frac{1}{\sqrt{2}}
\end{pmatrix}
$$

lassen sich **DHWT** und **IDHWT** in **Matrix-Vektor-Notation** auch kompakt schreiben als

$$
\vec{c} := W\vec{f} \qquad \text{und} \qquad \vec{f} = W^T\vec{c} \, .
$$

Dies ist wieder besonders nützlich, wenn man die Transformationen nicht auf Vektoren, sondern auf Matrizen anwenden möchte, wie dies z.B. im Rahmen der Bildverarbeitung häufig der Fall ist. Dort gilt es z.B., einen als (8,8)-Matrix darstellbaren Bildausschnitt $A \in \mathbb{R}^{8\times 8}$ zu transformieren, indem man die Transformationen simultan sowohl auf die Zeilen als auch auf die Spalten von A anwendet. Mit Hilfe der oben eingeführten Matrizen lassen sich auch hier die **DHWT** und die **IDHWT** sehr kompakt schreiben als

$$
B := WAW^T \qquad \text{und} \qquad A = W^T BW \, .
$$

Da $W^T = W^{-1}$ gilt, sind also auch in diesem Fall A und B orthogonal-ähnliche Matrizen, d. h. es sind Matrizen, die durch eine orthogonale Ähnlichkeitstransformation ineinander überführt werden können.

Beispiel 13.4.3

Für den Vektor $\vec{f} \in \mathbb{R}^8$ gegeben als

f_0	f_1	f_2	f_3	f_4	f_5	f_6	f_7
112	112	114	115	115	116	118	118

erhält man mittels **DHWT** den Vektor $\vec{c} := W\vec{f}$ bei Rundung auf die dritte Nachkommastelle als

c_0	c_1	c_2	c_3	c_4	c_5	c_6	c_7
325.269	−4.950	−2.5	−2.5	0	−0.707	−0.707	0

und daraus mittels **IDHWT** wie erwartet den Vektor $\vec{f} = W^T\vec{c}$

f_0	f_1	f_2	f_3	f_4	f_5	f_6	f_7
112	112	114	115	115	116	118	118

zurück.

▷ **Bemerkung 13.4.4 Datenkompression mit DHWT/IDHWT** Zieht man zur Rekonstruktion eines beliebigen Vektors $\vec{f} \in \mathbb{R}^8$ nicht den kompletten DHWT-Vektor $\vec{c} := W\vec{f}$ heran, sondern nur den Vektor

$$\vec{c}^{(k)} := (c_0, c_1, \ldots, c_k, 0, \ldots, 0)^T \in \mathbb{R}^8$$

mit $k \in \{0, 1, \ldots, 7\}$, dann genügt der so mittels IDHWT erhaltene Rekonstruktionsvektor $\vec{f}^{(k)} := W^T\vec{c}^{(k)}$ der Fehlerabschätzung

$$|\vec{f} - \vec{f}^{(k)}|^2 = |W^T(\vec{c} - \vec{c}^{(k)})|^2 = (W^T(\vec{c} - \vec{c}^{(k)}))^T(W^T(\vec{c} - \vec{c}^{(k)}))$$

$$= (\vec{c} - \vec{c}^{(k)})^T \underbrace{(WW^T)}_{= E}(\vec{c} - \vec{c}^{(k)}) = \sum_{j=k+1}^{7} (c_j)^2 \, .$$

Da die Komponenten c_j für große Indices j im Allgemeinen klein werden, ist auch der durch Nullsetzen dieser Komponenten verursachte Fehler zur Rekonstruktion von $\vec{f}$ im Allgemeinen klein, und man erkennt die sich damit eröffnende Möglichkeit zur in der Regel **verlustbehafteten Datenkompression** durch Speicherung geeignet vieler führender Komponenten von $\vec{c}$ anstelle des Vektors $\vec{f}$.

13.5　Aufgaben mit Lösungen

Aufgabe 13.5.1　*Suchen Sie für die vier gegebenen Vektoren $\vec{x}^{(s)}$, $1 \le s \le 4$,*

$$\begin{pmatrix} 5 \\ 1 \\ 4 \end{pmatrix}, \quad \begin{pmatrix} 1 \\ -1 \\ 1 \end{pmatrix}, \quad \begin{pmatrix} -3 \\ -1 \\ -2 \end{pmatrix}, \quad \begin{pmatrix} 1 \\ 1 \\ 1 \end{pmatrix},$$

in $\mathbb{R}^3$ drei Vektoren $\vec{z}$, $\vec{r}^{(1)}$ und $\vec{r}^{(2)}$, so dass in guter Näherung

$$\vec{x}^{(s)} \approx \vec{z} + \alpha_{s,1}\vec{r}^{(1)} + \alpha_{s,2}\vec{r}^{(2)}, \quad 1 \le s \le 4,$$

gilt, d. h., dass anstelle der ursprünglich drei Komponenten eines jeden x-Vektors im Wesentlichen lediglich noch seine jeweils zwei Komponenten

$$(\alpha_{s,1}, \alpha_{s,2})^T \in \mathbb{R}^2, \quad 1 \le s \le 4,$$

bezüglich der neuen Darstellung abzuspeichern sind.

Lösung der Aufgabe　*Man setzt zunächst $\vec{z} \in \mathbb{R}^3$ an als Zentrum der Vektoren $\vec{x}^{(s)}$, $1 \le s \le 4$, also*

$$\vec{z} := \frac{1}{4} \sum_{s=1}^{4} \vec{x}^{(s)} = \frac{1}{4} \begin{pmatrix} 4 \\ 0 \\ 4 \end{pmatrix} = \begin{pmatrix} 1 \\ 0 \\ 1 \end{pmatrix},$$

und definiert die zentrierten Vektoren als

$$\vec{z}^{(s)} := \vec{x}^{(s)} - \vec{z}, \quad 1 \le s \le 4.$$

Nun berechnet man die symmetrische positiv semidefinite Kovarianzmatrix $Z \in \mathbb{R}^{3\times3}$ gemäß

$$Z := \sum_{s=1}^{4} \vec{z}^{(s)}\vec{z}^{(s)T} = \begin{pmatrix} 32 & 8 & 24 \\ 8 & 4 & 6 \\ 24 & 6 & 18 \end{pmatrix}.$$

Das charakteristische Polynom von Z lautet dann

$$p(\lambda) = \det(Z - \lambda E) = -\lambda^3 + 54\lambda^2 - 100\lambda,$$

so dass sich die Eigenwerte von Z als Nullstellen dieses Polynoms ergeben zu

$$\lambda_1 = 52.07987\ldots, \quad \lambda_2 = 1.92012\ldots, \quad \lambda_3 = 0.$$

Entsprechend erhält man die, bis auf das Vorzeichen eindeutig bestimmten, zugehörigen orthonormalen Eigenvektoren als

$$\vec{r}^{(1)} = \begin{pmatrix} 0.78323\ldots \\ 0.20362\ldots \\ 0.58742\ldots \end{pmatrix}, \quad \vec{r}^{(2)} = \begin{pmatrix} -0.16290\ldots \\ 0.97904\ldots \\ -0.12217\ldots \end{pmatrix}, \quad \vec{r}^{(3)} = \begin{pmatrix} 0.6 \\ 0.0 \\ -0.8 \end{pmatrix}.$$

Damit lässt sich also in diesem Fall jeder Vektor $\vec{x}^{(s)}$, $1 \le s \le 4$, exakt darstellen als

$$\vec{x}^{(s)} = \vec{z} + \underbrace{(\vec{z}^{(s)T}\vec{r}^{(1)})}_{\alpha_{s,1}} \vec{r}^{(1)} + \underbrace{(\vec{z}^{(s)T}\vec{r}^{(2)})}_{\alpha_{s,2}} \vec{r}^{(2)}, \quad 1 \le s \le 4,$$

und die gewünschte Datenreduktion ist gelungen.

Aufgabe 13.5.2   *Suchen Sie für die acht gegebenen Vektoren $\vec{x}^{(s)}$, $1 \le s \le 8$,*

$$\begin{pmatrix} 5 \\ 9 \end{pmatrix}, \quad \begin{pmatrix} 3 \\ 5 \end{pmatrix}, \quad \begin{pmatrix} 2 \\ 5 \end{pmatrix}, \quad \begin{pmatrix} 6 \\ 9 \end{pmatrix}, \quad \begin{pmatrix} 4 \\ 5 \end{pmatrix}, \quad \begin{pmatrix} 3 \\ 3 \end{pmatrix}, \quad \begin{pmatrix} 5 \\ 8 \end{pmatrix}, \quad \begin{pmatrix} 4 \\ 4 \end{pmatrix},$$

in $\mathbb{R}^2$ zwei Vektoren $\vec{z}$ und $\vec{r}^{(1)}$, so dass in guter Näherung

$$\vec{x}^{(s)} \approx \vec{z} + \alpha_{s,1}\vec{r}^{(1)}, \quad 1 \le s \le 8,$$

gilt, d. h., dass anstelle der ursprünglich zwei Komponenten eines jeden x-Vektors im Wesentlichen lediglich noch eine einzige Komponente $\alpha_{s,1} \in \mathbb{R}$, $1 \le s \le 8$, bezüglich der neuen Darstellung abzuspeichern ist.

Lösung der Aufgabe   *Man setzt zunächst $\vec{z} \in \mathbb{R}^2$ an als Zentrum der Vektoren $\vec{x}^{(s)}$, $1 \le s \le 8$, also*

$$\vec{z} := \frac{1}{8}\sum_{s=1}^{8} \vec{x}^{(s)} = \frac{1}{8}\begin{pmatrix} 32 \\ 48 \end{pmatrix} = \begin{pmatrix} 4 \\ 6 \end{pmatrix},$$

und definiert die zentrierten Vektoren als

$$\vec{z}^{(s)} := \vec{x}^{(s)} - \vec{z}, \quad 1 \le s \le 8.$$

Nun berechnet man die symmetrische positiv semidefinite Kovarianzmatrix $Z \in \mathbb{R}^{2\times 2}$ gemäß

$$Z := \sum_{s=1}^{8} \vec{z}^{(s)}\vec{z}^{(s)T} = \begin{pmatrix} 12 & 17 \\ 17 & 38 \end{pmatrix}.$$

Das charakteristische Polynom von Z lautet dann

$$p(\lambda) = \det(Z - \lambda E) = \lambda^2 - 50\lambda + 167 \, ,$$

so dass sich die Eigenwerte von Z als Nullstellen dieses Polynoms ergeben zu

$$\lambda_1 = 46.40093\ldots \quad und \quad \lambda_2 = 3.59906\ldots .$$

Entsprechend erhält man die, bis auf das Vorzeichen eindeutig bestimmten, zugehörigen orthonormalen Eigenvektoren als

$$\vec{r}^{(1)} = \begin{pmatrix} 0.44302\ldots \\ 0.89650\ldots \end{pmatrix} \quad und \quad \vec{r}^{(2)} = \begin{pmatrix} 0.89650\ldots \\ -0.44302\ldots \end{pmatrix} .$$

Damit lässt sich also in diesem Fall jeder Vektor $\vec{x}^{(s)}$, $1 \le s \le 8$, näherungsweise darstellen als

$$\vec{x}^{(s)} \approx \vec{z} + \underbrace{\left(\vec{z}^{(s)T} \vec{r}^{(1)} \right)}_{\alpha_{s,1}} \vec{r}^{(1)} \, , \quad 1 \le s \le 8 \, ,$$

und die gewünschte Datenreduktion, hier allerdings verlustbehaftet, ist gelungen.

Selbsttest 13.5.3   Welche Aussagen für die Karhunen-Loève-Transformation (KLT) sind wahr?

?+? Die KLT kann zur Speicherung und Analyse hochdimensionaler Datensätze eingesetzt werden.

?+? Die KLT beruht auf der Berechnung von Eigenwerten und -vektoren der Kovarianzmatrix.

?−? Die Kovarianzmatrix ist immer symmetrisch und hat nur positive Eigenwerte.

?+? Die Kovarianzmatrix ist immer symmetrisch und hat nur nicht negative Eigenwerte.

?+? Die KLT ist im Prinzip nichts anderes als eine kartesische Koordinatentransformation.

?+? Die KLT kann zur Datenkompression genutzt werden.

?+? Die KLT vollzieht implizit einen speziellen Basiswechsel.

Aufgabe 13.5.4   *Der rein reelle Vektor $\vec{f} \in \mathbb{R}^8$ sei gegeben als*

f_0	f_1	f_2	f_3	f_4	f_5	f_6	f_7
116	113	113	113	110	118	114	118

*Führen Sie die **DFT** und die **IDFT** für diesen Vektor mit Rundung auf die dritte Nachkommastelle durch.*

Lösung der Aufgabe   *Man erhält mittels* **DFT** *den Vektor* $\vec{c} := F\vec{f}$ *bei Rundung auf die dritte Nachkommastelle als*

c_0	c_1	c_2	c_3
$323.501 + 0i$	$2.121 + 2.854i$	$-0.354 + 0i$	$2.121 + 2.146i$
c_4	c_5	c_6	c_7
$-3.182 + 0i$	$2.121 - 2.146i$	$-0.354 + 0i$	$2.121 - 2.854i$

und daraus mittels **IDFT** *wie erwartet den Vektor* $\vec{f} = \bar{F}\vec{c}$

f_0	f_1	f_2	f_3	f_4	f_5	f_6	f_7
116	113	113	113	110	118	114	118

zurück.

Selbsttest 13.5.5   Welche Aussagen für die diskrete Fourier-Transformation (DFT) sind wahr?

?+? Die DFT beruht auf einer diskreten Orthogonalitätsbeziehung für die Exponentialfunktion.

?−? Die DFT lässt sich in Matrix-Vektor-Notation mit Hilfe einer symmetrischen Matrix schreiben.

?−? Die Berechnungen der DFT laufen komplett in der Menge der reellen Zahlen ab.

?+? Mittels DFT kann man eine verlustbehaftete Datenkompression realisieren.

Aufgabe 13.5.6   *Der Vektor* $\vec{f} \in \mathbb{R}^8$ *sei gegeben als*

f_0	f_1	f_2	f_3	f_4	f_5	f_6	f_7
112	116	118	113	117	115	113	113

Führen Sie die **DCT** *und die* **IDCT** *für diesen Vektor mit Rundung auf die dritte Nachkommastelle durch.*

Lösung der Aufgabe   *Man erhält mittels* **DCT** *den Vektor* $\vec{c} := C\vec{f}$ *bei Rundung auf die dritte Nachkommastelle als*

c_0	c_1	c_2	c_3	c_4	c_5	c_6	c_7
324.208	1.200	-3.075	-1.068	-2.475	-3.119	0.891	2.278

und daraus mittels **IDCT** *wie erwartet den Vektor* $\vec{f} = C^T\vec{c}$

f_0	f_1	f_2	f_3	f_4	f_5	f_6	f_7
112	116	118	113	117	115	113	113

zurück.

Selbsttest 13.5.7   Welche Aussagen für die diskrete Cosinus-Transformation (DCT) sind wahr?

?+? Die DCT beruht auf einer diskreten Orthogonalitätsbeziehung für die Cosinusfunktion.

?+? Die DCT lässt sich in Matrix-Vektor-Notation mit Hilfe einer orthogonalen Matrix schreiben.

?+? Die Berechnungen der DCT laufen komplett in der Menge der reellen Zahlen ab.

?+? Mittels DCT kann man eine verlustbehaftete Datenkompression realisieren.

Aufgabe 13.5.8   *Der Vektor $\vec{f} \in \mathbb{R}^8$ sei gegeben als*

f_0	f_1	f_2	f_3	f_4	f_5	f_6	f_7
115	117	118	111	115	119	114	118

Führen Sie die **DHWT** *und die* **IDHWT** *für diesen Vektor mit Rundung auf die dritte Nachkommastelle durch.*

Lösung der Aufgabe   *Man erhält mittels* **DHWT** *den Vektor $\vec{c} := W\vec{f}$ bei Rundung auf die dritte Nachkommastelle als*

c_0	c_1	c_2	c_3	c_4	c_5	c_6	c_7
327.744	-1.768	1.5	1	-1.414	4.950	-2.828	-2.828

und daraus mittels **IDHWT** *wie erwartet den Vektor $\vec{f} = W^T\vec{c}$*

f_0	f_1	f_2	f_3	f_4	f_5	f_6	f_7
115	117	118	111	115	119	114	118

zurück.

Selbsttest 13.5.9   Welche Aussagen für die diskrete Haar-Wavelet-Transformation (DHWT) sind wahr?

?−? Die DHWT beruht auf einer diskreten Orthogonalitätsbeziehung für die Exponentialfunktion.

?−? Die DHWT lässt sich in Matrix-Vektor-Notation mit Hilfe einer symmetrischen Matrix schreiben.

?+? Die Berechnungen der DHWT laufen komplett in der Menge der reellen Zahlen ab.

?+? Mittels DHWT kann man eine verlustbehaftete Datenkompression realisieren.

Um z. B. die Codierung, die Kompression oder die Ver- und Entschlüsselung von Informationen möglichst performant implementieren zu können, zieht man sich auf einfache Strukturen zurück, die in einer Integer-Arithmetik umsetzbar sind. Eine ausführliche Einführung in diese etwas abstrakten Theorien, die dem umfangreichen Gebiet der **Algebra** zuzuordnen sind, findet man z. B. in [3]. Drei der wichtigsten Strukturen dieses Typs sind dabei die **Gruppen**, die **Ringe** und die **Körper**. Genau um diese algebraischen Strukturen, speziell im endlichen Fall, wird es im Folgenden gehen.

14.1 Gruppen

Die erste Struktur dieses Typs mit hinreichender Funktionalität ist die sogenannte **Gruppe**. Dabei ist es im Folgenden extrem wichtig, dass man in Hinblick auf die konkrete Realisierung der jeweiligen Strukturen keine intuitiven Vorstellungen hat: Es kann sich dabei um Zahlen, Operationen, Funktionen oder Ähnliches handeln und auch die jeweils eingeführten Operationen, obwohl vielfach mit **plus** (oder mit **mal**) bezeichnet, können ausgesprochen vielseitig sein.

Definition 14.1.1 Gruppe

Es sei **G** eine nicht leere Menge mit einer sogenannten inneren Verknüpfung $\oplus$, d. h.

$$\forall a, b: \quad (a, b \in G \implies a \oplus b \in G).$$

Elektronisches Zusatzmaterial Die elektronische Version dieses Kapitels enthält Zusatzmaterial, das berechtigten Benutzern zur Verfügung steht https://doi.org/10.1007/978-3-658-29969-9_14.

Wenn für diese innere Verknüpfung und alle $a, b, c \in$ **G** die Rechenregeln

(A1)	$a \oplus b = b \oplus a$	(**Kommutativgesetz**)
(A2)	$(a \oplus b) \oplus c = a \oplus (b \oplus c)$	(**Assoziativgesetz**)
(A3)	$\exists n \in G \; \forall a \in G: a \oplus n = a$	(**neutrales Element**)
(A4)	$\forall a \in G \; \exists -a \in G: a \oplus -a = n$	(**inverse Elemente**)

gelten, dann nennt man **G** bzw. (**G**, $\oplus$) eine **kommutative Gruppe** oder eine **abelsche Gruppe** (Niels Henrik Abel, 1802–1829). Gelten nur die Regeln (A2) bis (A4), dann heißt **G** bzw. (**G**, $\oplus$) eine **Gruppe**. ◄

▷   **Bemerkung 14.1.2 Spezielle Bezeichnung in Gruppen** In einer Gruppe **G** bezeichnet man das neutrale Element n bezüglich der inneren Verknüpfung $\oplus$ i. Allg. als **Nullelement** und schreibt statt n häufig einfach 0 (Null) und nennt die Operation $\oplus$ auch vielfach Addition bzw. additive Verknüpfung. Ferner bezeichnet man die Anzahl der Elemente in einer Gruppe, also $|G|$, als **Ordnung der Gruppe** (oder als **Kardinalität der Gruppe**) und nennt Gruppen mit $|G| < \infty$ **Gruppen von endlicher Ordnung** oder schlicht **endliche Gruppen** sowie im Fall $|G| = \infty$ **Gruppen von nicht endlicher Ordnung** oder schlicht **nicht endliche Gruppen**.

Beispiel 14.1.3
Die ganzen Zahlen $\mathbb{Z}$ bilden mit der Verknüpfung $+$ eine kommutative Gruppe. Das neutrale Element ist 0 und das inverse Element zu $a \in \mathbb{Z}$ ist das negative Element $-a \in \mathbb{Z}$.

Beispiel 14.1.4
Die Menge $\mathbb{Z}_2 := \{0, 1\}$ bildet mit der Verknüpfung $\oplus$ gemäß

$\oplus$	0	1
0	0	1
1	1	0

eine kommutative Gruppe. Das neutrale Element ist 0 und das inverse Element zu 0 ist 0, also $-0 = 0$, und zu 1 ist 1, also $-1 = 1$. Die Kommutativität der Verknüpfung folgt direkt aus $0 \oplus 1 = 1 \oplus 0$ und die Assoziativität müsste man für alle denkbaren Fälle nachrechnen, worauf hier verzichtet werden soll.

Beispiel 14.1.5

Die Menge $\mathbb{Z}_6 := \{0, 1, 2, 3, 4, 5\}$ bildet mit der Verknüpfung $\oplus$ gemäß

$\oplus$	0	1	2	3	4	5
0	0	1	2	3	4	5
1	1	2	3	4	5	0
2	2	3	4	5	0	1
3	3	4	5	0	1	2
4	4	5	0	1	2	3
5	5	0	1	2	3	4

eine kommutative Gruppe. Das neutrale Element ist 0 und das inverse Element zu 0 ist 0 ($-0 = 0$), zu 1 ist 5 ($-1 = 5$), zu 2 ist 4 ($-2 = 4$) etc. Die Kommutativität der Verknüpfung erkennt man an der Spiegelsymmetrie der Verknüpfungstabelle bezüglich der Hauptdiagonale und die Assoziativität müsste man mühsam nachrechnen, worauf hier verzichtet werden soll.

Beispiel 14.1.6

Die Menge $\mathbb{Z}_8 := \{0, 1, 2, 3, 4, 5, 6, 7\}$ bildet mit der Verknüpfung $\oplus$ gemäß

$\oplus$	0	1	2	3	4	5	6	7
0	0	1	2	3	4	5	6	7
1	1	2	3	4	5	6	7	0
2	2	3	4	5	6	7	0	1
3	3	4	5	6	7	0	1	2
4	4	5	6	7	0	1	2	3
5	5	6	7	0	1	2	3	4
6	6	7	0	1	2	3	4	5
7	7	0	1	2	3	4	5	6

eine kommutative Gruppe. Das neutrale Element ist 0 und die Kommutativität der Verknüpfung erkennt man wieder an der Spiegelsymmetrie der Verknüpfungstabelle bezüglich der Hauptdiagonale und die Assoziativität müsste man mühsam nachrechnen, worauf auch hier verzichtet werden soll. Was aber anhand dieses Beispiels kurz erläutert werden soll, ist eine Anwendung dieses Rechnens mit Resten relativ zu 8 bzw. allgemeiner relativ zu 2^n (wir werden das später Modulo-Rechnung nennen) im Kontext von Maschinenzahlen des Computers. Dazu muss man wissen, dass beim

Rechnen mit Maschinenzahlen häufig auch nur *Reste* übrig bleiben, und zwar genau in dem Moment, in dem es zum sogenannten **Überlauf** kommt, d. h. das Ergebnis mehr Mantissenstellen benötigt als zur Verfügung stehen. Kann man die eigentlich führende 1 wegen fehlender Mantissenstellen nicht mehr speichern, hat man ein Ergebnis, welches um 2^n vom korrekten Ergebnis abweicht (bei n verfügbaren Mantissenstellen). Kann man diese unvermeidbare Überlauf-Rest-Problematik auch sinnvoll nutzen? Die Antwort lautet *ja* und soll anhand eines konkreten Beispiels erläutert werden: Das inverse Element zu 3 in der obigen Gruppe $\mathbb{Z}_8$ ist offenbar 5. Bei einer Rechnung wie z. B. $6 \oplus -3$ greift man auf die dualen Darstellungen von $6 = 110_2$ und $3 = 011_2$ zu, geht bei der dualen Darstellung von 3 zum sogenannten **Zweierkomplement** 100_2 über (ersetze 0 durch 1 und 1 durch 0) und addiert dann 1 um $101_2 = 5$ zu erhalten. Jetzt rechnet man $110_2 \oplus 101_2$ bitweise mit Übertrag und zu ignorierendem Überlauf und erhält wie erwartet $011_2 = 3$. Das Ganze funktioniert, weil man sich leicht überlegt, dass die Identität

$$011_2 \oplus 100_2 \oplus 001_2 = 000_2$$

gilt, also das um 1 erhöhte Zweierkomplement stets das inverse Element zum Ausgangselement ist.

▷ **Bemerkung 14.1.7 Kurzschreibweisen in Gruppen** In einer Gruppe $\mathbf{G}$ mit der inneren Verknüpfung $\oplus$ vereinbart man für die Rechnung folgende Kurzschreibweisen:

$$\forall a \in \mathbf{G}\ \forall k \in \mathbb{Z},\ k \geq 1: \quad k \cdot a := \underbrace{a \oplus a \oplus \cdots \oplus a}_{k-\text{mal}},$$

$$\forall a \in \mathbf{G}: \quad 0 \cdot a := n\,,$$

$$\forall a \in \mathbf{G}\ \forall k \in \mathbb{Z},\ k \leq -1: \quad k \cdot a := \underbrace{-a \oplus -a \oplus \cdots \oplus -a}_{(-k)-\text{mal}},$$

$$\forall a_0, a_1, \ldots, a_n \in \mathbf{G},\ n \in \mathbb{N}: \quad \sum_{i=0}^{n} a_i := \bigoplus_{i=0}^{n} a_i := a_0 \oplus a_1 \oplus \cdots \oplus a_n\,.$$

Wenn Missverständnisse ausgeschlossen sind und man aus dem Kontext entnehmen kann, dass k eine ganze Zahl ist und a ein Element einer Gruppe, dann lässt man vielfach auch den Malpunkt einfach weg und identifiziert ka mit $k \cdot a$. Schließlich führt man noch eine abkürzende Schreibweise für die Verknüpfung mit einem bezüglich $\oplus$ inversen Element ein, die an die bekannte Subtraktionsnotation angelehnt ist:

$$\forall a, b \in \mathbf{G}: \quad a \ominus b := a \oplus -b\,.$$

14.2 Aufgaben mit Lösungen

Aufgabe 14.2.1 *Zeigen Sie, dass in einer Gruppe* **G** *für alle Elemente* $a \in$ **G** *auch* $-a \oplus a = n$ *gilt. Beachten Sie, dass Sie das Kommutativgesetz* **nicht** *ausnutzen dürfen, da die Gruppe* **nicht** *kommutativ ist!*

Lösung der Aufgabe Es sei $a \in$ **G** beliebig gegeben. Nach (A4) gibt es ein $-a \in$ **G** mit $a \oplus -a = n$. Da $-a \in$ **G** liegt, gibt es aber erneut aufgrund von (A4) auch ein $--a \in$ **G** mit $-a \oplus --a = n$. Daraus folgt aber nun sofort unter Anwendung der Regeln (A2) bis (A4) die Identität

$$-a \oplus a \stackrel{(A3)}{=} -a \oplus (a \oplus n) \stackrel{(A4)}{=} -a \oplus (a \oplus (-a \oplus --a))$$

$$\stackrel{(A2)}{=} -a \oplus ((a \oplus -a) \oplus --a) \stackrel{(A3)}{=} -a \oplus (n \oplus --a)$$

$$\stackrel{(A2)}{=} (-a \oplus n) \oplus --a) \stackrel{(A3)}{=} -a \oplus --a \stackrel{(A4)}{=} n \ .$$

Aufgabe 14.2.2 *Zeigen Sie, dass in einer Gruppe* **G** *für alle Elemente* $a \in$ **G** *auch* $n \oplus a = a$ *gilt und folglich das neutrale Element* n *eindeutig bestimmt ist. Beachten Sie, dass Sie das Kommutativgesetz* **nicht** *ausnutzen dürfen, da die Gruppe* **nicht** *kommutativ ist!*

Lösung der Aufgabe Es sei $a \in$ **G** beliebig gegeben. Nach (A4) gibt es ein $-a \in$ **G** mit $a \oplus -a = n$. Damit ergibt sich unter Ausnutzung der vorausgegangenen Aufgabe sowie unter Anwendung der Regeln (A2) bis (A4) die Identität

$$n \oplus a \stackrel{(A4)}{=} (a \oplus -a) \oplus a \stackrel{(A2)}{=} a \oplus (-a \oplus a) \stackrel{(s.o.)}{=} a \oplus n \stackrel{(A3)}{=} a \ .$$

Der noch fehlende Nachweis zur Eindeutigkeit von n wird indirekt geführt, indem angenommen wird, dass mit $n_1 \in$ **G** und $n_2 \in$ **G** zwei neutrale Elemente existieren. Die Lösung ergibt sich dann unter Ausnutzung der oben bewiesen beidseitigen Neutralität aus

$$n_1 = n_1 \oplus n_2 = n_2 \ .$$

Selbsttest 14.2.3 Welche der folgenden Aussagen über Gruppen sind wahr?

?–? In einer Gruppe gilt das Distributivgesetz.
?–? Die natürlichen Zahlen $\mathbb{N}$ bilden mit der üblichen Addition eine Gruppe.
?+? Die rationalen Zahlen $\mathbb{Q}$ bilden mit der üblichen Addition eine Gruppe.
?+? Die reellen Zahlen $\mathbb{R}$ bilden mit der üblichen Addition eine Gruppe.
?–? In einer Gruppe gilt das Kommutativgesetz.

14.3 Ringe

Bei den **Ringen** handelt es sich um spezielle kommutative Gruppen mit einer zweiten inneren Verknüpfung, die i. Allg. als Multiplikation bezeichnet wird.

Definition 14.3.1 Ring

Es sei R eine nicht leere Menge mit zwei inneren Verknüpfungen $\oplus$ und $\odot$, d. h.

$$\forall a,b: \quad (a,b \in R \implies a \oplus b \in R),$$
$$\forall a,b: \quad (a,b \in R \implies a \odot b \in R).$$

Wenn für diese inneren Verknüpfungen und alle $a, b, c \in R$ die Rechenregeln

(A1)	$a \oplus b = b \oplus a$	(Kommutativgesetz)
(A2)	$(a \oplus b) \oplus c = a \oplus (b \oplus c)$	(Assoziativgesetz)
(A3)	$\exists n \in R \; \forall a \in R: a \oplus n = a$	(neutrales Element)
(A4)	$\forall a \in R \; \exists -a \in R: a \oplus -a = n$	(inverse Elemente)

und

(M1)	$a \odot b = b \odot a$	(Kommutativgesetz)
(M2)	$(a \odot b) \odot c = a \odot (b \odot c)$	(Assoziativgesetz)
(M3)	$\exists e \in R \; \forall a \in R: a \odot e = a = e \odot a$	(neutrales Element)
(D1)	$a \odot (b \oplus c) = (a \odot b) \oplus (a \odot c)$	(Distributivgesetz 1)
(D2)	$(b \oplus c) \odot a = (b \odot a) \oplus (c \odot a)$	(Distributivgesetz 2)

gelten, dann nennt man R bzw. $(R, \oplus, \odot)$ einen **kommutativen Ring mit Einselement** e. Gelten nur die Regeln (A1) bis (A4) sowie (M1), (M2), (D1) und (D2), dann heißt R ein **kommutativer Ring**. Gelten nur die Regeln (A1) bis (A4) sowie (M2), (M3), (D1) und (D2), dann heißt R ein **Ring mit Einselement** e. Gelten nur die Regeln (A1) bis (A4) sowie (M2), (D1) und (D2), dann heißt R ein **Ring**. ◄

▷ **Bemerkung 14.3.2 Spezielle Bezeichnungen in Ringen** In einem Ring R bezeichnet man das neutrale Element n bezüglich der inneren Verknüpfung $\oplus$ i. Allg. als **Nullelement** und in einem Ring R mit Einselement e nennt man das neutrale Element e bezüglich der inneren Verknüpfung $\odot$ schlicht **Einselement** und schreibt statt n häufig einfach 0 (Null) und statt e entsprechend 1 (Eins). Ferner bezeichnet man die Anzahl der Elemente in einem Ring, also $|R|$, als **Ordnung des Rings** (oder als **Kardinalität des Rings**) und nennt Ringe mit $|R| < \infty$ **Ringe von endlicher Ordnung** oder schlicht **endliche Ringe** sowie im Fall $|R| = \infty$ **Ringe von nicht endlicher Ordnung** oder schlicht **nicht endliche Ringe**.

▷   **Bemerkung 14.3.3 Besonderheiten in kommutativen Ringen** In einem **kommutativen Ring** folgt stets aus (M1) und (D1) das zweite Distributivgesetz (D2), so dass dies als zusätzliche Forderung obsolet ist. Gleiches gilt in diesem Fall für die Forderung der beidseitigen Neutralität von e in (M3), von denen in einem **kommutativen Ring mit Einselement** die eine aus der jeweils anderen folgt.

Beispiel 14.3.4

Die ganzen Zahlen $\mathbb{Z}$ bilden mit den Verknüpfungen $+$ und $\cdot$ einen kommutativen Ring mit Einselement 1.

Beispiel 14.3.5

Die Menge der reellen Matrizen aus $\mathbb{R}^{2\times 2}$ bilden mit der Matrizenaddition $+$ und der Matrizenmultiplikation $\cdot$ einen Ring mit Einselement E (Einheitsmatrix in $\mathbb{R}^{2\times 2}$). Hier gilt das Kommutativgesetz bezüglich der Multiplikation bekanntlich nicht!

In den Anwendungen spielen primär gewisse **endliche kommutative Ringe mit Einselement** eine Rolle, d. h. spezielle Ringe, die nur endlich viele Elemente enthalten. Die einfachsten Ringe dieses Typs sind die Ringe $\mathbb{Z}_m$,

$$\mathbb{Z}_m := \{0, 1, 2, \ldots, m-1\},$$

mit einer natürlichen Zahl $m \in \mathbb{N}^*$, $m \geq 2$, die sogenannten **Restklassenringe modulo** m. In diesen Ringen wird für das neutrale Element bezüglich $\oplus$ die übliche Bezeichnung $n = 0$ benutzt und für das neutrale Element bezüglich $\odot$ die Bezeichnung $e = 1$. Ferner schreibt man statt $a \oplus b$ häufig $a + b \mod m$ und statt $a \odot b$ entsprechend $a \cdot b \mod m$. Bei der Berechnung von Summen und Produkten in diesen Ringen wird zunächst wie üblich addiert und multipliziert, das Ergebnis dann aber durch m geteilt und durch den erhaltenen Rest ersetzt. Man spricht dann auch von Addition oder Multiplikation modulo m und bezeichnet dies als **modulare Arithmetik**. Die Zahl m wird dabei auch **Modul** genannt. Anders ausgedrückt bedeutet also a **ist kongruent** b **modulo** m, dass sich a und b nur durch ein ganzzahliges Vielfaches von m unterscheiden, in Kurzschreibweise

$$a \equiv b \mod m \quad :\Longleftrightarrow \quad \exists d \in \mathbb{Z}: a = b + d \cdot m\,,$$

und man als Ergebnis irgendwelcher Rechnungen modulo m immer die **kleinste natürliche Zahl** nimmt, die die obige Kongruenzbedingung erfüllt. Eine Notation vom Typ

$$a := b \mod m := \min\{r \in \mathbb{N} \mid r \equiv b \mod m\}$$

legt also a genau als **die kleinste natürliche Zahl** fest, für die eine Kongruenzbeziehung zu b modulo m besteht.

Am einfachsten macht man sich das Rechnen in derartigen kommutativen Ringen mit Einselement anhand eines kleinen Beispiels klar.

Beispiel 14.3.6

Für den Restklassenring $\mathbb{Z}_6$ mit den Verknüpfungen $\oplus$ = + mod 6 und $\odot$ = · mod 6 ergeben sich die folgenden Verknüpfungstabellen:

$\oplus$	0	1	2	3	4	5
0	0	1	2	3	4	5
1	1	2	3	4	5	0
2	2	3	4	5	0	1
3	3	4	5	0	1	2
4	4	5	0	1	2	3
5	5	0	1	2	3	4

$\odot$	0	1	2	3	4	5
0	0	0	0	0	0	0
1	0	1	2	3	4	5
2	0	2	4	0	2	4
3	0	3	0	3	0	3
4	0	4	2	0	4	2
5	0	5	4	3	2	1

Die neutralen Elemente bezüglich der beiden Verknüpfungen sollten klar sein. Die Kommutativität der beiden Verknüpfungen erkennt man sofort an der Spiegelsymmetrie der Verknüpfungstabellen bezüglich der Hauptdiagonale, die Assoziativität und die Distributivität müsste man nachrechnen. Ferner ist z. B. das inverse Element zu 4 bzgl. $\oplus$ gleich 2, also $-4 = 2$, denn $4 \oplus 2 = 0$. Ein inverses Element zu 4 bzgl. $\odot$ existiert aber z. B. **nicht**, denn $4 \odot a \neq 1$ für alle $a \in \mathbb{Z}_6$. Andererseits findet man z. B. für 5 sehr wohl ein inverses Element bzgl. $\odot$, nämlich 5, denn $5 \odot 5 = 1$. Elemente mit dieser Eigenschaft werden **Einheiten** des Rings genannt und spielen bei den Anwendungen eine zentrale Rolle.

$\triangleright$ **Bemerkung 14.3.7 Kurzschreibweise in Ringen** In einem Ring $\mathbf{R}$ mit der zweiten inneren Verknüpfung $\odot$ vereinbart man für die Rechnung folgende Kurzschreibweisen:

$$\forall a \in \mathbf{R} \; \forall k \in \mathbb{N}^*: \quad a^k := \underbrace{a \odot a \odot \cdots \odot a}_{k-\text{mal}},$$

$$\forall a_0, a_1, \ldots, a_n \in \mathbf{G}, \; n \in \mathbb{N}: \quad \prod_{k=0}^{n} a_k := \bigodot_{k=0}^{n} a_k := a_0 \odot a_1 \odot \cdots \odot a_n.$$

Darüber hinaus gelten natürlich alle vereinbarten Kurzschreibweisen für Gruppen auch in Ringen!

▷ **Bemerkung 14.3.8 Punktrechnung vor Strichrechnung** In einem Ring **R** mit den beiden inneren Verknüpfung $\oplus$ und $\odot$ gilt die Festlegung, dass Operationen mit $\odot$ stets vor Operationen mit $\oplus$ auszuführen sind, auch wenn keine Klammern gesetzt wurden. So gilt z. B.

$$\forall a, b, c \in \mathbf{R}: \quad a \odot b \oplus c := (a \odot b) \oplus c \, .$$

Im obigen Beispiel mit $\mathbb{Z}_6$ erkennt man, dass es Ringelemente geben kann, die auch multiplikativ Inverse besitzen. Z. B. gilt für $5 \in \mathbb{Z}_6$ die Identität $5 \odot 5 = 1$. Diese Beobachtung gibt Anlass dazu, Elemente dieses Typs, die z. B. bei der RSA-Verschlüsselung eine zentrale Rolle spielen, etwas genauer zu untersuchen.

Definition 14.3.9 Einheiten eines Rings

Es sei $(\mathbf{R}, \oplus, \odot)$ ein kommutativer Ring mit Einselement. Dann nennt man alle Elemente $a \in \mathbf{R}$, für die ein $b \in \mathbf{R}$ existiert mit $a \odot b = 1$, **Einheiten des Rings**. ◄

Man kann nun zeigen, dass die Einheiten eines kommutativen Rings mit Einselement einige interessante Eigenschaften besitzen. Zunächst ist die Menge der Einheiten nie leer, denn das Einselement ist in jedem Fall eine Einheit. Ferner ist das sogenannte multiplikativ inverse Element stets eindeutig bestimmt, wie im folgenden Satz nachgewiesen wird.

▷ **Satz 14.3.10 Eindeutigkeit des multiplikativ inversen Elements** Es sei $(\mathbf{R}, \oplus, \odot)$ ein kommutativer Ring mit Einselement. Ferner sei $a \in \mathbf{R}$ eine Einheit des Rings. Dann ist das Element $b \in \mathbf{R}$ mit $a \odot b = 1$ eindeutig bestimmt und wird mit a^{-1} bezeichnet.

Beweis Wir führen den Nachweis durch einen Widerspruchsbeweis. Angenommen, es gäbe $b_1 \in \mathbf{R}$ und $b_2 \in \mathbf{R}$ mit $b_1 \neq b_2$ sowie $a \odot b_1 = 1$ und $a \odot b_2 = 1$. Dann folgt mit den Rechengesetzen in kommutativen Ringen mit Einselement sofort

$$b_1 \stackrel{(M3)}{=} b_1 \odot 1 \stackrel{(s.o.)}{=} b_1 \odot (a \odot b_2) \stackrel{(M2)}{=} (b_1 \odot a) \odot b_2 \stackrel{(M1)}{=} (a \odot b_1) \odot b_2 \stackrel{(s.o.)}{=} 1 \odot b_2$$
$$\stackrel{(M3)}{=} b_2 \, .$$

Dies liefert den gewünschten Widerspruch. □

Im nächsten Schritt wird gezeigt, dass die Einheiten in kommutativen Ringen mit Einselement eine kommutative Gruppe bezüglich $\odot$ bilden. Dazu sei ab jetzt mit

$$\mathbf{R}^* := \{a \in \mathbf{R} \mid \exists a^{-1} \in \mathbf{R} \text{ mit } a \odot a^{-1} = 1\}$$

die Menge der Einheiten von **R** bezeichnet.

▷ **Satz 14.3.11 Einheitengruppe von R** Es sei $(\mathbf{R}, \oplus, \odot)$ ein kommutativer Ring mit Einselement. Dann bildet die Menge der Einheiten $\mathbf{R}^*$ bezüglich $\odot$ eine kommutative Gruppe, die sogenannte **Einheitengruppe von R**.

Beweis Da alle Gesetze aus $\mathbf{R}$ natürlich auch in $\mathbf{R}^*$ gelten, ferner mit 1 das neutrale Element bezüglich $\odot$ in $\mathbf{R}^*$ ist und definitionsgemäß jedes Element aus $\mathbf{R}^*$ ein multiplikativ inverses Element besitzt, ist lediglich noch zu zeigen, dass $\mathbf{R}^*$ bezüglich der Verknüpfung $\odot$ abgeschlossen ist, d. h., dass aus $a, b \in \mathbf{R}^*$ auch $a \odot b \in \mathbf{R}^*$ folgt. Dies ist aber wegen

$$(a \odot b) \odot (b^{-1} \odot a^{-1}) \overset{(M2)}{=} (a \odot (b \odot b^{-1})) \odot a^{-1} \overset{(b \in \mathbf{R}^*)}{=} (a \odot 1) \odot a^{-1}$$
$$\overset{(M3)}{=} a \odot a^{-1} \overset{(a \in \mathbf{R}^*)}{=} 1$$

sofort klar. $\square$

Beispiel 14.3.12

Für einige kommutative Ringe mit Einselement ergeben sich die Einheitengruppen wie folgt:

$$\mathbb{Z}^* = \{-1, 1\}, \qquad \mathbb{Z}_4^* = \{1, 3\}, \qquad \mathbb{Z}_6^* = \{1, 5\},$$
$$\mathbb{Z}_7^* = \{1, 2, 3, 4, 5, 6\}, \quad \mathbb{Z}_8^* = \{1, 3, 5, 7\}.$$

Viele Einheitengruppen besitzen die interessante Eigenschaft, dass sie sich von einem Element erzeugen lassen. Diese Beobachtung motiviert die folgende Definition.

Definition 14.3.13 Primitive Wurzel, Generator, zyklische Einheitengruppe

Es sei $(\mathbf{R}, \oplus, \odot)$ ein kommutativer Ring mit Einselement sowie $\mathbf{R}^*$ die zugehörige Einheitengruppe. Falls nun ein Element $g \in \mathbf{R}^*$ existiert mit

$$\langle g \rangle := \{g^k \mid k \in \mathbb{N}^*\} = \mathbf{R}^*,$$

dann nennt man g **primitive Wurzel in $\mathbf{R}^*$** (oder auch **Generator von $\mathbf{R}^*$**) und die Einheitengruppe $\mathbf{R}^*$ wird als **zyklisch** bezeichnet. ◄

Beispiel 14.3.14

Für einige kommutative Ringe mit Einselement ergeben sich die Einheitengruppen wie folgt generiert aus primitiven Wurzeln und sind damit insbesondere zyklisch:

Wegen $\mathbb{Z}_4^* = \langle 3 \rangle$ ist $\mathbb{Z}_4^*$ zyklisch und 3 eine primitive Wurzel in $\mathbb{Z}_4^*$.

Wegen $\mathbb{Z}_6^* = \langle 5 \rangle$ ist $\mathbb{Z}_6^*$ zyklisch und 5 eine primitive Wurzel in $\mathbb{Z}_6^*$.

Wegen $\mathbb{Z}_7^* = \langle 3 \rangle$ ist $\mathbb{Z}_7^*$ zyklisch und 3 eine primitive Wurzel in $\mathbb{Z}_7^*$.

Leider besitzen nicht alle kommutativen Ringe mit Einselement zyklische Einheitengruppen! Dies wird durch das folgende abschließende Beispiel zu diesem Kapitel belegt.

Beispiel 14.3.15

Wir betrachten den kommutativen Ring $\mathbb{Z}_8$ mit 1. Man prüft leicht nach, dass die Einheitengruppe von $\mathbb{Z}_8$ genau aus den Elementen $1, 3, 5$ und 7 besteht, also $\mathbb{Z}_8^* = \{1, 3, 5, 7\}$. Die Verknüpfungstabelle für die Einheitengruppe ergibt sich sofort wie folgt:

$\odot$	1	3	5	7
1	1	3	5	7
3	3	1	7	5
5	5	7	1	3
7	7	5	3	1

Offensichtlich gibt es kein Element in $\mathbb{Z}_8^*$, welches die gesamte Einheitengruppe erzeugt. Also ist $\mathbb{Z}_8^*$ nicht zyklisch und enthält keine primitive Wurzel!

14.4 Aufgaben mit Lösungen

Aufgabe 14.4.1 *Zeigen Sie, dass in einem Ring* **R** *für alle Elemente* $a \in$ **R** *die Identität* $n \odot a = n = a \odot n$ *gilt. Beachten Sie, dass Sie das Kommutativgesetz für* $\odot$ **nicht** *ausnutzen dürfen, da der Ring* **nicht** *kommutativ ist!*

Lösung der Aufgabe Es sei $a \in$ **R** beliebig gegeben. Nach (A4) gibt es zu $a \odot a \in$ **R** ein $-(a \odot a) \in$ **R** mit $a \odot a \oplus -(a \odot a) = n$. Damit ergibt sich unter Anwendung der Rechengesetze in Ringen die erste behauptete Identität gemäß

$$n \odot a \overset{(A3)}{=} n \odot a \oplus n \overset{(A4)}{=} n \odot a \oplus (a \odot a \oplus -(a \odot a))$$

$$\overset{(A2)}{=} (n \odot a \oplus a \odot a) \oplus -(a \odot a) \overset{(D2)}{=} (n \oplus a) \odot a \oplus -(a \odot a)$$

$$\overset{(A1)}{=} (a \oplus n) \odot a \oplus -(a \odot a) \overset{(A3)}{=} a \odot a \oplus -(a \odot a) \overset{(A4)}{=} n \,.$$

Entsprechend ergibt sich

$$a \odot n \overset{(A3)}{=} a \odot n \oplus n \overset{(A4)}{=} a \odot n \oplus (a \odot a \oplus -(a \odot a))$$

$$\overset{(A2)}{=} (a \odot n \oplus a \odot a) \oplus -(a \odot a) \overset{(D1)}{=} a \odot (n \oplus a) \oplus -(a \odot a)$$

$$\overset{(A1)}{=} a \odot (a \oplus n) \oplus -(a \odot a) \overset{(A3)}{=} a \odot a \oplus -(a \odot a) \overset{(A4)}{=} n \,.$$

Aufgabe 14.4.2 *Begründen Sie, dass die Menge $\mathbb{Z}_4$ mit der Addition und Multiplikation modulo 4 gemäß*

$\oplus$	0	1	2	3
0	0	1	2	3
1	1	2	3	0
2	2	3	0	1
3	3	0	1	2

$\odot$	0	1	2	3
0	0	0	0	0
1	0	1	2	3
2	0	2	0	2
3	0	3	2	1

ein kommutativer Ring mit Einselement ist.

Lösung der Aufgabe Die Kommutativität der beiden Verknüpfungen erkennt man sofort an der Symmetrie der Verknüpfungstabellen, die Assoziativität und die Distributivität müsste man nachrechnen. Das neutrale Element bzgl. $\oplus$ ist offenbar 0 und auch bzgl. $\odot$ gibt es ein neutrales Element, nämlich 1. Schließlich ist z. B. das inverse Element zu 3 bzgl. $\oplus$ gleich 1, denn $3 \oplus 1 = 0$, und auch zu allen anderen Elementen aus $\mathbb{Z}_4$ existieren inverse Elemente bzgl. der Verknüpfung $\oplus$. Also ist $\mathbb{Z}_4$ mit den angegebenen Verknüpfungen ein kommutativer Ring mit Einselement.

Aufgabe 14.4.3 *Geben Sie die Verknüpfungstabellen für die Addition und Multiplikation modulo 8 in $\mathbb{Z}_8$ an. Begründen Sie, dass $\mathbb{Z}_8$ mit den so definierten Verknüpfungen zu einem kommutativen Ring mit Einselement wird.*

Lösung der Aufgabe Zunächst ergeben sich die Verknüpfungstabellen als:

$\oplus$	0	1	2	3	4	5	6	7
0	0	1	2	3	4	5	6	7
1	1	2	3	4	5	6	7	0
2	2	3	4	5	6	7	0	1
3	3	4	5	6	7	0	1	2
4	4	5	6	7	0	1	2	3
5	5	6	7	0	1	2	3	4
6	6	7	0	1	2	3	4	5
7	7	0	1	2	3	4	5	6

$\odot$	0	1	2	3	4	5	6	7
0	0	0	0	0	0	0	0	0
1	0	1	2	3	4	5	6	7
2	0	2	4	6	0	2	4	6
3	0	3	6	1	4	7	2	5
4	0	4	0	4	0	4	0	4
5	0	5	2	7	4	1	6	3
6	0	6	4	2	0	6	4	2
7	0	7	6	5	4	3	2	1

Die Kommutativität der beiden Verknüpfungen erkennt man sofort an der Symmetrie der Verknüpfungstabellen, die Assoziativität und die Distributivität müsste man nachrechnen. Das neutrale Element bzgl. $\oplus$ ist offenbar 0 und auch bzgl. $\odot$ gibt es ein neutrales Element, nämlich 1. Schließlich ist z. B. das inverse Element zu 3 bzgl. $\oplus$ gleich 5, denn $3 \oplus 5 = 0$, und auch zu allen anderen Elementen aus $\mathbb{Z}_8$ existieren inverse Elemente bzgl. der Verknüpfung $\oplus$. Also ist $\mathbb{Z}_8$ mit den angegebenen Verknüpfungen ein kommutativer Ring mit Einselement.

Aufgabe 14.4.4 *Es sei* **R** *ein kommutativer Ring mit* 1 *und* **R*** *seine Einheitengruppe. Zeigen Sie, dass* $a \in$ **R** *genau dann eine Einheit ist, wenn es kein* $k \in \mathbb{N}$ *gibt mit* $a^k = 0$.

Lösung der Aufgabe Es sei zunächst a eine Einheit, d. h. $a \in$ **R*** und insbesondere $a \neq 0$. Da **R*** eine Gruppe ist, die nie 0 enthält, kann wegen der Abgeschlossenheit von **R*** mit a auch $a \odot a = a^2$ nicht 0 sein. Da $a^2 \in$ **R*** ist, kann aber auch $a^2 \odot a \in$ **R*** nicht 0 sein. Die Aussage für jede beliebige k-te Potenz folgt dann mit vollständiger Induktion.

Es sein nun umgekehrt ein $k \in \mathbb{N}$ gegeben mit $a^k = 0$. Wäre nun $a \in$ **R***, dann wäre wegen der Abgeschlossenheit von **R*** bezüglich der Verknüpfung $\odot$ auch $a^k = 0$ in **R***. Das kann jedoch nicht sein, denn 0 ist keine Einheit.

Aufgabe 14.4.5 *Bestimmen Sie die Einheitengruppe* $\mathbb{Z}_9^*$ *und zeigen Sie, dass sie zyklisch ist.*

Lösung der Aufgabe Wegen $1 \odot 1 = 1$, $2 \odot 5 = 1$, $4 \odot 7 = 1$ und $8 \odot 8 = 1$ gilt $1, 2, 4, 5, 7, 8 \in \mathbb{Z}_9^*$. Wegen der vorausgegangenen Aufgabe und $3^2 = 0$ und $6^2 = 0$ gilt $3, 6 \neq \mathbb{Z}_9^*$. Insgesamt folgt also $\mathbb{Z}_9^* = \{1, 2, 4, 5, 7, 8\}$. Die Verknüpfungstabelle von $\mathbb{Z}_9^*$ ergibt sich leicht zu:

$\odot$	1	2	4	5	7	8
1	1	2	4	5	7	8
2	2	4	8	1	5	7
4	4	8	7	2	1	5
5	5	1	2	7	8	4
7	7	5	1	8	4	2
8	8	7	5	4	2	1

Aus ihr liest man sofort ab, dass 2 und 5 primitive Wurzeln sind, d. h. $\langle 2 \rangle = \mathbb{Z}_9^* = \langle 5 \rangle$ und damit $\mathbb{Z}_9^*$ eine zyklische Einheitengruppe ist.

Selbsttest 14.4.6 Welche der folgenden Aussagen über Ringe sind wahr?

?+? In einem Ring gelten zwei Distributivgesetze.

?−? Die natürlichen Zahlen $\mathbb{N}$ bilden mit der üblichen Addition und Multiplikation einen Ring.

?+? Die reellen Zahlen $\mathbb{R}$ bilden mit der üblichen Addition und Multiplikation einen Ring mit 1.

?+? Die rationalen Zahlen $\mathbb{Q}$ bilden mit der üblichen Addition und Multiplikation einen Ring.

?+? In einem kommutativen Ring gilt das Kommutativgesetz für beide Operationen.

?+? In einem Ring gelten zwei Assoziativgesetze.

?+? Die ganzen Zahlen $\mathbb{Z}$ bilden mit der üblichen Addition und Multiplikation einen kommutativen Ring.

?+? In einem Ring gibt es nur ein Nullelement.

?−? In einem Ring gilt das Kommutativgesetz für beide Operationen.

Selbsttest 14.4.7　Welche Aussagen über kommutative Ringe mit Einselement sind wahr?

?+? Die Einheitengruppe kann bisweilen nur aus dem Einselement bestehen.

?−? Die Einheitengruppe ist immer zyklisch.

?+? Die Einheitengruppe kann der komplette Ring ohne Nullelement sein.

?+? Die Einheitengruppe ist immer kommutativ.

?+? Ist die Einheitengruppe zyklisch, dann gibt es eine primitive Wurzel.

?−? Die Einheitengruppe hat stets eine gerade Anzahl von Elementen.

?−? Die Einheitengruppe kann der komplette Ring sein.

14.5　Körper

Bei den **Körpern** handelt es sich um spezielle kommutative Ringe mit Einselement, in denen die zweite innere Verknüpfung zusätzlichen Bedingungen genügt. Genauer gilt, dass nun auch die zweite innere Verknüpfung die Gesetze für kommutative Gruppen erfüllen muss, allerdings unter Ausnahme des neutralen Elements der ersten Verknüpfung. Man könnte es auch so formulieren: Körper sind kommutative Ringe $\mathbf{R}$ mit Einselement, in denen die Einheitengruppe alle Elemente außer dem Nullelement enthält, was man auch kurz schreiben kann als:

$$\mathbf{R} \text{ ist ein Körper} \quad \Longleftrightarrow \quad \mathbf{R}^* = \mathbf{R} \setminus \{0\} \, .$$

Definition 14.5.1　Körper

Es sei $\mathbf{K}$ eine nicht leere Menge mit zwei inneren Verknüpfungen $\oplus$ und $\odot$, d. h.

$$\forall a,b: \quad (\, a,b \in \mathbf{K} \implies a \oplus b \in \mathbf{K} \,) \, ,$$
$$\forall a,b: \quad (\, a,b \in \mathbf{K} \implies a \odot b \in \mathbf{K} \,) \, .$$

Wenn für diese inneren Verknüpfungen und alle $a, b, c \in \mathbf{K}$ die Rechenregeln

(A1)	$a \oplus b = b \oplus a$	(**Kommutativgesetz**)
(A2)	$(a \oplus b) \oplus c = a \oplus (b \oplus c)$	(**Assoziativgesetz**)
(A3)	$\exists n \in \mathbf{K}\ \forall a \in \mathbf{K}: a \oplus n = a$	(**neutrales Element**)
(A4)	$\forall a \in \mathbf{K}\ \exists -a \in \mathbf{K}: a \oplus -a = n$	(**inverse Elemente**)

und

(M1)	$a \odot b = b \odot a$	(Kommutativgesetz)
(M2)	$(a \odot b) \odot c = a \odot (b \odot c)$	(Assoziativgesetz)
(M3)	$\exists e \in \mathbf{K}^* \; \forall a \in \mathbf{K}^*: a \odot e = a$	(neutrales Element)
(M4)	$\forall a \in \mathbf{K}^* \; \exists a^{-1} \in \mathbf{K}^*: a \odot a^{-1} = e$	(inverse Elemente)
(D)	$a \odot (b \oplus c) = (a \odot b) \oplus (a \odot c)$	(Distributivgesetz)

gelten, dann nennt man $\mathbf{K}$ bzw. $(\mathbf{K}, \oplus, \odot)$ einen **Körper**. Dabei wurde die Abkürzung $\mathbf{K}^* := \mathbf{K} \setminus \{n\}$ benutzt, d. h. die Menge $\mathbf{K}^*$ enthält alle Körperelemente außer dem neutralen Element bezüglich $\oplus$. ◄

▷ **Bemerkung 14.5.2 Spezielle Bezeichnungen in Körpern** In einem Körper $\mathbf{K}$ bezeichnet man das neutrale Element n bezüglich der inneren Verknüpfung $\oplus$ i. Allg. als **Nullelement** und das neutrale Element e bezüglich der inneren Verknüpfung $\odot$ als **Einselement** und schreibt statt n häufig einfach 0 (Null) und statt e entsprechend 1 (Eins). Ferner bezeichnet man die Anzahl der Elemente in einem Körper, also $|\mathbf{K}|$, als **Ordnung des Körpers** (oder als **Kardinalität des Körpers**) und nennt Körper mit $|\mathbf{K}| < \infty$ **Körper von endlicher Ordnung** oder schlicht **endliche Körper** sowie im Fall $|\mathbb{R}| = \infty$ **Körper von nicht endlicher Ordnung** oder schlicht **nicht endliche Körper**.

Beispiel 14.5.3

Die rationalen Zahlen $\mathbb{Q}$ und auch die reellen Zahlen $\mathbb{R}$ bilden mit den Verknüpfungen $+$ und $\cdot$ jeweils einen nicht endlichen Körper.

▷ **Bemerkung 14.5.4 Kurzschreibweise in Körpern** In einem Körper $\mathbf{K}$ mit der zweiten inneren Verknüpfung $\odot$ vereinbart man für die Rechnung folgende Kurzschreibweisen, die die entsprechende Vereinbarung für Ringe naheliegend verallgemeinern:

$$\forall a \in \mathbf{K}: \quad a^0 := e \, ,$$

$$\forall a \in \mathbf{K}^* \; \forall k \in \mathbb{Z}, \, k \leq -1: \quad a^k := \underbrace{a^{-1} \odot a^{-1} \odot \cdots \odot a^{-1}}_{(-k)-\text{mal}} \, .$$

Darüber hinaus gelten natürlich alle anderen vereinbarten Kurzschreibweisen für Gruppen und Ringe auch in Körpern! Schließlich führt man noch zwei abkürzende Schreibweisen für die Verknüpfung mit einem bezüglich $\odot$ inversen Element ein, die an die bekannten Divisionsnotationen angelehnt sind:

$$\forall a \in \mathbf{K} \; \forall b \in \mathbf{K}^*: \quad \frac{a}{b} := a \oslash b := a \odot b^{-1} \, .$$

Im Rahmen vieler Anwendungen aus dem Bereich der diskreten Mathematik spielen eigentlich nur gewisse **endliche Körper** eine Rolle, d. h. Körper, die nur endlich viele Elemente enthalten. Die einfachsten Körper dieses Typs sind die Körper $\mathbb{Z}_p$,

$$\mathbb{Z}_p := \{0, 1, 2, \ldots, p-1\} \, ,$$

mit einer Primzahl $p \in \mathbb{N}^*$, die sogenannten **Restklassenkörper modulo** p. In diesen Körpern wird für die neutralen Elemente die übliche Bezeichnung $n = 0$ und $e = 1$ benutzt sowie $a \oplus b$ auch geschrieben als $a + b$ mod p und $a \odot b$ entsprechend geschrieben als $a \cdot b$ mod p. Bei der Berechnung von Summen und Produkten in diesen Körpern wird zunächst wie üblich addiert und multipliziert, das Ergebnis dann aber durch p geteilt und durch den erhaltenen Rest ersetzt. Man spricht dann auch von Addition oder Multiplikation modulo p und bezeichnet dies als **modulare Arithmetik**. Anders ausgedrückt bedeutet also a **ist kongruent** b **modulo** p, dass sich a und b nur durch ein ganzzahliges Vielfaches von p unterscheiden, in Kurzschreibweise

$$a \equiv b \text{ mod } p \quad :\Longleftrightarrow \quad \exists d \in \mathbb{Z} : a = b + d \cdot p \, ,$$

und man als Ergebnis irgendwelcher Rechnungen modulo p immer die **kleinste natürliche Zahl** nimmt, die die obige Kongruenzbedingung erfüllt. Eine Notation vom Typ

$$a := b \text{ mod } p := \min\{r \in \mathbb{N} \mid r \equiv b \text{ mod } p\}$$

legt also auch hier a genau als **die kleinste natürliche Zahl** fest, für die eine Kongruenzbeziehung zu b modulo p besteht.

Offensichtlich sind Restklassenkörper spezielle Restklassenringe, und zwar genau solche, bei denen die Anzahl ihrer Elemente gleich einer Primzahl ist. Am einfachsten macht man sich das Rechnen in derartigen Körpern anhand eines kleinen Beispiels klar.

Beispiel 14.5.5

Für den Restklassenkörper $\mathbb{Z}_5$ mit den Operationen $\oplus \; = \; +$ mod 5 und $\odot \; = \;$ · mod 5 ergeben sich die folgenden Verknüpfungstabellen:

$\oplus$	0	1	2	3	4
0	0	1	2	3	4
1	1	2	3	4	0
2	2	3	4	0	1
3	3	4	0	1	2
4	4	0	1	2	3

$\odot$	0	1	2	3	4
0	0	0	0	0	0
1	0	1	2	3	4
2	0	2	4	1	3
3	0	3	1	4	2
4	0	4	3	2	1

Die neutralen Elemente bezüglich der beiden Verknüpfungen sollten klar sein. Die Kommutativität der beiden Verknüpfungen erkennt man sofort an der Spiegelsymmetrie der Verknüpfungstabellen bezüglich der Hauptdiagonale, die Assoziativität und die Distributivität müsste man nachrechnen. Ferner ist z. B. das inverse Element zu 4 bzgl. $\oplus$ gleich 1, also $-4 = 1$, denn $4 \oplus 1 = 0$. Das inverse Element zu 4 bzgl. $\odot$ ist 4, also $4^{-1} = 4$, denn $4 \odot 4 = 1$. Entsprechend ist z. B. das zu 2 bzgl. $\odot$ inverse Element das Element 3, also $2^{-1} = 3$, denn es gilt $2 \odot 3 = 1$. Die Einheitengruppe besteht, wie bei allen Körpern, aus allen Elementen außer dem Nullelement, also $\mathbb{Z}_5^* = \{1, 2, 3, 4\}$. Die Einheitengruppe ist zyklisch, da z. B. das Element 3 eine primitive Wurzel ist (Bitte überprüfen!).

Beispiel 14.5.6

Für den Restklassenkörper $\mathbb{Z}_7$ mit den Operationen $\oplus = +$ mod 7 und $\odot = \cdot$ mod 7 ergeben sich die folgenden Verknüpfungstabellen:

$\oplus$	0	1	2	3	4	5	6
0	0	1	2	3	4	5	6
1	1	2	3	4	5	6	0
2	2	3	4	5	6	0	1
3	3	4	5	6	0	1	2
4	4	5	6	0	1	2	3
5	5	6	0	1	2	3	4
6	6	0	1	2	3	4	5

$\odot$	0	1	2	3	4	5	6
0	0	0	0	0	0	0	0
1	0	1	2	3	4	5	6
2	0	2	4	6	1	3	5
3	0	3	6	2	5	1	4
4	0	4	1	5	2	6	3
5	0	5	3	1	6	4	2
6	0	6	5	4	3	2	1

Die neutralen Elemente bezüglich der beiden Verknüpfungen sollten klar sein. Die Kommutativität der beiden Verknüpfungen erkennt man sofort an der Spiegelsymmetrie der Verknüpfungstabellen bezüglich der Hauptdiagonale, die Assoziativität und die Distributivität müsste man nachrechnen. Ferner ist z. B. das inverse Element zu 4 bzgl. $\oplus$ gleich 3, also $-4 = 3$, denn $4 \oplus 3 = 0$. Das inverse Element zu 4 bzgl. $\odot$ ist 2, also $4^{-1} = 2$, denn $4 \odot 2 = 1$. Die Einheitengruppe besteht, wie bei allen Körpern, aus allen Elementen außer dem Nullelement, also $\mathbb{Z}_7^* = \{1, 2, 3, 4, 5, 6\}$. Die Einheitengruppe ist zyklisch, da z. B. das Element 5 eine primitive Wurzel ist (Bitte überprüfen!).

▷ **Bemerkung 14.5.7 Endliche Körper** (1) Man kann zeigen, dass alle Körper mit endlich vielen Elementen genau eine Primzahlpotenz von Elementen enthalten und je zwei endliche Körper mit derselben Anzahl von Elementen isomorph sind (vgl. [3]). Bis auf Isomorphie gibt es also zu jeder Primzahlpotenz genau einen endlichen Körper mit exakt dieser Anzahl von Elementen. Die Körper zur Primzahlpotenz 1 haben wir bereits kennengelernt, es sind genau die Restklassenkörper $\mathbb{Z}_p$, $p \in \mathbb{N}^*$ Primzahl. Allgemein werden endliche Körper auch **Galois-Felder** genannt und speziell Galois-Felder mit 2^8 Elementen spielen z. B. beim aktuellen symmetrischen Verschlüsselungsstandard **AES** eine zentrale Rolle.

(2) Im Fall der **Restklassenkörper** $\mathbb{Z}_p$, $p \in \mathbb{N}^*$ Primzahl, bezeichnet man die Einheitengruppen $\mathbb{Z}_p^*$ auch als **prime Restklassengruppen**. Man kann zeigen, dass $\mathbb{Z}_p^*$ stets zyklisch ist und es somit immer primitive Wurzeln gibt. Einen schönen Beweis für dieses wichtige Resultat mit einem Abriss über die historischen Hintergründe findet man z. B. in [2], Seite 225ff.

Restklassenkörper (und auch Restklassenringe) können eingesetzt werden um zu überprüfen, ob bestimmte Ziffernfolgen (ISBN, EAN, Kreditkartennummer etc.) korrekt oder fehlerhaft sind. Die beiden einfachsten Fälle, nämlich die Erkennung von einer fehlerhaften Ziffer oder einem Vertauschen zweier Ziffern, machen wir uns im Folgenden kurz klar.

Definition 14.5.8

Es sei $p \in \mathbb{N}$ eine Primzahl, $\mathbb{Z}_p$ der zugehörige Restklassenkörper sowie L eine lineare Abbildung gegeben durch

$$L\colon \mathbb{Z}_p^n \to \mathbb{Z}_p \,, \qquad \vec{x} \mapsto \sum_{k=1}^{n} g_k \odot x_k \,.$$

Die L definierenden Koeffizienten $g_k \in \mathbb{Z}_p$, $1 \leq k \leq n$, werden **Gewichte von L** **genannt**. Ein Vektor $\vec{x} \in \mathbb{Z}_p^n$ heißt **zulässig bezüglich** L, falls $L(\vec{x}) = 0$ gilt. ◄

Beispiel 14.5.9

Auf dem Restklassenkörper $\mathbb{Z}_7$ sei die Funktion $L\colon \mathbb{Z}_7^6 \to \mathbb{Z}_7$ erklärt als

$$L(x_1, x_2, \ldots, x_6) := \sum_{k=1}^{6} k \odot x_k$$

$$= x_1 \oplus (2 \odot x_2) \oplus (3 \odot x_3) \oplus (4 \odot x_4) \oplus (5 \odot x_5) \oplus (6 \odot x_6) \,.$$

Hier sind die Gewichte von L genau die Zahlen $1, 2, \ldots, 6$ und z. B. der Vektor

$$\vec{x} := (4, 2, 5, 3, 2, 3)^T \in \mathbb{Z}_7^6$$

wäre zulässig, denn $L(\vec{x}) = 0$ (Nachrechnen!).

Man kann nun hinreichende Bedingungen an die Gewichte von L formulieren, die das Erkennen der Verfälschung eines zulässigen Vektors ermöglichen.

▷ **Satz 14.5.10** Es sei $p \in \mathbb{N}$ eine Primzahl, $\mathbb{Z}_p$ der zugehörige Restklassenkörper sowie L eine lineare Abbildung gegeben durch

$$L: \mathbb{Z}_p^n \to \mathbb{Z}_p\,, \qquad \vec{x} \mapsto \sum_{k=1}^{n} g_k \odot x_k\,.$$

Dann erkennt L

- den Fehler in einer Komponente eines zulässigen Vektors, falls $g_k \neq 0$ für $1 \leq k \leq n$,
- die Vertauschung zweier Komponenten eines zulässigen Vektors, falls $g_k \neq g_j$ für $1 \leq k, j \leq n, k \neq j$.

Beweis (1) Es sei $\vec{x} \in \mathbb{Z}_p^n$ ein zulässiger Vektor bezüglich L, also $L(\vec{x}) = 0$ sowie $\vec{y} \in \mathbb{Z}_p^n$ mit

$$y_k = x_k\,, \quad 1 \leq k \leq n,\ k \neq j\,, \qquad \text{und} \qquad y_j \neq x_j\,,$$

wobei $j \in \{1, 2, \ldots, n\}$ ein fester Index sei. Dann gilt

$$L(\vec{y}) = L(\vec{y}) \ominus L(\vec{x}) = g_j \odot (y_j \ominus x_j) \neq 0\,,$$

denn sowohl $g_j \neq 0$ als auch $(y_j \ominus x_j) \neq 0$. Also wird der Fehler in der j-ten Komponente erkannt.

(2) Es sei $\vec{x} \in \mathbb{Z}_p^n$ ein zulässiger Vektor bezüglich L, also $L(\vec{x}) = 0$ sowie $\vec{y} \in \mathbb{Z}_p^n$ mit

$$y_k = x_k\,, \quad 1 \leq k \leq n,\ k \neq i\,,\ k \neq j\,, \qquad \text{und} \qquad y_i = x_j\,,\ y_j = x_i\,,\ x_i \neq x_j\,,$$

wobei $i, j \in \{1, 2, \ldots, n\}$ zwei feste verschiedene Indices seien. Dann gilt

$$L(\vec{y}) = L(\vec{y}) \ominus L(\vec{x}) = (g_i \ominus g_j) \odot (x_j \ominus x_i) \neq 0\,,$$

denn sowohl $(g_i \ominus g_j) \neq 0$ als auch $(x_j \ominus x_i) \neq 0$. Also wird die Vertauschung der i-ten und der j-ten Komponente erkannt, sofern ihre Werte verschieden waren. □

Beispiel 14.5.11

Auf dem Restklassenkörper $\mathbb{Z}_7$ sei wieder die Funktion $L\colon \mathbb{Z}_7^6 \to \mathbb{Z}_7$ erklärt als

$$L(x_1, x_2, \ldots, x_6) := \sum_{k=1}^{6} k \odot x_k$$
$$= x_1 \oplus (2 \odot x_2) \oplus (3 \odot x_3) \oplus (4 \odot x_4) \oplus (5 \odot x_5) \oplus (6 \odot x_6)$$

und $\vec{x} := (4, 2, 5, 3, 2, 3)^T \in \mathbb{Z}_7^6$ ein zulässiger Vektor. Offensichtlich ist keines der Gewichte von L gleich 0 und sie sind auch paarweise verschieden. Damit entdeckt L sowohl Fehler in einer Komponente eines zulässigen Vektors als auch die Vertauschung zweier Komponenten:

Ändert man z. B. $\vec{x}$ in einer Komponente auf $\vec{y} := (4, 2, 5, 3, 1, 3)^T \in \mathbb{Z}_7^6$, dann ergibt sich $L(\vec{y}) = 2 \neq 0$ und der Fehler ist erkannt.

Vertauscht man z. B. bei $\vec{x}$ die erste und die vierte Komponente und erhält $\vec{y} := (3, 2, 5, 4, 2, 3)^T \in \mathbb{Z}_7^6$, dann ergibt sich $L(\vec{y}) = 3 \neq 0$ und der Vertauschungsfehler ist erkannt.

Die obigen Überlegungen zur Fehlererkennung sind natürlich in vielerlei Hinsicht verallgemeinerbar. Einerseits ist das Konzept nicht auf Restklassenkörper beschränkt, sondern kann auf Restklassenringe oder Galois-Felder ausgedehnt werden. Ferner möchte man natürlich im Idealfall Fehler nicht nur erkennen, sondern direkt auch automatisch korrigieren, Stichwort **fehlererkennende und -korrigierende Codes**. Details zu diesen Fragestellungen kann man z. B. in [1] und den dort genannten Referenzen finden.

14.6 Aufgaben mit Lösungen

Aufgabe 14.6.1 *Zeigen Sie, dass in einem Körper* $\mathbf{K}$ *für alle* $a \in \mathbf{K}$ *die Identität* $n \odot a = n = a \odot n$ *gilt.*

Lösung der Aufgabe Am einfachsten ist es, sich auf das bereits bekannte Ergebnis in Ringen zu berufen. Man kann die Identität jedoch auch erneut unter Zugriff auf die Rechengesetze in Körpern beweisen, wobei wegen der Kommutativität von $\odot$ nur das erste Gleichheitszeichen zu verifizieren ist. Konkret erhält man die Identität gemäß

$$n \odot a \overset{(A3)}{=} n \odot a \oplus n \overset{(A4)}{=} n \odot a \oplus (a \oplus -a)$$
$$\overset{(M1\,M3)}{=} n \odot a \oplus (e \odot a \oplus -a) \overset{(A2)}{=} (n \odot a \oplus e \odot a) \oplus -a$$
$$\overset{(M1\,D)}{=} (n \oplus e) \odot a \oplus -a \overset{(A1\,A3)}{=} e \odot a \oplus -a \overset{(M1\,M3)}{=} a \oplus -a \overset{(A4)}{=} n\,.$$

Aufgabe 14.6.2 *Zeigen Sie, dass in einem Körper* **K** *für alle* $a, b \in \mathbf{K}^*$ *die Identität* $(a \odot b)^{-1} = b^{-1} \odot a^{-1}$ *gilt.*

Lösung der Aufgabe Es gilt

$$(a \odot b) \odot (b^{-1} \odot a^{-1}) \overset{(M2)}{=} (a \odot (b \odot b^{-1})) \odot a^{-1} \overset{(M4)}{=} (a \odot e) \odot a^{-1} \overset{(M3)}{=} a \odot a^{-1}$$

$$\overset{(M4)}{=} e \, ,$$

also $(a \odot b)^{-1} = b^{-1} \odot a^{-1}$. Implizit wird dabei ausgenutzt, dass das inverse Element stets eindeutig bestimmt ist, was man leicht durch einen indirekten Beweis zeigen kann.

Aufgabe 14.6.3 *Zeigen Sie, dass in einem Körper* **K** *für alle* $a \in \mathbf{K}$ *die Identität* $-e \odot a = -a = a \odot -e$ *gilt.*

Lösung der Aufgabe Wegen der Kommutativität von $\odot$ ist nur ein Gleichheitszeichen nachzuweisen. Die erste Identität folgt aber mit den Rechengesetzen in Körpern sofort aus

$$-e \odot a \overset{(A1\_A3)}{=} n \oplus -e \odot a \overset{(A1\_A4)}{=} (-a \oplus a) \oplus -e \odot a$$

$$\overset{(M1\_M3)}{=} (-a \oplus e \odot a) \oplus -e \odot a \overset{(A2)}{=} -a \oplus (e \odot a \oplus -e \odot a)$$

$$\overset{(M1\_D)}{=} -a \oplus (e \oplus -e) \odot a \overset{(A4)}{=} -a \oplus n \odot a \overset{(s.o)}{=} -a \oplus n \overset{(A3)}{=} -a \, .$$

Aufgabe 14.6.4 *Geben Sie die Verknüpfungstabellen für die Addition und Multiplikation modulo 3 in* $\mathbb{Z}_3$ *und modulo 6 in* $\mathbb{Z}_6$ *an. Welche Menge wird zu einem Körper, welche nur zu einem Ring?*

Lösung der Aufgabe Die Verknüpfungstabellen ergeben sich zu

$\oplus$	0	1	2
0	0	1	2
1	1	2	0
2	2	0	1

$\odot$	0	1	2
0	0	0	0
1	0	1	2
2	0	2	1

und

$\oplus$	0	1	2	3	4	5
0	0	1	2	3	4	5
1	1	2	3	4	5	0
2	2	3	4	5	0	1
3	3	4	5	0	1	2
4	4	5	0	1	2	3
5	5	0	1	2	3	4

$\odot$	0	1	2	3	4	5
0	0	0	0	0	0	0
1	0	1	2	3	4	5
2	0	2	4	0	2	4
3	0	3	0	3	0	3
4	0	4	2	0	4	2
5	0	5	4	3	2	1

Die Kommutativität der beiden Verknüpfungen erkennt man sofort an der Symmetrie der Verknüpfungstabellen, die Assoziativität und die Distributivität müsste man nachrechnen. Ferner existieren in $\mathbb{Z}_3$ sowohl inverse Elemente bzgl. $\oplus$ als auch bzgl. $\odot$, während dies bei $\mathbb{Z}_6$ nur bzgl. $\oplus$ der Fall ist und z. B. zu 4 kein Element $a \in \mathbb{Z}_6$ existiert mit $4 \odot a = 1$. Also ist $\mathbb{Z}_3$ ein Körper und $\mathbb{Z}_6$ lediglich ein kommutativer Ring mit Einselement.

Aufgabe 14.6.5 *Geben Sie die Verknüpfungstabellen für die Addition und Multiplikation modulo 11 in $\mathbb{Z}_{11}$ an. Ist $\mathbb{Z}_{11}$ mit den so definierten Verknüpfungen ein Körper oder nur ein Ring?*

Lösung der Aufgabe Zunächst ergeben sich die Verknüpfungstabellen als:

$\oplus$	0	1	2	3	4	5	6	7	8	9	10
0	0	1	2	3	4	5	6	7	8	9	10
1	1	2	3	4	5	6	7	8	9	10	0
2	2	3	4	5	6	7	8	9	10	0	1
3	3	4	5	6	7	8	9	10	0	1	2
4	4	5	6	7	8	9	10	0	1	2	3
5	5	6	7	8	9	10	0	1	2	3	4
6	6	7	8	9	10	0	1	2	3	4	5
7	7	8	9	10	0	1	2	3	4	5	6
8	8	9	10	0	1	2	3	4	5	6	7
9	9	10	0	1	2	3	4	5	6	7	8
10	10	0	1	2	3	4	5	6	7	8	9

$\odot$	0	1	2	3	4	5	6	7	8	9	10
0	0	0	0	0	0	0	0	0	0	0	0
1	0	1	2	3	4	5	6	7	8	9	10
2	0	2	4	6	8	10	1	3	5	7	9
3	0	3	6	9	1	4	7	10	2	5	8
4	0	4	8	1	5	9	2	6	10	3	7
5	0	5	10	4	9	3	8	2	7	1	6
6	0	6	1	7	2	8	3	9	4	10	5
7	0	7	3	10	6	2	9	5	1	8	4
8	0	8	5	2	10	7	4	1	9	6	3
9	0	9	7	5	3	1	10	8	6	4	2
10	0	10	9	8	7	6	5	4	3	2	1

Die Kommutativität der beiden Verknüpfungen erkennt man sofort an der Symmetrie der Verknüpfungstabellen, die Assoziativität und die Distributivität müsste man nachrechnen.

Das neutrale Element bzgl. $\oplus$ ist offenbar 0 und das neutrale Element bzgl. $\odot$ ist 1. Schließlich ist z. B. das inverse Element zu 3 bzgl. $\oplus$ gleich 8, denn $3 \oplus 8 = 0$, und auch zu allen anderen Elementen aus $\mathbb{Z}_{11}$ existieren inverse Elemente bzgl. der Verknüpfung $\oplus$. Entsprechend ist z. B. das inverse Element zu 3 bzgl. $\odot$ gleich 4, denn $3 \odot 4 = 1$, und auch zu allen anderen Elementen aus $\mathbb{Z}_{11}$ außer 0 existieren inverse Elemente bzgl. der Verknüpfung $\odot$. Also ist $\mathbb{Z}_{11}$ mit den angegebenen Verknüpfungen ein Körper.

Aufgabe 14.6.6 *In dieser Aufgabe wird die Fehlererkennung bei den (alten) 10-stelligen internationalen Standard-Buchnummern (ISBN-10) betrachtet. Dazu sei auf dem Restklassenkörper $\mathbb{Z}_{11}$ die Funktion $L\colon \mathbb{Z}_{11}^{10} \to \mathbb{Z}_{11}$ erklärt als*

$$L(x_1, x_2, \ldots, x_{10}) := \sum_{k=1}^{10} k \odot x_k$$
$$= x_1 \oplus (2 \odot x_2) \oplus (3 \odot x_3) \oplus \cdots \cdots \oplus (9 \odot x_9) \oplus (10 \odot x_{10}) \, .$$

Zeigen Sie zunächst, dass $\vec{x} := (3, 9, 3, 7, 1, 3, 7, 8, 1, 5)^T \in \mathbb{Z}_{11}^{10}$ ein zulässiger Vektor ist, also 3937137815 eine korrekte ISBN-10-Codierung ist. Überprüfen Sie dann, dass L die Voraussetzungen zum Finden von Fehlern in einer Komponente und zum Finden von Vertauschungen zweier Komponenten erfüllt. Ändern Sie schließlich $\vec{x}$ in einer Komponente und vertauschen Sie zwei Komponenten um zu überprüfen, dass L diese Fehler tatsächlich entdeckt.

Lösung der Aufgabe   Wegen

$$L(\vec{x}) = 3 \oplus 7 \oplus 9 \oplus 6 \oplus 5 \oplus 7 \oplus 5 \oplus 9 \oplus 9 \oplus 6 = 0$$

ist $\vec{x} = (3, 9, 3, 7, 1, 3, 7, 8, 1, 5)^T \in \mathbb{Z}_{11}^{10}$ ein zulässiger Vektor, also 3937137815 eine korrekte ISBN-10-Codierung. Offensichtlich ist keines der Gewichte von L gleich 0 und sie sind auch paarweise verschieden. Damit entdeckt L sowohl Fehler in einer Komponente eines zulässigen Vektors als auch die Vertauschung zweier Komponenten:

Ändert man z. B. $\vec{x}$ in einer Komponente auf $\vec{y} := (3, 9, 5, 7, 1, 3, 7, 8, 1, 5)^T \in \mathbb{Z}_{11}^{10}$, dann ergibt sich $L(\vec{y}) = 6 \neq 0$ und der Fehler ist erkannt.

Vertauscht man z. B. bei $\vec{x}$ die erste und die zweite Komponente und erhält $\vec{y} := (9, 3, 3, 7, 1, 3, 7, 8, 1, 5)^T \in \mathbb{Z}_{11}^{10}$, dann ergibt sich $L(\vec{y}) = 5 \neq 0$ und der Vertauschungsfehler ist erkannt.

Hinweis: Ist eine ISBN-Ziffer gleich 10, wird sie mit X codiert.

Aufgabe 14.6.7 *In dieser Aufgabe wird die Fehlererkennung bei den (neuen) 13-stelligen internationalen Standard-Buchnummern (ISBN-13) betrachtet. Dazu sei auf dem Restklassenring $\mathbb{Z}_{10}$ die Funktion $L\colon \mathbb{Z}_{10}^{13} \to \mathbb{Z}_{10}$ erklärt als*

$$L(x_1, x_2, \ldots, x_{13}) := \sum_{k=0}^{6} x_{2k+1} \oplus 3 \odot \sum_{k=1}^{6} x_{2k} \, .$$

Zeigen Sie zunächst, dass $\vec{x} := (9,7,8,3,9,3,7,1,3,7,8,2,7)^T \in \mathbb{Z}_{10}^{13}$ *ein zulässiger Vektor ist, also 9783937137827 eine korrekte ISBN-13-Codierung ist. Überprüfen Sie dann, dass L zumindest einen Fehler in einer Komponente entdeckt.*

Lösung der Aufgabe Wegen

$$L(\vec{x}) = 9 \oplus 8 \oplus 9 \oplus 7 \oplus 3 \oplus 8 \oplus 7 \oplus 3 \odot (7 \oplus 3 \oplus 3 \oplus 1 \oplus 7 \oplus 2) = 1 \oplus 3 \odot 3 = 0$$

ist $\vec{x} = (9,7,8,3,9,3,7,1,3,7,8,2,7)^T \in \mathbb{Z}_{10}^{13}$ ein zulässiger Vektor, also 9783937137827 eine korrekte ISBN-13-Codierung.

Ist $\vec{y} \in \mathbb{Z}_{10}^{13}$ ein Vektor, der sich in genau einer Komponente von einem zulässigen Vektor $\vec{x} \in \mathbb{Z}_{10}^{13}$ unterscheidet, dann ist

$$L(\vec{y}) = L(\vec{y}) \ominus L(\vec{x}) = L(\vec{y} \ominus \vec{x})$$

entweder gleich $y_i \ominus x_i$ oder $3 \odot (y_i \ominus x_i)$ für einen speziellen Index $i \in \{1,2,3,\ldots,13\}$. Beide Ausdrücke sind aber ungleich Null, falls $x_i \neq y_i$, also ist $L(\vec{y}) \neq 0$ und der Fehler wird erkannt.

Selbsttest 14.6.8 Welche der folgenden Aussagen über Körper sind wahr?

?+? In einem Körper gilt das Distributivgesetz.

?−? Die ganzen Zahlen $\mathbb{Z}$ bilden mit der üblichen Addition und Multiplikation einen Körper.

?+? Die rationalen Zahlen $\mathbb{Q}$ bilden mit der üblichen Addition und Multiplikation einen Körper.

?+? Die reellen Zahlen $\mathbb{R}$ bilden mit der üblichen Addition und Multiplikation einen Körper.

?+? In einem Körper gilt das Kommutativgesetz für beide Operationen.

?+? In einem Körper gelten zwei Assoziativgesetze.

?−? Die natürlichen Zahlen $\mathbb{N}$ bilden mit der üblichen Addition und Multiplikation einen Körper.

?+? In einem Körper gelten zwei Kommutativgesetze.

?+? Die Einheitengruppe eines Körpers besteht aus allen Elementen außer dem Nullelement.

?+? Die Einheitengruppe eines Körpers $\mathbb{Z}_p$ wird auch prime Restklassengruppe genannt.

?+? Die Einheitengruppe eines Körpers $\mathbb{Z}_p$ ist immer zyklisch.

Literatur

1. Aigner, M.: Diskrete Mathematik, 6. Aufl. Springer Vieweg, Berlin, Heidelberg (2006)
2. Remmert, R., Ullrich, P.: Elementare Zahlentheorie, 3. Aufl. Birkhäuser, Basel (2008)
3. Wüstholz, G.: Algebra, 2. Aufl. Springer Spektrum, Wiesbaden (2013)

Dieses Kapitel befasst sich mit der abstrakten Untersuchung linearer Strukturen und zeigt auf, dass wir mit den Vektoren aus $\mathbb{R}^n$ und den Matrizen aus $\mathbb{R}^{m \times n}$ in gewisser Weise schon die Schlüssel zu allen anderen Strukturen ähnlichen Typs in der Hand halten. Um dies zu erkennen, führen wir zunächst allgemeine Vektorräume über allgemeinen Körpern ein und analysieren lineare Abbildungen zwischen diesen (hinsichtlich weiterführender Informationen siehe [1–4]).

15.1 Vektorräume und Untervektorräume

Im Folgenden sei $\mathbf{K}$ ein beliebiger Körper und $\mathbf{V}$ eine nicht leere Menge. Um die Notationen einfach zu halten, werden jetzt sowohl die beiden inneren Verknüpfungen in $\mathbf{K}$ als auch die noch im Detail einzuführenden beiden Verknüpfung in $\mathbf{V}$ mit $\oplus$ und $\odot$ bezeichnet, wobei der Malpunkt $\odot$ auch weggelassen werden darf, sofern Missverständnisse ausgeschlossen werden können.

Definition 15.1.1 Vektorraum V über K

Es sei $\mathbf{K}$ ein Körper mit $\oplus$ und $\odot$ als innere Verknüpfungen. Eine nicht leere Menge $\mathbf{V}$ mit einer inneren Verknüpfung $\oplus$ (zu $\mathbf{v}, \mathbf{w} \in \mathbf{V}$ wird eindeutig $\mathbf{v} \oplus \mathbf{w} \in \mathbf{V}$ erklärt) und einer äußeren Verknüpfung $\odot$ (zu $\mathbf{v} \in \mathbf{V}$ und $\lambda \in \mathbf{K}$ wird eindeutig $\lambda\mathbf{v} := \lambda \odot \mathbf{v} \in \mathbf{V}$ erklärt), so dass die Regeln **(A1)** bis **(A4)** und **(SM1)** bis **(SM4)** erfüllt sind, heißt **K-Vektorraum** oder **Vektorraum über K**. Ein Element aus $\mathbf{V}$ heißt dann **Vektor** und ein Element aus $\mathbf{K}$ wird in diesem Kontext auch **Skalar** genannt. Die oben genannten Regeln lauten dabei wie folgt, wobei die Vektoren $\mathbf{v}, \mathbf{w}, \mathbf{u} \in \mathbf{V}$ und die Skalare $\lambda, \mu \in$

Elektronisches Zusatzmaterial Die elektronische Version dieses Kapitels enthält Zusatzmaterial, das berechtigten Benutzern zur Verfügung steht https://doi.org/10.1007/978-3-658-29969-9_15.

$\mathbf{K}$ beliebig gegeben seien:

$$(A1) \qquad \mathbf{v} \oplus \mathbf{w} = \mathbf{w} \oplus \mathbf{v} \qquad \text{(Kommutativität)}$$
$$(A2) \qquad (\mathbf{v} \oplus \mathbf{w}) \oplus \mathbf{u} = \mathbf{v} \oplus (\mathbf{w} \oplus \mathbf{u}) \qquad \text{(Assoziativität)}$$
$$(A3) \qquad \exists \mathbf{o} \in \mathbf{V}: \mathbf{v} \oplus \mathbf{o} = \mathbf{v} \qquad \text{(neutrales Element, Nullvektor)}$$
$$(A4) \qquad \exists -\mathbf{v} \in \mathbf{V}: \mathbf{v} \oplus -\mathbf{v} = \mathbf{o} \qquad \text{(inverse Elemente)}$$

$$(SM1) \qquad 1 \odot \mathbf{v} = \mathbf{v} \qquad \text{(Verträglichkeit)}$$
$$(SM2) \qquad \lambda \odot (\mu \odot \mathbf{v}) = (\lambda \odot \mu) \odot \mathbf{v} \qquad \text{(Assoziativität)}$$
$$(SM3) \qquad \lambda \odot (\mathbf{v} \oplus \mathbf{w}) = (\lambda \odot \mathbf{v}) \oplus (\lambda \odot \mathbf{w}) \qquad \text{(Distributivität)}$$
$$(SM4) \qquad (\lambda \oplus \mu) \odot \mathbf{v} = (\lambda \odot \mathbf{v}) \oplus (\mu \odot \mathbf{v}) \qquad \text{(Distributivität)} \blacktriangleleft$$

▷ **Bemerkung 15.1.2 Kontextsensitivität der Verknüpfungen** Da die Verknüpfungen sowohl im Körper $\mathbf{K}$ als auch im Vektorraum $\mathbf{V}$ mit $\oplus$ und $\odot$ bezeichnet werden, kommt es auf den Zusammenhang an, wie sie zu interpretieren sind: Steht das Additionszeichen $\oplus$ zwischen zwei Skalaren, dann handelt es sich um die Addition in $\mathbf{K}$, steht es dagegen zwischen zwei Vektoren, dann handelt es sich um die Addition in $\mathbf{V}$. Entsprechendes gilt für die Multiplikation: Steht das Multiplikationszeichen $\odot$ zwischen zwei Skalaren, dann handelt es sich um die Multiplikation in $\mathbf{K}$, steht es dagegen zwischen einem Skalar und einem Vektor, dann handelt es sich um die sogenannte skalare Multiplikation, d. h. die Verknüpfung eines Skalars mit einem Vektor im Sinne der Gesetze (SM1) bis (SM4). Die kontextsensitiven Interpretationen sind sinngemäß zu übertragen, wenn auf den Aufschrieb von $\odot$ gänzlich verzichtet wird, was häufig der Fall ist und was wir in Zukunft auch außerhalb von Definitionen und Sätzen konsequent machen.

Man nennt jeden algebraischen Ausdruck, in dem Additionen und skalare Vielfache von Vektoren vorkommen, eine **Linearkombination** von Vektoren. Ferner werden wieder zwei grundsätzliche Konventionen getroffen, die die Notation von Linearkombinationen vereinfachen.

▷ **Bemerkung 15.1.3 Punktrechnung vor Strichrechnung** Es wird vereinbart, dass skalare Multiplikationen vor Additionen auszuführen sind (Punktrechnung geht vor Strichrechnung), so dass z. B. bei der Formulierung der Distributivgesetze auf der rechten Seite die Klammern weggelassen werden können.

▷ **Bemerkung 15.1.4 Schlichtes Minus statt Plus-Minus** Es hat sich als Kurzschreibweise durchgesetzt, statt der Addition $\oplus$ eines inversen Elements ein schlichtes Minuszeichen $\ominus$ zu schreiben und statt von Addition eines inversen Elements von **Subtraktion** eines Elements zu sprechen, obwohl es streng genommen die Subtraktion als Operation gar nicht gibt.

Beispiel 15.1.5

(a) Für jeden Körper $\mathbf{K}$ und für jedes $n \in \mathbb{N}^*$ ergibt das n-fache kartesische Produkt des Körpers mit sich selbst, also $\mathbf{K}^n$, mit den Verknüpfungen

$$(a_1, \ldots, a_n)^T \oplus (b_1, \ldots, b_n)^T := (a_1 \oplus b_1, \ldots, a_n \oplus b_n)^T,$$
$$\lambda(a_1, \ldots, a_n)^T := (\lambda a_1, \ldots, \lambda a_n)^T,$$

einen Vektorraum über $\mathbf{K}$. Hier ist also $\mathbf{V} := \mathbf{K}^n$.

(b) Wie bereits bekannt ist, bildet der $\mathbb{R}^n$ für $n \in \mathbb{N}^*$ mit den Verknüpfungen

$$(a_1, \ldots, a_n)^T + (b_1, \ldots, b_n)^T := (a_1 + b_1, \ldots, a_n + b_n)^T,$$
$$\lambda(a_1, \ldots, a_n)^T := (\lambda a_1, \ldots, \lambda a_n)^T,$$

einen Vektorraum über $\mathbb{R}$. Hier ist also $\mathbf{V} := \mathbb{R}^n$ und $\mathbf{K} := \mathbb{R}$.

(c) Es sei $k \in \mathbb{N}$ beliebig gegeben und $m_k \colon \mathbb{R} \to \mathbb{R}$ mit $m_k(x) := x^k$ für alle $x \in \mathbb{R}$ das sogenannte k-te **Monom**. Dann ist der Raum der sogenannten (**reellen algebraischen**) **Polynome über** $\mathbb{R}$ **vom Höchstgrad** n definiert als

$$\mathbb{R}_n[x] := \{\alpha_0 m_0 + \alpha_1 m_1 + \cdots + \alpha_n m_n \mid \alpha_0, \alpha_1, \ldots, \alpha_n \in \mathbb{R}\}$$

mit der üblichen Polynomaddition und skalaren Multiplikation ein Vektorraum über $\mathbb{R}$. Hier ist also $\mathbf{V} := \mathbb{R}_n[x]$ und $\mathbf{K} := \mathbb{R}$. Möchte man den Höchstgrad der Polynome nicht beschränken, dann versteht man unter

$$\mathbb{R}[x] := \{\alpha_0 m_0 + \alpha_1 m_1 + \cdots + \alpha_n m_n \mid \alpha_0, \alpha_1, \ldots, \alpha_n \in \mathbb{R}, \ n \in \mathbb{N}\}$$

den Raum der (**reellen algebraischen**) **Polynome über** $\mathbb{R}$. Hier ist also $\mathbf{V} := \mathbb{R}[x]$ und $\mathbf{K} := \mathbb{R}$.

In einem beliebigen Vektorraum gelten eine Fülle von Gesetzmäßigkeiten. Beispielhaft werden einige einfache Resultate im folgenden Satz festgehalten.

▷   **Satz 15.1.6 Folgerungen aus den Vektorraumgesetzen**   Es sei $\mathbf{K}$ ein Körper mit $\oplus$ und $\odot$ als innere Verknüpfungen und $\mathbf{V}$ ein Vektorraum über $\mathbf{K}$ mit innerer Verknüpfung $\oplus$ und äußerer Verknüpfung $\odot$. Dann gelten für alle $\mathbf{v} \in \mathbf{V}$ und alle $\lambda \in \mathbf{K}$ die Identitäten

$$0 \odot \mathbf{v} = \mathbf{o} \quad \text{und} \quad \lambda \odot \mathbf{o} = \mathbf{o} \quad \text{und} \quad (-1) \odot \mathbf{v} = -\mathbf{v}\,.$$

Beweis   Wir beweisen exemplarisch die mittlere Identität (die beiden anderen Identitäten werden in zwei Aufgaben abgehandelt). Dazu kürzen wir $\lambda \odot \mathbf{o}$ wie üblich durch $\lambda\mathbf{o}$ ab und bezeichnen mit $-(\lambda o)$ das inverse Element zu λo. Dann erhält man nur unter Zugriff auf die Vektorraumregeln

$$o \overset{(A4)}{=} \lambda o \oplus -(\lambda o) \overset{(A3)}{=} \lambda(o \oplus o) \oplus -(\lambda o) \overset{(SM3)}{=} (\lambda o \oplus \lambda o) \oplus -(\lambda o)$$

$$\overset{(A2)}{=} \lambda o \oplus (\lambda o \oplus -(\lambda o)) \overset{(A4)}{=} \lambda o \oplus o \overset{(A3)}{=} \lambda o \,. \qquad \Box$$

Teilmengen eines Vektorraums, die die strukturellen Eigenschaften eines Vektorraums erhalten, werden **Untervektorräume** genannt.

Definition 15.1.7 Untervektorraum

Es sei $\mathbf{K}$ ein Körper mit $\oplus$ und $\odot$ als innere Verknüpfungen und $\mathbf{V}$ ein Vektorraum über $\mathbf{K}$ mit innerer Verknüpfung $\oplus$ und äußerer Verknüpfung $\odot$. Eine nicht leere Teilmenge $\mathbf{U} \subseteq \mathbf{V}$ heißt **Untervektorraum von V**, wenn gilt

$$\forall v \in \mathbf{U}, \ \forall w \in \mathbf{U}: \quad v \oplus w \in \mathbf{U} \,,$$
$$\forall v \in \mathbf{U}, \ \forall \lambda \in \mathbf{K}: \quad \lambda \odot v \in \mathbf{U} \,.$$

Man nennt diese Eigenschaften **Abgeschlossenheit** von $\mathbf{U}$ bezüglich Addition und skalarer Multiplikation. ◄

▷ **Satz 15.1.8 Vektorraumeigenschaft von Untervektorräumen** Es sei $\mathbf{K}$ ein Körper mit $\oplus$ und $\odot$ als innere Verknüpfungen und $\mathbf{V}$ ein Vektorraum über $\mathbf{K}$ mit innerer Verknüpfung $\oplus$ und äußerer Verknüpfung $\odot$. Jeder Untervektorraum $\mathbf{U}$ von $\mathbf{V}$ ist mit der auf $\mathbf{V}$ definierten Addition und skalaren Multiplikation wieder ein Vektorraum.

Beweis Da alle Rechengesetze aus $\mathbf{V}$ natürlich auch in $\mathbf{U}$ gelten, muss lediglich die Existenz des neutralen und der inversen Elemente gezeigt werden. Dies folgt aber für ein beliebiges $v \in \mathbf{U}$ aus $0v = o \in \mathbf{U}$ und $(-1)v = -v \in \mathbf{U}$. $\qquad \Box$

Beispiel 15.1.9
Es sei $A \in \mathbb{R}^{m \times n}$ eine reelle $(m \times n)$-Matrix und $\mathbf{U} := \{\vec{x} \in \mathbb{R}^n \mid A\vec{x} = \vec{0}\}$. Dann ist $\mathbf{U}$ ein Untervektorraum von $\mathbb{R}^n$. Ist speziell $A \in \mathbb{R}^{1 \times n}$ und nicht die Nullmatrix, dann ist $\mathbf{U} := \{\vec{x} \in \mathbb{R}^n \mid A\vec{x} = 0\}$ eine **Hyperebene** in $\mathbb{R}^n$, also ein spezieller Untervektorraum von $\mathbb{R}^n$.

Eine beliebige nicht leere Teilmenge $T \subseteq \mathbf{V}$ kann man zu einem Vektorraum **abschließen**, wie man sagt, indem man hinreichend viele Elemente zu T hinzufügt.

> **Definition 15.1.10 Spann**

Es sei $\mathbf{K}$ ein Körper mit $\oplus$ und $\odot$ als innere Verknüpfungen und $\mathbf{V}$ ein Vektorraum über $\mathbf{K}$ mit innerer Verknüpfung $\oplus$ und äußerer Verknüpfung $\odot$. Ferner sei $T \subseteq \mathbf{V}$ eine nicht leere Teilmenge von $\mathbf{V}$. Dann wird die Menge

$$\mathrm{Spann}_{\mathbf{K}}(T) := \{\lambda_1 \odot \mathbf{v}_1 \oplus \lambda_2 \odot \mathbf{v}_2 \oplus \cdots \oplus \lambda_k \odot \mathbf{v}_k \mid$$
$$\lambda_j \in \mathbf{K}, \mathbf{v}_j \in T, 1 \le j \le k, k \in \mathbb{N}^*\}$$

als **Spann von** T **über** K bezeichnet. ◄

▷ **Satz 15.1.11 Untervektorraumeigenschaft eines Spanns** Es sei $\mathbf{K}$ ein Körper mit $\oplus$ und $\odot$ als innere Verknüpfungen und $\mathbf{V}$ ein Vektorraum über $\mathbf{K}$ mit innerer Verknüpfung $\oplus$ und äußerer Verknüpfung $\odot$. Ferner sei $T \subseteq \mathbf{V}$ eine nicht leere Teilmenge von $\mathbf{V}$. Dann ist $\mathrm{Spann}_{\mathbf{K}}(T)$ ein Untervektorraum von $\mathbf{V}$.

Beweis Da alle Rechengesetze aus $\mathbf{V}$ natürlich auch in $\mathrm{Spann}_{\mathbf{K}}(T)$ gelten, muss lediglich die Abgeschlossenheit bezüglich Addition und skalarer Multiplikation sowie die Existenz des neutralen und der inversen Elemente gezeigt werden. Da die Linearkombination zweier Linearkombinationen wieder eine Linearkombination ist, ist die Abgeschlossenheit klar. Die Existenz des neutralen und der inversen Elemente folgt für ein beliebiges $\mathbf{v} \in \mathrm{Spann}_{\mathbf{K}}(T)$ aus $0\mathbf{v} = \mathbf{o} \in \mathrm{Spann}_{\mathbf{K}}(T)$ und $(-1)\mathbf{v} = -\mathbf{v} \in \mathrm{Spann}_{\mathbf{K}}(T)$. $\qquad\square$

Beispiel 15.1.12

(a) Es sei $\mathbf{V} := \mathbb{R}^3$ und $T := \{\vec{v}\} \subseteq \mathbb{R}^3 \setminus \{\vec{0}\}$. Dann ist $\mathrm{Spann}_{\mathbb{R}}(T)$ genau eine Gerade in $\mathbb{R}^3$ durch den Ursprung.

(b) Es sei $\mathbf{V} := \mathbb{R}^3$ und $T := \{\vec{v}, \vec{w}\} \subseteq \mathbb{R}^3 \setminus \{\vec{0}\}$, wobei $\vec{v}$ und $\vec{w}$ linear unabhängig sein mögen. Dann ist $\mathrm{Spann}_{\mathbb{R}}(T)$ genau eine Ebene in $\mathbb{R}^3$ durch den Ursprung.

15.2 Dimension und Basis von Vektorräumen

Wir führen nun das bereits für die Vektorräume $\mathbb{R}^n$ bekannte Konzept der **linearen Abhängigkeit und Unabhängigkeit von Vektoren** in allgemeinen Vektorräumen $\mathbf{V}$ ein. Mit Hilfe dieses Konzepts ist es dann möglich, die Dimension und den Basisbegriff für allgemeine Vektorräume zu definieren. Damit der Aufschrieb etwas kompakter wird, machen wir ab jetzt für beliebig gegebene Vektoren $\mathbf{v}^{(j)} \in \mathbf{V}, 1 \le j \le k$, in Analogie zur klassischen Summennotation von folgender Abkürzung Gebrauch:

$$\sum_{j=1}^{k} \mathbf{v}^{(j)} := \bigoplus_{j=1}^{k} \mathbf{v}^{(j)} := \mathbf{v}^{(1)} \oplus \mathbf{v}^{(2)} \oplus \mathbf{v}^{(3)} \oplus \cdots \oplus \mathbf{v}^{(k)} \, .$$

Wir kommen nun zur wichtigen Definition linearer Ab- bzw. Unabhängigkeit in allgemeinen Vektorräumen.

Definition 15.2.1 Lineare (Un-)Abhängigkeit

Es sei $\mathbf{K}$ ein Körper mit $\oplus$ und $\odot$ als innere Verknüpfungen und $\mathbf{V}$ ein Vektorraum über $\mathbf{K}$ mit innerer Verknüpfung $\oplus$ und äußerer Verknüpfung $\odot$. Man bezeichnet k Vektoren $\mathbf{v}^{(1)}, \mathbf{v}^{(2)}, \ldots, \mathbf{v}^{(k)} \in \mathbf{V}$ als **linear abhängig**, falls es Skalare $\lambda_1, \lambda_2, \ldots, \lambda_k \in \mathbf{K}$ gibt, so dass

$$\sum_{j=1}^{k} \lambda_j \odot \mathbf{v}^{(j)} = \mathbf{o} \quad \text{und} \quad \lambda_j \neq 0 \quad \text{für mindestens ein } j \in \{1, 2, \ldots, k\} \qquad \textbf{l.a.}$$

gilt. Gibt es solche Skalare nicht, d. h. gilt die Implikation

$$\sum_{j=1}^{k} \lambda_j \odot \mathbf{v}^{(j)} = \mathbf{o} \quad \Longrightarrow \quad \lambda_j = 0 \quad \text{für alle } j \in \{1, 2, \ldots, k\} \, , \qquad \textbf{l.u.}$$

dann nennt man $\mathbf{v}^{(1)}, \mathbf{v}^{(2)}, \ldots, \mathbf{v}^{(k)}$ **linear unabhängig.** ◄

Beispiel 15.2.2

(a) Im Vektorraum $C\,[0, 1]$ der stetigen Funktionen über $[0, 1]$ sind die drei Polynome $m_0(x) := 1, m_1(x) := x$ und $m_2(x) := x^2$ linear unabhängig, denn eine beliebige Linearkombination

$$\lambda_0 \cdot m_0(x) + \lambda_1 \cdot m_1(x) + \lambda_2 \cdot m_2(x)$$

dieser drei Funktionen ist nur dann gleich der Nullfunktion über $[0, 1]$, wenn alle Koeffizienten gleich Null sind.

(b) Im Vektorraum $C\,[0, 1]$ der stetigen Funktionen über $[0, 1]$ sind die drei Polynome $m_0(x) := 1 + x, m_1(x) := 1 - x$ und $m_2(x) := x$ linear abhängig, denn es gilt z. B.

$$1 \cdot m_0(x) + (-1) \cdot m_1(x) + (-2) \cdot m_2(x) = 0 \, .$$

Basierend auf dem Konzept der linearen Unabhängigkeit kann man nun in gewisser Weise die Größe von Vektorräumen bestimmen. Salopp gesprochen ist ein Vektorraum um so größer, je größere Mengen linear unabhängiger Vektoren man in ihm finden kann. Konkret lassen sich so die Begriffe der **Dimension** und der **Basis** eines Vektorraums einführen.

Definition 15.2.3 Dimension und Basis von Vektorräumen

Es sei K ein Körper mit $\oplus$ und $\odot$ als innere Verknüpfungen und V ein Vektorraum über K mit innerer Verknüpfung $\oplus$ und äußerer Verknüpfung $\odot$. Man sagt, V hat die **Dimension** n, kurz $\dim V = n$, falls gilt:

- Es gibt n **linear unabhängige** Vektoren $\mathbf{v}^{(1)}, \mathbf{v}^{(2)}, \ldots, \mathbf{v}^{(n)} \in V$.
- Jeder beliebige Vektor $\mathbf{v} \in V$ kann als **Linearkombination** von $\mathbf{v}^{(1)}, \mathbf{v}^{(2)}, \ldots, \mathbf{v}^{(n)}$ dargestellt werden, d. h. es existieren Skalare $\lambda_1, \lambda_2, \ldots, \lambda_n \in K$ mit

$$\mathbf{v} = \sum_{j=1}^{n} \lambda_j \odot \mathbf{v}^{(j)} .$$

Die Menge $\mathcal{B}_V := \{\mathbf{v}^{(1)}, \mathbf{v}^{(2)}, \ldots, \mathbf{v}^{(n)}\}$ der Vektoren mit den obigen Eigenschaften heißt dann (eine) **Basis** von V. Formal definiert man ferner für den Vektorraum, der lediglich aus dem Nullvektor besteht, als Basis die leere Menge, kurz $\mathcal{B}_{\{o\}} := \emptyset$. ◄

▷ **Bemerkung 15.2.4 Wohldefiniertheit des Dimensionsbegriffs** Formal müsste man zeigen, dass der Dimensionsbegriff **wohldefiniert** ist, d. h. zum Beispiel, dass in einem Vektorraum der Dimension n stets $(n + 1)$ oder mehr Vektoren linear abhängig sind und weniger als n Vektoren nicht jedes $\mathbf{v} \in V$ linear kombinieren können. Auf diese Nachweise wird verzichtet. Ebenso wird im Folgenden ohne weiteren Beweis ausgenutzt, dass in einem Vektorraum der Dimension n **jede** Menge von n linear unabhängigen Vektoren eine Basis bildet! Beim formalen Nachweis dieser wichtigen Eigenschaften spielt der sogenannte **Austauschsatz von Steinitz** eine zentrale Rolle, der von Ernst Steinitz (1871–1928) um 1910 erstmals formuliert wurde. Eine vollständige Behandlung der Dimensionsbestimmung zusammen mit dem Austauschsatz kann man z. B. in [1] nachlesen.

Eine wichtige Eigenschaft, die unmittelbar aus dem Konzept von Dimension und Basis folgt, ist die **eindeutige Darstellbarkeit von Vektoren** bezüglich einer Basis bzw. allgemeiner bezüglich linear unabhängiger Vektoren. Dieses Resultat wird im folgenden Satz festgehalten.

▷ **Satz 15.2.5 Eindeutigkeit der Basisdarstellung** Es sei K ein Körper mit $\oplus$ und $\odot$ als innere Verknüpfungen und V ein Vektorraum über K mit innerer

Verknüpfung $\oplus$ und äußerer Verknüpfung $\odot$ sowie $\dim V = n \in \mathbb{N}^*$. Ferner sei $k \in \{1, 2, \ldots, n\}$ und $v^{(1)}, v^{(2)}, \ldots, v^{(k)} \in V$ linear unabhängig sowie $v \in V$ beliebig gegeben. Wenn sich der Vektor v als Linearkombination der Vektoren $v^{(1)}, v^{(2)}, \ldots, v^{(k)}$ darstellen lässt, dann ist diese Darstellung eindeutig, d. h. es gibt eindeutig bestimmte $\lambda_1, \ldots, \lambda_k \in K$ mit

$$v = \sum_{j=1}^{k} \lambda_j \odot v^{(j)} \,.$$

Gilt speziell $k = n$, d. h. handelt es sich bei der Menge $\{v^{(1)}, v^{(2)}, \ldots, v^{(n)}\}$ der gegebenen Vektoren um eine Basis von V, dann gilt die obige Aussage für alle Vektoren $v \in V$.

Beweis   Zunächst ist die Existenz der Skalare $\lambda_1, \ldots, \lambda_k \in K$ mit der angegebenen Eigenschaft im Fall $k \in \{1, 2, \ldots, n - 1\}$ aufgrund der Darstellbarkeitsbedingung für v klar, und im Fall $k = n$ folgt die Darstellbarkeit aller Vektoren aus V unmittelbar aus der Definition einer Basis. Es ist also lediglich noch zu zeigen, dass die Skalare eindeutig bestimmt sind. Dazu seien mit $\gamma_1, \ldots, \gamma_k \in K$ weitere Skalare gegeben mit

$$v = \sum_{j=1}^{k} \gamma_j v^{(j)} \,.$$

Mit den Rechenregeln im Vektorraum V folgt daraus sofort

$$0 = v \ominus v = \sum_{j=1}^{k} \lambda_j v^{(j)} \ominus \sum_{j=1}^{k} \gamma_j v^{(j)} = \sum_{j=1}^{k} (\lambda_j \ominus \gamma_j) v^{(j)} \,.$$

Da die Vektoren $v^{(1)}, v^{(2)}, \ldots, v^{(k)}$ linear unabhängig sind, impliziert diese Identität sofort $\lambda_j \ominus \gamma_j = 0$, $1 \le j \le k$, also $\lambda_j = \gamma_j$, $1 \le j \le k$. Somit sind die Koeffizienten zur Darstellung von v bezüglich $v^{(1)}, v^{(2)}, \ldots, v^{(k)}$ eindeutig bestimmt. $\square$

15.3   Aufgaben mit Lösungen

Aufgabe 15.3.1   *Es sei K ein Körper mit $\oplus$ und $\odot$ als innere Verknüpfungen und V ein Vektorraum über K mit innerer Verknüpfung $\oplus$ und äußerer Verknüpfung $\odot$. Ferner sei $v \in V$ beliebig gegeben. Zeigen Sie nur unter Ausnutzung der Rechenregeln (A1) bis (A4) und (SM1) bis (SM4), dass $0v = 0$ gilt.*

Lösung der Aufgabe Nur unter Zugriff auf die angegebenen Regeln erhält man

$$0v \overset{(A3)}{=} 0v \oplus o \overset{(A4)}{=} 0v \oplus (v \oplus -v) \overset{(A2\ SM1)}{=} (0v \oplus 1v) \oplus -v$$

$$\overset{(SM4)}{=} (0 \oplus 1)v \oplus (-v) \overset{(\text{Rechnen in } K)}{=} 1v \oplus -v \overset{(SM1)}{=} v \oplus -v \overset{(A4)}{=} o \ .$$

Aufgabe 15.3.2 *Es sei* **K** *ein Körper mit* $\oplus$ *und* $\odot$ *als innere Verknüpfungen und* **V** *ein Vektorraum über* **K** *mit innerer Verknüpfung* $\oplus$ *und äußerer Verknüpfung* $\odot$. *Ferner sei* $v \in V$ *beliebig gegeben. Zeigen Sie nur unter Ausnutzung der Rechenregeln (A1) bis (A4) und (SM1) bis (SM4), dass* $(-1)v = -v$ *gilt.*

Lösung der Aufgabe Nur unter Zugriff auf die angegebenen Regeln erhält man

$$(-1)v \overset{(A3)}{=} (-1)v \oplus o \overset{(A4)}{=} (-1)v \oplus (v \oplus -v) \overset{(A2\ SM4)}{=} ((-1)v \oplus 1v) \oplus -v$$

$$\overset{(SM4)}{=} (-1 \oplus 1)v \oplus -v \overset{(\text{Rechnen in } K)}{=} 0v \oplus -v \overset{(s.o.)}{=} o \oplus -v \overset{(A1\ A3)}{=} -v \ .$$

Aufgabe 15.3.3 *Es sei* **K** *ein Körper mit* $\oplus$ *und* $\odot$ *als innere Verknüpfungen und* **V** *ein Vektorraum über* **K** *mit innerer Verknüpfung* $\oplus$ *und äußerer Verknüpfung* $\odot$. *Ferner seien* $v \in V$ *und* $\lambda \in K$ *beliebig gegeben. Zeigen Sie, dass* $\lambda v = o$ *nur dann gilt, wenn entweder* $\lambda = 0$ *oder* $v = o$ *(oder beides).*

Lösung der Aufgabe Sei zunächst $\lambda \neq 0$. Dann gibt es im Körper **K** das Element λ^{-1} mit $\lambda^{-1} \odot \lambda = 1$. Daraus folgt mit Satz 15.1.6 sofort

$$v \overset{(SM1)}{=} 1v \overset{(s.o.)}{=} (\lambda^{-1}\lambda)v \overset{(SM2)}{=} \lambda^{-1}(\lambda v) \overset{(\text{Vorgabe})}{=} \lambda^{-1}o \overset{(\text{Satz})}{=} o \ .$$

Sei nun $v \neq o$. Wäre nun auch $\lambda \neq 0$, dann könnte man wie oben schließen und erhielte Satz 15.1.6 sofort

$$v \overset{(SM1)}{=} 1v \overset{(s.o.)}{=} (\lambda^{-1}\lambda)v \overset{(SM2)}{=} \lambda^{-1}(\lambda v) \overset{(\text{Vorgabe})}{=} \lambda^{-1}o \overset{(\text{Satz})}{=} o \ .$$

Dies stünde aber im Widerspruch zu $v \neq o$, also muss $\lambda = 0$ sein.

Aufgabe 15.3.4 *Untersuchen Sie die folgenden beiden Vektoren auf lineare Abhängigkeit, Unabhängigkeit und Basiseigenschaft in* $\mathbb{Z}_7^2$:

$$\vec{v}^{(1)} := (1, 3)^T \quad und \quad \vec{v}^{(2)} := (6, 4)^T .$$

Lösung der Aufgabe Die Vektorgleichung

$$\lambda_1 \odot \begin{pmatrix} 1 \\ 3 \end{pmatrix} \oplus \lambda_2 \odot \begin{pmatrix} 3 \\ 2 \end{pmatrix} = \begin{pmatrix} 0 \\ 0 \end{pmatrix}$$

führt durch Übergang zu den Komponenten zu dem linearen Gleichungssystem

$$\lambda_1 \oplus 3 \odot \lambda_2 = 0\,,$$
$$3 \odot \lambda_1 \oplus 2 \odot \lambda_2 = 0\,.$$

Multipliziert man die erste Gleichung im Sinne von $\odot$ mit 4 und addiert sie im Sinne von $\oplus$ auf die zweite, so erhält man $0 \odot \lambda_2 = 0$, also darf $\lambda_2 \in \mathbb{Z}_7$ beliebig sein, z. B. $\lambda_2 = 1$. Setzt man dies z. B. in die erste Gleichung ein, so folgt aus $\lambda_1 \oplus 3 \odot 1 = 0$ sofort $\lambda_1 = 4$. Also hat man zwei von Null verschiedene Koeffizienten gefunden, die die beiden Vektoren auf den Nullvektor kombinieren: Die Vektoren sind also linear abhängig in $\mathbb{Z}_7^2$ und damit insbesondere keine Basis.

Aufgabe 15.3.5 *Untersuchen Sie die folgenden Vektoren auf lineare Abhängigkeit, Unabhängigkeit und Basiseigenschaft in $\mathbb{Z}_{11}^2$:*

(a) $\vec{v}^{(1)} := (1,9)^T$ *und* $\vec{v}^{(2)} := (10,3)^T$,

(b) $\vec{v}^{(1)} := (1,9)^T$,

(c) $\vec{v}^{(1)} := (1,9)^T$, $\vec{v}^{(2)} := (10,3)^T$ *und* $\vec{v}^{(3)} := (9,5)^T$.

Lösung der Aufgabe

(a) Die Vektorgleichung

$$\lambda_1 \odot \begin{pmatrix} 1 \\ 9 \end{pmatrix} \oplus \lambda_2 \odot \begin{pmatrix} 10 \\ 3 \end{pmatrix} = \begin{pmatrix} 0 \\ 0 \end{pmatrix}$$

führt durch Übergang zu den Komponenten zu dem linearen Gleichungssystem

$$\lambda_1 \oplus 10 \odot \lambda_2 = 0\,,$$
$$9 \odot \lambda_1 \oplus 3 \odot \lambda_2 = 0\,.$$

Multipliziert man die erste Gleichung im Sinne von $\odot$ mit 2 und addiert sie im Sinne von $\oplus$ auf die zweite, so erhält man $1 \odot \lambda_2 = 0$ bzw. $\lambda_2 = 0$. Setzt man dies z. B. in die erste Gleichung ein, so folgt auch $\lambda_1 = 0$. Also sind die beiden Vektoren linear unabhängig. Da der Vektorraum $\mathbb{Z}_{11}^2$ die Dimension 2 hat, bilden sie auch eine Basis von $\mathbb{Z}_{11}^2$.

(b) Die Vektorgleichung $\lambda_1 \odot (1,9)^T = (0,0)^T$ impliziert sofort, dass $\lambda_1 = 0$ sein muss. Also ist der einzelne Vektor insbesondere linear unabhängig. Er bildet aber keine Basis von $\mathbb{Z}_{11}^2$, denn in einem Vektorraum der Dimension 2 muss jede Basis aus genau 2 linear unabhängigen Vektoren bestehen.

(c) Die Vektorgleichung

$$\lambda_1 \odot \begin{pmatrix} 1 \\ 9 \end{pmatrix} \oplus \lambda_2 \odot \begin{pmatrix} 10 \\ 3 \end{pmatrix} \oplus \lambda_3 \odot \begin{pmatrix} 9 \\ 5 \end{pmatrix} = \begin{pmatrix} 0 \\ 0 \end{pmatrix}$$

wird z. B. von $\lambda_1 = 10$, $\lambda_2 = 1$ und $\lambda_3 = 10$ erfüllt (nachprüfen!). Also sind die Vektoren linear abhängig. Man hätte aber auch einfacher so argumentieren können, dass in einem Vektorraum der Dimension 2 niemals mehr als zwei Vektoren linear unabhängig sein können.

Selbsttest 15.3.6   Welche Aussagen über Vektorräume sind wahr?

?+? In einem Vektorraum der Dimension 4 gibt es keine Basis mit 5 Vektoren.

?−? In jedem Vektorraum endlicher Dimension gibt es genau eine Basis.

?+? Vektorräume können von nicht endlicher Dimension sein.

?+? Jeder vom Nullvektor verschiedene Vektor ist linear unabhängig.

?+? Die algebraischen Polynome $\mathbb{R}_n[x]$ sind ein Vektorraum der Dimension $n + 1$.

15.4   Lineare Abbildungen zwischen Vektorräumen

Wir betrachten nun die strukturerhaltenden Abbildungen zwischen zwei beliebigen Vektorräumen über identischen Körpern. Dabei handelt es sich um die sogenannten **linearen Abbildungen**, die für das Adjektiv **linear** im Fachgebiet der Linearen Algebra verantwortlich sind. Um die Notation wieder übersichtlich zu halten, bezeichnen wir auch hier wieder sowohl die Operationen im zugrunde liegenden Körper $\mathbf{K}$, als auch die Verknüpfungen in den Vektorräumen $\mathbf{V}$ und $\mathbf{W}$ über $\mathbf{K}$ mit $\oplus$ und $\odot$, und aus dem Zusammenhang ist stets zu schließen, welche Elemente in welchen Räumen es zu verknüpfen gilt.

Definition 15.4.1 Lineare Abbildung

Es sei $\mathbf{K}$ ein Körper mit $\oplus$ und $\odot$ als innere Verknüpfungen sowie $\mathbf{V}$ und $\mathbf{W}$ zwei Vektorräume über $\mathbf{K}$ mit jeweils innerer Verknüpfung $\oplus$ und äußerer Verknüpfung $\odot$. Eine Abbildung $L\colon \mathbf{V} \to \mathbf{W}$ heißt **lineare Abbildung**, falls für alle $\mathbf{u}, \mathbf{v} \in \mathbf{V}$ und alle $\lambda, \mu \in \mathbf{K}$ gilt

$$L(\lambda \odot \mathbf{u} \oplus \mu \odot \mathbf{v}) = \lambda \odot L(\mathbf{u}) \oplus \mu \odot L(\mathbf{v}) \, .$$

Ferner sind auch die folgenden Bezeichnungen üblich:

$L\colon V \to W$ linear:	L ist ein **Homomorphismus,**
$L\colon V \to W$ linear und injektiv:	L ist ein **Monomorphismus,**
$L\colon V \to W$ linear und surjektiv:	L ist ein **Epimorphismus,**
$L\colon V \to W$ linear und bijektiv:	L ist ein **Isomorphismus,**
$L\colon V \to W$ linear und $\mathbf{V} = \mathbf{W}$:	L ist ein **Endomorphismus,**
$L\colon V \to W$ linear, $\mathbf{V} = \mathbf{W}$ und bijektiv:	L ist ein **Automorphismus.** ◀

Beispiel 15.4.2

(a) Die Abbildung $L\colon \mathbb{R}^2 \to \mathbb{R}^3$,

$$\begin{pmatrix} x_1 \\ x_2 \end{pmatrix} \mapsto \begin{pmatrix} 1 & 2 \\ 2 & 4 \\ 3 & 6 \end{pmatrix} \begin{pmatrix} x_1 \\ x_2 \end{pmatrix},$$

ist ein Homomorphismus. L ist aber kein Monomorphismus, da z. B. $L((1,0)^T) = L((-1,1)^T)$ gilt, und auch kein Epimorphismus, da z. B. kein $\vec{x} \in \mathbb{R}^2$ existiert mit $L(\vec{x}) = (0,0,1)^T \in \mathbb{R}^3$. Insbesondere ist L also kein Isomorphismus.

(b) Die Abbildung $L\colon \mathbb{R}^2 \to \mathbb{R}_1[x]$,

$$\begin{pmatrix} x_1 \\ x_2 \end{pmatrix} \mapsto x_1 m_0 + x_2 m_1 \,,$$

ist ein Isomorphismus, wobei $m_0(x) := 1$ und $m_1(x) := x$ die ersten beiden Monome bezeichnen mögen.

(c) Die Abbildung $L\colon \mathbb{Z}_7^2 \to \mathbb{Z}_7^2$,

$$\begin{pmatrix} x_1 \\ x_2 \end{pmatrix} \mapsto \begin{pmatrix} 1 & 2 \\ 4 & 1 \end{pmatrix} \begin{pmatrix} x_1 \\ x_2 \end{pmatrix},$$

ist ein Endomorphismus. L ist aber kein Automorphismus, da z. B. $L((1,0)^T) = L((6,1)^T)$.

(d) Die Abbildung $L\colon \mathbb{Z}_5^2 \to \mathbb{Z}_5^2$,

$$\begin{pmatrix} x_1 \\ x_2 \end{pmatrix} \mapsto \begin{pmatrix} 1 & 2 \\ 3 & 0 \end{pmatrix} \begin{pmatrix} x_1 \\ x_2 \end{pmatrix},$$

ist ein Automorphismus (nachprüfen!).

Für lineare Abbildungen zwischen Vektorräumen gelten eine Fülle interessanter Resultate, von denen wir exemplarisch einige im folgenden Satz festhalten.

▷   **Satz 15.4.3 Eigenschaften linearer Abbildungen zwischen Vektorräumen**
Es sei $\mathbf{K}$ ein Körper mit $\oplus$ und $\odot$ als innere Verknüpfungen sowie $\mathbf{V}$ und $\mathbf{W}$ zwei Vektorräume über $\mathbf{K}$ mit jeweils innerer Verknüpfung $\oplus$ und äußerer Verknüpfung $\odot$. Ferner sei $L\colon \mathbf{V} \to \mathbf{W}$ ein Homomorphismus. Dann gelten folgende Aussagen:

1. Das Nullelement von $\mathbf{V}$ wird auf das Nullelement von $\mathbf{W}$ abgebildet, kurz $L(\mathbf{o}) = \mathbf{o}$.
2. Falls $\mathbf{v}^{(1)}, \ldots, \mathbf{v}^{(k)}$ linear abhängig in $\mathbf{V}$, dann sind $L(\mathbf{v}^{(1)}), \ldots, L(\mathbf{v}^{(k)})$ linear abhängig in $\mathbf{W}$.
3. Falls $L(\mathbf{v}^{(1)}), \ldots, L(\mathbf{v}^{(k)})$ linear unabhängig in $\mathbf{W}$, dann sind $\mathbf{v}^{(1)}, \ldots, \mathbf{v}^{(k)}$ linear unabhängig in $\mathbf{V}$.
4. Falls L ein Isomorphismus ist, dann ist auch L^{-1} ein Isomorphismus.

Beweis

1. Die Nullelementeigenschaft folgt aus $L(\mathbf{o}) = L(0\mathbf{o}) = 0L(\mathbf{o}) = \mathbf{o}$.
2. Seien nun $\mathbf{v}^{(1)}, \ldots, \mathbf{v}^{(k)}$ linear abhängig in $\mathbf{V}$. Dann gibt es $\lambda_1, \ldots, \lambda_k \in \mathbf{K}$, nicht alle gleich Null, so dass

$$\lambda_1 \mathbf{v}^{(1)} \oplus \lambda_2 \mathbf{v}^{(2)} \oplus \cdots \oplus \lambda_k \mathbf{v}^{(k)} = \mathbf{o}$$

gilt. Wendet man auf die obige Gleichung den Homomorphismus L an, so ergibt sich mit den entsprechenden Rechenregeln sofort

$$\lambda_1 L(\mathbf{v}^{(1)}) \oplus \lambda_2 L(\mathbf{v}^{(2)}) \oplus \cdots \oplus \lambda_k L(\mathbf{v}^{(k)}) = \mathbf{o} \, ,$$

also sind, da nicht alle $\lambda_1, \ldots, \lambda_k \in \mathbf{K}$ gleich Null sind, auch die Vektoren $L(\mathbf{v}^{(1)}), \ldots, L(\mathbf{v}^{(k)})$ linear abhängig.
3. Folgt unmittelbar aus der vorherigen Aussage.
4. Sei nun L ein Isomorphismus und L^{-1} die ebenfalls bijektive Umkehrfunktion. Zu zeigen ist, dass auch L^{-1} linear ist. Dazu seien $\mathbf{w}_1, \mathbf{w}_2 \in \mathbf{W}$ und $\lambda_1, \lambda_2 \in \mathbf{K}$ beliebig gegeben. Dann existieren $\mathbf{v}_1, \mathbf{v}_2 \in \mathbf{V}$ mit $L(\mathbf{v}_i) = \mathbf{w}_i$ bzw. $L^{-1}(\mathbf{w}_i) = \mathbf{v}_i$ für $i = 1, 2$. Damit folgt aber sofort

$$L^{-1}(\lambda_1 \mathbf{w}_1 \oplus \lambda_2 \mathbf{w}_2) = L^{-1}(\lambda_1 L(\mathbf{v}_1) \oplus \lambda_2 L(\mathbf{v}_2)) = L^{-1}(L(\lambda_1 \mathbf{v}_1 \oplus \lambda_2 \mathbf{v}_2))$$
$$= \lambda_1 L^{-1}(\mathbf{w}_1) \oplus \lambda_2 L^{-1}(\mathbf{w}_2) \, ,$$

also die Linearität von L^{-1}. $\qquad\square$

Speziell für lineare Abbildungen zwischen Vektorräumen endlicher Dimension gibt es die Möglichkeit, das Abbildungsverhalten im Wesentlichen komplett auf eine Matrix-Vektor-Multiplikation zu reduzieren. Dazu muss man jedoch entsprechende Basen in den einzelnen Vektorräumen in Zugriff nehmen.

▷ **Satz 15.4.4 Lineare Abbildungen zwischen endlich dimensionalen Vektorräumen** Es sei $\mathbf{K}$ ein Körper mit $\oplus$ und $\odot$ als innere Verknüpfungen sowie $\mathbf{V}$ und $\mathbf{W}$ zwei Vektorräume über $\mathbf{K}$ mit jeweils innerer Verknüpfung

$\oplus$ und äußerer Verknüpfung $\odot$. Ferner sei $\dim V = n < \infty$ und $\dim W = m < \infty$ sowie $L\colon V \to W$ ein Homomorphismus. Schließlich sei

$$\mathcal{B}_V := \{v^{(1)}, v^{(2)}, \ldots, v^{(n)}\} \subseteq V$$

eine Basis in V und

$$\mathcal{B}_W := \{w^{(1)}, w^{(2)}, \ldots, w^{(m)}\} \subseteq W$$

eine Basis in W. Dann gibt es eine Matrix $A \in K^{m \times n}$, so dass sich die durch L induzierte Abbildung L^*, die die eindeutig bestimmten Koeffizienten

$$\vec{\lambda} := (\lambda_1, \lambda_2, \ldots, \lambda_n)^T \in K^n$$

eines beliebigen Vektors $v \in V$ bezüglich der Basis $\mathcal{B}_V$ in V auf die eindeutig bestimmten Koeffizienten

$$\vec{\mu} := (\mu_1, \mu_2, \ldots, \mu_m)^T \in K^m$$

des zugehörigen Vektors $L(v) \in W$ bezüglich der Basis $\mathcal{B}_W$ in W abbildet, schreiben lässt als

$$L^*\colon K^n \to K^m , \quad \vec{\lambda} \mapsto A\vec{\lambda} = \vec{\mu} .$$

Beweis Da $\mathcal{B}_W$ eine Basis von W ist, gibt es für alle $v^{(k)} \in \mathcal{B}_V$ mit $1 \le k \le n$ eindeutig bestimmte Koeffizienten $a_{jk} \in K$ für $1 \le j \le m$ mit

$$L(v^{(k)}) = \sum_{j=1}^{m} a_{jk} w^{(j)} , \quad 1 \le k \le n .$$

Es sei nun $v \in V$ ein beliebiger Vektor mit eindeutiger Basisdarstellung

$$v = \sum_{k=1}^{n} \lambda_k v^{(k)} .$$

Anwendung von L auf v liefert wegen der Linearität von L die Identität

$$L(v) = \sum_{k=1}^{n} \lambda_k L(v^{(k)}) = \sum_{k=1}^{n} \lambda_k \left(\sum_{j=1}^{m} a_{jk} w^{(j)} \right) = \sum_{j=1}^{m} \left(\sum_{k=1}^{n} a_{jk} \lambda_k \right) w^{(j)} ,$$

also die Berechnungsvorschrift für die gesuchten Koeffizienten

$$\vec{\mu} := (\mu_1, \mu_2, \ldots, \mu_m)^T \in K^m$$

des Vektors $L(\mathbf{v}) \in \mathbf{W}$ bezüglich der Basis $\mathcal{B}_{\mathbf{W}}$ in $\mathbf{W}$. Kompakt kann man jetzt also bei fixierten Basen in $\mathbf{V}$ und $\mathbf{W}$ die lineare Abbildung L über die lineare Abbildung L^* berechnen, indem man Basiskoeffizienten auf Basiskoeffizienten abbildet, konkret

$$L^*: \mathbf{K}^n \to \mathbf{K}^m , \qquad \vec{\lambda} \mapsto A\vec{\lambda} = \vec{\mu} ,$$

wobei $A := (a_{jk})_{\substack{1 \le j \le m \\ 1 \le k \le n}} \in \mathbf{K}^{m \times n}$ genau die Matrix aus den obigen Umrechnungskoeffizienten ist. $\qquad \square$

15.5 Bild, Faser und Kern linearer Abbildungen

Im folgenden Abschnitt setzen wir die Untersuchung linearer Abbildungen zwischen Vektorräumen fort und bringen sie zu einem vorläufigen Abschluss. Wir beginnen mit einer wichtigen Definition (zur Veranschaulichung dieser zentralen Begriffe siehe auch Abb. 15.1).

Definition 15.5.1 Bild, Faser und Kern linearer Abbildungen zwischen Vektorräumen

Es sei $\mathbf{K}$ ein Körper mit $\oplus$ und $\odot$ als innere Verknüpfungen sowie $\mathbf{V}$ und $\mathbf{W}$ zwei Vektorräume über $\mathbf{K}$ mit jeweils innerer Verknüpfung $\oplus$ und äußerer Verknüpfung $\odot$. Ferner sei $L: \mathbf{V} \to \mathbf{W}$ ein Homomorphismus und $\mathbf{w} \in \mathbf{W}$ beliebig gegeben. Dann nennt man

$$\begin{aligned}
\text{Bild}\,(L) &:= L(\mathbf{V}) := \{L(\mathbf{v}) \mid \mathbf{v} \in \mathbf{V}\} \subseteq \mathbf{W} && \textbf{Bild} \text{ von } L, \\
L^{-1}(\mathbf{w}) &:= \{\mathbf{v} \in \mathbf{V} \mid L(\mathbf{v}) = \mathbf{w}\} \subseteq \mathbf{V} && \textbf{Faser} \text{ von } \mathbf{w} , \\
\text{Kern}\,(L) &:= L^{-1}(\mathbf{o}) := \{\mathbf{v} \in \mathbf{V} \mid L(\mathbf{v}) = \mathbf{o}\} \subseteq \mathbf{V} && \textbf{Kern} \text{ von } L . \; \blacktriangleleft
\end{aligned}$$

▶ **Satz 15.5.2 Eigenschaften von Bild und Kern linearer Abbildungen zwischen Vektorräumen** Es sei $\mathbf{K}$ ein Körper mit $\oplus$ und $\odot$ als innere Verknüpfungen sowie $\mathbf{V}$ und $\mathbf{W}$ zwei Vektorräume über $\mathbf{K}$ mit jeweils innerer

Abb. 15.1 Skizze einer linearen Abbildung mit Kern und Bild

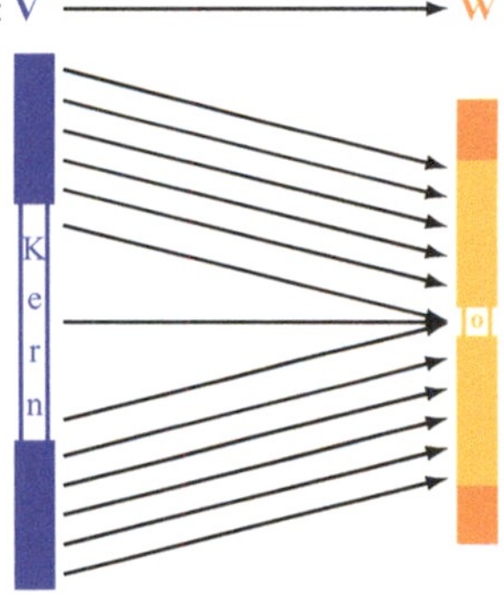

Verknüpfung $\oplus$ und äußerer Verknüpfung $\odot$. Ferner sei $L\colon \mathbf{V} \to \mathbf{W}$ ein Homomorphismus. Dann gelten die folgenden Aussagen:

1. Bild $(L) \subseteq \mathbf{W}$ ist ein Untervektorraum von $\mathbf{W}$.
2. Kern $(L) \subseteq \mathbf{V}$ ist ein Untervektorraum von $\mathbf{V}$.
3. L ist genau dann surjektiv (Epimorphismus), wenn Bild $(L) = \mathbf{W}$.
4. L ist genau dann injektiv (Monomorphismus), wenn Kern $(L) = \{\mathbf{o}\}$.
5. Falls L injektiv ist und $\mathbf{v}^{(1)}, \ldots, \mathbf{v}^{(k)}$ linear unabhängig in $\mathbf{V}$ sind, dann sind $L(\mathbf{v}^{(1)}), \ldots, L(\mathbf{v}^{(k)})$ linear unabhängig in $\mathbf{W}$.

Beweis Die ersten beiden Aussagen rechnet man leicht nach, wobei im Wesentlichen nur jeweils die Abgeschlossenheit zu zeigen ist.

Die dritte Aussage entspricht genau der Definition der Surjektivität, während bei der vierten Aussage die Linearität von L eine zentrale Rolle spielt. Für die Injektivität ist nämlich für beliebig gegebene $\mathbf{v}_1, \mathbf{v}_2 \in \mathbf{V}$ zu zeigen, dass aus $L(\mathbf{v}_1) = L(\mathbf{v}_2)$ sofort $\mathbf{v}_1 = \mathbf{v}_2$ folgt. Dies ergibt sich wegen Kern $(L) = \{\mathbf{o}\}$ aber sofort aus $L(\mathbf{v}_1 \ominus \mathbf{v}_2) = L(\mathbf{v}_1) \ominus L(\mathbf{v}_2) = \mathbf{o}$.

Seien nun $\mathbf{v}^{(1)}, \ldots, \mathbf{v}^{(k)}$ linear unabhängig in $\mathbf{V}$ und $\lambda_1, \ldots, \lambda_k \in \mathbf{K}$ mit

$$\lambda_1 L(\mathbf{v}^{(1)}) \oplus \lambda_2 L(\mathbf{v}^{(2)}) \oplus \cdots \oplus \lambda_k L(\mathbf{v}^{(k)}) = \mathbf{o} \ .$$

Aufgrund der Linearität von L folgt daraus sofort

$$L(\lambda_1 \mathbf{v}^{(1)} \oplus \lambda_2 \mathbf{v}^{(2)} \oplus \cdots \oplus \lambda_k \mathbf{v}^{(k)}) = \mathbf{o}$$

und wegen der Injektivität (bzw. Kern $(L) = \{\mathbf{o}\}$) sofort auch

$$\lambda_1 \mathbf{v}^{(1)} \oplus \lambda_2 \mathbf{v}^{(2)} \oplus \cdots \oplus \lambda_k \mathbf{v}^{(k)} = \mathbf{o} \ .$$

Daraus ergibt sich aber sofort, dass alle $\lambda_1, \ldots, \lambda_k \in \mathbf{K}$ gleich Null sind, also auch die Vektoren $L(\mathbf{v}^{(1)}), \ldots, L(\mathbf{v}^{(k)})$ linear unabhängig sind. $\qquad\square$

Basierend auf den obigen Begriffen lässt sich jetzt auch der bereits bekannte Begriff des **Rangs** von Matrizen auf lineare Abbildungen verallgemeinern. Man definiert ihn für eine beliebige lineare Abbildung $L\colon \mathbf{V} \to \mathbf{W}$ zwischen zwei Vektorräumen $\mathbf{V}$ und $\mathbf{W}$ als

$$\mathrm{Rang}\,(L) := \dim \mathrm{Bild}\,(L) \ .$$

Nach diesen Vorbereitungen kann nun einer der wichtigsten Sätze für lineare Abbildungen formuliert werden. Er stellt mit der sogenannten **Dimensionsformel** den vollständigen Überblick über die Dimensionen von Kernen und Bildern linearer Abbildungen bereit und konkretisiert den in der Skizze 15.1 schon angedeuteten Zusammenhang.

▷   **Satz 15.5.3   Dimensionsformel für lineare Abbildungen zwischen Vektorräumen**   Es sei $\mathbf{K}$ ein Körper mit $\oplus$ und $\odot$ als innere Verknüpfungen sowie
$\mathbf{V}$ und $\mathbf{W}$ zwei Vektorräume über $\mathbf{K}$ mit jeweils innerer Verknüpfung $\oplus$ und
äußerer Verknüpfung $\odot$. Ferner gelte $\dim \mathbf{V} = n < \infty$ und $L\colon \mathbf{V} \to \mathbf{W}$ sei ein
Homomorphismus. Dann gilt die **Dimensionsformel**

$$\dim \mathbf{V} = \dim \text{Bild}\,(L) + \dim \text{Kern}\,(L) \, .$$

Beweis   Zunächst bemerken wir, dass aufgrund der dritten Aussage aus Satz 15.4.3 die
Dimension von Bild $(L) \subseteq \mathbf{W}$ immer höchstens gleich der Dimension von $\mathbf{V}$ sein kann
und zwar auch dann, wenn $\mathbf{W}$ keine endliche Dimension hat! Da im vorliegenden Fall
$\mathbf{V}$ von endlicher Dimension ist, muss also auch Bild (L) von endlicher Dimension sein,
genauer $\dim \text{Bild}\,(L) \le n$.

Wir unterscheiden nun drei Fälle, die sich an L orientieren: L ist injektiv, L ist die
Nullabbildung, L ist weder injektiv noch die Nullabbildung.

(1) L sei injektiv. Dann folgt mit der vierten Aussage aus Satz 15.5.2 wegen Kern $(L) =$
$\{\mathbf{o}\}$ sofort $\dim \text{Kern}\,(L) = 0$ und mit der fünften Aussage des Satzes, dass $\dim \text{Bild}\,(L) =$
$n = \dim \mathbf{V}$ ist. Insbesondere gilt also $\dim \mathbf{V} = \dim \text{Bild}\,(L) + \dim \text{Kern}\,(L)$.

(2) L sei die Nullabbildung. Dann ist wegen Bild $(L) = \{\mathbf{o}\}$ definitionsgemäß
$\dim \text{Bild}\,(L) = 0$ und wegen Kern $(L) = \mathbf{V}$ entsprechend $\dim \text{Kern}\,(L) = \dim \mathbf{V} = n$.
Insbesondere gilt also $\dim \mathbf{V} = \dim \text{Bild}\,(L) + \dim \text{Kern}\,(L)$.

(3) L sei nun weder injektiv noch die Nullabbildung. Dann haben Kern (L) und auch
Bild (L) mindestens die Dimension 1 und es gibt somit Basen in ihnen. Es sei also

$$\mathcal{B}_{\text{Kern}\,(L)} := \{\mathbf{v}^{(1)}, \mathbf{v}^{(2)}, \ldots, \mathbf{v}^{(k)}\} \subseteq \mathbf{V} \qquad \text{eine Basis von Kern}\,(L)\,,$$

$$\mathcal{B}_{\text{Bild}\,(L)} := \{\mathbf{w}^{(1)}, \mathbf{w}^{(2)}, \ldots, \mathbf{w}^{(r)}\} \subseteq \mathbf{W} \qquad \text{eine Basis von Bild}\,(L)\,,$$

sowie

$$\mathbf{u}^{(1)} \in L^{-1}(\mathbf{w}^{(1)}), \quad \mathbf{u}^{(2)} \in L^{-1}(\mathbf{w}^{(2)}), \; \ldots \;, \mathbf{u}^{(r)} \in L^{-1}(\mathbf{w}^{(r)})$$

beliebige Vektoren aus den Fasern von $\mathbf{w}^{(1)}, \mathbf{w}^{(2)}, \ldots, \mathbf{w}^{(r)}$. Es sei nun $\mathbf{v} \in \mathbf{V}$ beliebig
gegeben. Dann lässt sich $L(\mathbf{v})$ eindeutig darstellen als

$$L(\mathbf{v}) = \sum_{j=1}^{r} \lambda_j \mathbf{w}^{(j)} \quad \text{mit} \quad \lambda_j \in \mathbf{K}, \quad 1 \le j \le r \, .$$

Betrachtet man nun

$$\mathbf{u} := \sum_{j=1}^{r} \lambda_j \mathbf{u}^{(j)} \, ,$$

dann muss $\mathbf{v} \ominus \mathbf{u}$ wegen $L(\mathbf{v} \ominus \mathbf{u}) = \mathbf{o}$ in Kern (L) liegen. Also existieren eindeutig bestimmte $\lambda_{r+j} \in K$ für $1 \le j \le k$ mit

$$\mathbf{v} \ominus \mathbf{u} = \sum_{j=1}^{k} \lambda_{r+j} \mathbf{v}^{(j)} \, ,$$

woraus folgt

$$\mathbf{v} = \sum_{j=1}^{r} \lambda_j \mathbf{u}^{(j)} \oplus \sum_{j=1}^{k} \lambda_{r+j} \mathbf{v}^{(j)} \, .$$

Also lässt sich jedes Element aus $\mathbf{V}$ als Linearkombination der Elemente der Menge

$$\{\mathbf{u}^{(1)}, \mathbf{u}^{(2)}, \ldots, \mathbf{u}^{(r)}, \mathbf{v}^{(1)}, \mathbf{v}^{(2)}, \ldots, \mathbf{v}^{(k)}\} \subseteq \mathbf{V}$$

darstellen. Können wir nun noch zeigen, dass die $r + k$ Vektoren der obigen Menge linear unabhängig sind, dann müssen sie eine Basis von $\mathbf{V}$ sein und es muss $r + k = n$ gelten. Für diesen Nachweis betrachten wir die Identität

$$\sum_{j=1}^{r} \mu_j \mathbf{u}^{(j)} \oplus \sum_{j=1}^{k} \mu_{r+j} \mathbf{v}^{(j)} = \mathbf{o}$$

mit $\mu_j \in K$ für $1 \le j \le r + k$ und werden zeigen, dass alle Koeffizienten gleich Null sein müssen. Durch Anwendung von L folgt zunächst

$$\sum_{j=1}^{r} \mu_j \mathbf{w}^{(j)} = \mathbf{o}$$

und wegen der Basiseigenschaft von $\{\mathbf{w}^{(1)}, \mathbf{w}^{(2)}, \ldots, \mathbf{w}^{(r)}\}$ in Bild (L) sofort $\mu_j = 0$ für $1 \le j \le r$. Setzt man dies in die Ausgangsgleichung ein, so folgt

$$\sum_{j=1}^{k} \mu_{r+j} \mathbf{v}^{(j)} = \mathbf{o}$$

und daraus wegen der Basiseigenschaft von $\{\mathbf{v}^{(1)}, \mathbf{v}^{(2)}, \ldots, \mathbf{v}^{(k)}\}$ in Kern (L) auch $\mu_{r+j} = 0$ für $1 \le j \le k$. Also gilt damit auch in diesem Fall $\dim \mathbf{V} = \dim \mathrm{Bild}\,(L) + \dim \mathrm{Kern}\,(L)$. $\qquad\square$

▻   **Bemerkung 15.5.4** (1) Aus dem obigen Satz folgt insbesondere, dass es zwischen zwei Vektorräumen endlicher Dimension über demselben Körper genau dann einen Isomorphismus gibt, wenn sie dieselbe Dimension haben, oder, anders ausgedrückt, z. B. der Vektorraum $\mathbb{R}^n$ bis auf Isomorphie der einzige Vektorraum der Dimension n über dem Körper $\mathbb{R}$ ist.

(2) Sind $\mathbf{V}$ und $\mathbf{W}$ zwei Vektorräume von identischer endlicher Dimension über demselben Körper und ist $L\colon \mathbf{V} \to \mathbf{W}$ eine lineare Abbildung, dann fallen für L die Begriffe injektiv, surjektiv und bijektiv zusammen oder, anders ausgedrückt, ein Homomorphismus ist hier genau dann ein Isomorphismus, wenn er ein Monomorphismus ist, und dies ist wiederum genau dann der Fall, wenn er ein Epimorphismus ist.

15.6 Aufgaben mit Lösungen

Aufgabe 15.6.1 *Gegeben sei die lineare Abbildung $L\colon \mathbb{R}^3 \to \mathbb{R}^3$ durch Angabe ihrer Wirkung auf die Einheitsbasis im $\mathbb{R}^3$, konkret*

$$L((1,0,0)^T) := (-1,1,3)^T , \quad L((0,1,0)^T) := (0,6,3)^T ,$$
$$L((0,0,1)^T) := (2,4,-3)^T .$$

Man bestimme Kern(L) *und* Bild(L) *sowie deren Dimensionen und gebe jeweils eine Basis von* Kern(L) *und* Bild(L) *an.*

Lösung der Aufgabe Um Kern(L) zu berechnen, ist das lineare Gleichungssystem

$$x_1(-1,1,3)^T + x_2(0,6,3)^T + x_3(2,4,-3)^T = (0,0,0)^T$$

zu lösen. Als Lösung erhält man

$$\text{Kern}(L) = \left\{ \alpha \begin{pmatrix} 2 \\ -1 \\ 1 \end{pmatrix} \mid \alpha \in \mathbb{R} \right\} = \text{Spann}_{\mathbb{R}}\{(2,-1,1)^T\} .$$

Also ist aufgrund der Dimensionsformel Rang$(L) = \dim \text{Bild}(L) = \dim \mathbb{R}^3 - \dim \text{Kern}(L) = 3 - 1 = 2$ und z. B. $\mathcal{B}_{\text{Kern}(L)} := \{(2,-1,1)^T\}$ eine Basis von Kern(L). Eine Basis von Bild(L) kann man schließlich berechnen, indem man die Bilder der Einheitsvektoren zeilenweise mittels Gaußschem Algorithmus reduziert, also

-1	1	3	$\cdot 2$
0	6	3	$\mid$
2	4	-3	$\leftarrow +$

$$\begin{array}{ccc}
-1 & 1 & 3 \\
0 & \boxed{6} & 3 \quad \cdot(-1) \\
0 & \boxed{6} & 3 \quad \leftarrow + \\
\hline
-1 & 1 & 3 \\
0 & 6 & 3 \\
0 & 0 & 0
\end{array}$$

Also gilt z. B. $\mathcal{B}_{\mathrm{Bild}\,(L)} = \{(-1,1,3)^T, (0,6,3)^T\}$ und $\mathrm{Bild}\,(L) = \mathrm{Spann}_{\mathbb{R}}\{(-1,1,3)^T, (0,6,3)^T\}$.

Aufgabe 15.6.2 *Gegeben sei die lineare Abbildung $L\colon \mathbb{Z}_5^2 \to \mathbb{Z}_5^3$ mittels einer Matrix $A \in \mathbb{Z}_5^{3\times 2}$ gemäß*

$$L(\vec{x}) := A\vec{x} := \begin{pmatrix} 1 & 2 \\ 4 & 4 \\ 1 & 1 \end{pmatrix} \begin{pmatrix} x_1 \\ x_2 \end{pmatrix}.$$

Man bestimme $\mathrm{Kern}\,(L)$ *und* $\mathrm{Bild}\,(L)$ *sowie deren Dimensionen und gebe jeweils eine Basis von* $\mathrm{Kern}\,(L)$ *und* $\mathrm{Bild}\,(L)$ *an.*

Lösung der Aufgabe Um $\mathrm{Kern}\,(L)$ zu berechnen, ist das lineare Gleichungssystem

$$L(\vec{x}) = \begin{pmatrix} 1 & 2 \\ 4 & 4 \\ 1 & 1 \end{pmatrix} \begin{pmatrix} x_1 \\ x_2 \end{pmatrix} = \begin{pmatrix} 0 \\ 0 \\ 0 \end{pmatrix}$$

zu lösen. Als Lösung erhält man $\mathrm{Kern}\,(L) = \{\vec{0}\}$ (nachrechnen!). Also ist aufgrund der Dimensionsformel $\mathrm{Rang}\,(L) = \dim \mathrm{Bild}\,(L) = \dim \mathbb{Z}_5^2 - \dim \mathrm{Kern}\,(L) = 2 - 0 = 2$ und $\mathcal{B}_{\mathrm{Kern}\,(L)} = \emptyset$, d. h. eine Basis von $\mathrm{Kern}\,(L)$ gibt es nicht. Eine Basis von $\mathrm{Bild}\,(L)$ kann man jedoch wieder berechnen, indem man die Bilder der Einheitsvektoren zeilenweise mittels Gaußschem Algorithmus reduziert oder, in diesem einfachen Fall, direkt die Spaltenvektoren von A nimmt, also z. B. $\mathcal{B}_{\mathrm{Bild}\,(L)} = \{(1,4,1)^T, (2,4,1)^T\}$ und $\mathrm{Bild}\,(L) = \mathrm{Spann}_{\mathbb{Z}_5}\{(1,4,1)^T, (2,4,1)^T\}$.

Aufgabe 15.6.3 *Gegeben sei die lineare Abbildung $L\colon \mathbb{Z}_{11}^3 \to \mathbb{Z}_{11}^2$ mittels einer Matrix $A \in \mathbb{Z}_{11}^{2\times 3}$ gemäß*

$$L(\vec{x}) := A\vec{x} := \begin{pmatrix} 1 & 2 & 3 \\ 4 & 10 & 3 \end{pmatrix} \begin{pmatrix} x_1 \\ x_2 \\ x_3 \end{pmatrix}.$$

Man bestimme $\mathrm{Kern}\,(L)$ *und* $\mathrm{Bild}\,(L)$ *sowie deren Dimensionen und gebe jeweils eine Basis von* $\mathrm{Kern}\,(L)$ *und* $\mathrm{Bild}\,(L)$ *an.*

Lösung der Aufgabe Um Kern (L) zu berechnen, ist das lineare Gleichungssystem

$$L(\vec{x}) = \begin{pmatrix} 1 & 2 & 3 \\ 4 & 10 & 3 \end{pmatrix} \begin{pmatrix} x_1 \\ x_2 \\ x_3 \end{pmatrix} = \begin{pmatrix} 0 \\ 0 \end{pmatrix}$$

zu lösen.

1	2	3	0	$\odot 7$
4	10	3	0	$\leftarrow \oplus$
1	2	3	0	
0	2	2	0	

Ausgeschrieben lautet die letzte Gleichung $2 \odot x_2 \oplus 2 \odot x_3 = 0$, also z. B. $x_3 = \alpha \in \mathbb{Z}_{11}$ beliebig und $x_2 = (-1) \odot x_3 = 10 \odot \alpha$. Eingesetzt in die erste Gleichung ergibt sich schließlich durch Auflösen nach x_1 die Identität

$$x_1 = (-2) \odot x_2 \oplus (-3) \odot x_3 = 9 \odot 10 \odot \alpha \oplus 8 \odot \alpha = 10 \odot \alpha .$$

Insgesamt erhält man so als Lösung

$$\text{Kern}\,(L) = \left\{ \alpha \begin{pmatrix} 10 \\ 10 \\ 1 \end{pmatrix} \mid \alpha \in \mathbb{Z}_{11} \right\} .$$

Also ist aufgrund der Dimensionsformel $\text{Rang}\,(L) = \dim \text{Bild}\,(L) = \dim \mathbb{Z}_{11}^3 - \dim \text{Kern}\,(L) = 3 - 1 = 2$ und z. B. $\mathcal{B}_{\text{Kern}\,(L)} := \{(10, 10, 1)^T\}$ eine Basis von Kern (L). Eine Basis von Bild (L) kann man schließlich wieder berechnen, indem man die Bilder der Einheitsvektoren zeilenweise mittels Gaußschem Algorithmus reduziert, also

1	4	$\odot 9$	$\odot 8$
2	10	$\leftarrow \oplus$	|
3	3		$\leftarrow \oplus$
1	4		
0	2	$\odot 10$	
0	2	$\leftarrow \oplus$	
1	4		
0	2		
0	0		

Also gilt z. B. $\mathcal{B}_{\text{Bild}\,(L)} = \{(1, 4)^T, (0, 2)^T\}$ und Bild $(L) = \text{Spann}_{\mathbb{Z}_{11}}\{(1, 4)^T, (0, 2)^T\}$.

Selbsttest 15.6.4   Welche Aussagen über lineare Abbildungen sind wahr?

?+? Die Abbildung $L: \mathbb{R}^2 \to \mathbb{R}$, $(x_1, x_2)^T \mapsto 3x_1 + 5x_2$ ist linear.
?−? Die Abbildung $L: \mathbb{R}^2 \to \mathbb{R}$, $(x_1, x_2)^T \mapsto 15 \cdot x_1 \cdot x_2$ ist linear.
?−? Die Abbildung $L: \mathbb{R}^2 \to \mathbb{R}$, $(x_1, x_2)^T \mapsto 3x_1 + 5x_2 + 3$ ist linear.
?+? Die Abbildung $L: \mathbb{R}^2 \to \mathbb{R}^2$, $(x_1, x_2)^T \mapsto (3x_1, 5x_2)^T$ ist linear.
?−? Die Abbildung $L: \mathbb{R}^2 \to \mathbb{R}^2$, $(x_1, x_2)^T \mapsto (3x_1, 5x_2 - 1)^T$ ist linear.

15.7 Tensorprodukte von Vektorräumen

Im Folgenden sei K ein beliebiger Körper und V und W seien endlich dimensionale Vektorräume über K. Das sogenannte **Tensorprodukt** von V und W wird zunächst relativ abstrakt eingeführt, ehe es dann Schritt für Schritt explizit konstruiert wird. Wir wählen dieses etwas gewöhnungsbedürftige Vorgehen, um zunächst einmal klar herauszuarbeiten, dass das Tensorprodukt zweier Vektorräume nichts anderes ist als wieder ein Vektorraum. Anwendung finden Tensorprodukte und die durch sie induzierten Vektorräume z. B. in der theoretischen Physik und speziell in der für die Informatik immer wichtiger werdenden Disziplin des Quantum Computings (siehe z. B. [5, 6]). Wir werden deshalb immer wieder kleine Beispiele einstreuen, die diesen Anwendungskontext erkennen lassen. Wir beginnen aber zunächst mit einer etwas abstrakten Definition.

Definition 15.7.1 Tensorprodukt von V und W

Es sei K ein Körper mit $\oplus$ und $\odot$ als innere Verknüpfungen und V und W zwei endlich dimensionale Vektorräume über K mit gleich bezeichneten inneren $\oplus$ und äußeren $\odot$ Verknüpfungen sowie $\dim V = n$ und $\dim W = m$. Dann versteht man unter dem sogenannten **Tensorproduktraum** oder einfach dem **Tensorprodukt** $V \otimes W$ von V und W einen Vektorraum über K der Dimension $n \cdot m$, dessen innere Verknüpfung wieder mit $\oplus$ und dessen äußere Verknüpfung entsprechend mit $\odot$ bezeichnet wird, und der mit einer speziellen sogenannten **bilinearen Abbildung** $\otimes$ mit $V \times W$ verbunden ist. Konkret ist die Abbildung

$$\otimes: \quad V \times W \to V \otimes W$$
$$(v, w) \mapsto \otimes(v, w) =: v \otimes w$$

linear bezüglich beider Argumente, d. h. $\otimes$ genügt für alle $v, v', v'' \in V$, für alle $w, w', w'' \in W$ sowie für alle Skalare $\lambda \in K$ den Gesetzen

(TP1)	$(v' \oplus v'') \otimes w = (v' \otimes w) \oplus (v'' \otimes w)$	(Additivität 1)
(TP2)	$v \otimes (w' \oplus w'') = (v \otimes w') \oplus (v \otimes w'')$	(Additivität 2)
(TP3)	$(\lambda \odot v) \otimes w = \lambda \odot (v \otimes w)$	(Homogenität 1)
(TP4)	$v \otimes (\lambda \odot w) = \lambda \odot (v \otimes w)$	(Homogenität 2)

und hat zusätzlich die Eigenschaft, dass für jede Basis $\mathbf{v}^{(i)}$, $1 \leq i \leq n$, aus $\mathbf{V}$ und für jede Basis $\mathbf{w}^{(j)}$, $1 \leq j \leq m$, aus $\mathbf{W}$ die Vektoren

$$\otimes(\mathbf{v}^{(i)}, \mathbf{w}^{(j)}) = \mathbf{v}^{(i)} \otimes \mathbf{w}^{(j)} \, , \quad (i, j) \in \{1, 2, \ldots, n\} \times \{1, 2, \ldots, m\} \, ,$$

eine Basis in $\mathbf{V} \otimes \mathbf{W}$ bilden. ◄

▷ **Bemerkung 15.7.2 Existenz des Tensorproduktraums** Dass für zwei gegebene endlich dimensionale Vektorräume $\mathbf{V}$ und $\mathbf{W}$ über $\mathbf{K}$ ein Tensorproduktraum $\mathbf{V} \otimes \mathbf{W}$ im obigen Sinne existiert, werden wir im Folgenden durch explizite Konstruktion zeigen.

▷ **Bemerkung 15.7.3 Eindeutigkeit des Tensorproduktraums** Man kann zeigen, dass für zwei gegebene endlich dimensionale Vektorräume $\mathbf{V}$ und $\mathbf{W}$ über $\mathbf{K}$ der Tensorproduktraum $\mathbf{V} \otimes \mathbf{W}$ im obigen Sinne bis auf Vektorraum-Isomorphie eindeutig bestimmt ist, falls man zusätzlich noch eine sogenannte **universelle Eigenschaft** fordert, die bilineare Abbildungen mit Definitionsbereich $\mathbf{V} \times \mathbf{W}$ mit linearen Abbildungen mit Definitionsbereich $\mathbf{V} \otimes \mathbf{W}$ in Verbindung bringt. Falls diese Zusatzbedingung erfüllt ist und man dann einen zweiten Tensorproduktraum $\mathbf{V} \boxtimes \mathbf{W}$ gefunden hat mit einer bilinearen Abbildung $\boxtimes \colon \mathbf{V} \times \mathbf{W} \to \mathbf{V} \boxtimes \mathbf{W}$, die ebenfalls den gegebenen Anforderungen sowie der Universalitätsbedingung genügt, dann gibt es einen Vektorraum-Isomorphismus $\Phi \colon \mathbf{V} \otimes \mathbf{W} \to \mathbf{V} \boxtimes \mathbf{W}$, so dass für alle $\mathbf{v} \in \mathbf{V}$ und alle $\mathbf{w} \in \mathbf{W}$ gilt $\Phi(\mathbf{v} \otimes \mathbf{w}) = \mathbf{v} \boxtimes \mathbf{w}$ (wir verzichten auf einen Beweis dieser sehr technischen Details und verweisen z. B. auf [1]).

▷ **Bemerkung 15.7.4 Kontextsensitivität der Verknüpfungen** Da die Verknüpfungen sowohl im Körper $\mathbf{K}$ als auch in den Vektorräumen $\mathbf{V}$, $\mathbf{W}$ und $\mathbf{V} \otimes \mathbf{W}$ mit $\oplus$ und $\odot$ bezeichnet werden, kommt es auf den Zusammenhang an, wie sie zu interpretieren sind: Steht das Additionszeichen $\oplus$ zwischen zwei Skalaren, dann handelt es sich um die Addition in $\mathbf{K}$, steht es dagegen zwischen zwei Vektoren, dann handelt es sich um die Addition im jeweiligen Vektorraum. Entsprechendes gilt für die Multiplikation: Steht das Multiplikationszeichen $\odot$ zwischen zwei Skalaren, dann handelt es sich um die Multiplikation in $\mathbf{K}$, steht es dagegen zwischen einem Skalar und einem Vektor, dann handelt es sich um die skalare Multiplikation im jeweiligen Vektorraum. Die kontextsensitiven Interpretationen sind sinngemäß zu übertragen, wenn auf den Aufschrieb von $\odot$ gänzlich verzichtet wird, was häufig der Fall ist und was wir in Zukunft auch außerhalb von Definitionen und Sätzen konsequent machen.

▷ **Bemerkung 15.7.5 Nicht-Kommutativität der Verknüpfung $\otimes$** Die Verknüpfung $\otimes$ ist nicht kommutativ, auch wenn die beiden beteiligten Vektorräume identisch sind, d. h. für $\mathbf{v} \in \mathbf{V}$ und $\mathbf{w} \in \mathbf{W}$ sowie $\mathbf{V} = \mathbf{W}$ gilt im Allgemeinen

$$\mathbf{v} \otimes \mathbf{w} \neq \mathbf{w} \otimes \mathbf{v}\,.$$

▷ **Bemerkung 15.7.6 $\mathbf{V} \otimes \mathbf{W}$ ist nicht gleich $\mathbf{V} \times \mathbf{W}$** Der Vektorraum $\mathbf{V} \otimes \mathbf{W}$ ist im Allgemeinen nicht gleich dem kartesischen Produkt $\mathbf{V} \times \mathbf{W}$. Bei $\mathbf{V} \otimes \mathbf{W}$ multiplizieren sich die Dimensionen von $\mathbf{V}$ und $\mathbf{W}$, während sie sich bei $\mathbf{V} \times \mathbf{W}$ addieren. Insbesondere ist die Abbildung $\otimes \colon \mathbf{V} \times \mathbf{W} \to \mathbf{V} \otimes \mathbf{W}$ also im Allgemeinen nicht surjektiv! Sie ist übrigens im Allgemeinen auch nicht injektiv, denn es werden z. B. alle Tupel $(\mathbf{v}, \mathbf{o}) \in \mathbf{V} \times \mathbf{W}$ wegen (TP4) auf den Nullvektor von $\mathbf{V} \otimes \mathbf{W}$ abgebildet!

▷ **Bemerkung 15.7.7 Faktorisierbarkeit bzw. Separierbarkeit in $\mathbf{V} \otimes \mathbf{W}$** Ein Vektor $\mathbf{t} \in \mathbf{V} \otimes \mathbf{W}$ heißt **faktorisierbar** oder auch **separierbar**, wenn es zwei Vektoren $\mathbf{v} \in \mathbf{V}$ und $\mathbf{w} \in \mathbf{W}$ gibt mit $\mathbf{t} = \mathbf{v} \otimes \mathbf{w}$. Nicht faktorisierbare Vektoren in $\mathbf{V} \otimes \mathbf{W}$ werden bisweilen auch als **verschränkt** bezeichnet, wobei dieser Begriff primär im Kontext der Quantenmechanik benutzt wird.

Beispiel 15.7.8

(a) Für $\mathbf{K} := \mathbb{R}$, $\mathbf{V} := \mathbb{R}^2$ und $\mathbf{W} := \mathbb{R}^3$ sowie $\vec{v} \in \mathbb{R}^2$ und $\vec{w} \in \mathbb{R}^3$ ergibt sich mit der Definition

$$\begin{pmatrix} v_1 \\ v_2 \end{pmatrix} \otimes \begin{pmatrix} w_1 \\ w_2 \\ w_3 \end{pmatrix} := \begin{pmatrix} v_1 \vec{w} \\ v_2 \vec{w} \end{pmatrix} = \begin{pmatrix} v_1 \begin{pmatrix} w_1 \\ w_2 \\ w_3 \end{pmatrix} \\ v_2 \begin{pmatrix} w_1 \\ w_2 \\ w_3 \end{pmatrix} \end{pmatrix} = \begin{pmatrix} v_1 w_1 \\ v_1 w_2 \\ v_1 w_3 \\ v_2 w_1 \\ v_2 w_2 \\ v_2 w_3 \end{pmatrix} \in \mathbb{R}^6$$

eine Abbildung bzw. Operation $\otimes$, die den geforderten Rechenregeln genügt. Hier wäre $\mathbb{R}^2 \otimes \mathbb{R}^3$ identisch mit dem Raum $\mathbb{R}^6$. Eine Basis für diesen Raum würde man z. B. dadurch erhalten, dass man die insgesamt sechs verschiedenen Produkte der jeweiligen kanonischen Einheitsvektoren der Räume $\mathbb{R}^2$ und $\mathbb{R}^3$ berechnet und so die sechs kanonischen Einheitsvektoren des $\mathbb{R}^6$ erhält.

(b) Für einen beliebigen Körper $\mathbf{K}$ sowie $\mathbf{V} := \mathbf{K}^n$ und $\mathbf{W} := \mathbf{K}^m$ sowie $\vec{v} \in \mathbf{K}^n$ und $\vec{w} \in \mathbf{K}^m$ ergibt sich mit der Definition

$$
\begin{pmatrix} v_1 \\ v_2 \\ \vdots \\ \vdots \\ v_n \end{pmatrix} \otimes \begin{pmatrix} w_1 \\ w_2 \\ \vdots \\ w_m \end{pmatrix} := \begin{pmatrix} v_1\vec{w} \\ \vdots \\ \vdots \\ v_n\vec{w} \end{pmatrix} = \begin{pmatrix} v_1 \begin{pmatrix} w_1 \\ \vdots \\ w_m \end{pmatrix} \\ \vdots \\ v_n \begin{pmatrix} w_1 \\ \vdots \\ w_m \end{pmatrix} \end{pmatrix} = \begin{pmatrix} v_1 w_1 \\ \vdots \\ v_1 w_m \\ \vdots \\ v_n w_1 \\ \vdots \\ v_n w_m \end{pmatrix} \in \mathbf{K}^{n \cdot m}
$$

eine Abbildung bzw. Operation $\otimes$, die den geforderten Rechenregeln genügt. Hier wäre $\mathbf{K}^n \otimes \mathbf{K}^m$ identisch mit dem Raum $\mathbf{K}^{n \cdot m}$ über $\mathbf{K}$. Eine Basis für diesen Raum würde man z. B. dadurch erhalten, dass man die insgesamt $n \cdot m$ verschiedenen Produkte der jeweiligen kanonischen Einheitsvektoren der Räume $\mathbf{K}^n$ und $\mathbf{K}^m$ berechnet und so die $n \cdot m$ kanonischen Einheitsvektoren des $\mathbf{K}^{n \cdot m}$ erhält.

(c) Für $\mathbf{K} := \{0, 1\}$, $\mathbf{V} := \{0, 1\}$ und $\mathbf{W} := \{0, 1\}$ sowie $v \in \{0, 1\}$ und $w \in \{0, 1\}$ ergibt sich mit der Definition

$$
\begin{pmatrix} v_1 \end{pmatrix} \otimes \begin{pmatrix} w_1 \end{pmatrix} := \begin{pmatrix} v_1 \begin{pmatrix} w_1 \end{pmatrix} \end{pmatrix} = \begin{pmatrix} v_1 w_1 \end{pmatrix} = v_1 w_1 \in \{0, 1\}
$$

eine Abbildung bzw. Operation $\otimes$, die den geforderten Rechenregeln genügt. Hier wäre $\{0, 1\} \otimes \{0, 1\}$ identisch mit dem Raum $\{0, 1\}$. Es handelt sich also um einen trivialen Fall, mit dem man z. B. die binäre Multiplikation identifizieren könnte.

(d) Für $\mathbf{K} := \mathbb{C}$, $\mathbf{V} := \mathbb{C}$ und $\mathbf{W} := \mathbb{C}$ sowie $v \in \mathbb{C}$ und $w \in \mathbb{C}$ ergibt sich mit der Definition

$$
\begin{pmatrix} v_1 \end{pmatrix} \otimes \begin{pmatrix} w_1 \end{pmatrix} := \begin{pmatrix} v_1 \begin{pmatrix} w_1 \end{pmatrix} \end{pmatrix} = \begin{pmatrix} v_1 w_1 \end{pmatrix} = v_1 w_1 \in \mathbb{C}
$$

eine Abbildung bzw. Operation $\otimes$, die den geforderten Rechenregeln genügt. Hier wäre $\mathbb{C} \otimes \mathbb{C}$ identisch mit dem Raum $\mathbb{C}$. Es handelt sich also ebenfalls um einen trivialen Fall, mit dem man z. B. die komplexe Multiplikation identifizieren könnte.

Wir beenden diesen kleinen Abschnitt mit der allgemeinen Konstruktion eines universellen Tensorprodukts über endlichen Vektorräumen.

▷　**Satz 15.7.9 Konstruktion des Tensorprodukts für endlich dimensionale Vektorräume** Es sei K ein Körper mit $\oplus$ und $\odot$ als innere Verknüpfungen sowie V und W zwei Vektorräume über K mit jeweils innerer Verknüpfung $\oplus$ und äußerer Verknüpfung $\odot$. Ferner sei $\dim V = n$ und $\dim W = m$. Schließlich sei

$$\mathcal{B}_V := \{v^{(1)}, v^{(2)}, \ldots, v^{(n)}\} \subseteq V$$

eine Basis in V und

$$\mathcal{B}_W := \{w^{(1)}, w^{(2)}, \ldots, w^{(m)}\} \subseteq W$$

eine Basis in W. Es sei nun $v \in V$ ein beliebiger Vektor mit eindeutiger Basisdarstellung

$$v = \sum_{k=1}^{n} \lambda_k v^{(k)}$$

in V und $w \in W$ ein beliebiger Vektor mit eindeutiger Basisdarstellung

$$w = \sum_{j=1}^{m} \mu_j w^{(j)}$$

in W. Dann ist die Abbildung

$$\otimes \quad V \times W \to K^{n \cdot m}$$

$$(v, w) \mapsto \begin{pmatrix} \lambda_1 \mu_1 \\ \vdots \\ \lambda_1 \mu_m \\ \vdots \\ \vdots \\ \lambda_n \mu_1 \\ \vdots \\ \lambda_n \mu_m \end{pmatrix} \in K^{n \cdot m}$$

eine bilineare Abbildung, die den geforderten Tensorproduktbedingungen genügt, d. h. $V \otimes W$ ist bis auf Vektorraum-Isomorphie identisch mit $K^{n \cdot m}$.

Beweis Es ist zunächst die Gültigkeit der Gesetze (TP1) bis (TP4) nachzuweisen. Diese folgen aber unmittelbar aus den entsprechenden Gesetzen für den Umgang mit Vektoren. Dann überprüft man, dass die Basistupel $(v^{(k)}, w^{(j)})$ mit $(k, j) \in \{1, 2, \ldots, n\} \times \{1, 2, \ldots, m\}$ jeweils auf einen Vektor aus $K^{n \cdot m}$ abgebildet werden, der genau in der

$((k-1)\cdot m + j)$-ten Komponente eine 1 hat und sonst nur Nullen. Diese $n \cdot m$ kanonischen Einheitsvektoren bilden offenbar eine Basis in $\mathbf{K}^{n\cdot m}$ über $\mathbf{K}$. Der Nachweis für beliebige Basen ist dann wieder etwas technisch (Basiswechsel) und wird als Übung empfohlen. $\square$

▷ **Bemerkung 15.7.10 Iteration der Tensorproduktbildung** Da bei der Tensorierung endlich dimensionaler Vektorräume der Tensorproduktraum wieder ein Vektorraum ist, kann man den Prozess des Tensorierens iterieren. Man kommt so zu Vektorräumen des Typs $\mathbf{U} \otimes \mathbf{V} \otimes \mathbf{W}$ usw., wobei man noch klären müsste, dass es bis auf Isomorphie auf die Klammerung bei der Tensorierung nicht ankommt, also z. B. $(\mathbf{U} \otimes \mathbf{V}) \otimes \mathbf{W}$ und $\mathbf{U} \otimes (\mathbf{V} \otimes \mathbf{W})$ als identisch interpretierbar sind. Sind für $k \in \mathbb{N}^*$ die k-fach zu tensorierenden Vektorräume $\mathbf{V}$ alle identisch, schreibt man auch für den entstehenden Tensorproduktraum kurz $\mathbf{V}^{\otimes k}$.

Beispiel 15.7.11

(a) Es sei $\mathbf{K} := \{0, 1\}$ gegeben und es soll $\{0, 1\}^2 \otimes \{0, 1\}^2 \otimes \{0, 1\}^2 =: (\{0, 1\}^2)^{\otimes 3}$ bestimmt werden. Für beliebige $\vec{u}, \vec{v} \in \{0, 1\}^2$ ergibt sich zunächst mit der schon bekannten Vorgehensweise

$$\begin{pmatrix} u_1 \\ u_2 \end{pmatrix} \otimes \begin{pmatrix} v_1 \\ v_2 \end{pmatrix} = \begin{pmatrix} u_1 \begin{pmatrix} v_1 \\ v_2 \end{pmatrix} \\ u_2 \begin{pmatrix} v_1 \\ v_2 \end{pmatrix} \end{pmatrix} = \begin{pmatrix} u_1 v_1 \\ u_1 v_2 \\ u_2 v_1 \\ u_2 v_2 \end{pmatrix} \in \{0, 1\}^4.$$

Wir wiederholen das prinzipielle Vorgehen, wobei nun auch noch $\vec{w} \in \{0, 1\}^2$ beliebig gegeben sei:

$$\begin{pmatrix} u_1 \\ u_2 \end{pmatrix} \otimes \begin{pmatrix} v_1 \\ v_2 \end{pmatrix} \otimes \begin{pmatrix} w_1 \\ w_2 \end{pmatrix} = \begin{pmatrix} u_1 v_1 \\ u_1 v_2 \\ u_2 v_1 \\ u_2 v_2 \end{pmatrix} \otimes \begin{pmatrix} w_1 \\ w_2 \end{pmatrix} = \begin{pmatrix} u_1 v_1 w_1 \\ u_1 v_1 w_2 \\ u_1 v_2 w_1 \\ u_1 v_2 w_2 \\ u_2 v_1 w_1 \\ u_2 v_1 w_2 \\ u_2 v_2 w_1 \\ u_2 v_2 w_2 \end{pmatrix} \in \{0, 1\}^8.$$

Man überprüfe kurz, dass das Ergebnis identisch wäre, wenn man mit dem hinteren Tensorprodukt begonnen hätte (Assoziativität), wir jedoch ein anderes Ergebnis erhalten hätten, wenn wir z. B. die ersten beiden Vektoren vertauscht hätten (keine Kommutativität)!

Eine Basis von $\{0,1\}^2 \otimes \{0,1\}^2 \otimes \{0,1\}^2$ könnte man nun finden, indem man z. B. für die Vektoren $\vec{u}$, $\vec{v}$ und $\vec{w}$ jeweils die kanonischen Einheitsvektoren $(1,0)^T, (0,1)^T \in \{0,1\}^2$ in die letzte Darstellung einsetzt. Man erhält so genau die acht kanonischen Einheitsvektoren aus $\{0,1\}^8$, also eine mögliche Basis. Im Sinne der Informatik codieren diese z. B. genau die acht möglichen Zustände eines 3-Bit-Registers.

(b) Es sei $\mathbf{K} := \mathbb{C}$ gegeben und es soll $\mathbb{C}^2 \otimes \mathbb{C}^2 \otimes \mathbb{C}^2 =: (\mathbb{C}^2)^{\otimes 3}$ bestimmt werden. Für beliebige $\vec{u}, \vec{v} \in \mathbb{C}^2$ ergibt sich zunächst mit der schon bekannten Vorgehensweise

$$\begin{pmatrix} u_1 \\ u_2 \end{pmatrix} \otimes \begin{pmatrix} v_1 \\ v_2 \end{pmatrix} = \begin{pmatrix} u_1 \begin{pmatrix} v_1 \\ v_2 \end{pmatrix} \\ u_2 \begin{pmatrix} v_1 \\ v_2 \end{pmatrix} \end{pmatrix} = \begin{pmatrix} u_1 v_1 \\ u_1 v_2 \\ u_2 v_1 \\ u_2 v_2 \end{pmatrix} \in \mathbb{C}^4.$$

Wir wiederholen das prinzipielle Vorgehen, wobei nun auch noch $\vec{w} \in \mathbb{C}^2$ beliebig gegeben sei:

$$\begin{pmatrix} u_1 \\ u_2 \end{pmatrix} \otimes \begin{pmatrix} v_1 \\ v_2 \end{pmatrix} \otimes \begin{pmatrix} w_1 \\ w_2 \end{pmatrix} = \begin{pmatrix} u_1 v_1 \\ u_1 v_2 \\ u_2 v_1 \\ u_2 v_2 \end{pmatrix} \otimes \begin{pmatrix} w_1 \\ w_2 \end{pmatrix} = \begin{pmatrix} u_1 v_1 w_1 \\ u_1 v_1 w_2 \\ u_1 v_2 w_1 \\ u_1 v_2 w_2 \\ u_2 v_1 w_1 \\ u_2 v_1 w_2 \\ u_2 v_2 w_1 \\ u_2 v_2 w_2 \end{pmatrix} \in \mathbb{C}^8.$$

Man überprüfe wieder kurz, dass das Ergebnis identisch wäre, wenn man mit dem hinteren Tensorprodukt begonnen hätte (Assoziativität), wir jedoch ein anderes Ergebnis erhalten hätten, wenn wir z. B. die ersten beiden Vektoren vertauscht hätten (keine Kommutativität)!

Eine Basis von $\mathbb{C}^2 \otimes \mathbb{C}^2 \otimes \mathbb{C}^2$ könnte man nun finden, indem man z. B. für die Vektoren $\vec{u}$, $\vec{v}$ und $\vec{w}$ jeweils die kanonischen Einheitsvektoren $(1,0)^T, (0,1)^T \in \mathbb{C}^2$ in die letzte Darstellung einsetzt. Man erhält so genau die acht kanonischen Einheitsvektoren aus $\mathbb{C}^8$, also eine mögliche Basis. Im Sinne der Informatik codieren diese z. B. genau die acht möglichen Basiszustände eines 3-Bit-Quanten-Registers (man spricht hier auch von Qubits). Ferner nutzt man im Kontext des Quantum Computings für die Basisvektoren die auf Paul Dirac (1902–1984) zurückgehende sogenannte **ket-Notation** (letzte Silbe vom englischen Wort *bracket*), die auch bisweilen einfach als **Dirac-Notation** bezeichnet wird. Beim hier vorliegenden Register mit drei Qubits sähe ausgehend von $|0\rangle := (1,0)^T$ und $|1\rangle := (0,1)^T$ die Identifikation im Detail wie folgt aus:

$$|000\rangle := (1,0,0,0,0,0,0,0)^T \, ,$$
$$|001\rangle := (0,1,0,0,0,0,0,0)^T \, ,$$
$$|010\rangle := (0,0,1,0,0,0,0,0)^T \, ,$$
$$|011\rangle := (0,0,0,1,0,0,0,0)^T \, ,$$
$$|100\rangle := (0,0,0,0,1,0,0,0)^T \, ,$$
$$|101\rangle := (0,0,0,0,0,1,0,0)^T \, ,$$
$$|110\rangle := (0,0,0,0,0,0,1,0)^T \, ,$$
$$|111\rangle := (0,0,0,0,0,0,0,1)^T \, .$$

Zum Abschluss dieses Abschnitts über Tensorprodukte kommen wir auf einen Spezialfall zurück, den wir bereits in Beispiel 15.7.8 für Vektoren bzw. $(m \times 1)$-Matrizen skizziert haben, nämlich auf Tensorprodukte für Matrizen über einem beliebigen Körper **K**. Diese speziellen Tensorprodukte werden auch als **Kronecker-Produkte** bezeichnet (in Erinnerung an Leopold Kronecker (1823–1891)), seltener auch als **Zehfuss-Matrizen** (nach Georg Zehfuss (1832–1901), der diese Matrizen wohl erstmals definiert hat). Wir beginnen mit der allgemeinen Definition (vgl. auch [4, Kap. 20]).

Definition 15.7.12 Tensorprodukt von $\mathbf{K}^{m \times n}$ und $\mathbf{K}^{r \times s}$

Es sei **K** ein Körper mit $\oplus$ und $\odot$ als innere Verknüpfungen und $\mathbf{K}^{m \times n}$, $m, n \in \mathbb{N}^*$ sowie $\mathbf{K}^{r \times s}$, $r, s \in \mathbb{N}^*$ zwei Vektorräume über **K** mit gleich bezeichneten inneren $\oplus$ und äußeren $\odot$ Verknüpfungen sowie $\dim \mathbf{K}^{m \times n} = m \cdot n$ und $\dim \mathbf{K}^{r \times s} = r \cdot s$. Dann versteht man unter dem sogenannten **Tensorproduktraum** oder einfach dem **Tensorprodukt $\mathbf{K}^{m \times n} \otimes \mathbf{K}^{r \times s}$ von $\mathbf{K}^{m \times n}$ und $\mathbf{K}^{r \times s}$** einen Vektorraum über **K** der Dimension $m \cdot n \cdot r \cdot s$, dessen innere Verknüpfung wieder mit $\oplus$ und dessen äußere Verknüpfung entsprechend mit $\odot$ bezeichnet wird, und der durch folgende **bilineare Abbildung** $\otimes$ mit $\mathbf{K}^{m \times n} \times \mathbf{K}^{r \times s}$ verbunden ist:

$$\otimes : \mathbf{K}^{m \times n} \times \mathbf{K}^{r \times s} \to \mathbf{K}^{m \times n} \otimes \mathbf{K}^{r \times s}$$

$$(X, Y) \mapsto \otimes(X, Y) =: X \otimes Y$$

$$:= \begin{pmatrix} x_{11}Y & x_{12}Y & \cdots & x_{1n}Y \\ x_{21}Y & x_{22}Y & \cdots & x_{2n}Y \\ \vdots & \vdots & \cdots & \vdots \\ x_{m1}Y & x_{m2}Y & \cdots & x_{mn}Y \end{pmatrix} \in \mathbf{K}^{m \cdot r \times n \cdot s}.$$

Hat man ferner für $k \in \mathbb{N}^*$ genau k identische Vektorräume $\mathbf{K}^{m \times n}$, dann schreibt man das k-**fache Tensorprodukt von** $\mathbf{K}^{m \times n}$ abkürzend als

$$\otimes: \mathbf{K}^{m \times n} \times \mathbf{K}^{m \times n} \times \cdots \times \mathbf{K}^{m \times n} \to \mathbf{K}^{m \times n} \otimes \mathbf{K}^{m \times n} \otimes \cdots \otimes \mathbf{K}^{m \times n} =: (\mathbf{K}^{m \times n})^{\otimes k}$$

$$(X_1, X_2, \ldots, X_k) \mapsto \otimes(X_1, X_2, \ldots, X_k)$$

$$:= X_1 \otimes X_2 \otimes \cdots \otimes X_k \in \mathbf{K}^{m^k \times n^k}.$$

Sind die Matrizen (oder für $m = 1$ oder $n = 1$ die Vektoren) alle identisch, gilt also $X_1 = X_2 = \cdots = X_k$, dann notiert man auch kurz $X^{\otimes k}$ statt $X \otimes X \otimes \cdots \otimes X$, also

$$X^{\otimes k} := X \otimes X \otimes \cdots \otimes X \in \mathbf{K}^{m^k \times n^k}. \quad \blacktriangleleft$$

Dieses spezielle Tensorprodukt hat eine Fülle interessanter Eigenschaften, von denen wir exemplarisch diejenigen formulieren, die lineare Abbildungen (bzw. Matrix-Vektor- oder Matrix-Matrix-Produkte) und Tensorprodukte miteinander verbinden.

▷   **Satz 15.7.13 Tensorprodukte und lineare Abbildungen**   Es sei $\mathbf{K}$ ein Körper mit $\oplus$ und $\odot$ als innere Verknüpfungen sowie für $m, n, r, s \in \mathbb{N}^*$ beliebige Matrizen $X \in \mathbf{K}^{m \times n}$ und $Y \in \mathbf{K}^{r \times s}$ sowie Vektoren $\vec{a} \in \mathbf{K}^n$ und $\vec{b} \in \mathbf{K}^s$ gegeben. Dann gilt die Identität

$$(X\vec{a}) \otimes (Y\vec{b}) = (X \otimes Y)(\vec{a} \otimes \vec{b}).$$

Beweis   Es ist leicht einzusehen, dass der Nachweis jeweils nur für eine Basis aus $\mathbf{K}^n$ und $\mathbf{K}^s$ zu führen ist. Die allgemeine Aussage für beliebige Vektoren ergibt sich dann direkt unter Ausnutzung der Linearität der Matrix-Vektor-Multiplikation sowie der Bilinearität des Tensorprodukts. Es seien also mit $\vec{e}^{(j)} \in \mathbf{K}^n$, $1 \leq j \leq n$, und $\vec{f}^{(k)} \in \mathbf{K}^s$, $1 \leq k \leq s$ die kanonischen Einheitsvektoren in $\mathbf{K}^n$ bzw. $\mathbf{K}^s$ bezeichnet. Kürzt man ferner die Spaltenvektoren von $X \in \mathbf{K}^{m \times n}$ mit $\vec{x}^{(j)} \in \mathbf{K}^m$, $1 \leq j \leq n$, und die Spaltenvektoren von $Y \in \mathbf{K}^{r \times s}$ mit $\vec{y}^{(k)} \in \mathbf{K}^r$, $1 \leq k \leq s$, ab, dann erhält man für zwei beliebig gegebene kanonische Einheitsvektoren

$$\vec{e}^{(j)} \in \mathbf{K}^n \quad \text{und} \quad \vec{f}^{(k)} \in \mathbf{K}^s \qquad \text{mit} \quad (j,k) \in \{1, 2, \ldots, n\} \times \{1, 2, \ldots, s\},$$

die Identitäten

$$(X\vec{e}^{(j)}) \otimes (Y\vec{f}^{(k)}) = \vec{x}^{(j)} \otimes \vec{y}^{(k)}$$

und

$$(X \otimes Y)(\vec{e}^{(j)} \otimes \vec{f}^{(k)}) = \begin{pmatrix} x_{11}Y & x_{12}Y & \cdots & x_{1n}Y \\ x_{21}Y & x_{22}Y & \cdots & x_{2n}Y \\ \vdots & \vdots & \cdots & \vdots \\ x_{m1}Y & x_{m2}Y & \cdots & x_{mn}Y \end{pmatrix} (\vec{e}^{(j)} \otimes \vec{f}^{(k)}) = \vec{x}^{(j)} \otimes \vec{y}^{(k)}.$$

Dabei folgt das letzte Gleichheitszeichen aus der Tatsache, dass $\vec{e}^{(j)} \otimes \vec{f}^{(k)}$ genau an der $((j-1) \cdot s + k)$-ten Stelle eine 1 hat und sonst nur Nullen und somit

$$\begin{pmatrix} x_{11}Y & x_{12}Y & \cdots & x_{1n}Y \\ x_{21}Y & x_{22}Y & \cdots & x_{2n}Y \\ \vdots & \vdots & \cdots & \vdots \\ x_{m1}Y & x_{m2}Y & \cdots & x_{mn}Y \end{pmatrix} (\vec{e}^{(j)} \otimes \vec{f}^{(k)}) = \begin{pmatrix} x_{1j}\,\vec{y}^{(k)} \\ x_{2j}\,\vec{y}^{(k)} \\ \vdots \\ x_{mj}\,\vec{y}^{(k)} \end{pmatrix} = \vec{x}^{(j)} \otimes \vec{y}^{(k)}$$

gilt. Insgesamt folgt daraus

$$(X\vec{e}^{(j)}) \otimes (Y\vec{f}^{(k)}) = (X \otimes Y)(\vec{e}^{(j)} \otimes \vec{f}^{(k)}) \quad \text{für} \quad (j,k) \in \{1,2,\ldots,n\} \times \{1,2,\ldots,s\}$$

und somit die Behauptung. $\square$

Beispiel 15.7.14

(a) Es sei $\mathbf{K} := \mathbb{R}$ sowie

$$X := \begin{pmatrix} 1 & 2 \\ 3 & 4 \end{pmatrix} \in \mathbb{R}^{2\times 2}, \quad Y := \begin{pmatrix} -1 & -3 \\ 1 & 2 \end{pmatrix} \in \mathbb{R}^{2\times 2},$$

$$\vec{a} := \begin{pmatrix} 1 \\ 1 \end{pmatrix} \in \mathbb{R}^2 \quad \text{und} \quad \vec{b} := \begin{pmatrix} -1 \\ 2 \end{pmatrix} \in \mathbb{R}^2$$

gegeben. Dann ergibt sich

$$(X\vec{a}) \otimes (Y\vec{b}) = \left(\begin{pmatrix} 1 & 2 \\ 3 & 4 \end{pmatrix} \begin{pmatrix} 1 \\ 1 \end{pmatrix} \right) \otimes \left(\begin{pmatrix} -1 & -3 \\ 1 & 2 \end{pmatrix} \begin{pmatrix} -1 \\ 2 \end{pmatrix} \right)$$

$$= \begin{pmatrix} 3 \\ 7 \end{pmatrix} \otimes \begin{pmatrix} -5 \\ 3 \end{pmatrix} = \begin{pmatrix} -15 \\ 9 \\ -35 \\ 21 \end{pmatrix}$$

und

$$(X \otimes Y)(\vec{a} \otimes \vec{b}) = \left(\begin{pmatrix} 1 & 2 \\ 3 & 4 \end{pmatrix} \otimes \begin{pmatrix} -1 & -3 \\ 1 & 2 \end{pmatrix} \right) \left(\begin{pmatrix} 1 \\ 1 \end{pmatrix} \otimes \begin{pmatrix} -1 \\ 2 \end{pmatrix} \right)$$

$$= \begin{pmatrix} -1 & -3 & -2 & -6 \\ 1 & 2 & 2 & 4 \\ -3 & -9 & -4 & -12 \\ 3 & 6 & 4 & 8 \end{pmatrix} \begin{pmatrix} -1 \\ 2 \\ -1 \\ 2 \end{pmatrix} = \begin{pmatrix} -15 \\ 9 \\ -35 \\ 21 \end{pmatrix}.$$

Wie vorher gesagt, stimmen die Ergebnisse also überein.

(b) Es sei $\mathbf{K} := \mathbb{C}$ sowie

$$X := \begin{pmatrix} 0 & 1 \\ 1 & 0 \end{pmatrix} \in \mathbb{C}^{2\times 2}, \quad Y := \begin{pmatrix} 0 & -i \\ i & 0 \end{pmatrix} \in \mathbb{C}^{2\times 2},$$

$$\vec{a} := \begin{pmatrix} \frac{1}{\sqrt{2}} \\ \frac{1}{\sqrt{2}} \end{pmatrix} \in \mathbb{C}^2 \quad \text{und} \quad \vec{b} := \begin{pmatrix} 1 \\ 0 \end{pmatrix} \in \mathbb{C}^2$$

gegeben. Die Matrix X wird in der Literatur auch als Pauli-X-Matrix und Y als Pauli-Y-Matrix bezeichnet, in Erinnerung an den österreichischen Physiker Wolfgang Pauli (1900–1958). Dann ergibt sich

$$(X\vec{a}) \otimes (Y\vec{b}) = \left(\begin{pmatrix} 0 & 1 \\ 1 & 0 \end{pmatrix} \begin{pmatrix} \frac{1}{\sqrt{2}} \\ \frac{1}{\sqrt{2}} \end{pmatrix} \right) \otimes \left(\begin{pmatrix} 0 & -i \\ i & 0 \end{pmatrix} \begin{pmatrix} 1 \\ 0 \end{pmatrix} \right)$$

$$= \begin{pmatrix} \frac{1}{\sqrt{2}} \\ \frac{1}{\sqrt{2}} \end{pmatrix} \otimes \begin{pmatrix} 0 \\ i \end{pmatrix} = \begin{pmatrix} 0 \\ \frac{1}{\sqrt{2}}i \\ 0 \\ \frac{1}{\sqrt{2}}i \end{pmatrix}$$

und

$$(X \otimes Y)(\vec{a} \otimes \vec{b}) = \left(\begin{pmatrix} 0 & 1 \\ 1 & 0 \end{pmatrix} \otimes \begin{pmatrix} 0 & -i \\ i & 0 \end{pmatrix} \right) \left(\begin{pmatrix} \frac{1}{\sqrt{2}} \\ \frac{1}{\sqrt{2}} \end{pmatrix} \otimes \begin{pmatrix} 1 \\ 0 \end{pmatrix} \right)$$

$$= \begin{pmatrix} 0 & 0 & 0 & -i \\ 0 & 0 & i & 0 \\ 0 & -i & 0 & 0 \\ i & 0 & 0 & 0 \end{pmatrix} \begin{pmatrix} \frac{1}{\sqrt{2}} \\ 0 \\ \frac{1}{\sqrt{2}} \\ 0 \end{pmatrix} = \begin{pmatrix} 0 \\ \frac{1}{\sqrt{2}}i \\ 0 \\ \frac{1}{\sqrt{2}}i \end{pmatrix}.$$

Wie vorher gesagt, stimmen die Ergebnisse also überein. Man beachte ferner, dass sowohl die beiden Vektoren $\vec{a}$ und $\vec{b}$ als auch der Ergebnisvektor den Modul bzw. die Länge 1 haben und alle beteiligten Matrizen unitär sind! Als Übung zum Nachrechnen empfohlen.

Der obige Zusammenhang zwischen dem Tensorprodukt und linearen Abbildungen bzw. Matrix-Vektor-Produkten kann leicht auf einen entsprechenden Zusammenhang mit allgemeinen Matrizenprodukten übertragen werden. Wir halten diesen Zusammenhang ohne Beweis im folgenden Satz fest.

▷ **Satz 15.7.15 Tensorprodukte und Matrizenprodukte** Es sei $\mathbf{K}$ ein Körper mit $\oplus$ und $\odot$ als innere Verknüpfungen sowie für $m, n, r, s, v, w \in \mathbb{N}^*$ beliebige Matrizen $X \in \mathbf{K}^{m \times n}$, $Y \in \mathbf{K}^{r \times s}$, $A \in \mathbf{K}^{n \times v}$ sowie $B \in \mathbf{K}^{s \times w}$ gegeben. Dann gilt die Identität

$$(X \cdot A) \otimes (Y \cdot B) = (X \otimes Y) \cdot (A \otimes B).$$

15.8 Aufgaben mit Lösungen

Aufgabe 15.8.1 *Es sei* $\mathbf{K} := \mathbb{C}$ *sowie*

$$H := \begin{pmatrix} \frac{1}{\sqrt{2}} & \frac{1}{\sqrt{2}} \\ \frac{1}{\sqrt{2}} & -\frac{1}{\sqrt{2}} \end{pmatrix} \in \mathbb{C}^{2 \times 2}, \quad Z := \begin{pmatrix} 1 & 0 \\ 0 & -1 \end{pmatrix} \in \mathbb{C}^{2 \times 2},$$

$$\vec{a} := \begin{pmatrix} \frac{1}{\sqrt{2}} \\ \frac{1}{\sqrt{2}} \end{pmatrix} \in \mathbb{C}^2 \quad und \quad \vec{b} := \begin{pmatrix} \frac{1}{\sqrt{2}} \\ -\frac{1}{\sqrt{2}} \end{pmatrix} \in \mathbb{C}^2$$

gegeben. Die Matrix H *wird in der Literatur auch als Hadamard-Matrix und* Z *als Pauli-Z-Matrix bezeichnet, erstere in Erinnerung an den französischen Mathematiker Jacques Hadamard (1865–1963). Berechnen Sie nun* $(H\vec{a}) \otimes (Z\vec{b})$ *und* $(H \otimes Z)(\vec{a} \otimes \vec{b})$ *und vergleichen Sie die Ergebnisse.*

Lösung der Aufgabe Dann ergibt sich

$$(H\vec{a}) \otimes (Z\vec{b}) = \left(\begin{pmatrix} \frac{1}{\sqrt{2}} & \frac{1}{\sqrt{2}} \\ \frac{1}{\sqrt{2}} & -\frac{1}{\sqrt{2}} \end{pmatrix} \begin{pmatrix} \frac{1}{\sqrt{2}} \\ \frac{1}{\sqrt{2}} \end{pmatrix} \right) \otimes \left(\begin{pmatrix} 1 & 0 \\ 0 & -1 \end{pmatrix} \begin{pmatrix} \frac{1}{\sqrt{2}} \\ -\frac{1}{\sqrt{2}} \end{pmatrix} \right)$$

$$= \begin{pmatrix} 1 \\ 0 \end{pmatrix} \otimes \begin{pmatrix} \frac{1}{\sqrt{2}} \\ \frac{1}{\sqrt{2}} \end{pmatrix} = \begin{pmatrix} \frac{1}{\sqrt{2}} \\ \frac{1}{\sqrt{2}} \\ 0 \\ 0 \end{pmatrix}$$

und

$$(H \otimes Z)(\vec{a} \otimes \vec{b}) = \left(\begin{pmatrix} \frac{1}{\sqrt{2}} & \frac{1}{\sqrt{2}} \\ \frac{1}{\sqrt{2}} & -\frac{1}{\sqrt{2}} \end{pmatrix} \otimes \begin{pmatrix} 1 & 0 \\ 0 & -1 \end{pmatrix} \right) \left(\begin{pmatrix} \frac{1}{\sqrt{2}} \\ \frac{1}{\sqrt{2}} \end{pmatrix} \otimes \begin{pmatrix} \frac{1}{\sqrt{2}} \\ -\frac{1}{\sqrt{2}} \end{pmatrix} \right)$$

$$= \begin{pmatrix} \frac{1}{\sqrt{2}} & 0 & \frac{1}{\sqrt{2}} & 0 \\ 0 & -\frac{1}{\sqrt{2}} & 0 & -\frac{1}{\sqrt{2}} \\ \frac{1}{\sqrt{2}} & 0 & -\frac{1}{\sqrt{2}} & 0 \\ 0 & -\frac{1}{\sqrt{2}} & 0 & \frac{1}{\sqrt{2}} \end{pmatrix} \begin{pmatrix} \frac{1}{2} \\ -\frac{1}{2} \\ \frac{1}{2} \\ -\frac{1}{2} \end{pmatrix} = \begin{pmatrix} \frac{1}{\sqrt{2}} \\ \frac{1}{\sqrt{2}} \\ 0 \\ 0 \end{pmatrix}.$$

Wie vorher gesagt, stimmen die Ergebnisse also überein. Man beachte ferner, dass sowohl die beiden Vektoren $\vec{a}$ und $\vec{b}$ als auch der Ergebnisvektor den Modul bzw. die Länge 1 haben und auch hier wieder alle beteiligten Matrizen unitär sind! Wieder als Übung zum Nachrechnen empfohlen.

Selbsttest 15.8.2   Welche Aussagen über das Tensorprodukt endlich dimensionaler Vektorräume sind wahr?

?+? Das Tensorprodukt zweier Vektorräume ist wieder ein Vektorraum.

?−? Beim Tensorprodukt addieren sich die Dimensionen der beteiligten Vektorräume.

?−? Das Tensorprodukt zweier Vektoren ist kommutativ.

?+? Das Tensorprodukt ist linear bezüglich beider Argumente, also bilinear.

?−? Das Tensorprodukt zweier Nicht-Nullvektoren ist ebenfalls nicht der Nullvektor.

Literatur

1. Fischer, G.: Lineare Algebra, 18. Aufl. Springer Spektrum, Wiesbaden (2014)
2. Knabner, P., Barth, W.: Lineare Algebra: Grundlagen und Anwendungen, 2. Aufl. Springer Spektrum, Berlin (2018)
3. Kreußler, B., Pfister, G.: Mathematik für Informatiker. Springer, Berlin, Heidelberg (2009)
4. Liesen, J., Mehrmann, V.: Lineare Algebra, 2. Aufl. Springer Spektrum, Wiesbaden (2015)
5. Lenze, B.: Mathematik und Quantum Computing, 2. Aufl. Logos, Berlin (2020)
6. Nielson, M.A., Chuang, I.L.: Quantum Computation and Quantum Information. Cambridge University Press, Cambridge (2010)

In diesem finalen Kapitel beschäftigen wir uns mit Anwendungen von Vektorräumen, wobei ein besonderes Augenmerk auf endliche Vektorräume über endlichen Körpern gelegt wird. Letztere haben den Vorteil, dass man in ihnen exakt, d.h. ohne den leidigen Einfluss von Rundungsfehlern, rechnen kann, und sie spielen eine wichtige Rolle im Bereich der Codierungs- und Verschlüsselungstheorie. Wir werden uns hier darauf beschränken, das Rechnen in diesen (endlichen) Strukturen einzuüben und die Standard-Techniken der bisherigen Linearen Algebra über nicht endlichen Körpern (z.B. $\mathbb{R}$ oder $\mathbb{C}$) und nicht endlichen Vektorräumen (z.B. $\mathbb{R}^n$ oder $\mathbb{C}^n$) auf die einfachsten allgemeinen sowie speziell die endlichen Strukturen vergleichbaren Typs zu übertragen. Als kleine konkrete Anwendungen werden Code-Generierung und -Validierung sowie eine Standard-Verschlüsselungsrunde eines AES-Typ-Algorithmus betrachtet. Speziell im Kontext der Codierung spielen dabei Polynome und die durch sie definierten Vektorräume eine zentrale Rolle, so dass wir diese im Folgenden zunächst allgemein einführen.

16.1 Polynome über beliebigen Körpern

Polynome sind uns schon bekannt aus der Analysis und sie tauchen an verschiedensten Stellen in den Anwendungen auf. Allerdings waren wir es bisher gewohnt, Polynome über $\mathbb{R}$ oder allgemeiner über $\mathbb{C}$ zu betrachten, jedoch nicht über beliebigen und insbesondere nicht über endlichen Körpern. Deshalb sollen sie hier zunächst noch einmal sauber definiert werden und erste einfache Eigenschaften über sie zusammengetragen werden. Wir legen also im Folgenden die ganz allgemeine Situation beliebiger Körper zu Grunde, deren inneren Verknüpfungen wir wieder durchgängig mit $\oplus$ und $\odot$ bezeichnen.

Elektronisches Zusatzmaterial Die elektronische Version dieses Kapitels enthält Zusatzmaterial, das berechtigten Benutzern zur Verfügung steht https://doi.org/10.1007/978-3-658-29969-9_16.

Definition 16.1.1 Polynome über K

Es sei **K** ein Körper mit den beiden inneren Verknüpfungen $\oplus$ und $\odot$ sowie $n \in \mathbb{N}$. Ferner seien $p_0, p_1, \ldots, p_n \in \mathbf{K}$ beliebig gegeben. Dann bezeichnet man die Funktion p,

$$p \colon \mathbf{K} \to \mathbf{K}\,,$$
$$x \mapsto p_0 \odot x^0 \oplus p_1 \odot x^1 \oplus \cdots \oplus p_n \odot x^n =: \bigoplus_{i=0}^{n} p_i \odot x^i =: \sum_{i=0}^{n} p_i \odot x^i\,,$$

als **Polynom über K vom Höchstgrad** n. Gilt $p_n \neq 0$, dann nennt man p ein **Polynom über K vom (genauen) Grad** n. Außerdem werden $p_0, p_1, \ldots, p_n \in \mathbf{K}$ die **Koeffizienten von** p genannt und die Menge aller Polynome über **K** vom Höchstgrad n wird mit $\mathbf{K}_n[x]$ bezeichnet. Im Sonderfall, dass alle Koeffizienten von p gleich Null sind, nennt man das zugehörige Polynom das **Nullpolynom** und ordnet ihm definitionsgemäß den (genauen) Grad $-\infty$ zu. Möchte man den Grad bzw. den Höchstgrad der Polynome offen lassen, dann bezeichnet man mit $\mathbf{K}[x]$ den **Raum aller Polynome über K beliebigen Grades.** ◄

Auf der Menge der Polynome kann man zunächst eine sehr naheliegende Vektorraumstruktur etablieren, wobei man, um die Notationen nicht zu unübersichtlich werden zu lassen, bei der Bezeichnung der relevanten additiven und multiplikativen Verknüpfungen auf die Notation im zugrunde liegenden Körper **K** zurück greift. Ob sich also $\oplus$ oder $\odot$ auf Elemente des Körpers **K** oder auf Elemente des Vektorraums $\mathbf{K}_n[x]$ beziehen, muss jeweils aus dem Zusammenhang erschlossen werden, d.h. die Operatoren sind, wie man sagt, kontextsensitiv.

▻　**Satz 16.1.2 Vektorraum $\mathbf{K}_n[x]$** Es sei **K** ein Körper mit den beiden inneren Verknüpfungen $\oplus$ und $\odot$ sowie $n \in \mathbb{N}$. Dann wird $\mathbf{K}_n[x]$ mit der inneren Verknüpfung $\oplus$ und der äußeren Verknüpfung $\odot$ im unten angegebenen Sinn ein Vektorraum über **K**:

$$p, q \in \mathbf{K}_n[x]\colon \qquad p \oplus q \colon \quad \mathbf{K} \to \mathbf{K}$$
$$x \mapsto (p_0 \oplus q_0) \odot x^0 \oplus (p_1 \oplus q_1) \odot x^1 \oplus$$
$$\cdots \oplus (p_n \oplus q_n) \odot x^n\,,$$

$$\lambda \in \mathbf{K},\, p \in \mathbf{K}_n[x]\colon \quad \lambda p := \lambda \odot p \colon \quad \mathbf{K} \to \mathbf{K}$$
$$x \mapsto (\lambda \odot p_0) \odot x^0 \oplus (\lambda \odot p_1) \odot x^1 \oplus$$
$$\cdots \oplus (\lambda \odot p_n) \odot x^n\,.$$

Beweis Das Erfülltsein der Vektorraumgesetze verifiziert man unmittelbar unter Zugriff auf die Eigenschaften des Körpers **K**. □

▻　**Bemerkung 16.1.3 Dimension und Kardinalität von $\mathbf{K}_n[x]$.** Der Vektorraum $\mathbf{K}_n[x]$ hat endliche Dimension und Kardinalität, wenn der Körper **K** endlich ist. Der genaue Zusammenhang ist jedoch nicht immer ganz einfach, wie man sich z.B. für den Fall $K = \mathbb{Z}_2$ einmal klar machen sollte (Tipp: In diesem Fall sind z.B. die Polynome $m_i(x) := x^i$ für alle $i \in \mathbb{N}^*$ identisch!).

Im Vektorraum $K_n[x]$ der Polynome vom Höchstgrad n über dem Körper K gelten jetzt natürlich alle Resultate, die wir bereits generell über Vektorräume und lineare Abbildungen wissen. Diese sollen hier nicht wiederholt werden, sondern es sollen zwei Aspekte von $K_n[x]$ genauer studiert werden, die diesen Vektorraum besonders auszeichnen: Die Suche nach sogenannten **Nullstellen** seiner Elemente und die Möglichkeit, eine **neue Multiplikation** in ihm zu definieren. Wir beginnen mit den Nullstellen von Elementen $p \in K_n[x]$.

Definition 16.1.4 Nullstelle eines Polynoms

Es sei K ein Körper mit den beiden inneren Verknüpfungen $\oplus$ und $\odot$ sowie $n \in \mathbb{N}$ und $p \in K_n[x]$. Ein Element $a \in K$ heißt **Nullstelle von** p, falls $p(a) = 0$ gilt. ◄

Beispiel 16.1.5

(1) Es sei $K := \mathbb{R}$ mit der normalen Addition und Multiplikation und $p(x) := x^2 - 1$. Dann ist z.B. $a := 1$ eine Nullstelle von p. Eine weitere Nullstelle wäre z.B. $b := -1$. Für das Polynom $q(x) := x^2 + 1$ findet man in $\mathbb{R}$ keine Nullstelle. Dies war einer der Gründe, den Körper der komplexen Zahlen einzuführen!

(2) Es sei $K := \mathbb{C}$ und $q(x) := x^2 + 1$. Dann sind $a := i$ und $b := -i$ die beiden Nullstellen von q. Aufgrund des Fundamentalsatzes der Algebra findet man für jedes Polynom $p \in \mathbb{C}_n[x]$ vom (genauen) Grad $n \in \mathbb{N}^*$ genau n Nullstellen in $\mathbb{C}$, wobei Nullstellen auch mehrfach vorkommen dürfen.

(3) Es sei $K := \mathbb{Z}_5$ und $p(x) := x^2 \oplus 1$. Dann ist $a := 2$ eine Nullstelle von p. Eine weitere Nullstelle wäre z.B. $b := 3$. Für das Polynom $q(x) := x^2 \oplus 2$ findet man in $\mathbb{Z}_5$ jedoch keine Nullstelle!

Das obige Beispiel wirft die Frage auf, ob es auch für endliche Körper wie z.B. $\mathbb{Z}_5$ gelingen kann, sie in Analogie zum Übergang von $\mathbb{R}$ nach $\mathbb{C}$ so zu erweitern, dass jedes Polynom vom (genauen) Grad $n \in \mathbb{N}^*$ auch genau n Nullstellen besitzt (unter Berücksichtigung möglicher Vielfachheiten). Dazu formulieren wir zunächst die folgende allgemeine Definition.

Definition 16.1.6 Algebraisch abgeschlossener Körper

Es sei K ein Körper mit den beiden inneren Verknüpfungen $\oplus$ und $\odot$ sowie $n \in \mathbb{N}^*$. K heißt **algebraisch abgeschlossener Körper**, wenn jedes Polynom $p \in K_n[x]$ vom (genauen) Grad n genau n Nullstellen besitzt (unter Berücksichtigung möglicher Vielfachheiten). ◄

Wie das vorausgegangene Beispiel zeigt, ist $\mathbb{C}$ ein algebraisch abgeschlossener Körper, während dies z.B. für $\mathbb{Z}_5$ offenbar nicht zutrifft. Die Beschäftigung mit Fragen zur Konstruktion algebraischer Abschlüsse würde den Rahmen dieses Buchs jedoch sprengen. Wir formulieren dazu lediglich einen Satz, der endliche Körper als grundsätzlich nicht algebraisch abgeschlossen identifiziert.

▷ **Satz 16.1.7 Eigenschaften algebraisch abgeschlossener Körper** Es sei $\mathbf{K}$ ein Körper mit den beiden inneren Verknüpfungen $\oplus$ und $\odot$. Ist $\mathbf{K}$ ein algebraisch abgeschlossener Körper, dann muss er unendlich viele Elemente besitzen. Mit anderen Worten: Alle endlichen Körper sind nicht algebraisch abgeschlossen!

Beweis Wir nehmen an, dass $\mathbf{K}$ ein endlicher Körper sei, also $\mathbf{K} = \{a_1, a_2, a_3, \ldots, a_k\} \neq \emptyset$. Man betrachte nun das Polynom $p \in \mathbf{K}_k[x]$,

$$p\colon \mathbf{K} \to \mathbf{K}, \quad x \mapsto (x \ominus a_1) \odot (x \ominus a_2) \odot \cdots \odot (x \ominus a_k) \oplus 1 \ .$$

Dann ist p ein Polynom vom (genauen) Grad k und p hat keine Nullstelle in $\mathbf{K}$. Also kann es keinen endlichen algebraisch abgeschlossenen Körper geben. $\qquad\square$

Nach diesem eher negativen Ergebnis für endliche Körper gibt es jedoch zumindest für gewisse Polynome auch über endlichen Körpern in Hinblick auf das Finden von Nullstellen und ihrer damit verbundenen Zerlegbarkeit in Linearfaktoren positive Resultate. Um diese formulieren zu können, müssen wir uns zunächst an das Konzept der **primitiven Wurzel** bzw. des **Generators** erinnern, jetzt aber nicht in Ringen, sondern speziell in endlichen Körpern.

Definition 16.1.8 Primitive Wurzel, Generator

Es sei $\mathbf{K}$ ein endlicher Körper mit den beiden inneren Verknüpfungen $\oplus$ und $\odot$. Falls nun ein Element $g \in \mathbf{K}^*$ existiert mit

$$\langle g \rangle := \{g^j \mid 1 \le j \le |\mathbf{K}^*|\} = \mathbf{K}^* \ ,$$

dann nennt man g **primitive Wurzel in $\mathbf{K}^*$** (oder auch **Generator von $\mathbf{K}^*$**). ◀

Beispiel 16.1.9

Es gilt $\mathbb{Z}_5^* = \langle 2 \rangle$. Somit ist 2 eine primitive Wurzel in $\mathbb{Z}_5^*$.

Es gilt $\mathbb{Z}_7^* = \langle 3 \rangle$. Somit ist 3 eine primitive Wurzel in $\mathbb{Z}_7^*$.

Es gilt $\mathbb{Z}_{11}^* = \langle 6 \rangle$. Somit ist 6 eine primitive Wurzel in $\mathbb{Z}_{11}^*$.

Wenn man eine primitive Wurzel in einem endlichen Körper gefunden hat, kann man mit ihrer Hilfe ein spezielles Polynom in Hinblick auf seine Nullstellen analysieren, das für die Anwendungen eine zentrale Rolle spielt. Wir halten dieses wichtige Resultat im folgenden Satz fest.

▷ **Satz 16.1.10 Spezielle Polynome mit bekannten Nullstellen über endlichen Körpern** Es sei $\mathbf{K}$ ein endlicher Körper mit den beiden inneren Verknüpfungen $\oplus$ und $\odot$ und $g \in \mathbf{K}^*$ eine primitive Wurzel. Falls $|\mathbf{K}| = k$ und damit $|\mathbf{K}^*| = k - 1$ gilt, dann hat das Polynom $x^{k-1} \ominus 1$ alle Elemente von $\mathbf{K}^*$ als Nullstellen bzw. exakt dieselben Nullstellen wie das Polynom

$$(x \ominus g^1) \odot (x \ominus g^2) \odot \cdots \odot (x \ominus g^{k-1}) =: \bigodot_{j=1}^{k-1} (x \ominus g^j) \, .$$

Beweis Wir zeigen zunächst, dass $g^{k-1} = 1$ gilt. Dazu nehmen wir an, es gelte $g^{k-1} \neq 1$. Da $\mathbf{K}^* = \langle g \rangle$ und $1 \in \mathbf{K}^*$ gilt, muss es eine Zahl $j \in \{1, 2, \ldots, k-2\}$ geben mit $g^j = 1$. Dann würde aber die Menge $\{g^i \mid 1 \leq i \leq k - 1\}$ höchstens j Elemente enthalten, denn $g^{j+1} = g^j \odot g$ wäre wieder g. Dies steht jedoch im Widerspruch zu $\langle g \rangle = \mathbf{K}^*$. Also gilt $g^{k-1} = 1$.

Wir zeigen nun, dass das Polynom $x^{k-1} \ominus 1$ die $k - 1$ Nullstellen $g^j, 1 \leq j \leq k - 1$, besitzt. Dies folgt sofort aus $(g^j)^{k-1} = (g^{k-1})^j = 1^j = 1$. Der Rest des Satzes ist klar, denn das Körperelement 0 ist offenbar weder Nullstelle des einen, noch des anderen Polynoms, und alle anderen Nullstellen tauchen jeweils auf. $\qquad\square$

Auf die aus der obigen Nullstelleneigenschaft folgende Faktorisierbarkeit von Polynomen spezieller Bauart wird bei Anwendungen endlicher Körper und endlicher Vektorräume häufig Bezug genommen. Die nun natürlich auf der Hand liegende Frage, wann man in einem endlichen Körper primitive Wurzeln finden kann, beantworten wir in der folgenden Bemerkung.

▷ **Bemerkung 16.1.11 Existenz primitiver Wurzeln** Man kann zeigen, dass jeder endliche Körper mindestens eine primitive Wurzel besitzt (hinsichtlich eines Beweises sei z.B. auf [10] oder auch auf [8] verwiesen).

Wir beenden nun unsere kurze Beschäftigung mit der Suche nach Nullstellen von Polynomen über endlichen Körpern und wenden uns dem zweiten interessanten Aspekt im Kontext von Polynomen zu, nämlich ihrer **Multiplikation**. Diese führen wir zunächst völlig allgemein über beliebigen Körpern ein, kommen jedoch ziemlich schnell wieder auf den Spezialfall endlicher Körper zurück. Wir beginnen mit einer Definition, die eine alternative Sicht auf Polynome im Allgemeinen eröffnet.

Definition 16.1.12 Formale Polynome über K

Es sei K ein Körper mit den beiden inneren Verknüpfungen $\oplus$ und $\odot$ sowie $n \in \mathbb{N}$. Dann bezeichnet man den **Isomorphismus** P,

$$P: K^{n+1} \to K_n[X]\,,$$
$$(p_0, p_1, \ldots, p_n)^T \mapsto p_0 X^0 + p_1 X^1 + \cdots + p_n X^n =: \sum_{j=0}^{n} p_j X^j =: p(X)\,,$$

als **formale polynomiale Notation von** K^{n+1} und $p(X)$ als **formales Polynom über K vom Höchstgrad** n. Gilt $p_n \neq 0$, dann nennt man $p(X)$ ein **formales Polynom über K vom (genauen) Grad** n. Außerdem werden $p_0, p_1, \ldots, p_n \in K$ auch hier wieder **Koeffizienten von** $p(X)$ genannt und die Menge aller formalen Polynome über K vom Höchstgrad n wird, wie oben bereits geschehen, mit $K_n[X]$ bezeichnet. Im Sonderfall, dass alle Koeffizienten von $p(X)$ gleich Null sind, nennt man das zugehörige formale Polynom wieder das **Nullpolynom** und ordnet ihm definitionsgemäß den (genauen) Grad $-\infty$ zu. Möchte man den Grad bzw. den Höchstgrad der formalen Polynome offen lassen, dann bezeichnet man mit $K[X]$ den **Raum aller formalen Polynome über K beliebigen Grades**. Schließlich lässt man das Adjektiv **formal** häufig einfach weg und spricht wieder schlicht von Polynomen, wenn aus dem Kontext klar ist, dass es sich um formale Polynome handelt. ◄

Damit die obige Abbildung P wirklich als Isomorphismus identifizierbar ist, hätte man eigentlich zunächst eine Vektorraumstruktur auf $K_n[X]$ definieren müssen. Da diese ziemlich naheliegend ist und genau so definiert wird, dass P ein Isomorphismus ist, holen wir sie in der folgenden Definition kurz nach. Dabei werden wir auch hier, um die Notationen nicht zu unübersichtlich werden zu lassen, bei der Bezeichnung der relevanten additiven und multiplikativen Verknüpfungen auf die Notation im zugrunde liegenden Körper K zurück greifen. Ob sich also $\oplus$ oder $\odot$ auf Elemente des Körpers K oder auf Elemente des Vektorraums $K_n[X]$ beziehen, muss jeweils aus dem Zusammenhang erschlossen werden, d.h. die Operatoren sind, wie man sagt, kontextsensitiv.

▷   **Satz 16.1.13 Vektorraum $K_n[X]$** Es sei K ein Körper mit den beiden inneren Verknüpfungen $\oplus$ und $\odot$ sowie $n \in \mathbb{N}$. Dann wird $K_n[X]$ mit der inneren Verknüpfung $\oplus$ und der äußeren Verknüpfung $\odot$ im unten angegebenen Sinn ein Vektorraum über K:

$$p(X), q(X) \in K_n[X]: \qquad p(X) \oplus q(X) := (p_0 \oplus q_0)X^0 + (p_1 \oplus q_1)X^1$$
$$+ \cdots + (p_n \oplus q_n)X^n\,,$$
$$\lambda \in K,\, p(X) \in K_n[X]: \quad \lambda p(X) := \lambda \odot p(X) := (\lambda \odot p_0)X^0 + (\lambda \odot p_1)X^1$$
$$+ \cdots + (\lambda \odot p_n)X^n\,.$$

Beweis Das Erfülltsein der Vektorraumgesetze verifiziert man unmittelbar unter Zugriff auf die Eigenschaften des Körpers K. Im Prinzip sollte man es so sehen, dass $K_n[X]$

lediglich eine andere Notation für den Vektorraum K^{n+1} darstellt, also

$$(p_0, p_1, \ldots, p_n)^T \quad \text{ist gleichbedeutend mit} \quad p_0 X^0 + p_1 X^1 + \cdots + p_n X^n. \qquad \square$$

▷ **Bemerkung 16.1.14 Dimension und Kardinalität von $K_n[X]$** Da der Vektorraum $K_n[X]$ isomorph zum Vektorraum K^{n+1} ist, hat er stets dieselbe Dimension und Kardinalität wie K^{n+1}. Wenn K also z.B. ein endlicher Körper ist, dann hat $K_n[X]$ die Dimension $n + 1$ und die Kardinalität $|K|^{n+1}$. Dieser einfache Zusammenhang unterscheidet ihn vom Vektorraum $K_n[x]$, bei dem Dimension und Kardinalität kleiner sein können!

▷ **Bemerkung 16.1.15 Notationskonventionen in $K_n[X]$** Taucht in einem formalen Polynom der Term $+ - p_j X^j$ auf, dann schreibt man dafür kurz $-p_j X^j$.

Taucht in einem formalen Polynom der Term $1X^j$ auf, dann schreibt man dafür kurz X^j.

Taucht in einem formalen Polynom der Term $0X^j$ auf, dann lässt man diesen Term einfach weg.

Tauchen in einem formalen Polynom nur Terme vom Typ $0X^j$ auf, dann ist es das Nullpolynom, kurz 0.

Taucht in einem formalen Polynom der Term X^0 auf, dann schreibt man dafür kurz 1.

Taucht in einem formalen Polynom der Term $p_0 X^0$ auf, dann schreibt man dafür kurz p_0.

Taucht in einem formalen Polynom der Term X^1 auf, dann schreibt man dafür kurz X.

In einem formalen Polynom spielt die Reihenfolge der mit $+$ verknüpften Terme keine Rolle, da sie eindeutig durch die jeweils zugehörige Potenz X^j identifizierbar sind.

Im Vektorraum $K_n[X]$ definieren wir nun eine Multiplikation, die an die Multiplikation gewöhnlicher Polynome über $\mathbb{R}$ angelehnt ist.

Definition 16.1.16 Multiplikation von Polynomen über K

Es sei K ein Körper mit den beiden inneren Verknüpfungen $\oplus$ und $\odot$ sowie $n \in \mathbb{N}$. Ferner seien mit $p(X), q(X) \in K_n[X]$ zwei beliebige Polynome über K vom Höchstgrad n gegeben. Setzt man nun $p_k := q_k := 0$ für $n < k \le 2n$, dann bezeichnet man das Polynom $p(X) \cdot q(X)$,

$$p(X) \cdot q(X) := \sum_{k=0}^{2n} \left(\bigoplus_{j=0}^{k} p_j \odot q_{k-j} \right) X^k,$$

als **Produktpolynom von $p(X)$ und $q(X)$ vom Höchstgrad** $2n$ und nennt die vorgenommene Operation **Polynommultiplikation.** ◄

Beispiel 16.1.17

1. Es sei $K := \mathbb{R}$ sowie $p(X) := X^2 + 5X - 1$ und $q(X) := 4X^3 + 2X^2 + X$. Dann sind $p(X), q(X) \in \mathbb{R}_3[X]$ und das Produktpolynom $p(X) \cdot q(X) \in \mathbb{R}_6[X]$ berechnet sich zu

$$p(X) \cdot q(X) = 4X^5 + 22X^4 + 7X^3 + 3X^2 - X \, .$$

2. Es sei $K := \mathbb{Z}_5$ sowie $p(X) := X^2 + 4$ und $q(X) := 4X^3 + 2X^2 + X$. Dann sind $p(X), q(X) \in \mathbb{Z}_{5,3}[X]$ und das Produktpolynom $p(X) \cdot q(X) \in \mathbb{Z}_{5,6}[X]$ berechnet sich zu

$$p(X) \cdot q(X) = 4X^5 + 2X^4 + 2X^3 + 3X^2 + 4X \, .$$

3. Es sei $K := \mathbb{Z}_{11}$ sowie $p(X) := X^2 + 5X + 10$ und $q(X) := 4X^3 + 2X^2 + X$. Dann sind $p(X), q(X) \in \mathbb{Z}_{11,3}[X]$ und das Produktpolynom $p(X) \cdot q(X) \in \mathbb{Z}_{11,6}[X]$ berechnet sich zu

$$p(X) \cdot q(X) = 4X^5 + 7X^3 + 3X^2 + 10X \, .$$

Wie man sieht, fällt man bei der Multiplikation von Polynomen, im Gegensatz zu deren Addition, aus dem Polynomraum heraus, aus dem die beiden Faktoren genommen wurden. Dies ist manchmal unerwünscht und man möchte auf systematische Art und Weise wieder in den Polynomraum, aus dem die beiden zu multiplizierenden Polynome stammen, zurück kehren, also eine innere multiplikative Verknüpfung zweier Polynome finden. Um das zu erreichen, bedarf es zunächst einer kleinen Vorüberlegung, die uns für gewöhnliche Polynome über dem Körper $\mathbb{R}$ schon wohl bekannt ist und als **Polynomdivision** bezeichnet wird.

▷ **Satz 16.1.18 Polynomdivision (mit Rest) bzw. Kongruenz von Polynomen**
Es sei K ein Körper mit den beiden inneren Verknüpfungen $\oplus$ und $\odot$ sowie $n \in \mathbb{N}$. Ferner seien $p(X), d(X) \in K_n[X]$ und $d(X)$ sei nicht das Nullpolynom. Dann existieren eindeutig bestimmte Polynome $v(X), r(X) \in K_n[X]$ mit

$$p(X) = v(X) \cdot d(X) \oplus r(X) \, ,$$

wobei die wesentliche Forderung die ist, dass der (genaue) Grad von $r(X)$ **kleiner** ist als der (genaue) Grad von $d(X)$. Gilt speziell $r(X) = 0$, dann sagt man $d(X)$ **ist ein Teilerpolynom von** $p(X)$ bzw. $d(X)$ **teilt** $p(X)$ **(ohne Rest)**.

Man kann das Resultat auch so interpretieren: Das Polynom $p(X)$ lässt sich mit Hilfe des Polynoms $v(X)$ als polynomiales Vielfaches von $d(X)$ plus Restpolynom $r(X)$ kleineren Grades schreiben. Man nennt die vorgenommene Operation deshalb auch **Polynomdivision (mit Rest)**. Schließlich ist es in diesem Zusammenhang üblich, das Polynom $p(X)$ **kongruent** $r(X)$ **modulo** $d(X)$ zu nennen, kurz

$$p(X) \equiv r(X) \quad \mathrm{mod}\ d(X)\,.$$

Ersetzt man $p(X)$ bei Gültigkeit der obigen Kongruenz durch $r(X)$, dann sagt man auch, dass man $p(X)$ **modulo** $d(X)$ **auf** $r(X)$ **reduziert** habe und schreibt dies, da $r(X)$ eindeutig bestimmt ist, als

$$r(X) := p(X) \quad \mathrm{mod}\ d(X)\,.$$

Beweis Der Beweis ist einfach, aber formal korrekt etwas länglich aufzuschreiben. Wir verzichten deshalb auf seine Angabe, verweisen statt dessen z. B. auf [3, 5, 7] und wenden uns lieber einigen konkreten Beispielen zu. $\square$

Beispiel 16.1.19

1. Es sei $\mathbf{K} := \mathbb{R}$ sowie $p(X) := X^2 + 5X - 1$ und $d(X) := 4X^3 + 2X^2 + X$. Dann sind $p(X), d(X) \in \mathbb{R}_3[X]$ und es gilt

$$p(X) = 0 \cdot d(X) \oplus p(X)\,, \quad \text{also} \quad v(X) := 0 \text{ und } r(X) := p(X)\,.$$

Vertauscht man die Rollen von $p(X)$ und $d(X)$, dann lässt sich die Polynomdivision wie folgt durchführen

$$
\begin{aligned}
(4X^3 + 2X^2 + X) &= 4X \cdot (X^2 + 5X - 1) \oplus (-18X^2 + 5X)\,, \\
(-18X^2 + 5X) &= -18 \cdot (X^2 + 5X - 1) \oplus (95X - 18)\,,
\end{aligned}
$$

und man erhält $v(X) := 4X - 18$ und $r(X) := 95X - 18$.

2. Es sei $\mathbf{K} := \mathbb{Z}_5$ sowie $p(X) := X^2 + 4$ und $d(X) := 4X^3 + 2X^2 + X$. Dann sind $p(X), d(X) \in \mathbb{Z}_{5,3}[X]$ und es gilt

$$p(X) = 0 \cdot d(X) \oplus p(X)\,, \quad \text{also} \quad v(X) := 0 \text{ und } r(X) := p(X)\,.$$

Vertauscht man die Rollen von $p(X)$ und $d(X)$, dann lässt sich die Polynomdivision wie folgt durchführen

$$
\begin{aligned}
(4X^3 + 2X^2 + X) &= 4X \cdot (X^2 + 4) \oplus (2X^2)\,, \\
(2X^2) &= 2 \cdot (X^2 + 4) \oplus 2\,,
\end{aligned}
$$

und man erhält $v(X) := 4X + 2$ und $r(X) := 2$.

3. Es sei $\mathbf{K} := \mathbb{Z}_{11}$ sowie $p(X) := X^2 + 5X + 10$ und $d(X) := 4X^3 + 2X^2 + X$. Dann sind $p(X), d(X) \in \mathbb{Z}_{11,3}[X]$ und es gilt

$$p(X) = 0 \cdot d(X) \oplus p(X), \quad \text{also} \quad v(X) := 0 \text{ und } r(X) := p(X).$$

Vertauscht man die Rollen von $p(X)$ und $d(X)$, dann lässt sich die Polynomdivision wie folgt durchführen

$$(4X^3 + 2X^2 + X) = 4X \cdot (X^2 + 5X + 10) \oplus (4X^2 + 5X),$$
$$(4X^2 + 5X) = 4 \cdot (X^2 + 5X + 10) \oplus (7X + 4),$$

und man erhält $v(X) := 4X + 4$ und $r(X) := 7X + 4$.

Unter Zugriff auf die Polynomdivision mit Rest sind wir nun auch in der Lage, eine Klasse von Polynomen zu definieren, die in den Anwendungen eine herausragende Rolle spielen, nämlich die sogenannten **irreduziblen Polynome**.

Definition 16.1.20 Irreduzible und reduzible Polynome

Es sei $\mathbf{K}$ ein Körper mit den beiden inneren Verknüpfungen $\oplus$ und $\odot$ sowie $n \in \mathbb{N}^*$, $n \geq 2$. Ferner sei $p(X) \in \mathbf{K}_n[X]$ ein Polynom vom (genauen) Grad n. Gibt es kein Polynom $d(X) \in \mathbf{K}_{n-1}[X]$ vom Mindestgrad 1, welches $p(X)$ ohne Rest teilt, dann nennt man $p(X)$ ein **irreduzibles Polynom (über K)**. Gibt es ein Polynom $d(X) \in \mathbf{K}_{n-1}[X]$ vom Mindestgrad 1, welches $p(X)$ ohne Rest teilt, dann nennt man $p(X)$ ein **reduzibles Polynom (über K)**. ◄

Beispiel 16.1.21
1. Es sei $\mathbf{K} := \mathbb{R}$ sowie $p(X) := X^2 - 1$. Da $p(X) = (X - 1) \cdot (X + 1)$ gilt, ist $p(X)$ reduzibel über $\mathbb{R}$.
2. Es sei $\mathbf{K} := \mathbb{R}$ sowie $p(X) := X^2 + 1$. Da $p(X)$ nicht als Produkt zweier linearer Polynome aus $\mathbb{R}[X]$ darstellbar ist, ist $p(X)$ irreduzibel über $\mathbb{R}$.
3. Es sei $\mathbf{K} := \mathbb{C}$ sowie $p(X) := X^2 + 1$. Da $p(X) = (X - i) \cdot (X + i)$ gilt, ist $p(X)$ reduzibel über $\mathbb{C}$.
4. Es sei $\mathbf{K} := \mathbb{R}$ sowie $p(X) := X^4 + 2X^2 + 1$. Da $p(X) = (X^2 + 1) \cdot (X^2 + 1)$ gilt, ist $p(X)$ reduzibel über $\mathbb{R}$ und das, obwohl $p(x)$ interpretiert als normales Polynom über $\mathbb{R}$ keine Nullstelle in $\mathbb{R}$ hat!
5. Es sei $\mathbf{K} := \mathbb{Z}_2$ sowie $p(X) := X^4 + X^2 + 1$. Da $p(X) = (X^2 + X + 1) \cdot (X^2 + X + 1)$ gilt, ist $p(X)$ reduzibel über $\mathbb{Z}_2$ und das, obwohl $p(x)$ interpretiert als normales Polynom über $\mathbb{Z}_2$ keine Nullstelle in $\mathbb{Z}_2$ hat!

6. Es sei $\mathbf{K} := \mathbb{Z}_2$ sowie $p(X) := X^2 + X + 1$. Da $p(X)$ nicht als Produkt zweier linearer Polynome aus $\mathbb{Z}_2[X]$ darstellbar ist, ist $p(X)$ irreduzibel über $\mathbb{Z}_2$.

7. Es sei $\mathbf{K} := \mathbb{Z}_2$ sowie $p(X) := X^3 + X + 1$. Da $p(X)$ nicht als Produkt zweier mindestens linearer Polynome aus $\mathbb{Z}_2[X]$ darstellbar ist, ist $p(X)$ irreduzibel über $\mathbb{Z}_2$.

Mit Hilfe der Polynomdivision mit Rest sowie unter Zugriff auf irreduzible Polynome sind wir nun in der Lage, in Analogie zur modularen Arithmetik in $\mathbb{Z}$, auch in $\mathbf{K}_n[X]$ eine Polynommultiplikation einzuführen, die uns nicht aus $\mathbf{K}_n[X]$ hinaus führt und den gängigen Gesetzen der Multiplikation genügt. Dazu sei $d(X) \in \mathbf{K}_{n+1}[X]$ ein fest vorgegebenes irreduzibles Polynom vom (genauen) Grad $n + 1$. Dann definiert man auf $\mathbf{K}_n[X]$ die von $d(X)$ abhängende neue Multiplikation $\odot$ als

$$p(X) \odot q(X) := r(X) \in \mathbf{K}_n[X] \, ,$$

wobei $p(X), q(X) \in \mathbf{K}_n[X]$ beliebig gegeben sind und $r(X)$ das eindeutig bestimmte Restpolynom ist, welches bei Division von $p(X) \cdot q(X)$ durch $d(X)$ entsteht, also der Polynomdivision mit Rest aus

$$p(X) \cdot q(X) = v(X) \cdot d(X) \oplus r(X)$$

entnommen wird. Aus diesem Grunde benutzt man auch häufig für $p(X) \odot q(X)$ die Notation

$$p(X) \odot q(X) := p(X) \cdot q(X) \quad \mathrm{mod} \ \ d(X) \, .$$

Wesentlich ist, dass aufgrund der Irreduzibilität von $d(X)$ das neue Produkt $p(X) \odot q(X)$ niemals 0 sein kann, sofern weder $p(X)$ noch $q(X)$ gleich dem Nullpolynom sind!

Beispiel 16.1.22

Es sei $\mathbf{K} := \mathbb{Z}_2$ und $\mathbb{Z}_{2,1}[X] = \{0, 1, X, X + 1\}$ der Raum der Polynome vom Höchstgrad 1 über $\mathbb{Z}_2$. Ferner sei $d(X) \in \mathbb{Z}_{2,2}[X]$ definiert als $d(X) := X^2 + X + 1$ ein irreduzibles Polynom vom (genauen) Grad 2 über $\mathbb{Z}_2$. Dann rechnet man leicht nach, dass sich für die Verknüpfungen $\oplus$ und $\odot$ auf $\mathbb{Z}_{2,1}[X]$ folgende

Verknüpfungstabellen ergeben:

$\oplus$	0	1	X	$X+1$
0	0	1	X	$X+1$
1	1	0	$X+1$	X
X	X	$X+1$	0	1
$X+1$	$X+1$	X	1	0

$\odot$	0	1	X	$X+1$
0	0	0	0	0
1	0	1	X	$X+1$
X	0	X	$X+1$	1
$X+1$	0	$X+1$	1	X

Die Verknüpfungstabelle bezüglich $\oplus$ sollte klar sein. Für die neue multiplikative Verknüpfung $\odot$ wird exemplarisch eine Rechnung vorgeführt. Wir betrachten die Multiplikation von $X+1$ mit sich selbst und erhalten zunächst bei ganz formaler Ausmultiplikation

$$(X+1) \cdot (X+1) = (1X+1) \cdot (1X+1)$$
$$= (1 \odot 1)X^2 + (1 \odot 1 \oplus 1 \odot 1)X + (1 \odot 1)$$
$$= 1X^2 + (1 \oplus 1)X + 1 = X^2 + 1 \, .$$

Dieses Polynom wird jetzt, wie man sagt, modulo $X^2 + X + 1$ reduziert. Das bedeutet, dass man sich fragt, wie man $X^2 + 1$ darstellen kann als Vielfaches des Polynoms $X^2 + X + 1$ zuzüglich eines Rests aus $\mathbb{Z}_{2,1}[X]$. In diesem Fall ist dies wieder sehr einfach und man erhält

$$X^2 + 1 = 1 \cdot (X^2 + X + 1) \oplus X \, .$$

Alle Vielfache des Polynoms $X^2 + X + 1$ lässt man einfach weg, m.a.W. man rechnet modulo dieses Polynoms, so dass sich so für die eigentlich auszuführende Verknüpfung $\odot$ in $\mathbb{Z}_{2,1}$ ergibt

$$(X+1) \odot (X+1) = X \, .$$

Betrachtet man das obige Beispiel etwas genauer, dann stellt man fest, dass der Polynomraum $\mathbb{Z}_{2,1}[X]$ mit den inneren Verknüpfungen $\oplus$ und $\odot$ (letztere bezüglich des speziell gewählten $d(X)$) sogar ein Körper ist, und zwar ein Körper der Kardinalität 4. Bitte als Übung unbedingt nachprüfen! Dieser Körper wird in der Literatur als **Galois-Feld** der Ordnung 4 bezeichnet und mit $GF(4) = GF(2^2)$ abgekürzt, wobei der Name an den französischen Mathematiker Évariste Galois (1811–1832) erinnert, der Körper dieses Typs erstmals intensiv studierte.

16.2 Aufgaben mit Lösungen

Aufgabe 16.2.1 *Es sei* $\mathbf{K} := \mathbb{Z}_7$ *und* $p \in \mathbb{Z}_{7,5}[x]$ *definiert als*

$$p(x) := x^5 \oplus x^2 \oplus 6 \odot x \oplus 6 \,.$$

Bestimmen Sie alle Nullstellen von p *in* $\mathbb{Z}_7$ *und faktorisieren Sie das Polynom so weit wie möglich über* $\mathbb{Z}_7$. *Ferner mache man sich klar, dass das Vorgehen völlig analog verlaufen wäre, wenn man* p *als formales Polynom aus* $\mathbb{Z}_{7,5}[X]$ *interpretiert hätte!*

Lösung der Aufgabe Wir setzen zunächst alle Elemente aus $\mathbb{Z}_7$ in p ein, um mögliche Nullstellen zu identifizieren. Wegen $p(0) = 6$, $p(1) = 0$, $p(2) = 5$, $p(3) = 3$, $p(4) = 6$, $p(5) = 1$ und $p(6) = 0$ ergeben sich 1 und 6 als Nullstellen. Abdivision von $x \ominus 1$ bzw. $x \oplus 6$ liefert

$$
\begin{aligned}
(x^5 \oplus x^2 \oplus 6 \odot x \oplus 6) &= \quad x^4 \odot (x \oplus 6) \oplus (x^4 \oplus x^2 \oplus 6 \odot x \oplus 6)\,,\\
(x^4 \oplus x^2 \oplus 6 \odot x \oplus 6) &= \quad x^3 \odot (x \oplus 6) \oplus (x^3 \oplus x^2 \oplus 6 \odot x \oplus 6)\,,\\
(x^3 \oplus x^2 \oplus 6 \odot x \oplus 6) &= \quad x^2 \odot (x \oplus 6) \oplus (2 \odot x^2 \oplus 6 \odot x \oplus 6)\,,\\
(2 \odot x^2 \oplus 6 \odot x \oplus 6) &= (2 \odot x) \odot (x \oplus 6) \oplus (x \oplus 6)\,,\\
(x \oplus 6) &= \quad\quad 1 \odot (x \oplus 6) \oplus 0\,,
\end{aligned}
$$

also

$$(x^5 \oplus x^2 \oplus 6 \odot x \oplus 6) = (x \oplus 6) \odot (x^4 \oplus x^3 \oplus x^2 \oplus 2 \odot x \oplus 1)\,.$$

Anschließende Abdivision von $x \ominus 6$ bzw. $x \oplus 1$ liefert

$$
\begin{aligned}
(x^4 \oplus x^3 \oplus x^2 \oplus 2 \odot x \oplus 1) &= x^3 \odot (x \oplus 1) \oplus (x^2 \oplus 2 \odot x \oplus 1)\,,\\
(x^2 \oplus 2 \odot x \oplus 1) &= \quad x \odot (x \oplus 1) \oplus (x \oplus 1)\,,\\
(x \oplus 1) &= \quad 1 \odot (x \oplus 1) \oplus 0\,,
\end{aligned}
$$

also die Faktorisierung

$$(x^5 \oplus x^2 \oplus 6 \odot x \oplus 6) = (x \oplus 6) \odot (x \oplus 1) \odot (x^3 \oplus x \oplus 1)\,.$$

Da das Polynom $x^3 \oplus x \oplus 1$ keine weiteren Nullstellen in $\mathbb{Z}_7$ besitzt, also insbesondere 1 und 6 keine mehrfachen Nullstellen von p sind, ist die obige Faktorisierung auch schon die endgültige.

Aufgabe 16.2.2 *Es sei* $\mathbf{K} := \mathbb{Z}_2$ *und* $\mathbb{Z}_{2,3}[X]$ *der Raum der formalen Polynome vom Höchstgrad 3 über* $\mathbb{Z}_2$. *Ferner sei* $d(X) \in \mathbb{Z}_{2,4}[X]$ *definiert als* $d(X) := X^4 + X + 1$

ein irreduzibles Polynom vom (genauen) Grad 4 über $\mathbb{Z}_2$. Berechnen Sie exemplarisch für $p(X), q(X) \in \mathbb{Z}_{2,3}[X]$,

$$p(X) := X^3 + X^2 \quad und \quad q(X) := X^3 \, ,$$

sowohl die polynomiale Summe $p(X) \oplus q(X)$, als auch das polynomiale Produkt $p(X) \odot q(X)$, letzteres mittels Reduktion bezüglich $d(X)$.

Lösung der Aufgabe Die Summe der beiden Polynome ergibt sich sofort als $(X^3 + X^2) \oplus X^3 = X^2$. In Hinblick auf die multiplikative Verknüpfung liefert zunächst die gewöhnliche polynomiale Multiplikation

$$(X^3 + X^2) \cdot X^3 = X^6 + X^5 \, .$$

Reduziert man dieses Polynom modulo $X^4 + X + 1$, so ergibt sich wegen

$$X^6 + X^5 = X^2 \cdot (X^4 + X + 1) \oplus (X^5 + X^3 + X^2) \, ,$$
$$X^5 + X^3 + X^2 = X \cdot (X^4 + X + 1) \oplus (X^3 + X) \, ,$$

das Ergebnis $(X^3 + X^2) \odot X^3 = X^3 + X$.

Selbsttest 16.2.3 Welche Aussagen über Polynome über endlichen Körpern **K** sind wahr?

?+? $\mathbf{K}_n[x]$ hat maximal $|\mathbf{K}|^{n+1}$ verschiedene Elemente.

?–? $\mathbf{K}_n[x]$ hat immer genau $|\mathbf{K}|^{n+1}$ verschiedene Elemente.

?+? $\mathbf{K}_n[X]$ hat maximal $|\mathbf{K}|^{n+1}$ verschiedene Elemente.

?+? $\mathbf{K}_n[X]$ hat immer genau $|\mathbf{K}|^{n+1}$ verschiedene Elemente.

?–? $\mathbf{K}_n[x]$ ist ein Körper.

?+? $\mathbf{K}_n[X]$ ist ein Vektorraum.

?–? Jedes nicht konstante Polynom in $\mathbf{K}_n[x]$ hat mindestens eine Nullstelle in **K**.

?+? Jedes irreduzible Polynom in $\mathbf{K}_n[X]$ hat interpretiert als Polynom in $\mathbf{K}_n[x]$ keine Nullstellen in **K**.

?–? Jedes Polynom in $\mathbf{K}_n[x]$ ohne Nullstellen in **K** ist interpretiert als Polynom in $\mathbf{K}_n[X]$ irreduzibel.

16.3 Spezielle endliche Vektorräume

Im Folgenden sei $\mathbf{K} := \mathbb{Z}_p$, $p \in \mathbb{N}$ Primzahl, der zugrunde liegende Körper und $\mathbb{Z}_p^n$, $n \in \mathbb{N}^*$ und $n \geq 2$, das n-fache kartesische Produkt von $\mathbb{Z}_p$. Wir wissen bereits, dass $\mathbb{Z}_p^n$ mit naheliegenden inneren und äußeren Verknüpfungen ein Vektorraum wird, halten dies zur Sicherheit aber noch einmal explizit im folgenden Satz fest und fixieren die Notation der Verknüpfungen.

▷ **Satz 16.3.1 Vektorraum $\mathbb{Z}_p^n$ über $\mathbb{Z}_p$** Es sei $p \in \mathbb{N}$ eine Primzahl und $n \in \mathbb{N}^*$ mit $n \geq 2$ beliebig gegeben. Dann wird $\mathbb{Z}_p^n$ mit der inneren Verknüpfung $\oplus$ und der äußeren Verknüpfung $\odot$ im unten angegebenen Sinn ein Vektorraum über $\mathbb{Z}_p$:

$$\vec{x}, \vec{y} \in \mathbb{Z}_p^n: \qquad \vec{x} \oplus \vec{y} := (x_1 \oplus y_1, x_2 \oplus y_2, \ldots, x_n \oplus y_n)^T \in \mathbb{Z}_p^n,$$
$$\lambda \in \mathbb{Z}_p, \vec{x} \in \mathbb{Z}_p^n: \lambda \vec{y} := \lambda \odot \vec{y} := (\lambda \odot x_1, \lambda \odot x_2, \ldots, \lambda \odot x_n)^T \in \mathbb{Z}_p^n.$$

Beweis Das Erfülltsein der Vektorraumgesetze verifiziert man unmittelbar unter Zugriff auf die Eigenschaften des Körpers $\mathbb{Z}_p$. $\qquad\qquad\square$

▷ **Bemerkung 16.3.2 Dimension und Kardinalität von $\mathbb{Z}_p^n$** Der Vektorraum $\mathbb{Z}_p^n$ hat die Dimension n und die Kardinalität p^n, d.h. es gilt dim $\mathbb{Z}_p^n = n$ und $|\mathbb{Z}_p^n| = p^n$. Insbesondere ist $\mathbb{Z}_p^n$ also ein **endlicher Vektorraum**.

In diese neuen endlichen Vektorräume können nun im Wesentlichen alle Überlegungen und Rechnungen übertragen werden, die wir im Rahmen von $\mathbb{R}^n$ oder auch $\mathbb{C}^n$ kennengelernt haben. Einige dieser Übertragungen werden im Folgenden exemplarisch vorgestellt.

Beispiel 16.3.3

Für eine Linearkombination von zwei Vektoren in $\mathbb{Z}_{13}^3$ ergibt sich z.B.

$$2\begin{pmatrix} 9 \\ 3 \\ 1 \end{pmatrix} \oplus 4 \begin{pmatrix} 7 \\ 9 \\ 1 \end{pmatrix} = \begin{pmatrix} 2 \odot 9 \\ 2 \odot 3 \\ 2 \odot 1 \end{pmatrix} \oplus \begin{pmatrix} 4 \odot 7 \\ 4 \odot 9 \\ 4 \odot 1 \end{pmatrix} = \begin{pmatrix} 5 \\ 6 \\ 2 \end{pmatrix} \oplus \begin{pmatrix} 2 \\ 10 \\ 4 \end{pmatrix} = \begin{pmatrix} 7 \\ 3 \\ 6 \end{pmatrix}$$

und für eine einfache Summe z.B.

$$\begin{pmatrix} 6 \\ 7 \\ 3 \end{pmatrix} \oplus \begin{pmatrix} 0 \\ 0 \\ 0 \end{pmatrix} = \begin{pmatrix} 6 \\ 7 \\ 3 \end{pmatrix}.$$

Erwartungsgemäß ist also der Vektor $\vec{0} := (0, 0, 0)^T$ das neutrale Element in $\mathbb{Z}_{13}^3$, der auch wieder als Nullvektor bezeichnet wird.

Beispiel 16.3.4

Für eine Linearkombination von zwei Matrizen in $\mathbb{Z}_{11}^{3\times4}$ ergibt sich z.B.

$$2\begin{pmatrix} 9 & 0 & 2 & 0 \\ 3 & 4 & 2 & 8 \\ 1 & 10 & 4 & 3 \end{pmatrix} \oplus 4\begin{pmatrix} 7 & 1 & 4 & 5 \\ 9 & 3 & 8 & 2 \\ 1 & 1 & 4 & 3 \end{pmatrix} = \begin{pmatrix} 2 & 4 & 9 & 9 \\ 9 & 9 & 3 & 2 \\ 6 & 2 & 2 & 7 \end{pmatrix}$$

und für eine einfache Summe z.B.

$$\begin{pmatrix} 8 & 3 & 2 & 8 \\ 8 & 4 & 2 & 7 \\ 1 & 0 & 7 & 3 \end{pmatrix} \oplus \begin{pmatrix} 0 & 0 & 0 & 0 \\ 0 & 0 & 0 & 0 \\ 0 & 0 & 0 & 0 \end{pmatrix} = \begin{pmatrix} 8 & 3 & 2 & 8 \\ 8 & 4 & 2 & 7 \\ 1 & 0 & 7 & 3 \end{pmatrix}.$$

Erwartungsgemäß ist also die Matrix, deren Komponenten alle gleich Null sind, das neutrale Element in $\mathbb{Z}_{11}^{3\times4}$. Diese Matrix wird auch als Nullmatrix bezeichnet.

Beispiel 16.3.5

Für das Matrizenprodukt einer Matrix aus $\mathbb{Z}_{7}^{2\times4}$ mit einer Matrix aus $\mathbb{Z}_{7}^{4\times3}$ ergibt sich z.B.

$$\begin{pmatrix} 0 & 2 & 3 & 1 \\ 1 & 1 & 0 & 2 \end{pmatrix} \odot \begin{pmatrix} 1 & 3 & 6 \\ 2 & 6 & 0 \\ 0 & 2 & 3 \\ 1 & 1 & 0 \end{pmatrix} := \begin{pmatrix} 0 & 2 & 3 & 1 \\ 1 & 1 & 0 & 2 \end{pmatrix}\begin{pmatrix} 1 & 3 & 6 \\ 2 & 6 & 0 \\ 0 & 2 & 3 \\ 1 & 1 & 0 \end{pmatrix}$$

$$\doteq \begin{pmatrix} 5 & 5 & 2 \\ 5 & 4 & 6 \end{pmatrix}.$$

Beispiel 16.3.6

Gegeben sei die Matrix $A \in \mathbb{Z}_{11}^{3\times4}$,

$$A := \begin{pmatrix} 1 & 2 & 3 & 4 \\ 9 & 7 & 5 & 3 \\ 1 & 0 & 2 & 1 \end{pmatrix},$$

sowie das durch sie bestimmte homogene lineare Gleichungssystem $A\vec{x} = \vec{0}$. Wendet man zu seiner Lösung den Gaußschen Algorithmus an, so ergibt sich folgendes Schema:

$$
\begin{array}{ccccc|cc}
\boxed{1} & 2 & 3 & 4 & 0 & \odot 2 & \odot 10 \\
\boxed{9} & 7 & 5 & 3 & 0 & \leftarrow \oplus & | \\
\boxed{1} & 0 & 2 & 1 & 0 & & \leftarrow \oplus \\
\hline
1 & 2 & 3 & 4 & 0 & & \\
0 & \boxed{0} & 0 & 0 & 0 & \leftarrow & \\
0 & \boxed{9} & 10 & 8 & 0 & \leftarrow & \\
\hline
1 & 2 & 3 & 4 & 0 & & \\
0 & 9 & 10 & 8 & 0 & & \\
0 & 0 & 0 & 0 & 0 & &
\end{array}
$$

Aus dem obigen Endschema erhält man durch Aufrollen von unten die endlich vielen Lösungen

$$0 \odot x_3 \oplus 0 \odot x_4 = 0 , \quad \text{also } x_3 = \lambda \in \mathbb{Z}_{11},\ x_4 = \mu \in \mathbb{Z}_{11} \text{ beliebig} ,$$
$$x_2 = 9^{-1} \odot (-10 \odot x_3 \oplus -8 \odot x_4) = 5 \odot \lambda \oplus 4 \odot \mu ,$$
$$x_1 = -2 \odot x_2 \oplus -3 \odot x_3 \oplus -4 \odot x_4 = 9 \odot \lambda \oplus 10 \odot \mu ,$$

also die Lösungsmenge

$$
\mathbf{L} = \left\{ \lambda \begin{pmatrix} 9 \\ 5 \\ 1 \\ 0 \end{pmatrix} \oplus \mu \begin{pmatrix} 10 \\ 4 \\ 0 \\ 1 \end{pmatrix} \;\middle|\; \lambda, \mu \in \mathbb{Z}_{11} \right\} .
$$

Der Rang der Matrix ist damit gleich $4 - 2 = 2$, und ein Fundamentalsystem ist zum Beispiel gegeben durch $\vec{x}^{(1)} := (9, 5, 1, 0)^T$ und $\vec{x}^{(2)} := (10, 4, 0, 1)^T$.

Beispiel 16.3.7

Gegeben seien die reguläre Matrix $A \in \mathbb{Z}_{13}^{3 \times 3}$ und die rechte Seite $\vec{b} \in \mathbb{Z}_{13}^3$ gemäß

$$
A := \begin{pmatrix} 1 & 4 & 0 \\ 2 & 1 & 2 \\ 3 & 11 & 0 \end{pmatrix} \quad \text{und} \quad \vec{b} := \begin{pmatrix} 5 \\ 3 \\ 1 \end{pmatrix} .
$$

Gesucht wird der Vektor $\vec{x} \in \mathbb{Z}_{13}^3$ mit $A\vec{x} = \vec{b}$. Dazu berechnen wir hier zunächst die Inverse der Matrix A, und zwar mit Hilfe des vollständigen Gaußschen Algorithmus. Konkret gelingt das auf Basis des folgenden Schemas:

1	4	0	1	0	0	$\odot 11$	$\odot 10$
2	1	2	0	1	0	$\leftarrow \oplus$	|
3	11	0	0	0	1		$\leftarrow \oplus$
1	4	0	1	0	0		
0	6	2	11	1	0	$\odot 11$	
0	12	0	10	0	1		
1	4	0	1	0	0		$\leftarrow \oplus$
0	1	9	4	11	0	$\odot 1$	$\odot 9$
0	12	0	10	0	1	$\leftarrow \oplus$	
1	0	3	11	8	0		
0	1	9	4	11	0		
0	0	9	1	11	1	$\odot 3$	
1	0	3	11	8	0	$\leftarrow \oplus$	
0	1	9	4	11	0	$\leftarrow \oplus$	|
0	0	1	3	7	3	$\odot 4$	$\odot 10$
1	0	0	2	0	4		
0	1	0	3	0	12		
0	0	1	3	7	3		

Aus dem obigen Endschema liest man die Inverse von A direkt auf der rechten Seite ab als

$$A^{-1} = \begin{pmatrix} 2 & 0 & 4 \\ 3 & 0 & 12 \\ 3 & 7 & 3 \end{pmatrix}.$$

Eine Probe, die lediglich zu Übungszwecken gemacht wird, liefert wie erwartet

$$AA^{-1} = \begin{pmatrix} 1 & 4 & 0 \\ 2 & 1 & 2 \\ 3 & 11 & 0 \end{pmatrix} \begin{pmatrix} 2 & 0 & 4 \\ 3 & 0 & 12 \\ 3 & 7 & 3 \end{pmatrix} = \begin{pmatrix} 1 & 0 & 0 \\ 0 & 1 & 0 \\ 0 & 0 & 1 \end{pmatrix},$$

$$A^{-1}A = \begin{pmatrix} 2 & 0 & 4 \\ 3 & 0 & 12 \\ 3 & 7 & 3 \end{pmatrix} \begin{pmatrix} 1 & 4 & 0 \\ 2 & 1 & 2 \\ 3 & 11 & 0 \end{pmatrix} = \begin{pmatrix} 1 & 0 & 0 \\ 0 & 1 & 0 \\ 0 & 0 & 1 \end{pmatrix}.$$

Die Lösung des eigentlichen Gleichungssystems erhält man dann als

$$\vec{x} = A^{-1}\vec{b} = \begin{pmatrix} 2 & 0 & 4 \\ 3 & 0 & 12 \\ 3 & 7 & 3 \end{pmatrix} \begin{pmatrix} 5 \\ 3 \\ 1 \end{pmatrix} = \begin{pmatrix} 1 \\ 1 \\ 0 \end{pmatrix}.$$

16.4 Aufgaben mit Lösungen

Aufgabe 16.4.1 *Berechnen Sie in $\mathbb{Z}_{11}^5$ die Linearkombination*

$$-2(3,7,3,1,9)^T \oplus 5(2,9,0,2,3)^T \oplus 9(3,2,9,2,5)^T.$$

Lösung der Aufgabe Die Linearkombination ergibt sich zu

$$-2(3,7,3,1,9)^T \oplus 5(2,9,0,2,3)^T \oplus 9(3,2,9,2,5)^T$$
$$= (5,8,5,9,4)^T \oplus (10,1,0,10,4)^T \oplus (5,7,4,7,1)^T = (9,5,9,4,9)^T.$$

Aufgabe 16.4.2 *Berechnen Sie in $\mathbb{Z}_{13}^{2\times4}$ die Linearkombination*

$$9\begin{pmatrix} 3 & 12 & 2 & 8 \\ 1 & 11 & 4 & 3 \end{pmatrix} \oplus 3\begin{pmatrix} 7 & 3 & 8 & 2 \\ 1 & 4 & 4 & 3 \end{pmatrix}.$$

Lösung der Aufgabe Die Linearkombination ergibt sich zu

$$9\begin{pmatrix} 3 & 12 & 2 & 8 \\ 1 & 11 & 4 & 3 \end{pmatrix} \oplus 3\begin{pmatrix} 7 & 3 & 8 & 2 \\ 1 & 4 & 4 & 3 \end{pmatrix} = \begin{pmatrix} 9 & 0 & 3 & 0 \\ 12 & 7 & 9 & 10 \end{pmatrix}.$$

Aufgabe 16.4.3 *Berechnen Sie in $\mathbb{Z}_5^{3\times3}$ das Matrizenprodukt*

$$\begin{pmatrix} 0 & 0 & 1 \\ 1 & 2 & 0 \\ 0 & 0 & 1 \end{pmatrix} \begin{pmatrix} 3 & 0 & 0 \\ 0 & 0 & 1 \\ 1 & 0 & 0 \end{pmatrix}.$$

Lösung der Aufgabe　Das Matrizenprodukt ergibt sich zu

$$\begin{pmatrix} 0 & 0 & 1 \\ 1 & 2 & 0 \\ 0 & 0 & 1 \end{pmatrix} \begin{pmatrix} 3 & 0 & 0 \\ 0 & 0 & 1 \\ 1 & 0 & 0 \end{pmatrix} = \begin{pmatrix} 1 & 0 & 0 \\ 3 & 0 & 2 \\ 1 & 0 & 0 \end{pmatrix}.$$

Aufgabe 16.4.4　*Gegeben sei die Matrix*

$$A := \begin{pmatrix} 1 & 2 & 3 \\ 2 & 4 & 0 \\ 7 & 1 & 3 \end{pmatrix} \in \mathbb{Z}_{13}^{3\times3}.$$

sowie das durch sie bestimmte homogene lineare Gleichungssystem $A\vec{x} = \vec{0}$. Lösen Sie das homogene lineare Gleichungssystem, und geben Sie den Rang der Matrix A sowie ein Fundamentalsystem des homogenen Lösungsraums an (falls ein Fundamentalsystem existiert).

Lösung der Aufgabe　Wendet man zur Lösung des homogenen Gleichungssystems den Gaußschen Algorithmus an, so ergibt sich folgendes Schema:

1	2	3	0	$\odot 11$	$\odot 6$
2	4	0	0	$\leftarrow \oplus$	|
7	1	3	0		$\leftarrow \oplus$
1	2	3	0		
0	0	7	0		
0	0	8	0		

Aus dem obigen Endschema erhält man durch Aufrollen von unten die endlich vielen Lösungen

$$8 \odot x_3 = 0 , \quad \text{also } x_3 = 0 ,$$
$$0 \odot x_2 = -7 \odot x_3 = 0 , \quad \text{also } x_2 = \lambda \in \mathbb{Z}_{13} \text{ beliebig },$$
$$x_1 = -2 \odot x_2 \oplus -3 \odot x_3 = 11 \odot \lambda ,$$

also die Lösungsmenge

$$\mathbf{L} = \left\{ \lambda \begin{pmatrix} 11 \\ 1 \\ 0 \end{pmatrix} \;\middle|\; \lambda \in \mathbb{Z}_{13} \right\}.$$

Der Rang der Matrix ist damit gleich $3 - 1 = 2$, und ein Fundamentalsystem ist zum Beispiel gegeben durch $\vec{x}^{(1)} := (11, 1, 0)^T$.

Aufgabe 16.4.5 *Gegeben seien die reguläre Matrix $A \in \mathbb{Z}_7^{3\times3}$ und die rechte Seite $\vec{b} \in \mathbb{Z}_7^3$ gemäß*

$$A := \begin{pmatrix} 1 & 2 & 0 \\ 0 & 6 & 3 \\ 1 & 0 & 3 \end{pmatrix} \quad und \quad \vec{b} := \begin{pmatrix} 2 \\ 3 \\ 5 \end{pmatrix}.$$

Berechnen Sie zunächst die Inverse A^{-1} von A mit Hilfe des vollständigen Gaußschen Algorithmus, und lösen Sie anschließend das reguläre lineare Gleichungssysteme $A\vec{x} = \vec{b}$ mit Hilfe von A^{-1}.

Lösung der Aufgabe Zur Berechnung von A^{-1} ergibt sich mit Hilfe des vollständigen Gaußschen Algorithmus das folgende Schema:

1	2	0	1	0	0	$\odot 0$	$\odot 6$
0	6	3	0	1	0	$\leftarrow \oplus$	|
1	0	3	0	0	1		$\leftarrow \oplus$
1	2	0	1	0	0		
0	6	3	0	1	0	$\odot 6$	
0	5	3	6	0	1		
1	2	0	1	0	0	$\leftarrow \oplus$	
0	1	4	0	6	0	$\odot 5$	$\odot 2$
0	5	3	6	0	1		$\leftarrow \oplus$
1	0	6	1	2	0		
0	1	4	0	6	0		
0	0	4	6	5	1	$\odot 2$	
1	0	6	1	2	0	$\leftarrow \oplus$	
0	1	4	0	6	0	$\leftarrow \oplus$	|
0	0	1	5	3	2	$\odot 3$	$\odot 1$
1	0	0	6	5	2		
0	1	0	1	1	6		
0	0	1	5	3	2		

Aus dem obigen Endschema liest man die Inverse von A direkt auf der rechten Seite ab als

$$A^{-1} = \begin{pmatrix} 6 & 5 & 2 \\ 1 & 1 & 6 \\ 5 & 3 & 2 \end{pmatrix}.$$

Die Lösung des eigentlichen Gleichungssystems erhält man dann als

$$\vec{x} = A^{-1}\vec{b} = \begin{pmatrix} 6 & 5 & 2 \\ 1 & 1 & 6 \\ 5 & 3 & 2 \end{pmatrix}\begin{pmatrix} 2 \\ 3 \\ 5 \end{pmatrix} = \begin{pmatrix} 2 \\ 0 \\ 1 \end{pmatrix}.$$

16.5   Anwendungen endlicher Vektorräume

Rechnungen über endlichen Vektorräumen werden insbesondere in der Codierungs- und der Verschlüsselungstheorie eingesetzt. Aus beiden Gebieten skizzieren wir im Folgenden das prototypische Vorgehen anhand einiger ausgewählter Beispiele, die uns auch noch einmal vor Augen führen, welche vielfältigen Techniken und Konzepte wir inzwischen kennengelernt haben und wie mächtig die Lineare Algebra ist. Wir beginnen mit der Definition allgemeiner linearer Codes.

Definition 16.5.1 Linearer Code – Generator und Validator –

Es sei $\mathbf{K}$ ein Körper mit den beiden inneren Verknüpfungen $\oplus$ und $\odot$ sowie $n, r \in \mathbb{N}^*$. Dann nennt man eine injektive lineare Funktion, also einen Monomorphismus G,

$$G : \mathbf{K}^n \to \mathbf{K}^{n+r},$$

einen linearen **Code-Generator** (oder **Code-Erzeuger**), und eine surjektive lineare Funktion, also einen Epimorphismus V,

$$V : \mathbf{K}^{n+r} \to \mathbf{K}^r, \quad \text{mit} \quad \text{Kern}\,(V) = \text{Bild}\,(G)$$

einen zu G gehörenden linearen **Code-Validator** (oder **Code-Prüfer** oder **Kontrollabbildung**). Für einen beliebigen Vektor $\vec{x} \in \mathbf{K}^n$ bezeichnet man $G(\vec{x})$ als zu $\vec{x}$ gehörenden **linearen Code** oder kurz als **Code-Wort**, und ein beliebiger Vektor $\vec{y} \in \mathbf{K}^{n+r}$ ist ein Code-Wort, falls $V(\vec{y}) = \vec{0}$ gilt. ◄

▷ **Bemerkung 16.5.2 Eigenschaften von G und V**

(1) Da G ein Monomorphismus ist, gilt aufgrund der Dimensionsformel 15.5.3 für lineare Abbildungen

$$\dim \mathbf{K}^n = \dim \text{Bild}\,(G) + \dim \text{Kern}\,(G) \implies n = \dim \text{Bild}\,(G) + 0$$
$$\implies \dim \text{Bild}\,(G) = n\,.$$

(2) Da V ein Epimorphismus ist, gilt aufgrund der Dimensionsformel 15.5.3 für lineare Abbildungen

$$\dim \mathbf{K}^{n+r} = \dim \text{Bild}\,(V) + \dim \text{Kern}\,(V) \implies n + r = r + \dim \text{Kern}\,(V)$$
$$\implies \dim \text{Kern}\,(V) = n\,.$$

(3) Die Verkettung von V und G ist die Nullabbildung, im Detail

$$V \circ G\colon \mathbf{K}^n \to \mathbf{K}^r, \quad \vec{x} \mapsto \vec{0}.$$

(4) Da $\tilde{G}\colon \mathbf{K}^n \to \mathrm{Bild}\,(G)$ mit $\tilde{G}(\vec{x}) := G(\vec{x})$ ein Isomorphismus ist, gilt die Decodierungsformel

$$\tilde{G}^{-1}(G(\vec{x})) = \vec{x} \quad \text{für alle } \vec{x} \in \mathbf{K}^n.$$

Im Sinne der Codierungstheorie kann man nun im obigen Sinne wie folgt vorgehen: Für einen beliebigen Vektor $\vec{x}$ wird mittels $G(\vec{x}) =: \vec{y}$ das Code-Wort generiert, mittels $V(\vec{y}) = \vec{0}$ seine Korrektheit (z.B. gegen Übertragungsfehler oder sonstige Verfälschungen) validiert und schließlich mittels $\tilde{G}^{-1}(\vec{y}) = \vec{x}$ der Originalvektor wieder decodiert. Wir veranschaulichen uns das konkrete Vorgehen anhand eines einfachen Beispiels.

Beispiel 16.5.3

Wir betrachten den injektiven linearen Generator G,

$$G\colon \mathbb{Z}_7^5 \to \mathbb{Z}_7^6,$$
$$\vec{x} \mapsto (x_1, x_2, x_3, x_4, x_5, x_1 \oplus 2 \odot x_2 \oplus 3 \odot x_3 \oplus 4 \odot x_4 \oplus 5 \odot x_5)^T,$$

mit einem zugehörigen surjektiven Validator V,

$$V\colon \mathbb{Z}_7^6 \to \mathbb{Z}_7,$$
$$\vec{x} \mapsto \bigoplus_{k=1}^{6} k \odot x_k = x_1 \oplus 2 \odot x_2 \oplus 3 \odot x_3 \oplus 4 \odot x_4 \oplus 5 \odot x_5 \oplus 6 \odot x_6.$$

Dass V ein möglicher Validator für G ist, erkennt man z.B. daran, dass aus $V(\vec{x}) = 0$ durch Auflösen der Gleichung

$$x_1 \oplus 2 \odot x_2 \oplus 3 \odot x_3 \oplus 4 \odot x_4 \oplus 5 \odot x_5 \oplus 6 \odot x_6 = 0$$

nach x_6 sofort

$$x_6 = x_1 \oplus 2 \odot x_2 \oplus 3 \odot x_3 \oplus 4 \odot x_4 \oplus 5 \odot x_5$$

folgt, also Kern $(V) = \mathrm{Bild}\,(G)$ gilt. Möchte man nun z.B. den Vektor

$$\vec{x} := (4, 2, 5, 3, 2)^T \in \mathbb{Z}_7^5$$

codieren, so berechnet man

$$\vec{y} := G(\vec{x}) = (4,2,5,3,2,3)^T \in \mathbb{Z}_7^6$$

und validiert die Korrektheit des Code-Worts durch Nachweis von $V(\vec{y}) = 0$. Die Decodierung wäre hier sehr einfach, da man lediglich die ersten fünf Komponenten des Code-Worts nehmen müsste.

Man beschäftigt sich nun im Rahmen der Codierungstheorie mit einer Fülle von Fragen, die auf der Hand liegen. Zum Beispiel möchte man wissen, welche Arten von Fehlern in verfälschten Code-Wörtern durch die Validierung V erkannt werden. Für das obige Beispiel kann man sich leicht klar machen, dass V dort sicher die Vertauschung zweier Komponenten eines Code-Worts erkennt und auch einen Fehler in einer Komponente eines Code-Worts entdeckt (Bitte überprüfen!). Die nächste naheliegende Frage ist, ob man vorhandene Fehler in Code-Wörtern nicht nur erkennen, sondern eventuell auch direkt korrigieren kann. Hier spielt der Abstand korrekter Code-Wörter eine entscheidende Rolle und es kann in geeigneten Fällen z.B. nach etwas Vergleichbarem wie der Pseudoinversen G^+ (der Generatormatrix) von G gesucht werden, um aus einem fehlerhaften Code-Wort $\vec{y}$ den korrekten decodierten Vektor zu bestimmen: $\vec{x}^+ := G^+(\vec{y})$ minimierte ja bekanntlich $|G(\vec{x}) - \vec{y}|$, wobei hier natürlich noch genauer über die Bedeutung der Betragszeichen nachgedacht werden muss und geeignete Abstandsmaße zu finden sind. Details zu diesen und verwandten Fragestellungen kann man z.B. in [1, 4, 6] und den dort genannten Referenzen nachlesen. Wir beenden die kurze Einführung in lineare Codes mit zwei kleinen weiteren Beispielen. Das erste Beispiel geht auf Richard Hamming (1915–1998) zurück und hat die gesamte Codierungstheorie etwa um 1950 maßgeblich mit angestoßen.

Beispiel 16.5.4
Wir betrachten den injektiven linearen Generator G,

$$G\colon \mathbb{Z}_2^4 \to \mathbb{Z}_2^7, \qquad \vec{x} \mapsto \begin{pmatrix} 1 & 0 & 0 & 0 \\ 0 & 1 & 0 & 0 \\ 0 & 0 & 1 & 0 \\ 0 & 0 & 0 & 1 \\ 1 & 1 & 0 & 1 \\ 1 & 0 & 1 & 1 \\ 0 & 1 & 1 & 1 \end{pmatrix} \begin{pmatrix} x_1 \\ x_2 \\ x_3 \\ x_4 \end{pmatrix},$$

mit einem zugehörigen surjektiven Validator V,

$$V\colon \mathbb{Z}_2^7 \to \mathbb{Z}_2^3\,, \qquad \vec{x} \mapsto \begin{pmatrix} 0 & 0 & 0 & 1 & 1 & 1 & 1 \\ 0 & 1 & 1 & 0 & 1 & 1 & 0 \\ 1 & 0 & 1 & 0 & 1 & 0 & 1 \end{pmatrix} \begin{pmatrix} x_1 \\ x_2 \\ x_3 \\ x_4 \\ x_5 \\ x_6 \\ x_7 \end{pmatrix}.$$

Dass V in der Tat ein geeigneter Validator für G ist, erkennt man daran, dass das Produkt aus Validator- und Generatormatrix die Nullmatrix ergibt,

$$\begin{pmatrix} 0 & 0 & 0 & 1 & 1 & 1 & 1 \\ 0 & 1 & 1 & 0 & 1 & 1 & 0 \\ 1 & 0 & 1 & 0 & 1 & 0 & 1 \end{pmatrix} \begin{pmatrix} 1 & 0 & 0 & 0 \\ 0 & 1 & 0 & 0 \\ 0 & 0 & 1 & 0 \\ 0 & 0 & 0 & 1 \\ 1 & 1 & 0 & 1 \\ 1 & 0 & 1 & 1 \\ 0 & 1 & 1 & 1 \end{pmatrix} = \begin{pmatrix} 0 & 0 & 0 & 0 \\ 0 & 0 & 0 & 0 \\ 0 & 0 & 0 & 0 \end{pmatrix},$$

also $\operatorname{Kern}(V) = \operatorname{Bild}(G)$ gilt. Möchte man nun z.B. den Vektor

$$\vec{x} := (1, 0, 1, 1)^T \in \mathbb{Z}_2^4$$

codieren, so berechnet man

$$\vec{y} := G(\vec{x}) = (1, 0, 1, 1, 0, 1, 0)^T \in \mathbb{Z}_2^7$$

und validiert die Korrektheit des Code-Worts durch Nachweis von $V(\vec{y}) = \vec{0}$. Die konkrete Decodierung wäre auch hier wieder sehr einfach, da man lediglich die ersten vier Komponenten des Code-Worts nehmen müsste. Schließlich kann der Code aufgrund der Verschiedenheit der Spalten von V einen Fehler in einer Komponente des Code-Worts erkennen und, falls gewünscht, auch korrigieren. Wird z.B. statt des obigen Vektors $\vec{y} = (1, 0, 1, 1, 0, 1, 0)^T$ fälschlicher Weise der Vektor

$$\tilde{\vec{y}} := (1, 0, 1, 0, 0, 1, 0)^T = (1, 0, 1, 1, 0, 1, 0)^T + (0, 0, 0, 1, 0, 0, 0)^T$$
$$= \vec{y} + (0, 0, 0, 1, 0, 0, 0)^T$$

empfangen (der additive Fehlervektor wird auch **Code-Fehler** genannt), dann liefert die Anwendung der Validatormatrix

$$V\tilde{\tilde{y}} = V(1,0,1,0,0,1,0)^T = V(1,0,1,1,0,1,0)^T + V(0,0,0,1,0,0,0)^T$$
$$= V(0,0,0,1,0,0,0)^T = (1,0,0)^T.$$

Da der Vektor $(1,0,0)^T$, der in diesem Zusammenhang auch als **Syndrom** bezeichnet wird, der vierte Vektor der Validatormatrix V ist, befindet sich der Fehler in der vierten Komponente des übertragenen Vektors und genau diese muss korrigiert werden.

Das letzte Beispiel aus dem Bereich der Codierungstheorie geht auf Irving Stoy Reed (1923–2012) und Gustave Solomon (1930–1996) zurück und wurde vom Prinzip her etwa um 1960 von ihnen vorgestellt. Wir präsentieren hier eine Version für den Körper $\mathbb{Z}_{11}$, weisen aber darauf hin, dass dieser sogenannte **Reed-Solomon-Code** z.B. bei der Codierung von Audio-CDs über dem Galois-Feld $GF(2^8)$ angewandt wird.

Beispiel 16.5.5

Wir betrachten den Körper $\mathbb{Z}_{11}$, in dem z.B. das Element $2 \in \mathbb{Z}_{11}$ eine primitive Wurzel ist (Bitte überprüfen!). Wir definieren nun z.B. das formale Polynom $g(X)$, das sogenannte **Generatorpolynom**, als

$$g(X) := (X - 2^2) \cdot (X - 2^4) = (X - 4) \cdot (X - 5) = 9 + 2X + X^2 \in \mathbb{Z}_{11,2}[X].$$

Basierend auf $g(X)$ definieren wir den injektiven linearen Generator G,

$$G: \mathbb{Z}_{11,2}[X] \to \mathbb{Z}_{11,4}[X], \qquad p(X) \mapsto p(X) \cdot g(X),$$

mit einem zugehörigen surjektiven Validator V,

$$V: \mathbb{Z}_{11,4}[X] \to \mathbb{Z}_{11,1}[X], \qquad p(X) \mapsto p(X) \bmod g(X).$$

Dass V in der Tat ein geeigneter Validator für G ist, erkennt man daran, dass die Verkettung von Validator und Generator das Nullpolynom ergibt, denn für alle $p(X) \in \mathbb{Z}_{11,2}[X]$ gilt

$$(V \circ G)(p(X)) = V(p(X) \cdot g(X)) = (p(X) \cdot g(X)) \bmod g(X) = 0,$$

also Kern $(V) = $ Bild (G). Möchte man nun z.B. den Vektor bzw. das formale Polynom

$$\vec{x} := (2, 4, 9)^T \in \mathbb{Z}_{11}^3 \quad \text{bzw.} \quad p(X) := 2 + 4X + 9X^2 \in \mathbb{Z}_{11,2}[X]$$

codieren, so berechnet man

$$q(X) := G(p(X)) = (2 + 4X + 9X^2) \cdot (9 + 2X + X^2)$$
$$= 7 + 7X + 3X^2 + 9X^4 \in \mathbb{Z}_{11,4}[X]$$

und validiert die Korrektheit des Code-Worts durch Nachweis von

$$V(q(X)) = q(X) \mod g(X)$$
$$= (7 + 7X + 3X^2 + 9X^4) \mod (9 + 2X + X^2)$$
$$= 0 \,,$$

letzteres, da die Polynomdivision das Restpolynom 0 ergibt:

$$(9X^4 + 3X^2 + 7X + 7) = (9X^2) \cdot (X^2 + 2X + 9) + (4X^3 + 10X^2 + 7X + 7) \,,$$
$$(4X^3 + 10X^2 + 7X + 7) = (4X) \cdot (X^2 + 2X + 9) + (2X^2 + 4X + 7) \,,$$
$$(2X^2 + 4X + 7) = (2) \cdot (X^2 + 2X + 9) + 0 \,.$$

Aufgrund der über die obige Polynomdivision erhaltenen Faktorisierung von $q(X)$ gemäß

$$(9X^4 + 3X^2 + 7X + 7) = (9X^2 + 4X + 2) \cdot (X^2 + 2X + 9) \,,$$

liefert hier die Validierung auch direkt die Decodierung, also $p(X) = 9X^2 + 4X + 2$. Falls im Rahmen der Code-Validierung festgestellt wird, dass das Code-Wort einen Fehler enthält, bedeutet dies, dass entweder $2^2 = 4 \in \mathbb{Z}_{11}$ oder $2^4 = 5 \in \mathbb{Z}_{11}$ oder beide keine Nullstellen von $q(X)$ sind. Mit dieser Information und unter Zugriff auf das Nicht-Null-Restpolynom (auch hier wieder **Syndrom** genannt) bei der Validierung bzw. Decodierung können nun Fehlerkorrekturmaßnahmen ergriffen werden. Wir veranschaulichen uns das prinzipielle Vorgehen für das obige Beispiel und nehmen an, das Code-Wort $q(X)$ sei verfälscht zu

$$\tilde{q}(X) := 7 + 7X + 4X^2 + 9X^4 = q(X) + X^2 \in \mathbb{Z}_{11,4}[X] \,,$$

wobei der additive Term $f(X) := \mathbf{X^2}$ wieder als **Code-Fehler** bezeichnet wird. Die Validierung liefert wie erwartet

$$V(\tilde{q}(X)) = \tilde{q}(X) \mod g(X)$$
$$= (7 + 7X + \mathbf{4}X^2 + 9X^4) \mod (9 + 2X + X^2)$$
$$= \mathbf{9X + 2} \neq 0\,,$$

letzteres aufgrund der Polynomdivision

$$(9X^4 + \mathbf{4}X^2 + 7X + 7) = (9X^2) \cdot (X^2 + 2X + 9) + (4X^3 + 7X + 7)\,,$$
$$(4X^3 + 7X + 7) = (4X) \cdot (X^2 + 2X + 9) + (3X^2 + 4X + 7)\,,$$
$$(3X^2 + 4X + 7) = (3) \cdot (X^2 + 2X + 9) + \mathbf{(9X + 2)}\,.$$

Interessant ist nun, dass man bei der analogen Betrachtung des Code-Fehlers $f(X) = \mathbf{X^2}$ aufgrund der Linearität des Codes genau denselben Rest erhält:

$$V(\mathbf{X^2}) = \mathbf{X^2} \mod g(X)$$
$$= 1 \cdot (X^2 + 2X + 9) + (9X + 2) \mod g(X)$$
$$= \mathbf{9X + 2} \neq 0\,.$$

Hat man also z.B. in einem Lookup-Table hinterlegt, welche Reste bzw. Syndrome die Code-Fehler $\pm X^i$ für $0 \leq i \leq 4$ liefern, so kann man das fehlerhafte Code-Wort direkt korrigieren, in unserem Fall also

$$q(X) = \tilde{q}(X) - \mathbf{X^2} = 7 + 7X + \mathbf{3}X^2 + 9X^4\,.$$

Die weitere detaillierte Diskussion dieses Vorgehens, seine Verallgemeinerung und seine Grenzen, würden nun aber den Rahmen dieses Buchs sprengen, so dass wir hier lediglich auf [1, 4, 6] und die dort angegebenen Referenzen verweisen.

Wir wenden uns nun von der Codierungstheorie ab und der Verschlüsselungstechnik zu. Konkret werfen wir für eine Anwendung endlicher Vektorräume in diesem Kontext exemplarisch einen Blick auf den prinzipiellen Ablauf einer Verschlüsselungsrunde des sogenannten **AES-Verfahrens**. Bei diesem Verfahren handelt es sich um ein auf dem sogenannten **Rijndael-Verfahren** basierendes symmetrisches Verfahren zum Ver- und Entschlüsseln geheimer Nachrichten-Blöcke $\vec{m} \in \mathbb{Z}_2^{128}$. Als designierter Nachfolger des DES-Verfahrens wurde im Jahre 2001 das **Rijndael-Verfahren** der belgischen Kryptologen Joan Daemen (geb. 1965) und Vincent Rijmen (geb. 1970) durch das amerikanische *National Institute of Standards and Technology* (**NIST**) offiziell zum *Federal Information*

Processing Standard (**FIPS**) erklärt. Es hatte sich in einem mehrjährigen Ausscheidungsprozess aufgrund seiner hohen Sicherheit und enormen Geschwindigkeit gegen mehrere konkurrierende Verfahren durchgesetzt und wird in der Literatur inzwischen vielfach schlicht als **AES** (*Advanced Encryption Standard*) bezeichnet (genau genommen ist das AES-Verfahren ein Spezialfall des noch etwas allgemeineren Rijndael-Verfahrens). Das Interessante an diesem Verfahren ist, dass es durch seine komplette Berechenbarkeit der einzelnen Ver- und Entschlüsselungsschritte extrem effizient sowohl in Hard- als auch in Software implementierbar ist und wir diese Schritte nun prototypisch für eine Ver- und Entschlüsselungsrunde nachvollziehen können. Allerdings betrachten wir die entsprechende Arithmetik nicht über einem Vektorraum über dem Galois-Feld $GF(2^8)$ (wie beim echten AES), sondern über einem uns vertrauten Vektorraum über $\mathbb{Z}_{11}$, in dem wir auch problemlos ohne Computer rechnen können. Wir beginnen mit der sogenannten Blockbildung.

Definition 16.5.6   Initiale Block-Bildung

Zunächst wird die zu verschlüsselnde Nachricht in Blöcke fester Länge zerlegt, im Folgenden 8 Komponenten aus $\mathbb{Z}_{11}$ pro Block (bei Rijndael 128, 192 oder 256 Komponenten aus $\mathbb{Z}_2$, kurz 128, 192 oder 256 Bit, bzw. 16, 24 oder 32 Komponenten aus $\mathbb{Z}_2^8$, kurz 16, 24 oder 32 Byte). Also lautet ein zu verschlüsselnder Block z.B.

$$(m_1, m_2, \ldots, m_8)^T := (1, 4, 9, 6, 5, 0, 10, 3)^T. \quad \blacktriangleleft$$

Definition 16.5.7   Matrix-Bildung

Jeder Block wird in einer Matrix-Struktur abgelegt mit einem Eintrag in jeder Matrixkomponente (bei Rijndael 8 Bit = 1 Byte pro Eintrag), wobei die Matrix stets aus 4 Zeilen und im folgenden Beispiel aus 2 Spalten (bei Rijndael je nach Block-Länge aus 4, 6 oder 8 Spalten) besteht. Die Matrix wird spaltenweise von links nach rechts aufgefüllt.

$$X^{(1)} := \begin{pmatrix} 1 & 5 \\ 4 & 0 \\ 9 & 10 \\ 6 & 3 \end{pmatrix}. \quad \blacktriangleleft$$

Es folgt nun ein erster rein komponentenspezifischer Schritt. Um ihn zu verstehen, muss man sich an die Bestimmung des multiplikativ inversen Elements im Körper $\mathbb{Z}_{11}$ erinnern (bei Rijndael arbeitet man entsprechend in einem Galois-Feld $GF(2^8)$ der Ordnung 256, welches ebenfalls ein endlicher Körper ist).

Definition 16.5.8   Erster komponentenspezifischer Schritt

Man ersetzt jede Komponente von $X^{(1)}$ durch die entsprechende multiplikativ inverse Komponente in $\mathbb{Z}_{11}$. Im Sonderfall, dass eine Komponente das Nullelement in $\mathbb{Z}_{11}$

ist und somit kein zugehöriges multiplikativ inverses Element existiert, möge es unverändert übernommen werden. Man erhält so unter Ausnutzung der multiplikativen Verknüpfungstabelle in $\mathbb{Z}_{11}$ als Ergebnis

$$X^{(2)} := \begin{pmatrix} 1 & 9 \\ 3 & 0 \\ 5 & 10 \\ 2 & 4 \end{pmatrix} \cdot \blacktriangleleft$$

Der folgende Schritt ist ebenfalls ein rein komponentenspezifischer Schritt, in dem im Wesentlichen ausgenutzt wird, dass man in $\mathbb{Z}_{11}$ (bei Rijndael in $GF(2^8)$) rechnen kann wie z.B. in $\mathbb{R}$.

Definition 16.5.9 Zweiter komponentenspezifischer Schritt

Man wendet auf jede Komponente x der Matrix $X^{(2)}$ die invertierbare (nachweisen!) affin-lineare Operation AL an,

$$AL: \mathbb{Z}_{11} \to \mathbb{Z}_{11}, \quad x \mapsto 7 \odot x \oplus 2.$$

an. Man erhält so

$$X^{(3)} := \begin{pmatrix} 9 & 10 \\ 1 & 2 \\ 4 & 6 \\ 5 & 8 \end{pmatrix} \cdot \blacktriangleleft$$

Der nächste durchzuführende Schritt ist ein recht einfacher, rein zeilenspezifischer Schritt.

Definition 16.5.10 Zeilenspezifischer Schritt

Man verschiebt jede Zeile von $X^{(3)}$ zyklisch um eine feste Anzahl von Komponenten nach rechts (Umkehrung ist offensichtlich ein entsprechender zyklischer Shift nach links). Konkret verschiebt man hier als Beispiel die erste und dritte Zeile gar nicht, die zweite und·vierte Zeile jeweils um eine Komponente. Man erhält so

$$X^{(4)} := \begin{pmatrix} 9 & 10 \\ 2 & 1 \\ 4 & 6 \\ 8 & 5 \end{pmatrix} \cdot \blacktriangleleft$$

Der nächste durchzuführende Schritt ist ein rein spaltenspezifischer Schritt. Man multipliziert die Spaltenvektoren der Matrix $X^{(4)}$ mit einer regulären Matrix $S \in \mathbb{Z}_{11}^{4\times4}$ (bei Rijndael mit einer regulären Matrix aus $GF(2^8)^{4\times4}$)..

Definition 16.5.11 Spaltenspezifischer Schritt

Mit der invertierbare Matrix S (nachrechnen!),

$$S := \begin{pmatrix} 1 & 4 & 0 & 0 \\ 7 & 1 & 5 & 0 \\ 0 & 8 & 1 & 6 \\ 0 & 0 & 9 & 1 \end{pmatrix} \in \mathbb{Z}_{11}^{4\times4},$$

erhält man unter Ausnutzung der Rechenregeln in $\mathbb{Z}_{11}$ die Matrix

$$X^{(5)} := SX^{(4)} = \begin{pmatrix} 1 & 4 & 0 & 0 \\ 7 & 1 & 5 & 0 \\ 0 & 8 & 1 & 6 \\ 0 & 0 & 9 & 1 \end{pmatrix}\begin{pmatrix} 9 & 10 \\ 2 & 1 \\ 4 & 6 \\ 8 & 5 \end{pmatrix} = \begin{pmatrix} 6 & 3 \\ 8 & 2 \\ 2 & 0 \\ 0 & 4 \end{pmatrix}. \quad \blacktriangleleft$$

Der vorletzte Schritt ist ein rein schlüsselspezifischer Schritt, der im Raum der Matrizen $\mathbb{Z}_{11}^{4\times2}$ abläuft (bei Rijndael im Raum $GF(2^8)^{4\times s_m}$ mit $s_m \in \{4,6,8\}$).

Definition 16.5.12 Schlüsselspezifischer Schritt

Auf die Matrix $X^{(5)}$ wird die feste und geheime Schlüsselmatrix K,

$$K := \begin{pmatrix} 4 & 0 \\ 3 & 10 \\ 1 & 5 \\ 2 & 8 \end{pmatrix},$$

im Sinne einer Addition im Vektorraum $\mathbb{Z}_{11}^{4\times2}$ hinzugefügt (Inversion?), so dass man die Matrix

$$X^{(6)} := X^{(5)} \oplus K = \begin{pmatrix} 6 & 3 \\ 8 & 2 \\ 2 & 0 \\ 0 & 4 \end{pmatrix} \oplus \begin{pmatrix} 4 & 0 \\ 3 & 10 \\ 1 & 5 \\ 2 & 8 \end{pmatrix} = \begin{pmatrix} 10 & 3 \\ 0 & 1 \\ 3 & 5 \\ 2 & 1 \end{pmatrix}$$

erhält. $\blacktriangleleft$

Der letzte Schritt schließlich überführt die Matrix-Darstellung wieder in die übliche Vektor- bzw. Block-Darstellung (spaltenweise von links nach rechts).

Definition 16.5.13 Finale Block-Bildung

Der endgültige verschlüsselte Nachrichten-Block lautet

$$(c_1, c_2, \ldots, c_8)^T := (10, 0, 3, 2, 3, 1, 5, 1)^T. \quad \blacktriangleleft$$

Die Entschlüsselung verläuft ganz entsprechend, allerdings in umgekehrter Reihenfolge und unter Anwendung der jeweils inversen Operationen. Im Einzelnen ist wie folgt vorzugehen.

Definition 16.5.14 Initiale Block-Bildung

Man beginnt mit dem verschlüsselten Vektor bzw. Block

$$(c_1, c_2, \ldots, c_8)^T = (10, 0, 3, 2, 3, 1, 5, 1)^T. \quad \blacktriangleleft$$

Dann wird die Matrix-Bildung vorgenommen.

Definition 16.5.15 Matrix-Bildung

Man überführt die Vektor- bzw. Block-Darstellung in eine Matrix gemäß

$$Y^{(1)} := \begin{pmatrix} 10 & 3 \\ 0 & 1 \\ 3 & 5 \\ 2 & 1 \end{pmatrix} \; (= X^{(6)}). \quad \blacktriangleleft$$

Es folgt der schlüsselspezifische Schritt.

Definition 16.5.16 Schlüsselspezifischer Schritt

Auf die Matrix $Y^{(1)}$ wird die feste und geheime Schlüsselmatrix K,

$$K = \begin{pmatrix} 4 & 0 \\ 3 & 10 \\ 1 & 5 \\ 2 & 8 \end{pmatrix},$$

im Sinne einer Subtraktion im Vektorraum $\mathbb{Z}_{11}^{4\times 2}$ hinzugefügt, so dass man die Matrix

$$Y^{(2)} := Y^{(1)} \ominus K = \begin{pmatrix} 10 & 3 \\ 0 & 1 \\ 3 & 5 \\ 2 & 1 \end{pmatrix} \ominus \begin{pmatrix} 4 & 0 \\ 3 & 10 \\ 1 & 5 \\ 2 & 8 \end{pmatrix} = \begin{pmatrix} 6 & 3 \\ 8 & 2 \\ 2 & 0 \\ 0 & 4 \end{pmatrix} \;(= X^{(5)})$$

erhält. ◄

Nun kommt der bekannte spaltenspezifische Schritt.

Definition 16.5.17 Spaltenspezifischer Schritt

Man bestimmt die inverse Matrix S^{-1} der regulären Matrix

$$S \in \mathbb{Z}_{11}^{4\times 4}$$

und multipliziert diese von links mit $Y^{(2)}$. Da sich die Inverse von S zu

$$S^{-1} = \begin{pmatrix} 10 & 5 & 4 & 9 \\ 6 & 7 & 10 & 6 \\ 9 & 5 & 10 & 6 \\ 7 & 10 & 9 & 2 \end{pmatrix}$$

ergibt (nachrechnen!), erhält man so unter Ausnutzung der Rechenregeln in $\mathbb{Z}_{11}$ die Matrix

$$Y^{(3)} := S^{-1}Y^{(2)} = \begin{pmatrix} 10 & 5 & 4 & 9 \\ 6 & 7 & 10 & 6 \\ 9 & 5 & 10 & 6 \\ 7 & 10 & 9 & 2 \end{pmatrix} \begin{pmatrix} 6 & 3 \\ 8 & 2 \\ 2 & 0 \\ 0 & 4 \end{pmatrix} = \begin{pmatrix} 9 & 10 \\ 2 & 1 \\ 4 & 6 \\ 8 & 5 \end{pmatrix} \;(= X^{(4)}) . \;◄$$

Wir kommen nun zum zeilenspezifischen Schritt sowie den komponentenspezifischen Schritten.

Definition 16.5.18 Zeilenspezifischer Schritt

Man verschiebt die erste und dritte Zeile von $Y^{(3)}$ gar nicht und die zweite und vierte Zeile jeweils um eine Matrixkomponente nach links. Man erhält so

$$Y^{(4)} := \begin{pmatrix} 9 & 10 \\ 1 & 2 \\ 4 & 6 \\ 5 & 8 \end{pmatrix} \;(= X^{(3)}) . \;◄$$

Definition 16.5.19 Erster komponentenspezifischer Schritt

Man wendet auf jede Komponente x der Matrix $Y^{(4)}$ die (zur Verschlüsselungsoperation inverse) affin-lineare Abbildung

$$AL^{-1}: \mathbb{Z}_{11} \to \mathbb{Z}_{11} , \quad x \mapsto 8 \odot x \oplus 6 ,$$

an (nachrechnen!). Man erhält so

$$Y^{(5)} := \begin{pmatrix} 1 & 9 \\ 3 & 0 \\ 5 & 10 \\ 2 & 4 \end{pmatrix} (= X^{(2)}) . \quad \blacktriangleleft$$

Definition 16.5.20 Zweiter komponentenspezifischer Schritt

Man ersetzt jede Matrixkomponente von $Y^{(5)}$ durch ihr multiplikativ inverses Element in $\mathbb{Z}_{11}$ mit Ausnahme von 0, welches unverändert gelassen wird. Man erhält so unter Ausnutzung der multiplikativen Verknüpfungstabelle in $\mathbb{Z}_{11}$ als Ergebnis

$$Y^{(6)} := \begin{pmatrix} 1 & 5 \\ 4 & 0 \\ 9 & 10 \\ 6 & 3 \end{pmatrix} (= X^{(1)}) . \quad \blacktriangleleft$$

Zum Schluss wird wieder der übliche Vektor bzw. Block gebildet.

Definition 16.5.21 Finale Block-Bildung

Man überführt die Matrix in Vektor-Notation und erhält so den endgültigen entschlüsselten Nachrichten-Block als

$$(1, 4, 9, 6, 5, 0, 10, 3)^T = (m_1, m_2, \ldots, m_8)^T . \quad \blacktriangleleft$$

Damit ist nun eine komplette, prototypische Ver- und Entschlüsselungsrunde des Rijndael-Verfahrens durchgespielt worden, allerdings mit einem endlichen Vektorraum über dem Körper $\mathbb{Z}_{11}$ anstelle des Galois-Felds $GF(2^8)$. Entscheidend dabei war, dass alle auftauchenden Funktionen bijektiv bzw. mindestens injektiv sind und somit in eindeutiger Weise invertiert werden können. Ferner sind alle Funktionen fest vereinbart und beide Kommunikationspartner wählen lediglich den geheimen Schlüssel für den schlüsselspezifischen Schritt.

In der Praxis des Rijndael-Verfahrens bzw. AES-Verfahrens werden mehrere Ver- und Entschlüsselungsrunden des oben skizzierten Prototyps durchlaufen und durch zusätzliche

Symmetrisierungsmaßnahmen dafür gesorgt, dass die Ver- und Entschlüsselungsrunden ähnlich strukturiert sind. Desweiteren wird in jeder Runde aus dem ursprünglichen Schlüssel nach einer fest vorgegebenen Vorschrift ein sogenannter Rundenschlüssel berechnet und schließlich wird auch noch zugelassen, dass die Länge eines Nachrichten-Blocks und des primären Schlüssels verschieden sein dürfen. Weitere Details, sowohl zu Rijndael als auch zu AES, findet man z.B. in [2, 9].

16.6 Aufgaben mit Lösungen

Aufgabe 16.6.1 *Wir betrachten die Generierung und Validierung der (alten) 10-stelligen internationalen Standard-Buchnummern (ISBN-10). Dazu sei der injektive lineare Generator G definiert als*

$$G\colon \mathbb{Z}_{11}^9 \to \mathbb{Z}_{11}^{10},$$
$$\vec{x} \mapsto (x_1, x_2, x_3, \ldots, x_8, x_9, x_1 \oplus 2 \odot x_2 \oplus 3 \odot x_3 \oplus \cdots \oplus 9 \odot x_9)^T.$$

Bestimmen Sie einen zu G passenden surjektiven linearen Validator $V\colon \mathbb{Z}_{11}^{10} \to \mathbb{Z}_{11}$, und codieren Sie den Vektor $\vec{x} := (3, 9, 3, 7, 1, 3, 7, 8, 1)^T \in \mathbb{Z}_{11}^9$. Machen Sie sich ferner anhand dieses konkreten Vektors durch einfache Beispiele klar, dass der Validator den Fehler in einer Komponente und die Vertauschung zweier Komponenten eines Code-Worts erkennt.

Lösung der Aufgabe Zur Bestimmung eines Validators $V\colon \mathbb{Z}_{11}^{10} \to \mathbb{Z}_{11}$ muss man hier wegen der Bedingung $V(G(\vec{x})) = 0$ Koeffizienten $a_1, a_2, \ldots, a_{10} \in \mathbb{Z}_{11}$ bestimmen, so dass

$$a_1 \odot x_1 \oplus a_2 \odot x_2 \oplus \cdots \oplus a_9 \odot x_9 \oplus a_{10} \odot (x_1 \oplus 2 \odot x_2 \oplus 3 \odot x_3 \oplus \cdots \oplus 9 \odot x_9)$$
$$= 0$$

erfüllt wird. Eine mögliche Wahl für die Koeffizienten wäre

$$a_1 := 1, \quad a_2 := 2, \quad a_3 := 3, \quad \ldots \quad, \quad a_9 := 9, \quad a_{10} := 10.$$

Damit ergibt sich ein funktionsfähiger Validator V zu

$$V\colon \mathbb{Z}_{11}^{10} \to \mathbb{Z}_{11},$$
$$\vec{x} \mapsto \bigoplus_{k=1}^{10} k \odot x_k = x_1 \oplus 2 \odot x_2 \oplus 3 \odot x_3 \oplus \cdots \oplus 9 \odot x_9 \oplus 10 \odot x_{10}.$$

Möchte man nun z.B. den Vektor $\vec{x} := (3,9,3,7,1,3,7,8,1)^T \in \mathbb{Z}_{11}^9$ codieren, so berechnet man

$$\vec{y} := G(\vec{x}) = (3,9,3,7,1,3,7,8,1,5)^T \in \mathbb{Z}_{11}^{10}$$

und validiert die Korrektheit des Code-Worts durch Nachweis von $V(\vec{y}) = 0$. Ändert man z.B. $\vec{y}$ in einer Komponente auf $\vec{y} := (3,9,5,7,1,3,7,8,1,5)^T \in \mathbb{Z}_{11}^{10}$, dann ergibt sich $V(\vec{y}) = 6 \neq 0$ und der Fehler ist erkannt. Vertauscht man z.B. bei $\vec{y}$ die erste und die zweite Komponente und erhält $\vec{y} := (9,3,3,7,1,3,7,8,1,5)^T \in \mathbb{Z}_{11}^{10}$, dann ergibt sich $V(\vec{y}) = 5 \neq 0$ und der Vertauschungsfehler ist erkannt. Hinweis: Ist eine ISBN-Ziffer gleich 10, wird sie als X notiert.

Aufgabe 16.6.2 *Berechnen Sie die inverse affin-lineare Funktion AL^{-1} zu der im Rahmen des zweiten komponentenspezifischen Schritts der Rijndael-Verschlüsselung gegebenen Abbildung $AL\colon \mathbb{Z}_{11} \to \mathbb{Z}_{11}$.*

Lösung der Aufgabe Wegen

$$AL\colon \mathbb{Z}_{11} \to \mathbb{Z}_{11}\,, \quad x \mapsto 7 \odot x \oplus 2\,.$$

ergibt sich durch Auflösung der Gleichung

$$y = 7 \odot x \oplus 2 \iff y \oplus 9 = 7 \odot x \iff 8 \odot (y \oplus 9) = x \iff x = 8 \odot y \oplus 6$$

die gesuchte Umkehrfunktion zu

$$AL^{-1}\colon \mathbb{Z}_{11} \to \mathbb{Z}_{11}\,, \quad x \mapsto 8 \odot x \oplus 6\,.$$

Aufgabe 16.6.3 *Berechnen Sie die inverse Matrix S^{-1} zu der im Rahmen des spaltenspezifischen Schritts der Rijndael-Verschlüsselung gegebenen Matrix $S \in \mathbb{Z}_{11}^{4\times4}$. Benutzen Sie dazu den vollständigen Gaußschen Algorithmus zur Inversion einer Matrix.*

Lösung der Aufgabe Die zugehörige inverse Matrix lässt sich mit dem vollständigen Gaußschen Algorithmus berechnen gemäß

1	4	0	0	1	0	0	0	$\odot 4$
7	1	5	0	0	1	0	0	$\leftarrow \oplus$
0	8	1	6	0	0	1	0	
0	0	9	1	0	0	0	1	
1	4	0	0	1	0	0	0	
0	6	5	0	4	1	0	0	$\odot 2$
0	8	1	6	0	0	1	0	
0	0	9	1	0	0	0	1	

1	4	0	0	1	0	0	0	← ⊕
0	1	10	0	8	2	0	0	⊙7 ⊙3
0	8	1	6	0	0	1	0	← ⊕
0	0	9	1	0	0	0	1	
1	0	4	0	2	3	0	0	
0	1	10	0	8	2	0	0	
0	0	9	6	2	6	1	0	⊙5
0	0	9	1	0	0	0	1	
1	0	4	0	2	3	0	0	← ⊕
0	1	10	0	8	2	0	0	← ⊕ |
0	0	1	8	10	8	5	0	⊙2 ⊙1 ⊙7
0	0	9	1	0	0	0	1	← ⊕
1	0	0	1	6	4	2	0	
0	1	0	8	7	10	5	0	
0	0	1	8	10	8	5	0	
0	0	0	6	9	5	10	1	⊙2
1	0	0	1	6	4	2	0	← ⊕
0	1	0	8	7	10	5	0	← ⊕ |
0	0	1	8	10	8	5	0	← ⊕ | |
0	0	0	1	7	10	9	2	⊙3 ⊙3 ⊙10
1	0	0	0	10	5	4	9	
0	1	0	0	6	7	10	6	
0	0	1	0	9	5	10	6	
0	0	0	1	7	10	9	2	

Aus dem obigen Endschema liest man die Inverse von S direkt auf der rechten Seite ab als

$$S^{-1} = \begin{pmatrix} 10 & 5 & 4 & 9 \\ 6 & 7 & 10 & 6 \\ 9 & 5 & 10 & 6 \\ 7 & 10 & 9 & 2 \end{pmatrix}.$$

Selbsttest 16.6.4 Welche Aussagen über endliche Vektorräume und Körper sind wahr?

?+? $\mathbb{Z}_p^n$ ist ein endlicher Vektorraum mit p^n Elementen.

?−? $\mathbb{Z}_p^n$ ist ein endlicher Vektorraum mit n^p Elementen.

?−? Ein endlicher Vektorraum hat nur eine Basis.

?−? Ein endlicher Vektorraum hat unendlich viele Basen.

?+? In einem Körper gilt das Distributivgesetz.

?−? Die ganzen Zahlen $\mathbb{Z}$ bilden mit der üblichen Addition und Multiplikation einen Körper.

?+? Die rationalen Zahlen $\mathbb{Q}$ bilden mit der üblichen Addition und Multiplikation einen Körper.

?+? Die reellen Zahlen $\mathbb{R}$ bilden mit der üblichen Addition und Multiplikation einen Körper.

?+? In einem Körper gilt das Kommutativgesetz für beide Operationen.

?−? Die natürlichen Zahlen $\mathbb{N}$ bilden mit der üblichen Addition und Multiplikation einen Körper.

?+? In einem Körper gelten zwei Kommutativgesetze.

Literatur

1. Aigner, M.: Diskrete Mathematik, 6. Aufl. Springer Vieweg, Berlin, Heidelberg (2006)
2. Buchmann, J.: Einführung in die Kryptographie, 6. Aufl. Springer, Berlin, Heidelberg (2016)
3. Fischer, G.: Lineare Algebra, 18. Aufl. Springer Spektrum, Wiesbaden (2014)
4. Heuser, H., Wolf, H.: Algebra, Funktionalanalysis und Codierung. B.G. Teubner, Stuttgart (1986)
5. Knabner, P., Barth, W.: Lineare Algebra: Grundlagen und Anwendungen, 2. Aufl. Springer Spektrum, Berlin (2018)
6. Kreußler, B., Pfister, G.: Mathematik für Informatiker. Springer, Berlin, Heidelberg (2009)
7. Liesen, J., Mehrmann, V.: Lineare Algebra, 2. Aufl. Springer Spektrum, Wiesbaden (2015)
8. Remmert, R., Ullrich, P.: Elementare Zahlentheorie, 3. Aufl. Birkhäuser, Basel (2008)
9. Wätjen, D.: Kryptographie, 3. Aufl. Springer Vieweg, Wiesbaden (2018)
10. Wüstholz, G.: Algebra, 2. Aufl. Springer Spektrum, Wiesbaden (2013)

Sach-Index

A
Addition von Matrizen, 57
Addition von Vektoren, 6
adjungieren, 232
adjungierte Matrix, 232
ähnliche Matrizen, 222
Ähnlichkeitstransformation, 222
AES-Verfahren, 400
algebraische Komplemente, 90, 133
Assoziativgesetz, 6
Aufvektor, 152, 161
Austauschsatz von Steinitz, 18, 345
Automorphismus, 349

B
baryzentrische Koordinaten, 266
baryzentrische Koordinatentransformation, 266
Basis, 17, 345
Betrag eines Vektors, 25
Bild, 353
bilineare Abbildung, 360, 367

C
Cauchy-Schwarzsche Ungleichung, 40
charakteristisches Polynom, 207
Code-Erzeuger, 394
Code-Fehler, 398, 400
Code-Generator, 394
Code-Prüfer, 394
Code-Validator, 394
Code-Wort, 394
Cosinussatz, 42
Cosinus-Transformation, 297, 299

Cramersche Regel, 131
– erweitert, 133

D
DCT, 297
Determinante, 78, 81, 86
Determinantenproduktsatz, 89
DFT, 293
DHWT, 302
diagonaldominante Matrix, 239
Diagonalisierbarkeit, 224
Diagonalmatrix, 224
Dimension, 17, 345
Dimensionsformel, 108, 355
Dirac-Notation, 367
Dreiecksungleichung, 45
Drei-Punkte-Darstellung, 161
Drei-Punkte-Test, 156
dyadisches Produkt, 283

E
Ebene, 161
Ebene-Ebene-Test, 163
Eigenvektor, 205, 207, 210
Eigenvektorbasis, 212
Eigenwert, 205, 207, 210
Einheiten eines Rings, 321
Einheitengruppe, 321
– zyklisch, 322
Einheitsmatrix, 119
Einheitsvektor, 44
Einheitswurzeln, 187
Endomorphismus, 349

Namen-Index

Mathe-Index